U0370013

力学丛书·典藏版 7

机 械 振 动

季文美 方 同 陈松淇 著

科 学 出 版 社

1 9 8 5

内 容 简 介

本书深人阐明了各种振动现象的物理机理以及分析振动问题的数学方法．前半部分介绍振动的基本概念，后半部分分别介绍了离散系统的矩阵方法、连续系统的离散方法、非线性系统的定性、定量方法以及随机振动的基础知识．

本书可供从事航空、机械、造船、建筑等方面工作的科学技术人员以及有关专业的高年级大学生、研究生阅读．

图书在版编目 (CIP) 数据

机械振动／季文美，方同，陈松淇著．—北京：科学出版社，2016.1

(力学丛书)

ISBN 978-7-03-046890-1

I. ①机… II. ①季… ②方… ③陈… III. ①机械振动 IV. ① TH113.1

中国版本图书馆 CIP 数据核字 (2016) 第 004416 号

力 学 丛 书

机 械 振 动

季文美 方 同 陈松淇 著

责任编辑 李成香

科学出版社出版

北京东黄城根北街 16 号

北京京华虎彩印刷有限公司印刷

新华书店北京发行所发行 各地新华书店经售

*

1985 年第一版 开本：850×1168 1/32

2016 年印刷 印张：21 1/4

字数：561,000

定 价：178.00元

目　　录

前　　言

振动理论是现代许多科学技术领域的基础．现代工业对工程质量、产品精度及可靠性都提出了愈来愈高的要求，因而在设计工作中不仅需要考虑静力效应，而且还要考虑动力效应．这也就是说，现代工程技术人员面临的都是“动态设计”问题，而动态设计的一个重要方面就是振动分析．这样，振动理论就成为广大科技人员必不可少的基础知识．

本书介绍机械振动的基本理论与方法．在深入阐明各种振动现象的物理机理的同时，也注意到了分析方法的数学严密性．全书内容可以分为两大部分．第一部分包括第一至第五，第八、九等章，着重介绍振动的基本概念．第二部分包括第六、七、十至十四等章；在第六、七、十这三章中分别介绍离散系统的矩阵方法以及连续系统的离散化方法；第十一章介绍非线性振动的定性与定量方法；第十二至十四章介绍随机振动的基础知识．

读者只需要具备高等工科院校的高等数学、理论力学与材料力学的知识就可阅读第一部分；阅读第二部分则还需要具备高等工科院校的工程数学的知识．本书可以作为理工科高年级学生或研究生的教材，也可以作为有关科技人员的参考书．

本书是在集体讨论的基础上分工执笔写成的，其中第一至五章由季文美写，非线性振动部分由陈松淇写，随机振动部分以及第六至十章由方同主写．

著　者

1981 年 2 月

第一章 引 论

1.1 机械振动

所谓机械振动，是指物体在平衡位置（或平均位置）附近来回往复的运动．它在日常生活中是经常遇到的，例如心脏的跳动，钟摆的摆动，琴弦的振动，车厢的晃动，大海的波涛等等．在工程技术中，机械振动也是非常普遍的，桥梁与房屋的振动，飞行器与船舶的振动，机床与刀具的振动，各种动力机械的振动等等，都是机械振动．

在机械与土建工程中，振动通常被认为是有害的．它影响精密仪器设备的功能；降低机械加工的精度和光洁度；加剧构件的疲劳和磨损，从而缩短机器和结构物的使用寿命；振动甚至使结构发生大变形破坏，有的桥梁就由于振动而全部坍毁；机翼的颤振，机轮的摆振和航空发动机的异常振动，曾多次造成飞行事故；飞机和车船的振动恶化了乘载条件；强烈的振动噪声还可以形成严重的公害．

但是，机械振动也有有利的一面．没有机械振动就没有各种发声器（包括人的声带）以及计时的钟表．近三十年来，陆续出现了许多种利用机械振动的生产装备：振动传输、振动筛选、振动研磨、振动抛光、振动沉桩等等．它们极大地改善了劳动条件，成十、百倍地提高了劳动生产率．可以预期，随着生产实践和科学研究的不断进展，人们对振动过程的认识将愈益深化，机械振动的利用将会愈益广泛．

因此，我们研究机械振动的目的，就是为了了解各种机械振动现象的机理，掌握振动的基本规律，从而能有效地设法消除或隔离振动，防止或限制振动所可能产生的危害，同时尽量利用机械振动积极的一面.

1.2 振动系统模型

和其他工程学科一样,机械振动也是借助于模型进行研究的.模型就是将实际事物抽象化而得的东西.例如,力学中的质点、刚体、梁、板、壳、弹簧-质量系统等等都是模型.科学的抽象并不脱离实际,而是在一定条件下更深刻、更正确、更完全地反映实际.

任何机器、结构或它们的零部件,由于具有弹性与质量,都可能发生振动,它们都是振动系统,简称振系.振动系统模型可分为两大类:离散系统(或称集中参数系统)与连续系统(或称分布参数系统).

离散系统是由集中参数元件组成的.基本的集中参数元件有三种:质量、弹簧与阻尼器.

质量(包括转动惯量)模型只具有惯性.

弹簧模型只具有弹性,其本身质量可略去不计.弹性力和变形一次方成正比的弹簧称为线性弹簧.

阻尼器模型既不具有惯性,也不具有弹性.它是耗能元件,在有相对运动时产生阻力.其阻力与速度一次方成正比的阻尼器,称为线性阻尼器.

离散系统在工程上应用得很广泛.例如,安装在混凝土基础上的精密机床,为了隔振的目的,在基础下面一般还铺有弹性衬垫(图 1.2-1 (a)).在隔振分析中需要考察机床与基础的整体振动,这时,机床与基础可以看作一个刚体,起着质量的作用,弹性衬垫起着弹簧的作用,衬垫本身的内摩擦以及基础与周围约束之间的摩擦起着阻尼的作用.因而在隔振分析中,这一系统可简化为图 1.2-1(b) 所示的集中参数系统.

离散系统的运动,在数学上用常微分方程来描述.

连续系统是由弹性体元件组成的.典型的弹性体元件有杆、梁、轴、板、壳,等等.

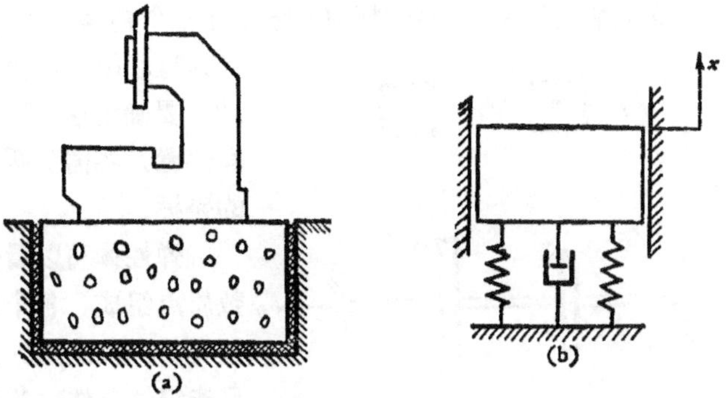

图 1.2-1

弹性体的惯性、弹性与阻尼是连续分布的，故亦称分布参数系统.

工程上许多实际振动系统需要简化为连续系统的模型. 例如，涡轮盘简化为变厚度的圆板，涡轮叶片简化为变截面的梁或壳等等.

连续系统的运动在数学上用偏微分方程来描述.

确定一个振动系统空间位置所需的独立坐标个数，称为振系的**自由度数**. 如图 1.2-1 所示的机床系统，如果只限于考察机床与基础的上下振动，那么只需要用偏离平衡位置的一个坐标 x 就可以完全确定振系的位置，所以这时它是 1 自由度系统.

类似地，在一个铅垂平面内摆动的单摆(图 1.2-2(a))，绕定轴 z 作扭转振动的扭摆(图 1.2-2(b))，也都是 1 自由度系统.

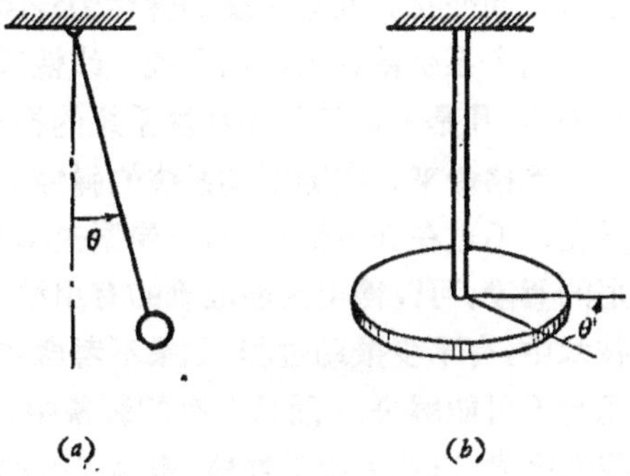

图 1.2-2

图 1.2-3 给出了 2 自由度系统的几个例子. 假定其中的质量 A，B 只能沿直线平动；圆

盘 C，D 只能绕轴 z 扭转；刚杆 AB 限于在一个铅垂平面内运动，且其重心限于沿铅垂线运动. 要确定这些振系的空间位置，各需要两个独立的坐标.

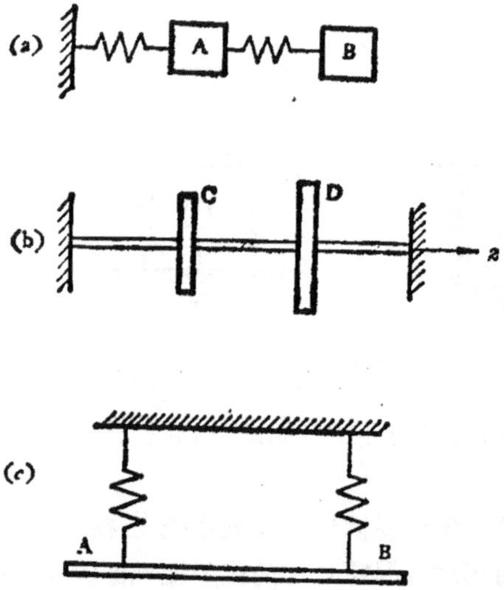

图 1.2-3

弹性体可以看作由无数质点组成，各个质点之间有着弹性连结，只要满足连续性条件，各个质点的任何微小位移都是可能的. 因此，一个弹性体有无限多个自由度.

如果一个振动系统的各个特性参数（质量、刚度、阻尼系数，等等）都不随时间而变化，即它们不是时间的显函数，这个系统就称为**常参数系统**(或**不变系统**). 反之，称为**变参数系统**(或**参变系统**).

常参数系统的运动用常系数微分方程来描述. 而描述变参数系统则需要用变系数微分方程.

如果一个振动系统的质量不随运动参数(如坐标、速度、加速度等）而变化，而且系统的弹性力与阻尼力都可以简化为线性模型，这个系统就称为**线性系统**. 线性系统的运动用线性微分方程来描述. 凡是不能简化为线性系统的振动系统都称为**非线性系统**.

严格说来，实际振动系统的弹性力与阻尼力往往不符合线性模型. 不过在许多情形下，只要振幅不大，按照线性弹簧与线性阻尼的假设，可以得出足够准确的有用结论. 但是，在自然界和科学技术中，有不少振动过程，如果不考虑非线性，现象就无法说明，问题也不可能解决. 而且在有的装备中，还需要特意引入或加强非线性因素，以达到改进性能、提高工效的目的.

一个实际振动系统究竟应该采用哪一种简化模型？这应该根

据具体情况进行具体分析.

有时,为了研究复杂的振系,常常分离出其中的一部分作为分析的对象,然后进一步来研究振系中各部分的相互影响. 例如,在研究飞机机翼的振动时,把机身看作刚体;在研究涡轮叶片的振动时,把涡轮盘看作刚体.

即使同一个实际振系，在不同条件下，也可以采用不同的模型. 例如,强迫振动中阻尼的影响,在远离共振的条件下可以不加考虑,从而使计算大为简化; 但在研究共振现象时,阻尼却起着决定性的作用,绝对不能略去不计. 又如，简支梁的质量，在计算自由振动的最低频率时，可以假定为梁的一半质量集中于梁的中点而得到很准确的结果;但在研究突加载荷所引起的响应时,则上述假定将导致错误的结论.

我们提出的简化模型以及分析简化模型所得的结论，必须通过科学实验或生产实践的检验. 只有那些符合(或大体上符合)客观实际的,才是正确(或基本正确)的.

本书除非线性振动一章外，采用的都是常参数线性系统的模型.

1.3 激扰与响应

一个实际振动系统,在外界振动激扰(亦称激励)作用下,会呈现一定的振动响应(亦称反应). 这种激扰就是系统的输入，响应也就是输出. 二者由系统的振动特性联系着，其框图如图 1.3-1 所示.

系统的激扰可分为二大类: **确定性的**(亦称定则的)与**或然性的**(亦称随机的).

图 1.3-1

可以用时间的确定函数来描述的激扰，属于确定性的. 脉冲函数、阶跃函数、周期函数、谐和函数等等都是典型的确定性函数. 实际振动系统所受的激扰，大多数可以简化为这类确定性模型.

一个确定性系统(指系统特性是确定性的,不论它是常参数系统,还是变参数系统),在受到确定性激扰时,响应也是确定性的.这类振动称为定则振动.

另一类激扰是随机激扰,它不能用时间的确定函数来描述,但它们具有一定的统计规律性,因而可以用随机过程来描述.

即使是确定性系统,在受到随机激扰时,系统的响应亦将是随机的.这类振动称为随机振动.

本书采用的都是确定性模型;至于激扰,则除了随机振动一章外,采用的也都是确定性模型.

1.4 振动分类

前面已经提到,振动现象按系统响应的性质可分为二大类:定则振动与随机振动.

此外,还可以按激扰的控制方式分类如下:

1. 自由振动　它一般指的是弹性系统偏离于平衡状态以后,不再受外界激扰的情形下所发生的振动.

2. 强迫振动　它指的是弹性系统在受到外界控制的激扰作用下发生的振动.这时,即使振动被完全抑止,激扰照样存在.

3. 自激振动　这时,激扰是受系统振动本身控制的,在适当的反馈作用下,系统会自动地激起定幅振动.但一旦振动被抑止,激扰也就随同消失.

4. 参激振动　这种激扰方式是通过周期地或随机地改变系统的特性参数来实现的.

本书将根据系统振动分析与综合的需要,由浅入深地、系统地阐明这些振动现象及其规律.

1.5 振动问题及其解决方法

不论是定则的还是随机的振动问题,一般说来,无非是在激扰、响应以及系统特性三者之中已知二者求第三者.

在激扰条件与系统特性已知的情形下，求系统的响应，就是所谓振动分析.

在系统特性与系统响应已知的情形下，来反推系统的输入，这就是所谓振动环境预测.

在激扰与响应均为已知的情形下，来确定系统的特性，这就是所谓振动特性测定或系统识别.

后一种情形下，问题的另一种提法是：在一定的激扰条件下，如何来设计系统的特性，使得系统的响应满足指定的条件. 这就是所谓振动综合或振动设计.

实际的振动问题往往是错综复杂的. 它可能同时包含识别、分析、综合等几个方面的问题. 通常，将实际问题抽象成为力学模型，实质上就是一个系统识别问题. 进而针对系统模型列式求解的过程，实质上也就是振动分析的过程. 而分析并不是问题的终了，分析的结果还必须用于改进设计或者排除故障（实在的或潜在的），这就是振动设计或综合的问题.

解决振动问题的方法，不外乎通过理论分析与实验研究，二者是相辅相成的. 在大量实践和科学实验基础上建立起来的理论，反过来对实践起一定的指导作用. 而从理论分析得到的每一个结论都必须通过实验的验证，并经受实践的检验，才能确定它是否正确. 在振动问题的理论分析中大量地应用了数学工具，特别是快速数字计算机的日益发达为解决复杂振动问题提供了强有力的手段. 而近些年来得到迅速发展的振动测试技术又为振动问题的试验、分析与研究展现了广阔的前景.

本书着重阐述振动的基本理论与分析方法. 完全掌握这些内容也就初步具备解决实际振动问题的能力，并能为进一步开展研究工作打下良好的基础.

第二章　自由振动

2.1 引　　言

本章讨论1自由度线性系统的自由振动，即振系在受到初始激扰后的振动. 应用牛顿运动定律，列出确定这种振动规律的微分方程，说明其求解方法，得出位移与速度的表达式以及频率与周期的公式. 对理想的无阻尼振系，还应用了能量守恒原理，列出微分方程，或者不通过微分方程而直接导出频率与周期的公式. 无阻尼振系的自由振动是简谐运动. 振动一经开始后，就可以无限期地进行，振幅大小不变.

实际的系统都是有阻尼的. 本章中假定阻尼力与相对速度成正比. 如果阻尼达到或大于某一临界值，系统的自由运动就不是振动. 只有阻尼小于临界值，自由振动才可以发生，但这时振系的机械能不断耗散，振幅不断减小，以至振动完全停息. 有阻尼系统的自由振动是衰减振动.

2.2 简 谐 振 动

工程中一些简单的振动问题，有时可以简化为图2.2-1所示的弹簧-质量系统的运动问题. 光滑水平面上的小物体，质量为 m，由螺旋弹簧连至定点 D. 弹簧重量可以不计，在不受力时的长度为 l_0，轴线成水平.

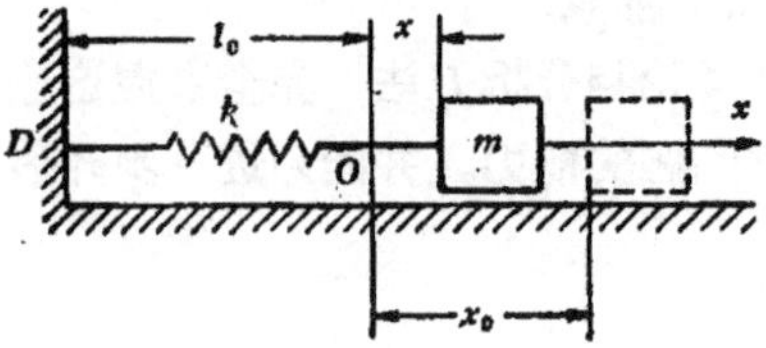

图 2.2-1

沿弹簧轴线取坐标轴 x，以弹簧不受力时的右端位置 O 为原点，向右为正．假定物体只限于沿坐标轴 x 进行直线运动，则物体在任一瞬时的位置都可以由坐标 x 完全确定．这是1自由度系统．

作用于物体的力，除重力与光滑水平面的反力互相抵消外，只有弹簧力．在原点 O，弹簧力等于零，这是物体的静平衡位置．当物体从这位置偏离 x 时，设在 O 的右侧，x 有正值，弹簧受拉伸，它作用于物体的力水平朝左；设在 O 的左侧，x 有负值，弹簧受压缩，它作用于物体的力水平朝右．可见弹簧力总是指向原点 O，力图使物体回到静平衡位置，这种力称为恢复力．

假设用手把物体从位置 O 向右拉至距离 x_0 后，使它静止，则在放手后，物体将在弹簧力的作用下向左加速运动；回到位置 O 时，弹簧力变为零，但物体具有速度，由于惯性将继续向左运动；越过原点 O 后，弹簧力使物体减速，直到速度等于零，此时弹簧力又使物体开始向右运动．这样，物体将在平衡位置的附近进行往复运动．在没有阻尼的理想条件下，这种运动一经开始，就会无限期地持续进行，永不停止．

令 k 表示弹簧的刚度系数，即弹簧发生单位变形（伸长或缩短1单位长度）时所受的力．在一般工程问题中，系数 k 可以看为常数，因而弹簧力与变形 x 成正比．设力与位移的单位分别为公斤与厘米，则 k 的单位为公斤/厘米．

设在某一瞬时 t，物体的位移为 x，则弹簧作用于物体的力为 $-kx$，以 $\dot{x}$ 与 $\ddot{x}$ 分别代表物体的速度与加速度，由牛顿运动定律有

$$m\ddot{x} = -kx \tag{a}$$

令

$$p^2 = \frac{k}{m} \tag{b}$$

得

$$\ddot{x} + p^2x = 0 \tag{2.2-1}$$

这是二阶、常系数、线性、齐次、常微分方程，因为方程中导数最高的是二阶；系数1与 p^2 都是常数；出现的 x 及其导数都是一

次项，没有乘积项；方程右端为零；只有一个自变量，即t，没有偏导数．不难看出，$x = \sin pt$ 与 $x = \cos pt$ 都满足方程(2.2-1)，因而都是(2.2-1)的解．可以证明，(2.2-1)的通解可写为

$$x = B\sin pt + D\cos pt \tag{2.2-2}$$

其中B与D是任意常数，取决于运动的初始条件．设在初瞬时$t = 0$，物体有初位移 $x = x_0$ 与初速度 $\dot{x} = \dot{x}_0$，则代入式(2.2-2)及其一阶导数

$$\dot{x} = Bp\cos pt - Dp\sin pt \tag{2.2-3}$$

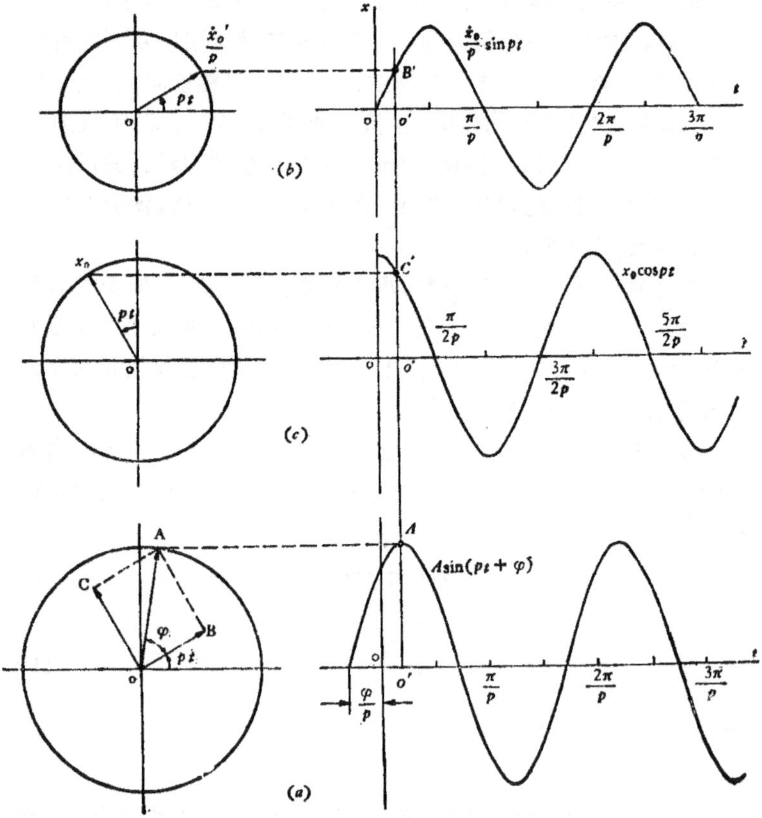

图 2.2-2

可得

$$B = \frac{\dot{x}_0}{p}, \quad D = x_0$$

因而方程(2.2-1)对应于这一初始条件的解为

$$x = \frac{\dot{x}_0}{p}\sin pt + x_0\cos pt \tag{2.2-4}$$

图 2.2-2 以时间 t 为横坐标，画出了表示 $\frac{\dot{x}_0}{p}\sin pt$ 与 $x_0\cos pt$ 的曲线(b)与(c)；二者的纵坐标相加，例如 $O'B' + O'C' = O'A'$，即得表示 x 的曲线(a)。这三条曲线的纵坐标，分别等于参考圆上转动矢 **OB**, **OC** 与 **OA** 在轴 x 上的投影.

其实，曲线(a)也可以直接画出，因为方程 (2.2-4) 可以改写为

$$x = A\sin(pt + \varphi) \tag{2.2-5}$$

其中

$$A = \sqrt{x_0^2 + \left(\frac{\dot{x}_0}{p}\right)^2}, \quad \varphi = \mathrm{tg}^{-1}\frac{px_0}{\dot{x}_0}$$

A 称为振幅，即振动物体离开静平衡位置的最大距离；φ 称为初相角.

方程(2.2-5)与 (2.2-4) 都把运动物体的位移 x 表示为时间 t 的正弦型函数. 凡是位移可以表示为时间的正弦型函数的运动，称为简谐振动. 方程(2.2-1)就是确定简谐振动的微分方程.

每当角度 pt 增大 2π，或者时间 t 增大 $2\pi/p$，转动矢的位置都重复一次，振动物体的位移 x 值也重复一次. 振动重复一次所需要的这个时间间隔，称为振动周期，用 τ 代表，有

$$\tau = \frac{2\pi}{p} = 2\pi\sqrt{\frac{m}{k}} \tag{2.2-6}$$

周期的单位通常为秒. 在 1 秒时间内振动重复的次数，称为振动频率，用 f 代表，有

$$f=\frac{1}{\tau}=\frac{1}{2\pi}\sqrt{\frac{k}{m}} \tag{2.2-7}$$

频率的单位，即次/秒，称为赫兹，简称赫．转动矢的角速度

$$p=\frac{2\pi}{\tau}=2\pi f=\sqrt{\frac{k}{m}} \tag{2.2-8}$$

称为振动的圆频率(亦称角频率，常简称频率)，单位为弧度/秒，简写为 1/秒．

由方程(2.2-5)—(2.2-8) 可见，简谐振动的振幅与初相角，随初始条件的不同而改变；而振动频率，以及它的倒数——周期，则唯一地决定于振系的参数，与初始条件无关，它们是振系的固有特征，通常称为固有频率与固有周期．

物体偏离平衡状态后，在恢复力作用下进行的振动，称为自由振动．固有频率就是振系自由振动时的频率．

振系的质量越大，弹簧越弱，则固有频率越低，周期越长；反之，质量越小，弹簧越强，则固有频率越高，周期越短．这个结论，对复杂的振系也同样正确．

以上我们分析了物体沿水平方向进行的振动，物体在静平衡位置时，弹簧无变形．现在来看由弹簧悬挂的物体(图 2.2-3)沿铅垂方向的振动．当振系成静平衡时，弹簧在物体重力 mg 的作用下将有静伸长

$$\delta_s=\frac{mg}{k} \tag{c}$$

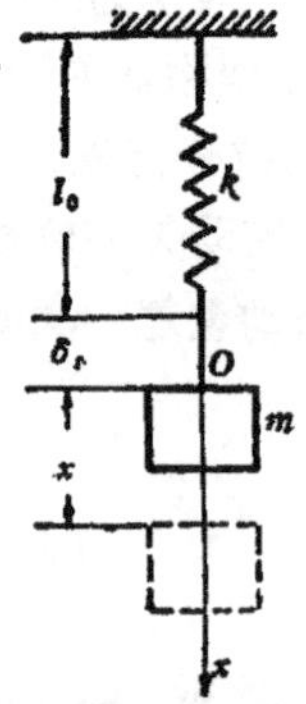

图 2.2-3

取铅垂坐标轴 x，以静平衡位置为原点 O，向下为正．在物体从静平衡位置离开 x 时，弹簧将有伸长 δ_s+x(其中 x 是代数值，向下为正，向上为负)，它作用于物体的力等于 $-k(\delta_s+x)$．在重力与弹簧力的作用下，物体的运动微分方程为

$$m\ddot{x}=mg-k(\delta_s+x) \tag{d}$$

因为 $mg=k\delta_s$，上式仍简化为 $m\ddot{x}=$

$-kx$，即式(a)．可见前面关于物体沿光滑水平面运动的讨论，对物体沿铅垂方向的振动也完全适用．这样，只要取物体的静平衡位置为坐标原点，则在列运动微分方程时，可以不再考虑物体的重力与弹簧的静变形．

从弹簧的静变形极易算出振系的固有频率．因为由式(c)有 $\frac{k}{m}=\frac{g}{\delta_s}$，代入方程(2.2-7)，即得

$$f=\frac{1}{2\pi}\sqrt{\frac{g}{\delta_s}} \tag{2.2-9}$$

设 δ_s 的单位为厘米，则以 $g=980$ 厘米/秒^{2}代入，有近似式

$$f=\frac{4.98}{\sqrt{\delta_s}},\quad \delta_s\text{ 以厘米计} \tag{2.2-9$'$}$$

振系中的弹簧当然不一定是螺旋形的；在振动物体离开静平衡位置后，作用于物体的恢复力也不一定是弹簧力．下面举例说明．

例 2.2-1．可以沿铅垂方向运动的物体，如图 2.2-4 所示，使弹簧产生静缩短 $\delta_s=6$ 毫米．求物体在弹簧上自由振动的频率．

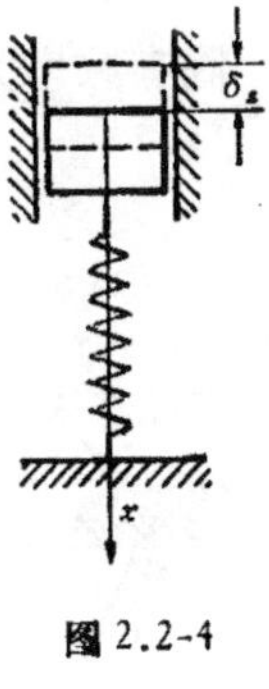

图 2.2-4

解．以 $\delta_s=0.6$ 厘米代入方程(2.2-9)$'$，即得

$$f=\frac{4.98}{\sqrt{0.6}}=6.4\text{ 赫}$$

例 2.2-2．均匀悬臂梁长为 l，弯曲刚度为 EI，重量不计，自由端附有重 $P=mg$ 的物体，如图 2.2-5 所示．试写出物体的振动微分方程，并求出固有频率．

图 2.2-5

解．由材料力学知，

在物体重力的作用下，梁的自由端将有静挠度

$$\delta_s = \frac{Pl^3}{3EI}$$

这里，悬臂梁起着弹簧的作用，自由端产生单位静变形所需要的力就是梁的弹簧系数

$$k = \frac{P}{\delta_s} = \frac{3EI}{l^3}$$

梁端物体的振动微分方程为

$$m\ddot{y} = -\frac{3EI}{l^3}y$$

即

$$\ddot{y} + \frac{3EI}{ml^3}y = 0$$

固有频率为

$$f = \frac{1}{2\pi}\sqrt{\frac{3EI}{ml^3}} \tag{2.2-10}$$

例 2.2-3. 可绕水平轴转动的细长直杆，下端附有重锤(杆的重量与锤的体积都可以不计)，组成单摆，亦称数学摆. 设杆长为 l，锤重为 $P = mg$. 试求摆的运动微分方程及固有周期.

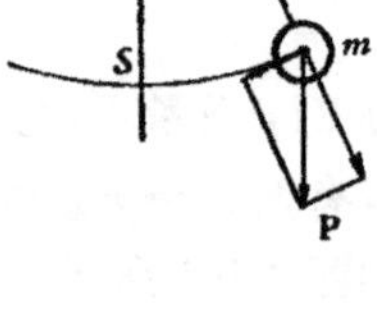

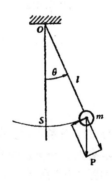

图 2.2-6

解. 摆的铅垂位置 OS (图 2.2-6) 是静平衡位置. 当摆从这位置偏离 θ 角时，重力的切向分量 $P\sin\theta$ 力图使摆回到静平衡位置. 这里，重力起着弹簧的作用.

取偏角 θ 为坐标，从平衡位置出发，以逆时针方向为正，锤的切向加速度为 $l\ddot{\theta}$，故有运动微分方程

$$ml\ddot{\theta} = -mg\sin\theta$$

假定角 θ 不大，可令 $\sin\theta \approx \theta$，则上式简化为

$$\ddot{\theta}+\frac{g}{l}\theta=0$$

与方程(2.2-1)形式相同，$\frac{g}{l}$ 对应于 p^2，振动周期由式(2.2-6)知为

$$\tau=\frac{2\pi}{p}=2\pi\sqrt{\frac{l}{g}} \tag{2.2-11}$$

可见单摆的周期唯一地决定于杆长 l 与重力加速度 g，与摆锤的重量无关，也不随振幅(假定为小量)而改变. 设 l 已知，则精确测定摆的振动周期，就可以算出当地的重力加速度. 各种形式的重力摆都具有这一性质. 因此，这一原理可以用于重力探矿.

例 2.2-4. 可绕水平轴摆动的物体，称为复摆(亦称物理摆)，设物体的质量为 m，对轴 O 的转动惯量为 J，重心 G 至轴 O 的距离为 S，图 2.2-7. 求复摆微幅振动的微分方程及振动周期.

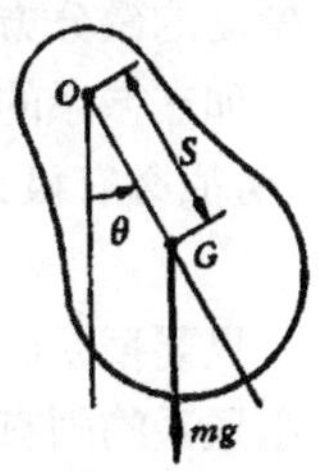

图 2.2-7

解. 取偏角 θ 为坐标，以逆时针方向为正. 复摆绕定轴转动的微分方程可列为

$$J\ddot{\theta}=-mgS\sin\theta$$

在 θ 微小时，可令 $\sin\theta\approx\theta$，于是上式可写为

$$\ddot{\theta}+\frac{mgS}{J}\theta=0$$

这就是所求的微分方程. 与方程(2.2-1)比较，可见圆频率为 $p=\sqrt{\frac{mgS}{J}}$，振动周期为

$$\tau=\frac{2\pi}{p}=2\pi\sqrt{\frac{J}{mgS}} \tag{2.2-12}$$

计算形状复杂的机器部件的转动惯量相当困难. 方程(2.2-12)提供了用实验确定 J 的一个方法：设物体的重量 mg 与距离

S 均已量出，并由实验测定出振动周期 τ，就容易算出转动惯量 J.

2.3 能 量 法

在阻尼可以略去不计的条件下，振系在自由振动时的动能与势能之和(即机械能)保持常值. 令 T 与 U 分别代表振系的动能与势能，有

$$T + U = \text{常数} \tag{2.3-1}$$

这就是应用于振系的能量守恒原理. 对时间求导，得

$$\frac{d}{dt}(T + U) = 0 \tag{2.3-2}$$

以具体振系的能量表达式代入上式，化简后即可得出描述振系自由振动的微分方程.

如在振系的动能有极大值 T_m 时，取势能为零；则在动能为零时，势能必有极大值 U_m. 因此

$$T_m = U_m \tag{2.3-3}$$

只要振系的自由振动是简谐振动，则由方程(2.3-3)可以直接得出振系的固有频率，不需要列出微分方程.

有关动能与势能的计算方法简述如下.

动能 T 质量为 m 的质点(或者进行平动的刚体)在速度为 v 时，

$$T = \frac{1}{2}mv^2 \tag{a}$$

定轴转动的刚体，在对转轴的转动惯量为 J，角速度为 ω 时，

$$T = \frac{1}{2}J\omega^2 \tag{b}$$

进行平面运动的刚体，

$$T = \frac{1}{2}mv_c^2 + \frac{1}{2}J_c\omega^2 \tag{c}$$

式中 v_c 表示物体质心的速度，J_c 表示物体对于通过质心且垂直于运动平面的轴的转动惯量.

势能 U　弹性体的势能，等于外力使弹性体产生变形过程中所做的功. 螺旋弹簧伸长(或缩短) x 时，

$$U=\int_0^x kx dx=\frac{1}{2}kx^2 \tag{d}$$

悬臂梁在自由端有载荷 P 与挠度 x 时,式(d)同样适用.

转轴有扭角 θ 时，

$$U=\frac{1}{2}K\theta^2 \tag{e}$$

式中 K 为抗扭弹簧系数(参阅例 2.3-1).

刚体的势能等于刚体的重量 P 与重心高度 z_c 的乘积：

$$U=Pz_c \tag{f}$$

z_c 从任意选定的某一基准位置量起，高出基准位置时 z_c 为正值，反之为负值. 图 2.2-6 中,设取摆锤的静平衡位置 S 为基准，则在有偏角 θ 时,$z_c=l-l\cos\theta$,摆锤有势能 $Pl(1-\cos\theta)$[1].

例 2.3-1. 铅垂圆轴,上端固定，下端装有水平圆盘，组成扭摆,如图 2.3-1. 设有力矩使圆盘及圆轴下端绕铅垂轴转过某一角度 θ 后突然释放,则圆盘将在水平面内进行扭转振动. 已知圆轴的扭转弹簧系数（使轴的下端扭转 1 弧度所需要的力矩）为 K 公斤·厘米/弧度，质量可以不计，圆盘对转轴的转动惯量为 J. 求扭摆的振动微分方程及固有周期与频率.

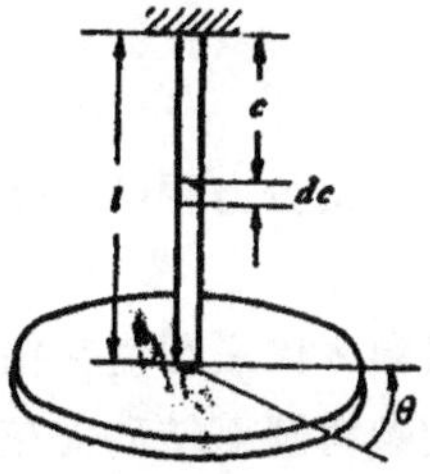

图 2.3-1

解. 用 θ 表示圆盘在某瞬时 t 的扭角，则振系的动能与势能为

1) 使用式(2.3-3)来确定振系固有频率时，应注意势能基准值的选取，使振系的动能有最大值时势能为零.

$$T = \frac{1}{2} J\dot{\theta}^2$$

$$U = \frac{1}{2} K\theta^2$$

代入(2.3-2)，有

$$\frac{d}{dt}\left(\frac{1}{2} J\dot{\theta}^2 + \frac{1}{2} K\theta^2\right) = 0$$

即

$$J\dot{\theta}\ddot{\theta} + K\theta\dot{\theta} = 0$$

上式除以 $J\dot{\theta}$，并令

$$p = \sqrt{\frac{K}{J}} \tag{2.3-4}$$

得微分方程

$$\ddot{\theta} + p^2\theta = 0 \tag{2.3-5}$$

与方程(2.2-1)形式相同．可见扭摆的自由振动也是简谐振动，其固有周期与频率为

$$\tau = \frac{2\pi}{p} = 2\pi\sqrt{\frac{J}{K}} \tag{2.3-6}$$

$$f = \frac{p}{2\pi} = \frac{1}{2\pi}\sqrt{\frac{K}{J}} \tag{2.3-7}$$

微分方程(2.3-5)的解可以表示为

$$\theta = A\sin(pt + \varphi) \tag{2.3-8}$$

振幅 A 代表圆盘在扭振中离开平衡位置的最大偏角，初相角 φ 规定参考圆上转动矢在 $t = 0$ 时的位置． A 与 φ 都取决于运动的初始条件．圆盘在扭振中任一瞬时的角速度为

$$\dot{\theta} = pA\cos(pt + \varphi) \tag{2.3-9}$$

如果所需求的只是扭振的频率或者它的倒数——周期，则可以不必列出微分方程．因为我们知道这种振动总是简谐的，设最大偏角为 A，则最大角速度为 pA，因而动能与势能的最大值分别为

$$T_m = \frac{1}{2} J p^2 A^2, \quad U_m = \frac{1}{2} K A^2$$

代入方程(2.3-3)，亦即令二者相等，即得 $p^2 = K/J$，由此就可以算出 f 与 τ.

例 2.3-2. 用能量法求用弹簧悬挂的物体沿铅垂方向自由振动的微分方程.

解. 设在某瞬时 t，物体从静平衡位置 O 下移 x，因而弹簧有总伸长 $\delta_s + x$ (参阅图 2.2-3)，物体的速度为 $\dot{x}$，则

振系的动能为 $T = \frac{1}{2} m\dot{x}^2$

振系的势能为 $U = \frac{1}{2} k(\delta_s + x)^2 - Px$

势能表达式中的第一项表示弹簧的势能，取弹簧无变形时为基准；第二项表示物体的重力势能，取位置 A 为基准. 将上列二式代入方程(2.3-2)，有

$$\frac{d}{dt}\left[\frac{1}{2} m\dot{x}^2 + \frac{1}{2} k(\delta_s + x)^2 - Px\right] = 0$$

即

$$m\dot{x}\ddot{x} + k(\delta_s + x)\dot{x} - P\dot{x} = 0$$

注意到 $k\delta_s = P$，上式简化为 $m\ddot{x} = -kx$，同第 2.2 节式(a).

更简便的方法是：计算振系势能时直接取振系的势能为 $U = \frac{1}{2} kx^2$，这相当于既不考虑弹簧有静变形 δ_s，也不考虑物体受重力作用时所得的结果. 将这一势能表示式连同动能 $T = \frac{1}{2} m\dot{x}^2$ 代入式(2.3-2)，可得同样结果.

例2.3-3. 细杆 OA 可绕水平轴 O 转动，如图 2.3-2 所示，在

静平衡时成水平．杆端重锤的质量为 m，杆与弹簧的质量均可略去不计，求自由振动的微分方程及固有周期．

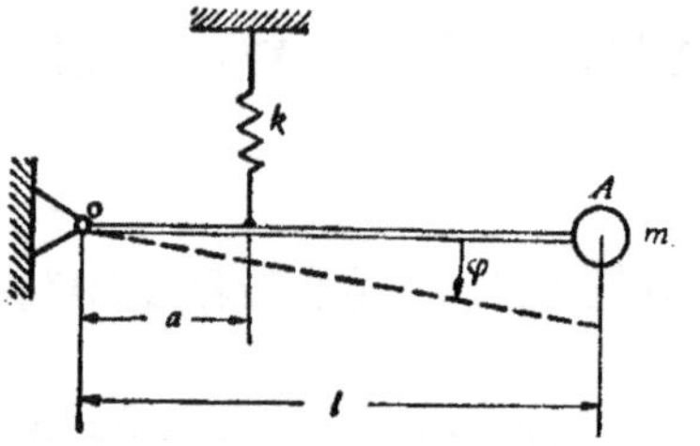

图 2.3-2

解．在杆有小偏角 φ 时，弹簧的伸长以及锤的位移与速度可以很近似地表示为 $a\varphi$，$l\varphi$ 与 $l\dot{\varphi}$．故振系的动能与势能可表示为

$$T=\frac{1}{2}m(l\dot{\varphi})^2$$

$$U=\frac{1}{2}k(a\varphi)^2$$

代入方程(2.3-2)，有

$$\frac{d}{dt}\left[\frac{1}{2}ml^2\dot{\varphi}^2+\frac{1}{2}k(a\varphi)^2\right]=0$$

由此可得

$$\ddot{\varphi}+\frac{k}{m}\left(\frac{a}{l}\right)^2\varphi=0$$

圆频率为

$$p=\frac{a}{l}\sqrt{\frac{k}{m}}$$

周期为

$$\tau=\frac{2\pi l}{a}\sqrt{\frac{m}{k}}$$

这种振系可用于地震仪，参阅第 3.8 节．

在前面的讨论中，我们假定了弹性元件(螺旋弹簧、悬臂梁、扭轴等)的质量远远小于振动物体的集中质量，因而可以略去不计．这样，使原来有分布质量的振系简化为 1 自由度的振系．在不少工程问题中，这种方法所得的结果已经足够准确.

但是，有的振系中弹簧的分布质量并不是远小于集中质量. 对这样的振系，可以把能量法加以引伸，考虑到分布质量的影响，但仍把问题简化为1自由度的，求出振系的基频（即最低频率）. 举例说明如下.

例 2.3-4. 螺旋弹簧的等值质量. 图 2.3-3 中，设弹簧在静平衡位置的长度为 l，单位长度的质量为 ρ. 求振系的固有频率.

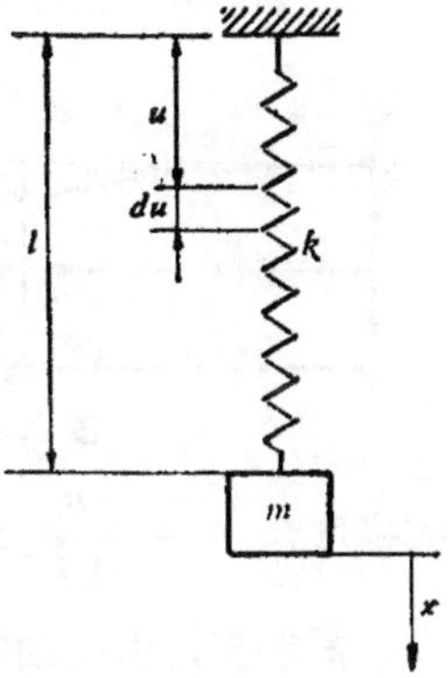

图 2.3-3

解. 设弹簧在振动过程中变形是均匀的，即当弹簧下端的振幅为 X_0 时，则离弹簧上端 u 的截面振幅为 $\frac{u}{l}X_0$. 因此，当物体按 $x = X_0 \sin pt$ 上下振动时，物体的最大速度为 pX_0. 这时，整个弹簧动能的最大值为

$$T'_{\max} = \frac{1}{2}\rho p^2\left(\frac{X_0}{l}\right)^2\int_0^l u^2 du$$

$$= \frac{1}{2}p^2X_0^2\frac{\rho l}{3}$$

而整个系统动能的最大值为

$$T_{\max} = \frac{1}{2}\left(m + \frac{\rho l}{3}\right)p^2X_0^2$$

这一系统的势能最大值仍为

$$U_{\max} = \frac{1}{2}kX_0^2$$

令二者相等，可得

$$p^2 = \frac{k}{m + \frac{\rho l}{3}}$$

$$f = \frac{p}{2\pi} = \frac{1}{2\pi}\sqrt{\frac{k}{m+\frac{\rho l}{3}}}$$

式中 ρl 代表弹簧的总质量．将上式与式(2.2-7)比较，可见弹簧质量对于频率的影响相当于在质量 m 上再加弹簧的等值质量，即弹簧总质量的1/3.

例 2.3-5. 悬臂梁的等值质量． 图 2.3-4 中，设悬臂梁单位长度的质量为 ρ，梁端有集中质量 m．求固有频率．

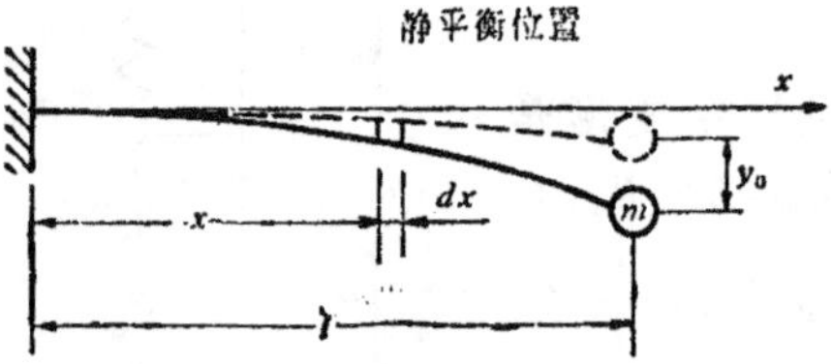

图 2.3-4

解． 由材料力学知，在梁端静载荷 P 的作用下，悬臂梁自由端的挠度为 $\delta = \frac{Pl^3}{3EI}$，截面 x 处的挠度为 $\left(\frac{3lx^2 - x^3}{2l^3}\right)\delta$.

假定在自由振动中，梁各点的振幅仍近似地按此比例．即设

$$y(x) = \left(\frac{3lx^2 - x^3}{2l^3}\right)y_0$$

其中 y_0 为梁自由端的振幅． 设质量 m 的自由振动可表示为 $y_0 \sin pt$；而梁的振动可表示为 $y(x) = y(x)\sin pt$.

这时，全梁动能的最大值为

$$\begin{aligned} T'_{\max} &= \frac{1}{2}\rho p^2\int_0^l y^2(x)dx \\ &= \frac{1}{2}\rho p^2\left(\frac{y_0}{2l^3}\right)^2\int_0^l (3lx^2 - x^3)^2 dx \\ &= \frac{1}{2}\cdot\frac{33}{140}\rho l\cdot p^2 y_0^2 \end{aligned}$$

故整个系统动能的最大值为

$$T_{\max} = \frac{1}{2}\left(m + \frac{33\rho l}{140}\right)p^2 y_0^2$$

而系统势能的最大值为

$$U=\frac{1}{2}ky_0^2=\frac{1}{2}\cdot\frac{3EI}{l^3}y_0^2$$

令二者相等，可得

$$p^2=\frac{3EI/l^3}{m+\frac{33}{140}\rho l}$$

$$f=\frac{p}{2\pi}=\frac{1}{2\pi}\sqrt{\frac{3EI}{\left(m+\frac{33}{140}\rho l\right)l^3}}$$

将上式与式(2.2-10)比较，可见悬臂梁的质量对振系固有频率的影响相当于在自由端上再加梁的等值质量，即 $\frac{33}{140}\rho l$，稍小于全梁质量的1/4.

2.4 弹簧刚度系数

弹簧刚度系数就是使弹簧产生单位变形所需要的力或力矩．任何弹性体都可以看为弹簧．

同一个弹簧，在不同的受力情况下，具有不同的刚度系数．以螺旋弹簧为例，在承受轴向拉伸或压缩时，如图2.4-1(a)，刚度系数为

$$k=\frac{Gd^4}{8nD^3}\ 公斤/厘米$$

(a) (b) (c)

图 2.4-1

而在承受扭转与弯曲时，如图(b)与(c)，则刚度系数分别为

$$k = \frac{Ed^4}{64nD}\ \text{公斤·厘米/弧度}$$

$$k = \frac{Ed^4}{32nD}\left(\frac{1}{1 + E/2G}\right)\ \text{公斤·厘米/弧度}$$

式中 E 为弹性模量，G 为剪切弹性模量，单位为公斤/厘米^2； d，D 分别为簧丝、簧圈的直径，单位为厘米；n 为圈数.

工程中用到的弹簧类型很多，计算时所需要的刚度系数，一般可以在有关手册中找到. 下面只列出几个常用的公式.

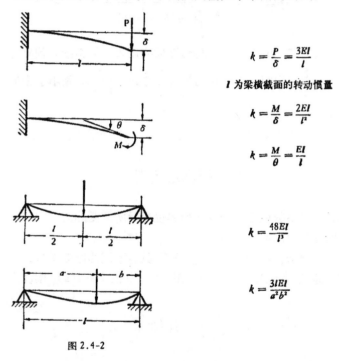

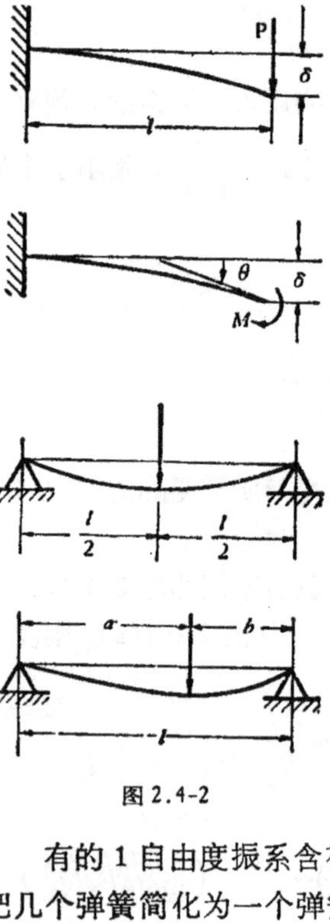

$$k = \frac{P}{\delta} = \frac{3EI}{l}$$

I 为梁横截面的转动惯量

$$k = \frac{M}{\delta} = \frac{2EI}{l^2}$$

$$k = \frac{M}{\theta} = \frac{EI}{l}$$

$$k = \frac{48EI}{l^3}$$

$$k = \frac{3lEI}{a^2b^2}$$

图 2.4-2

有的 1 自由度振系含有几个弹簧. 为了计算固有频率，须先把几个弹簧简化为一个弹簧，求出这个弹簧的刚度系数，即**等值弹簧系数**.

例 2.4-1. 求图 2.4-3 所示并联弹簧(a)与串联弹簧 (b) 的等

值弹簧系数.

解. (a)要使点O向下位移1厘米，必须使弹簧k_1与k_2同时都伸长1厘米，故作用于下端的力F应等于k_1+k_2. 因而等值弹簧系数为

$$k_0=\frac{F}{1}=k_1+k_2 \qquad (2.4\text{-}1)$$

(b) 设力F使点O产生向下的位移,则弹簧k_1将伸长F/k_1, 弹簧k_2将伸长F/k_2,于是有

$$\delta_0=\frac{F}{k_1}+\frac{F}{k_2}$$

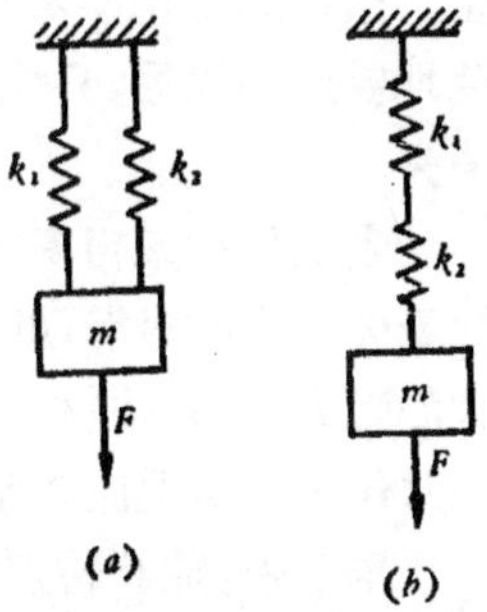

图 2.4-3

故等值弹簧系数为

$$k_0=\frac{F}{\delta_0}=\frac{k_1k_2}{k_1+k_2} \qquad (2.4\text{-}2)$$

上列两个公式,显然可以引伸应用于更多个弹簧.

弹簧的并联与串联,不能按表面形式来划分,而须从力的分析来判断. 例如，图2.4-4(a)与(b)中的弹簧都是串联的，而(c)与(d)中的弹簧则都属于并联的.

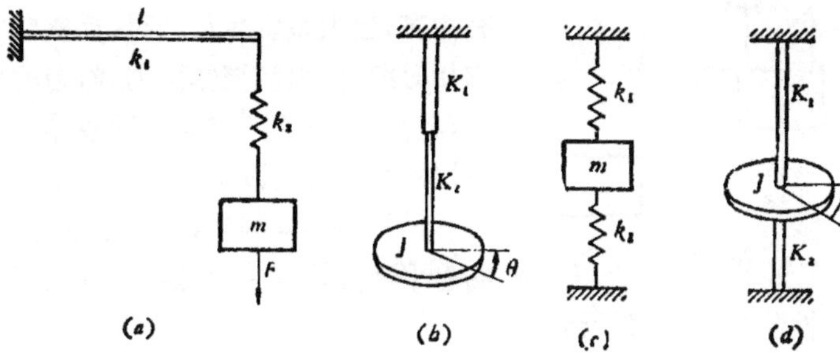

图 2.4-4

2.5 有粘性阻尼的振系的运动

前面我们假定,物体由于任何外来的原因离开平衡状态之后,

只受到恢复力的作用．物体将在平衡位置附近按固有频率进行简谐振动．振系的机械能保持常值，振动无限期地重复进行，永不停止．这样的结论显然与实际不符．实际的自由振动，由于不可避免地要遇到阻尼，只能是衰减振动．振幅陆续缩减，以至振动完全消失．

阻尼可能来自多方面．例如，由于振动物体在润滑表面或干燥表面上作相对滑动时的阻力，物体在磁场中或流体中运动所遇到的阻力，弹性体材料的内阻，等等．有时是不同性质的几种阻尼同时作用．情况比较复杂，计算不容易准确．

本书中，除非特别指出，都只限于考虑粘性阻尼，即物体沿润滑表面滑动或者在流体中低速运动时所遇到的阻力，其大小可以近似地假定为与相对速度成正比．这个假定使计算比较方便．其他各种阻尼对振动的影响，可以简化为对应的粘性阻尼来计算，得出有用的近似结果，见第 3.10 节．

下面就讨论有粘性阻尼的振系的运动．

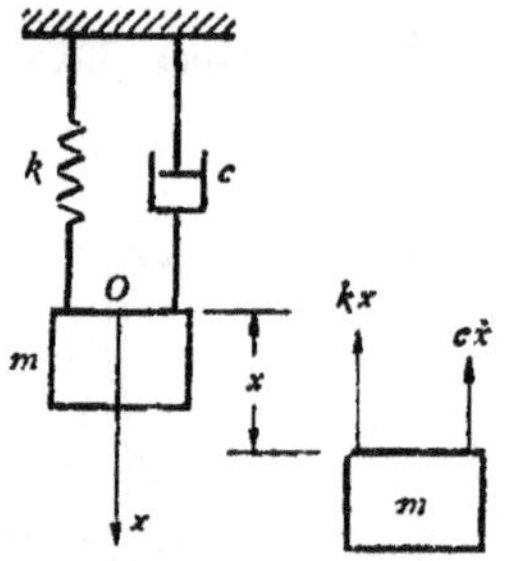

图 2.5-1

图 2.5-1 表示有粘性阻尼的振系：除弹簧 k 与质量 m 外，还有阻尼器 c——可以设想为在汽缸或油缸中有活塞，当振系发生运动时，活塞在缸内相对滑动，引起流体阻力，阻力的大小与速度成正比，方向与速度相反．阻尼器的质量可以不计．

仍取铅垂向的坐标轴 x，以物体的静平衡位置 O 为原点，向下为正．则粘性阻尼力可表示为

$$F_d = -c\dot{x} \tag{a}$$

式中 c 称为**阻尼系数**．按牛顿运动定律有

$$m\ddot{x} = -c\dot{x} - kx$$

或者

$$\ddot{x}+\frac{c}{m}\dot{x}+\frac{k}{m}x=0 \tag{2.5-1}$$

这就是有粘性阻尼的振系的自由振动微分方程. 为了求解,设

$$x=e^{st} \tag{b}$$

其中 s 是待定的常数,代入(2.5-1),可得

$$\left(s^2+\frac{c}{m}s+\frac{k}{m}\right)e^{st}=0$$

可见(b)满足(2.5-1),亦即(b)是(2.5-1)的解,只要有

$$s^2+\frac{c}{m}s+\frac{k}{m}=0 \tag{c}$$

这个代数方程称为微分方程 (2.5-1) 的**特征方程**, 有两个根 s_1 与 s_2:

$$s_{1,2}=-\frac{c}{2m}\pm\sqrt{\left(\frac{c}{2m}\right)^2-\frac{k}{m}} \tag{d}$$

于是微分方程(2.5-1)的通解为

$$x=Be^{s_1t}+De^{s_2t} \tag{2.5-2}$$

式中 B 与 D 是任意常数,决定于运动的初始条件. 描述振系运动的解(2.5-2)的性质,决定于根 s_1 与 s_2 的性质. 由式 (d) 可见,随着阻尼系数 c 的大小的不同,根号内的项可以大于、等于或小于零,因而根 s_1 与 s_2 可以是不相等的负实根,相等的负实根或复根. 使式(d)根号内的项等于零,亦即 s_1 与 s_2 为等根时的阻尼系数值,称为**临界阻尼系数**,记为 c_c,即

$$c_c=2m\sqrt{\frac{k}{m}}=2mp=2\sqrt{km} \tag{2.5-3}$$

其中 p 为无阻尼振系的固有圆频率. 引用**阻尼比** ζ

$$\zeta=\frac{c}{c_c} \tag{2.5-4}$$

来表征振系中阻尼的大小: $\zeta>1$ 表示大阻尼,$\zeta=1$ 是临界阻尼,$\zeta<1$ 表示小阻尼. 这个比值不随所取单位的不同而改变,在工程中广泛应用. 于是

$$\frac{c}{m}=\frac{c}{c_c}\frac{c_c}{m}=2\zeta p$$

方程(2.5-1)与(d)可改写为

$$\ddot{x}+2\zeta p\dot{x}+p^2x=0 \tag{2.5-1$'$}$$

$$s_{1,2}=(-\zeta\pm\sqrt{\zeta^2-1})p \tag{d$'$}$$

下面就来说明：在阻尼比 $\zeta>1$ 或者 $\zeta=1$ 时，振系都不可能进行自由振动；只有在 $\zeta<1$ 即小阻尼的条件下，振系有衰减振动。

先看大阻尼即 $\zeta>1$ 的情形．由式(d)$'$可见，s_1 与 s_2 是不相等的负实根，代入方程(2.5-2)，得

$$x=Be^{(-\zeta+\sqrt{\zeta^2-1})pt}+De^{(-\zeta-\sqrt{\zeta^2-1})pt} \tag{2.5-5}$$

右端两项的绝对值都随着时间 t 按指数律减小，即物体在离开平衡位置后最终将渐近地回到平衡位置；物体至平衡位置的距离，可能是由 x_0 先增大到某一极值，然后逐渐减小到零，如图 2.5-2(a)示；或者由 x_0 单调地减小，如同图(b)示；也可能越过平衡位置，在

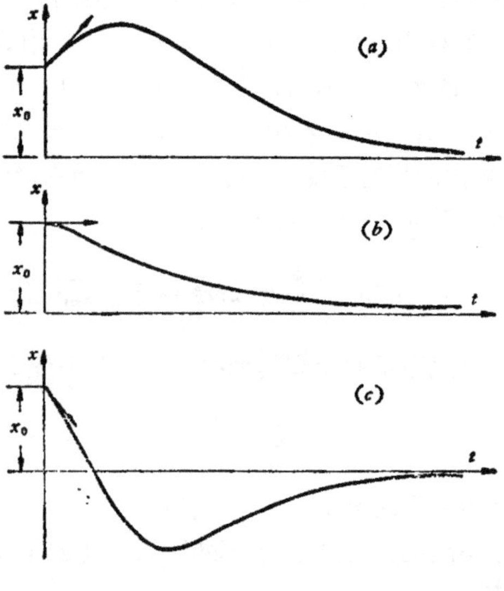

图 2.5-2

与初位移 x_0 相反的方向达到某一极值，然后减小到零． 可以证明，越过平衡位置最多只有一次．这样，在大阻尼的作用下，振系的自由运动不是振动．

其次看临界阻尼即 $\zeta=1$ 的情形．由式(d)′可见，根 s_1 与 s_2 都等于 $-\zeta p$．读者可以自行验证，在有等根时，不仅 $x=e^{-pt}$ 满足方程(2.5-1)′，并且 $x=te^{-pt}$ 也满足方程(2.5-1)′．［验证时，只需以 x 的表达式代入(2.5-1)′，并注意到 $\zeta^2=1$.］因此，微分方程(2.5-1)′的通解为

$$x=(B+Dt)e^{-pt} \tag{2.5-6}$$

可见在临界阻尼的作用下，物体至平衡位置的距离也是在达到某个极值之后，随着时间 t 按指数律减小，这种自由运动也不是振动．

只有在 $\zeta<1$ 即小阻尼的条件下，振系可以有自由振动．详见下节．

例 2.5-1．有粘性阻尼的弹簧质量系统，从平衡位置拉开 x_0 后释放，初速为零，求此后的运动方程．先设 $\zeta=1.25$，其次设 $\zeta=1$．

解．在 $\zeta=1.25$ 时，由式(d)有 $s_{1,2}=(-1.25\pm\sqrt{1.25^2-1})^p=-1.25\pm0.75p$．

由方程(2.5-2)有

$$x=Be^{-0.5pt}+De^{-2pt}$$

对时间 t 求导，得

$$\dot{x}=-0.5pBe^{-0.5pt}-2pDe^{-2pt}$$

以初始条件代入，可得

$$x_0=B+D$$

$$0=-0.5pB-2pD$$

故

$$B=\frac{4}{3}x_0,\quad D=-\frac{1}{3}x_0$$

所求的运动方程为

$$x = \frac{1}{3} x_0 (4e^{-\frac{1}{2}pt} - e^{-2pt})$$

其次，在 $\zeta = 1.0$ 时，$s_{1,2} = -p$，运动方程的形式为

$$x = (B + Dt)e^{-pt}$$

速度为

$$\dot{x} = (D - pB - pDt)e^{-pt}$$

以初始条件代入，得

$$x_0 = B$$

$$0 = D - pB$$

故运动方程为

$$x = x_0(1 + pt)e^{-pt}$$

这两种情形的 x-t 曲线，如图 2.5-3 示。

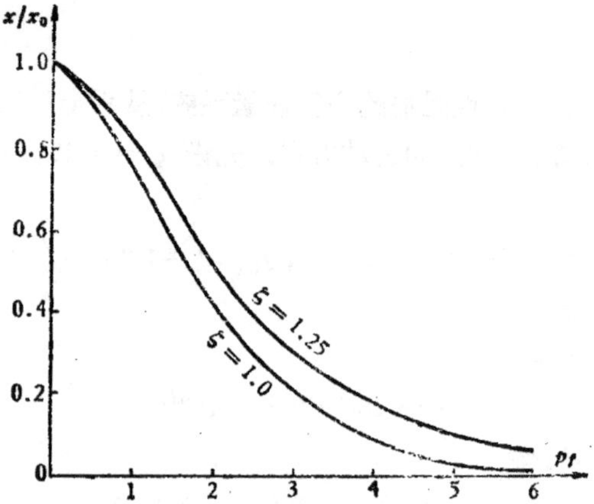

图 2.5-3

2.6 衰减振动

在小阻尼即 $\zeta < 1$ 的情形下，物体可以进行自由振动。

由上节式(d)′有

$$s_{1,2} = -\zeta p \pm i\sqrt{1-\zeta^2}\,p \tag{a}$$

其中 $i=\sqrt{-1}$．令

$$q = \sqrt{1-\zeta^2}\,p \tag{2.6-1}$$

则

$$s_1 = -\zeta p + iq \quad s_2 = -\zeta p - iq$$

代入方程(2.5-2)，得振系的运动方程

$$x = e^{-\zeta pt}(Be^{iqt} + De^{-iqt})$$

或者改写为[1]

$$x = Ae^{-\zeta pt}\sin(qt+\varphi) \tag{2.6-2}$$

其中常数A与φ决定于初始条件．设在 $t=0$，有 $x=x_0$ 与 $\dot{x}=\dot{x}_0$，则代入方程(2.6-2)及其导数

$$\dot{x} = Ae^{-\zeta pt}[q\cos(qt+\varphi) - \zeta p\sin(qt+\varphi)] \tag{2.6-3}$$

可得

$$x_0 = A\sin\varphi$$

$$\frac{\dot{x}_0 + \zeta p x_0}{q} = A\cos\varphi$$

由此有

$$A = \sqrt{x_0^2 + \left(\frac{\dot{x}_0 + \zeta p x_0}{q}\right)^2},\quad \operatorname{tg}\varphi = \frac{qx_0}{\dot{x}_0 + \zeta p x_0} \tag{2.6-2$'$}$$

考虑到(2.6-2)′，方程(2.6-2)还可以改写为

$$x = e^{-\zeta pt}\left(\frac{\dot{x}_0 + \zeta p x_0}{q}\sin qt + x_0\cos qt\right) \tag{2.6-4}$$

在 $x_0=0$ 时，上式简化为

---

1) 也可令 $x=e^{-\zeta pt}V(t)$，代入微分方程(2.5-1)′，可得

$$\frac{d^2V}{dt^2} + q^2V = 0$$

由此有

$$V(t) = A\sin(qt+\varphi)$$

$$x = \frac{\dot{x}_0}{q} e^{-\zeta pt} \sin qt \tag{2.6-5}$$

对应于无阻尼振系的

$$x = \frac{\dot{x}_0}{p} \sin pt \tag{2.6-5'}$$

方程(2.6-5)与(2.6-5)′在第四章中经常要用到.

方程(2.6-2)所代表的运动称为**衰减振动**，如图 2.6-1 示. 每当 $\sin(qt+\varphi) = \pm 1$ 时，物体的运动图（即 x-t 曲线）与包络线 $x = \pm Ae^{-\zeta pt}$ 相切. 在切点的 x 值 $Ae^{-\zeta pt}$ 称为**振幅**[1)]，它随时

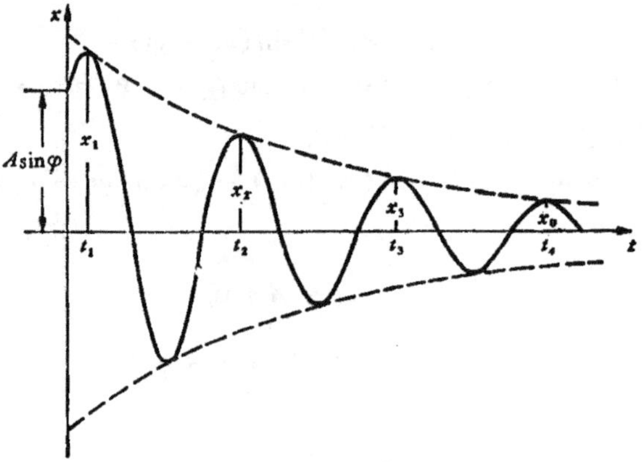

图 2.6-1

间的增大而减小. 习惯上，将函数 $\sin(qt+\varphi)$ 的周期称为衰减振动的周期. 故**衰减振动的周期与频率**分别为

$$\tau = \frac{2\pi}{q} = \frac{2\pi}{\sqrt{1-\zeta^2}p}$$

$$f = \frac{q}{2\pi} = \frac{\sqrt{1-\zeta^2}p}{2\pi} \tag{2.6-6}$$

---

1) 严格地说，因为切线不是水平的，故切点不在 x 的极值，而稍微偏在右边. 物体从平衡位置向外运动（至最远距离）所需的时间稍小于回程所需的时间，切点的 $Ae^{-\zeta pt}$ 值也稍低于 x 的极值. 但这些差别通常可以略去不计.

在 $\zeta=0.05$ 时，$q=\sqrt{1-0.05^2}\,p$，$\tau=1.00125\left(\frac{2\pi}{p}\right)$，与无阻尼的情形比较，只差 0.125%；在 $\zeta=0.3$ 时，$\tau=1.05\left(\frac{2\pi}{p}\right)$，$f=0.95\left(\frac{p}{2\pi}\right)$，与无阻尼的情形比较，也只差 5%．可见阻尼使自由振动的周期加长，频率降低，但在阻尼微小，即 $\zeta\ll 1$ 的情形下，阻尼对于周期与频率的影响，可以略去不计．因此，在计算振系的固有频率时，通常可以不考虑阻尼，而得到有用的近似频率．这样使计算大大简化．

但是，阻尼对于振幅的影响却非常显著．相邻两次振动的振幅 x_1 与 x_2（图 2.6-1）出现在瞬时 t_1 与 t_2，因 $t_2=t_1+\tau$，故有

$$\frac{x_1}{x_2}=\frac{Ae^{-\zeta p t_1}}{Ae^{-\zeta p(t_1+\tau)}}=e^{\zeta p\tau} \tag{2.6-7}$$

可见在一个周期的时间内，振幅缩减到初值的 $1/e^{\zeta p\tau}$．在 $\zeta=0.05$ 时，$p\tau$ 很近似于 2π，$\zeta p\tau\approx 2\pi\zeta=0.1\pi=0.314$，有 $\frac{x_1}{x_2}=1.366=\frac{1}{0.73}$，亦即在每一个周期内振幅减小 27%．振幅按几何级数缩减．在微小阻尼 $\zeta=0.05$ 的作用下，经过 10 个周期，振幅将减小到初值的 4.3%．可见衰减振动一般将迅速停息．

前后相邻的任意两次振动的振幅之比的自然对数，称为对数缩减，记为 δ，即

$$\delta=\ln\frac{x_1}{x_2}=\zeta p\tau \tag{2.6-8}$$

因为衰减振动的周期 $\tau=2\pi/\sqrt{1-\zeta^2}\,p$［方程(2.6-6)］，故

$$\delta=\frac{2\pi\zeta}{\sqrt{1-\zeta^2}} \tag{2.6-9}$$

即对数缩减表示为唯一的变量 ζ 的函数，如图 2.6-2 示．在阻尼不大时，$\zeta^2\ll 1$，有近似式

$$\delta\approx 2\pi\zeta \tag{2.6-9$'$}$$

在相继的 n 次振动中，振幅 $x_1, x_2, \cdots, x_n$ 有如下关系

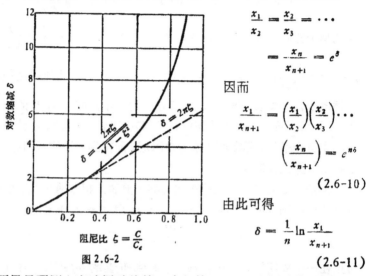

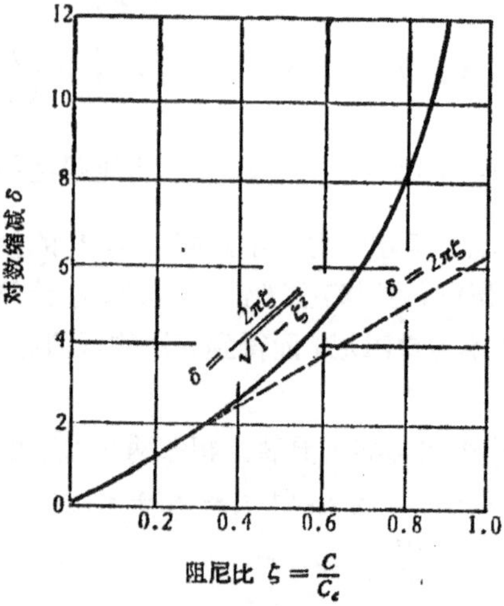

图 2.6-2

$$\frac{x_1}{x_2}=\frac{x_2}{x_3}=\cdots=\frac{x_n}{x_{n+1}}=e^{\delta}$$

因而

$$\frac{x_1}{x_{n+1}}=\left(\frac{x_1}{x_2}\right)\left(\frac{x_2}{x_3}\right)\cdots\left(\frac{x_n}{x_{n+1}}\right)=e^{n\delta} \tag{2.6-10}$$

由此可得

$$\delta=\frac{1}{n}\ln\frac{x_1}{x_{n+1}} \tag{2.6-11}$$

可见只要测定衰减振动的第 1 次与第 $n+1$ 次振动的振幅之比，即可算出对数缩减 δ，从而确定振系中阻尼的大小.

在结束本章之前，我们来进一步考虑一下临界阻尼的意义. 阻尼比 $\zeta=\frac{c}{c_c}=\frac{c}{2mp}=\frac{c}{2\sqrt{km}}$，振系的三个参数 k，m 与 c 中任何一个数值的改变，都将引起 ζ 值的改变. 但是，只要 ζ 值不在 1 的附近，不论是 $\zeta<1$ 或者 $\zeta>1$，这三个参数都可以稍有变动，而系统运动的性质仍可以保持不变，或者是振动的，或者非振动的. 只有在 ζ 值很接近于 1 的条件下，参数 k，m 与 c 中任何一个的微小改变，都可能导致运动性质的突变，由原来振动的变为非振动的，或者反之. 可见阻尼比 $\zeta=1$ 是一个“临界点”.

例 2.6-1. 对于图 2.6-3 所示的振系，弹簧系数 $k=25$ 公斤/厘米，阻尼系数 $c=0.6$ 公斤·秒/厘米，物体重 9.8 公斤. 设将物体从静平衡位置压低 1 厘米，然后无初速地释放，求此后的运动.

解. 首先看运动的性质,为此须求出阻尼比 $\zeta = \frac{c}{2mp}$.

$$p = \sqrt{\frac{k}{m}} = \sqrt{\frac{25 \times 980}{9.8}} = 50\frac{1}{\text{秒}}$$

$$\zeta = \frac{0.6 \times 980}{2 \times 9.8 \times 50} = 0.6 < 1$$

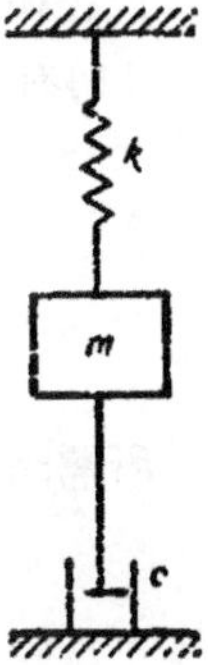

图 2.6-3

可见物体在释放后将有衰减振动，运动方程将有如下形式，

$$x = Ae^{-\zeta pt}\sin(qt + \varphi)$$

其中

$$\zeta p = 0.6 \times 50 = 30\frac{1}{\text{秒}}$$

$$q = \sqrt{1 - \zeta^2}\, p = 0.8 \times 50 = 40\frac{1}{\text{秒}}$$

常数 A 与 φ 须由初始条件确定,设取释放的瞬时为 $t = 0$,则 $x_0 =$ 1 厘米，$\dot{x}_0 = 0$,代入方程(2.6-2)与(2.6-3),有

$$1 = A\sin\varphi$$

$$0 = A(40\cos\varphi - 30\sin\varphi)$$

由上面的第二式,可得

$$\mathrm{tg}\,\varphi = \frac{4}{3}, \qquad \sin\varphi = \frac{4}{5}$$

故有

$$A = 1.25 \text{ 厘米}, \quad \varphi = 53°10'$$

例 2.6-2. 设阻尼系数为 $c = 0.1$ 公斤·秒/厘米,其余数据同上例. 试求对数缩减 δ，并估计使振幅减小到初值的 1% 所需的振动次数及时间.

解.

$$\zeta = \frac{0.1 \times 980}{2 \times 9.8 \times 50} = 0.1$$

由方程(2.6-9)或图 2.6-2 可见，对数缩减

$$\delta = 2\pi\zeta = 0.628$$

设在振动 n 次的过程中，振幅缩减到初值的 1%，则由方程(2.6-11)有

$$n = \frac{1}{\delta}\ln\frac{x_1}{x_{n+1}} = \frac{1}{\delta}\ln 100$$

$$= \frac{1}{0.628} \times 4.605 = 7.4 < 8$$

所需时间为

$$t = n\tau = \frac{2\pi n}{q} \approx \frac{2\pi n}{p} < \frac{2\pi \times 8}{50} = 1.01 \text{ 秒}$$

例 2.6-3．试证明： 在衰减振动中，振系每周耗散的机械能 ΔU，与每周开始时的机械能 U 之比为常量，在阻尼很小时等于 2δ.

解．设在一周开始时的振幅为 x_1，一周末的振幅为 x_2，则对应的机械能为

$$U_1 = \frac{1}{2}kx_1^2 \text{ ,}\quad U_2 = \frac{1}{2}kx_2^2$$

因而

$$\frac{\Delta U}{U} = \frac{U_1 - U_2}{U_1} = 1 - \left(\frac{x_2}{x_1}\right)^2$$

由(2.6-7)与(2.6-8)，有

$$\left(\frac{x_2}{x_1}\right)^2 = e^{-2\delta}$$

用级数展开

$$e^{-2\delta} = 1 - 2\delta + \frac{4\delta^2}{2!} - \cdots$$

故

$$\frac{\Delta U}{U} = 2\delta - \frac{4\delta^2}{2!} + \cdots \approx 2\delta \quad \text{在阻尼很小，} \delta \ll 1 \text{ 时．}$$

习　　题

2.1. 试证明方程(2.1-4)可改写为

$$x = A\cos(pt-\alpha)$$

其中

$$A=\sqrt{x_0^2+\left(\frac{\dot{x}_0}{p}\right)^2}, \qquad \alpha=\mathrm{tg}^{-1}\frac{\dot{x}_0}{px_0}$$

2.2. 弹簧悬挂的物体,使弹簧有静伸长 δs.设将物体向下拉,使弹簧有静伸长 $3\delta s$,然后无初速地释放. 求此后的运动方程.

答. $x=2\delta s\cos\sqrt{\dfrac{g}{\delta s}}t$

2.3. 弹簧不受力时原长为 $l_0=65$ 厘米,下端挂上重 1 公斤的物体后,弹簧长度增大到 85 厘米. 设用手把物体托住,使弹簧回到原来长度 l_0 时,突然释放,物体初速为零. 试求物体的运动方程、振幅、周期以及弹簧力的最大值.

答. $x=-20\cos 7t$, $A=20$ 厘米, $\tau=\dfrac{2\pi}{7}$秒

$F_{max}=2$ 公斤

2.4. 弹簧与物体同上题,从静平衡位置以初速 v_0 开始振动,振幅为 4 厘米. 求初速 v_0.

答. $v_0=28$ 厘米/秒

2.5. 由吊索悬挂的矿笼重 $G=10$ 吨,以速度 $v=5$ 米/秒匀速下降. 设吊索突然嵌入滑轮侧面的缝隙,吊索上端被卡住,立即停止不动. 求此后矿笼的运动,以及吊索中的最大张力 S. 吊索的悬垂部分,重量可以不计,刚度系数为 $k=20$ 吨/厘米.

答. $S=236$ 吨

2.6. 同上题,但在矿笼与吊索之间插入一个弹簧,其刚度系数为 $k_1=2.0$ 吨/厘米,试求最大张力 S.

答. $S = 78$ 吨

2.7. 弹簧悬挂的物体，质量为 m，自由振动的周期为 τ. 设在物体 m 上附加一个质量 m_1，则弹簧的静伸长增加 l，求当地的重力加速度.

答. $g = \dfrac{4\pi^2 ml}{m_1\tau^2}$

2.8. 物体重 $G = 3.2$ 公斤，在绕水平轴 O 摆动时，图 2.2-7，周期为 $\tau = 1.45$ 秒. 设由重心 G 至转轴 O 的距离为 $S = 7.9$ 厘米，求物体对于水平轴 O 与水平轴 G 的转动惯量 J_0 与 J_G.

答. $J_0 = 1.344$，$J_G = 1.140$ 公斤・厘米・秒^2

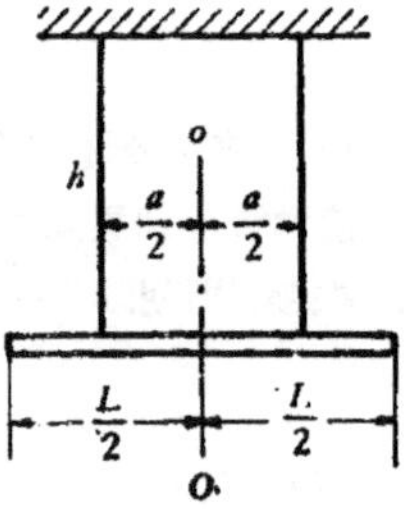

题图 2.9

2.9. 均质棱柱形杆，长为 L，重为 G，用两根长为 h 的铅垂线挂成水平位置. 试求此杆绕铅垂轴 OO 微幅振动的周期.

答. $\tau = 2\pi\dfrac{L}{a}\sqrt{\dfrac{h}{3g}}$

2.10. 求图示物体沿光滑斜面振动的方程. 已知 $\alpha = 30°$，$mg = 1$ 公斤，$k = 5$ 公斤/厘米，在开始运动时，弹簧无伸长，速度为零.

答. $x = -0.1\cos 70t$ 厘米

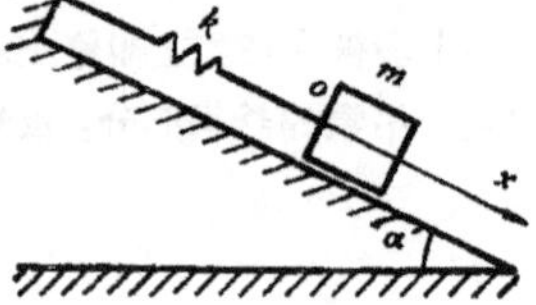

题图 2.10

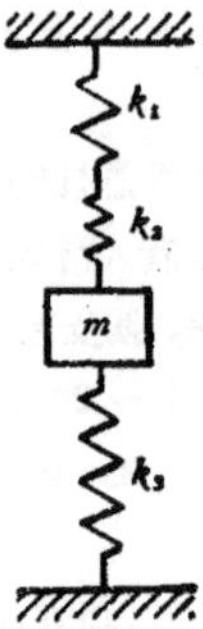

题图 2.11

2.11. 求图示物体 m 的周期，三个弹簧都成铅垂，且 $k_2 = 2k_1$，$k_3 = 3k_1$。

答. $\tau = 2\pi\sqrt{\dfrac{3m}{11k_1}}$

2.12. 求图示系统微幅扭振的周期. 两个摩擦轮可分别绕水平轴 O_1 与 O_2 转动，互相啮合，不能相对滑动，在图示位置(半径 O_1A 与 O_2B 在同一水平线上)，弹簧不受力，弹簧系数为 k_1 与 k_2，摩擦轮可看为等厚均质圆盘，质量为 m_1 与 m_2。

答. $\tau = 2\pi\sqrt{\dfrac{m_1 + m_2}{2(k_1 + k_2)}}$

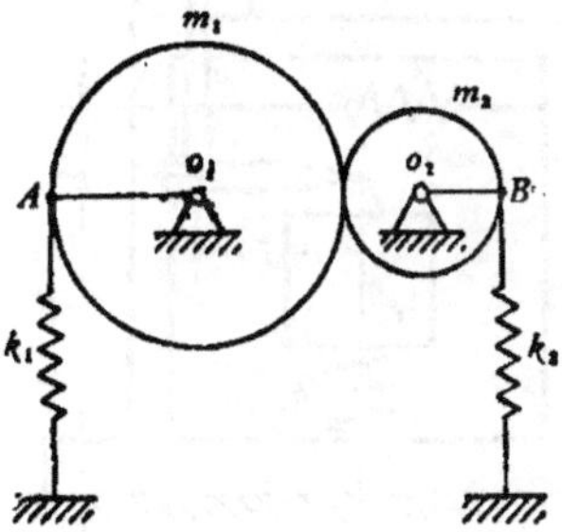

题图 2.12

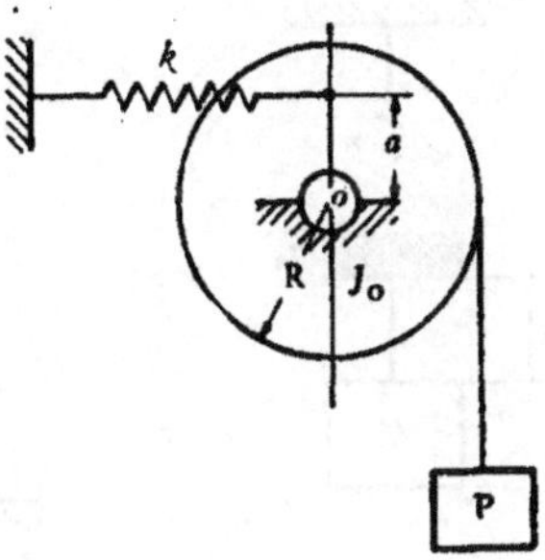

题图 2.13

2.13. 轮子可绕水平轴转动，对转轴的转动惯量为 J_0，轮缘绕有软绳，下端挂有重量 P 的物体，绳与轮缘之间无滑动. 在图示位置，由水平弹簧 k 维持平衡. 半径 R 与 a 都是已知的. 求微幅振动的周期.

答. $\tau = 2\pi\sqrt{\dfrac{J_0 + PR^2/g}{ka^2}}$

2.14. 等截面钢悬臂梁，长为 l，宽为 b，厚为 h，材料的比重为 γ，弹性模量为 E. 求自由振动的最低圆频率 p。

设已知 $l = 18$ 厘米，$b = 5$ 厘米，$h = 0.3$ 厘米，$\gamma = 7.8$ 克/厘米^3，$E = 2.1\times10^6$ 公斤/厘米^2. 试计算频率 f。

答. $p = 1.020\sqrt{\dfrac{Egh^2}{\gamma l^4}}$，$f = 77$ 赫

2.15. 用弹簧悬挂的物体，质量为 m，原成静平衡. 突然有质量为 m_1 的物体从高度 h 落下，撞到 m 后不再回跳，求此后的运动.

答. $$x = m_1\sqrt{\frac{2gh}{k(m+m_1)}}\sin\sqrt{\frac{k}{m+m_1}}t - \frac{m_1 g}{k}\cos\sqrt{\frac{k}{m+m_1}}t$$

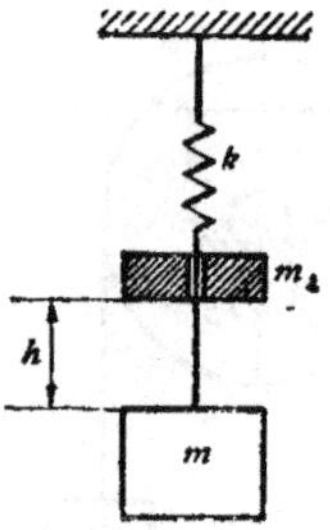

题图 2.15

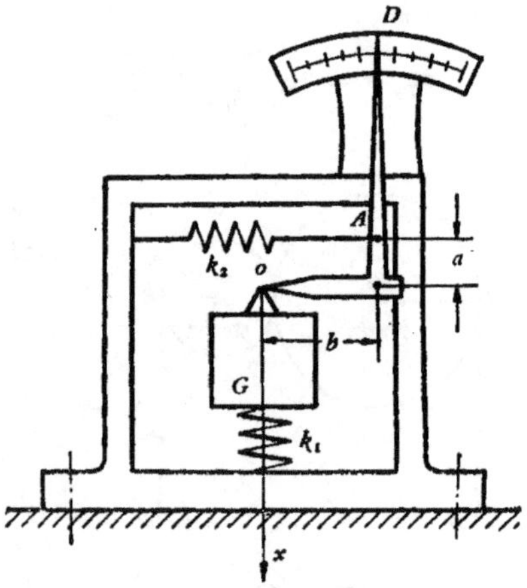

题图 2.16

2.16. 振幅仪在静止时，指针 AD 成铅垂. 振动物块重为 G，指针对转轴 A 的转动惯量为 J. 设取铅垂坐标轴 Ox 如图示，试写出能量方程，并求出微幅振动的固有频率.

答. 能量方程为 $\frac{1}{2}\left(\frac{G}{g}+\frac{J}{b^2}\right)\dot{x}^2+\frac{1}{2}\left(k_1+k_2\frac{a^2}{b^2}\right)x^2=$ 常数，

其中 $\left(\frac{G}{g}+\frac{J}{b^2}\right)$ 与 $\left(k_1+k_2\frac{a^2}{b^2}\right)$ 分别称为简化质量与简化弹簧系数.

2.17. 等截面水平梁，长度为 l，两端简支，截面弯曲刚度为 EI，在梁的中点处载有重物 P. (a) 不计梁本身质量，求系统的固有频率. (b) 设梁单位

长度的质量为 ρ，考虑分布质量的影响，求系统固有频率．假定在振动中，梁的振型曲线与梁在中点受集中载荷时的静挠曲线具有同一形式，即有

$$y(x) = y_0\left\{3\left(\frac{x}{l}\right) - 4\left(\frac{x}{l}\right)^3\right\}, \quad 0 < x < \frac{l}{2}$$

其中 y_0 为梁中点振幅．

答．(a) $f = \frac{1}{2\pi}\sqrt{\frac{48EIg}{\rho l^3}}$，(b) 梁的等值质量为 $0.486\rho l$

2.18．半径为 r 的均质圆柱，可以在半径为 R 的圆筒内滚动而无滑动．圆柱与圆筒的轴线都成水平．试求圆柱在静平衡位置附近振动的频率．

答．$p = \sqrt{\frac{2g}{3(R-r)}}$

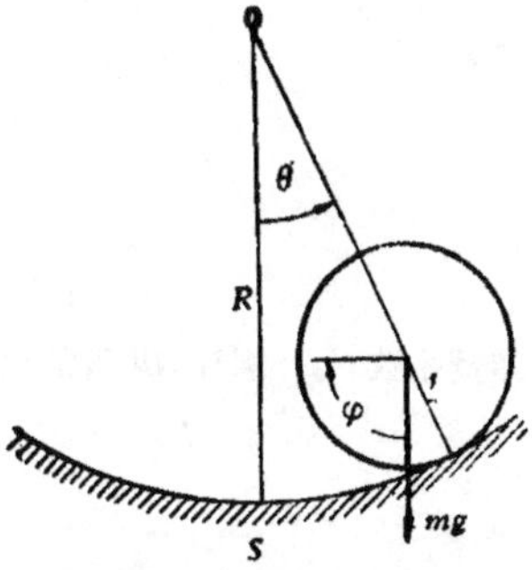

题图 2.18

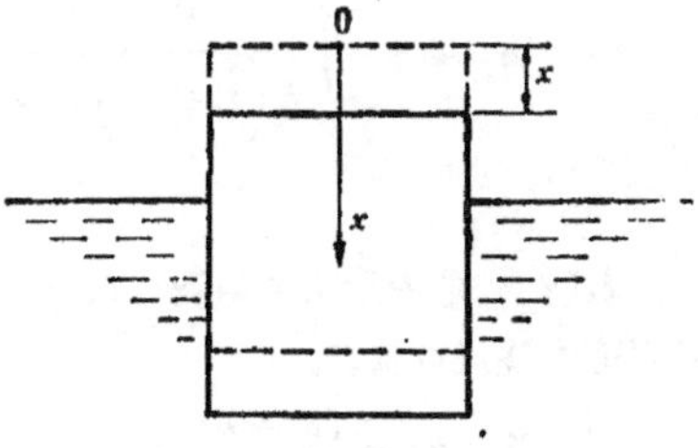

题图2.19

2.19．横截面面积为 A、质量为 m 的圆柱形浮子，静止在比重为 γ 的液体中．设从平衡位置压低距离 x_0，然后无初速地释放，试求浮子此后的运动．假定阻尼可以不计．

答．$x = x_0 \cos \sqrt{\frac{A\gamma}{m}}\, t$

2.20．求等截面 U 形管内液体振动的周期，阻力不计．假定液柱总长度为 l．

答．$\tau = 2\pi\sqrt{\frac{l}{2g}}$

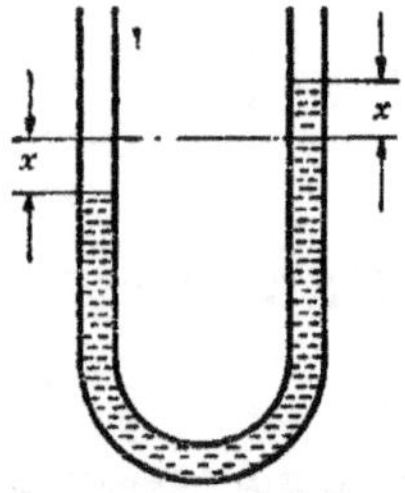

题图 2.20

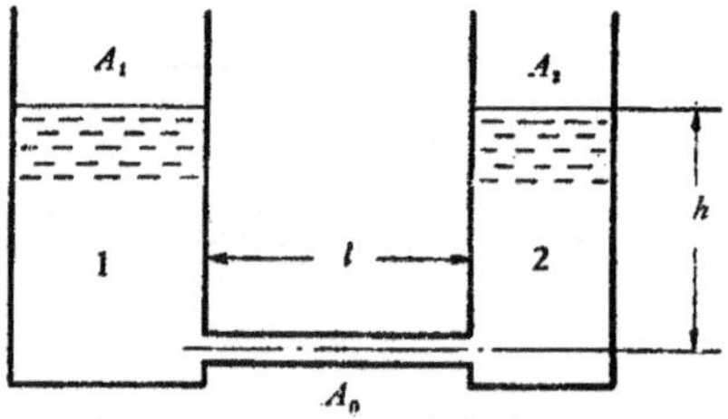

题图 2.21

2.21. 水箱 1 与 2，水平截面面积分别为 A_1 与 A_2，底部用截面为 A_0 的细管相连．求液面上下振动的固有频率．

答．$p = \sqrt{\dfrac{g\left(1+\dfrac{A_1}{A_2}\right)}{h\left(1+\dfrac{A_1}{A_2}\right)+l\dfrac{A_1}{A_0}}}$

2.22. 求图示两个弹簧在点 O 的等值弹簧系数 k_0，刚杆 AB 可以在图示平面内绕点 O 偏转．

答．$k_0 = \dfrac{(a+b)^2}{\dfrac{a^2}{k_2}+\dfrac{b^2}{k_1}}$

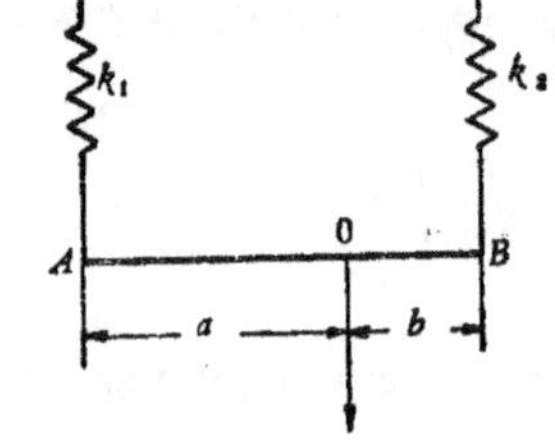

题图 2.22

2.23. 用能量法求图示三个摆微幅振动的固有频率. 摆锤重为 P, 杆重不计. (b)与(c)中每个弹簧的刚度系数为 $\frac{k}{2}$.

答. $p=\sqrt{\frac{g}{l}}$, $p=\sqrt{\frac{g}{l}\left(1+\frac{ka^2}{Pl}\right)}$, $p=\sqrt{\frac{g}{l}\left(\frac{ka^2}{Pl}-1\right)}$

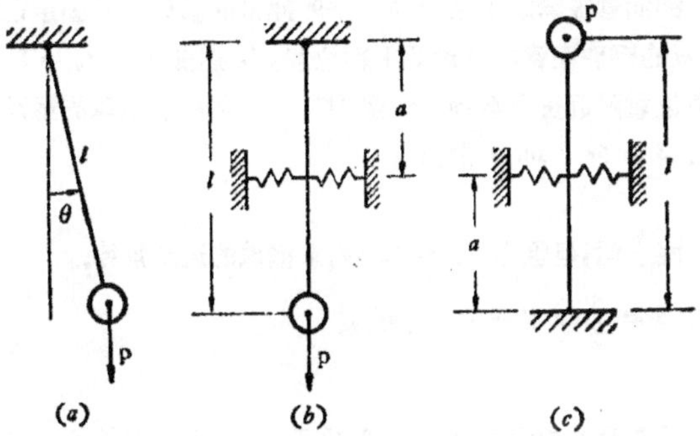

题图 2.23

2.24. 钢圈重为 P, 平均半径为 R, 用 n 根径向辐条连至半径为 r 的固定轮毂, 辐条两端铰接. 求钢圈绕轮毂扭振的固有周期, 辐条重量不计, 拉力为 S_0, 在振动中拉力不变.

答. $\tau=2\pi\sqrt{\frac{R(R-r)P}{ngS_0r}}$

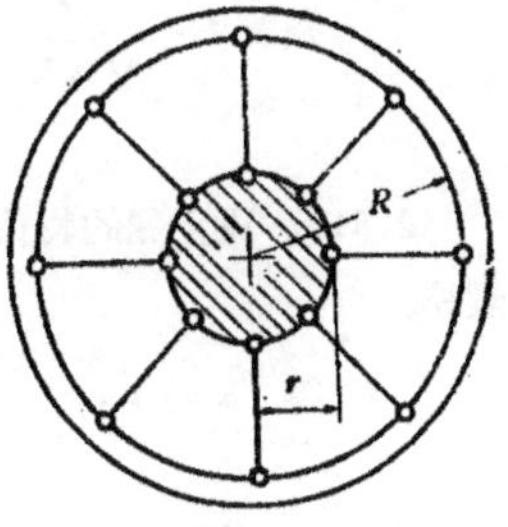

题图 2.24

2.25. 物体重 2 公斤, 挂在弹簧的下端, 弹簧系数 $k=4.9$ 公斤/厘米, 求临界阻尼系数.

答. $c_c=0.20$ 公斤·秒/厘米

2.26. 为了实验测定阻尼器的参数, 用一个不变的力使活塞在气缸内滑动. 发现 1 公斤力可以产生匀速度 10 厘米/秒. 设将此阻尼器应用于题 2.25 的振系, 求阻尼比 ζ.

答. $\zeta=0.50$

2.27. 衰减振动的振幅，在振动10次的过程中，由 $x_1 = 3.0$ 厘米缩小到 $x_{11} = 0.06$ 厘米. 求对数缩减 δ.

答. $\delta = 0.391$

2.28. 细油管被弯成半径为 $R = 49$ 厘米的圆环，并固定在铅垂平面内. 质量为 m 的钢珠在管内从最低平衡位置，以速度 $v = v_0 = 20$ 厘米/秒出发，在平衡位置附近进行运动. 设阻力 $F_d = 4mv$，求钢珠的运动规律.

答. $S = 5e^{-2t}\sin 4t$ 厘米

2.29. 同上题，但阻力 $F_d = 12mv$，求钢珠的运动规律.

答. $S = \frac{5}{2}(e^{-2t} - e^{-10t})$ 厘米

2.30. 重量为 P 的物体，挂在弹簧的下端，产生静伸长 δ_s. 在上下运动时所遇到的阻力与速度 v 成正比. 要保证物体不发生振动，求阻尼系数 c 的最低值.

答. $c = \frac{2P}{\sqrt{g\delta_s}}$

2.31. 设上题的物体在静平衡位置以初速 v_0 开始运动，求此后的运动规律.

答. $x = v_0 t e^{-\sqrt{g/\delta_s}\,t}$

2.32. 重量为 P 的薄板，挂在弹簧的下端，在空气中上下振动时，周期为 τ_1；在液体中上下振动时，周期为 τ_2. 假定空气阻力可以不计，而液体阻力可以表示为 $\mu 2Av$，其中 $2A$ 为薄板的总面积，v 为速度. 试证明，这种液体的粘滞系数 μ 为

$$\mu = \frac{2\pi P}{gA\tau_1\tau_2}\sqrt{\tau_2^2 - \tau_1^2}$$

2.33. 挂在弹簧下端的物体，重5.88公斤，进行上下振动，在无阻尼时，周期为 $\tau_1 = 0.4\pi$ 秒；在有与速度 v 成正比的阻尼 cv 时，周期为 $\tau_2 = 0.5\pi$ 秒. 设在开始运动时，物体在静平衡位置下面4厘米，速度为零. 求阻

尼系数 c 及此后的运动规律.

答. $c = 0.036$, $x = 5e^{-3t}\sin(4t + \varphi)$, $\mathrm{tg}\varphi = \dfrac{4}{3}$

2.34. 挂在弹簧下端的物体,重 1.96 公斤,弹簧系数 $k = 0.05$ 公斤/厘米,阻尼系数 $c = 0.02$ 公斤·秒/厘米. 设将物体从平衡位置向下拉 5 厘米,然后无初速地释放,求此后的运动.

答. $x = 5e^{-5t}(1 + 5t)$ 厘米

2.35. 写出图示系统的运动微分方程、以及衰减振动频率与临界阻尼的表达式.

答. $q = \sqrt{\left(\dfrac{b}{a}\right)^2 \dfrac{k}{m} - \left(\dfrac{c}{2m}\right)^2}$, $c_c = 2\dfrac{b}{a}\sqrt{km}$

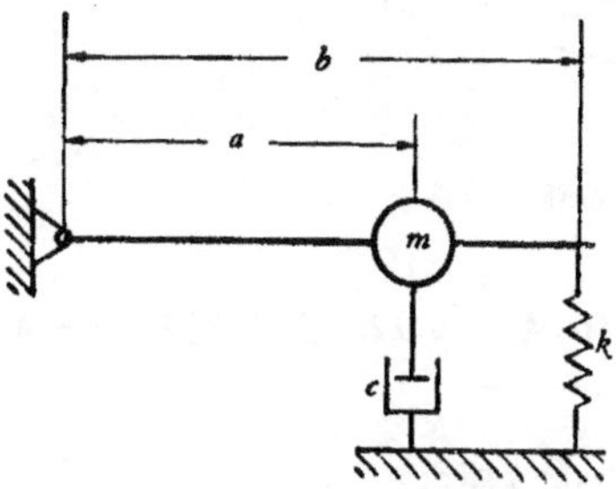

题图 2.35

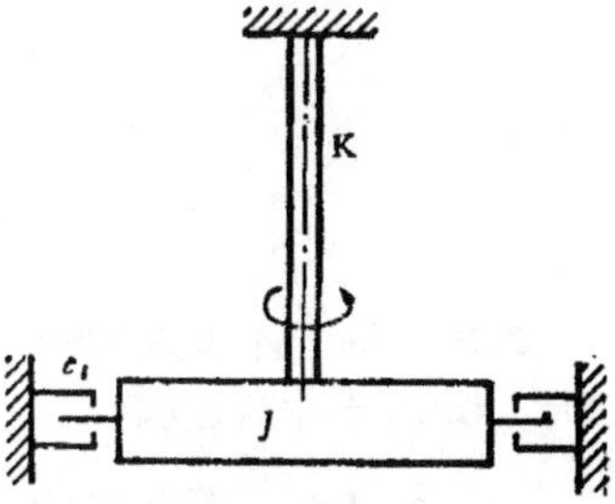

题图 2.36

2.36. 图示扭振系统的固有频率,无阻尼时为 f_1,加上粘性阻尼后降低为 f_2. 求阻尼系数 c_t 及阻尼比 ζ.

答. $c_t = 4\pi J\sqrt{f_1^2 - f_2^2}$, $\zeta = \dfrac{c_t}{2\sqrt{KJ}}$

2.37. 试证明,在阻尼比为 $\zeta = 0.02$ 时,每周耗散的能量约为初值的 $\dfrac{1}{4}$.

2.38. 质点重 9.8 公斤,沿着铅垂圆周内的水平弦 PQ 进行运动. 引

力始终指向圆心 O，其大小与质点至圆心的距离成正比，比例系数为 $k_1 =$ 0.16 公斤/厘米. 阻力与速度成正比,比例系数为 $c = 0.1$ 公斤·秒/厘米. 圆周半径为 $R = 50$ 厘米,圆心至弦的距离为 $a = 30$ 厘米. 设在开始运动时,质点在弦的右端,初速为零,求运动方程.

答. $x = \frac{40}{3}(4e^{-2t} - e^{-8t})$ 厘米

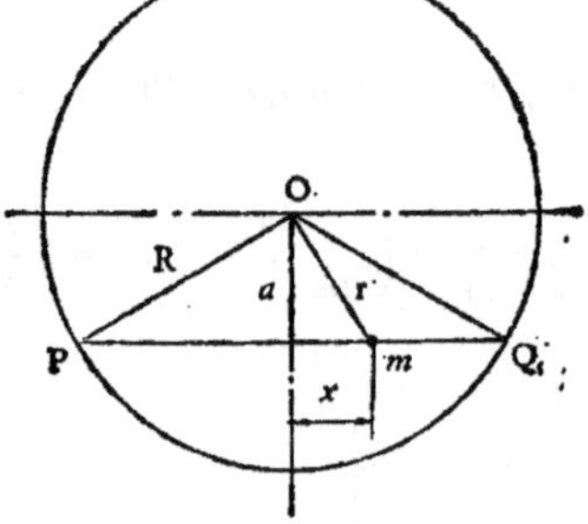

题图 2.38

2.39. 同上题,但质点重 4.9 公斤，$k_1 = 0.125$ 公斤/厘米，$c = 0.04$ 公斤·秒/厘米,求运动方程.

答. $x = \frac{40}{3}e^{-4t}(3\cos 3t + 4\sin 3t)$ 厘米

2.40. 图示系统，设质量 m 可以略去不计,试求在有初始位移 x_0 后的运动.

答. $x = x_0 e^{kt/c}$，这种系统称为半自由度系统

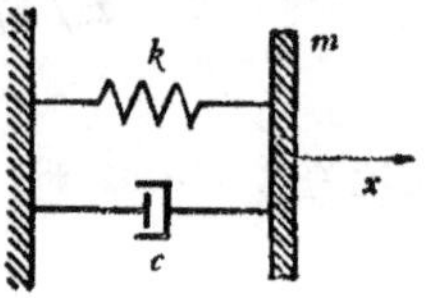

题图 2.40

第三章 强迫振动

3.1 引　　言

本章讨论1自由度线性系统在周期激扰作用下的强迫振动，通常称为振系对周期激扰的响应．周期激扰可以是作用于振系的周期扰力，也可以是振系支座的周期运动．

本章着重讨论正弦型激扰的情形，因为这种情形比较简单，而所得结论却有很重要的工程应用．任意的周期激扰，都可以通过谐波分析，分解为若干个正弦型激扰，只要分别求出各个正弦型激扰单独引起的振动，然后叠加，就可以得到振系对任意周期激扰的响应．叠加原理适用于线性系统．振系由周期激扰所引起的振动，需要同初始激扰所引起的自由振动相叠加，才得到振系总的运动．

本章还简略地说明强迫振动理论应用于隔振与测振等问题；最后提出激扰力与阻尼力在强迫振动的一个周期内所做的功，以及各种非线性阻尼的等值粘性阻尼系数的计算方法．

3.2 无阻尼振系在正弦型扰力作用下的振动

在自由振动中，作用于振动物体的力只有恢复力与阻尼力，二者都随物体的运动而改变．现在假定，除上述两种力之外，还有周期改变的外力经常作用于振动物体，力的大小与频率都是由外界条件所决定的，不受物体本身振动的影响．这种力称为周期的激扰力或扰力．

本节考虑无阻尼的振系，图3.2-1，假定物体可以沿铅垂方向上下运动．仍取铅垂坐标轴 x，以物体在无扰力作用时静平衡位

置为原点,向下为正,则恢复力为 $-kx$. 设扰力为

$$F = F_0 \sin \omega t \tag{a}$$

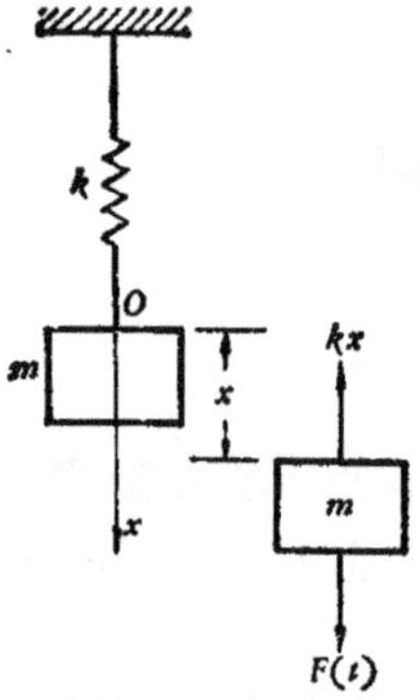

图 3.2-1

其中 F_0 称为扰力的力幅,假定为常值,ω 称为激扰频率,简称扰频. 由牛顿运动定律有

$$m\ddot{x} = -kx + F_0 \sin \omega t$$

或者

$$m\ddot{x} + kx = F_0 \sin \omega t \tag{3.2-1}$$

这就是无阻尼振系在正弦型扰力作用下的运动微分方程. 仍令

$$p^2 = \frac{k}{m}$$

方程(3.2-1)可写为

$$\ddot{x} + p^2 x = \frac{F_0}{m} \sin \omega t \tag{3.2-1$'$}$$

这是非齐次的二阶常系数线性常微分方程. 它的解由两部分组成,即

$$x = x_1 + x_2 \tag{b}$$

其中 x_1 代表方程(3.2-1)在右端为零时[即齐次方程(2.2-1)]的通解,简称为齐次解,可以写为方程(2.2-2)或(2.2-5)的形式

$$\begin{aligned} x &= B \sin pt + D \cos pt \\ &= A \sin (pt + \varphi) \end{aligned} \tag{c}$$

另一部分 x_2 代表方程(3.2-1)的特解,可以表示为

$$x_2 = X \sin \omega t \tag{d}$$

式中的 X 可求出如下. 以式(d)代入方程(3.2-1),有

$$(-m\omega^2 + k) X \sin \omega t = F_0 \sin \omega t$$

故

$$X = \frac{F_0}{k - m\omega^2} = \frac{F_0}{m} \frac{1}{p^2 - \omega^2} = \frac{F_0}{k} \frac{1}{1 - \gamma^2} \tag{3.2-2}$$

式中 $\gamma = \dfrac{\omega}{p}$, 称为频率比. 由式(d)可得

$$x_2 = \frac{F_0}{m}\frac{1}{p^2-\omega^2}\sin\omega t = \frac{F_0}{k}\frac{1}{1-\gamma^2}\sin\omega t \tag{3.2-3}$$

因此,微分方程(3.2-1)的通解为

$$x = B\sin pt + D\cos pt + \frac{F_0}{k}\frac{1}{1-\gamma^2}\sin\omega t \tag{3.2-4}$$

其中常数B与D可求出如下. 先将方程(3.2-4)对时间t求导,得

$$\dot{x} = Bp\cos pt - Dp\sin pt + \frac{F_0}{k}\frac{\omega}{1-\gamma^2}\cos\omega t \tag{3.2-4$'$}$$

设质量m在$t=0$时有初始位移x_0与初始速度$\dot{x}_0$,则由方程(3.2-4)与(3.2-4)$'$有

$$D = x_0\ , \quad B = \frac{\dot{x}_0}{p} - \frac{F_0}{k}\frac{\gamma}{1-\gamma^2}$$

代入(3.2-4),即得

$$x = \frac{\dot{x}_0}{p}\sin pt + x_0\cos pt + \frac{F_0}{k}\frac{1}{1-\gamma^2}\left(\sin\omega t - \frac{\omega}{p}\sin pt\right) \tag{3.2-5}$$

上式右端前两项代表振系由初始条件引起的自由振动,频率为p,振幅决定于初始条件;第三项是特解,代表振系在正弦型扰力作用下的强迫振动,与扰力同频率,而振幅与运动的初始条件无关;第四项代表由扰力引起的自由振动.

如果初始条件为$x_0=0$与$\dot{x}_0=0$,则上式简化为

$$x = \frac{F_0}{k}\frac{1}{1-\gamma^2}\left(\sin\omega t - \frac{\omega}{p}\sin pt\right) \tag{3.2-5$'$}$$

可见扰力不仅激起强迫振动,同时还要引起自由振动,二者都是简谐运动;但频率不相等的两个简谐运动之和,已不再是简谐运动.只有当二者的频率可通约时,其和仍然是周期运动. 图 3.2-2 表示$p=2\omega$时两个正弦波的叠加.

对于振系在周期激扰作用下的运动,我们关心的主要是强迫振动.由方程(3.2-2)可见,在频率比$\gamma<1$时,振幅X随γ的增大而无限增大;直到$\gamma=1$即激扰频率ω等于振系固有频率p

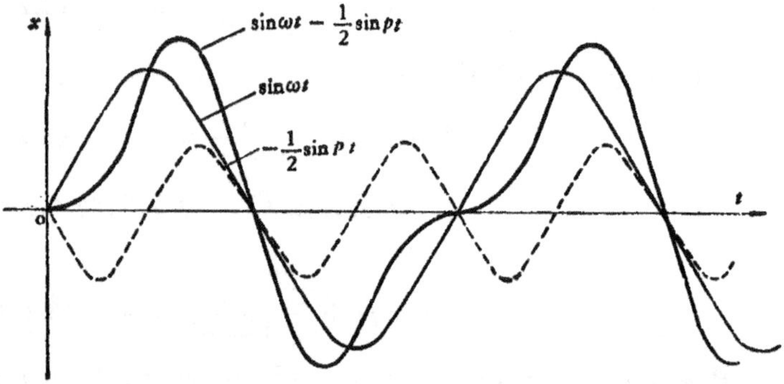

图 3.2-2

时，理论上振幅趋近于无穷大，这种现象称为**共振**．在 $\gamma>1$ 时，我们把特解(3.2-3)写为

$$x_2=\frac{F_0}{k}\frac{1}{\gamma^2-1}\ \sin(\omega t+180°)$$

这样保持振幅 X 为正值，并指出质量 m 的位移与扰力之间有相位差 180°；振幅随着 γ 的增大而无限减小，以至于零．

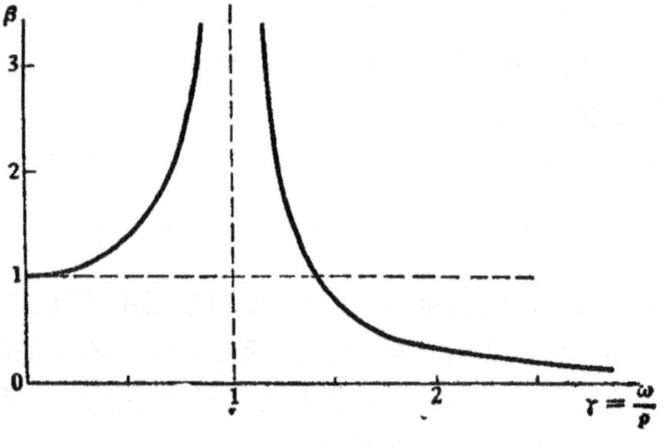

图 3.2-3

在静力 F_0 的作用下，振系将有静挠度 $X_0=F_0/k$．可见比率 $1/(1-\gamma^2)=X/X_0$ 体现了扰力的动力作用．这个量的绝对值称

为放大率，记为 β，即

$$\beta = \frac{1}{|1-\gamma^2|} \tag{e}$$

放大率与频率比之间的关系，即 β-γ 曲线，如图 3.2-3 示.

β-γ 曲线只表示振系稳态运动的情形，亦即扰频固定在某一 ω 值相当时间使振幅达到定值后的情形. 上面提到：在共振时，振幅将趋近于无穷大. 事实上，这是不可能的：首先，实际的振系不可能完全没有阻尼，而只要有极微小的阻尼就足以限制振幅的无限扩大；其次，在列出微分方程(1)时，我们假定了弹簧力与变形 x 成正比，这在微幅振动时一般是符合实际的，在振幅加大后，这个线性弹簧的假定已不再成立；而且就是在完全没有阻尼、弹簧力始终与变形成正比的理想情形，当 $\omega = p$ 时，方程(3.2-1)′的特解也已不再取(3.2-2)的形式，而应该改用如下形式的特解

$$x_2 = Bt\sin(pt-\psi) \tag{f}$$

其中常数 B 与 ψ 可求出如下：上式对时间求导，有

$$\dot{x}_2 = B\sin(pt-\psi) + Bpt\cos(pt-\psi)$$

$$\ddot{x}_2 = 2Bp\cos(pt-\psi) - Bp^2t\sin(pt-\psi)$$

代入方程(3.2-1)′得

$$\begin{aligned}\ddot{x}_2 + p^2x_2 &= 2Bp\cos(pt-\psi)\\ &= 2Bp(\cos\psi\cos pt + \sin\psi\sin pt)\\ &= \frac{F_0}{m}\sin pt\end{aligned}$$

故

$$\cos\psi = 0,\quad \psi = 90^\circ,\quad 2Bp = \frac{F_0}{m}$$

因而式(f)改写为

$$x_2 = \frac{F_0t}{2mp}\sin(pt-90^\circ) = -\frac{F_0t}{2mp}\cos pt \tag{3.2-6}$$

可见在共振时，强迫振动的振幅随着时间 t 而成比例地增大，图 3.2-4. 许多机器，例如涡轮发动机，在正常运转时，扰频 ω 远远超

过固有频率 p，所以在开车与停车过程中都要越过共振．由于共振时振幅的增大需要一定时间，只要加速或减速进行得比较快，一般可以顺利通过共振，而不致发生过大的振幅．必要时可以采用限幅器．

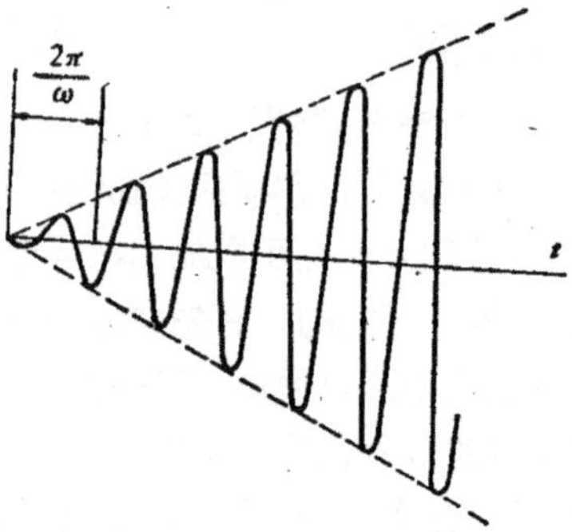

图 3.2-4

例 3.2-1．图3.2-1所示的振系，设质量 $m=2$ 公斤·秒²/厘米，弹簧系数 $k=8$ 公斤/厘米，扰力 $F=4\cos t$ 公斤，在运动开始时有 $x_0=0$，$\dot{x}_0=0$，求此后的运动．

解．运动微分方程为

$$2\ddot{x}+8x=4\cos t$$

即

$$\ddot{x}+2^2x=2\cos t$$

齐次解为

$$x_1=B\sin 2t+D\cos 2t$$

特解为

$$x_2=X\cos t$$

其中振幅 X 由方程(3.2-2)知为

$$X=\frac{F_0}{k}\frac{1}{1-\left(\frac{\omega}{p}\right)^2}=\frac{1}{2}\frac{1}{1-\frac{1}{4}}=\frac{2}{3}$$

故通解为

$$x=B\sin 2t+D\cos 2t+\frac{2}{3}\cos t$$

对时间求导，有

$$\dot{x}=2B\cos 2t-2D\sin 2t-\frac{2}{3}\sin t$$

以初始条件代入，可得

$$B = 0, \quad D = -\frac{2}{3}$$

故所求的运动方程为

$$x = \frac{2}{3}(\cos t - \cos 2t)$$

读者试自行作出 x-t 曲线.

例 3.2-2. 已知质量 $m = 0.5$ 公升·秒²/厘米，弹簧系数 $k = 2$ 公斤/厘米，扰力 $F = 2\sin 2t$ 公斤，图 3.2-1. 在 $t = 0$ 时，有 $x_0 = 0$，$\dot{x}_0 = 1$ 厘米/秒，求运动方程.

解. 振系的微分方程为

$$0.5\ddot{x} + 2x = 2\sin 2t$$

或者

$$\ddot{x} + 2^2 x = 4\sin 2t$$

可见 $\omega = p = 2$，振系发生共振. 由方程(c)与 (3.2-6) 可得齐次解

$$x_1 = B\sin 2t + D\cos 2t$$

与特解

$$x_2 = -\frac{F_0 t}{2mp}\cos pt = -t\cos 2t$$

以初始条件代入，有

$$B = 1, \quad D = 0$$

故所求的运动方程为

$$x = \sin 2t - t\cos 2t$$

3.3 有阻尼振系在正弦型扰力作用下的振动

实际的振系总是有阻尼的. 下面就来讨论有粘性阻尼的振系的强迫振动. 考虑图 3.3-1 所示的振系，除了增加阻尼力 $-c\dot{x}$ 之

外，其余与图 3.2-1 完全相同．仍设扰力为

$$F = F_0 \sin \omega t \tag{a}$$

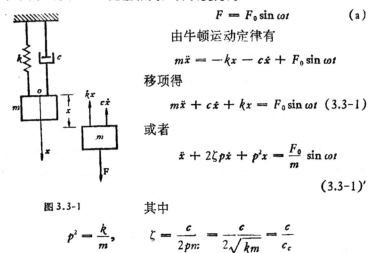

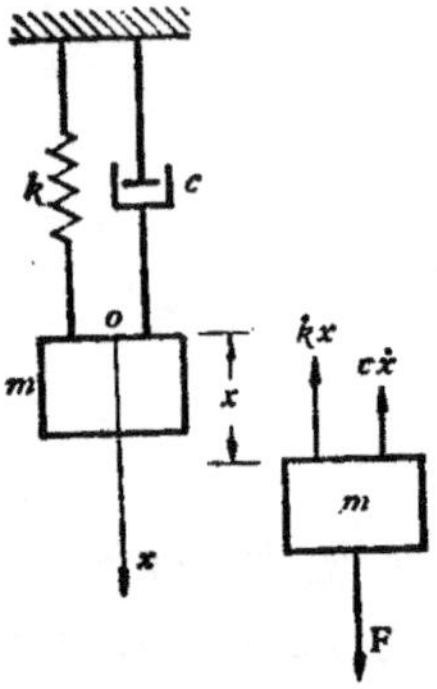

图 3.3-1

由牛顿运动定律有

$$m\ddot{x} = -kx - c\dot{x} + F_0 \sin \omega t$$

移项得

$$m\ddot{x} + c\dot{x} + kx = F_0 \sin \omega t \tag{3.3-1}$$

或者

$$\ddot{x} + 2\zeta p\dot{x} + p^2 x = \frac{F_0}{m} \sin \omega t \tag{3.3-1$'$}$$

其中

$$p^2 = \frac{k}{m}, \qquad \zeta = \frac{c}{2pm} = \frac{c}{2\sqrt{km}} = \frac{c}{c_c}$$

方程(3.3-1)或(3.3-1)′就是有粘性阻尼的振系在正弦型扰力作用下的运动微分方程，除了增加阻尼项 $c\dot{x}$ 或 $2\zeta p\dot{x}$ 之外，与上节的非齐次方程完全相同．因此，(3.3-1) 或 (3.3-1)′ 的通解也由齐次解与特解这两部分组成．齐次解即方程(2.5-1)′的通解，在阻尼不大(即 $\zeta < 1$)时，可以写为(2.6-2)的形式，即

$$x_1 = A e^{-\zeta pt} \sin (qt + \varphi) \tag{b}$$

其中 $q = \sqrt{1 - \zeta^2}\, p$，即衰减振动的圆频率，$A$ 与 φ 为任意常数；特解可以表示为

$$x_2 = X \sin (\omega t - \psi) \tag{c}$$

其中 X 与 ψ 可以求出如下．

以式(c)代入微分方程(3.3-1)，有

$$(k - m\omega^2) X \sin (\omega t - \psi) + c\omega X \cos (\omega t - \psi) = F_0 \sin \omega t \tag{d}$$

为了便于比较，把上式右端的 $F_0 \sin \omega t$ 改写如下

$$\begin{aligned} F_0 \sin \omega t &= F_0 \sin [(\omega t - \psi) + \psi] \\ &= F_0 \cos \psi \sin (\omega t - \psi) + F_0 \sin \psi \cos (\omega t - \psi) \end{aligned} \tag{e}$$

因为方程 (d) 在任何瞬时 t 都成立，故方程(d)与(e)中 $\sin(\omega t-\psi)$ 与 $\cos(\omega t-\psi)$ 的系数必须两两相等，即

$$\begin{aligned}(k-m\omega^2)X &= F_0\cos\psi \\ c\omega X &= F_0\sin\psi\end{aligned} \tag{f}$$

由此可得

$$X=\frac{F_0}{\sqrt{(k-m\omega^2)^2+(c\omega)^2}} \tag{3.3-2}$$

$$\mathrm{tg}\,\psi=\frac{c\omega}{k-m\omega^2} \tag{3.3-3}$$

于是方程(3.3-1)的特解为

$$x_2=\frac{F_0\sin(\omega t-\psi)}{\sqrt{(k-m\omega^2)^2+(c\omega)^2}} \tag{3.3-4}$$

通解为

$$x=Ae^{-\zeta p t}\sin(qt+\varphi)+\frac{F_0\sin(\omega t-\psi)}{\sqrt{(k-m\omega^2)^2+(c\omega)^2}} \tag{3.3-5}$$

右端第一项是齐次解，代表衰减的自由振动；第二项是特解，代表与扰力同频率的简谐运动，这就是有粘性阻尼的振系在正弦型扰力作用下的强迫振动．自由振动，在运动开始后的很短时间内就迅速消失，通常可以不加考虑．强迫振动却并不因有阻尼而衰减，它的振幅 X 与相角 ψ 也都与运动的初始条件无关．对于一定的振系，X 与 ψ 是扰力的力幅 F_0 与扰频 ω 的函数，只要 F_0 与 ω 保持不变，则 X 与 ψ 都是常值．强迫振动是稳态运动，通常称为稳态响应，特解 x_2 也称为稳态解．

在自由振动消失之后，特解 x_2 就代表物体的全部运动，以下就用 x 表示．位移 x 与作用于物体的各个力之间的关系，可以从矢量图获得很清晰的图象，下面就来画出矢量图．

实际作用于振动物体的力，只有弹簧力 $-kx$，阻尼力 $-c\dot{x}$ 与扰力 $F_0\sin\omega t$．设在这三个实际的力之外，另加上物体的惯性力，即 $-m\ddot{x}$，其大小等于物体的质量与加速度的乘积，而方向与加速度相反，则由达朗伯原理可知，这个惯性力将与实际作用的三个力

成平衡．这个结论，其实从方程(3.3-1)就可以看出，因为由方程(3.3-1)移项可得

$$(-m\ddot{x})+(-c\dot{x})+(-kx)+F_0\sin\omega t=0 \qquad (g)$$

惯性力 + 阻尼力 + 弹簧力 + 扰力 = 0

从方程(c)有

位移 $x = X\sin(\omega t-\phi)$

可见 扰力 $F=F_0\sin\omega t$ 比位移超前 ϕ 角

弹簧力 $-kx=-kX\sin(\omega t-\phi)$ 与位移 x 反向

阻尼力 $-c\dot{x}=-c\omega X\cos(\omega t-\phi)$

$=c\omega X\sin(\omega t-\phi-90°)$

比位移 x 滞后 90°

惯性力 $-m\ddot{x}=m\omega^2X\sin(\omega t-\phi)$ 与位移 x 同向

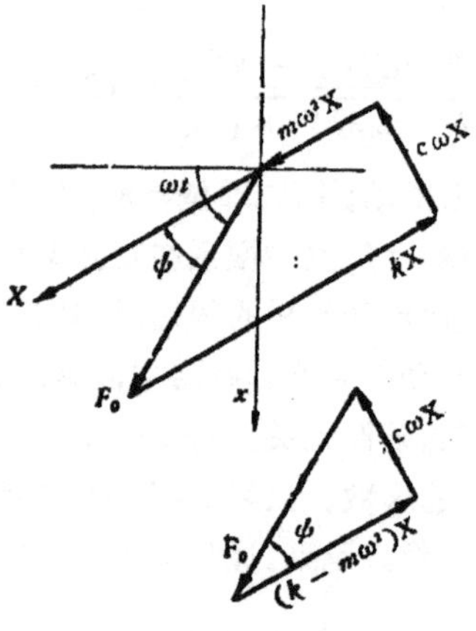

图 3.3-2

现在可以画出长度为 X，F_0，kX，$c\omega X$ 与 $m\omega^2X$ 这五个矢量，它们在轴 x 上的投影依次为 x，F，$-kx$，$-c\dot{x}$ 与 $-m\ddot{x}$，图 3.3-2．这五个矢量，都在平面内以同一角速度 ω 转动，它们之间的相对位置保持不变．其中代表力的四个矢量在轴 x 上投影之和恒等于零，应成闭合多边形．把弹簧力与惯性力合并后得三角形，从这三角形就极易得出振幅 X 与相角 ϕ 的表达式(3.3-2)与(3.3-3)．

为了便于进一步讨论，把表达式(3.3-2)与(3.3-3)的分子分母同除以 k，得

$$X=\frac{F_0/k}{\sqrt{\left(1-\frac{m\omega^2}{k}\right)^2+\left(\frac{c\omega}{k}\right)^2}} \qquad (3.3\text{-}2)'$$

$$\operatorname{tg}\phi = \frac{c\omega/k}{1 - \frac{m\omega^2}{k}} \tag{3.3-3)'$$

用无量纲的量表示，有

$$\frac{X}{X_0} = \frac{1}{\sqrt{(1-\gamma^2)^2 + (2\zeta\gamma)^2}} = \beta \qquad (3.3\text{-}6)$$

$$\operatorname{tg}\phi = \frac{2\zeta\gamma}{1-\gamma^2} \qquad (3.3\text{-}7)$$

其中　$p = \sqrt{\frac{k}{m}}$　振系在无阻尼时的固有频率

$\gamma = \frac{\omega}{p}$　频率比

$\zeta = \frac{c}{c_c}$　振系的阻尼比

$c_c = 2mp$　振系的临界阻尼系数

$X_0 = \frac{F_0}{k}$　振系的零频率挠度，亦即在常力 F_0 作用下的静挠度(注意不要与 $\delta_s = mg/k$ 混淆)

方程(3.3-6)中的 β 称为放大率，即强迫振动的振幅 X 与零频率挠度 X_0 之比． 放大率 β 与相角 ϕ 都只是频率比 γ 与阻尼比 ζ 的函数．图 3.3-3 与 3.3-4，以频率比 γ 为横标，以阻尼比 ζ 为参变量，分别画出了 β 与 ϕ 的曲线．

从图可以清楚地看出：当扰频很低，即 $\omega/p \approx 0$ 时，放大率很近于 1，因为扰力变化很慢，在短暂的时间内，它几乎是一个不变的力；当扰频很高，即 $\omega/p \gg 1$ 时，放大率 β 趋近于零，因为扰力方向改变过快，振动物体由于惯性来不及跟随，结果是停着不动；当扰频与振系的固有频率相近，即 $\omega/p \approx 1$ 时，强迫振动的振幅 X 可能很大，唯一的限制因素是阻尼． 由方程(3.3-6)可见，在 $\omega = p$ 时，有

$$\beta = \frac{1}{2\zeta} \qquad (3.3\text{-}8)$$

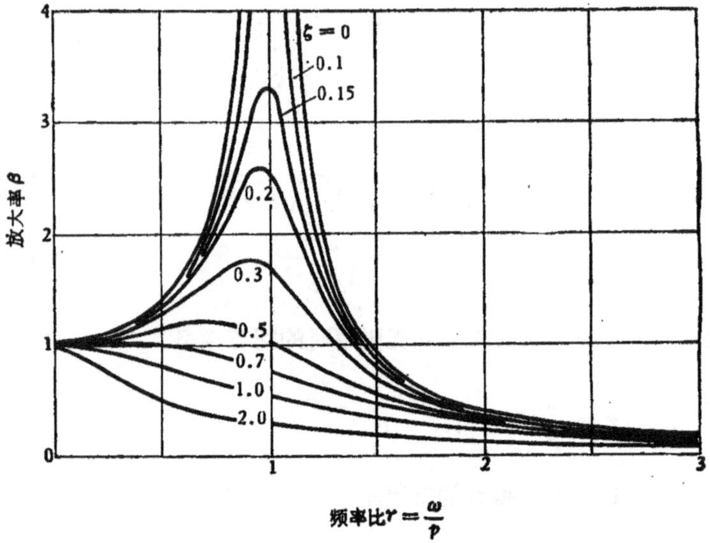

图 3.3-3

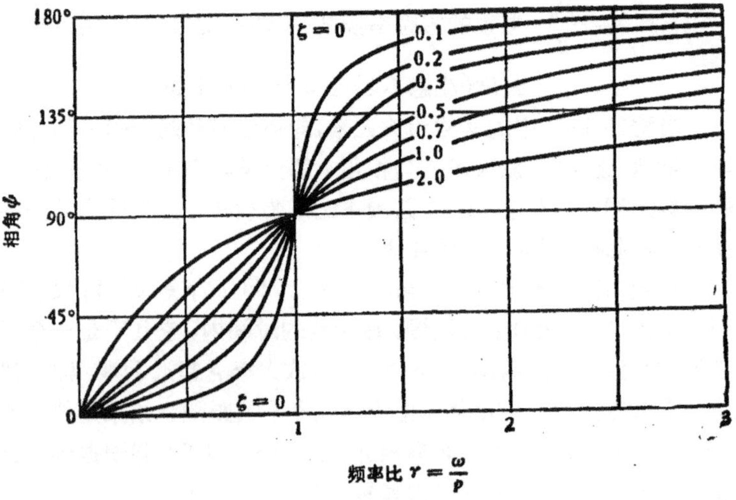

图 3.3-4

$$X=\frac{X_0}{2\zeta}=\frac{F_0}{cp} \tag{3.3-9}$$

当阻尼比 $\zeta=0.2$, 0.05 与 0.01 时，振幅 X 将由 X_0 放大到 2.5 倍，10 倍与 50 倍；而相角 ψ 则恒等于90°.

放大率 β 与振幅 X 的最大值，严格地说，并不是出现在 $\omega=p$，而是在

$$\omega_r=\sqrt{1-2\zeta^2}\,p \tag{3.3-10}$$

扰频 ω_r 不仅小于 p，而且小于 $q=\sqrt{1-\zeta^2}\,p$. 使强迫振动的振幅有最大值时的扰频，称为共振频率，振系以最大振幅进行振动的现象称为共振．在共振时的放大率与振幅为

$$\beta_r=\frac{1}{2\zeta\sqrt{1-\zeta^2}} \tag{3.3-8$'$}$$

$$X_r=\frac{X_0}{2\zeta\sqrt{1-\zeta^2}}=\frac{F_0}{cq} \tag{3.3-9$'$}$$

在 $\zeta^2\ll 1$ 的条件下，上列二式与(3.3-8)，(3.3-9)区别很小，所以我们通常说在 $\omega=p$ 时发生共振.

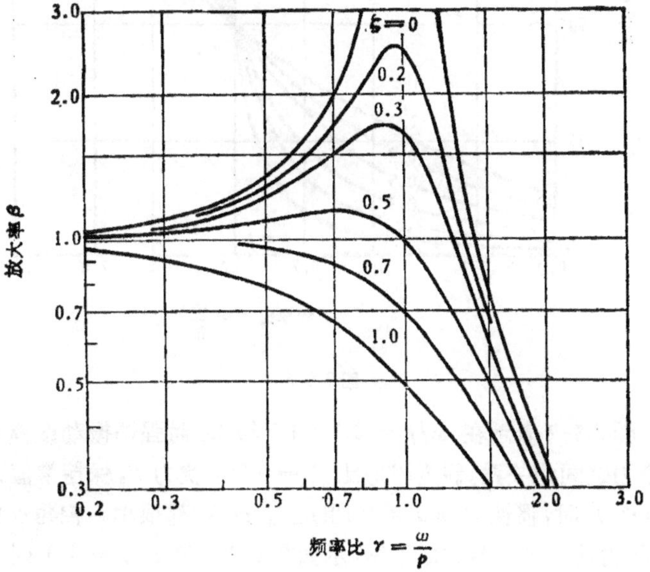

图 3.3-5

在设计机器与结构物时，通常要注意避免共振，就是使固有频率高于或低于扰频例如20%.

图3.3-3与3.3-4常称为振系的幅频特性与相频特性，也合称为定常响应图.

如将放大率 β 与频率比 γ 改用对数坐标，即 $\log\beta-\log\gamma$ 与 $\psi-\log\gamma$，图3.3-5与3.3-6，则合称为博德图. 或者，将放大率 β 与相角 ψ 画在同一图上，以矢量的长度代表 β，以矢量的倾角代表 ψ，以 γ 与 ζ 为参变量，可得乃奎斯特图. 这两种图在控制工程中广泛应用.

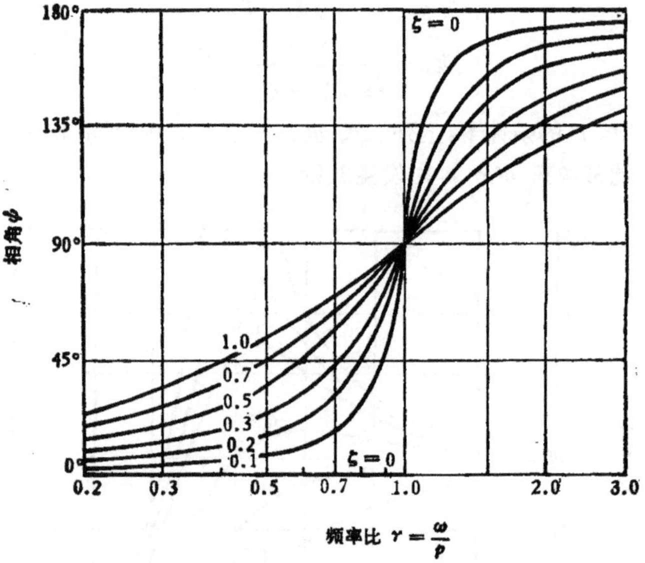

图3.3-6

图3.3-7表示在 $\omega/p=0.5$，1.0与2.0时强迫振动振幅 X 与各个力之间的关系，假定阻尼比 $\zeta=0.25$，扰力 F_0 保持常值. 在 $\omega/p\ll1$ 时，惯性力 $m\omega^2X$ 与阻尼力 $c\omega X$ 都很小，相角 ψ 也很小，扰力几乎与弹簧力成平衡，示如图(a). 在 $\omega/p=1.0$ 时，相角 $\psi=90°$，振幅 X 很大，惯性力与弹簧力成平衡，扰力则用于克

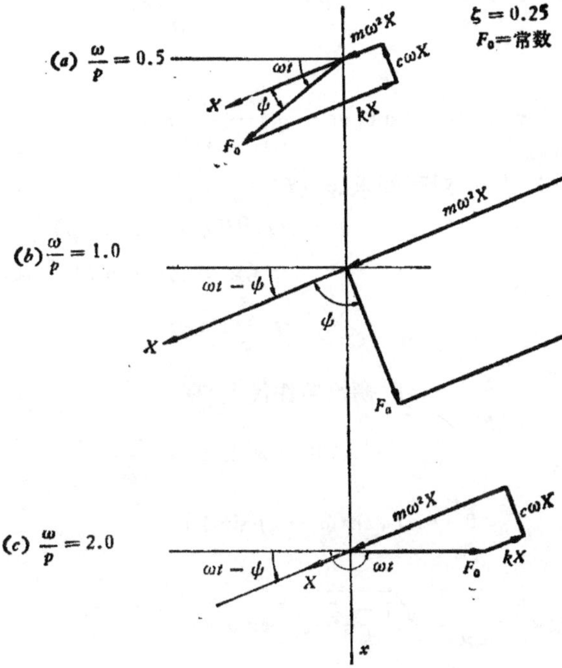

图 3.3-7

服阻尼力，$F_0=c\omega X$，因为此时 $\omega=p$，故有 $X=F_0/cp$，即方程(3.3-9)．最后，在 $\omega/p\gg1$ 时，相角 ψ 接近于 180°，振幅 X 很小，但惯性力很大，扰力几乎完全用于克服惯性力．

例 3.3-1．有粘性阻尼的振系，图 3.3-1，质量 m、弹簧系数 k 与阻尼系数 c 均为已知，在扰力 $F=F_0\sin\omega t$ 的作用下进行振动，$\omega=p$．设在 $t=0$ 时有 $x=0$ 与 $\dot{x}=0$，求运动方程．

解．应用方程(3.3-5)，其中齐次解为

$$x_1=Ae^{-\zeta pt}\sin(qt+\varphi)$$

因为 $\omega=p$，系统发生共振，有相角 $\psi=90°$，且 $k-m\omega^2=k(1-\gamma^2)=0$，故特解为

$$x_2 = \frac{F_0}{c\omega} \sin(\omega t - 90°) = -\frac{F_0}{c\omega} \cos \omega t$$

通解为

$$x = Ae^{-\zeta pt} \sin(qt + \varphi) - \frac{F_0}{c\omega} \cos \omega t$$

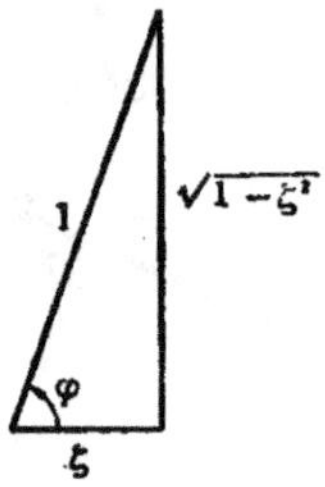
图 3.3-8

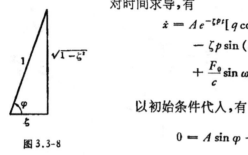

对时间求导，有

$$\dot{x} = Ae^{-\zeta pt}[q\cos(qt + \varphi) - \zeta p \sin(qt + \varphi)] + \frac{F_0}{c} \sin \omega t$$

以初始条件代入，有

$$0 = A \sin \varphi - \frac{F_0}{c\omega}$$

$$0 = A[q\cos\varphi - \zeta p \sin \varphi]$$

可见

$$\mathrm{tg}\,\varphi = \frac{q}{\zeta p} = \frac{\sqrt{1-\zeta^2}}{\zeta}, \quad \sin\varphi = \sqrt{1-\zeta^2}$$

$$A = \frac{F_0}{c\omega\sqrt{1-\zeta^2}} = \frac{F_0}{cq}$$

所求的运动方程为

$$x = \frac{F_0}{cq} e^{-\zeta pt} \sin(qt + \sin^{-1}\sqrt{1-\zeta^2}) - \frac{F_0}{cp} \cos \omega t$$

例 3.3-2. 机器重 98 公斤，支在弹簧与阻尼器上，$k = 90$ 公斤/厘米，$c = 2.4$ 公斤·秒/厘米. 设有铅垂向扰力 $F = 9\sin\omega t$ 公斤，使机器上下振动. 求(1)在 $\omega = p$ 时的振幅 X; (2)使振幅有极大值 x_r 时的扰频 ω_r 及 X_r/X.

解. 振系的固有频率

$$p = \sqrt{\frac{k}{m}} = \sqrt{\frac{90 \times 980}{98}} = 30 \ 1/秒$$

在 $\omega = p$ 时，由方程(3.3-9)知振幅 X 为

$$X = \frac{F_0}{cp} = \frac{9}{2.4 \times 30} = 0.125 \text{ 厘米}$$

使振幅有极大值时的扰频由式(3.3-10)知为

$$\omega_r = \sqrt{1 - 2\zeta^2}\, p$$

因 $c_c = 2mp = 2 \times \frac{98}{980} \times 30 = 6$ 公斤·秒/厘米，$\zeta = \frac{c}{c_c} = \frac{2.4}{6} = 0.4$，故

$$\omega_r = \sqrt{1 - 2 \times 0.4^2} \times 30 = 24.7 \ 1/\text{秒}$$

振幅的最大值为

$$X_r = \frac{F_0}{cq}$$

故

$$\frac{X_r}{X} = \frac{p}{q} = \frac{1}{\sqrt{1 - \zeta^2}} = \frac{1}{0.92} = 1.09$$

3.4 不平衡转子激发的振动

电动机、涡轮与往复式发动机等转动机器，是周期扰力的主要来源之一．转子总不是绝对平衡的，它的重心不可能准确地在转轴轴线上．转子的不平衡度可以用偏心距 e 与等值质量 m_1 的乘

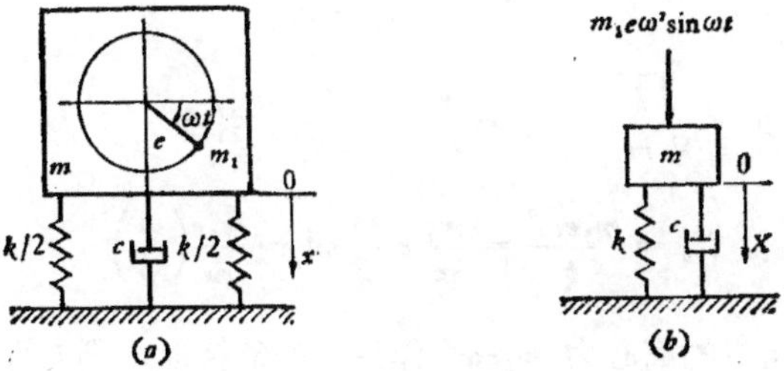

图 3.4-1

积 m_1e 表示．机器的基座一般具有弹性与阻尼．当转子以角速度 ω 转动时，离心力 $m_1e\omega^2$（图 3.4-1(a)）将使机器发生振动．现在假定，机器只限于沿铅垂方向上下平动，因而可以简化为同图(b)所示的 1 自由度振系．

设机器的总质量为 m（包括偏心质量 m_1），在某一瞬时 t，质量 $(m-m_1)$ 有位移 x（从静平衡位置算起，向下为正），则偏心质量 m_1 将有位移 $x+e\sin\omega t$．由动量定理有

$$(m-m_1)\frac{d^2x}{dt^2}+m_1\frac{d^2}{dt^2}(x+e\sin\omega t)=-c\frac{dx}{dt}-kx$$

整理可得

$$m\ddot{x}+c\dot{x}+kx=m_1e\omega^2\sin\omega t \tag{3.4-1}$$

这就是机器在转子离心力作用下的运动微分方程，与方程(3.3-1)形式相同，只是原来代表力幅的常数 F_0 现在改为 $m_1e\omega^2$． 方程(3.4-1)实际上也可直接在偏心质量 m_1 上加离心力 $m_1e\omega^2$，然后对总质量 m 写出 x 方向的运动微分方程而得到．机器的自由振动迅速衰减，可以不加考虑． 机器的强迫振动，由上节的方程 (c)，(3.3-2)与(3.3-3)可知为

$$x=X\sin(\omega t-\psi) \tag{a}$$

其中

$$X=\frac{m_1e\omega^2}{\sqrt{(k-m\omega^2)^2+(c\omega)^2}} \tag{3.4-2}$$

$$\mathrm{tg}\,\psi=\frac{c\omega}{k-m\omega^2} \tag{3.4-3}$$

仍用记号 $p=\sqrt{\dfrac{k}{m}}$， $\zeta=\dfrac{c}{c_c}=\dfrac{c}{2mp}$，并令

$$X_0=\frac{m_1e\omega^2}{k}=\frac{m_1}{m}e\frac{m}{k}\omega^2=\frac{m_1e}{m}\left(\frac{\omega}{p}\right)^2 \tag{b}$$

即机器在向下的离心力 $m_1e\omega^2$ 作用下的静挠度，则方程 (3.4-2)与(3.4-3)可写为无量纲形式

$$\frac{mX}{m_1 e} = \frac{\gamma^2}{\sqrt{(1-\gamma^2)^2+(2\zeta\gamma)^2}} = \gamma^2\beta \tag{3.4-4}$$

$$\mathrm{tg}\,\psi = \frac{2\zeta\gamma}{1-\gamma^2} \tag{3.4-5}$$

其中 β 即放大率．图 3.4-2，以频率比 γ 为横标，以阻尼比 ζ 为参变量，画出了 $\frac{mX}{m_1 e}$ 的曲线．当机器低速运转时，ω^2 很小，强迫振

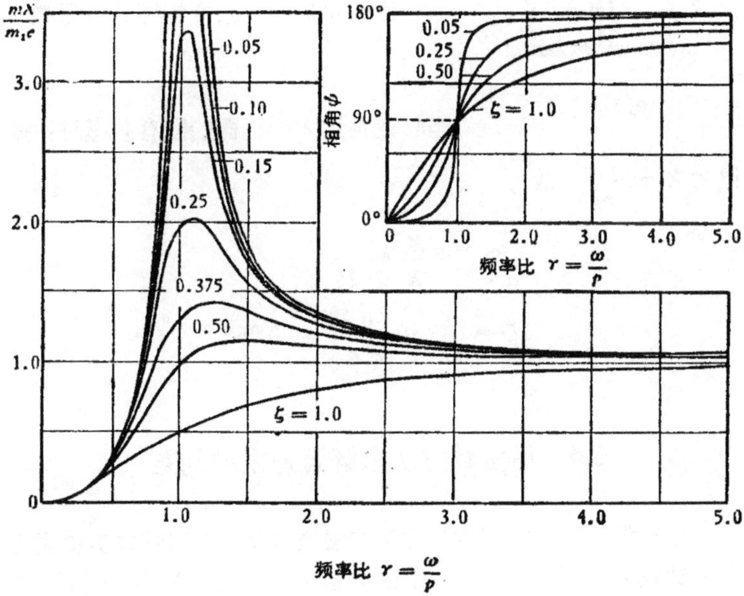

图 3.4-2

动的振幅很近于零．在 $\omega = p$ 时，放大率 $\beta = 1/2\zeta$，质量 $(m - m_1)$ 的振幅 $X = \frac{m_1 e}{2\zeta m}$，相角 $\psi = 90°$．在 $\gamma \gg 1$ 时，$\gamma^2\beta$ 趋近于 1，质量 $(m - m_1)$ 的振幅趋近于 $m_1 e/m$，相角 ψ 趋近于 180°．

表示相角 ψ 的方程(3.4-5)，与方程(3.3-7)完全相同，关于 ψ 的曲线可参阅图 3.3-4．

上述讨论，可以引伸应用于活塞式发动机．

例 3.4-1. 为了估计机器基座的阻尼比 ζ，用激振器使机器上下振动. 激振器有两个相同的偏心块，可沿相反方向绕水平轴以同一角速度 ω 转动，图 3.4-3. 当转速 ω 逐渐提高时，机器达到最大振幅 $X_r = 2$ 厘米；继续提高 ω，机器的振幅达到稳定值 $X = 0.25$ 厘米. 试求 ζ.

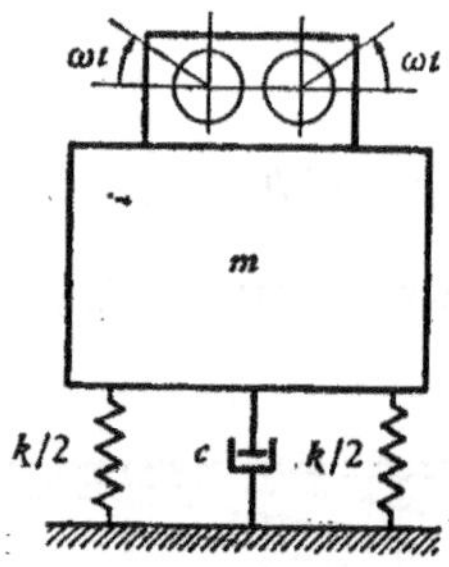

图 3.4-3

解. 机器的最大振幅即共振振幅

$$X_r = \frac{m_1 e}{2\zeta m}$$

当转速 ω 远大于机器的固有频率时，振幅为 $X = \frac{m_1 e}{m}$. 故

$$\frac{X_r}{X} = \frac{1}{2\zeta}$$

$$\zeta = \frac{X}{2X_r} = \frac{0.25}{2 \times 2} = 0.063$$

3.5 用复数方法求解强迫振动问题

求有阻尼振系在周期激扰下的强迫振动，有时用复数比用三角函数较为方便. 以第 3.3 节的振系为例：运动微分方程原为(3.3-1)，即

$$m\ddot{x} + c\dot{x} + kx = F_0 \sin \omega t \tag{a}$$

代表强迫振动的特解原为

$$x = X \sin(\omega t - \phi) \tag{b}$$

现在把扰力与强迫振动表示为复数形式(参阅附录 A)

$$F_c = F_0 e^{j\omega t} = F_0(\cos \omega t + j \sin \omega t) \tag{c}$$

$$x_c = X e^{j(\omega t - \phi)} = X[\cos(\omega t - \phi) + j \sin(\omega t - \phi)] \tag{d}$$

方程(a)与(b)同(c)与(d)比较，可见所谓用复数表示扰力与位移，

实际上只是用复数 F_c 与 x_c 的虚部代表扰力与位移[1)]；在运算过程中用复数形式，求出复数解 x_c 后，它的虚部 $\mathscr{I}[x_c]$就代表所求的强迫振动.

这样，先以式(c)代替式(a)中的扰力，得

$$m\ddot{x} + c\dot{x} + kx = F_0 e^{j\omega t} \tag{e}$$

然后以式(d)的 x_c 代替上式中的 x，注意到 $e^{j(\omega t-\psi)} = e^{-j\psi}e^{j\omega t}$，可得

$$(k - m\omega^2 + jc\omega)Xe^{-j\psi} = F_0$$

即

$$Xe^{-j\psi} = \frac{F_0}{(k - m\omega^2) + jc\omega} \tag{f}$$

上式左端的 $Xe^{-j\psi}$ 称为复数振幅，但我们所需要的往往只是它的绝对值. 复数的绝对值等于它的实部的平方与虚部的平方之和的平方根，即

$$|a + jb| = \sqrt{a^2 + b^2}$$

$$e^{-j\psi} = \cos\psi - j\sin\psi, \qquad |e^{-j\psi}| = \sqrt{\cos^2\psi + \sin^2\psi} = 1$$

式(f)中分母的绝对值亦可以类似地求出. 故强迫振动振幅的绝对值为

$$X = \frac{F_0}{\sqrt{(k - m\omega^2)^2 + (c\omega)^2}}$$

与方程(3.3-2)相同. 为了求出相角 ψ，将式(f)右端的分子分母同乘以分母的共轭复数 $(k - m\omega^2) - jc\omega$，并将左端的 $e^{-j\psi}$ 用三角函数表示，即

$$X(\cos\psi - j\sin\psi) = \frac{F_0[(k - m\omega^2) - jc\omega]}{(k - m\omega^2)^2 + (c\omega)^2}$$

可见

$$\operatorname{tg}\psi = \frac{c\omega}{k - m\omega^2}$$

---

1) 如果扰力为 $F_0\cos\omega t$，则对应的强迫振动将表示为 $x = X\cos(\omega t - \psi)$. 这时，我们用复数的实部代表扰力与位移.

与方程(3.3-3)相同.

3.6 支座激扰

强迫振动不一定由扰力引起. 振系支座的周期运动同样可以使振系发生强迫振动. 以图 3.6-1 所示的系统为例, 假定物体 m 只能沿铅垂方向运动; 支座也可以上下运动,按规律

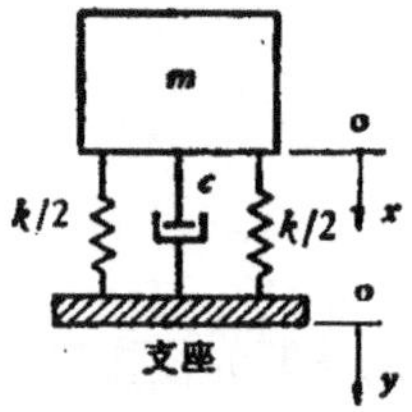

图 3.6-1

$$y = Y\sin\omega t \tag{a}$$

取铅垂坐标轴 x 与 y, 分别以物体与支座静止时的平衡位置为原点,向下为正. 设在某瞬时 t, 物体 m 有位移 x 与速度 $\dot{x}$, 支座有位移 y 与速度 $\dot{y}$, 则物体对于支座有相对位移 $(x-y)$ 与相对速度 $(\dot{x}-\dot{y})$, 因而作用于 m 的弹簧力与阻尼力分别为 $-k(x-y)$ 与 $-c(\dot{x}-\dot{y})$.

由牛顿运动定律有

$$m\ddot{x} = -k(x-y) - c(\dot{x}-\dot{y}) \tag{3.6-1}$$

移项得

$$m\ddot{x} + c\dot{x} + kx = ky + c\dot{y} \tag{b}$$

以式(a)代入,得

$$m\ddot{x} + c\dot{x} + kx = kY\sin\omega t + c\omega Y\cos\omega t \tag{3.6-1}$$

这就是振系由支座周期位移所引起的振动的微分方程, 它的特解将为

$$x = X\sin(\omega t - \psi) \tag{c}$$

其中振幅 X 与相角 ψ 可以应用第 3.3 节的方法类似地求出为

$$\frac{X}{Y} = \sqrt{\frac{k^2+(c\omega)^2}{(k-m\omega^2)^2+(c\omega)^2}}$$

$$= \sqrt{\frac{1+(2\zeta\gamma)^2}{(1-\gamma^2)^2+(2\zeta\gamma)^2}} \tag{3.6-2}$$

$$\operatorname{tg}\phi=\frac{mc\omega^3}{k(k-m\omega^2)+(c\omega)^2}=\frac{2\zeta\gamma^3}{1-\gamma^2+(2\zeta\gamma)^2}\tag{3.6-3}$$

我们现在不来重复这个过程，而是改用比较简捷的复数方法（第3.5节)求解如下.

将支座的位移 y 与振系中质量 m 的强迫振动 x 表示为复数形式

$$y_c=Ye^{j\omega t}\tag{a$'$}$$

$$x_c=Xe^{j(\omega t-\phi)}\tag{c$'$}$$

分别代替式(b)中的 y 与 x,可得

$$(k-m\omega^2+jc\omega)Xe^{-j\phi}=(k+jc\omega)Y$$

或者

$$\frac{X}{Y}e^{-j\phi}=\frac{k+jc\omega}{k-m\omega^2+jc\omega}\tag{d}$$

因 X 与 Y 都是实数，$e^{-j\phi}=\cos\phi-j\sin\phi$，$|e^{-j\phi}|=1$，上式右端分子与分母的绝对值都等于实部、虚部的平方和的平方根，故有

$$\left|\frac{X}{Y}\right|=\frac{|k+jc\omega|}{|k-m\omega^2+jc\omega|}=\sqrt{\frac{k^2+(c\omega)^2}{(k-m\omega^2)^2+(c\omega)^2}}$$

这就是方程(3.6-2). 其次,式(d)的左端与右端可以分别写为

$$\frac{X}{Y}e^{-j\phi}=\frac{X}{Y}(\cos\phi-j\sin\phi)$$

$$\frac{k+jc\omega}{k-m\omega^2+jc\omega}=\frac{(k+jc\omega)(k-m\omega^2-jc\omega)}{(k-m\omega^2)^2+(c\omega)^2}$$

$$=\frac{k(k-m\omega^2)+(c\omega)^2-jmc\omega^3}{(k-m\omega^2)^2+(c\omega)^2}$$

两式相比较,可见

$$\operatorname{tg}\phi=\frac{mc\omega^3}{k(k-m\omega^2)+(c\omega)^2}$$

这就是方程(3.6-3).

图 3.6-2 中，以频率比 γ 为横标，阻尼比 ζ 为参变量，画出了振幅比 $\left|\frac{X}{Y}\right|$ 与相角 ψ 的曲线. 从图可以看出：在 $\gamma>\sqrt{2}$ 时，恒有 $\left|\frac{X}{Y}\right|<1$，阻尼越大，振幅 X 也越大. 而且，不论阻尼比 ζ 有什么值，在 $\gamma=\sqrt{2}$ 时都有 $\left|\frac{X}{Y}\right|=1$，在 $\gamma=1$ 时都有 $\operatorname{tg}\psi=1/2\zeta$，这是从方程 (3.6-2) 与 (3.6-3) 就可以预期的结果. 在 γ 值很大时，X 趋近于零，就是说支座的振动并不传递到物体 m.

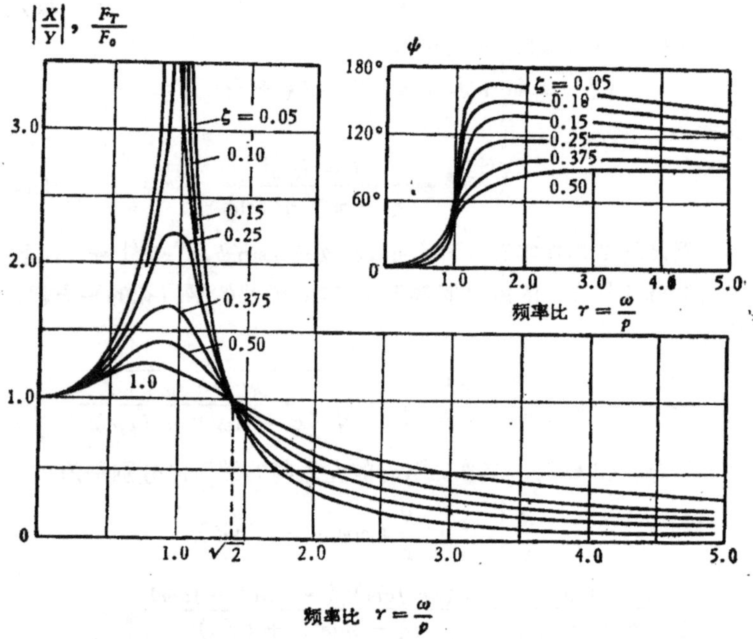

图 3.6-2

如果阻尼可以略去不计，则方程 (3.6-1) 与 (3.6-2) 简化为

$$m\ddot{x}+kx=kY\sin\omega t \qquad (3.6\text{-}1)''$$

$$\left|\frac{X}{Y}\right|=\left|\frac{1}{1-\gamma^2}\right|=\beta \qquad (3.6\text{-}2)'$$

$\operatorname{tg}\psi$ 恒等于零，$\psi=0^\circ$ 或 180°. 由方程 (3.6-2)′ 可以明显地看

出：只要振系的弹簧很软，固有频率 p 远远低于扰频 ω，即 $\gamma \gg 1$，则不论支座怎样振动，质量 m 几乎可以在空间静止不动。例如，设 $\gamma = 5$，则质量 m 的振幅仅为支座振幅的 1/24. 飞机与汽车的仪表同仪表板之间加上塑料垫片，就是为了使仪表板的振动尽可能不传递给仪表。

支座的运动有时用加速度量取，而且我们所关心的常常是振系相对于支座的相对运动. 例如地震，就是由三向(东西、南北、上下)加速度仪记录的，而地震所引起的破坏主要是由于结构物等对地面的相对运动. 现在设支座的加速度已知为

$$\ddot{y} = a \sin \omega t \tag{e}$$

须求振系中质量 m 相对于支座的相对运动.

令 z 代表质量 m 的相对位移，则

$$z = x - y, \quad \dot{z} = \dot{x} - \dot{y}, \quad \ddot{z} = \ddot{x} - \ddot{y} \tag{f}$$

代入方程 (3.6-1)，可得

$$m\ddot{z} + c\dot{z} + kz = -m\ddot{y} = -ma \sin \omega t \tag{3.6-4}$$

用复数表示支座加速度 $\ddot{y}$ 与质量 m 的位移 z，

$$\ddot{y}_c = a e^{j\omega t}$$

$$z_c = Z e^{j(\omega t - \psi)}$$

代入方程 (3.6-4)，有

$$Z e^{-j\psi} = \frac{-ma}{k - m\omega^2 + jc\omega}$$

简化可得

$$Z = \frac{a}{p^2 \sqrt{(1-\gamma^2)^2 + (2\zeta\gamma)^2}} \tag{3.6-5}$$

$$\operatorname{tg} \psi = \frac{-2\zeta\gamma}{1-\gamma^2} \tag{3.6-6}$$

在阻尼可以不计的情形下，由方程 (3.6-4) 与 (3.6-5) 简化可得

$$m\ddot{z} + kz = -ma \sin \omega t \tag*{(3.6-4)$'$}$$

$$z = \frac{-a}{p^2 - \omega^2} \sin \omega t \qquad (3.6\text{-}5)'$$

$\operatorname{tg}\psi$ 恒等于零.

以上我们讨论了支座激扰的两个问题：由已知的支座位移 y 求质量 m 的绝对运动 x，以及由已知的支座加速度 $\ddot{y}$ 求质量 m 的相对运动 z.

例 3.6-1. 小车重 490 公斤，可以简化为用弹簧支在轮子上的一个重量，弹簧系数 $k = 50$ 公斤/厘米，轮子的重量与变形都略去不计. 路面成正弦波形，可以表示为 $y = Y \sin \frac{2\pi x}{L}$，其中 $Y = 4$ 厘米，$L = 10$ 米，图 3.6-3. 试求小车在以水平速度 $v = 36$ 公里/小时行驶时，车身上下振动的振幅，设阻尼可以略去不计.

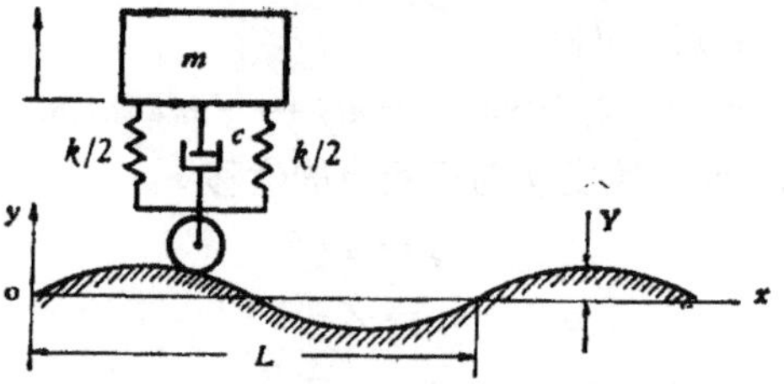

图 3.6-3

解. 小车的固有频率为

$$p = \sqrt{\frac{k}{m}} = \sqrt{\frac{50 \times 980}{490}} = 10\ 1/秒$$

设在 $t = 0$ 时有 $x = 0$，则 $x = vt$，因而

$$y = Y \sin \frac{2\pi vt}{L} = Y \sin \omega t$$

其中

$$\omega = \frac{2\pi v}{L} = \frac{2\pi \times 36 \times 10^3}{10 \times 3600} = 2\pi\ 1/秒$$

故小车强迫振动的振幅为

$$\frac{Y}{1-\left(\frac{\omega}{p}\right)^2}=\frac{4}{1-\left(\frac{2\pi}{10}\right)^2}=6.6\text{ 厘米}$$

3.7 振动的隔离

机器在转动时，一般要产生不平衡的力. 倘若机器直接装在坚硬地面上，这种不平衡力将全部传到地面，结果可能使附近的仪器设备以至房屋结构都发生振动. 为了减小这种不平衡力的传递，通常在机器底部加装弹簧、橡皮、软木、毛毡等等垫料，相当于机器底部与地面之间有弹簧与阻尼器隔开，如图 3.7-1 示.

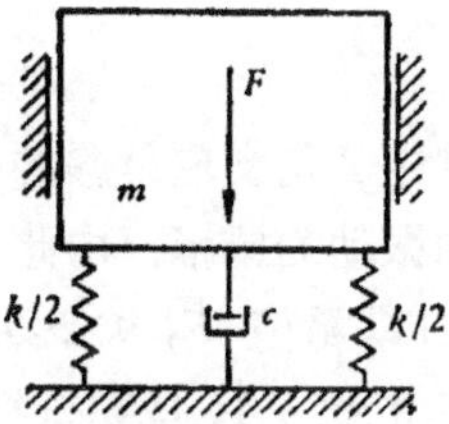

图 3.7-1

当有沿铅垂方向的不平衡力 $F=F_0\sin\omega t$ 时，机器将发生上下振动，其微分方程由第 3.3 节知为

$$m\ddot{x}+c\dot{x}+kx=F_0\sin\omega t \tag{a}$$

代表强迫振动的特解为

$$x=X\sin(\omega t-\phi) \tag{b}$$

其中

$$X=\frac{F_0}{\sqrt{(k-m\omega^2)^2+(c\omega)^2}} \tag{c}$$

传至地面的力不是 $F_0\sin\omega t$，而是弹簧力 kx 与阻尼力 $c\dot{x}$ 之和，即

$$\begin{aligned}kx+c\dot{x}&=kX\sin(\omega t-\phi)+c\omega X\cos(\omega t-\phi)\\&\equiv F_T\sin(\omega t-\phi+\alpha)\end{aligned}$$

其幅值为

$$\begin{aligned}F_T&=\sqrt{(kX)^2+(c\omega X)^2}\\&=X\sqrt{k^2+(c\omega)^2}\end{aligned} \tag{3.7-1}$$

以方程 (c) 代入上式，可得

$$\frac{F_T}{F_0}=\frac{\sqrt{k^2+(c\omega)^2}}{\sqrt{(k-m\omega^2)^2+(c\omega)^2}}$$

$$=\sqrt{\frac{1+(2\zeta\gamma)^2}{(1-\gamma^2)^2+(2\zeta\gamma)^2}} \tag{3.7-2}$$

这就是实际传递的力的力幅与不平衡力的力幅之比，称为**传递率**.

方程 (3.7-2) 与 (3.6-2) 比较，可见

$$\frac{F_T}{F_0}=\left|\frac{X}{Y}\right| \tag{3.7-3}$$

其中 Y 是支座位移的振幅，X 是振系中质量 m 由支座位移所激起的振动的振幅. 由此可得结论：要使物体的不平衡力不传到支座（亦即希望 $F_T \ll F_0$），或者要使支座的振动不传到物体（亦即希望 $X \ll Y$），是完全相同的问题，都是振动隔离的问题.

传递率 F_T/F_0 的曲线就是 $\left|\frac{X}{Y}\right|$ 的曲线，见图 3.6-2. 由图可以清楚看出，只有在 $\omega/p>\sqrt{2}$ 时，传递率才小于 1，而且阻尼越小，传递率越小. 不过在实际设计中，一般还是故意引进一些阻尼，以便使通过共振时的振幅不致过大.

倘若阻尼可以略去不计，则方程 (3.7-2) 简化为

$$\frac{F_T}{F_0}=\frac{1}{\left(\frac{\omega}{p}\right)^2-1} \tag{3.7-2$'$}$$

可见在 $\omega/p=5$ 时，传递的力仅为不平衡力的 1/24.

转动机器，不仅要妥善地进行平衡，尽可能减小运转时不平衡力的力幅 F_0，而且要审慎地采取隔振措施，尽可能降低传递率 F_T/F_0，减小不平衡力对外界的不良影响.

例 3.7-1. 机器重 1000 公斤，支以弹簧，$k=4000$ 公斤/厘米，阻尼比 $\zeta=0.20$. 在转速为 2380 转/分时，不平衡力的幅值

为 $F_0 = 200$ 公斤．求此时机器上下振动的振幅、传递率以及传至地面的力．

解．机器的固有频率为

$$p = \sqrt{\frac{k}{m}} = \sqrt{\frac{4000 \times 980}{1000}} = 62.5\ 1/\text{秒}，\text{即}\ 596\ \text{次}/\text{分}.$$

频率比为

$$\frac{\omega}{p} = \frac{2380}{596} = 4.0$$

由方程 (c) 知振幅为

$$X = \frac{200/4000}{\sqrt{(1-4^2)^2 + (2 \times 0.2 \times 4)^2}} = 0.00331\ \text{厘米}$$

由方程 (3.7-2) 知传递率为

$$\frac{F_T}{F_0} = \sqrt{\frac{1 + (2 \times 0.2 \times 4)^2}{(1-4^2)^2 + (2 \times 0.2 \times 4)^2}} = 0.125$$

实际传到地面的力为

$$F_T = 200 \times 0.125 = 25\ \text{公斤}$$

3.8 测振仪表

在第 3.6 节中，我们从已知的支座运动，即位移 $y(t)$ 或加速度 $\ddot{y}(t)$，求出振系中质量 m 的强迫振动．现在来说明，如何通过质量 m 的运动，求出待测的支座运动，这就是测振仪表的基本原理．

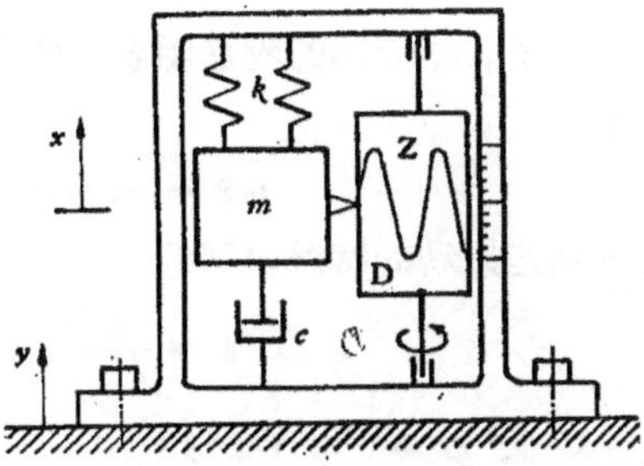

图 3.8-1

仪表的壳体与振动待测的物体相固连，亦即以振动物体作为支座．壳体内由弹簧悬置的质量 m，在振动物体的激扰下进行强迫振动．仍

用 x 与 y 代表质量 m 与支座的绝对运动，$z=x-y$ 代表质量 m 对于支座的相对运动，图 3.8-1，由牛顿运动定律有

$$m\ddot{x}=-k(x-y)-c(\dot{x}-\dot{y}) \tag{a}$$

或者

$$m\ddot{z}-\dot{z}+kz=-m\ddot{y}$$

设待测的振动物体的运动为

$$y=Y\sin\omega t$$

则质量 m 的相对运动微分方程可写为

$$m\ddot{z}+c\dot{z}+kz=mY\omega^2\sin\omega t \tag{3.8-1}$$

与方程(3.4-1)形式相同，只是原来的力幅 $m_1e\omega^2$ 现在改为 $mY\omega^2$. 因此，可以直接写出特解

$$z=Z\sin(\omega t-\phi) \tag{3.8-2(a)}$$

其中

$$Z=\frac{mY\omega^2}{\sqrt{(k-m\omega^2)^2+(c\omega)^2}}=\frac{\gamma^2 Y}{\sqrt{(1-\gamma^2)^2+(2\zeta\gamma)^2}} \tag{3.8-2(b)}$$

$$\mathrm{tg}\,\phi=\frac{c\omega}{k-m\omega^2}=\frac{2\zeta\gamma}{1-\gamma^2} \tag{3.8-2(c)}$$

图 3.8-2 中以频率比 γ 为横标，画出了 $\left|\frac{Z}{Y}\right|$ 与 ϕ 的曲线.

为了获得简明的物理图象，先不考虑阻尼. 方程(3.8-1)简化为

$$m\ddot{z}+kz=mY\omega^2\sin\omega t \tag{3.8-1$'$}$$

代表强迫振动的特解改写为

$$z=\frac{\gamma^2 Y}{1-\gamma^2}\sin\omega t \tag{3.8-3}$$

$\mathrm{tg}\,\phi=0$，$\phi=0$ 或 180°.

振动记录仪 设 $\omega\gg p$，即 $\gamma\gg 1$，则很近似地有

$$z=-Y\sin\omega t=Y\sin(\omega t+180^\circ)$$

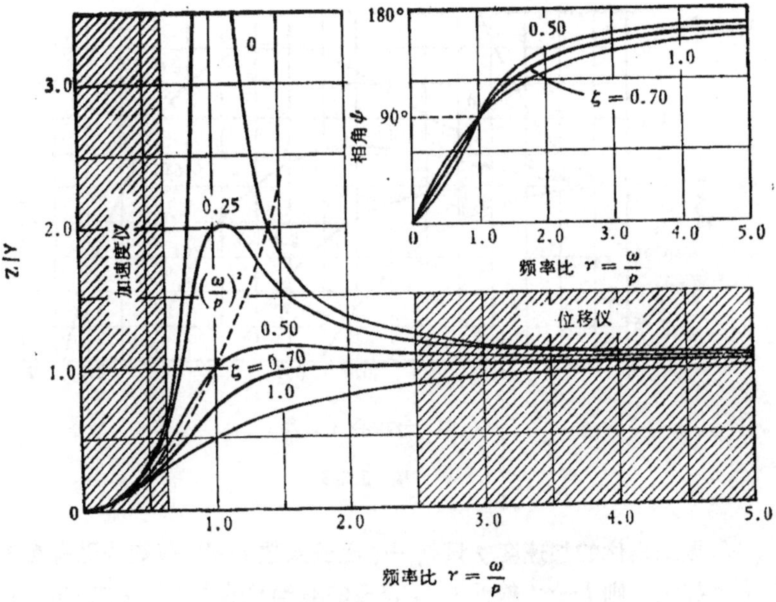

图 3.8-2

可见质量m的相对运动z就是支座（即振动物体）的运动y，只差一个相角180°. 图3.8-1中的圆鼓D由时钟机构驱动，匀速旋转，当支座发生铅垂向振动时，质量m上的笔尖将在圆筒表面的记录纸上画出振动波形，这就是振动物体的y-t曲线.

在所需测量的振动物体本身频率较低时，例如$\omega=4$赫，设取记录仪的固有频率$p=1$赫，即2π 1/秒，则因$p=\sqrt{g/\delta_s}$，应有

$$\delta_s=\frac{g}{p^2}=\frac{980}{4\pi^2}=25 \text{ 厘米}$$

这种仪表的缺点之一就是构造重，体积大.

加速度仪 设$\omega \ll p$，即$\gamma \ll 1$，则方程(3.8-3)中的分母很近于1，质量m的相对运动很近似于

$$z=\frac{1}{p^2}\omega^2 Y \sin \omega t \tag{3.8-4}$$

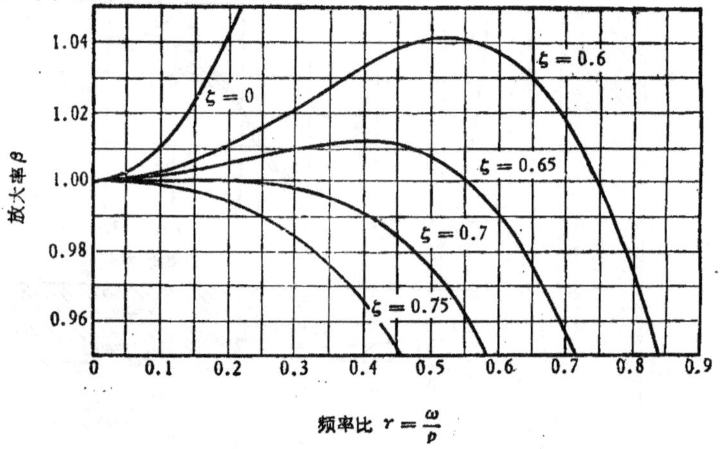

图 3.8-3

与振动物体的加速度 $\ddot{y}$ 只差一个比例系数 $1/p^2$. 仪表的固有频率 p 越大，则 $1-\gamma^2$ 越近于 1，仪表的准确度越高，但由式 (3.8-4) 可见，p 越大则仪表的灵敏度越低，所以 p 值也不宜取得过大.

倘若没有阻尼，则这种加速度仪所能适用的频率范围是很受限制的，因为随着 γ 的增大，$(1-\gamma^2)$ 的值将由 1 迅速减小. 加大阻尼比 ζ，则在 γ 增大时，方程 (3.8-2(b)) 根号中 $(1-\gamma^2)$ 项的减小将由于有 $(2\zeta\gamma)^2$ 项的增大而得到补偿. 图 3.8-3 以较大的比例尺表示各个不同 ζ 值的放大率 β 如何随频率比 γ 而改变. 大多数加速度仪都采用 ζ 近于 0.70，这样不仅能扩大仪表的量程，而且可以减免相位的畸变，因为实际的振动波形可能不是纯正弦型的，就是说，除频率为 ω 的基波之外，还含有频率为 2ω，3ω，⋯ 的高次谐波；要使记录出的波形如实地再现待测振动的波形，则频率为 2ω 与 3ω 的谐波的相角 ϕ_2 与 ϕ_3，必须等于基波的相角 ϕ 的 2 倍与 3 倍，依此类推. 由图 3.8-2 中的 ϕ-γ 曲线可见，在 $\zeta=0.70$ 时，很近似地有 $\phi=\frac{\pi}{2}\times\gamma$. 这样，实际上避免了相位畸变.

同振动位移记录仪相反，加速度仪是固有频率高的仪器，体积小，重量轻．所以现在的振动测量，大多用加速度仪．

仪表中质量的相对运动通常变换为电信号，利用积分网络极易将加速度转变为速度与位移．

例 3.8-1． 某振幅仪的固有频率为 0.5 赫，阻尼可以不计，要使读数误差不超过 2%，问可以测量的振动的最低频率 f 为多大？

解． 在 $\zeta=0$ 时，由方程 (3.8-3) 有

$$\frac{Z}{Y}=\frac{\left(\frac{\omega}{p}\right)^2}{\left(\frac{\omega}{p}\right)^2-1}=1.02,\quad \frac{\omega}{p}=\sqrt{\frac{1.02}{0.02}}=7.15$$

$$f=7.15\times 0.5=3.57\ \text{赫}$$

对频率高于 3.57 赫的振动，振幅读数的误差将低于 2%．

3.9 在强迫振动中激扰力与阻尼力的功

有阻尼的系统在进行振动时，机械能不断耗散为热能与辐射能(例如声波)；如果不从外界输入能量，振动将陆续衰减，以至完全停息．在强迫振动中，扰力对振动物体作功，能量不断输入振系，当每周的能量输入与每周的能量耗散相等时，振幅将保持常值，系统进行稳态振动． 现在就来说明激扰力与阻尼力在强迫振动中所做的功的计算方法，假定激扰力与振动都是正弦型的，而阻尼是粘性的．

设有扰力 $F=F_0\sin\omega t$，沿着轴 x 的方向，作用于质点(或平动的物体)，其运动方程为 $x=X\sin(\omega t-\phi)$，则扰力的功为

$$\begin{aligned}E&=\int F dx=\int F\dot{x}dt=\omega XF_0\int\sin\omega t\cos(\omega t-\phi)dt\\&=\frac{1}{2}\omega XF_0\int\{\sin(2\omega t-\phi)+\sin\phi\}dt\end{aligned}$$

$$= \frac{1}{2} XF_0 \left[\omega t \sin \psi - \frac{1}{2} \cos(2\omega t - \psi) \right] \tag{3.9-1}$$

在一周的时间即 $T = 2\pi/\omega$ 内，由式 (3.9-1) 有

$$E = \oint F dx = \frac{1}{2} XF_0 \left[\omega t \sin \psi - \frac{1}{2} \cos(2\omega t - \psi) \right]_0^{\frac{2\pi}{\omega}}$$

$$= \pi X F_0 \sin \psi \tag{3.9-2}$$

在 $\psi = \frac{\pi}{2}$，即共振时，E 取最大值.

类似地，阻尼力 $c\dot{x} = c\omega X \cos(\omega t - \psi)$ 所消耗的能量为

$$E = \int c\dot{x} dx = \int c\dot{x}^2 dt$$

$$= c\omega^2 X^2 \int \cos^2(\omega t - \psi) dt$$

$$= c\omega X^2 \left[\omega t + \frac{1}{2} \sin 2(\omega t - \psi) \right] \tag{3.9-3}$$

每周消耗的能量由 (3.9-3) 知为

$$E = \oint c\dot{x} dx = c\omega X^2 \left[\omega t + \frac{1}{2} \sin 2(\omega t - \psi) \right]_0^{\frac{2\pi}{\omega}}$$

$$= c\omega\pi X^2 \tag{3.9-4}$$

当每周的能量输入与消耗相等时，由方程 (3.9-2) 与 (3.9-4) 有

$$X = \frac{F_0 \sin \psi}{c\omega} \tag{3.9-5}$$

应用方程 (3.3-3)，读者可以自行从上式得出方程 (3.3-2)，即

$$X = \frac{F_0}{\sqrt{(k - m\omega^2)^2 + (c\omega)^2}} \tag{a}$$

在发生共振即 $\omega = p$ 时，$\psi = 90°$，由方程 (3.9-5) 得

$$X = \frac{F_0}{c\omega} = \frac{F_0}{cp} \tag{b}$$

这就是方程(3.3-9)。

例 3.9-1. 已知 $F = F_0 \sin(\omega t + \phi)$, $x = X\sin\omega t$, 求 F 的功率 P.

解. $P = F\dfrac{dx}{dt} = \omega X F_0 \sin(\omega t + \phi)\cos\omega t$

$$= \frac{1}{2}\omega X F_0[\sin\phi + \sin(2\omega t + \phi)]$$

括弧中第一项是常量,第二项是频率为 2ω 的正弦波.

例 3.9-2. 设 $F = 10\sin\pi t$ 公斤, $x = 2\sin(\pi t - 30°)$ 厘米,试求开始 6 秒钟内与开始 1/2 秒钟内所做的功.

解. 力 F 与位移 x 的圆频率为 $\omega = \pi$, 周期为 $T = \dfrac{2\pi}{\omega} = 2$ 秒,在 6 秒钟内有三个周期,故由方程(3.9-2)有

$$E_{0-6} = 3\pi X F_0 \sin\phi = 3\pi \times 2 \times 10\sin 30° = 94.2 \text{ 公斤·厘米}$$

由方程(3.9-1)有

$$E_{0-\frac{1}{2}} = \frac{1}{2}XF_0\left[\omega t\sin\phi - \frac{1}{2}\cos(2\omega t - \phi)\right]_0^{\frac{1}{2}}$$

$$= \frac{20}{2}\left(\frac{\pi}{2}\times\frac{1}{2} + \frac{\sqrt{3}}{2}\right)$$

$$= 16.51 \text{ 公斤·厘米}$$

3.10 等值粘性阻尼

第二章中曾经提到,实际振系中的阻尼可能来自多方面,各种阻尼的性质很不相同. 但到现在为止,我们只考虑了粘性阻尼的影响,因为其他各种阻尼,一般将使振系成为非线性的,微分方程的求解就比较困难;而且一个振系往往有几种不同性质的阻尼同时发生作用,计算就更加复杂.

对于非粘性阻尼，工程中通常采用等值粘性阻尼的办法：因为在强迫振动中，粘性阻尼每周耗散的能量为 $c\omega\pi X^2$；对某种非粘性阻尼，先求出它每周耗散的能量 E，然后将 E 表示为

$$E = c_e\omega\pi X^2$$

亦即令

$$c_e = \frac{E}{\omega\pi X^2} \tag{3.10-1}$$

这个 c_e 称为**等值粘性阻尼系数**. 从图 3.3-3 可以看出，阻尼在强迫振动中的作用主要是限制共振区的振幅，应用方程 (3.3-2)，把其中的系数 c 以 c_e 代替，即

$$X = \frac{F_0}{\sqrt{(k - m\omega^2)^2 + (c_e\omega)^2}} \tag{3.10-2}$$

所求出的强迫振动振幅 X 与实验结果大致相符.

以上我们假定了振系的稳态运动是正弦型的. 事实上，对有非粘性阻尼的振系，这个假定不再正确. 但在许多实际问题中，阻尼比较小，不致过分影响强迫振动的波形，上述计算方法可以得出有用的结果.

速度平方阻尼　当振动物体在流体介质中高速运动时，所遇到的阻力通常假定为与速度平方成正比. 阻尼力表示为

$$F_d = \pm a\dot{x}^2 \tag{a}$$

式中正号对应于 $\dot{x} < 0$，负号对应于 $\dot{x} > 0$. 为了便于积分，把运动方程写为

$$x = -X\cos\omega t$$

在 $\omega t = 0$ 时有 $x = -X$，在 $\omega t = \pi$ 时有 $x = X$. 这样，在由 $-X$ 到 X 这半个周期内，F_d 不变号，因而每周所耗散的能量为

$$E = 2\int_{-X}^{X} a\dot{x}^2 dx = 2a\omega^2X^3\int_0^{\pi} \sin^3 \omega t d\omega t$$

$$= \frac{8}{3} a\omega^2 X^3$$

代入 (3.10-1) 得

$$c_e = \frac{8}{3\pi} a\omega X \tag{b}$$

应用方程 (3.3-9)，即 $X = F_0/cp$，其中系数 c 以式 (b) 的 c_e 代替，可得共振振幅

$$X = \sqrt{\frac{3\pi F_0}{8ap^2}} \tag{c}$$

或者，将式 (b) 代入方程 (3.10-2)，并令 $\omega/p = \gamma$，可得

$$X = \frac{3\pi m}{8a\gamma^2}\sqrt{-\frac{(1-\gamma^2)^2}{2} + \sqrt{\frac{(1-\gamma^2)^4}{4} + \left(\frac{8a\gamma F_0}{3\pi km}\right)^2}} \tag{d}$$

在发生共振即 $\gamma = \omega/p = 1$ 时，上式即简化为 (c)。

库隆阻尼 即干摩擦阻力（例如作用于发动机叶片阻尼台的），通常假定为与法向压力成正比，摩擦力的大小与相对运动的速度无关，在一对物体之间的力可以取为常值 F'，在强迫振动中每周耗散的能量为

$$E = 4XF' \tag{e}$$

代入 (3.10-1) 得

$$c_e = \frac{4F'}{\omega\pi X} \tag{f}$$

将式 (f) 代入方程 (3.10-2)，简化可得

$$X = \frac{F_0}{k}\frac{\sqrt{1-(4F'/\pi F_0)^2}}{1-\gamma^2} \tag{g}$$

上式只有在 $\pi F_0 > 4F'$ 的条件下才有实解。在发生共振即 $\gamma = 1$ 时，振幅将无限增大，因为由方程 (3.9-2) 知，在共振时，$\phi = 90°$，每周输入的能量为 πXF_0，既然 $\pi F_0 > 4F'$，故 $\pi XF_0 > 4XF'$，即能量输入大于能量耗散，每周都有剩余能量可以使振幅不断增大。倘若摩擦力很大，则振系的运动不能再认为是正弦型的，需要较准确的分析。

结构阻尼 这是由于钢、铝等材料在承受交变载荷时，由于内阻有能量耗散引起的。实验指出，应力每改变一周所耗散的能量与频率 ω 无关，而大致与应变幅值的平方成正比。现在假定，在强

迫振动中，由于结构阻尼每周耗散的能量为

$$E = \alpha X^2 \tag{h}$$

其中 α 是与频率 ω 无关的常数. 将上式代入 (3.10-1), 有

$$c_e = \frac{\alpha}{\pi\omega} \tag{i}$$

于是由方程 (3.10-2) 可得

$$X = \frac{F_0}{\sqrt{(k - m\omega^2)^2 + \left(\frac{\alpha}{\pi}\right)^2}} = \frac{F_0}{k\sqrt{(1 - \gamma^2)^2 + \left(\frac{\alpha}{\pi k}\right)^2}} \tag{j}$$

令

$$\eta = \frac{\alpha}{\pi k}$$

则在共振时，振幅为

$$X = \frac{F_0}{k\eta}$$

与方程 (3.3-9) 即 $X = \frac{F_0}{2\zeta k}$ 比较，可见

$$\eta = 2\zeta \tag{k}$$

结构阻尼，亦称为固体阻尼、滞后阻尼或位移阻尼，性质比较复杂，现在还没有很好了解. 有人认为，式 (h) 中振幅 X 的指数，对软钢应为 2.3，对其他金属材料大致在 2 与 3 之间. 需要进行大量的实验，才能得出比较可靠的规律.

例 3.10-1. 振系在扰力 $F_0 \sin\omega t$ 的作用下进行强迫振动. 有几种不同性质的阻尼同时作用. 试导出计算等值粘性阻尼系数 c_e 的方程，并说明估计共振振幅 X_r 的步骤.

解. 设各种阻尼每周消耗的能量分别为 E_1, E_2, E_3, $\cdots$, 每周消耗的总能量为

$$E = E_1 + E_2 + E_3 + \cdots = \Sigma E_i$$

代入方程 (3.10-1), 得

$$c_e = \frac{\Sigma E_i}{\omega\pi X^2}$$

其中 $E_1, E_2, E_3, \cdots$ 等各含有振幅 X 的不同的幂次，因而 c_e 是 X 的函数，记为 $c_e(X)$. 利用方程 (3.3-9)，得

$$X = \frac{F_0}{c_e(X)p}$$

对 X 求解，可得共振振幅的近似值.

3.11 傅里叶级数

前面我们假定，作用于振系的激扰（力或支座运动）都是正弦型的. 但工程中遇到的情形，有的激扰是周期的，但不是正弦型的. 活塞式发动机中活塞的运动以及同这种运动有关的力就是这样. 图 3.11-1，假定曲柄 OA 以角速度 ω 绕定轴 O 匀速转动，通过连杆 AB 使活塞 B 沿直线进行平动. 取坐标轴 Ox 如图所示，则活塞的运动方程为

$$x = r\cos\omega t + l\cos\alpha \tag{a}$$

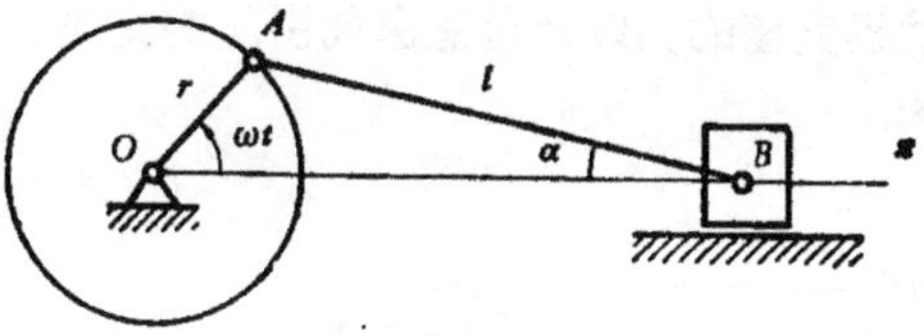

图 3.11-1

其中 r 与 l 分别代表曲柄与连杆的长度. 为了消去式中的 α，注意到

$$l\sin\alpha = r\sin\omega t$$

因而

$$\cos\alpha = \left(1 - \frac{r^2}{l^2}\sin^2\omega t\right)^{1/2} \tag{b}$$

按马克洛林级数展开，得

$$\left(1-\frac{r^2}{l^2}\sin^2\omega t\right)^{1/2}=1-\frac{r^2}{2l^2}\sin^2\omega t-\frac{r^4}{8l^4}\sin^4\omega t$$
$$-\frac{r^6}{16l^6}\sin^6\omega t-\cdots \tag{c}$$

因 l 通常比 r 大几倍，取 $l/r=4$，上式右端第三项已经 $\leqslant 1/2048$，故在一般工程计算中，只取展式中的前两项，因而由 (b) 有

$$\cos\alpha=1-\frac{r^2}{2l^2}\sin^2\omega t=\left(1-\frac{r^2}{4l^2}\right)+\frac{r^2}{4l^2}\cos 2\omega t$$

代入式 (a)，可得活塞的位移

$$x=\left(l-\frac{r^2}{4l}\right)+r\cos\omega t+\frac{r^2}{4l}\cos 2\omega t \tag{d}$$

对时间求导，即得速度与加速度

$$\dot{x}=-r\omega\left(\sin\omega t+\frac{r}{2l}\sin 2\omega t\right) \tag{e}$$

$$\ddot{x}=-r\omega^2\left(\cos\omega t+\frac{r}{l}\cos 2\omega t\right) \tag{f}$$

加速度-时间曲线示于图 3.11-2 .

这样，活塞的运动，由频率为 ω 与 2ω 的两个简谐运动所组成，是周期运动，周期为 $T=2\pi/\omega$，但不是简谐运动. 所以活塞作用于发动机支座的力以及可能由此引起的支座运动，当然也不是正弦型的.

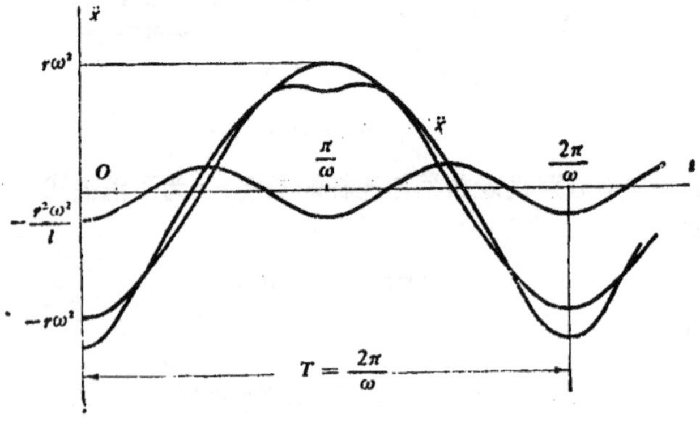

图 3.11-2

以上我们只从展式 (c) 中取了前两项，如果加取第三项等等，则活塞运动的表达式 (d) 至 (f) 中将包含频率为 3ω，4ω，$\cdots$ 的项，即所谓高次谐波.

在振动问题中遇到的周期激扰（力或支座运动）函数 $f(t)$，都可以展开为如下的级数，

$$f(t) = \frac{a_0}{2} + a_1\cos\omega t + a_2\cos 2\omega t + \cdots + b_1\sin\omega t + b_2\sin 2\omega t + \cdots$$

$$= \frac{a_0}{2} + \sum_{n=1}^{\infty}(a_n\cos n\omega t + b_n\sin n\omega t) \tag{3.11-1}$$

这级数称为傅里叶级数，简称傅氏级数，亦称三角级数，其中频率为 ω 的项称为函数 $f(t)$ 的基波，频率为 2ω，3ω，$\cdots$ 的项称为二次谐波，三次谐波，等等. 函数 $f(t)$ 的周期为 $T = 2\pi/\omega$.

傅氏级数中的系数 a_0，a_n 与 b_n 可求出如下：

$$a_0 = \frac{2}{T}\int_{t_0}^{t_0+T} f(t)dt \tag{3.11-2}$$

$$a_n = \frac{2}{T}\int_{t_0}^{t_0+T} f(t)\cos n\omega t dt, \quad n = 1, 2, 3, \cdots \tag{3.11-3}$$

$$b_n = \frac{2}{T}\int_{t_0}^{t_0+T} f(t)\sin n\omega t dt, \quad n = 1, 2, 3, \cdots \tag{3.11-4}$$

积分下限 t_0 可以任意选取，例如可以取 $t_0 = 0$ 或 $-T/2$. 公式 (3.11-2) 至 (3.11-4) 称为欧拉公式，读者可以应用下列定积分自行证明[1].

---

1) 例如，为了导出计算 a_2 的公式，将式 (3.11-1) 两端同乘以 $\cos 2\omega t$，得

$$f(t)\cos 2\omega t = \frac{a_0}{2}\cos 2\omega t + a_1\cos\omega t\cos 2\omega t + a_2\cos^2 2\omega t + a_3\cos 3\omega t\cos 2\omega t + \cdots + b_1\sin\omega t\cos 2\omega t + b_2\sin 2\omega t\cos 2\omega t + b_3\sin 3\omega t\cos 2\omega t + \cdots$$

对 t 积分由 0 至 T，由式 (3.11-5) 可知，右端除含 a_2 的项外，其余所有的项的积分都等于零. 因

$$\int_0^T a_2\cos^2 2\omega t dt = \frac{a_2}{2}\int_0^T (1 + \cos 4\omega t)dt = \frac{a_2 T}{2}$$

故有

$$a_2 = \frac{2}{T}\int_0^T f(t)\cos 2\omega t dt$$

$$
\left.\begin{aligned}
&\int_0^T \cos n\omega t dt = 0,\\
&\int_0^T \sin n\omega t dt = 0\\
&\int_0^T \cos m\omega t \cos n\omega t dt = \begin{cases} 0, & 设\quad m \neq n \\ \dfrac{T}{2}, & m = n \neq 0 \end{cases}\\
&\int_0^T \cos\ m\omega t \sin n\omega t dt = 0\\
&\int_0^T \sin\ m\omega t \sin\ n\omega t dt = \begin{cases} 0 & 设\ m \neq n \\ \dfrac{T}{2} & m = n \neq 0 \end{cases}
\end{aligned}\right\} \tag{3.11-5}
$$

傅里叶级数(3.11-1)中同频率的正弦项与余弦项可以合并，图 3.11-3，结果得

$$
f(t) = c_0 + \sum_{n=1}^{\infty} c_n \cos(n\omega t - \psi_n) \tag{3.11-6}
$$

其中

$$
c_0 = \frac{a_0}{2}, \quad c_n = \sqrt{a_n^2 + b_n^2}, \quad \psi_n = \mathrm{tg}^{-1}\frac{b_n}{a_n} \tag{3.11-7}
$$

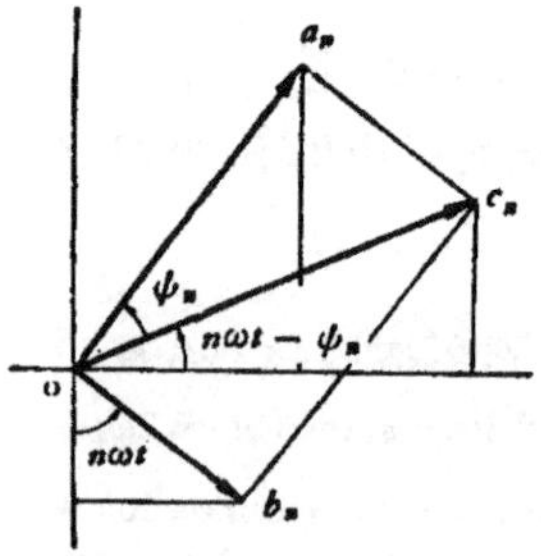

图 3.11-3

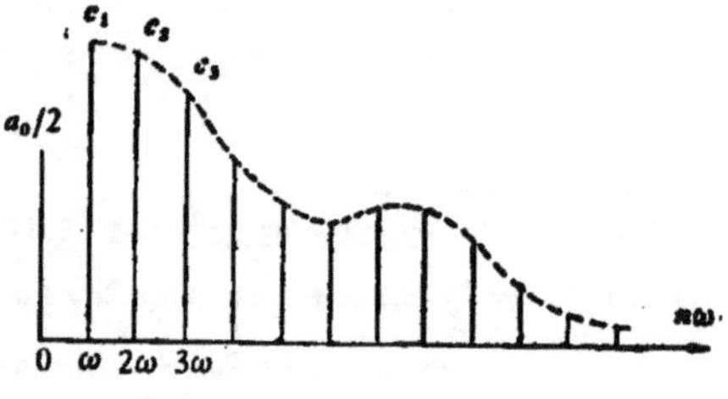

图 3.11-4

以 c_n(绝对值)为纵标，$n\omega$ 为横标，可得类似图 3.11-4 所示的图线，称为给定的 $f(t)$ 的频谱．频率为零的分量代表函数 $f(t)$ 的平均值；其他各频率分量依次相距 ω，其中有的分量可能不出

现(即振幅为零). 因为这种频谱是离散的线段,故称为离散频谱. 随着周期T的不断增大,$\omega = 2\pi/T$ 将不断减小,频谱的线段将越来越互相接近,在周期 $T\to\infty$的极限情形,离散频谱将成为连续频谱,傅里叶级数将成为傅氏积分. 这种情形,将在随机振动一章中详细说明.

令 $\theta = \omega t$, 则 $f(t) = f\left(\dfrac{\theta}{\omega}\right)$, 记为 $F(\theta)$, 方程(3.11-1)可改写为

$$F(\theta) = \frac{a_0}{2} + \sum_{n=1}^{\infty}(a_n \cos n\theta + b_n \sin n\theta) \qquad (3.11\text{-}1)'$$

注意到 $\omega T = 2\pi$, 原来对 t 积分从任意瞬时 t_0 到 $t_0 + T$, 故对 θ 积分应为从初始值 θ_0 到 $\theta_0 + 2\pi$, 方程(3.11-2)至(3.11-4)改写为

$$a_0 = \frac{1}{\pi}\int_{\theta_0}^{\theta_0+2\pi} F(\theta)d\theta \qquad (3.11\text{-}2)'$$

$$a_n = \frac{1}{\pi}\int_{\theta_0}^{\theta_0+2\pi} F(\theta)\cos n\theta d\theta \qquad (3.11\text{-}3)'$$

$$b_n = \frac{1}{\pi}\int_{\theta_0}^{\theta_0+2\pi} F(\theta)\sin n\theta d\theta \qquad (3.11\text{-}4)'$$

积分下限 θ_0 可以任意选取,例如取 $\theta_0 = 0$ 或 $-\pi$.

例 3.11-1. 求图 3.11-5 所示周期矩形波的傅氏级数.

$$f(t) = \begin{cases} 0, & -T/2 < t < -T/4 \\ A, & -T/4 < t < T/4 \\ 0, & T/4 < t < T/2 \end{cases} \qquad \text{(h)}$$

解. 应用公式(3.11-2),有

$$a_0 = \frac{2}{T}\int_{-T/2}^{T/2} f(t)dt = \frac{2}{T}\int_{-T/4}^{T/4} A dt = A$$

应用公式(3.11-3),有

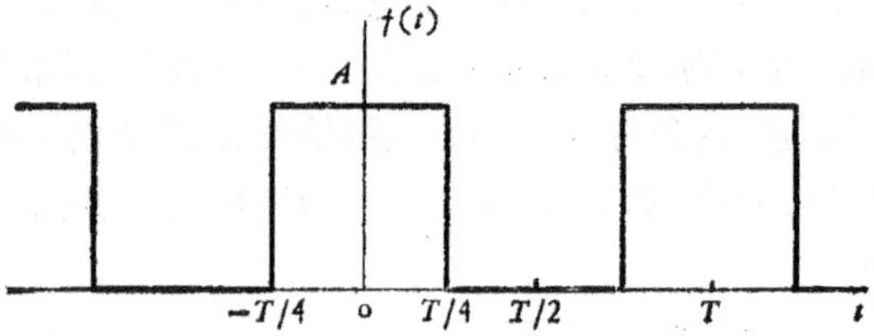

图 3.11-5

$$
\begin{aligned}
a_n &= \frac{2}{T}\int_{-T/2}^{T/2} f(t)\cos n\omega t\,dt \\
&= \frac{2}{T}\int_{-T/4}^{T/4} A\cos n\omega t\,dt \\
&= \frac{2A}{n\omega T}\sin n\omega t\Big|_{-T/4}^{T/4} \\
&= \frac{2A}{n\pi}\sin\frac{n\pi}{2}
\end{aligned}
\tag{i}
$$

故

$$
a_n = \begin{cases} 0, & \text{设 } n = 2, 4, 6, \cdots \\ \dfrac{2A}{n\pi}, & n = 1, 5, 9, \cdots \\ -\dfrac{2A}{n\pi}, & n = 3, 7, 11, \cdots \end{cases}
\tag{j}
$$

系数 a_0 也可以用公式 (3.11-3) 求出. 本例中,以 $n=0$ 代入 (i), 得到 0/0 的不定形式, 但 $\left(\sin\dfrac{n\pi}{2}\right)\Big/\dfrac{n\pi}{2}$ 在 $n\to 0$ 时的极限值等于 1, 故仍有 $a_0 = A$.

应用公式 (3.11-4), 有

$$
\begin{aligned}
b_n &= \frac{2}{T}\int_{-T/2}^{T/2} f(t)\sin n\omega t\,dt \\
&= \frac{2}{T}\int_{-T/4}^{T/4} A\sin n\omega t\,dt = 0
\end{aligned}
\tag{k}
$$

因此，所求的级数为

$$f(t)=\frac{A}{2}+\frac{2A}{\pi}\left(\cos\omega t-\frac{1}{3}\cos 3\omega t+\frac{1}{5}\cos 5\omega t-\cdots\right)$$

$$=\frac{A}{2}+\frac{2A}{\pi}\sum_{k=1}^{\infty}\frac{(-1)^{k-1}}{2k-1}\cos(2k-1)\omega t \qquad (1)$$

频谱图如图 3.11-6 示。

本例所得傅氏级数只有余弦项，并不是偶然的．这同函数的奇偶性有关．$f(t)$ 称为**偶函数**，设 $f(t)=f(-t)$，例如 $\cos n\omega t$；$f(t)$ 称为**奇函数**，设 $f(t)=-f(-t)$，例如 $\sin n\omega t$．容易理解，偶函数乘偶函数，或者奇函数乘奇函数，所得乘积都是偶函数；

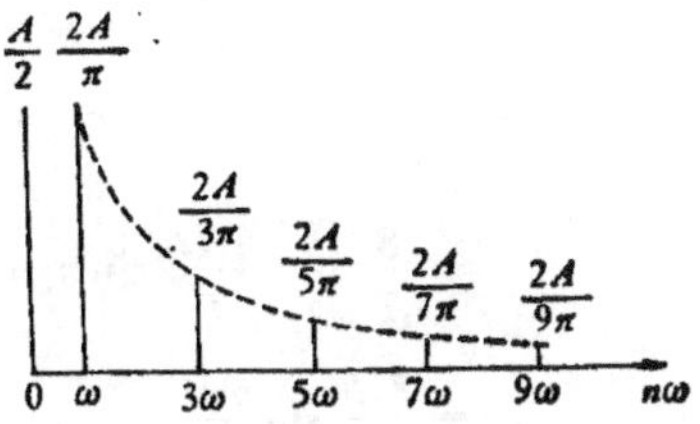

图 3.11-6

但偶函数与奇函数的乘积是奇函数；而且任何奇函数对 t 积分从 $-\frac{T}{2}$ 到 $+\frac{T}{2}$，结果必然为零．因此，当 $f(t)$ 为偶函数时，它的傅氏级数中不出现正弦项；而当 $f(t)$ 为奇函数时，它的傅氏级数中不出现余弦项．

例 3.11-2．求图 3.11-7 所示周期三角波的傅里叶级数．

解．所给的函数是奇函数，因为显然 $f(t)=-f(-t)$．故 $a_n=0$．其次，由 $f\left(t\pm\frac{T}{2}\right)=-f(t)$ 可见，求系数 b_n 的从 0 到 T 的积分等于从 0 到 $T/4$ 的积分的 4 倍，而且可以预期，只有 n 为奇数的系数 b_n 不等于零．这样

$$b_n=\frac{2}{T}\int_0^T f(t)\sin n\omega t\,dt$$

$$=\frac{8}{T}\int_0^{T/4} f(t)\sin n\omega t\,dt \quad (n \text{ 为奇数})$$

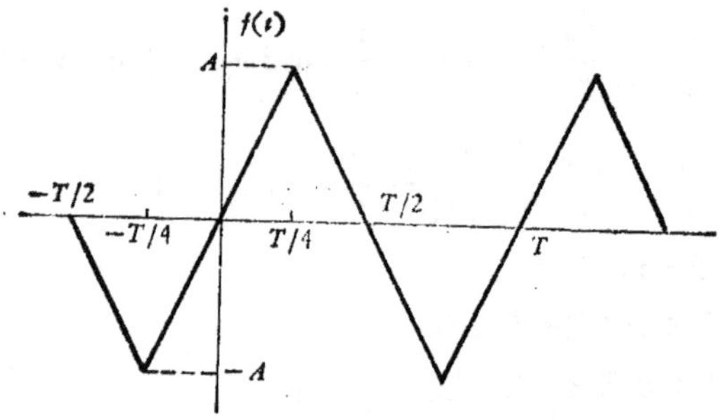

图 3.11-7

$$= \frac{8}{T}\int_0^{T/4} \frac{4At}{T} \sin n\omega t$$

$$= \frac{8A}{n^2\pi^2} \sin\frac{n\pi}{2}$$

$$= \begin{cases} \dfrac{8A}{n^2\pi^2} & n = 1, 5, 9, \cdots \\ -\dfrac{8A}{n^2\pi^2} & n = 3, 7, 11, \cdots \end{cases}$$

故

$$f(t) = \frac{8A}{\pi^2}\left(\sin\omega t - \frac{1}{3^2}\sin 3\omega t + \frac{1}{5^2}\sin 5\omega t - \cdots\right)$$

$$= \frac{8A}{\pi^2}\sum_{k=1}^{\infty}\frac{(-1)^{k-1}}{(2k-1)^2}\sin(2k-1)\omega t \qquad \text{(m)}$$

值得注意，傅里叶级数中的常数项 $a_0/2$ 以及函数 $f(t)$ 的奇偶性，都随坐标轴的不同选取而改变．例如，图 3.11-5 中的 Ot 轴，设向上平移 $A/2$，则傅里叶级数展式中将有 $a_0=0$；类似地，图 3.11-7 中的 $f(t)$ 轴，设向右平移 $T/4$，则原来的奇函数 $f(t)$ 将成为偶函数，级数中将只包含余弦项而不出现正弦项．

例 3.11-3．　试将图 3.11-8 所示的半波整流函数展为傅里叶级数．

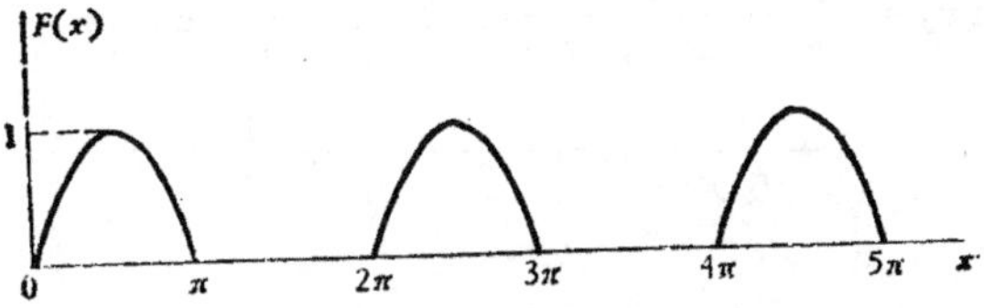

$$F(x)=\begin{cases}\sin x, & 0<x<\pi\\ 0, & \pi<x<2\pi\end{cases}$$

图 3.11-8

解. 应用公式(3.11-1)′至(3.11-4)′

$$a_0=\frac{1}{\pi}\int_0^{2\pi}F(x)dx=\frac{1}{\pi}\int_0^{\pi}\sin x dx$$

$$=\frac{-1}{\pi}\cos x\Big|_0^{\pi}=\frac{2}{\pi}$$

$$a_n=\frac{1}{\pi}\int_0^{\pi}\sin x\cos nx dx$$

$$=\frac{1}{2\pi}\int_0^{\pi}[\sin(n+1)x-\sin(n-1)x]dx$$

$$=\frac{1}{2\pi}\left[\frac{1-\cos(n+1)\pi}{n+1}-\frac{1-\cos(n-1)\pi}{n-1}\right]$$

此式不适用于 $n=1$，但

$$a_1=\frac{1}{\pi}\int_0^{\pi}\sin x\cos x dx=0$$

$$a_2=-\frac{2}{3\pi},\quad a_3=0$$

$$a_4=-\frac{2}{15\pi},\quad a_5=0$$

$$a_6=-\frac{2}{35\pi}\quad \cdots\cdots$$

$$b_n=\frac{1}{\pi}\int_0^{\pi}\sin x\sin nx dx=\begin{cases}0, & n\neq 1\\ 1/2, & n=1\end{cases}$$

所求的傅里叶级数为

$$F(x) = \frac{1}{\pi} - \frac{2}{\pi}\left(\frac{1}{1\times 3}\cos 2x + \frac{1}{3\times 5}\cos 4x + \frac{1}{5\times 7}\cos 6x + \cdots\right) + \frac{1}{2}\sin x$$

3.12 振系在任意的周期激扰下的强迫振动

有阻尼振系（图 3.3-1）在正弦型扰力作用下的运动，已在第 3.3 节中讨论。振系的运动微分方程

$$m\ddot{x} + c\dot{x} + kx = f(t) \tag{3.12-1}$$

在 $f(t) = F_0 \sin \omega t$ 时，代表强迫振动的特解已经求出为

$$x = X\sin(\omega t - \phi) \tag{a}$$

其中

$$X = \frac{F_0}{k\sqrt{\left(1 - \frac{\omega^2}{p^2}\right)^2 + \left(2\zeta\frac{\omega}{p}\right)^2}},$$

$$\phi = \mathrm{tg}^{-1}\frac{2\zeta\left(\frac{\omega}{p}\right)}{1 - \left(\frac{\omega}{p}\right)^2} \tag{b}$$

类似地在 $f(t) = F_0\cos \omega t$ 时，振系的特解可以求出为

$$x = X\cos(\omega t - \phi) \tag{c}$$

其中 X 与 ϕ 亦由式 (b) 表示.

因此，振系分别在 $f(t) = b_n \sin n\omega t$ 与 $f(t) = a_n \cos n\omega t$ 作用下，强迫振动可依次表示为

$$x = X_n \sin(n\omega t - \phi_n) \quad 与 \quad x = X\cos(n\omega t - \phi_n) \tag{d}$$

其中

$$X_n = \frac{A_n}{k\sqrt{1 - \left(\frac{n^2\omega^2}{p^2}\right)^2 + \left(2\zeta n\frac{\omega}{p}\right)^2}} \tag{e}$$

$$\phi_n = \mathrm{tg}^{-1}\frac{2\zeta\dfrac{n\omega}{p}}{1-\left(\dfrac{n\omega}{p}\right)^2} \tag{f}$$

A_n 依次为 b_n 与 a_n.

上节已经说明，任意的周期激扰力 $f(t)$ 总可以展开为傅里叶级数，即

$$f(t) = \frac{a_0}{2} + \sum_{n=1}^{\infty}(a_n\cos n\omega t + b_n \sin n\omega t) \tag{3.12-2}$$

对应于级数中的每个频率分量，方程 (3.12-1) 的特解都可以由式 (d) 至 (f) 表示；而对应于级数中的常数项 $a_0/2$，方程 (3.12-1) 的特解显然为 $a_0/2k$. 因为振系是线性的，由激扰力 $f(t)$ 的各个分量所引起的强迫振动可以叠加. 所以 1 自由度振系在任意的周期激扰力作用下的强迫振动可表示为

$$x = \frac{a_0}{2k} + \sum_{n=1}^{\infty}\frac{a_n\cos(n\omega t - \phi_n) + b_n\sin(n\omega t - \phi_n)}{k\sqrt{(1 - n^2\omega^2/p^2)^2 + (2\zeta n\omega/p)^2}} \tag{3.12-3}$$

其中相角 ϕ_n 由式 (f) 表示.

例 3.12-1. 图 3.12-1 所示凸轮使顶杆 D 沿水平线进行周期的锯齿波形运动，通过弹簧 k_1 使振系有强迫振动. 已知凸轮升程为 2 厘米，转速为 60 转/分，$k_1 = k = 10$ 公斤/厘米，$c = 0.5$ 公斤 · 秒/厘米，$m = \dfrac{1}{20}$ 公斤 · 秒²/厘米. 试求振系的稳态运动.

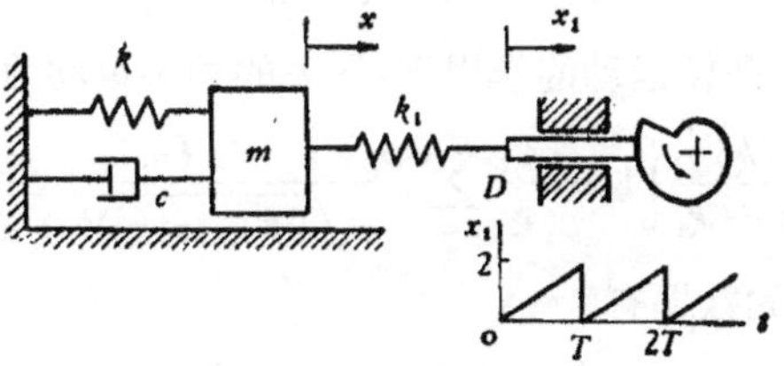

图 3.12-1

解. 顶杆D的运动方程为

$$x_1 = \frac{2}{T}t, \quad 0 < t < T$$

激扰频率为1次/秒，即 $T = 1$ 秒，$\omega = 2\pi$ 1/秒. 由题3.24可知，x_1的傅里叶级数为

$$x_1(t) = 1 - \frac{2}{\pi}\sum_{n=1}^{\infty}\frac{1}{n}\sin n\omega t \tag{a}$$

振系的运动微分方程为

$$m\ddot{x} = -c\dot{x} - kx - k_1(x - x_1)$$

或者,以式(a)代入,有

$$\begin{aligned} m\ddot{x} + c\dot{x} + (k + k_1)x &= k_1 x_1 \\ &= k_1 - \frac{2k_1}{\pi}\sum_{n=1}^{\infty}\frac{1}{n}\sin n\omega t \end{aligned} \tag{b}$$

令

$$p^2 = \frac{k + k_1}{m}, \quad 2\zeta p = \frac{c}{m}$$

由式(d)与(e)知，对应于激扰的n次谐波 $-\dfrac{2k_1}{n\pi}\sin n\omega t$，振系的稳态运动为

$$x = \frac{-2k_1\sin(n\omega t - \phi_n)}{(k + k_1)n\pi\sqrt{(1 - n^2\omega^2/p^2)^2 + (2\zeta n\omega/p)^2}}$$

其中ϕ_n由式(f)给出. 对应于级数中的常数项k_1,振系的响应为

$$x = \frac{k_1}{k + k_1}$$

因此,在凸轮运动的作用下,振系的稳态运动为

$$x = \frac{k_1}{k + k_1}\left[1 - \frac{2}{\pi}\sum_{n=1}^{\infty}\frac{\sin(n\omega t - \phi_n)}{n\sqrt{(1 - n^2\gamma^2)^2 + (2\zeta n\gamma)^2}}\right] \tag{c}$$

由给定的数据有

$$p^2 = \frac{k + k_1}{m} = 400, \quad \gamma = \frac{\omega}{p} = \frac{2\pi}{20} = 0.1\pi$$

$$\zeta = \frac{c}{2mp} = \frac{0.5}{2 \times \frac{1}{20} \times 20} = 0.25$$

代入式(c)，得

$$x = \frac{1}{2}\left[1 - \frac{2}{\pi}\sum_{n=1}^{\infty}\frac{\sin(2n\pi t - \phi_n)}{n\sqrt{[1-(0.1\pi n)^2]^2 + (0.05\pi n)^2}}\right] \quad \text{(d)}$$

$$\phi_n = \text{tg}^{-1}\frac{0.05\pi n}{1-(0.1\pi n)^2}$$

3.13 直线运动与定轴转动的振系的类比

前面所讨论的主要是质点(或平动刚体)沿直线进行振动的系统. 但所得结论,对于有定轴转动物体的振系,同样适用. 各个物理量的名称、记号与单位，当然都需要作对应的置换，这两类振系的类比与常用单位列于表 3.1 (见下页).

例 3.13-1. 飞机升降舵的控制片，图 3.13-1，对转轴 O 的转动惯量 J_O 是已知的，但抗扭弹簧刚度系数 k_t (由于操纵杆系比较复杂)很难估计. 因此，控制片绕轴 O 扭振的固有频率 f，不能从公式 $f = \frac{p}{2\pi} = \frac{1}{2\pi}\sqrt{\frac{k_t}{J}}$ 算出，而须用实验来确定. 将升降舵固定，通过两个弹簧 k_1 与 k_2 使控制片强迫振动，改变扰频 ω 使控制片发生共振，测定共振频率 ω_r. 试导出计算固有频率 f 的公式，弹簧系数 k_1, k_2 与距离 L 假定都是已知的.

解. 设在某瞬时 t，控制片从静平衡位置偏离微小角度 θ，则弹簧 k_1 与 k_2 将伸长 $L\theta$ 与 $e\sin\omega t - L\theta$，弹簧力对轴 O 的矩为 $-k_1L^2\theta$ 与 $k_2L(e\sin\omega t - L\theta)$，抗扭弹簧对轴 O 的矩为 $-k_t\theta$，于是由定轴转动基本方程有

$$J_0\ddot{\theta} = -k_t\theta - k_1L^2\theta + k_2L(e\sin\omega t - L\theta)$$

整理可得

表 3.1 直线运动与定轴转动的振系的类比

物理量名称	直线运动振系		定轴转动振系	
	记　号	单　位	记　号	单　位
时　间	t	秒	t	秒
位　移	x	厘　米	θ	弧　度
速　度	$\dot{x}$	厘米/秒	$\dot{\theta}$	弧度/秒
加 速 度	$\ddot{x}$	厘米/秒^2	$\ddot{\theta}$	弧度/秒^2
惯性(质量或转动惯量)	m	公斤·秒^2/厘米	J	公斤·厘米·秒^2
作用(力或力矩)	$F=m\ddot{x}$	公　斤	$M=J\ddot{\theta}$	公斤·厘米
弹簧刚度系数	k	公斤/厘米	K 或 k_t	公斤·厘米/弧度
阻尼系数	c	公斤·秒/厘米	c_t	公斤·厘米·秒/弧度
阻尼比	$\zeta=\frac{c}{2\sqrt{mk}}$	—	$\zeta=\frac{c_t}{2\sqrt{JK}}$	—
圆 频 率	$p=\sqrt{\frac{k}{m}}$	弧度/秒	$p=\sqrt{\frac{K}{J}}$	弧度/秒
频　率	$f=\frac{p}{2\pi}$	赫	$f=\frac{p}{2\pi}$	赫
动　能	$T=\frac{1}{2}m\dot{x}^2$	公斤·厘米	$T=\frac{1}{2}J\dot{\theta}^2$	公斤·厘米
弹簧势能	$U=\frac{1}{2}kx^2$	公斤·厘米	$U=\frac{1}{2}K\theta^2$	公斤·厘米
功	$E=\int Fdx$	公斤·厘米	$E=\int Md\theta$	公斤·厘米

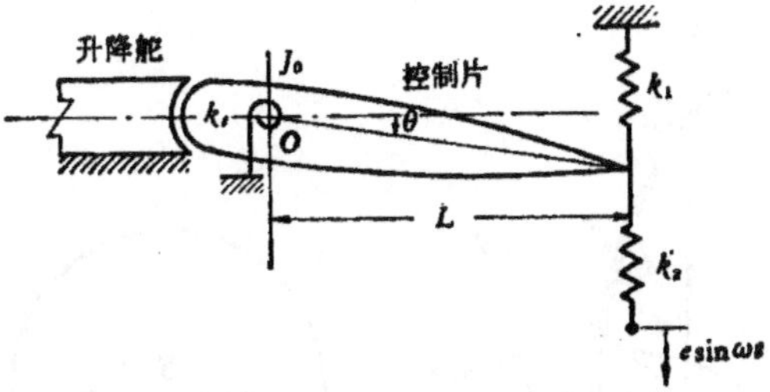

图 3.13-1

$$J_0\ddot{\theta} + [k_t + (k_1 + k_2)L^2]\theta = k_2 L e \sin \omega t$$

在共振时

$$\omega^2 = \omega_r^2 = \frac{k_t + (k_1 + k_2)L^2}{J_0} = p^2 + \frac{(k_1 + k_2)L^2}{J_0}$$

故

$$f = \frac{p}{2\pi} = \frac{1}{2\pi}\sqrt{\omega_r^2 - \frac{(k_1 + k_2)L^2}{J_0}}$$

3.14 转轴的横向振动

转轴的横向振动是工程中强迫振动的一个重要实例．本节以装有一个薄圆盘的转轴为例，说明轴的临界转速以及在某些简化条件下转轴的进动．

假定转轴在静止时，轴线成铅垂，并与两端轴承的中心线 z 重合；轴承是绝对刚性的，但轴端可以在轴承内自由偏转；圆盘成水平，装在轴的中点；轴线通过圆盘的几何中心 S，而圆盘的重心 G 有微小的偏心距 e，图 3.14-1．这样，重力的影响可以略去不计，而且在转轴发生挠曲时，圆盘平面始终保持水平，因而不需要考虑陀螺效应．

当转轴以某一角速度 ω 匀速转动时，圆盘的离心力将使轴发生挠曲，轴承中心线 z 与盘面相交于某点 O，设轴线中点的挠度

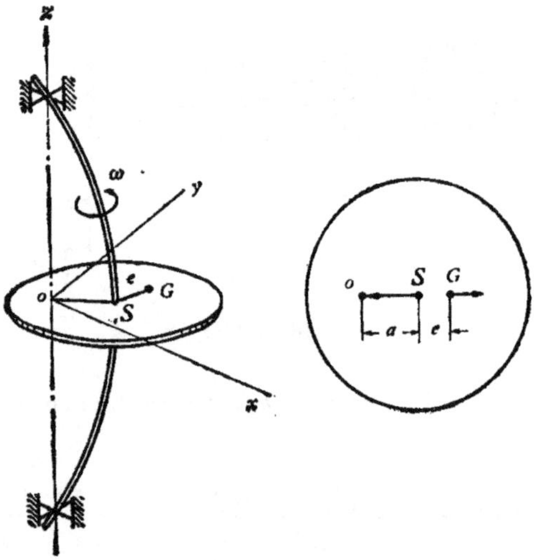

图 3.14-1

为 a，则 $OS=a$。

先不考虑阻尼，作用于圆盘的力只有弹性恢复力与离心力，弹性力从 S 指向 O，大小等于 ka，其中 k 是轴在中点的弹簧系数(参阅图 2.4-2)。离心力沿着点 O 与 G 的连线，指向朝外，大小与 $m\omega^2$ 成正比，其中 m 代表圆盘的质量。这两个力成动平衡，必须作用线相同，方向相反，大小相等。因此，在转动过程中，点 O，S 与 G 始终保持在同一直线上，而且

$$ka = m\omega^2(a+e) \tag{3.14-1}$$

对 a 求解，得

$$a=\frac{m\omega^2 e}{k-m\omega^2} \tag{3.14-2}$$

仍令 $p=\sqrt{\frac{k}{m}}$，即轴的横向振动的圆频率，有

$$a=\frac{\left(\frac{\omega}{p}\right)^2 e}{1-\left(\frac{\omega}{p}\right)^2} \tag{3.14-2$'$}$$

在 $\omega = p$ 时，转轴的挠度 a 理论上可以无限增大。这个角速度，ω 1/秒或者 $n = \frac{60}{2\pi}\omega$ 转/分，称为轴的临界转速，它等于转轴横向振动的固有频率。

转轴中点的挠度 a，在 $\omega < p$ 即亚临界转速时，与偏心距 e 同号，圆盘的重心 G 在转轴挠曲线的外侧；在 $\omega > p$ 即超临界转速时，a 与 e 反号，圆盘的重心 G 在转轴挠曲线的内侧。这两种情况分别如图 3.14-2(a) 与 (b) 示。

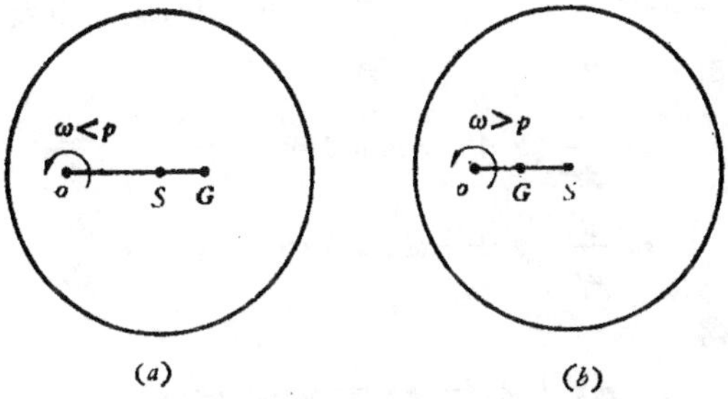

图 3.14-2

在 $\omega \gg p$ 时，由 (3.14-2)′ 有 $a = -e$，即重心 G 与定点 O 重合，圆盘绕重心转动。这个现象称为自动定心。

由上述分析可见，除非 $e = 0$，转轴总是弯成弓形，以角速度 ω 迴绕铅垂的轴承中心线转动。

但是，即使 $e = 0$ (实际上不可能)，转轴仍然有临界转速，因为在 $e = 0$ 时，由 (3.14-1) 有

$$ka = m\omega^2 a \tag{3.14-1′}$$

在 $\omega^2 = p^2 = k/m$ 时，上式成为恒等式，挠度 a 可以有任意值，就是说，转轴失去稳定性，任何微小的外力，都可以使转轴有很大的挠度。可见理想的无偏心距的转子，临界转速也等于 p，与有偏心距 e 的情况相同。因而在计算转子的临界转速时，不需要考虑转子的偏心距与不平衡度。

其次来看有阻尼的情形。假定有粘性阻尼，阻力的大小为

$$F_d = cv$$

式中 v 代表圆盘几何中心 S 的速度，阻力的方向当然与速度 v 相反。现在作用于圆盘的有三个力，即弹性恢复力、离心力与阻尼力，点 O,S 与 G 就不一定在同一直线上。

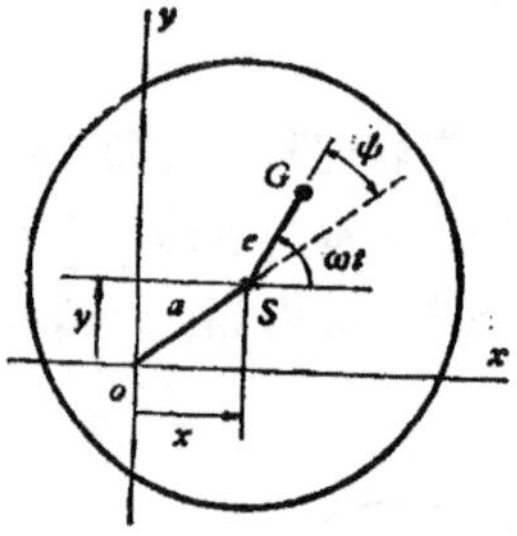

图 3.14-3

取静止坐标系 $Oxyz$，圆盘几何中心 S 的坐标令为 x 与 y，图 3.14-3，重心 G 的坐标为 $x+e\cos\omega t$ 与 $y+e\sin\omega t$。由质心运动定理有

$$m\frac{d^2}{dt^2}(x+e\cos\omega t) = -kx - c\frac{dx}{dt}$$

$$m\frac{d^2}{dt^2}(y+e\sin\omega t) = -ky - c\frac{dy}{dt}$$

整理后可得

$$\begin{aligned} m\ddot{x} + c\dot{x} + kx &= me\omega^2\cos\omega t \\ m\ddot{y} + c\dot{y} + ky &= me\omega^2\sin\omega t \end{aligned} \tag{3.14-3}$$

上列二式与方程 (3.4-1) 形式相同，因而可以直接写出特解：

$$\begin{aligned} x &= X\cos(\omega t - \psi) \\ y &= Y\sin(\omega t - \psi) \end{aligned} \tag{3.14-4}$$

其中

$$X = Y = \frac{me\omega^2}{\sqrt{(k-m\omega^2)^2 + (c\omega)^2}}$$

$$= \frac{\left(\frac{\omega}{p}\right)^2 e}{\sqrt{\left[1-\left(\frac{\omega}{p}\right)^2\right]^2 + \left(2\zeta\frac{\omega}{p}\right)^2}} = \left(\frac{\omega}{p}\right)^2 \beta e \tag{3.14-5}$$

$$\operatorname{tg}\psi = \frac{c\omega}{k-m\omega^2} = \frac{2\zeta\frac{\omega}{p}}{1-\left(\frac{\omega}{p}\right)^2} \tag{3.14-6}$$

转轴中点 S 的挠度为

$$a=\sqrt{x^2+y^2}=\left(\frac{\omega}{p}\right)^2\beta e \qquad (3.14\text{-}7)$$

由上列方程可见，当 $\omega \ll p$ 时，挠度 a 很小，相角 ϕ 也很近于零；当 $\omega=p$ 时，$a=e/2\zeta$，如果阻尼微小，挠度可能很大，而 $\phi=90°$；当 $\omega \gg p$ 时，a 值趋近于 e，相角 ϕ 趋近于 180°，重心 G 趋近于与定点 O 重合．这三种情况的相位关系大致如图 3.14-4 示，图中实线圆代表圆盘的截面，虚线圆表示轴心进动的轨迹．

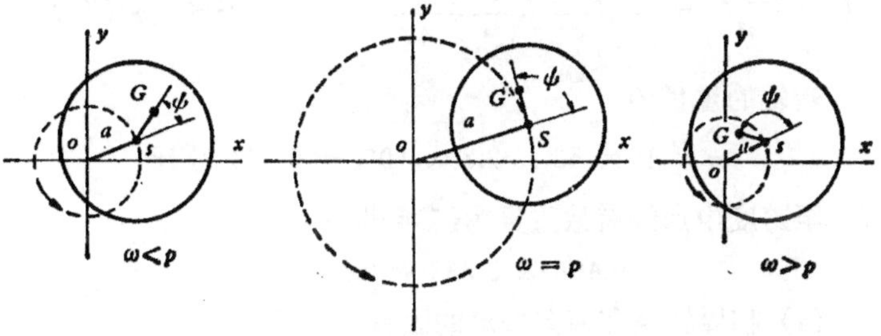

图 3.14-4

高速转子会自动定心这个事实，可以实验演示如下：使不平衡的转子以角速度 ω 转动，用粉笔刚刚接触盘缘，在 $\omega<p$ 时，粉笔记号出现在圆盘的重边，即近于重心的一边，而在 $\omega>p$ 时，粉笔记号将出现在相反的一边．

从方程 (3.14-4)—(3.14-7) 还可以看出，对于一定的转子 (m，k 与 c，以及 p 与 ζ 都是定值)，挠度 a 与相角 ϕ 都唯一地随转速 ω 而改变，在一定的转速，a 与 ϕ 都是常值，因而 O，S 与 G 这三点的相对位置保持不变，就是说，在圆盘绕转轴转动的同时，转轴本身又绕铅垂轴 z 转动，这种现象称为转轴的**进动**．转轴的进动常定义为转轴的挠曲线与轴承中心线所构成的平面的转动．

转轴进动的问题是一个相当复杂的问题，轴的进动可以与轴的转动同向或反向，进动角速度也可以与轴的转速相等或不相等，有分布质量的转轴，进动可以有多种方式，临界转速也不至一个．

上面分析的只是简单的特例.

例 3.14-1. 涡轮增压器转子重 10 公斤，固装在直径 2.0 厘米、长 32 厘米的钢轴的中心，轴端简支，钢的弹性模量为 $E = 2.0 \times 10^6$ 公斤/厘米^2，比重为 $\gamma = 7.8$，阻尼可以不计. 试求 (a) 临界转速；(b) 在 3000 转/分时转子的振幅，设偏心距 $e = 0.015$ 毫米；(c) 在上述转速时传至两端轴承的力.

解. 轴在中点的弹簧系数为

$$k = \frac{48EI}{l^3} = \frac{48 \times 2.0 \times 10^6 \times \pi \times 1^4}{32^3 \times 4} = 2300 \text{ 公斤/厘米}$$

转轴的重量为

$$\pi \times 1^2 \times 32 \times 7.8 \times 10^{-3} = 0.783 \text{ 公斤}$$

折合至跨度中点的有效重量为(参阅题 2.17)

$$0.486 \times 0.783 = 0.38 \text{ 公斤}$$

(a) 临界转速即横向振动的固有频率为

$$p = \sqrt{\frac{k}{m}} = \sqrt{\frac{2300 \times 980}{10 + 0.38}} = 465 \text{ 1/秒，即 4440 转/分}$$

(b) 由方程 (3.14-2)′ 知，在 3000 转/分时的振幅为

$$a = \frac{\left(\frac{\omega}{p}\right)^2 e}{1 - \left(\frac{\omega}{p}\right)^2} = \frac{\left(\frac{3000}{4440}\right)^2 \times 0.015}{1 - \left(\frac{3000}{4440}\right)^2} = 0.013 \text{ 毫米}$$

(c) 传至两个轴承的力为

$$F = m(a + e)\omega^2 = \frac{10.38}{980}(0.0015 + 0.0013)$$

$$\times \left(\frac{3000 \times 2\pi}{60}\right)^2 = 2.92 \text{ 公斤}$$

习　　题

3.1. 质点在弹性力作用下沿着轴 Ox 运动，固有频率为 $p = 20\pi$ 1/秒，

阻尼力为 $-0.2\dot{x}$ 公斤，扰力为 $4\sin\omega t$ 公斤．试求在 $\omega=p$ 时强迫振动的振幅．

答．0.318 厘米

3.2．挂在弹簧下端的物体重为 0.49 公斤，弹簧系数为 0.20 公斤/厘米，求在铅垂扰力 $F=0.23\sin 8\pi t$ 作用下强迫振动的规律．

答．$x=-2\sin 8\pi t$

3.3．质点在弹簧上振动，阻力为 cv（其中 c 是常数，v 是运动速度），扰力为 $F=F_0\sin\omega t$．出现共振（$\omega=p$）时测得强迫振动的振幅为 a，求力幅 F_0．

答．$F_0=c\omega a$

3.4．某部件在液体中振动，扰力 $F=5.0\sin\omega t$ 公斤，在周期 $\tau=0.20$ 秒时发生共振，振幅为 0.50 厘米，求阻尼系数 c．

答．$c=0.318$ 公斤·秒/厘米

3.5．电动机重量为 P，装在弹性基础上，静下沉为 δ_s，在转速为 n 转/分时，由于转子的不平衡，沿铅垂向有正弦型扰力，使电机产生振幅为 a 的强迫振动，试求扰力的力幅，阻尼可以不计．

答．$F_0=\frac{aP}{g}\left(\frac{g}{\delta_s}-\frac{n^2\pi^2}{900}\right)$

3.6．电动机总重为 P，装在弹性梁上，使梁有静挠度 δ_s．转子重为 Q，重心偏离轴线 e，试求在转速 ω 时电动机上下强迫振动的振幅 a，梁重可以不计．

答．$a=\frac{Qe\omega^2\delta_s}{P(g-\omega^2\delta_s)}$

3.7．空桶重 4 吨，浮在水面上，而水面的高度按照 $y=\frac{4}{9}\sin\frac{3}{2}t$ 米的规律上下波动．桶的水平截面积可以认为常数，等于 5 米^2．试求桶沿铅垂方向的运动规律，假定阻尼可以不计，且在初瞬时桶的位移 x_0 与速度 $\dot{x}_0$ 都等于零.

答. $x = \left(-\frac{7}{30}\sin\frac{7}{2}t + \frac{49}{90}\sin\frac{3}{2}t\right)$ 米

3.8. 同上题，但假定水的阻力与桶的相对速度成正比，比例系数为 $c = 1.63$ 吨·秒/米. 求桶的强迫振动规律.

答. $x = 0.52\sin\left(\frac{3}{2}t - \psi\right)$

$\mathrm{tg}\,\psi = 0.085$

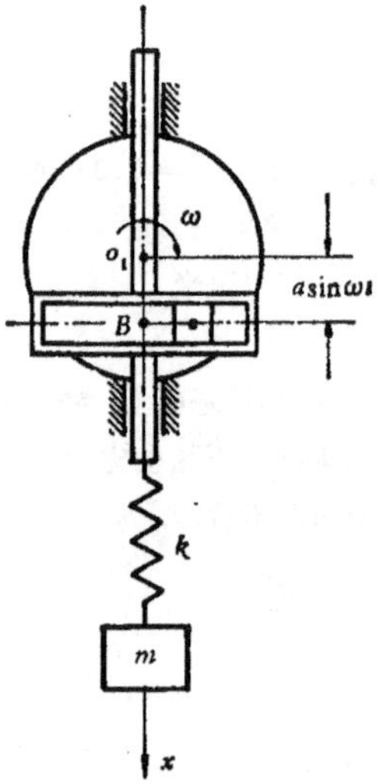

题图 3.10

3.9. 求题 3.7 与 3.8 中桶相对于水面的运动规律.

3.10. 弹簧下端挂着重 P 的物体，上端作简谐运动，$O_1B = a\sin\omega t$. 求物体的强迫振动. 已知 $P = 0.4$ 公斤，$k = 0.04$ 公斤/厘米，$a = 2$ 厘米，$\omega = 7$ 1/秒.

答. $x = 4\sin 7t$

3.11. 参阅上题附图,弹簧上端按 $O_1B = a\sin\omega t$ 上下运动,下端的物体使弹簧有静伸长 δ. 求物体的运动方程,设在 $t=0$ 时,物体处于静止,并取这个静平衡位置为坐标轴 x 的原点.

答. 当 $\omega \gtrless p$ 时, $x = \dfrac{a}{\left(\dfrac{\omega}{p}\right)^2 - 1}\left(\dfrac{\omega}{p}\sin pt - \sin\omega t\right)$

当 $\omega = p$ 时, $x = \dfrac{a}{2}(\sin pt - pt\cos\omega t)$

3.12. 单摆悬点 O 沿水平方向作简谐运动, $x = a\sin\omega t$. 试求在微幅的强迫振动中偏角 θ 的改变规律. 已知摆长为 l, 摆锤质量为 m.

答. $\theta = \dfrac{\dfrac{a}{l}\left(\dfrac{\omega}{p}\right)^2}{1-\left(\dfrac{\omega}{p}\right)^2}\sin\omega t$, 其中 $p^2 = \dfrac{g}{l}$

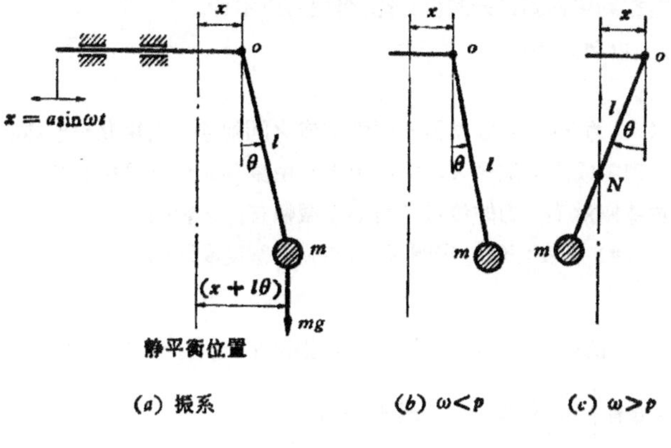

(a) 振系 (b) $\omega<p$ (c) $\omega>p$

题图 3.12

3.13. 在题 3.12 所述系统中,试证明: (a) 在 $\omega = \sqrt{2}\,p$ 时,摆杆的中点是节点 N, 在摆的振动中,点 N 始终停止不动; (b) 在一般情况下, 摆锤至节点 N 的距离为 $h = l\left(\dfrac{p}{\omega}\right)^2$.

3.14. 图示简化系统. 假定系数 k, k_1, c 以及弹簧 k_1 下端的运动 $x_1 = X_1 \sin\omega t$ 均为已知. 试写出系统的运动微分方程,并求出临界阻尼.

答. $m\ddot{x} + c\dot{x} + (k + k_1)x = k_1 X_1 \sin\omega t$, $c_c = 2\sqrt{m(k + k_1)}$

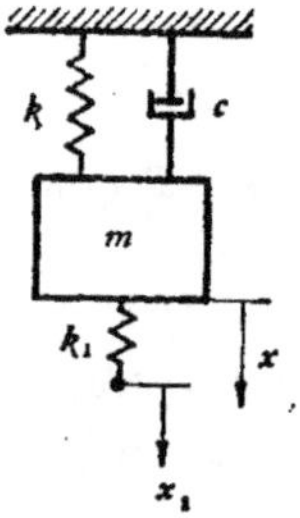

题图 3.14

3.15. 飞机仪表板连同仪表共重 20 公斤,四角各有一个橡皮垫块,每块的弹簧系数为 2 公斤/毫米. 试估计在发动机转速为 3000 转/分与 6000 转/分时,振动传递到仪表的百分比,阻尼可以不计.

答. 1/24, 1%

3.16. 为了隔振,在机器与弹性支座之间加装一大块混凝土,同时使支座的弹簧刚度成比例地增大,因而上下自由振动的频率保持不变. 试讨论,这样加重基座对 (a) 力的传递率与 (b) 振幅有什么影响?

答. (a) 不变; (b) 振幅减小,与弹簧刚度成反比

3.17. 试从方程(3.6-2)证明:不论阻尼比 ζ 有什么值,在频率比 $\frac{\omega}{p} = \sqrt{2}$ 时,恒有 $\left|\frac{X}{Y}\right| = 1$ (参阅图 3.6-2).

3.18. 试从方程 (3.6-2) 证明: 在频率比 $\frac{\omega}{p} < \sqrt{2}$ 时, $\left|\frac{X}{Y}\right|$ 随阻尼比 ζ 值的增大而减小,而在 $\frac{\omega}{p} > \sqrt{2}$ 时,则 $\left|\frac{X}{Y}\right|$ 随 ζ 值的增大而增大 (参阅图 3.6-2).

提示: 只须证明在 $\frac{\omega}{p} = \sqrt{2}$ 处曲线的斜率是负的,而且斜率的绝对值

随 ζ 值的增大而减小.

3.19. 某传感器固有频率为 4.75 赫，阻尼比为 $\zeta = 0.65$. 试估计所能测量的最低频率，设要求误差 $\leqslant 1\%$，$\leqslant 2\%$.

3.20. 某传感器固有频率为 1 赫，无阻尼. 用来测量频率为 4 赫的振动时，振幅读数为 1.30 毫米. 问实际振幅等于多少?

答. 1.22 毫米

3.21. 试应用三角函数恒等式证明定积分公式 3.11-5.

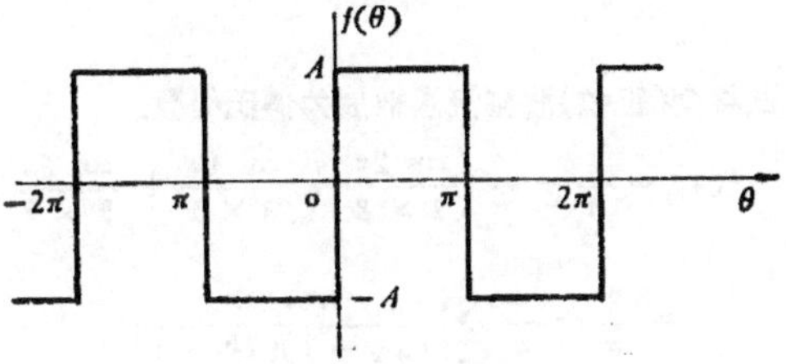

题图 3.22

3.22. 求图示函数 $f(\theta)$ 的傅里叶级数，并画出振幅频谱图.

答. $f(\theta) = \frac{4A}{\pi}\left(\sin x + \frac{1}{3}\sin 3x + \frac{1}{5}\sin 5x + \cdots\right)$

3.23. 求图示函数 $f(\theta)$ 的傅氏级数.

答. $f(\theta) = \frac{2A}{\pi}\left(\sin x - \frac{1}{2}\sin 2x + \frac{1}{3}\sin 3x - \cdots\right)$

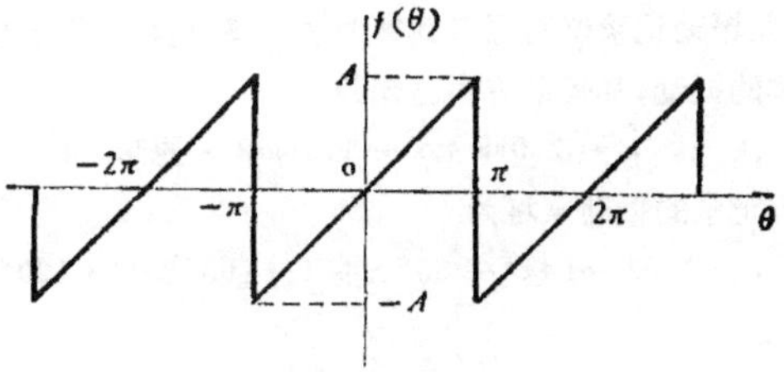

题图 3.23

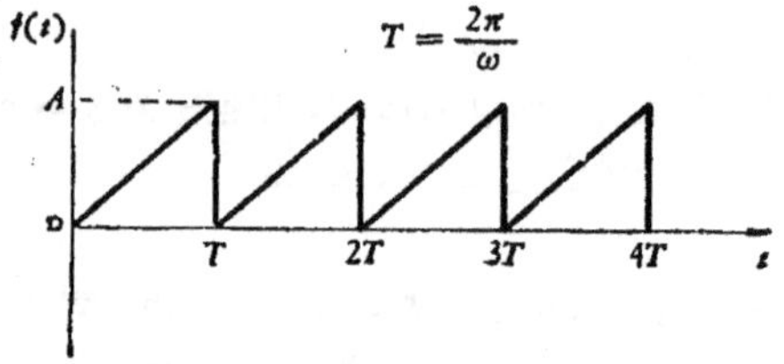

题图 3.24

3.24. 求图示函数 $f(t)$ 的傅氏级数。

答. $f(t) = \frac{A}{2} - \frac{A}{\pi}\sum_{n=1}^{\infty}\frac{1}{n}\sin n\omega t$

3.25. 试将全(正弦)波整流函数展为傅氏级数。

答. $$F(x) = \frac{2}{\pi} - \frac{4}{\pi}\left(\frac{\cos 2x}{1\times 3} + \frac{\cos 4x}{3\times 5} + \frac{\cos 6x}{5\times 7} + \cdots\right)$$

$$= \frac{2}{\pi} - \frac{4}{\pi}\sum_{k=1}^{\infty}\frac{\cos 2kx}{(2k-1)(2k+1)}$$

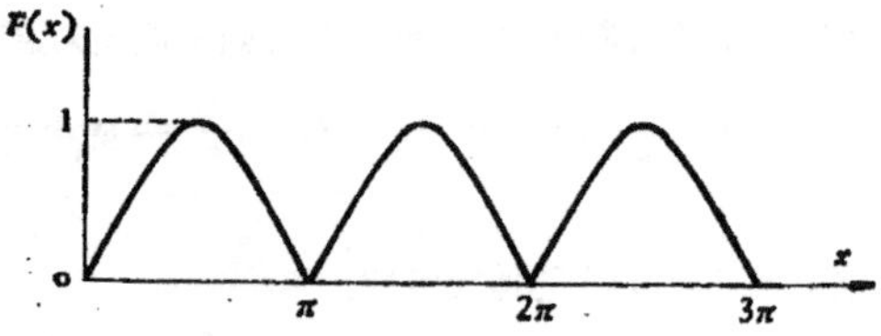

题图 3.25

3.26. 某振动记录仪的固有频率为 $p = 3.0$ 赫，阻尼比为 $\zeta = 0.50$，用来测量物体的振动，其运动方程已知为

$$x = 2.0\sin 4\pi t + 1.0\sin 8\pi t \text{ 厘米}$$

试证明：仪表记录的振动 z 将为

$$z = 1.03\sin(4\pi t - 50^\circ) + 1.15\sin(8\pi t - 120^\circ)$$

3.27. 均质等厚圆盘绕几何轴心线转动. 已钻有孔 A 与 B，其直径为

$d_A = 2$ 厘米，$d_B = 1$ 厘米，位置在 $r_A = 6$ 厘米，$\theta_A = 0°$，$r_B = 4$ 厘米，$\theta_B = 90°$. 为了平衡,要在 $r = 2$ 厘米处钻一个孔,求 d 与 θ.

答. $d = 3.46$ 厘米，$\theta = 189°27'$

3.28. 涡轮盘重 15 公斤,装在长度为 $l = 40$ 厘米的钢轴的中点，不平衡度为 0.30 克·厘米. 求在转速为 $n = 6000$ 转/分时作用于轴承的力,(a) 设轴径为 25 毫米;(b) 设轴径为 20 毫米. 轴端可认为简支.

第四章 瞬态振动

4.1 引　　言

在第三章里，表示激扰力或支座运动的激扰函数，假定都是周期的：或者是正弦型函数，或者是可以表示为傅里叶级数的周期函数．振系在周期激扰作用下的强迫振动，是按激扰频率 ω 进行的周期运动，是稳态运动；由于不可避免地要遇到阻尼力，伴随强迫振动发生的自由振动是迅速衰减的瞬态振动；同强迫振动相比较，这种瞬态振动是远为次要的，一般可以不加考虑．振系对周期激扰的响应，通常是指稳态运动．

但是，在许多重要的实际问题中，对振系的激扰并不是周期的，而是任意的时间函数，或者是只持续极短时间（相对于振系固有周期而言）的冲击作用．例如，列车在起动时各车厢挂钩之间的撞击力，火炮在发射时作用于支承结构的反座力，地震波以及强烈爆炸形成的冲击波对房屋建筑的作用，精密仪表在运输过程中包装箱速度（大小与方向）的突变，等等．在这种激扰的作用下，振系通常没有稳态运动，只有瞬态振动；在激扰停止作用后，振系将按固有频率进行自由振动，即所谓剩余振动．振系在任意激扰下的运动，包括剩余振动，称为振系对任意激扰的响应．

从已知的任意激扰求振系的响应，可以有好几种方法．例如，可以沿用前一章非齐次微分方程求解的经典方法，只是代表激扰的非齐次项现在不再是周期函数．本章引用卷积积分的方法，对具有任何非齐次项的微分方程，都可以用统一的数学形式把解表示出来，而且所得到的解除代表强迫振动之外，还包含伴随发生的自由振动．卷积积分的方法适用于复杂问题，特别是数值解问题．

关于振系对任意激扰的响应，特别是对作用时间极其短暂的冲击载荷的响应，工程设计人员所关心的不是振系的运动如何随时间而改变的全部历史，而是振系中出现的最大应力或位移等参数．本章中提出的响应谱的概念，将为估计结构中可能出现的最大动态应力提供可能性．

4.2 振系对冲量的响应

无阻尼振系的自由振动可由方程(2.2-4)表示，即

$$x = \frac{\dot{x}_0}{p}\sin pt + x_0\cos pt \tag{a}$$

其中 $p = \sqrt{k/m}$，即振系的固有频率，x_0 与 $\dot{x}_0$ 分别代表振系中质量 m 在 $t = 0$ 时的位移与速度．

设振系原来静止于平衡位置，$x_0 = 0$，$\dot{x}_0 = 0$。从 $t = 0$ 开始，突然作用有冲量 $\hat{F} = F\Delta t$，其中 Δt 是极其短暂的时间．质量 m 在时间 Δt 内将有速度增量 $\hat{F}/m$，但来不及发生位移，或者说，位移是与 $(\Delta t)^2$ 同阶的量，可以略去不计．由式(a)可知，质量 m 在此后的瞬时 t 将有位移

$$x = \frac{\hat{F}}{mp}\sin pt$$

图 4.2-1(a)，(b)．

如果冲量 $\hat{F}$ 不是从 $t = 0$ 开始作用，而是从 $t = t'$ 开始，同图(c)，则在 $t < t'$ 阶段，质量 m 不发生运动，在 $t > t'$ 将有位移

$$x = \frac{\hat{F}}{mp}\sin p(t - t') \tag{4.2-1}$$

有阻尼振系的自由振动可表示为方程(2.6-4)，即

$$x = e^{-\zeta pt}\left(\frac{\dot{x}_0 + \zeta p x_0}{q}\sin qt + x_0\cos qt\right) \tag{b}$$

其中 ζ 是小于 1 的阻尼比，$q = p\sqrt{1 - \zeta^2}$ 是衰减振动的固有频率．在时刻 $t = t'$ 开始作用的冲量 $\hat{F}$ 所引起的振动为

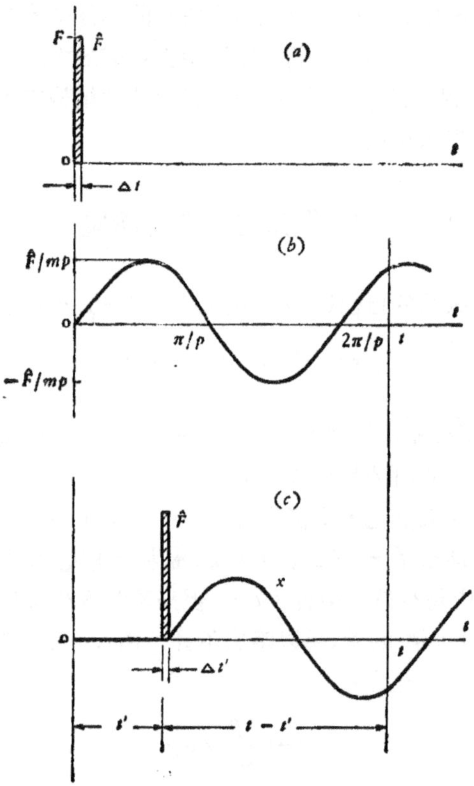

图 4.2-1

$$x=\frac{\hat{F}}{mq}e^{-\zeta p(t-t')}\sin q(t-t') \tag{4.2-2}$$

在 $\zeta=0$ 时，方程 (b) 与(4.2-2)简化为 (a) 与 (4.2-1).

冲量 $\hat{F}=F\Delta t$ 是有限值，在作用时间 $\Delta t\to 0$ 的极限情形下，力 $F\to\infty$. 现在引入 δ 函数这个概念：在 $t=t'$ 的 δ 函数记为 $\delta(t-t')$，其性质定义如下

$$\left.\begin{array}{l}\delta(t-t')=\begin{cases}0, & \text{在}\quad t\neq t'\\ \infty, & t=t'\end{cases}\\ \int_0^\infty \delta(t-t')dt=1\end{array}\right\} \tag{4.2-3}$$

δ 函数与任意的时间函数 $f(t)$ 的乘积，除在瞬时 $t=t'$ 之外均为零，乘积的时间积分为

$$\int_0^\infty f(t)\delta(t-t')dt = f(t') \tag{4.2-4}$$

这样，如果在 $t=0$ 与 $t=t'$ 分别作用有瞬时冲量 $\hat{F}$，则对应的冲击力可分别表示为 $\hat{F}\delta(t)$ 与 $\hat{F}\delta(t-t')$.

δ 函数常称为单位冲量，但这名词是容易误解的，它的量纲在本章中是 $[T^{-1}]$，这是从方程 (4.2-3) 与 (4.2-4) 可以明显地看出的. 在其他各章，δ 函数将有不同的量纲.

4.3 振系对任意激扰力的响应

设激扰力 F 可以表示为任意的时间函数 $f(t)$，图 4.3-1. 力对振系的作用可以看为无数个微冲量的作用的叠加. 不论振系原来有怎样的运动，作用于 $t=t'$ 的微冲量 $f(t')dt'$ 总是使质量 m 有速度增量 $d\dot{x}=f(t')dt'/m$，因而无阻尼振系在 $t>t'$ 时有微位移

$$dx = \frac{f(t')dt'}{mp}\sin p(t-t')$$

在激扰力 $F=f(t')$ 由瞬时 0 到 t 的连续作用下，质量 m 在瞬时 t 的总位移为

$$x = \frac{1}{mp}\int_0^t f(t')\sin p(t-t')dt' \tag{4.3-1}$$

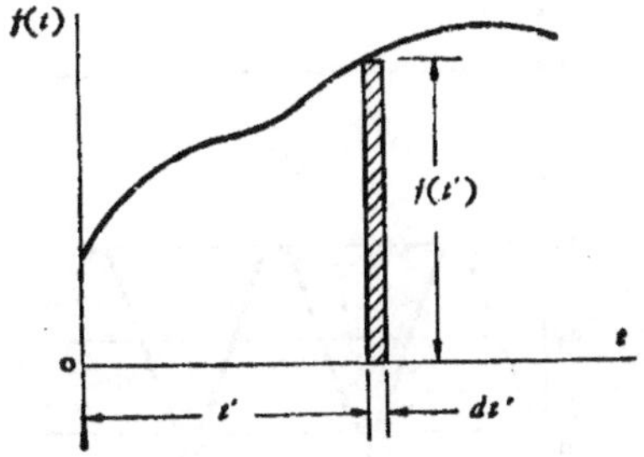

图 4.3-1

类似地，有阻尼振系在瞬时 t 将有位移

$$x=\frac{e^{-\zeta pt}}{mq}\int_0^t e^{\zeta pt'}f(t')\sin q(t-t')dt' \qquad (4.3\text{-}2)$$

方程 (4.3-1) 与 (4.3-2) 中的积分形式称为**卷积积分**，亦称叠加积分或杜汉梅耳 (Duhamel) 积分.

如果在 $t=0$，在激扰力开始作用之前，质量 m 原已具有位移 x_0 与速度 $\dot{x}_0$，则方程 (4.3-1) 与 (4.3-2) 须改写为

$$x=\frac{\dot{x}_0}{p}\sin pt+x_0\cos pt+\frac{1}{mp}\int_0^t f(t')\sin p(t-t')dt' \qquad (4.3\text{-}1)'$$

$$x=e^{-\zeta pt}\left\{\frac{\dot{x}_0+\zeta px_0}{q}\sin qt+x_0\cos qt+\frac{1}{mq}\int_0^t e^{\zeta pt'}f(t')\sin q(t-t')dt'\right\} \qquad (4.3\text{-}2)'$$

除非特别指出，通常都假定 x_0 与 $\dot{x}_0$ 等于零.

为了说明卷积积分的应用，先考虑无阻尼振系对突然作用的常力 F_0 的响应. 这种动态载荷称为**阶跃函数**，图 4.3-2(a). 以 $f(t')=F_0$ 代入方程 (4.3-1)，有

$$x=\frac{F_0}{mp}\int_0^t \sin p(t-t')dt' \qquad (4.3\text{-}3)$$

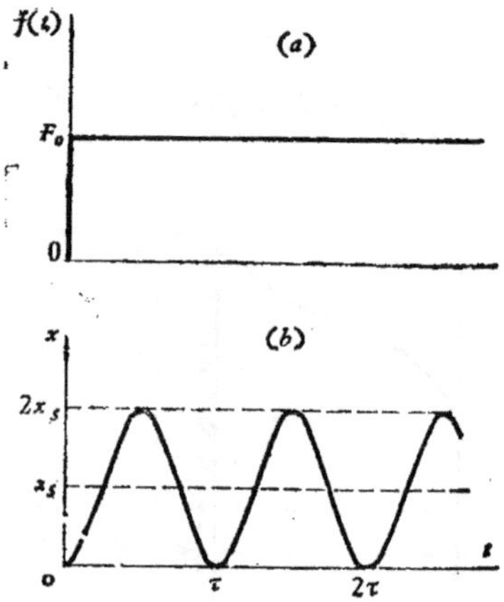

图 4.3-2

因不定积分

$$\int \sin p(t-t')dt' = \frac{1}{p}\cos p(t-t') \tag{a}$$

且 $mp^2=k$，故振系对阶跃力 F_0 的响应为

$$x = \frac{F_0}{k}(1-\cos pt) \tag{4.3-4}$$

可见突加载荷 F_0 除了使弹簧有静变形 $x_s = F_0/k$ 之外，还使系统进行振幅为 x_s、周期为 $\tau = 2\pi/p$ 的振动，弹簧的最大变形为静变形 x_s 的二倍.

其次，设阶跃函数不是从 $t=0$ 开始，而是延迟到 $t=t_1$ 开始，图 4.3-3(a)，则在 $0 \leqslant t \leqslant t_1$ 有 $x=0$，而在 $t \geqslant t_1$ 有

$$\begin{aligned} x &= \frac{F_0}{mp}\int_{t_1}^{t} \sin p(t-t')dt' \\ &= \frac{F_0}{k}[1-\cos p(t-t_1)] \end{aligned} \tag{4.3-5}$$

如同图 (b) 示.

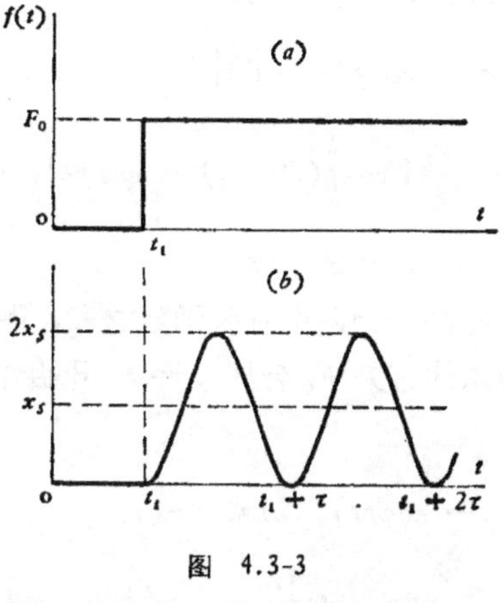

图 4.3-3

再其次，设突加载荷从 $t=0$ 开始作用，但只到 $t=t_1$ 为止，即所谓**矩形脉冲**，图 4.3-4(a)，则在 $0 \leqslant t \leqslant t_1$ 阶段，振系的响应仍由方程 (4.3-4) 表示；在 $t \geqslant t_1$ 阶段，振系的响应就是除去激扰

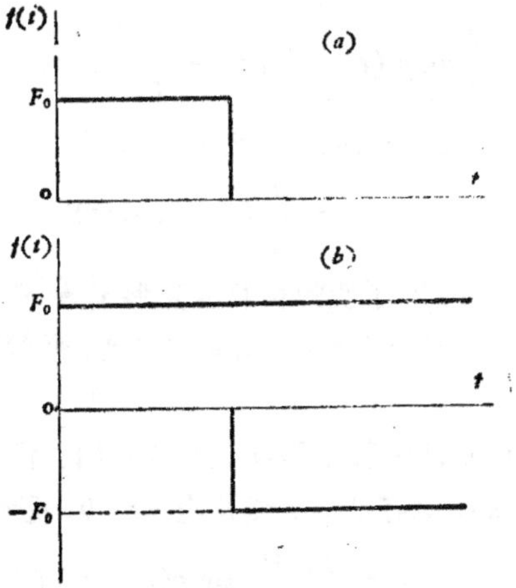

图 4.3-4

后的剩余振动,可用几种不同的方法求出如下.

一、仍用方程 (4.3-3), 分两段进行积分: 由 0 到 t_1 与由 t_1 到 t, 而在 $t > t_1$ 时 $f(t') = 0$, 故

$$x = \frac{F_0}{k}\cos p(t - t')\Big|_0^{t_1}$$
$$= \frac{F_0}{k}[\cos p(t - t_1) - \cos pt], \quad t \geqslant t_1 \qquad (4.3\text{-}6)$$

第二阶段的积分显然等于零.

二、把矩形脉冲看为两个阶跃函数之和, 图 4.3-4(b). 对于从 $t = 0$ 开始作用的常力 F_0 与从 $t = t_1$ 开始作用的常力 $-F_0$, 振系的响应为

$$x = \frac{F_0}{k}(1 - \cos pt), \quad 0 \leqslant t \leqslant t_1 \qquad (4.3\text{-}4)'$$

$$x = \frac{F_0}{k}\left[\cos p(t - t')\Big|_0^t - \cos p(t - t')\Big|_{t_1}^t\right]$$
$$= \frac{F_0}{k}\{(1 - \cos pt) - [1 - \cos p(t - t_1)]\}, \quad t \geqslant t_1$$

结果当然与式 (4.3-6) 相同.

三、在除去激扰力 F_0 以后，振系按固有频率 p 进行自由振动,以在瞬时 $t=t_1$ 的位移 x_1 与速度 $\dot{x}_1$ 为初始条件. 故振系剩余振动的方程为

$$x=\frac{\dot{x}_1}{p}\sin p(t-t_1)+x_1\cos p(t-t_1) \tag{b}$$

其中 x_1 与 $\dot{x}_1$ 可由式 (4.3-4) 求出为

$$\begin{aligned} x_1 &= \frac{F_0}{k}(1-\cos pt_1) \\ \dot{x}_1 &= \frac{F_0}{k}p\sin pt_1 \end{aligned} \tag{c}$$

读者极易自行证明： 将式 (c) 代入 (b)，简化后同样得到方程 (4.3-6).

以上我们应用三种方法求出了振系在矩形脉冲作用后的剩余振动. 现在来求剩余振动的振幅 A.

由式 (b) 知

$$A=\sqrt{\left(\frac{\dot{x}_1}{p}\right)^2+x_1^2}$$

以式 (c) 代入,并仍令 $x_s=F_0/k$，简化可得

$$\begin{aligned} A &= \frac{F_0}{k}\sqrt{2(1-\cos pt_1)}=2x_s\sin\frac{pt_1}{2} \\ &= 2x_s\sin\frac{\pi t_1}{\tau} \end{aligned} \tag{d}$$

由此可见，在除去常力 F_0 后，质量 m 的振幅随比值 t_1/τ 而改变. 设取 $t_1=\tau/2$，则 $A=2x_s$，图 4.3-5；改取 $t_1=\tau$，则 $A=0$，振系在除去 F_0 后就停止不动，图 4.3-6，这是可以从能量关系来说明的. 在 $t_1=\tau/2$ 时，力 F_0 所做的功为 $2F_0^2/k$，除去 F_0 后振系保持这个能量继续振动；在 $t_1=\tau$ 时，力 F_0 在前半周的正功刚好同后半周的负功相抵消，振系在除去 F_0 后即静止于平衡位置，

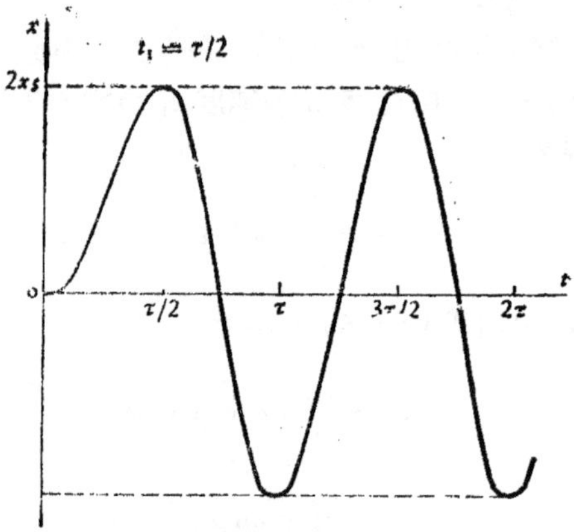

图 4.3-5

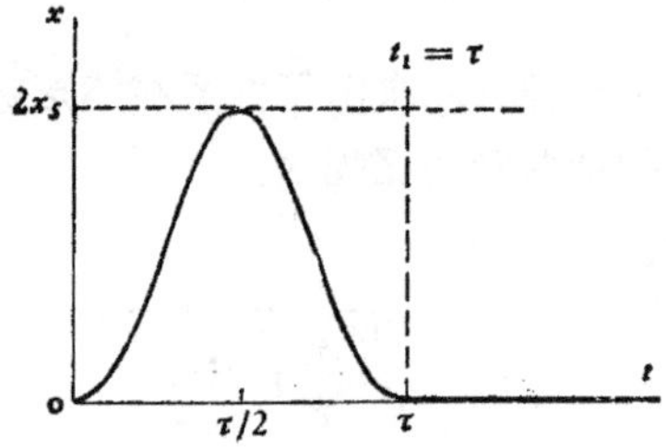

图 4.3-6

不再运动.

例 4.3-1. 求无阻尼振系对正弦型激扰力 $f(t) = F_0 \sin \omega t$ 的响应.

解. 由方程 (4.3-1) 有

$$x = \frac{F_0}{mp} \int_0^t \sin \omega t' \sin p(t - t') dt'$$

式中 t 代表积分上限,它在积分过程中是常量; t' 是流动变量. 故激扰函数在代入卷积积分时,应把原来的流动变量 t 换为 t'. 写出不定积分

$$I = \int \sin \omega t' \sin p(t - t') dt'$$

$$= \frac{1}{2} \int \{ \cos [(\omega + p)t' - pt] - \cos [(\omega - p)t' + pt] \} dt'$$

$$= \frac{1}{2} \left\{ \frac{1}{\omega + p} \sin [(\omega + p)t' - pt] \right.$$

$$\left. - \frac{1}{\omega - p} \sin [(\omega - p)t' + pt] \right\} \tag{e}$$

代入上下限

$$I \Big|_0^t = \frac{p}{p^2 - \omega^2} \left(\sin \omega t - \frac{\omega}{p} \sin pt \right) \tag{e$'$}$$

故

$$x = \frac{F_0}{k} \frac{1}{1 - \omega^2/p^2} \left(\sin \omega t - \frac{\omega}{p} \sin pt \right) \tag{f}$$

如所预期，与方程 (3.2-5)′ 完全相同.

式 (f) 右端第一项代表强迫振动，它是按扰频 ω 进行的定常运动，即使振系有阻尼也并不衰减；第二项是按固有频率 p 进行的自由振动，只要振系有极微小的阻尼就迅速衰减，所以是瞬态振动. 在第三章里，式 (f) 是作为非齐次方程的特解与齐次解分别求出然后叠加得到的，应用卷积积分，则稳态振动与瞬态振动同时得出.

例 4.3-2. 求无阻尼振系对斜坡力函数 $f(t) = \alpha t$ 的响应，图 4.3-7.

解. 由方程 (4.3-1) 有

$$x = \frac{\alpha}{mp} \int_0^t t' \sin p(t - t') dt'$$

用分部积分法可得不定积分

$$I = \int t' \sin p(t - t') dt'$$

$$= \frac{t'}{p} \cos p(t - t') + \frac{1}{p^2} \sin p(t - t') \tag{g}$$

故

$$I\Big|_0^t = \frac{1}{p}\left(t - \frac{1}{p}\sin pt\right)$$

$$x = \frac{\alpha}{k}\left(t - \frac{1}{p}\sin pt\right) \tag{4.3-7}$$

可见质量的运动由速度为 α/k 的匀速运动与振幅为 α/pk 的自由振动所组成，总的速度为

$$\dot{x} = \frac{\alpha}{k}(1 - \cos pt) \tag{h}$$

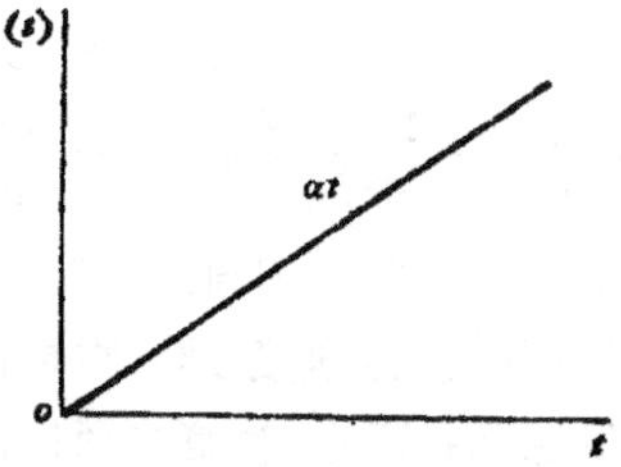

(a)

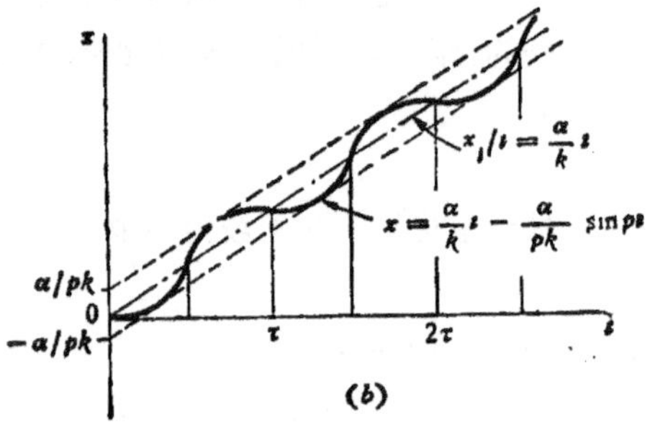

(b)

图 4.3-7

在 $t = \tau, 2\tau, 3\tau, \cdots$，有 $\dot{x} = 0$，故在这些瞬时，x-t 曲线的斜率为零，图 4.3-7(b)。

例 4.3-3．求有阻尼振系对阶跃函数 $f(t) = F_0$ 的响应．

解. 由方程（4.3-2）有

$$x = \frac{F_0 e^{-\zeta p t}}{mq} \int_0^t e^{\zeta p t'} \sin q(t - t') dt'$$

利用代换 $t - t' = u$，上式可化为

$$x = \frac{F_0}{mq} \int_0^t e^{-\zeta p u} \sin q u \, du$$

$$= \frac{F_0}{mq} \cdot \frac{e^{-\zeta p u}}{\zeta^2 p^2 + q^2} \left(-\zeta p \sin q u - q \cos q u \right) \Big|_0^t \qquad (\mathrm{i})$$

注意到 $\zeta^2 p^2 + q^2 = p^2$，式 (i) 可化简为

$$x = \frac{F_0}{k} \left[1 - e^{-\zeta p t} \left(\cos q t + \frac{\zeta p}{q} \sin q t \right) \right] \qquad (4.3\text{-}8)$$

读者可以自行证明，上式可以改写为

$$x = \frac{F_0}{k} \left[1 - \frac{e^{-\zeta p t}}{\sqrt{1 - \zeta^2}} \sin (q t + \varphi) \right]$$

$$\varphi = \mathrm{tg}^{-1} \frac{\sqrt{1 - \zeta^2}}{\zeta} \qquad (4.3\text{-}8)'$$

或

$$x = \frac{F_0}{k} \left[1 - \frac{e^{-\zeta p t}}{\sqrt{1 - \zeta^2}} \cos (q t - \phi) \right]$$

$$\phi = \mathrm{tg}^{-1} \frac{\zeta}{\sqrt{1 - \zeta^2}} \qquad (4.3\text{-}8)''$$

可见质量 m 的位移等于静变形 $x_s = F_0/k$ 与振幅为 $\frac{F_0}{k} e^{-\zeta p t} / \sqrt{1 - \zeta^2}$ 的衰减振动的叠加. 设阻尼可以不计，则上列三式都简化为方程（4.3-4）.

对应于几个不同 ζ 值的 x-t 曲线示如图 4.3-8.

为了便于比较，下面改用第三章的方法将本例解答如下.

在任意激扰力 $f(t)$ 的作用下，图 4.3-9，振系的运动微分方程为

$$m\ddot{x} + c\dot{x} + kx = f(t) \qquad (\mathrm{j})$$

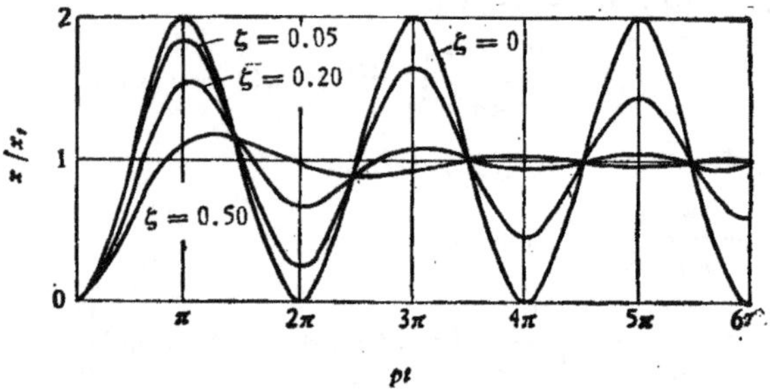

图 4.3-8

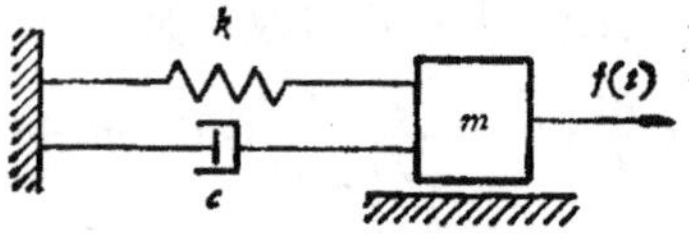

图 4.3-9

现在 $f(t)=F_0$，方程 (j) 的特解显然为 F_0/k，全解为

$$x=e^{-\zeta pt}(B\sin qt+D\cos qt)+\frac{F_0}{k} \tag{k}$$

对时间求导得

$$\dot{x}=e^{-\zeta pt}[Bq\cos qt-Dq\sin qt-\zeta p(B\sin qt+D\cos qt)]$$

以 $x_0=0$ 与 $\dot{x}_0=0$ 代入，可得

$$D=-\frac{F_0}{k},\quad B=-\frac{\zeta p}{q}\frac{F_0}{k}$$

代入式 (k) 即得方程 (4.3-8)。

从本例可以看出：求有阻尼振系对任意激扰 $f(t)$ 的响应时，卷积积分的求积过程一般是比较烦的；当对应于非齐次项 $f(t)$ 的特解容易求出时，用微分方程经典解法要方便得多。

例 4.3-4. 无阻尼振系在重复冲击的作用下进行稳态运动。

每次冲击的冲量为常值 $\hat{F}$，冲力持续的时间 ε 可以略去不计，相邻两次冲击相隔的时间为 τ_i，图 4.3-10．求振系的周期为 τ_i 的稳态运动．

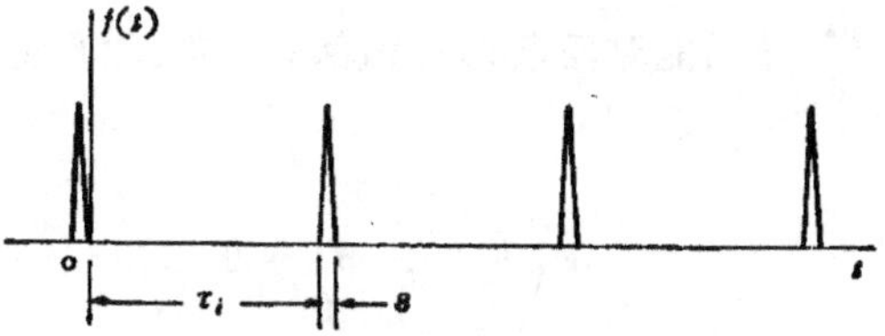

图 4.3-10

解． 在两次冲击之间，振系进行自由振动，其频率为 $p=\sqrt{k/m}$． 取某次冲击终止的瞬时为 $t=0$，则在受到下一次冲击之前，振系的位移与速度可以表示为

$$x=A\sin(pt+\varphi),\quad \dot{x}=pA\cos(pt+\varphi) \tag{l}$$

因而在 $t=0$ 时有

$$x(0)=A\sin\varphi,\quad \dot{x}(0)=pA\cos\varphi \tag{m}$$

在下一次冲击之前有

$$x(\tau_i)=A\sin(p\tau_i+\varphi),\quad \dot{x}(\tau_i)=pA\cos(p\tau_i+\varphi) \tag{n}$$

冲量 $\hat{F}$ 使质量 m 产生速度增量 $\hat{F}/m$，但因冲量作用时间非常短暂，位移 x 来不及改变，冲量刚结束时的 x 值与刚开始时的相等，故由 (m) 与 (n) 有

$$A\sin\varphi=A\sin(p\tau_i+\varphi)$$

$$pA\cos\varphi=pA\cos(p\tau_i+\varphi)+\frac{\hat{F}}{m}$$

整理可得

$$\sin\varphi-\sin(p\tau_i+\varphi)=0$$

$$\cos\varphi-\cos(p\tau_i+\varphi)=\frac{\hat{F}}{mpA}$$

或改写为

$$\sin\frac{p\tau_i}{2}\cos\left(\frac{p\tau_i}{2}+\varphi\right)=0 \tag{o}$$

$$\sin\frac{p\tau_i}{2}\sin\left(\frac{p\tau_i}{2}+\varphi\right)=\frac{\hat{F}}{2mpA} \tag{p}$$

因 $\sin\frac{p\tau_i}{2}$ 不可能对任意的 τ_i 值都等于零，故要满足式 (o) 必须有

$$\cos\left(\frac{p\tau_i}{2}+\varphi\right)=0$$

或者

$$\sin\left(\frac{p\tau_i}{2}+\varphi\right)=1$$

代入式 (p) 可得振幅

$$A=\frac{\hat{F}}{2mp\sin\frac{p\tau_i}{2}} \tag{q}$$

振系中弹簧的最大力为 kA，由 (q) 可得

$$kA=\frac{\hat{F}}{\tau_i}\frac{\frac{p\tau_i}{2}}{\sin\frac{p\tau_i}{2}} \tag{r}$$

可见在 $p\tau_i$ 很微小时，弹簧的最大力接近于冲力在 τ_i 中的平均值 $\hat{F}/\tau_i$；设

$$p\tau_i/2=\pi,\ 2\pi,\ 3\pi,\cdots$$

或

$$\tau_i=\tau,\ 2\tau,\ 3\tau,\cdots$$

则弹簧力 kA 可以很大.

对有阻尼的振系，也可以按上述步骤求解，但计算工作要繁重得多.

4.4 任意的支座激扰

振系由支座的简谐运动所激起的强迫振动，已在第 3.6 节中讨论．现在假定支座的运动是可微的任意时间函数，求振系对这种激扰的响应．

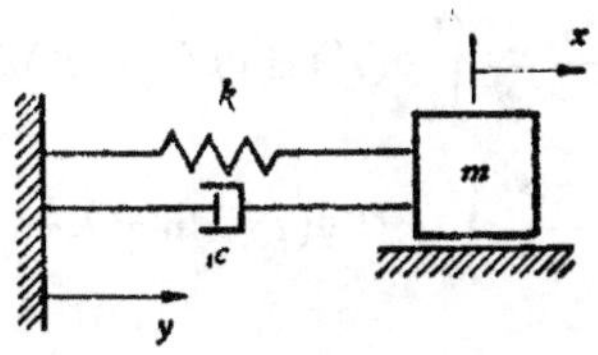

图 4.4-1

设支座有位移 $y(t)$，图 4.4-1，则质量 m 的运动微分方程为

$$m\ddot{x} = -k(x - y) - c(\dot{x} - \dot{y}) \tag{a}$$

或者

$$m\ddot{x} + c\dot{x} + kx = ky + c\dot{y} \tag{b}$$

与上节方程 (j)

$$m\ddot{x} + c\dot{x} + kx = f(t) \tag{c}$$

对比，可见 $ky + c\dot{y}$ 相当于激扰力 $f(t)$，或者 $p^2y + 2\zeta p\dot{y}$ 相当于 $f(t)/m$；在阻尼可以略去不计时，$\zeta = 0$．因此，只须以 p^2y 与 $p^2y + 2\zeta p\dot{y}$ 分别代替方程 (4.3-1) 与 (4.3-2) 中的 $f(t')/m$，即可得出无阻尼振系与有阻尼振系对支座位移 y 的响应的表达式

$$x = p\int_0^t y(t')\sin p(t - t')dt' \tag{4.4-1}$$

$$x = \frac{e^{-\zeta pt}}{q}\int_0^t e^{\zeta pt'}[p^2y(t') + 2\zeta p\dot{y}(t')]\sin q(t - t')dt' \tag{4.4-2}$$

位移 y 与速度 $\dot{y}$ 通常是时间的函数，在被积函数中记为 $y(t')$ 与 $\dot{y}(t')$．

设支座的运动是用加速度 $\ddot{y}(t)$ 描述的，而我们所关心的又是

振系中质量m相对于支座的相对运动．可令$z=x-y$代表相对位移，则由(a)可得相对运动微分方程

$$m\ddot{z}+c\dot{z}+kz=-m\ddot{y} \tag{d}$$

仍与上节方程(j)对比，可见$-m\ddot{y}$相当于激扰力$f(t)$，只须以$-m\ddot{y}$代替方程(4.3-1)与(4.3-2)中的$f(t')$，即可得出无阻尼振系与有阻尼振系的相对运动微分方程

$$z=-\frac{1}{p}\int_0^t \ddot{y}(t')\sin p(t-t')dt' \tag{4.4-3}$$

$$z=\frac{e^{-\zeta pt}}{q}\int_0^t e^{\zeta pt'}\ddot{y}(t')\sin q(t-t')dt' \tag{4.4-4}$$

例 4.4-1．设支座位移为阶跃函数$y=b$，图 4.4-2．求振系的响应．

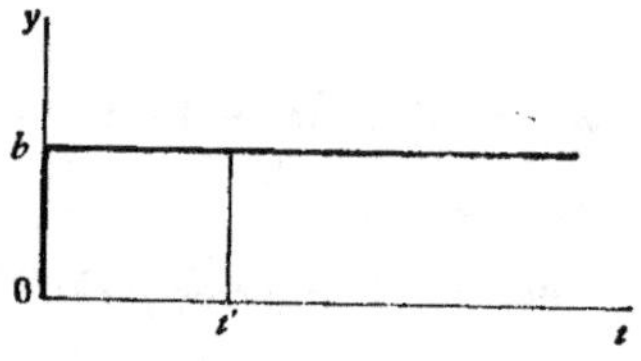

图 4.4-2

解．以$y(t')=b$代入方程(4.4-1)，即得

$$\begin{aligned}x&=pb\int_0^t \sin p(t-t')dt'\\&=b(1-\cos pt)\end{aligned}$$

例 4.4-2．求无阻尼振系由支座位移$y=b\sin\omega t$激起的绝对运动．

解．以$y=b\sin\omega t'$代入方程(4.4-1)，并利用上节式(e)′，有

$$x = pb\int_0^t \sin\omega t' \sin p(t-t')dt'$$

$$= \frac{bp^2}{p^2-\omega^2}\left(\sin\omega t - \frac{\omega}{p}\sin pt\right)$$

例 4.4-3. 设支座有加速度 $\ddot{y} = -b\omega^2\sin\omega t$，求无阻尼振系的相对运动.

解. 以 $\ddot{y}$ 的表达式代入方程 (4.4-3)，有

$$z = \frac{b\omega^2}{p}\int_0^t \sin\omega t' \sin p(t-t')dt'$$

$$= \frac{b\omega^2}{p^2-\omega^2}\left(\sin\omega t - \frac{\omega}{p}\sin pt\right)$$

将本例所得 z 加上 $y = b\sin\omega t$ 后，再与上例的结果 x 相比较，可见二者强迫振动部分是相同的，但自由振动是有差别的，读者试自行解释.

例 4.4-4. 设支座位移为斜坡函数 $y = vt$（即以匀速 v 作直线平动），求有阻尼振系的响应.

解. 以 $y = vt$ 与 $\dot{y} = v$ 代入方程 (4.4-2)，有

$$x = \frac{v}{q}e^{-\zeta pt}\int_0^t e^{\zeta pt'}(p^2t' + 2\zeta p)\sin q(t-t')dt'$$

利用代换 $t - t' = u$，上式可化为

$$x = \frac{v}{q}\int_0^t e^{-\zeta pu}(p^2t - p^2u + 2\zeta p)\sin qudu$$

$$= \frac{v}{q}\left\{(p^2t + 2\zeta p)\int_0^t e^{-\zeta pu}\sin qudu\right.$$

$$\left. - p^2\int_0^t ue^{-\zeta pu}\sin qudu\right\} \qquad \text{(e)}$$

上式中的定积分分别为

$$\int_0^t e^{-\zeta pu}\sin qu\,du = -\frac{e^{-\zeta pu}}{q^2+\zeta^2p^2}(\zeta p\sin qu + q\cos qu)\Big|_0^t$$

$$= \frac{1}{p^2}\{q - e^{-\zeta pt}(\zeta p\sin qt + q\cos qt)\} \quad \text{(f)}$$

$$\int_0^t ue^{-\zeta pu}\sin qu\,du = -\frac{e^{-\zeta pu}}{p^2}\Big\{u(\zeta p\sin qu + q\cos qu)$$

$$+\frac{1}{p^2}[(\zeta^2p^2-q^2)\sin qu + 2\zeta pq\cos qu]\Big\}\Big|_0^t$$

$$= -\frac{e^{-\zeta pt}}{p^2}\Big\{t(\zeta p\sin qt + q\cos qt)$$

$$+\frac{1}{p^2}[(\zeta^2p^2-q^2)\sin qt + 2\zeta pq\cos qt]\Big\} + \frac{2\zeta q}{p^3} \quad \text{(g)}$$

将 (f) 与 (g) 代入式 (e)，最后可得

$$x = v\left(t - \frac{e^{-\zeta pt}}{q}\sin qt\right) \quad \text{(h)}$$

得到的结果是简单的，但积分过程相当长. 现在用另一方法求解.

以 $y = vt$ 代入方程 (b)，可得

$$\ddot{x} + 2\zeta p\dot{x} + p^2x = p^2vt + 2\zeta pv \quad \text{(i)}$$

由微分方程理论知，上式的特解为 $x = vt$，与对应的齐次解相加，可得全解

$$x = e^{-\zeta pt}(B\sin qt + D\cos qt) + vt$$

仍设在 $t = 0$ 时有 $x_0 = 0$，$\dot{x}_0 = 0$，即得质量 m 的运动方程 (h). 用这个方法比前面用卷积积分求解远较简捷. 但是，如果支座的运动不是无限期地继续进行，而是可以终止于不同瞬时 t_1，t_2，等等，则在卷积积分的表达式中只须分别以 t_1，t_2，等等作为积分上限，即可得出在支座停止运动后质量 m 的运动.

例 4.4-5. 质量为 m 的仪表，由刚度为 k 的弹簧悬置在木箱内，图 4.4-3，预计在运输过程中，木箱可能从高度 h 落到坚硬地面，试求可能传到仪表的最大力. 假定木箱的质量远大于 m，因

而仪表的运动不影响木箱的自由降落，而且木箱着地后即静止在地面上，不回跳．阻尼可以略去不计．

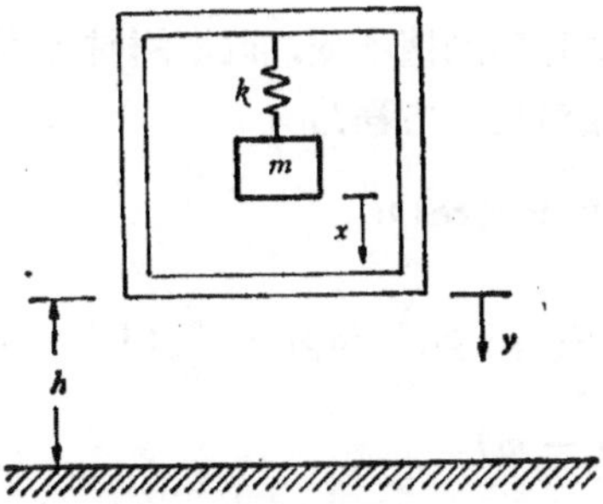

图 4.4-3

解．令 x 与 y 分别代表 m 与木箱的绝对位移，z 代表 m 对于木箱的相对位移．在自由降落过程中，仪表的运动微分方程为

$$m\ddot{x} = -k(x-y)$$

以 $z=x-y$ 代入，可得

$$\ddot{z} + p^2 z = -\ddot{y}$$

取开始降落的瞬时为 $t=0$，并假定初始条件为 $z=0$，$\dot{z}=0$．在木箱自由降落中 $y=\frac{1}{2}gt^2$，$\ddot{y}=g$．由方程(4.4-3)有

$$z = -\frac{g}{p}\int_0^t \sin p(t-t')dt' = -\frac{g}{p^2}(1-\cos pt)$$

因而

$$\dot{z} = -\frac{g}{p}\sin pt$$

这就是在箱子着地前仪表相对于木箱的位移与速度．

设木箱着地的瞬时为 t_1，则 $t_1=\sqrt{2h/g}$，就在这瞬时之前，仪表的相对位移与相对速度为

$$z_1 = -\frac{g}{p^2}(1-\cos pt_1)$$

$$\dot{z}_{1-} = -\frac{g}{p}\sin pt_1$$

在木箱着地的瞬间，仪表的相对速度突然增大了 $\dot{y}(t_1) = gt_1$，而相对位移保持着地前的值不变。改取瞬时 t_1 为初始瞬时，则木箱着地后仪表的相对运动方程为

$$\begin{aligned} z &= \frac{\dot{z}_{1+}}{p}\sin pt + z_1\cos pt \\ &= \left(\frac{gt_1}{p} - \frac{g}{p^2}\sin pt_1\right)\sin pt - \frac{g}{p^2}(1-\cos pt_1)\cos pt \\ &= A\sin(pt-\varphi) \end{aligned}$$

其中

$$A = \frac{g}{p^2}\sqrt{(pt_1-\sin pt_1)^2+(1-\cos pt_1)^2}$$

$$\varphi = \operatorname{tg}^{-1}\frac{1-\cos pt_1}{pt_1-\sin pt_1}$$

弹簧传到仪表的最大力等于 kA，发生在瞬时 $pt-\varphi=\frac{\pi}{2}$，即 $t=\left(\frac{\pi}{2}+\varphi\right)\Big/p$.

例 4.4-6. 无阻尼振系的支座运动已知为速度脉冲

$$\dot{y} = v_0 e^{-t/t_0}$$

求振系中质量 m 的相对运动.

解. 为了应用方程 (4.4-3)，须先求出 $\ddot{y}$. 因为速度脉冲在 $t=0$ 时突然从 0 增大至 v_0，故瞬时加速度为无穷大. 考虑到 $\int a\,dt = v$，而由方程 (4.2-4) 有

$$\int_0^t v_0\delta(t)dt = v_0, \quad t>0$$

故支座的加速度可表示为

$$\ddot{y} = v_0\delta(t) - \frac{v_0}{t_0}e^{-t/t_0}$$

代入方程(4.4-3)有

$$z=-\frac{v_0}{p}\int_0^t\left[\delta(t')-\frac{1}{t_0}e^{-t'/t_0}\right]\sin p(t-t')dt' \qquad \text{(j)}$$

因

$$\int_0^t \delta(t')\sin p(t-t')dt'=\sin pt$$

$$\int_0^t e^{-t'/t_0}\sin p(t-t')dt'$$

$$=\frac{t_0^2}{1+p^2t_0^2}\left(pe^{-t/t_0}+\frac{1}{t_0}\sin pt-p\cos pt\right)$$

代入式(j)，简化可得

$$z=\frac{v_0t_0}{1+p^2t_0^2}(e^{-t/t_0}-pt_0\sin pt-\cos pt)$$

4.5 响 应 谱

振系对激扰力与支座运动的响应随激扰函数的性质以及振系本身的特征而改变．表示某一响应量与激扰函数的某一参数之间关系的图线，称为**响应谱**．作图时所用的响应量可以是振系中质量的最大位移，弹簧的最大变形，或者出现这种最大值的时刻，等等；所用的激扰量可以是扰力或支座运动的幅值，激扰停止作用的时刻，等等．图 3.3-3 的幅频特性与图 3.3-4 的相频特性就是这样的响应谱，分别以放大率 β 与相角 ψ 为纵标，频率比 γ 为横标．作为响应谱纵标与横标的响应量与激扰量都用无量纲参数表示．

振系对任意激扰的响应谱，特别是对作用时间极短的冲击的响应谱，通常不考虑阻尼，因为往往在振系出现最大变形之前，阻尼还来不及很好发挥消耗能量的作用．但有的响应谱，则不仅考虑到阻尼所起的作用，而且还估计到非线性的影响．本节只举简例说明作出响应谱的一般步骤，对各类响应函数的响应谱可参阅有关手册．

例 4.5-1． 求无阻尼振系对矩形脉冲力函数的响应谱．

解． 振系对矩形脉冲激扰力的响应，由方程（4.3-4）与（4.3-6）已知为

$$x=\frac{F_0}{k}(1-\cos pt),\quad 0\leqslant t\leqslant t_1 \tag{a}$$

$$x=\frac{F_0}{k}[\cos p(t-t_1)-\cos pt],\quad t_1\leqslant t \tag{b}$$

先考虑 $t\leqslant t_1$ 的情形．由式（a）有

$$\dot{x}=\frac{F_0}{k}p\sin pt \tag{c}$$

可见在 $pt<\pi$ 时，恒有 $\dot{x}>0$，x 未达到极大值；在 $pt=\pi$，即 $t=\tau/2$ 时，$\dot{x}=0$，x 有极大值 $x_m=2F_0/k=2x_s$，这也是载荷 F_0 持续作用无限长时间时的最大位移．这样，只要 $t_1\geqslant\tau/2$，振系恒有最大位移 $x_m=2x_s$．

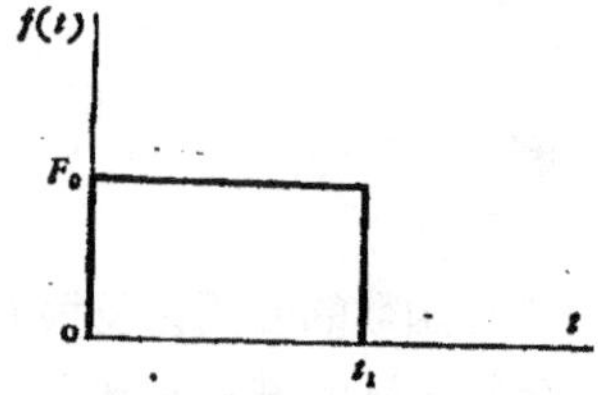

图 4.5-1

在 $t_1<\tau/2$ 的条件下，最大位移 x_m 将小于 $2x_s$，而且由式（c）可知，x_m 不出现在 $t<t_1$ 的阶段，而出现在 $t>t_1$，亦即在除去载荷 F_0 后的剩余振动的阶段，因此，须从式（b）求 x_m． 为确定出现 x_m 的时刻 t_m，将式（b）对时间求导，有

$$\dot{x}=x_sp[\sin pt-\sin p(t-t_1)]$$

令 $\dot{x}=0$，即得 t_m 的表达式

$$\sin pt_m=\sin p(t_m-t_1)$$

故

$$pt_m=\frac{\pi}{2}+\frac{pt_1}{2} \tag{d}$$

现在考虑的是 $0\leqslant pt_1\leqslant\pi$ 的情形，对应的 pt_m 的范围为 $\frac{\pi}{2}\leq pt_m\leqslant\pi$．将式（d）代入（b）可得

$$\frac{x_m}{x_s} = \cos\left(\frac{\pi}{2} - \frac{pt_1}{2}\right) - \cos\left(\frac{\pi}{2} + \frac{pt_1}{2}\right)$$

$$= 2\sin\frac{pt_1}{2} = 2\sin\frac{\pi t_1}{\tau} \tag{e}$$

这就是在第 4.3 节中已用其他方法得到的式 (d)。

这样，对矩形脉冲的响应谱为

$$\begin{aligned} \frac{x_m}{x_s} &= 2\sin\frac{\pi t_1}{\tau}, \quad 0 \leqslant t_1/\tau \leqslant 1/2 \\ \frac{x_m}{x_s} &= 2, \qquad 1/2 \leqslant t_1/\tau \end{aligned} \tag{f}$$

如图 4.5-2 示。

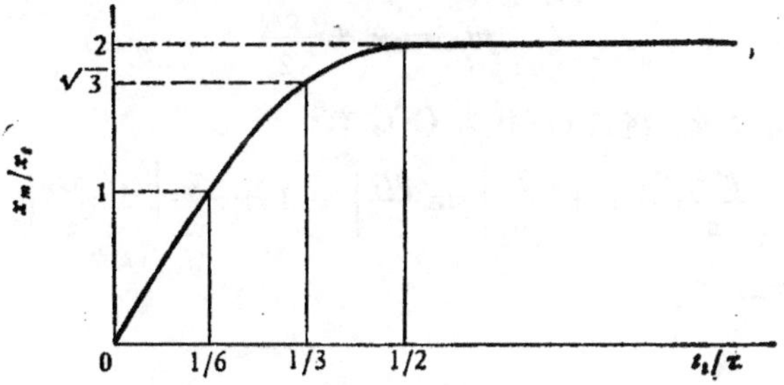

图 4.5-2

在 $t_1 = \tau/6$ 时，有 $x_m/x_s = 1$；

在 $t_1 = \tau/3$ 时，有 $x_m/x_s = \sqrt{3}$.

例 4.5-2. 设支座的加速度 $\ddot{y}$ 为斜坡阶跃函数，图 4.5-3，求无阻尼振系的响应谱.

解. 由题 4.16 知，振系的响应为

$$z = -\frac{a}{p^2}\left(\frac{t}{t_1} - \frac{\sin pt}{pt_1}\right), \quad 0 \leqslant t \leqslant t_1 \tag{g}$$

$$z = -\frac{a}{p^2}\left[1 + \frac{\sin p(t - t_1) - \sin pt}{pt_1}\right], \quad t_1 \leqslant t \tag{h}$$

观察上列二式，可见 z_m 总是出现在 $t > t_1$，因此，只须考虑

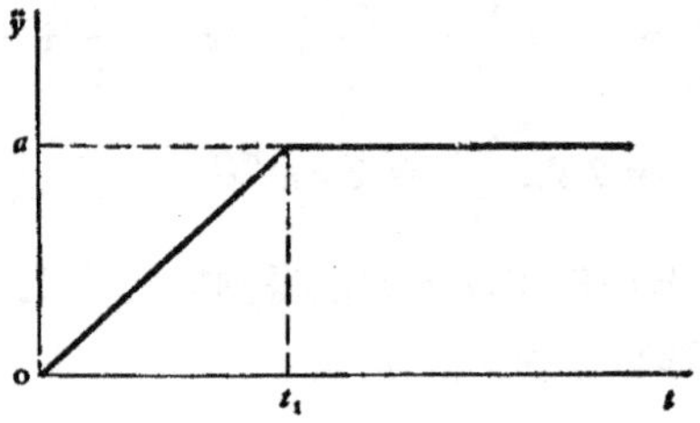

图 4.5-3

式(h). 对时间求导,并令 $\dot{z}=0$, 由式 (h) 可得

$$\cos p(t_m - t_1) = \cos pt_m$$

故

$$pt_m = \pi + \frac{pt_1}{2} \tag{i}$$

因而 $pt_m \geqslant \pi$. 将式 (i) 代入 (h), 有

$$\frac{p^2 z_m}{a} = 1 + \frac{2}{pt_1}\left|\sin\frac{pt_1}{2}\right| = 1 + \frac{\tau}{\pi t_1}\left|\sin\frac{\pi t_1}{\tau}\right| \tag{j}$$

如图 4.5-4 示.

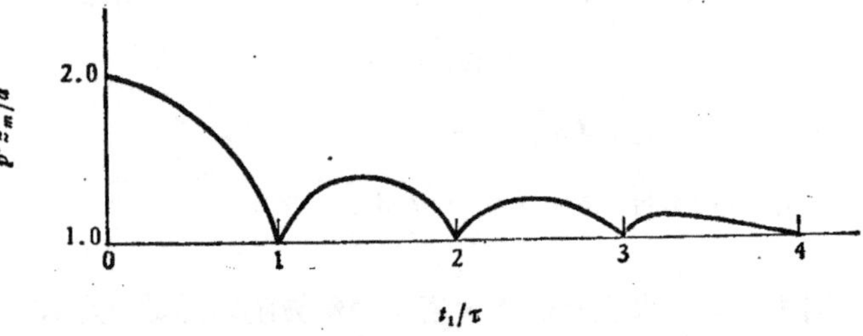

图 4.5-4

习　　题

4.1. 试证明: 有阻尼振系对作用于 $t=0$ 时的冲量 $\hat{F}$ 的响应, 出现峰值的时刻 t_m 为

$$t_m = \frac{1}{q}\,\mathrm{tg}^{-1}\frac{\sqrt{1-\zeta^2}}{\zeta}$$

并求峰值 x_m。

答． $x_m = \dfrac{\hat{F}}{mp} e^{-\frac{1}{a}\operatorname{tg}^{-1}a}$, $\quad a = \dfrac{\sqrt{1-\xi^2}}{\xi}$

4.2 试证明：有阻尼振系对阶跃函数 F_0 的响应，出现峰值的时刻为 $t_m = \pi/q$，响应的峰值为

$$x_m = \frac{F_0}{k}(1 - e^{-\pi/a}), \quad a = \frac{\sqrt{1-\xi^2}}{\xi}$$

4.3. 一系列脉冲 $\hat{F}_1, \hat{F}_2, \cdots, \hat{F}_n$ 依次作用于瞬时 $t_1, t_2, \cdots, t_n$。求无阻尼振系在 $t \geqslant t_n$ 的响应。已知在 $t = 0$ 时有 $x_0 = 0$ 与 $\dot{x}_0 = 0$。

其次，设各脉冲大小相等，正负相间，相邻两脉冲的时间间隔为 $\tau/2$，即 $\hat{F}_1 = -\hat{F}_2 = \hat{F}_3 = -\hat{F}_4 = \cdots = \hat{F}$，且 $t_1 = 0, t_2 = \tau/2, t_3 = \tau, \cdots$。求无阻尼振系在 $t \geqslant t_n$ 的响应。

答． $x = \dfrac{1}{mp}\displaystyle\sum_{i=1}^{n} \hat{F}_i \sin p(t - t_i), \quad t \geqslant t_n$

$x = \dfrac{n\hat{F}}{mp}\sin pt, \quad t \geqslant t_n$

4.4—4.15. 求无阻尼振系对下列各个激扰力的响应，假定在 $t = 0$ 时有 $x_0 = 0$ 与 $\dot{x}_0 = 0$。见题图 4.4 至 4.15。

4.4.

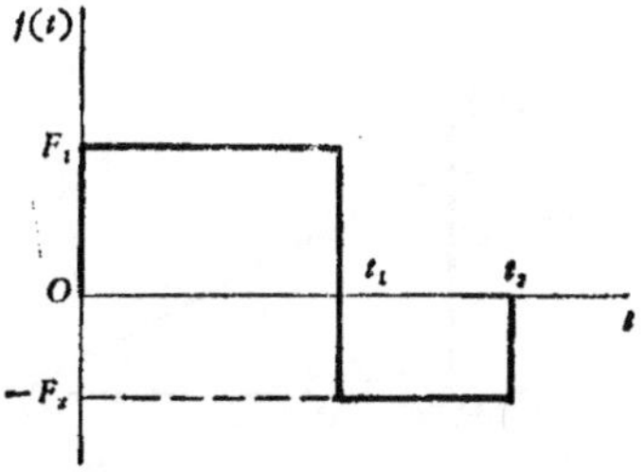

题图 4.4

答． $x = \dfrac{F_1}{k}(1 - \cos pt), \quad 0 \leqslant t \leqslant t_1$

$$x = \frac{F_1}{k}[\cos p(t - t_1) - \cos pt]$$

$$- \frac{F_2}{k}[1 - \cos p(t - t_1)], \quad t_1 \leqslant t \leqslant t_2$$

$$x = \frac{F_1}{k}[\cos p(t - t_1) - \cos pt]$$

$$- \frac{F_2}{k}[\cos p(t - t_2) - \cos p(t - t_1)], \quad t_2 \leqslant t$$

4.5.

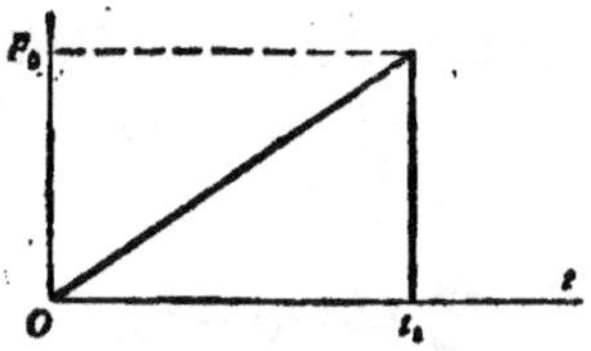

题图 4.5

答. $x = \frac{F_0}{k}\left(\frac{t}{t_1} - \frac{\sin pt}{pt_1}\right), \quad 0 \leqslant t \leqslant t_1$

$$x = \frac{F_0}{k}\left[\frac{\sin p(t - t_1) - \sin pt}{pt_1} + \cos p(t - t_1)\right], \quad t_1 \leqslant t$$

4.6.

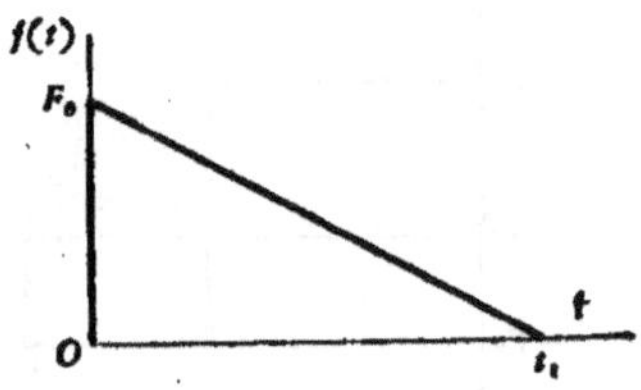

题图 4.6

答. $x = \frac{F_0}{k}\left(1 - \cos pt - \frac{t}{t_1} + \frac{\sin pt}{pt_1}\right), \quad 0 \leqslant t \leqslant t_1$

$$x = \frac{F_0}{k}\left[-\cos pt + \frac{\sin pt - \sin p(t - t_1)}{pt_1}\right], \quad t_1 \leqslant t$$

4.7.

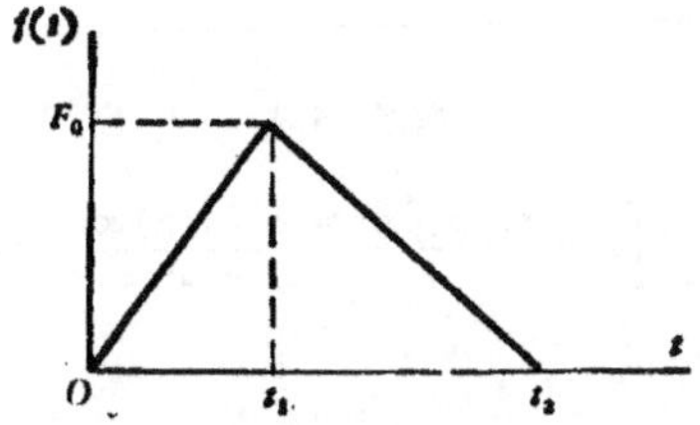

题图 4.7

答. $x = \frac{F_0}{k}\left(\frac{t}{t_1} - \frac{\sin pt}{pt_1}\right), \quad 0 \leqslant t \leqslant t_1$

$$x = \frac{F_0}{k}\left[\frac{t_2 - t}{t_2 - t_1} - \frac{\sin pt}{pt_1} + \frac{t_2 \sin p(t - t_1)}{pt_1(t_2 - t_1)}\right], \quad t_1 \leqslant t \leqslant t_2$$

$$x = \frac{F_0}{k}\left[-\frac{\sin pt}{pt_1} + \frac{t_2 \sin p(t - t_1)}{pt_1(t_2 - t_1)} - \frac{\sin p(t - t_2)}{p(t_2 - t_1)}\right]$$

$$t_2 \leqslant t$$

4.8.

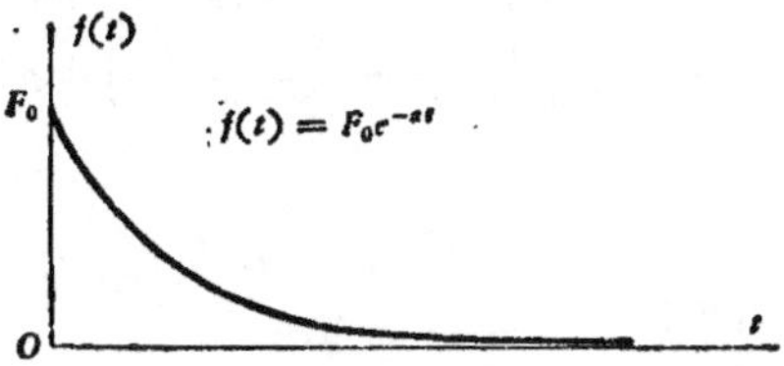

题图 4.8

答. $x = \frac{F_0}{k} \frac{(a/p)\sin pt - \cos pt + e^{-at}}{1 + a^2/p^2}$

4.9.

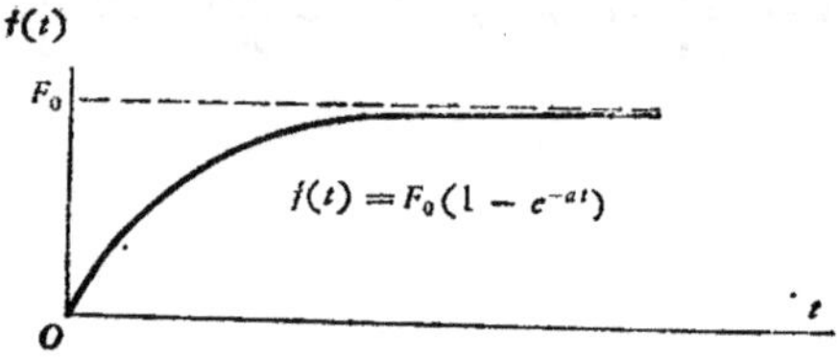

题图 4.9

答。 $$x=\frac{F_0}{k}\left[1-\frac{(a/p)[\sin pt+(a/p)\cos pt]+e^{-at}}{1+a^2/p^2}\right]$$

4.10.

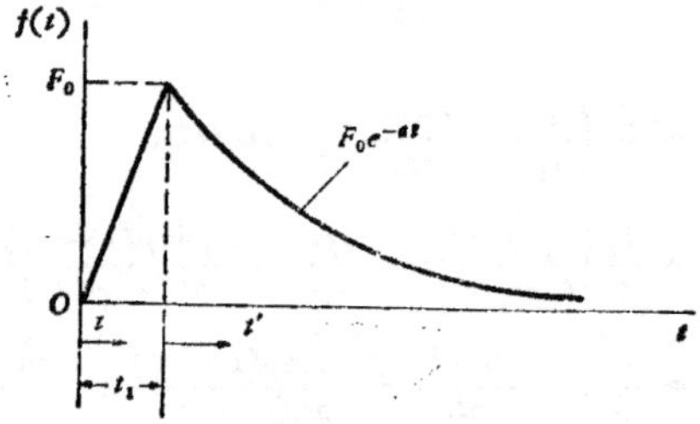

题图 4.10

答。 $$x=\frac{F_0}{k}\left(\frac{t}{t_1}-\frac{\sin pt}{pt_1}\right),\quad 0\leqslant t\leqslant t_1$$

$$x=\frac{F_0}{k}\left[\frac{e^{-at'}}{1+a^2/p^2}+\left(\frac{a^2/p^2}{1+a^2/p^2}-\frac{\sin pt_1}{pt_1}\right)\cos pt'+\left(\frac{a/p}{1+a^2/p^2}+\frac{1-\cos pt_1}{pt_1}\right)\sin pt'\right],\quad t_1\leqslant t$$

4.11.

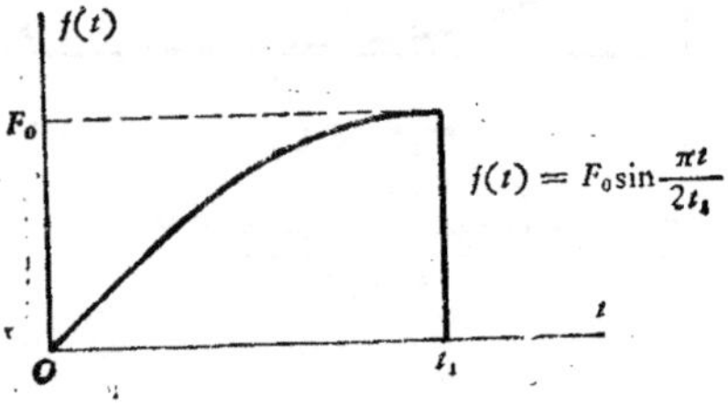

题图 4.11

答. $x = \frac{F_0}{k}\left(\sin\omega t - \frac{\omega}{p}\sin pt\right)\beta, \quad \omega = \frac{\pi}{2t_1}, \quad 0 \leqslant t \leqslant t_1$

$$x = \frac{F_0}{k}\left[\cos p(t - t_1) - \frac{\omega}{p}\sin pt\right]\beta, \quad t_1 \leqslant t$$

$$\beta = \frac{1}{1 - (\omega/p)^2}$$

4.12.

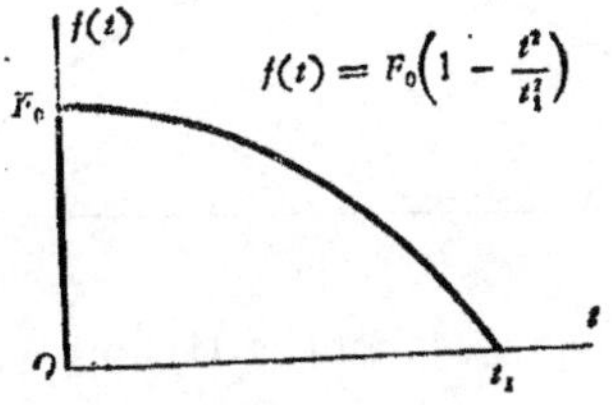

题图 4.12

答. $x = \frac{F_0}{k}\left[\left(1 + \frac{2}{p^2 t_1^2}\right)(1 - \cos pt) - \frac{t^2}{t_1^2}\right], \quad 0 \leqslant t \leqslant t_1$

$$x = \frac{F_0}{k}\left\{\frac{2}{p^2 t_1^2}\left[\cos p(t - t_1) - \cos pt\right]\right.$$

$$\left. - \frac{2}{pt_1}\sin p(t - t_1) - \cos pt\right\}, \quad t_1 \leqslant t$$

4.13.

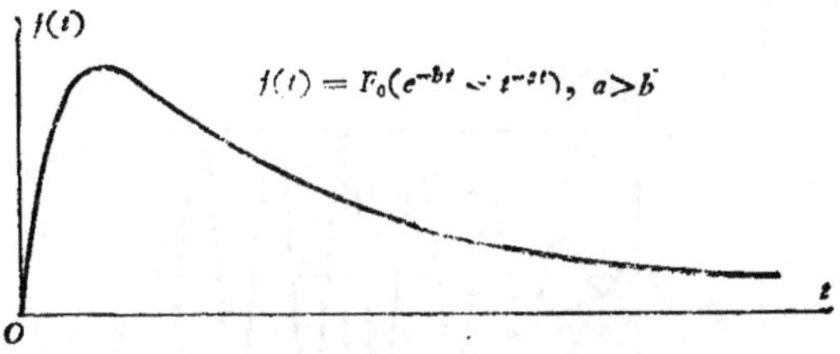

题图 4.13

答. $\frac{xk}{F_0} = \frac{1}{(1 + \alpha^2)(1 + \beta^2)}\{(\beta^2 - \alpha^2)\cos pt + [(1 + \alpha^2)\beta$

$$- (1 + \beta^2)\alpha]\sin pt + (1 + \alpha^2)e^{-bt} - (1 + \beta^2)e^{-at}\}$$

在 t 很大即 e^{-at} 与 e^{-bt} 趋近于零时，剩余振动的振幅 X_R 为

$$X_R = \frac{F(\beta - \alpha)}{k\sqrt{(1+\alpha^2)(1+\beta^2)}}, \quad 其中 \quad \alpha = \frac{a}{p},\ \beta = \frac{b}{p}$$

4.14.

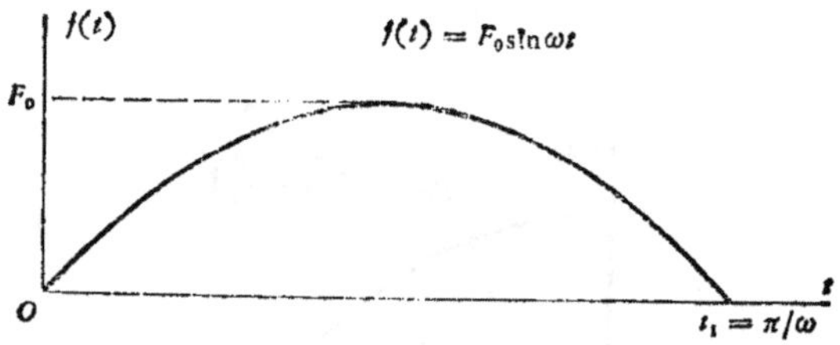

题图 4.14

答. $x = \frac{F_0}{k}\left(\sin\omega t - \frac{\omega}{p}\sin pt\right)\beta, \quad 0 \leqslant t \leqslant t_1$

$$x = -\frac{F_0}{k}\frac{\omega}{p}[\sin p(t - t_1) + \sin pt]\beta, \quad t_1 \leqslant t$$

4.15. 频率 ω 不变的正弦型激扰力，力幅从零开始随时间成比例增大，在第 n 个整周期末，即 $t_1 = 2\pi n/\omega$ 时，力幅为 F_0，此后力幅保持常值。

$$f(t) = \frac{F_0\omega}{2\pi n} t\cos\omega t, \quad 0 \leqslant t \leqslant t_1$$

$$f(t) = F_0\cos\omega(t - t_1), \quad t_1 \leqslant t$$

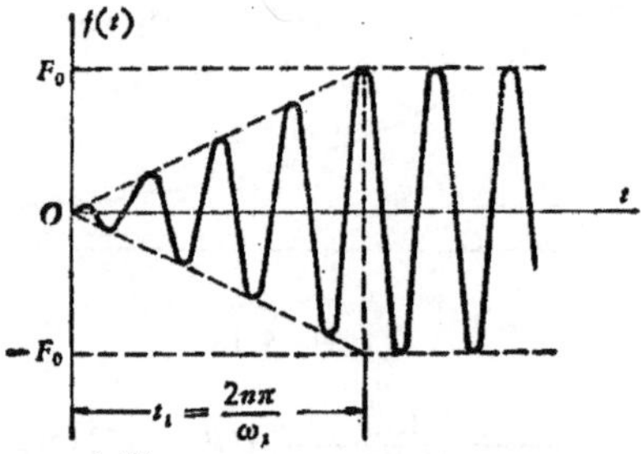

题图 4.15

答。 $$x = \frac{F_0/k}{2\pi n(1-\gamma^2)}\left(\omega t\cos\omega t + \frac{2\gamma^2}{1-\gamma^2}\sin\omega t - \frac{1+\gamma^2}{1-\gamma^2}\gamma\sin pt\right),\quad 0\leqslant t\leqslant t_1$$

其中 $\gamma = \dfrac{\omega}{p}$

4.16—4.19. 求无阻尼振系对下列各种支座运动的响应，假定在 $t=0$ 时有 $x_0=0$ 与 $\dot{x}_0=0$. 见题图 4.16 至 4.19.

4.16.

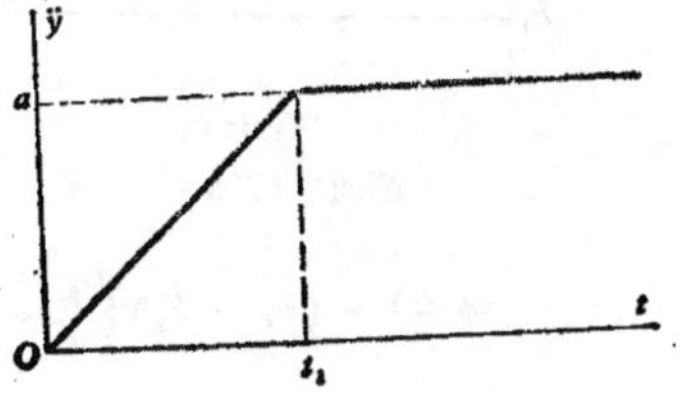

题图 4.16

答。 $$x = -\frac{a}{p^2}\left(\frac{t}{t_1} - \frac{\sin pt}{pt_1}\right),\quad 0\leqslant t\leqslant t_1$$

$$x = -\frac{a}{p^2}\left[1 + \frac{\sin p(t-t_1) - \sin pt}{pt_1}\right],\quad t_1\leqslant t$$

4.17.

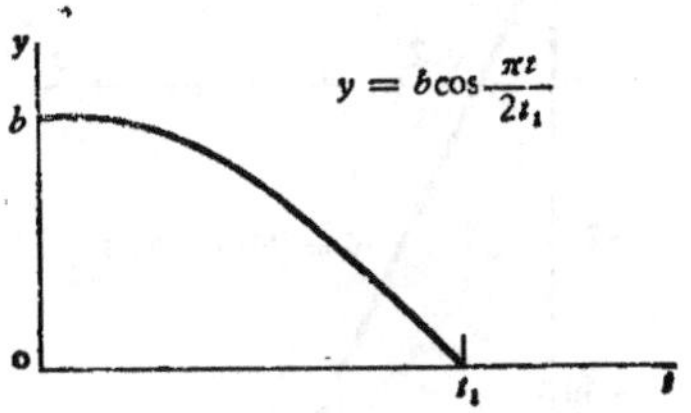

题图 4.17

答。 $$x = b(\cos\omega t - \cos pt)\beta,\quad \omega = \frac{\pi}{2t_1},\quad 0\leqslant t\leqslant t_1$$

$$x = -b\left[\cos pt + \frac{\omega}{p}\sin p(t-t_1)\right]\beta,\quad t_1\leqslant t$$

$$\beta = \frac{1}{1-(\omega/p)^2}$$

4.18.

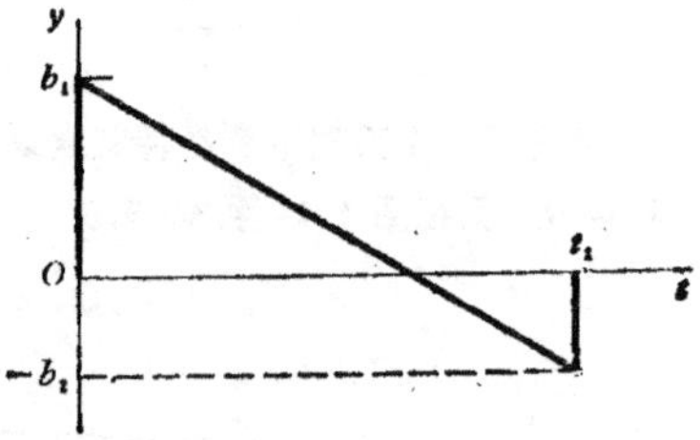

$b_1 + b_2$

题图 4.18

答. $x = b_1(1-\cos pt) - (b_1+b_2)\left(\frac{t}{t_1} - \frac{\sin pt}{pt_1}\right)$, $0 \leqslant t \leqslant t_1$

$$x = -b_1\cos pt - b_2\cos p(t-t_1) - \frac{b_1+b_2}{pt_1}$$

$$\times[\sin p(t-t_1) - \sin pt], \quad t_1 \leqslant t$$

4.19.

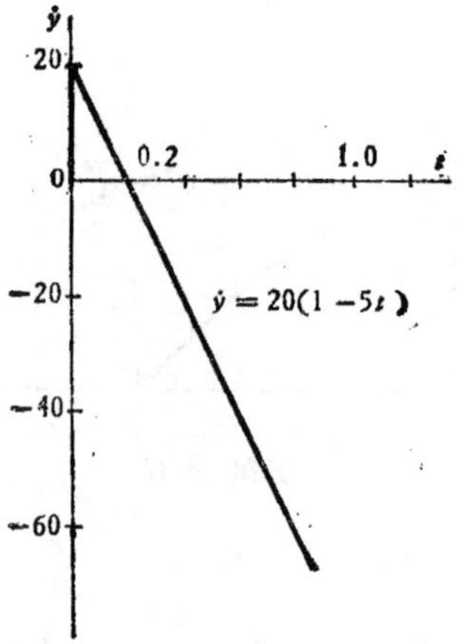

题图 4.19

答. $x = \frac{100}{p^2}(1 - \cos pt) - \frac{20}{p}\sin pt$

4.20. 求有阻尼振系对斜坡函数(图 4.3-7(a))的响应,假定在 $t = 0$ 时有 $x_0 = 0$ 与 $\dot{x}_0 = 0$。

答. $x = \frac{\alpha}{k}\left[t - \frac{2\zeta}{p} + e^{-\zeta pt}\left(\frac{2\zeta}{p}\cos qt - \frac{1 - 2\zeta^2}{q}\sin qt\right)\right]$

4.21. 某激扰力函数 $f(t)$ 由曲线给出如图示,现在近似地表示为一系列阶跃函数的叠加:从 $t = 0$ 开始作用的 ΔF_0,从 $t = t_1$ 开始作用的 ΔF_1,…. 试证明:有阻尼振系对 $f(t)$ 的响应,在 $t_{i-1} \leqslant t \leqslant t_i$ 阶段,可以近似地表示为

$$x = \frac{1}{k}\sum_{j=1}^{i-1}\Delta F_j\left\{1 - e^{-\zeta p(t-t_j)}\left[\cos q(t - t_j) + \frac{\zeta p}{q}\sin q(t - t_j)\right]\right\}$$

设阻尼可以略去不计,则

$$x = \frac{1}{k}\sum_{j=1}^{i-1}\Delta F_j[1 - \cos p(t - t_j)]$$

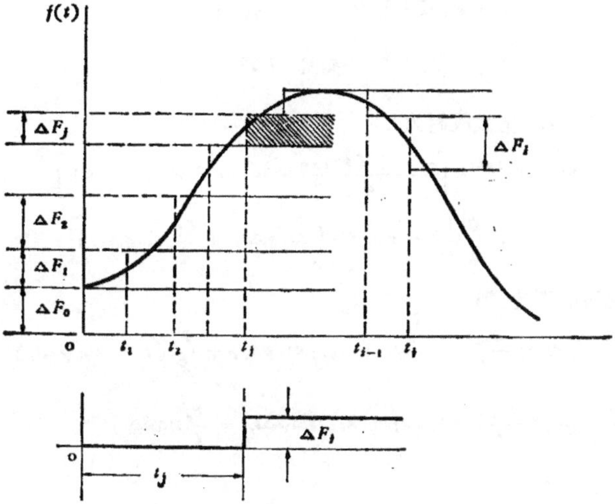

题图 4.21

4.22. 由曲线给出的激扰力函数 $f(t)$ 现在近似地表示为一系列矩形脉冲的叠加：由 $t=0$ 到 t_1 的 $F\Delta t_1$，由 $t=t_1$ 到 t_2 的 $F\Delta t_2$，…. 试证明：有阻尼振系对 $f(t)$ 的响应，在 $t_{i-1}\leqslant t\leqslant t_i$ 阶段，可以近似地表示为

$$x=e^{-\zeta p(t-t_{i-1})}\left[\frac{\dot{x}_{i-1}+\zeta p x_{i-1}}{q}\sin q(t-t_{i-1})+x_{i-1}\cos q(t-t_{i-1})\right]$$

$$+\frac{F_i}{k}\left\{1-e^{-\zeta p(t-t_{i-1})}\left[\cos q(t-t_{i-1})+\frac{\zeta p}{q}\sin q(t-t_{i-1})\right]\right\}$$

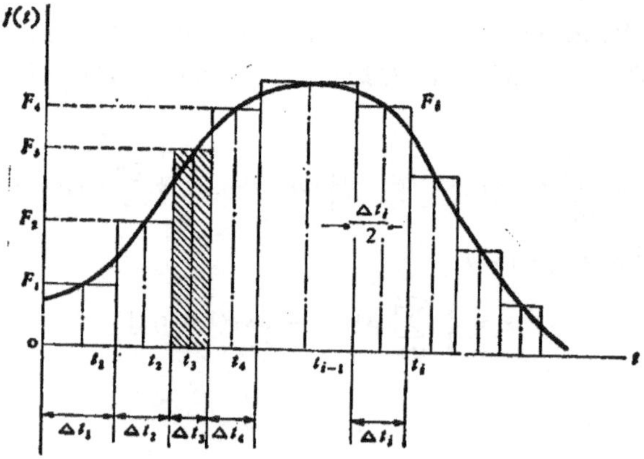

题图 4.22

在瞬时 $t=t_i$，上式改写为

$$x_i=e^{-\zeta p\Delta t_i}\left[\frac{\dot{x}_{i-1}+\zeta p x_{i-1}}{q}\sin q\Delta t_i+x_{i-1}\cos q\Delta t_i\right]$$

$$+\frac{F_i}{k}\left[1-e^{-\zeta p\Delta t_i}\left(\cos q\Delta t_i+\frac{\zeta p}{q}\sin q\Delta t_i\right)\right]$$

设阻尼可以不计，则

$$x_i=\frac{\dot{x}_{i-1}}{p}\sin p\Delta t_i+x_{i-1}\cos p\Delta t_i+\frac{F_i}{k}(1-\cos p\Delta t_i)$$

$$\frac{\dot{x}_i}{p}=\frac{\dot{x}_{i-1}}{p}\cos p\Delta t_i+x_{i-1}\sin p\Delta t_i+\frac{F_i}{k}\sin p\Delta t_i$$

4.23. 图示为无阻尼振系对半正弦波脉冲的响应谱. 试证明：在 $t_1/\tau=$

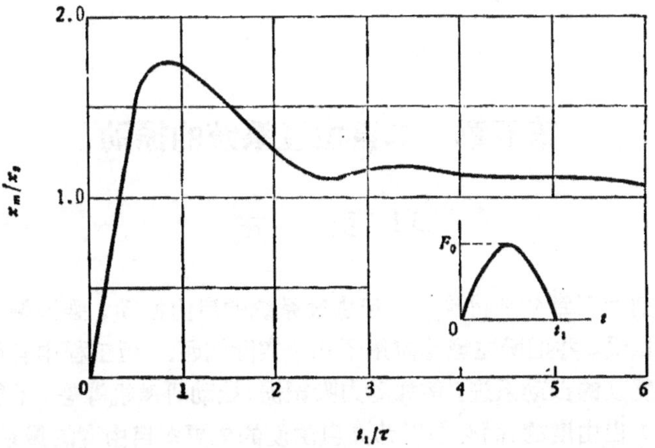

题图 4.23

1/2 时，响应峰值出现在 $t=t_1$，而在较小的 t_1 值则峰值出现在剩余振动阶段. 参阅题 4.14.

第五章　二自由度系统的振动

5.1 引　　言

前面三章分别讨论了1自由度系统的自由振动、强迫振动与瞬态振动，并把所述理论应用于几个实际问题。但工程中有很多比较复杂的振动系统，例如动力吸振器、振动研磨机等等，不能简化为1自由度的，而必须看为2自由度的或更多自由度的振系，这样才能反映问题的主要实质，从而使问题得到合理解决。

振系自由度的数目等于描述振系运动所必需的独立坐标的数目。需要 n 个独立坐标来描述运动的振系称为 n 自由度的振系。正如1自由度的振系有一个固有频率，n 自由度的振系有 n 个固有频率(通常是不相等的)。在一般情况下，n 自由度振系的自由振动是由 n 个主振动组合而成的。在每个主振动中，振系按一定形态以单一固有频率进行振动。也就是说，主振动是多自由度振系在特定的初始条件下，以单一频率进行的自由振动。在每个主振动中，系统各个坐标之间有着确定的比例关系，这种特定的振动形态称为主振型。一个 n 自由度的振系有 n 种主振型，分别对应于 n 个固有频率。所以，多自由度振系的固有频率亦称主频率。后面将要指出，各个主振型可以取为系统的广义坐标，即所谓主坐标。而且系统的任何运动都可以表示为 n 个主坐标运动的叠加。在正弦型激扰的作用下，振系的强迫振动按扰频进行，当扰频与振系的任一个固有频率相等时，对应的主坐标运动将趋于无限，即系统发生共振。一个 n 自由度的振系有 n 个共振频率。

随着振系自由度数目的增多，振动问题求解的工作量越来越繁重。不过，多自由度振系的许多基本概念都可以通过2自由度振系的问题来说明；而且，关于2自由度振系的理论本身有很重要的工程应用．所以本章专门讨论2自由度系统的自由振动与强迫振动，说明求固有频率与主振型的方法以及动力吸振器等装备的基本原理．这些内容也可以作为第六、七章多自由度系统振动问题的引论．

5.2 自由振动

最一般的无阻尼2自由度振系可以简化为图5.2-1所示的情形：可沿光滑水平面滑动的两个质量 m_1 与 m_2 分别用弹簧 k_1 与 k_3 连至定点，并用弹簧 k_2 互相耦连，三个弹簧的轴线沿同一水平线，质量 m_1 与 m_2 限于沿着这直线进行运动．这样，只须用坐标 x_1 与 x_2 就可以完全确定振系的运动．

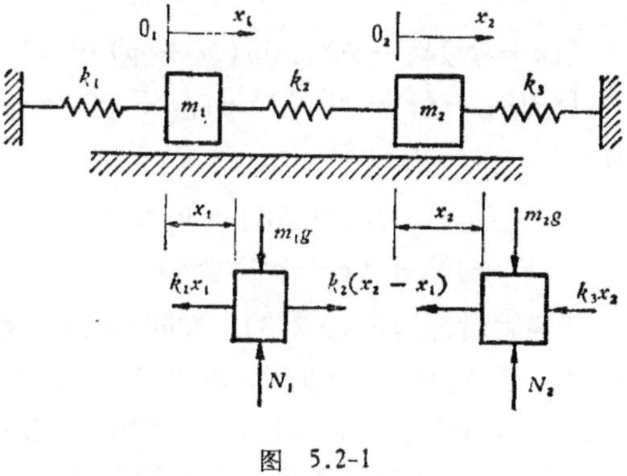

图 5.2-1

取 m_1 与 m_2 的静平衡位置 O_1 与 O_2 作为坐标轴 x_1 与 x_2 的原点．当物体有位移 x_1 与 x_2 时，弹簧 k_1 伸长了 x_1，弹簧 k_3 缩短了 x_2，弹簧 k_2 有净伸长（$x_2 - x_1$）；作用于 m_1 的力除重力 m_1g 与光滑水平面的法向反力 N_1 互成平衡外，只有水平方向的弹性力 $-k_1x_1$（方向朝右为正）与 $k_2(x_2 - x_1)$．由牛顿运动定律有

$$m_1\ddot{x}_1 = -k_1x_1 + k_2(x_2 - x_1)$$

移项得

$$m_1\ddot{x}_1 + (k_1 + k_2)x_1 - k_2 x_2 = 0 \tag{5.2-1}$$

同理有

$$m_2\ddot{x}_2 + (k_2 + k_3)x_2 - k_2 x_1 = 0 \tag{5.2-2}$$

方程 (5.2-1) 与 (5.2-2) 就是图示 2 自由度振系自由振动的微分方程．为了书写方便，令

$$\frac{k_1 + k_2}{m_1} = a, \quad \frac{k_2}{m_1} = b, \quad \frac{k_2 + k_3}{m_2} = e, \quad \frac{k_2}{m_2} = f \tag{a}$$

于是方程 (5.2-1) 与 (5.2-2) 可写为

$$\begin{aligned} \ddot{x}_1 + ax_1 - bx_2 = 0 \\ \ddot{x}_2 + ex_2 - fx_1 = 0 \end{aligned} \tag{5.2-3}$$

这是联立的二阶常系数线性微分方程组，令

$$x_1 = X_1\sin(pt + \varphi), \quad x_2 = X_2\sin(pt + \varphi) \tag{5.2-4}$$

其中振幅 X_1 与 X_2 以及频率 p 与相角 φ 都还是未知的，代入 (5.2-3)，得

$$[(a - p^2)X_1 - bX_2]\sin(pt + \varphi) = 0$$
$$[-fX_1 + (e - p^2)X_2]\sin(pt + \varphi) = 0$$

可见，只须有

$$\begin{aligned} (a - p^2)X_1 - bX_2 = 0 \\ -fX_1 + (e - p^2)X_2 = 0 \end{aligned} \tag{5.2-5}$$

则 (5.2-4) 在任何瞬时都满足 (5.2-3)，亦即 (5.2-4) 是微分方程组 (5.2-3) 的解．当 $X_1 = X_2 = 0$ 时，条件 (5.2-5) 显然成立，但这只代表振系的平衡情况，不代表任何振动情形．要使 X_1 与 X_2 有非零解，式 (5.2-5) 的系数行列式必须等于零，即

$$\begin{aligned} \Delta &= \begin{vmatrix} a - p^2 & -b \\ -f & e - p^2 \end{vmatrix} \\ &= (a - p^2)(e - p^2) - bf = 0 \end{aligned} \tag{5.2-6}$$

或者

$$p^4 - (a + e)p^2 + ae - bf = 0 \tag{5.2-7}$$

这是 p^2 的二次式，称为振系的**频率方程**．p^2 的两个根为

$$p_{1,2}^2=\frac{a+e}{2}\mp\sqrt{\left(\frac{a+e}{2}\right)^2-(ae-bf)} \tag{b}$$

$$=\frac{a+e}{2}\mp\sqrt{\left(\frac{a-e}{2}\right)^2+bf} \tag{c}$$

因为 a, b, e 与 f 都是正数，由式 (c) 可见，p_1^2 与 p_2^2 都是实根；又因 $ae>bf$（读者可自行证明），由式 (b) 可见 $\mp$ 号后面的项小于 $\frac{a+e}{2}$，因而 p_1^2 与 p_2^2 都是正数．这样，频率方程 (5.2-7) 有两个正实根 p_1^2 与 p_2^2；故振系有两个频率 p_1 与 p_2．这两个频率，唯一地决定于振系的参数 a, b, e 与 f（参阅式 (a)），称为振系的**固有频率**．

现在来求振系的主振型．由方程 (5.2-5) 不能完全确定振幅 X_1 与 X_2，但可以确定振幅比

$$\frac{X_1}{X_2}=\frac{b}{a-p^2},\quad \frac{X_1}{X_2}=\frac{e-p^2}{f} \tag{d}$$

由式 (5.2-6) 可见，这两个表达式总是相等的．以 p_1^2 与 p_2^2 代入，可得两个振幅比

$$\left(\frac{X_2}{X_1}\right)_1\equiv\frac{X_{21}}{X_{11}}=\frac{a-p_1^2}{b}=\frac{f}{e-p_1^2}=\mu_1 \tag{e}$$

$$\left(\frac{X_2}{X_1}\right)_2\equiv\frac{X_{22}}{X_{12}}=\frac{a-p_2^2}{b}=\frac{f}{e-p_2^2}=\mu_2 \tag{f}$$

关于相角 φ 并无任何限制，故解 (5.2-4) 可以有下列两个形式：

$$\text{频率 } p_1:\ \begin{cases}x_1=X_{11}\sin(p_1t+\varphi_1)\\ x_2=X_{21}\sin(p_1t+\varphi_1)\end{cases} \tag{g}$$

与

$$\text{频率 } p_2:\ \begin{cases}x_1=X_{12}\sin(p_2t+\varphi_2)\\ x_2=X_{22}\sin(p_2t+\varphi_2)\end{cases} \tag{h}$$

其中 p_1 对应于式 (c) 中根号前取负号，是较低的固有频率；p_2 对应于式 (c) 中根号前取正号，是较高的固有频率．由式 (c) 可见

$$a-p_1^2=\frac{a-e}{2}+\sqrt{\left(\frac{a-e}{2}\right)^2+bf}>0$$

$$a-p_2^2=\frac{a-e}{2}-\sqrt{\left(\frac{a-e}{2}\right)^2+bf}<0$$

因此，振幅比 $\mu_1>0$，而 $\mu_2<0$，就是说，当振系以频率 p_1 振动时，质量 m_1 与 m_2 的运动总是同相，二者同时往左或同时往右，示如图 5.2-2 (a)；而当振系以频率 p_2 振动时，则 m_1 与 m_2 的运动总是反相，在 m_1 往左时 m_2 往右，而在 m_1 往右时 m_2 往左，示如同图 (b)．这两种形式的振动称为主振型振动．以较低频率 p_1 进行的称为第一振型或低振型振动，图 5.2-2(a)；以较高频率 p_2 进行的称为第二振型或高振型振动，见同图 (b)．

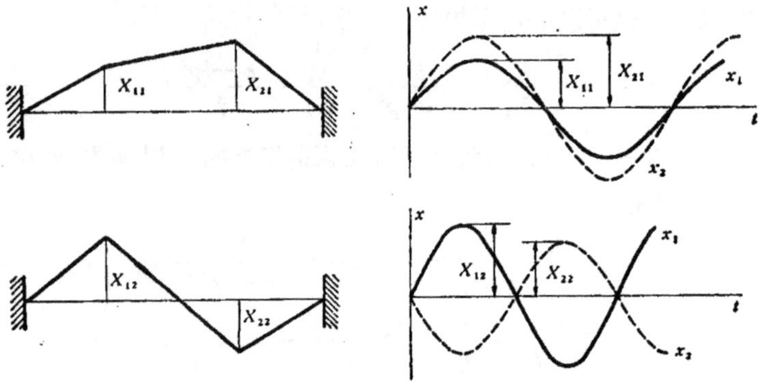

(a) $p=p_1$ (b) $p=p_2$

图 5.2-2

由方程 (g) 与 (h) 可见，振系的主振型振动是简谐振动，它们的周期分别为 $2\pi/p_1$ 与 $2\pi/p_2$．在每一周期中，质量 m_1 与 m_2 都两次经过各自的平衡位置，并且同时达到各自的最远距离，它们的位移之比永远是一个定值．

方程 (g) 与 (h) 代表微分方程组 (5.2-1) 与 (5.2-2) 的两个特解，二者叠加，可得方程组的全解

$$x_1 = X_{11}\sin(p_1 t + \varphi_1) + X_{12}\sin(p_2 t + \varphi_2)$$
$$x_2 = \mu_1 X_{11}\sin(p_1 t + \varphi_1) + \mu_2 X_{12}\sin(p_2 t + \varphi_2) \tag{5.2-8}$$

其中频率 p_1 与 p_2 以及振幅比 μ_1 与 μ_2 都决定于振系的参数，振幅 X_{11} 与 X_{12} 以及相角 φ_1 与 φ_2 则随运动的初始条件而改变.

全解 (5.2-8) 代表不同频率的两个简谐运动的叠加，不仅不再是简谐振动，而且除了 p_1 与 p_2 可以通约的情形外，一般不是周期的运动.

本节内容可扼要重述如下： 2 自由度振系有两个固有频率，对应于每个固有频率各有一个确定的振幅比，每个振幅比决定一种主振型，振系的任何自由振动都可以表示为两种主振型振动的叠加. 下面举例说明.

例 5.2-1. 图 5.2-1 所示振系中，设 $k_1 = k_3 = k$，$m_1 = m_2 = m$，求固有频率及主振型.

解. 由方程 (a) 有

$$a = e = \frac{k + k_2}{m}, \quad b = f = \frac{k_2}{m}$$

频率方程 (5.2-7) 简化为

$$p^4 - \frac{2(k + k_2)}{m}p^2 + \frac{k^2 + 2kk_2}{m^2} = 0$$

求解得

$$p_{1,2}^2 = \frac{k + k_2}{m} \mp \sqrt{\left(\frac{k + k_2}{m}\right)^2 - \frac{k^2 + 2kk_2}{m^2}}$$
$$= \frac{k + k_2}{m} \mp \frac{k_2}{m}$$

因而固有频率为

$$p_1 = \sqrt{\frac{k}{m}}, \quad p_2 = \sqrt{\frac{k + 2k_2}{m}} \tag{i}$$

第一振型:

$$\left(\frac{X_1}{X_2}\right)_1 = \frac{b}{a - p_1^2} = 1 \tag{j}$$

第二振型：

$$\left(\frac{X_1}{X_2}\right)_2 = \frac{b}{a - p_2^2} = -1 \tag{k}$$

在第一振型中，两个质量以相同的振幅同向运动，中间弹簧无变形，可以用无重刚杆代替，$p_1 = \sqrt{\frac{k}{m}} = \sqrt{\frac{2k}{2m}}$. 在第二振型中，两个质量以相同的振幅反向运动，中间弹簧的中点始终不动．这两种情况分别如图 5.2-3(a) 与 (b)示．

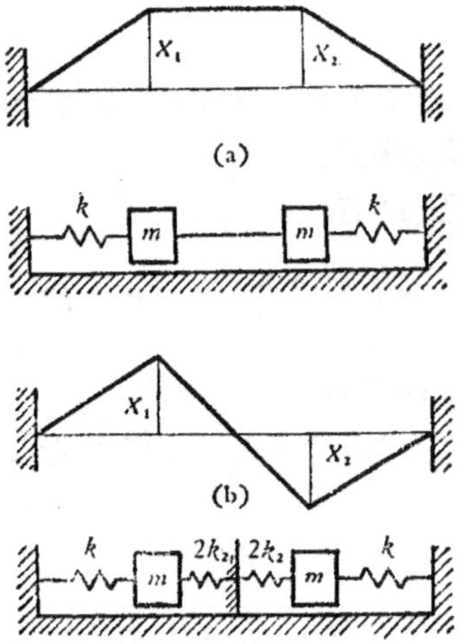

图 5.2-3

例 5.2-2． 两个相同的单摆用弱弹簧 k 相连，图 5.2-4．当两摆在铅垂位置时，弹簧不受力．试求振系在同一铅垂平面内进行微幅振动的固有频率与主振型．

解． 取偏角 θ_1 与 θ_2 为坐标，以反时针方向为正，假定偏角很小，可令 $\sin\theta = \theta$, $\cos\theta = 1$． 当左摆有偏角 θ_1，右摆有偏角 θ^2 时，弹簧 k 有伸长 $a(\theta_2 - \theta_1)$，弹性力 $F = F' = ka(\theta_2 - \theta_1)$．分

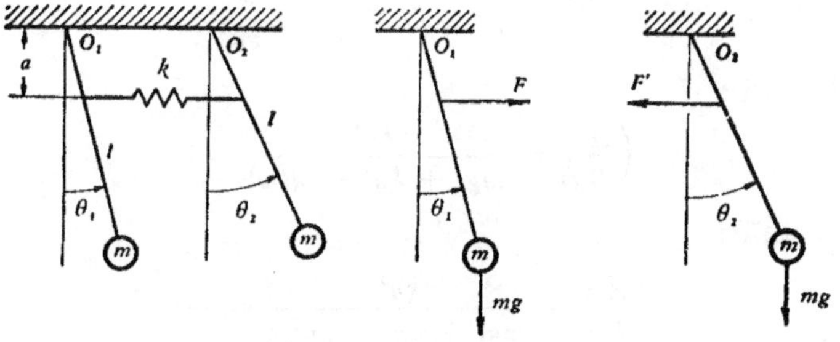

图 5.2-4

别对悬点 O_1 与 O_2 取矩，可得微分方程组：

$$
\begin{aligned}
ml^2\ddot{\theta}_1 &= -mgl\theta_1 + ka^2(\theta_2 - \theta_1) \\
ml^2\ddot{\theta}_2 &= -mgl\theta_2 - ka^2(\theta_2 - \theta_1)
\end{aligned} \tag{1}
$$

令

$$\theta_1 = A\sin(pt + \varphi)$$

$$\theta_2 = B\sin(pt + \varphi)$$

代入 (1) 可得

$$(mgl + ka^2 - ml^2p^2)A = ka^2B$$

$$(mgl + ka^2 - ml^2p^2)B = ka^2A$$

振幅比为

$$\frac{A}{B} = \frac{ka^2}{mgl + ka^2 - ml^2p^2} = \frac{mgl + ka^2 - ml^2p^2}{ka^2}$$

频率方程为

$$p^4 - 2\left(\frac{g}{l} + \frac{ka^2}{ml^2}\right)p^2 + \left(\frac{g}{l}\right)^2 + \frac{2ka^2}{ml^2}\left(\frac{g}{l}\right) = 0$$

对 p^2 求解

$$p_{1,2}^2 = \left(\frac{g}{l} + \frac{ka^2}{ml^2}\right) \mp \sqrt{\left(\frac{g}{l} + \frac{ka^2}{ml^2}\right)^2 - \left(\frac{g}{l}\right)^2 - \frac{2ka^2}{ml^2}\left(\frac{g}{l}\right)}$$

$$= \frac{g}{l} + \frac{ka^2}{ml^2}(1 \mp 1)$$

$$p_1^2 = \frac{g}{l}, \quad p_2^2 = \frac{g}{l} + \frac{2ka^2}{ml^2} \tag{m}$$

第一振型:

$$\left(\frac{A}{B}\right)_1 = \frac{ka^2}{mgl + ka^2 - ml^2p_1^2} = 1$$

第二振型:

$$\left(\frac{A}{B}\right)_2 = \frac{ka^2}{mgl + ka^2 - ml^2p_2^2} = -1$$

读者可自行画出振型图，并说明弹簧 k 在两种振型中的受力情况.

例 5.2-3. 求图 5.2-5 所示扭振系统的固有频率与主振型.

解. 设圆盘 J_1 与 J_2 有角位移 θ_1 与 θ_2，分别取两个圆盘为分离体，列定轴转动微分方程，得

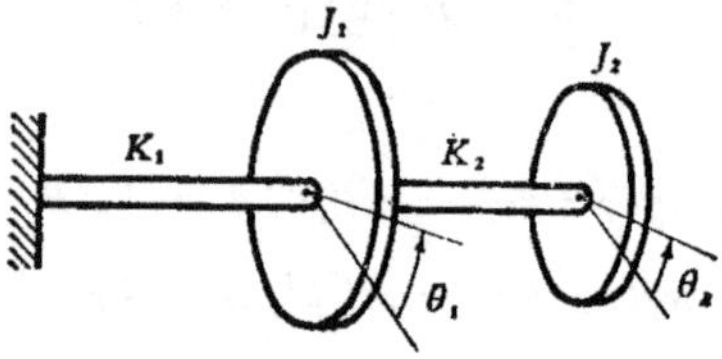

图 5.2-5

$$J_1\ddot{\theta}_1 = -K_1\theta_1 + K_2(\theta_2 - \theta_1)$$

$$J_2\ddot{\theta}_2 = -K_2(\theta_2 - \theta_1)$$

移项可得

$$J_1\ddot{\theta}_1 + (K_1 + K_2)\theta_1 - K_2\theta_2 = 0 \tag{5.2-1$'$}$$

$$J_2\ddot{\theta}_2 + K_2\theta_2 - K_2\theta_1 = 0 \tag{5.2-2$'$}$$

令

$$\theta_1 = A\sin(pt + \varphi), \quad \theta_2 = B\sin(pt + \varphi) \tag{5.2-4$'$}$$

代入微分方程组 (5.2-1)$'$ 与 (5.2-2)$'$，得

$$
\begin{aligned}
(K_1 + K_2 - J_1p^2)A - K_2B &= 0 \\
-K_2A + (K_2 - J_2p^2)B &= 0
\end{aligned}
\qquad (5.2\text{-}5)'
$$

振幅比为

$$
\frac{A}{B} = \frac{K_2}{K_1 + K_2 - J_1p^2} = \frac{K_2 - J_2p^2}{K_2}
$$

频率方程为

$$
(K_1 + K_2 - J_1p^2)(K_2 - J_2p^2) - K_2^2 = 0 \qquad (5.2\text{-}6)'
$$

把上列方程与方程 (5.2-1) 至 (5.2-6) 比较，可以看出，只须作如下的替换：质量 m_1 与 m_2 以转动惯量 J_1 与 J_2 代替；抗拉弹簧系数 k_1，k_2 与 k_3 以抗扭弹簧系数 K_1，K_2 与零代替；线位移 x_1 与 x^2 以角位移 θ_1 与 θ_2 代替；则由方程 (5.2-1) 与 (5.2-2) 可以直接写出 (5.2-1)′ 与 (5.2-2)′. 如仍引用记号 (a)，则由方程 (5.2-5) 与 (5.2-6) 可以直接写出 (5.2-5)′ 与 (5.2-6)′. 这样，读者可以通过比拟自行求出固有频率与主振型.

例 5.2-4. 同上例，但 $K_1 = 0$，$K_2 = K$，图 5.2-6.

解. 由 (5.2-1)′，(5.2-2)′，(5.2-5)′ 与 (5.2-6)′，可以直接写出

$$
\begin{aligned}
J_1\ddot{\theta}_1 + K(\theta_1 - \theta_2) &= 0 \\
J_2\ddot{\theta}_2 - K(\theta_1 - \theta_2) &= 0
\end{aligned}
\qquad (n)
$$

以 (5.2-4)′ 代入可得

$$
\begin{aligned}
(K - J_1p^2)A - KB &= 0 \\
-KA + (K - J_2p^2)B &= 0
\end{aligned}
$$

频率方程为

$$
(K - J_1p^2)(K - J_2p^2) - K^2 = 0
$$

或者

$$
J_1J_2p^4 - K(J_1 + J_2)p^2 = 0
$$

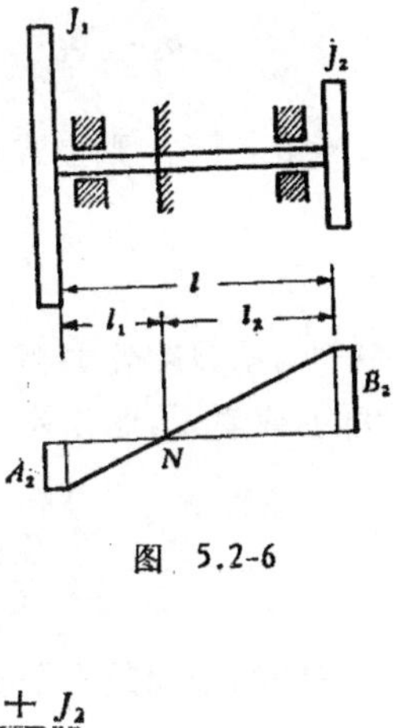

图 5.2-6

故有

$$
p_1^2 = 0, \quad p_2^2 = K\frac{J_1 + J_2}{J_1J_2}
$$

振幅比

$$\frac{A}{B}=\frac{K}{K-J_1p^2}=\begin{cases}1, & p_1^2=0\\ -\dfrac{J_2}{J_1}, & p_2^2=K\left(\dfrac{1}{J_1}+\dfrac{1}{J_2}\right)\end{cases}$$

对应于 $p_1=0$，振系没有振动，但可以作为一个刚体进行定轴转动．对应于 p_2，圆盘 J_1 与 J_2 恒沿相反方向运动；轴上有一个截面 N 始终保持不动，这个截面称为节面． 节面至圆盘 J_1 与 J^2 的距离为

$$l_1=\frac{J_2l}{J_1+J_2},\quad l_2=\frac{J_1l}{J_1+J_2}$$

设将截面 N 固定，则左段轴的抗扭弹簧系数（等截面轴的抗扭弹簧系数与长度成反比）为 $Kl/l_1=K(J_1+J_2)/J_2$，因而圆盘 J_1 的固有频率为

$$p=\sqrt{\frac{Kl}{J_1l_1}}=\sqrt{K\frac{J_1+J_2}{J_1J_2}}=p_2$$

读者可以自行验证：在长为 l_2 的轴上的圆盘 J_2 的固有频率也等于 p_2.

本例还可以解答如下：由微分方程组 (n) 有

$$\ddot{\theta}_2-\ddot{\theta}_1+\left(\frac{K}{J_1}+\frac{K}{J_2}\right)(\theta_2-\theta_1)=0$$

令 $\varphi=\theta_2-\theta_1$，则上式可改写为

$$\ddot{\varphi}+K\frac{J_1+J_2}{J_1J_2}\varphi=0$$

式中 φ 的系数即等于 p_2^2. 可见图 5.2-6 所示的振系可以看为 1 自由度的，或者说，退化为 1 自由度的.

5.3 车 辆 的 振 动

车辆的振动是一个相当复杂的多自由度的问题．本节只考虑车体的上下振动与俯仰运动，因而只须用车体质心 G 的铅垂向坐

标 x 与围绕横向水平质心轴的转角 θ，图 5.3-1，就可以完全确定车体的位置．这样，我们把车辆简化为 2 自由度的振系．

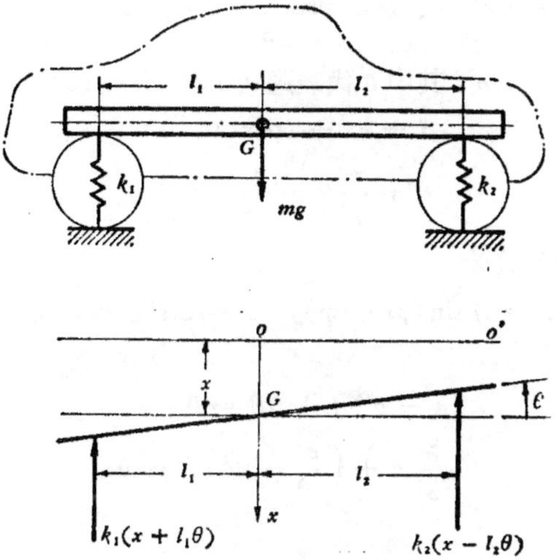

图 5.3-1

图中水平线 OO' 代表车体的静平衡位置；前后弹簧的刚度系数 k_2 与 k_1，由重心 G 至两个弹簧铅垂轴向的距离 l_2 与 l_1，以及车体的重量 mg 与围绕横向水平质心轴的转动惯量 J，假定都是已知的．

设在某瞬时 t，车体有仰角 θ，同时质心 G 有向下位移 x，则前后弹簧将分别缩短 $(x-l_2\theta)$ 与 $(x+l_1\theta)$．由牛顿运动定律有

$$m\ddot{x}=-k_1(x+l_1\theta)-k_2(x-l_2\theta)$$
$$J\ddot{\theta}=-k_1l_1(x+l_1\theta)+k_2l_2(x-l_2\theta)$$

移项可得

$$\begin{aligned}&m\ddot{x}+(k_1+k_2)x+(k_1l_1-k_2l_2)\theta=0\\&J\ddot{\theta}+(k_1l_1^2+k_2l_2^2)\theta+(k_1l_1-k_2l_2)x=0\end{aligned}\tag{o}$$

由上列联立方程可见，变量 x 与 θ 一般不是彼此独立的，就是说，车体的上下振动势必伴随着俯仰振动，反之亦然．只有在 $k_1l_1=k_2l_2$ 的条件下，车体的上下振动或者俯仰振动可以单独发生（火车

车辆是满足这条件的，因为 $k_1 = k_2$，$l_1 = l_2$）。

令

$$a = \frac{k_1 + k_2}{m}, \quad b = \frac{k_1 l_1 - k_2 l_2}{m}, \quad e = \frac{k_1 l_1^2 + k_2 l_2^2}{m} \tag{p}$$

并注意到 $J = m\rho^2$，其中 ρ 代表迴转半径，方程 (o) 可简写为

$$\begin{aligned} &\ddot{x} + ax + b\theta = 0 \\ &\ddot{\theta} + \frac{e}{\rho^2}\theta + \frac{b}{\rho^2}x = 0 \end{aligned} \tag{q}$$

设解的形式为

$$x = A\sin(pt + \varphi), \quad \theta = B\sin(pt + \varphi) \tag{r}$$

代入 (q) 有

$$\begin{aligned} &(a - p^2)A + bB = 0 \\ &\frac{b}{\rho^2}A + \left(\frac{e}{\rho^2} - p^2\right)B = 0 \end{aligned}$$

振幅比

$$\frac{A}{B} = -\frac{b}{a - p^2} = -\frac{\dfrac{e}{\rho^2} - p^2}{b/\rho^2} \tag{s}$$

频率方程

$$p^4 - \left(\frac{e}{\rho^2} + a\right)p^2 + \frac{ae - b^2}{\rho^2} = 0$$

对 p^2 求解得

$$\begin{aligned} p_{1,2}^2 &= \frac{1}{2}\left(\frac{e}{\rho^2} + a\right) \mp \sqrt{\frac{1}{4}\left(\frac{e}{\rho^2} + a\right)^2 - \frac{ae - b^2}{\rho^2}} \\ &= \frac{1}{2}\left(\frac{e}{\rho^2} + a\right) \mp \sqrt{\frac{1}{4}\left(\frac{e}{\rho^2} - a\right)^2 + \frac{b^2}{\rho^2}} \end{aligned}$$

由式 (p) 知，$ae - b^2 > 0$，故 p_1^2 与 p_2^2 都是正实数，因而振系有两个固有频率

$$p_{1,2} = \sqrt{\frac{1}{2}\left(\frac{e}{\rho^2} + a\right) \mp \sqrt{\frac{1}{4}\left(\frac{e}{\rho^2} - a\right)^2 + \frac{b^2}{\rho^2}}}$$

以 p_1^2 与 p_2^2 的表达式代入式 (s)，可得

第一振型：

$$\left(\frac{A}{B}\right)_1=\frac{b}{p_1^2-a}$$

$$=\frac{b}{\frac{1}{2}\left(\frac{e}{\rho^2}-a\right)-\sqrt{\frac{1}{4}\left(\frac{e}{\rho^2}-a\right)^2+\frac{b^2}{\rho^2}}}=\frac{1}{\mu_1}$$

第二振型：

$$\left(\frac{A}{B}\right)_2=\frac{b}{p_2^2-a}$$

$$=\frac{b}{\frac{1}{2}\left(\frac{e}{\rho^2}-a\right)+\sqrt{\frac{1}{4}\left(\frac{e}{\rho^2}-a\right)^2+\frac{b^2}{\rho^2}}}=\frac{1}{\mu_2}$$

例 5.3-1. 国产 SH760 型小轿车的有关数据如下：

前后轮轴之间的距离 $l=2.83$ 米，

	空车	满载
前轮悬挂重量(单轮)	36.5 公斤	410 公斤
后轮悬挂重量(单轮)	305 公斤	445 公斤
前轮悬挂刚度(单轮)	20.5 公斤/厘米	20.5 公斤/厘米
后轮悬挂刚度(单轮)	22.5 公斤/厘米	22.5 公斤/厘米
迴转半径 ρ	$\rho^2\approx 0.95 l_1 l_2$	

试估计在满载时的上述固有频率 p_1 与 p_2。

解. 前轮悬挂总重 $2\times 410=820$ 公斤

后轮悬挂总重 $2\times 445=890$ 公斤

汽车总重 $mg=1710$ 公斤

质心 G 至前轮轮轴的水平距离

$$l_1=\frac{890}{1710}l=0.52l=147 \text{ 厘米}$$

质心 G 至后轮轮轴的水平距离

$$l_2 = \frac{820}{1710} l = 0.48l = 136 \text{ 厘米}$$

刚度系数 $k_1 = 2 \times 20.5 = 41.0$ 公斤/厘米

$k_2 = 2 \times 22.5 = 45.0$ 公斤/厘米

$$\text{质量 } m = \frac{1710}{980} = 1.745 \text{ 公斤·秒}^2\text{/厘米}$$

代入方程(p)，有

$$a = \frac{k_1 + k_2}{m} = \frac{86.0}{1.745} = 49.2$$

$$b = \frac{k_2 l_2 - k_1 l_1}{m} = \frac{45.0 \times 136 - 41.0 \times 147}{1.745} = 51.5$$

$$e = \frac{k_2 l_2^2 + k_1 l_1^2}{m} = \frac{45.0 \times 136^2 + 41.0 \times 147^2}{1.745}$$

$$= 98.3 \times 10^4$$

迴转半径 ρ 为

$$\rho^2 = 0.95 l_1 l_2 = 0.95 \times 136 \times 147 = 1.9 \times 10^4$$

故

$$e/\rho^2 = 51.7, \quad b^2/\rho^2 = 0.14$$

$$\frac{1}{2}\left(\frac{e}{\rho^2} + a\right) = 50.5, \quad \frac{1}{2}\left(\frac{e}{\rho^2} - a\right) = 1.25$$

$$p_{1,2}^2 = 50.5 \mp 1.3$$

$$p_1 = \sqrt{49.2} = 7.01 \ \ 1/\text{秒}, \quad \text{即 } 1.12 \text{ 赫}$$

$$p_2 = \sqrt{51.8} = 7.2 \ \ 1/\text{秒}, \quad \text{即 } 1.15 \text{ 赫}$$

5.4 用初始条件表示自由振动

一个多自由度振系究竟按什么方式进行自由振动，决定于运动的初始条件． 一个 2 自由度振系最一般的自由振动可由方程(5.2-8) 表示，即

$$
\begin{aligned}
x_1 &= X_{11}\sin(p_1t+\varphi_1)+X_{12}\sin(p_2t+\varphi_2) \\
x_2 &= \mu_1X_{11}\sin(p_1t+\varphi_1)+\mu_2X_{12}\sin(p_2t+\varphi_2)
\end{aligned}
\tag{a}
$$

其中频率 p_1 与 p_2 以及振幅比 μ_1 与 μ_2 都唯一地决定于振系的参数，而四个任意常数，即振幅 X_{11} 与 X_{12} 以及相角 φ_1 与 φ_2，则随运动的初始条件而改变．一个 2 自由度振系共有四个初始条件，即在 $t=0$ 时的位移与速度：$(x_1)_0$，$(x_2)_0$，$(\dot{x}_1)_0$ 与 $(\dot{x}_2)_0$．代入方程 (a) 及其导数

$$
\begin{aligned}
\dot{x}_1 &= X_{11}p_1\cos(p_1t+\varphi_1)+X_{12}p_2\cos(p_2t+\varphi_2) \\
\dot{x}_2 &= \mu_1X_{11}p_1\cos(p_1t+\varphi_1)+\mu_2X_{12}p_2\cos(p_2t+\varphi_2)
\end{aligned}
\tag{b}
$$

即可完全确定这四个任意常数．

以图 5.4-1 所示的系统为例．固有频率为(参阅例 5.2-1)

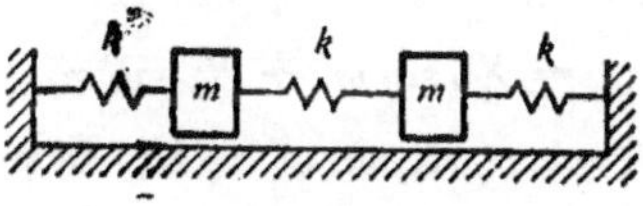

图 5.4-1

$$p_1=\sqrt{\frac{k}{m}},\quad p_2=\sqrt{\frac{3k}{m}}$$

两个主振型的振幅比为

$$\frac{X_{11}}{X_{21}}=1,\quad \frac{X_{12}}{X_{22}}=-1$$

即 $\mu_1=1$，$\mu_2=-1$．

下面考虑三种不同情形的初始条件．

1. 设在 $t=0$ 时有 $x_1=x_2=1$，$\dot{x}_1=\dot{x}_2=0$，代入方程 (a) 与 (b) 有

$$1=X_{11}\sin\varphi_1+X_{12}\sin\varphi_2 \tag{i}$$

$$1=X_{11}\sin\varphi_1-X_{12}\sin\varphi_2 \tag{ii}$$

$$0=X_{11}p_1\cos\varphi_1+X_{12}p_2\cos\varphi_2 \tag{iii}$$

$$0=X_{11}p_1\cos\varphi_1-X_{12}p_2\cos\varphi_2 \tag{iv}$$

联立求解，可得

$$X_{11}\sin\varphi_1 = 1, \quad X_{12}\sin\varphi_2 = 0$$
$$X_{11}\cos\varphi_1 = 0, \quad X_{12}\cos\varphi_2 = 0$$

因而有

$$X_{11} = 1, \quad X_{12} = 0, \quad \varphi_1 = 90°$$

代入方程 (a)，得

$$x_1 = \sin(p_1 t + 90°) = \cos\sqrt{\frac{k}{m}}t$$

$$x_2 = x_1 = \cos\sqrt{\frac{k}{m}}t$$

可见振系按第一振型进行振动，中间弹簧始终不受力.

2. 设在 $t=0$ 时有 $x_1 = +1$，$x_2 = -1$，$\dot{x}_1 = \dot{x}_2 = 0$，代入方程 (a) 与 (b) 有

$$1 = X_{11}\sin\varphi_1 + X_{12}\sin\varphi_2 \qquad \text{(i)}'$$
$$-1 = X_{11}\sin\varphi_1 - X_{12}\sin\varphi_2 \qquad \text{(ii)}'$$

方程 (iii) 与 (iv) 同前，联立求解，可得

$$X_{11}\sin\varphi_1 = 0, \quad X_{12}\sin\varphi_2 = 1$$
$$X_{11}\cos\varphi_1 = 0, \quad X_{12}\cos\varphi_2 = 0$$

因而有

$$X_{11} = 0, \quad X_{12} = 1, \quad \varphi_2 = 90°$$

代入方程 (a)，得

$$x_1 = \sin(p_2 t + 90°) = \cos\sqrt{\frac{3k}{m}}t$$

$$x_2 = -\cos\sqrt{\frac{3k}{m}}t$$

可见振系按第二振型进行振动，中间弹簧的中点始终静止不动.

3. 设在 $t=0$ 时有 $x_1 = 1$，$x_2 = 0$，$\dot{x}_1 = \dot{x}_2 = 0$，代入方程 (a) 有

$$1 = X_{11}\sin\varphi_1 + X_{12}\sin\varphi_2$$

$$0 = X_{11}\sin\varphi_1 - X_{12}\sin\varphi_2$$

上列二式连同 (iii) 与 (iv) 联立求解，可得

$$X_{11}\sin\varphi_1=\frac{1}{2},\quad X_{12}\sin\varphi_2=\frac{1}{2}$$

$$X_{11}\cos\varphi_1=0,\quad X_{12}\cos\varphi_2=0$$

因而有

$$X_{11}=X_{12}=\frac{1}{2},\quad \varphi_1=\varphi_2=90^\circ$$

代入方程 (a)，得

$$x_1=\frac{1}{2}\cos\sqrt{\frac{k}{m}}t+\frac{1}{2}\cos\sqrt{\frac{3k}{m}}t$$

$$x_2=\frac{1}{2}\cos\sqrt{\frac{k}{m}}t-\frac{1}{2}\cos\sqrt{\frac{3k}{m}}t$$

由上述三种情形可以看出： 一个 2 自由度系统的自由振动，设初始条件符合第一振型（情形 A)，则运动是频率 p_1 的简谐运动，不出现频率 p_2 的振动；类似地，设初始条件符合第二振型（情形 B)，则运动是频率 p_2 的简谐运动，不出现频率 p_1 的振动；但如初始条件不符合任一主振型（情形 C)，则运动将为两种主振型振动的叠加，频率 p_1 与 p_2 的简谐运动同时发生，除了 p_1 与 p_2 可以通约的情形外，振系的运动一般不是周期的运动.

下面考虑频率 p_1 与 p_2 的振动同时发生而且两个频率差别很小的情形. 以图 5.2-4 所示的系统为例. 由式 (m) 知

$$p_1=\sqrt{\frac{g}{l}},\quad p_2=\sqrt{\frac{g}{l}+\frac{2ka^2}{ml^2}}$$

现在假定 $ka^2/ml^2\ll g/l$，因此 $p_2-p_1\ll(p_2+p_1)/2$.

设在 $t=0$ 时有 $\theta_1=A$，$\theta_2=\dot{\theta}_1=\dot{\theta}_2=0$，则此后的自由振动为

$$\theta_1=\frac{1}{2}A\cos p_1t+\frac{1}{2}A\cos p_2t$$

$$\theta_2=\frac{1}{2}A\cos p_1t-\frac{1}{2}A\cos p_2t$$

通过三角函数变换，并令频率差 $p_2 - p_1 = p_B$，可得

$$\theta_1 = A\cos\frac{p_B}{2}t\cos\frac{p_2+p_1}{2}t$$

$$\theta_2 = A\sin\frac{p_B}{2}t\sin\frac{p_2+p_1}{2}t$$

这样，左摆与右摆的运动可以看为频率 $(p_2+p_1)/2$ 的余弦运动与正弦运动，振幅不是常值，而是缓慢改变的函数 $A\cos\frac{p_B}{2}t$ 与 $A\sin\frac{p_B}{2}t$. 角 θ_1 与 θ_2 随时间而改变的关系示如图 5.4-2. 在 $t=0$ 时，左摆的振幅为 A，而右摆静止不动；此后左摆振幅逐渐减小，右摆振幅逐渐增大，直到 $p_Bt/2=\pi/2$ 时（图上的 t_1），左摆静止不动，而右摆振幅等于 A；随后右摆振幅逐渐减小，左摆振幅逐渐加大，

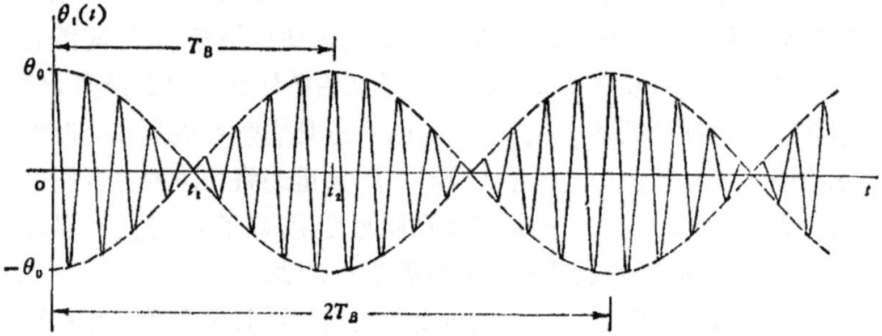

(a)

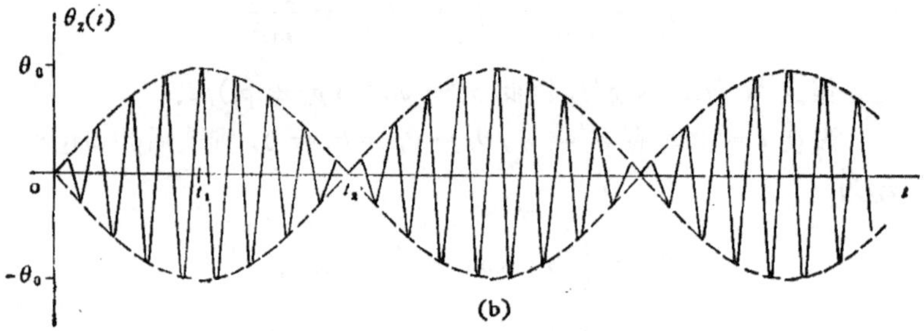

(b)

图 5.4-2

到 $p_B t/2 = \pi$ 时，两摆的振幅又回到 $t = 0$ 时的情形．两个摆之间的动能互相传递，在每个时间间隔 $2\pi/p_B$ 内重复一次．象这样振幅有规律地时而减小时而增大的现象称为**拍**．拍的**周期**为

$$T_B = \frac{2\pi}{p_B} = \frac{2\pi}{p_2 - p_1}$$

拍的频率为

$$p_B = p_2 - p_1$$

简称**拍频**．

本例中，能量在振系的两个物体之间互相传递．在一个物体可以进行两种振动(例如图 5.3-1 所示系统的平动与转动)的 2 自由度系统中，能量可以在两种振动之间互相传递．两种振动，如果频率差别很小，振幅将明显地交替消长．

拍的现象不仅出现于 2 自由度振系，频率很相近的任何两个简谐运动的叠加都可以得到拍的现象．例如两个简谐运动 $x_1 = a\sin\omega_1 t$ 与 $x_2 = b\sin\omega_2 t$，其中 ω_1 与 ω_2 几乎相等，$\omega_2 - \omega_1 = \Delta\omega$，相加可得

$$\begin{aligned}
&a\sin\omega_1 t + b\sin\omega_2 t \\
&= a\sin\omega_1 t + b(\sin\omega_1 t\cos\Delta\omega t + \cos\omega_1 t\sin\Delta\omega t) \\
&= (a + b\cos\Delta\omega t)\sin\omega_1 t + b\sin\Delta\omega t\cos\omega_1 t \\
&= A\sin(\omega_1 t + \varphi)
\end{aligned}$$

其中

$$A = \sqrt{a^2 + b^2 + 2ab\cos\Delta\omega t}$$

在从 $t = 0$ 到 $t = 2\pi/\Delta\omega$ 的时间内，振幅 A 从 $a + b$ 减小到 $a - b$ 后又回到 $a + b$．

在发电厂里，在发电机起动后而联接到输电线之前，有时可以听到哼哼声，以及双发动机螺旋桨飞机时强时弱的嗡嗡声，都是拍的现象．

5.5 2自由度振系的强迫振动,动力吸振器

本节以动力吸振器为例,说明2自由度系统的强迫振动.

由弹簧k悬挂的物体m在正弦型扰力 $F = F_0 \sin \omega t$ 的作用下进行强迫振动,下面另用弹簧k_a悬挂物体 m_a,图5.5-1,设m与m_a只能沿铅垂方向运动.取铅垂方向的坐标轴x_1与x_2,分别以两个物体在无扰力作用时的静平衡位置为原点,向下为正.当物体有位移x_1与x_2时,弹簧k有伸长x_1,弹簧k_a有伸长$(x_2 - x_1)$.由牛顿运动定律有

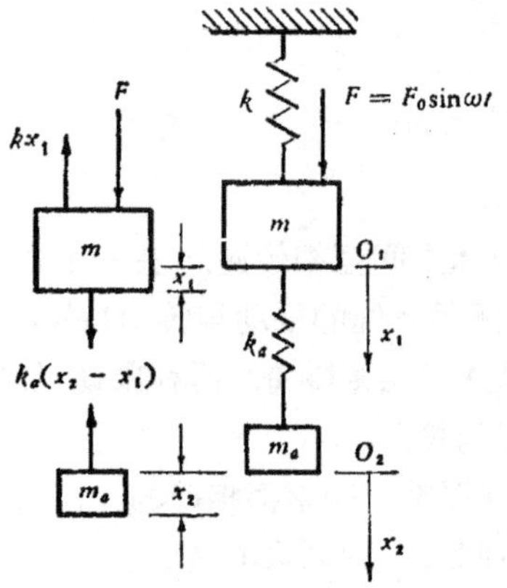

图 5.5-1

$$m\ddot{x}_1 = -kx_1 + k_a(x_2 - x_1) + F_0 \sin \omega t$$
$$m_a\ddot{x}_2 = -k_a(x_2 - x_1)$$

移项可得

$$\begin{aligned} m\ddot{x}_1 + (k + k_a)x_1 - k_a x_2 &= F_0 \sin \omega t \\ -k_a x_1 + m_a\ddot{x}_2 + k_a x_2 &= 0 \end{aligned} \tag{5.5-1}$$

令

$$x_1 = X_1 \sin \omega t, \quad x_2 = X_2 \sin \omega t \tag{5.5-2}$$

代入(5.5-1)可得

$$\begin{aligned} (k + k_a - m\omega^2)X_1 - k_a X_2 &= F_0 \\ -k_a X_1 + (k_a - m_a\omega^2)X_2 &= 0 \end{aligned} \tag{5.5-3}$$

系数行列式为

$$\begin{aligned} \Delta &= \begin{vmatrix} k + k_a - m\omega^2 & -k_a \\ -k_a & k_a - m_a\omega^2 \end{vmatrix} \\ &= (k + k_a - m\omega^2)(k_a - m_a\omega^2) - k_a^2 \end{aligned} \tag{5.5-4}$$

方程组(5.5-3)对 X_1 与 X_2 求解,有

$$X_1=\frac{1}{\Delta}F_0(k_a-m_a\omega^2),\quad X_2=\frac{1}{\Delta}F_0k_a \tag{a}$$

为了写成无量纲形式,把分子分母同除以 kk_a,并用记号

$X_s=\dfrac{F_0}{k}$ 物体 m 在常力 F_0 作用下的静挠度

$p=\sqrt{\dfrac{k}{m}}$ 在无 k_a 与 m_a 时,k-m 系统的固有频率

$p_a=\sqrt{\dfrac{k_a}{m_a}}$ k_a-m_a 系统本身的固有频率

方程(a)可以改写为

$$\left.\begin{aligned}\frac{X_1}{X_s}&=\frac{1-\dfrac{\omega^2}{p_a^2}}{\left(1+\dfrac{k_a}{k}-\dfrac{\omega^2}{p^2}\right)\left(1-\dfrac{\omega^2}{p_a^2}\right)-\dfrac{k_a}{k}}\\ \frac{X_2}{X_s}&=\frac{1}{\left(1+\dfrac{k_a}{k}-\dfrac{\omega^2}{p^2}\right)\left(1-\dfrac{\omega^2}{p_a^2}\right)-\dfrac{k_a}{k}}\end{aligned}\right\} \tag{5.5-5}$$

由第一式可见,当 $\omega=p_a$ 时,$X_1=0$,亦即当扰频等于 k_a-m_a 系统的固有频率时,在交变力 $F_0\sin\omega t$ 作用下的物体 m 静止不动.由第二式可见,当 $\omega=p_a$ 时,有

$$X_2=-\frac{k}{k_a}X_s=-\frac{k}{k_a}\frac{F_0}{k}=-\frac{F_0}{k_a} \tag{5.5-6}$$

代入(5.5-2),可得物体 m_a 的运动方程

$$x_2=-\frac{F_0}{k_a}\sin\omega t$$

因而弹簧 k_a 作用于物体 m 的力为 $k_ax_2=-F_0\sin\omega t$,刚好与扰力 $F=F_0\sin\omega t$ 相抵消.

这样,只须附加一个弹簧 k_a 与质量 m_a,就可以使原来的 k-m 系统在交变扰力作用下进行的强迫振动完全消失.这就是动力吸振的基本原理,附加的 k_a-m_a 系统称为**动力吸振器**.当然,为了

吸振，必须调整 k_a 与 m_a 的值，使吸振器的固有频率 p_a 等于扰力的频率 ω。

机器或结构物，在交变力的作用下，特别是固有频率与扰频相近的情况下，往往发生剧烈的振动．为了减除振动，最好是消除振源，但一般说这是不可能的；其次是避免共振，使固有频率远离扰频，但是受各种条件限制，实际上并不都能做到这一点．在无法避免共振的情形下，采用动力吸振器是一种有效的减振措施．

但是，加上吸振器固然使物体 m 在 $\omega = p$ 时完全没有振动，却同时使原来的 1 自由度振系改变为 2 自由度的，因而有两个固有频率，每当扰频与其中任一固有频率相等时，系统都要发生共振．因此，如果扰频可以在相当大的范围内改变，则动力吸振器只是使原来有一个共振频率的振系改变为有两个共振频率的振系，起不了吸振的作用．所以，这种动力吸振器只适用于扰频基本固定的情形，例如同步电机等恒速运转的机器．

前面导出的各个关系式，对于 ω/p 有任意值时都同样成立．不过，倘若 ω 不近于 p，亦即原来的 k-m 系统远离共振，那就没有必要采用吸振器．因此，我们就假定 k_a-m_a 系统已调整至

$$p_a = p,\quad 即\quad \frac{k_a}{m_a} = \frac{k}{m},\quad 或者\quad \frac{k_a}{k} = \frac{m_a}{m}$$

并用质量比

$$\mu = \frac{m_a}{m}$$

表征吸振器相对于原来振系的大小．于是方程 (5.5-5) 可写为

$$\frac{X_1}{X_s} = \frac{1 - \dfrac{\omega^2}{p_a^2}}{\left(1 + \mu - \dfrac{\omega^2}{p_a^2}\right)\left(1 - \dfrac{\omega^2}{p_a^2}\right) - \mu}$$

$$\frac{X_2}{X_s} = \frac{1}{\left(1 + \mu - \dfrac{\omega^2}{p_a^2}\right)\left(1 - \dfrac{\omega^2}{p_a^2}\right) - \mu}$$

上列二式分母相同，令分母等于零，即可求出共振频率（即振

系的固有频率)：

$$\left(1+\mu-\frac{\omega^2}{p_a^2}\right)\left(1-\frac{\omega^2}{p_a^2}\right)-\mu=0$$

或者

$$\left(\frac{\omega}{p_a}\right)^4-(2+\mu)\left(\frac{\omega}{p_a}\right)^2+1=0$$

可得

$$\left(\frac{\omega}{p_a}\right)^2=\left(1+\frac{\mu}{2}\right)\mp\sqrt{\left(1+\frac{\mu}{2}\right)^2-1}$$

$$=\left(1+\frac{\mu}{2}\right)\mp\sqrt{\mu+\frac{\mu^2}{4}} \tag{5.5-7}$$

可见根号项的值$<\left(1+\frac{\mu}{2}\right)$而$>\frac{\mu}{2}$，因而$\left(\frac{\omega}{p_a}\right)^2$有两个正实根，一个$>1$，另一个$<1$，亦即有两个共振频率，一个$>p$，另一个$<p$（现在$p=p_a$）。频率比$\omega/p_a$与质量比$\mu$的关系如图5.5-2示。在吸振器质量$m_a$等于原振系质量$m$的1/5时，共振频率$\omega$为

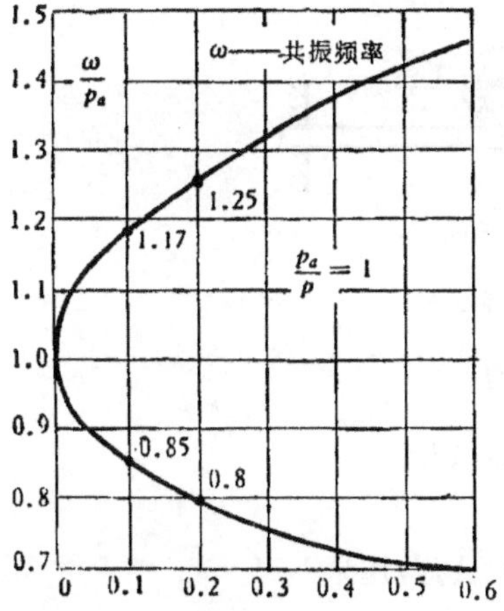

图 5.5-2

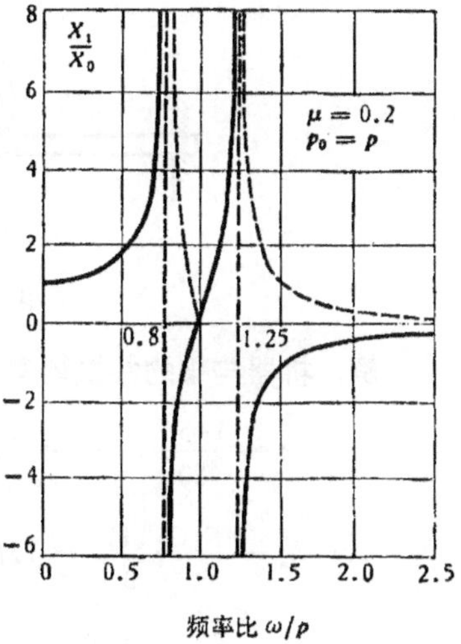

图 5.5-3

$0.8p_a$ 与 $1.25p_a$. 对应的原振系质量 m 的振幅 X_1 与频率比 ω/p 的关系，如图 5.5-3 示；由图可见，在扰频 ω 恰等于 p 时，原振系质量 m 完全没有振动，只要 ω 稍微偏离 p，振幅 X_1 就很快增大；这当然只是在没有阻尼的情形下才会发生. 实际的吸振器总有一些阻尼，在 $\omega = p$ 时，m 的振幅并不等于零，而在 $\omega \neq p$ 时，吸振器仍能起一定的减振作用.

吸振器质量 m_a 大小的选取，应与扰力力幅 F_0 成正比，与容许的弹簧 k_a 的最大变形 X_2 成反比，因为弹簧 k_a 作用于 m 的力刚好同扰力相抵消，即 $F_0 = k_aX_2$（X_2 取绝对值），而在 $\omega = p_a$ 时，有 $k_a = m_ap_a^2 = m_a\omega^2$，故 $m_a = \dfrac{F_0}{\omega^2X_2}$.

例 5.5-1. 装在梁上的转动机器，图 5.5-4，由于转子的不平衡，在 1450 转/分时，发生剧烈的上下振动. 建议在梁上装动力吸振器，试求吸振器弹簧系数 k_a 与质量 m_a，已知不平衡力的最大值 F_0 约为 12 公斤，并要求吸振器质量的振幅不超过 0.1 厘米.

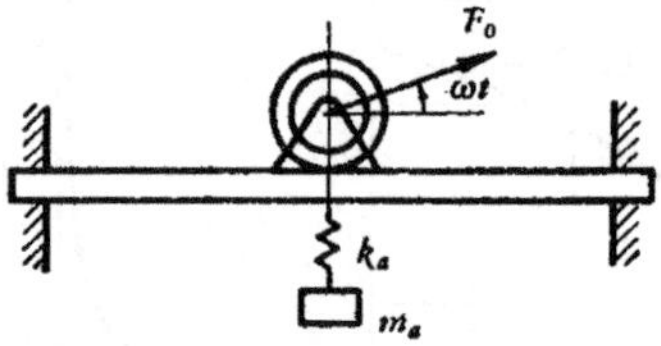

图 5.5-4

解. 机器与梁的共振频率为

$$\omega = \frac{1450}{60} \times 2\pi = 152 \ 1/秒$$

$$k_a = \frac{F_0}{X_2} = \frac{12}{0.1} = 120 \ 公斤/厘米$$

$$m_a = \frac{k_a}{\omega^2} = \frac{120}{152^2} = 0.0052 \ 公斤 \cdot 秒^2/厘米$$

吸振块重约 5.1 公斤.

例 5.5-2. 在例 5.2-4 所述系统中，假设在圆盘 J_1 上作用有转矩 $M\sin\omega t$. 试讨论系统的强迫振动.

解. 在有转矩作用时，系统的运动微分方程可列为

$$
\begin{aligned}
J_1\ddot{\theta}_1 + K(\theta_1 - \theta_2) &= M\sin\omega t \\
J_2\ddot{\theta}_2 - K(\theta_1 - \theta_2) &= 0
\end{aligned}
\tag{a}
$$

设系统的强迫振动为

$$
\begin{aligned}
\theta_1 &= A\sin\omega t \\
\theta_2 &= B\sin\omega t
\end{aligned}
\tag{b}
$$

将 (b) 代入 (a)，可得

$$
\begin{aligned}
(K - J_1\omega^2)A - KB &= M \\
-KA + (K - J_2\omega^2)B &= 0
\end{aligned}
\tag{c}
$$

由 (c) 可解得

$$
\begin{aligned}
A &= \frac{1}{\Delta}(K - J_2\omega^2)M \\
B &= \frac{1}{\Delta}MK
\end{aligned}
\tag{d}
$$

其中

$$\Delta = \omega^2[J_1J_2\omega^2 - K(J_1 + J_2)]$$

当 $\Delta = 0$ 时，系统将发生共振. 共振频率分别为

$$\omega = 0 \quad 与 \quad \sqrt{\frac{K(J_1 + J_2)}{J_1J_2}}$$

当 $\omega^2 = \dfrac{K}{J_2} = \omega_a^2$ 时，有 $A = 0$. 在这情形下，不论激扰力矩幅值多大，圆盘 J_1 始终保持零振幅. 这一现象常称为**反共振**. 这时，轴与圆盘 J_2 相当于构成了一个动力吸振器.

例 5.2-4 曾经指出，该轴系在第二主振型自由振动中，轴的节面是固定不变的(见图 5.2-6). 可是，在强迫振动中，轴的节面是随扰频而改变的. 现在来看当扰频在 ω_a 附近变动时，轴的节面所

发生的变化.

由式 (d) 可见,当 $\omega > \omega_a$ 时,A 与 B 异号,因而轴的节面位于 J_1 与 J_2 之间. 而当 $\omega < \omega_a$ 时,A 与 B 同号,且有 $A/B < 1$,故轴的节面将移到 J_1 的左侧. 当 $\omega = \omega_a$ 时,有 $A = 0$,也就是说,这时轴的节面刚好移到圆盘 J_1 处.

5.6 离心摆式吸振器

上节所讨论的动力吸振器广泛地应用于消除扰频基本不变的振系的强迫振动,例如由转速恒定的机器的不平衡力所激发的振动;吸振器的固有频率 p_a 调整至与扰频相等,除非另行调整,p_a 是定值. 对于转速可以在大范围内改变的机器,例如汽车内燃机与航空发动机,扰频 ω 随着转速而大范围改变,要能起吸振的作用,必须吸振器本身的固有频率 p_a 能自动地同样随着转速而改变,始终保持 p_a 等于扰频 ω. 离心摆式吸振器就是很理想地满足这样要求的减振装置之一.

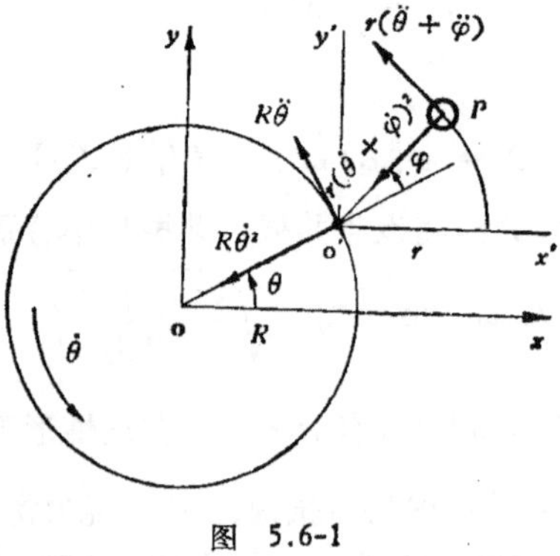

图 5.6-1

图 5.6-1 是离心摆式吸振器的示意图. 假定以角速度 Ω 绕定轴转动的圆盘,同时有振幅为 θ_0、频率为 ω 的扭转振动 $\theta_0 \sin \omega t$,圆盘的角速度可以表示为

$$\dot{\theta} = \Omega + \theta_0\omega\cos\omega t \tag{5.6-1}$$

其中振动频率 ω 随着转速 Ω 的改变而成比例地改变. 为了消除这个扭转振动,在圆盘上的点 O' 附装一个单摆, 可以在圆盘平面内绕悬点 O' 自由摆动, 单摆长度令为 r, 由悬点 O' 至转轴轴线的距离令为 R.

先求出摆锤 P 的加速度 a. 在圆盘平面内, 通过轴心 O 作静止坐标系 Oxy, 并通过悬点 O' 作动坐标系 $O'x'y'$. 点 O' 以速度 $R\dot{\theta}$ 作圆周运动,但动轴 $O'x'$ 与 $O'y'$ 始终平行于定轴 Ox 与 Oy, 亦即 $O'x'y'$ 进行平动, 这坐标平面内任一点的加速度都等于点 O' 的加速度,故摆锤 P 的牵连加速度有分量 $R\ddot{\theta}(\perp \overline{OO'})$ 与 $R\dot{\theta}^2(/\!/ \overline{OO'})$. 相对于动坐标系,单摆以角速度 $(\dot{\theta}+\dot{\varphi})$ 绕悬点 O' 转动, 故摆锤 P 的相对加速度有

切向分量 $\quad a_{r\tau} = r(\ddot{\theta}+\ddot{\varphi}) \quad \perp \overline{O'P}$

法向分量 $\quad a_{rn} = r(\dot{\theta}+\dot{\varphi})^2 /\!/ \overline{O'P}$

这四个加速度分量的矢量和即为摆锤 P 的绝对加速度 a, 将其投影至切向与法向,有

$$a_\tau = R\ddot{\theta}\cos\varphi + R\dot{\theta}^2\sin\varphi + r(\ddot{\theta}+\ddot{\varphi})$$
$$a_n = R\ddot{\theta}\sin\varphi - R\dot{\theta}^2\cos\varphi - r(\dot{\theta}+\dot{\varphi})^2$$

要使摆锤有切向加速度 a_τ, 必须有相应的切向力, 但实际上没有这个力,故 $ma_\tau = 0$, 即

$$R\ddot{\theta}\cos\varphi + R\dot{\theta}^2\sin\varphi + r(\ddot{\theta}+\ddot{\varphi}) = 0 \tag{a}$$

假定单摆进行微幅振动,角 φ 很小, 可令 $\cos\varphi = 1$, $\sin\varphi = \varphi$, 式 (a) 可改写为

$$\ddot{\varphi} + \frac{R}{r}\dot{\theta}^2\varphi = -\frac{R+r}{r}\ddot{\theta} \tag{b}$$

以方程 (5.6-1) 及其导数

$$\ddot{\theta} = -\omega^2\theta_0\sin\omega t$$

代入式 (b), 并假定 $\omega\theta_0 \ll \Omega$, 可以近似地令 $\dot{\theta}^2 = \Omega^2$, 即可得出单摆的相对运动微分方程

$$\ddot{\varphi}+\left(\frac{R}{r}\Omega^2\right)\varphi=\frac{R+r}{r}\omega^2\theta_0\sin\omega t \tag{5.6-2}$$

可见单摆自由振动的固有频率为

$$p=\Omega\sqrt{\frac{R}{r}} \tag{5.6-3}$$

p 与转轴的角速度 Ω 成正比．单摆的强迫振动，即微分方程（5.6-2)的特解，可表示为

$$\varphi=\varphi_0\sin\omega t$$

其中

$$\varphi_0=\frac{\dfrac{R+r}{r}\omega^2\theta_0}{\dfrac{R}{r}\Omega^2-\omega^2}$$

故

$$\frac{\theta_0}{\varphi_0}=\frac{\dfrac{R}{r}\Omega^2-\omega^2}{\dfrac{R+r}{r}\omega^2} \tag{5.6-4}$$

可见在 $\omega=\Omega\sqrt{\dfrac{R}{r}}$ 时，转轴的振幅 $\theta_0=0$，即没有扭转振动．这样，不论转轴的转速 Ω（因而扰频 ω）怎样改变，单摆的固有频率 p 能自动地随着改变，始终保持消除扭转振动的作用．

习　　题

5.1. 拉紧的软绳附着两个质量 m_1 与 m_2，当质量沿着垂直于绳的方向进行运动时，绳的张力 T 保持不变．试写出微幅振动的微分方程．

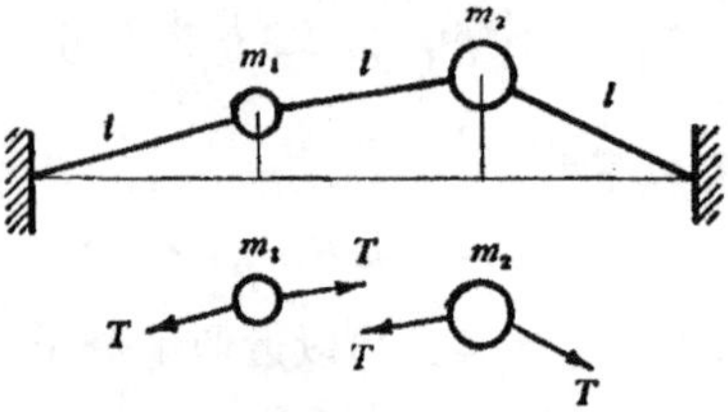

题图　5.1

答. $m_1\ddot{y}_1 + \frac{2T}{l} y_1 - \frac{T}{l} y_2 = 0$

$m_2\ddot{y}_2 + \frac{2T}{l} y_2 - \frac{T}{l} y_1 = 0$

5.2. 设上题中 $m_1 = m_2 = m$，试求微幅振动的固有频率及主振型.

答. $p_1 = \sqrt{\frac{T}{ml}}$，$p_2 = \sqrt{\frac{3T}{ml}}$

$\left(\frac{A}{B}\right)_1 = 1.0$，$\left(\frac{A}{B}\right)_2 = -1.0$

5.3. 求图示扭振系统的固有频率，画出主振型图，并证明节面N至 J_2的距离为

$$l_2\left(\frac{1 + K_2/K_1}{1 + J_2/J_1}\right)$$

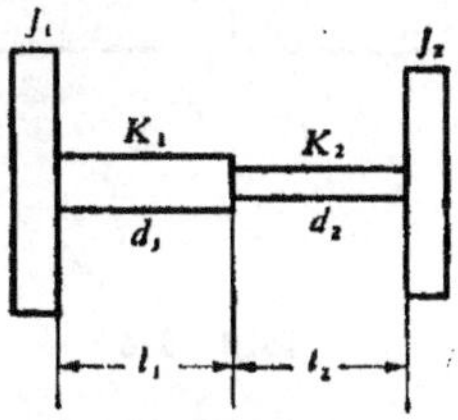

题图 5.3

5.4. 同上题，设 $J_1 = 60$ 公斤·厘米·秒^2，$J_2 = 4.0$ 公斤·厘米·秒^2，$l_1 = 30$ 厘米，$l_2 = 15$ 厘米，直径 $d_1 = 2.5$ 厘米，$d_2 = 2.0$ 厘米. 转轴材料的剪切弹性模量为 $G = 0.8 \times 10^6$ 公斤/厘米^2. 试求固有频率，画出主振型图，并求出节面至 J_2 的距离.

5.5. 均质等截面刚梁，重为 P，两端用弹簧悬挂使成水平，弹簧成铅垂，刚度系数各为 k. 试求梁在铅垂平面内振动的固有频率.

答: $p_1 = \sqrt{\frac{2kg}{P}}$，$p_2 = \sqrt{\frac{6kg}{P}}$

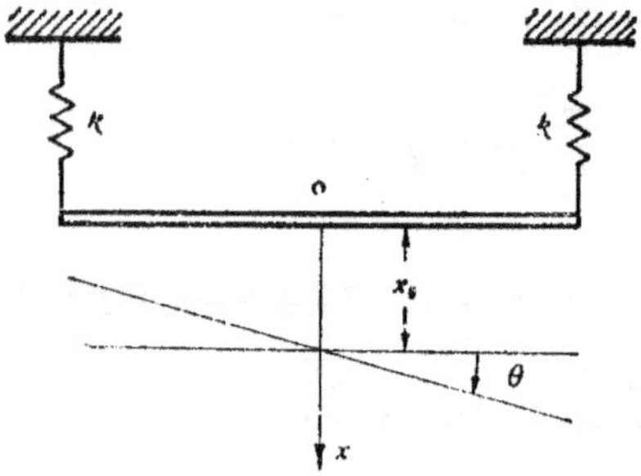

题图 5.5

5.6. 质量可以不计的刚杆，可绕杆端的水平轴 O 转动；另端附有质点，并用弹簧吊挂另一质点；中点支以弹簧使杆成水平. 设弹簧的刚度系数均为 k，质点的质量均为 m，试求振系的固有频率.

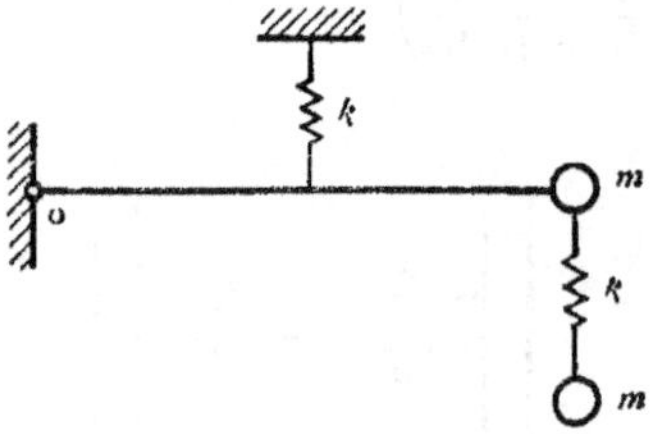

题图 5.6

答. $p_1 = 0.344\sqrt{\dfrac{k}{m}}$，$p_2 = 1.46\sqrt{\dfrac{k}{m}}$

5.7. 试用 m 的坐标 x_1 与 $2m$ 的坐标 x_2 写出振系的运动微分方程. 刚杆 AB 的重量可以不计.

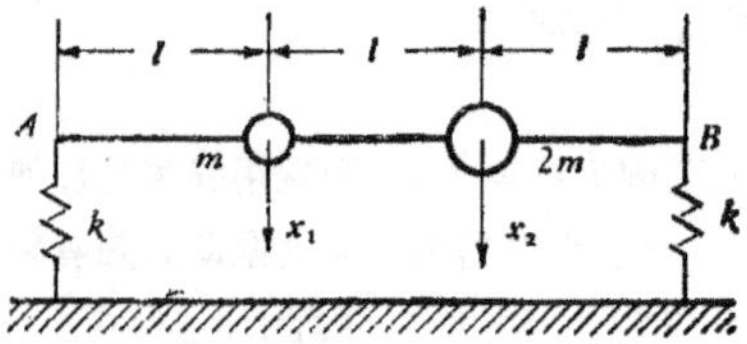

题图 5.7

答. $m\ddot{x}_1 + 2m\ddot{x}_2 + kx_1 + kx_2 = 0$

$-2m\ddot{x}_1 + 2m\ddot{x}_2 - 14kx_1 + 13kx_2 = 0$

5.8. 二层楼房屋简化成集中质量的 2 自由度振系，如附图所示. 设 $m_2 = 2m_1$, $k_2 = 2k_1$, 试证明主振型为

$$\left(\frac{A}{B}\right)_1 = 2.0 \quad 对应于 \quad p_1^2 = \frac{k_1}{2m_1}$$

$$\left(\frac{A}{B}\right)_2 = -1.0 \quad 对应于 \quad p_2^2 = \frac{2k_1}{m_1}$$

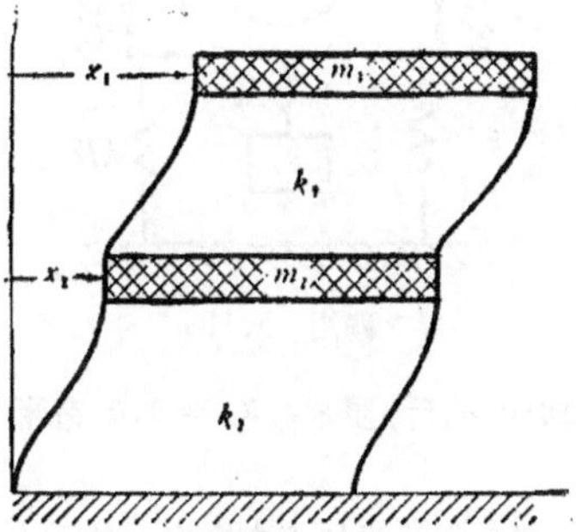

题图 5.8

5.9. 设有水平力作用于上题的 m_1，使它产生单位挠度，然后突然释放，试用主振型的叠加写出 m_1 与 m_2 的运动方程.

答. $x_1 = \frac{8}{9}\cos p_1t + \frac{1}{9}\cos p_2t$

$x_2 = \frac{4}{9}\cos p_1t - \frac{1}{9}\cos p_2t$

5.10. 设在题 5.8 的房屋上，有水平扰力 $F_0\sin\omega t$ 作用于 m_1，试求每层楼的稳态运动方程.

答. $X_1 = \frac{1}{\Delta}\begin{vmatrix} F_0 & -k_1 \\ 0 & 3k_1 - 2m_1\omega^2 \end{vmatrix}$

$X_2 = \frac{1}{\Delta}\begin{vmatrix} k_1 - m_1\omega^2 & F_0 \\ -k_1 & 0 \end{vmatrix}$

$$\Delta = \begin{vmatrix} k_1 - m_1\omega^2 & -k_1 \\ -k_1 & 3k_1 - 2m_1\omega^2 \end{vmatrix}$$

5.11. 机器重 200 公斤，以恒速 1800 转/分运转，转子的不平衡度为 5 公斤·厘米，设吸振物体重为 $P_a = 50$ 公斤，试求应有的弹簧系数 k_a 的值，并估计 P_a 的振幅 X_a。

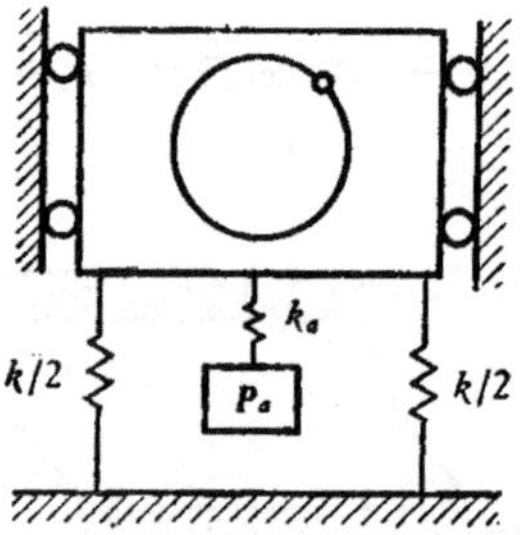

题图 5.11

答. $k_a = 1810$ 公斤/厘米，$X_a = 1.0$ 毫米

5.12. 试求图示两个物体沿铅垂方向振动的固有频率及主振型的振幅比. 设 $m_1 = m$, $k_1 = k$, 滑轮、弹簧与软绳的质量以及阻力都可以不计.

答. $p_1 = 0.618\sqrt{\dfrac{k}{m}}$, $p_2 = 1.618\sqrt{\dfrac{k}{m}}$

$$\left(\frac{A}{B}\right)_1 = \frac{1}{1.618}, \quad \left(\frac{A}{B}\right)_2 = -\frac{1}{0.618}$$

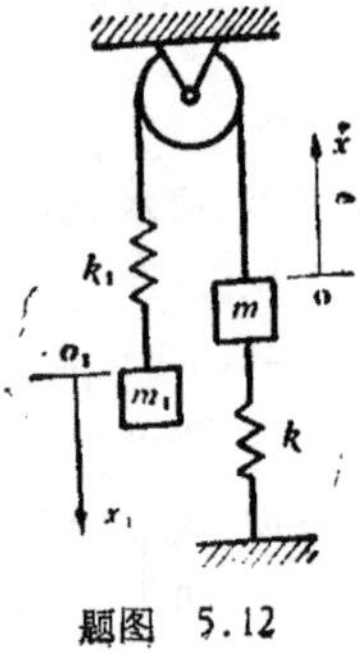

题图 5.12

5.13. 同上题. 设在静平衡位置时，左边物体 m_1 突然受到撞击，有向下的速度 v_0。试求 m_1 与 m 此后的运动方程.

答. $x = 0.725v_0\sqrt{\dfrac{m}{k}}\sin p_1t - 0.276v_0\sqrt{\dfrac{m}{k}}\sin p_2t$

$$x_1 = 1.17v_0\sqrt{\frac{m}{k}}\sin p_1t + 0.17v_0\sqrt{\frac{m}{k}}\sin p_2t$$

第六章　多自由度系统的振动(一)

6.1 引　　言

所谓多自由度系统是指有限多个自由度的系统，它包括前述2自由度系统，但不包括后面要讲的弹性体(或称分布参数系统)．后者属于无限多个自由度的系统．实际的工程结构都是弹性体结构，但通过适当抽象化，往往可以归结为多自由度系统．所以说，多自由度系统振动的理论是解决工程振动问题的基础．

1自由度系统与多自由度系统总称集中参数系统，因为它们都是用集中参数模型从实际工程结构简化得来的．一般说来，一个 n 自由度的系统，它的运动可以用 n 个独立坐标来描述．这时，系统的运动规律通常由 n 个二阶常微分方程来确定．

2自由度振系的分析与多自由度振系的分析，二者不存在本质的区别；但随着系统自由度数的增加，计算工作大为复杂化；因此，必须采用与之相适应的数学工具．由于矩阵一方面可以为多变量问题提供简洁的表式，这种表式可鲜明地显示出振动系统的基本特征；另一方面矩阵还可以为解题提供系统而规则的算法；所以，矩阵自然就成为分析多自由度系统振动问题的有力工具．

对于大型复杂的工程系统，例如飞机与船体结构、坝体与高楼大厦等等，在细致的振动分析中往往需要归结为上百个自由度的振动系统．对于这类系统的分析，必须求助于计算机．以矩阵与有限元法为基础的、振动问题的矩阵计算机解法已经发展成一种通用的工程分析方法．本书所阐述的机械振动的一般规律为它提供必要的振动理论基础．

本章限于论述多自由度系统振动的基本理论．第2—9节讨论系统的自由振动，目的在于阐明固有频率与主振型的理论．第

10—14 节讨论系统的强迫振动，重点在于介绍主坐标分析法（亦称主振型叠加法或模态分析法）.

6.2 自由振动举例

本节通过 3 自由度振系的实例分析，说明前述 2 自由度振系的理论可推广应用于多自由度振系，并由此引出相应的矩阵表式.

试考察图 6.2-1 所示 3 自由度系统的自由振动.

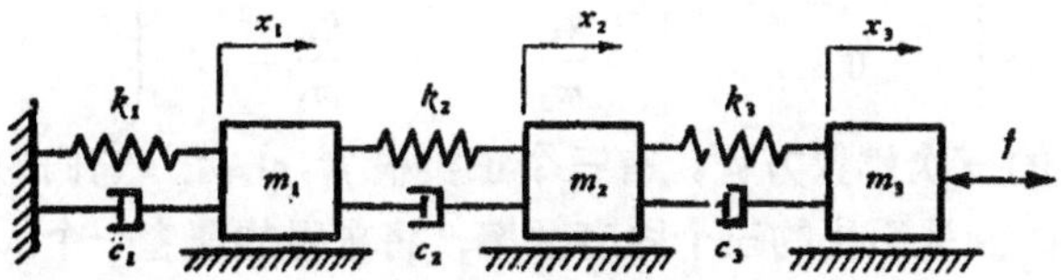

图 6.2-1

取系统的静平衡位置为参考基准. 各个质量偏离其平衡位置的位移分别用 x_1, x_2, x_3 来表示. 由牛顿运动定律，可列出系统的运动微分方程为

$$\left.\begin{aligned} &m_1\ddot{x}_1 + k_1x_1 - k_2(x_2 - x_1) = 0 \\ &m_2\ddot{x}_2 + k_2(x_2 - x_1) - k_3(x_3 - x_2) = 0 \\ &m_3\ddot{x}_3 + k_3(x_3 - x_2) = 0 \end{aligned}\right\} \qquad (6.2\text{-}1)$$

方程(6.2-1)是由三个二阶常系数线性齐次常微分方程组成的. 它的解可设为

$$\left.\begin{aligned} x_1 &= X_1 \sin(pt + \varphi) \\ x_2 &= X_2 \sin(pt + \varphi) \\ x_3 &= X_3 \sin(pt + \varphi) \end{aligned}\right\} \qquad (6.2\text{-}2)$$

其中 X_1, X_2, X_3 为振幅，p 为固有频率，φ 为初相角，它们都是待定的量. 将式(6.2-2)代入方程(6.2-1)，可得如下主振型方程:

$$\left.\begin{aligned} &\left(\frac{k_1 + k_2}{m_1} - p^2\right) X_1 - \frac{k_2}{m_1} X_2 = 0 \\ &-\frac{k_2}{m_2} X_1 + \left(\frac{k_2 + k_3}{m_2} - p^2\right) X_2 - \frac{k_3}{m_2} X_3 = 0 \end{aligned}\right\} \qquad (6.2\text{-}3)$$

$$-\frac{k_3}{m_3}X_2+\left(\frac{k_3}{m_3}-p^2\right)X_3=0$$

方程 (6.2-3) 有非零解的必要与充分条件是它的系数行列式等于零．由此得下述**频率方程**：

$$\Delta=\begin{vmatrix}\frac{k_1+k_2}{m_1}-p^2 & -\frac{k_2}{m_1} & 0\\ -\frac{k_2}{m_2} & \frac{k_2+k_3}{m_2}-p^2 & -\frac{k_3}{m_2}\\ 0 & -\frac{k_3}{m_3} & \frac{k_3}{m_3}-p^2\end{vmatrix}=0 \quad (6.2\text{-}4)$$

它是 p^2 的三次代数方程，有三个正实根 p_1^2, p_2^2, p_3^2．它们的平方根 p_1，p_2，p_3 就是系统的三个**固有频率**．将求得的任意一个固有频率代入方程(6.2-3)，得到的一组方程是不独立的．从其中任意二个独立的方程(例如第一个与第三个)可解得各个质量的振幅比：

$$\left.\begin{aligned}\frac{X_{2i}}{X_{1i}}&=\frac{k_1+k_2-m_1p_i^2}{k_2},\\ \frac{X_{3i}}{X_{1i}}&=\frac{k_3(k_1+k_2-m_1p_i^2)}{k_2(k_3-m_3p_i^2)},\end{aligned}\right.\quad i=1,2,3 \qquad (6.2\text{-}5)$$

式(6.2-5) 确定系统的三个**主振型**．

例如对应于 $m_1=m_2=m_3=m$，且 $k_1=k_2=k_3=k$ 的情形，其频率方程(6.2-4)化为

$$p^6-5\left(\frac{k}{m}\right)p^4+6\left(\frac{k}{m}\right)^2p^2-\left(\frac{k}{m}\right)^3=0$$

求解可得

$$p_1^2=0.198\frac{k}{m},\quad p_2^2=1.555\frac{k}{m},\quad p_3^2=3.247\frac{k}{m}$$

这时，如果取质量 m_1 的振幅为基准值 1，则系统的三个主振型分别为

第一主振型：

$$X_{11}:X_{21}:X_{31}=1:1.802:2.247$$

第二主振型：

$$X_{12}:X_{22}:X_{32}=1:0.445:(-0.802)$$

第三主振型：

$$X_{13}:X_{23}:X_{33}=1:(-1.247):0.555$$

这三个主振型可表示成图 6.2-2.

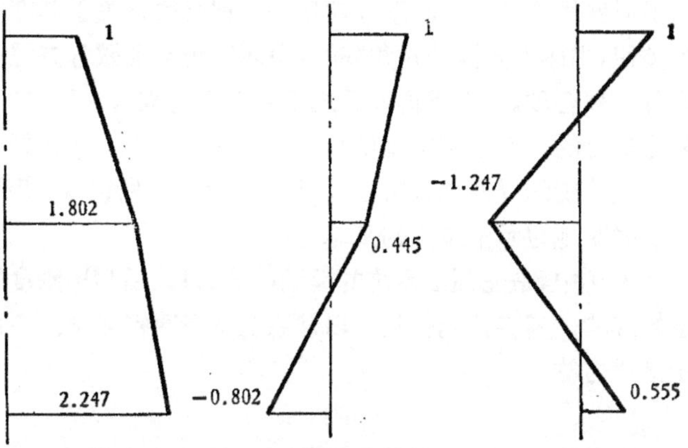

图 6.2-2

这时，系统对应于任意初始条件的自由振动都可以表示为这三种主振型振动的线性组合．其做法与第 5.4 节完全类似．

从以上讨论可见，前述 2 自由度振系的分析方法同样适用于多自由度振系的情形．但是随着系统自由度数的增大，无论从列式还是从计算来说，上述方法都将显得繁琐而不便．就拿列式来说，如采用矩阵记号(参考附录 B)，令

$$\boldsymbol{K}=\begin{bmatrix}k_1+k_2 & -k_2 & 0\\ -k_2 & k_2+k_3 & -k_3\\ 0 & -k_3 & k_3\end{bmatrix}$$

$$\boldsymbol{M}=\begin{bmatrix}m_1 & 0 & 0\\ 0 & m_2 & 0\\ 0 & 0 & m_3\end{bmatrix},\qquad \boldsymbol{x}=\begin{Bmatrix}x_1\\ x_2\\ x_3\end{Bmatrix}$$

则方程组(6.2-1)可简洁地表示为

$$\boldsymbol{M}\ddot{\boldsymbol{x}}+\boldsymbol{K}\boldsymbol{x}=\boldsymbol{0}$$

其中 $\boldsymbol{K}$ 为刚度矩阵，$\boldsymbol{M}$ 为质量矩阵，$\boldsymbol{x}$ 为位移列阵，$\boldsymbol{0}$ 为零列阵．

后面的讨论中将要指出，线性系统的质量矩阵与刚度矩阵一般都是对称阵．而本例中质量矩阵 $\boldsymbol{M}$ 是对角阵，这说明系统的各个运动微分方程中不出现惯性耦合项，我们就说该系统不存在动力耦合．反之，当质量矩阵不是对角阵，系统的运动微分方程中就要出现惯性耦合项，这时系统就是动力耦合的．关于刚度矩阵情况也类似，当刚度矩阵为对角阵时，说明系统运动微分方程中将不出现弹性耦合项，我们就说该系统不存在静力耦合．反之，系统就是静力耦合的．而本例中刚度矩阵 $\boldsymbol{K}$ 是三对角阵，这正好反映了串联质量系统的弹性耦合特性（见第 6.8 节）．所以说，矩阵表式还可以鲜明地显示出振系的基本特征．

在本例中，是先列出系统的运动微分方程，后写出刚度矩阵与质量矩阵的．其实，它们也可以从系统本身直接求得．下面就来介绍这一方法．

6.3 用柔度法与刚度法列运动方程

如前所述，许多工程结构可简化为多个质量与弹簧所组成的集中参数系统，图 6.3-1．这类系统的运动一般可以用 n 个独立坐标来描述．

柔度矩阵． 所谓柔度是指单位外“力”所引起的系统的“位移”．具体地说，系统第 j 个坐标上作用的单位力在第 i 个坐标上所引起的位移就定义为柔度系数 r_{ij}．例如在图 6.2-1 系统中，设在质量 m_3 上沿 x_3 方向作用一单位力，系统相应于它产生的位移为

$$x_1=\frac{1}{k_1},\qquad x_2=\frac{1}{k_1}+\frac{1}{k_2},\qquad x_3=\frac{1}{k_1}+\frac{1}{k_2}+\frac{1}{k_3}$$

按柔度系数的定义，就有

$$r_{13}=\frac{1}{k_1},\qquad r_{23}=\frac{1}{k_1}+\frac{1}{k_2},\qquad r_{33}=\frac{1}{k_1}+\frac{1}{k_2}+\frac{1}{k_3}$$

这样，一个 n 自由度的系统(图 6.3-1)一共有 n 个独立坐标，对应于每个单位力就有 n 个柔度系数；总共有 n 个单位力，故系统总共

有 $n\times n$ 个柔度系数 $r_{ij}\ (i,j=1,2,\cdots,n)$. 它们组成一个**柔度矩阵** $\boldsymbol{R}$

$$\boldsymbol{R}=[r_{ij}],\quad i,j=1,2,\cdots,n \tag{6.3-1}$$

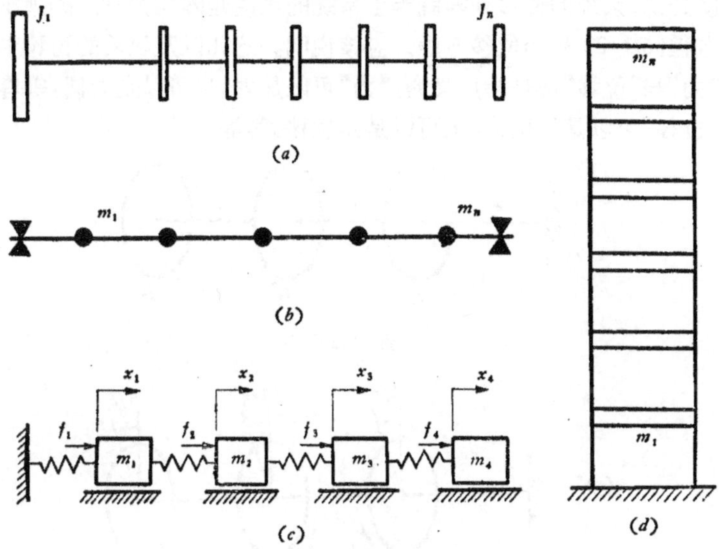

图 6.3-1

假设在系统的各个坐标上分别作用有力 $f_j(j=1,2,\cdots,n)$，则由叠加原理，系统的各个位移 $x_i(i=1,2,\cdots,n)$ 可表示为

$$x_1=r_{11}f_1+r_{12}f_2+\cdots+r_{1n}f_n$$

$$x_2=r_{21}f_1+r_{22}f_2+\cdots+r_{2n}f_n$$

$$\cdots\cdots$$

$$x_r=r_{n1}f_1+r_{n2}f_2+\cdots+r_{nn}f_n$$

写成矩阵表式，有

$$\boldsymbol{x}=\boldsymbol{R}\boldsymbol{f} \tag{6.3-2}$$

其中 $\boldsymbol{x}$ 与 $\boldsymbol{f}$ 分别代表位移列阵与力列阵：

$$\boldsymbol{x}=\begin{Bmatrix}x_1\\ \vdots\\ x_n\end{Bmatrix}=[x_1\cdots x_n]^T$$

$$\boldsymbol{f}=\begin{Bmatrix}f_1\\ \vdots\\ f_n\end{Bmatrix}=[f_1\cdots f_n]^T$$

就是说，系统的位移列阵就等于系统的柔度矩阵与力列阵的乘积．方程(6.3-2)称为位移方程．应该说明，这儿以及随后的讨论中，“力”与“位移”都是指广义的，“力”可以是力，也可以是力偶，等等；“位移”可以是线位移，也可以是角位移，等等．

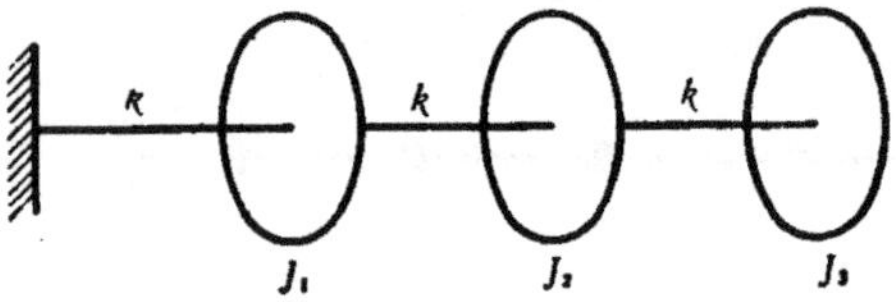

图 6.3-2

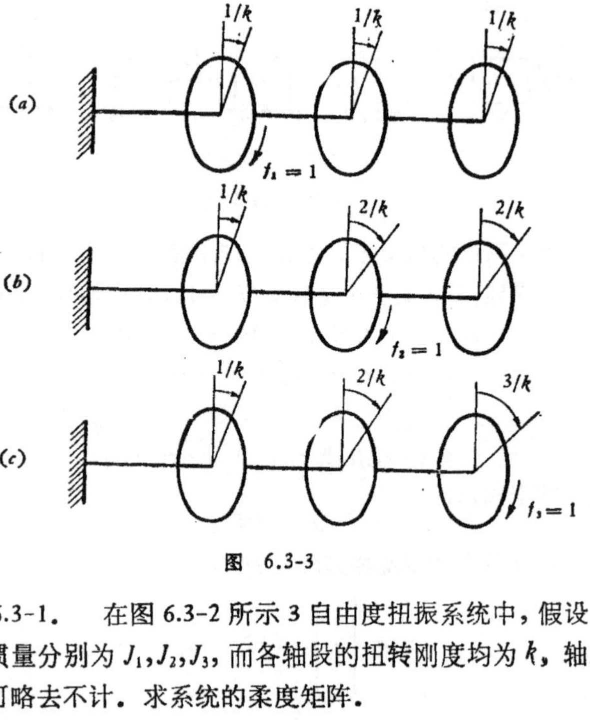

图 6.3-3

例 6.3-1． 在图 6.3-2 所示 3 自由度扭振系统中，假设各盘的转动惯量分别为 J_1, J_2, J_3，而各轴段的扭转刚度均为 k，轴本身的质量可略去不计．求系统的柔度矩阵．

解． 从图 6.3-3(a) 中可以看到，当在盘 1 上作用有单位力偶时，各盘的角位移均为 $1/k$，即有

$$r_{11} = 1/k, \quad r_{21} = 1/k, \quad r_{31} = 1/k$$

从图 6.3-3(b)中可以看到，当在盘 2 上作用有单位力偶时，盘 1 的角位移为 $1/k$，盘 2 与盘 3 的角位移均为 $2/k$，即有

$$r_{12} = 1/k, \quad r_{22} = 2/k, \quad r_{32} = 2/k$$

类似地，从图 6.3-3(c)可得

$$r_{13} = 1/k, \quad r_{23} = 2/k, \quad r_{33} = 3/k$$

即有柔度矩阵

$$\boldsymbol{R} = \frac{1}{k}\begin{bmatrix} 1 & 1 & 1 \\ 1 & 2 & 2 \\ 1 & 2 & 3 \end{bmatrix} \tag{6.3-3}$$

从上式可见，该柔度矩阵是对称阵．

读者可自行对图 6.2-1 所示系统列出它的柔度矩阵． 当 $k_1 = k_2 = k_3 = k$ 时，结果与式(6.3-3)相同．

例 6.3-2． 设有集中质量 m_1 与 m_2 以及长为 l_1 与 l_2 的无重刚杆所构成的复合摆，图 6.3-4．假定摆在其铅垂稳定平衡位置附

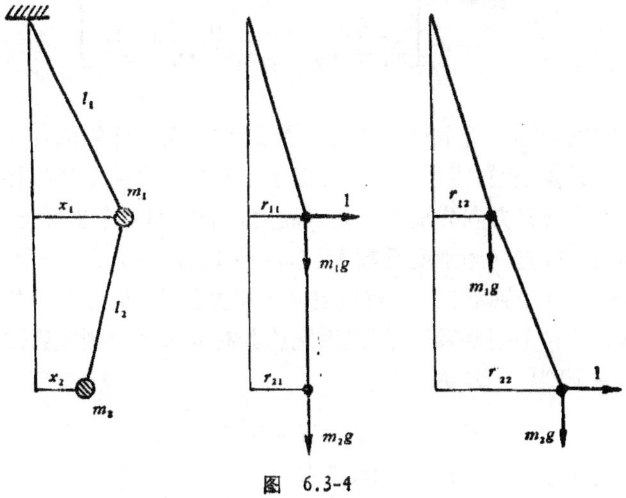

图 6.3-4

近作微振动．取质量 m_1 与 m_2 的水平位移 x_1 与 x_2 作为坐标，求系统的柔度矩阵．

解． 先仅在 m_1 上作用一单位水平力．由静力平衡条件可得

$$r_{11} = r_{21}$$

$$1 \cdot l_1 = (m_1 + m_2)g \cdot r_{11}$$

因而有

$$r_{11} = r_{21} = l_1/(m_1 + m_2)g$$

再仅在 m_2 上作用一单位水平力．由静力平衡条件有

$$1 \cdot (l_1 + l_2) = m_1 g \cdot r_{12} + m_2 g \cdot r_{22}$$

考虑到

$$r_{21} = r_{12} = l_1/(m_1 + m_2)g$$

可得

$$r_{22} = \frac{l_1}{(m_1 + m_2)g} + \frac{l_2}{m_2 g}$$

故系统的柔度矩阵为

$$\boldsymbol{R} = \frac{1}{g}\begin{bmatrix} \dfrac{l_1}{m_1 + m_2} & \dfrac{l_1}{m_1 + m_2} \\ \dfrac{l_1}{m_1 + m_2} & \dfrac{l_1}{m_1 + m_2} + \dfrac{l_2}{m_2} \end{bmatrix}$$

刚度矩阵 所谓刚度是指产生单位"位移"所需的各个外加"力"．具体地说，使系统仅仅在第 j 个坐标上产生单位位移，就需要在各个坐标方向分别加上适当的力，而在第 i 个坐标上所需加的外力，就定义为刚度系数 k_{ij}，$(i,j = 1,2,\cdots,n)$．一个 n 自由度系统有 n 个独立坐标，对应着 n 个单位位移，而每个单位位移，又对应着 n 个刚度系数；所以系统总共有 $n \times n$ 个刚度系数，它们组成一个刚度矩阵 $\boldsymbol{K}$

$$\boldsymbol{K} = [k_{ij}], \quad i,j = 1,2,\cdots,n \tag{6.3-4}$$

例如在图 6.2-1 系统中，设有

$$x_1 = x_2 = 0, \quad x_3 = 1$$

这时，弹簧 k_1 与 k_2 没有变形，而弹簧 k_3 伸长了单位长度，作用于质量 m_2 上的弹簧力为 k_3（向右为正），而作用于质量 m_3 上的弹簧力为 $-k_3$（向左为负）．所以要维持系统静力平衡，必须在质量 m_2 上外加力 $-k_3$（向左为负），并且在质量 m_3 上外加力 k_3（向右为正）．而在质量 m_1 上则不需加任何外力．按刚度系数的定义，有

$$k_{13} = 0, \quad k_{23} = -k_3, \quad k_{33} = k_3$$

类似地，可求得

$$k_{12} = -k_2, \qquad k_{22} = k_2 + k_3, \quad k_{32} = -k_3$$
$$k_{11} = k_1 + k_2, \quad k_{21} = -k_2, \qquad k_{31} = 0$$

由此得系统的刚度矩阵 $\boldsymbol{K}$ 为

$$\boldsymbol{K} = \begin{bmatrix} k_1 + k_2 & -k_2 & 0 \\ -k_2 & k_2 + k_3 & -k_3 \\ 0 & -k_3 & k_3 \end{bmatrix}$$

它与上节所得的结果是一致的．

对于 n 自由度系统（图 6.3-1），设各个质量的位移为 $x_j(j=1,2,\cdots,n)$，则由叠加原理，各个质量 m_i 上所需加的外力 $f_i(i=1,2,\cdots,n)$ 可表示为

$$f_1 = k_{11}x_1 + k_{12}x_2 + \cdots + k_{1n}x_n$$
$$\cdots\cdots$$
$$f_n = k_{n1}x_1 + k_{n2}x_2 + \cdots + k_{nn}x_n$$

或写成矩阵形式，有

$$\boldsymbol{f} = \boldsymbol{K}\boldsymbol{x} \tag{6.3-5}$$

就是说，系统的力列阵就等于系统的刚度矩阵与位移列阵的乘积．方程(6.3-5)称为**力方程**．

例 6.3-3．　求图 6.3-2 所示系统的刚度矩阵．

解．从图 6.3-5(a)可见，要使 $x_1 = 1$，同时又使 $x_2 = x_3 = 0$，必须在盘 1 上加 $f_1 = 2k$，在盘 2 上加 $f_2 = -k$ 才行．故有

$$k_{11} = 2k, \quad k_{21} = -k, \quad k_{31} = 0$$

同理，从图 6.3-5(b) 与 (c)，可得

$$k_{12} = -k, \quad k_{22} = 2k, \quad k_{32} = -k$$
$$k_{13} = 0, \quad k_{23} = -k, \quad k_{33} = k$$

即有

$$\boldsymbol{K} = k\begin{bmatrix} 2 & -1 & 0 \\ -1 & 2 & -1 \\ 0 & -1 & 1 \end{bmatrix} \tag{6.3-6}$$

由(6.3-6)式可见，该刚度矩阵也是对称阵。

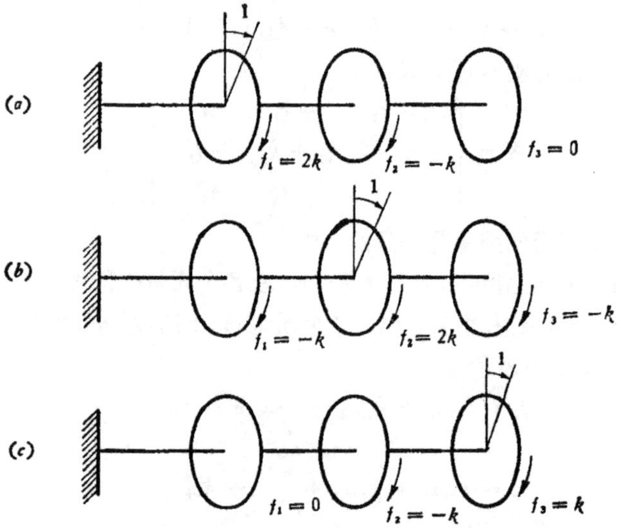

图 6.3-5

事实上，由互易定理[1]可知，线性弹性系统中，必然有

$$r_{ij} = r_{ji}$$

以及

$$k_{ij} = k_{ji}$$

所以，柔度矩阵与刚度矩阵一定是对称阵。

---

1) 见 Timoshenko, S. P. and J. M. Gere, Mechanics of Material, Van Nostrand, 1972, p. 385 与 p. 417.

例6.3-4. 仍考察例 6.3-2 中的复合摆，图 6.3-6. 求系统的刚度矩阵.

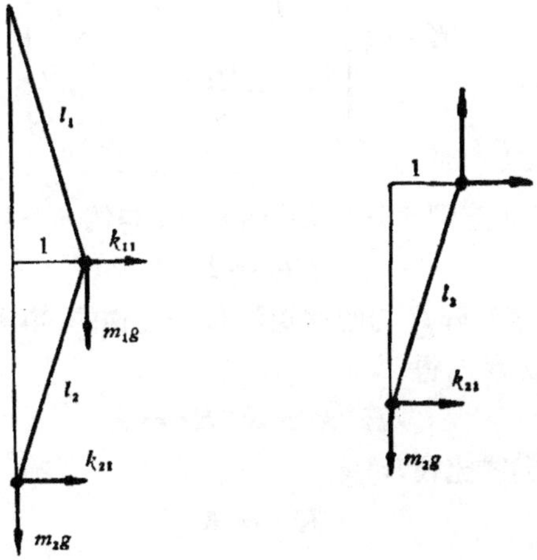

图 6.3-6

解. 先令 $x_1=1$, $x_2=0$. 这时，由下摆的平衡条件，有

$$m_2g\cdot 1+k_{21}\cdot l_2=0$$

于是有

$$k_{21}=-\frac{m_2g}{l_2}$$

再由全摆的平衡条件，有

$$k_{11}\cdot l_1+k_{21}\cdot(l_1+l_2)-m_1g\cdot 1=0$$

于是有

$$k_{11}=\left(\frac{m_1+m_2}{l_1}+\frac{m_2}{l_2}\right)g$$

再令 $x_1=0$, $x_2=1$. 按类似的做法，可得

$$k_{12}=-\frac{m_2g}{l_2}$$

$$k_{22}=\frac{m_2g}{l_2}$$

故系统的刚度矩阵为

$$K = g\begin{bmatrix} \frac{m_1 + m_2}{l_1} + \frac{m_2}{l_2} & -\frac{m_2}{l_2} \\ -\frac{m_2}{l_2} & \frac{m_2}{l_2} \end{bmatrix}$$

从例 6.3-1 与例 6.3-3 以及例 6.3-2 与例 6.3-4，不难验证有

$$\boldsymbol{RK} = \boldsymbol{I}$$

也就是说，柔度矩阵 $\boldsymbol{R}$ 与刚度矩阵 $\boldsymbol{K}$ 是互逆的．事实上，在式(6.3-2)两端前乘以 $\boldsymbol{R}^{-1}$，得

$$\boldsymbol{R}^{-1}\boldsymbol{x} = \boldsymbol{R}^{-1}\boldsymbol{R}\boldsymbol{f} = \boldsymbol{f}$$

将它与(6.3-5)式比较，可得

$$\boldsymbol{R}^{-1} = \boldsymbol{K}$$

或

$$\boldsymbol{R} = \boldsymbol{K}^{-1}$$

所以，柔度矩阵与刚度矩阵一定是互逆的(当刚度矩阵不存在逆阵时例外)．

对于弹性系统来说，一般总能找到它的刚度矩阵．可是不一定能找到它的柔度矩阵．例如当系统的自由度中包括有刚体运动时，就无法找到相应的柔度系数．从数学上来说，这时系统的刚度矩阵是奇异的(即矩阵的行列式等于零)，因而不存在逆阵．

但是，在有些情形下，特别是对于静定弹性结构来说，它的柔度矩阵是比较容易求得的；而直接求它的刚度矩阵却比较困难．

例 6.3-5． 求图 6.3-7(a)所示三质量系统的刚度矩阵．

解．从图 6.3-7(b)可见，要使 $x_1 = 1$，而 $x_2 = x_3 = 0$，必须在质量 1 上作用 $f_1 = k$，同时在质量 2 上作用 $f_2 = -k$．故有

$$k_{11} = k,\quad k_{12} = -k,\quad k_{13} = 0$$

从图 6.3-7(c)可见，要使 $x_2 = 1$，而 $x_1 = x_3 = 0$，必须在质量 1 上作用 $f_1 = -k$，在质量 2 上作用 $f_2 = 2k$，而在质量 3 上作用 $f_3 = -k$．故有

$$k_{21}=-k,\quad k_{22}=2k,\quad k_{23}=-k$$

同理，从图 6.3-7(d)可得

$$k_{31}=0,\quad k_{32}=-k,\quad k_{33}=k$$

即有

$$\boldsymbol{K}=k\begin{bmatrix}1 & -1 & 0\\ -1 & 2 & -1\\ 0 & -1 & 1\end{bmatrix}$$

上述刚度矩阵也可以从图 6.2-1 系统的刚度矩阵中，令 $k_1=0$ 而得出.

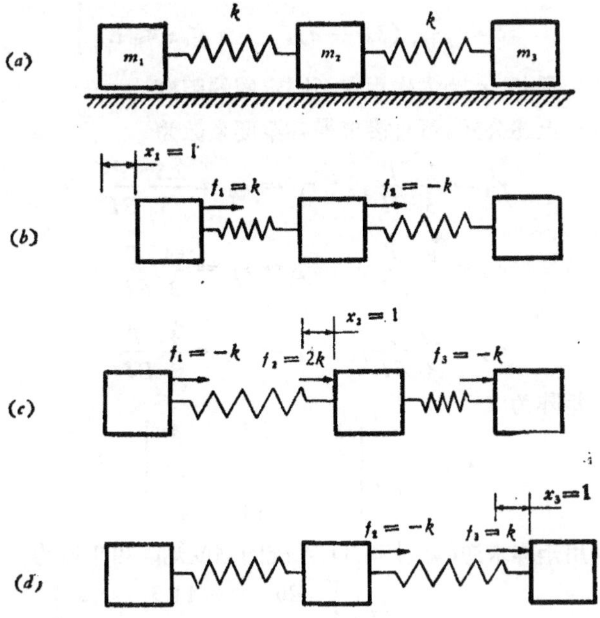

图 6.3-7

读者不难验证，这时有 $|\boldsymbol{K}|=0$. 所以，本例中 $\boldsymbol{K}$ 不存在逆阵.

例 6.3-6. 设有图 6.3-8 所示弹性结构模型. 假设悬臂梁是

均匀的，其截面弯曲刚度为 EI，梁本身质量可略去不计．求系统的柔度矩阵与刚度矩阵．

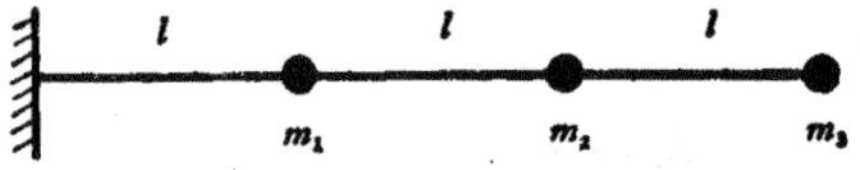

图 6.3-8

解． 悬臂梁在单位力作用下的挠度公式为

$$\left.\begin{aligned}\delta &= \frac{x^2}{6EI}(3a - x), \quad 0 \leqslant x \leqslant a \\ \delta &= \frac{a^2}{6EI}(3x - a), \quad a \leqslant x \leqslant L\end{aligned}\right\}$$

式中 L 为梁长，a 为力作用点至固定端的距离．

利用上述公式，可直接求得各柔度系数为

$$r_{11} = \frac{1}{3}\frac{l^3}{EI}, \quad r_{12} = r_{21} = \frac{2.5}{3}\frac{l^3}{EI}$$

$$r_{22} = \frac{8}{3}\frac{l^3}{EI}, \quad r_{23} = r_{32} = \frac{14}{3}\frac{l^3}{EI}$$

$$r_{33} = \frac{27}{3}\frac{l^3}{EI}, \quad r_{31} = r_{13} = \frac{4}{3}\frac{l^3}{EI}$$

故柔度矩阵为

$$\boldsymbol{R} = \frac{l^3}{3EI}\begin{bmatrix} 1 & 2.5 & 4 \\ 2.5 & 8 & 14 \\ 4 & 14 & 27 \end{bmatrix}$$

利用矩阵求逆（见附录 B），系统的刚度矩阵可求得为

$$\boldsymbol{K} = \boldsymbol{R}^{-1} = \frac{3EI}{3.25l^3}\begin{bmatrix} 20 & -11.5 & 3 \\ -11.5 & 11 & -4 \\ 3 & -4 & 1.75 \end{bmatrix}$$

考虑到关于系统的弹性势能 U，有

$$2U = \sum_{i,j=1}^{n} k_{ij}x_i x_j = \boldsymbol{x}^T K \boldsymbol{x} \tag{6.3-7}$$

(6.3-7)式称为矩阵 $\boldsymbol{K}$ 的二次型．如果对于任何非零的 $\boldsymbol{x}$，一个矩阵的二次型一定大于零(或不小于零)，就称该矩阵是**定正**的(或半定正的)．

如果我们限于考察系统在稳定平衡(或随遇平衡)位置附近的微振动，那末一定有

$$U > 0 \qquad (\text{或}\ U \geqslant 0)$$

这时，系统的刚度矩阵就是定正的(或半定正的)．

质量矩阵 方程(6.3-2)和(6.3-5)建立了系统平衡状态下"位移"与"力"之间的关系．根据达朗伯原理，只要在系统中加上惯性力，那末动力学问题就可以按静力学问题来处理．也就是说，对于图 6.3-1 所示各个系统，只要在各个质量上加上"惯性力"，就可以按平衡问题来处理．特别当系统进行自由振动时，作用于各个质量上的外加"力"就只有各个"惯性力"．即有

$$f_i = -m_i\ddot{x}_i, \quad i = 1, 2, \cdots, n$$

应该说明，这儿的 m_i 可以是质量，也可以是转动惯量，而与后者相应的位移就是角位移．当系统进行简谐振动 $\boldsymbol{x} = \boldsymbol{X}\sin(pt + \varphi)$ 时，有

$$\ddot{\boldsymbol{x}} = -p^2\boldsymbol{x}$$

故有

$$\begin{Bmatrix} f_1 \\ \vdots \\ f_n \end{Bmatrix} = -\begin{bmatrix} m_1 & & \\ & \ddots & \\ & & m_n \end{bmatrix} \begin{Bmatrix} \ddot{x}_1 \\ \vdots \\ \ddot{x}_n \end{Bmatrix} = p^2 \begin{bmatrix} m_1 & & \\ & \ddots & \\ & & m_n \end{bmatrix} \begin{Bmatrix} x_1 \\ \vdots \\ x_n \end{Bmatrix}$$

或写成

$$\boldsymbol{f} = -\boldsymbol{M}\ddot{\boldsymbol{x}} = p^2\boldsymbol{M}\boldsymbol{x} \tag{6.3-8}$$

式中 $\boldsymbol{M}$ 称为质量矩阵．对于集中参数系统，如图 6.3-1 所示各个系统，其质量矩阵往往是对角阵．当然，质量矩阵并不一定都是对角阵．

例 6.3-7. 设有图 6.3-9 所示系统，在光滑水平面上，由刚杆连结的三个质量 m_1, m_2, m_3 所组成，其中 m_1 与 m_2 分别用弹簧 k_1 与 k_2 连于固定支点. 刚杆本身的质量可略去不计. 再设三个质量都只能沿 x 方向运动. 求系统的质量矩阵.

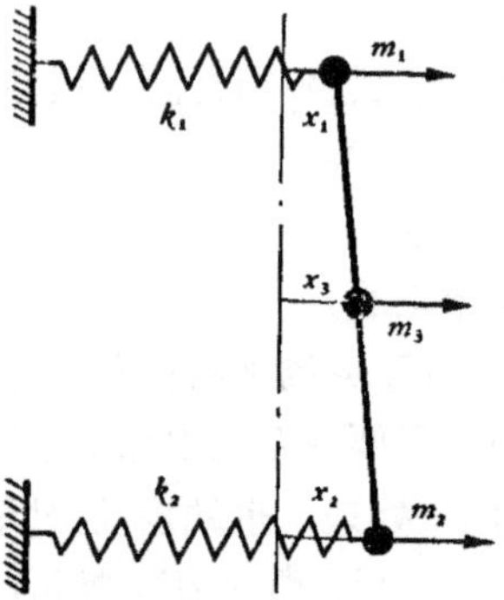

图 6.3-9

解. 这时，系统的位移 x_1，x_2，x_3 中只有两个是独立的. 取 x_1，x_2 作为独立坐标，容易求得系统的刚度矩阵为

$$K = \begin{bmatrix} k_1 & 0 \\ 0 & k_2 \end{bmatrix}$$

而系统的另一个坐标 x_3 为

$$x_3 = \frac{1}{2}(x_1 + x_2) \tag{a}$$

这时，需要将作用于 m_3 上的惯性力转移到质量 m_1 与 m_2 上，可得作用于 m_1 与 m_2 上的外加力为

$$f_1 = -\left(m_1\ddot{x}_1 + \frac{1}{2}m_3\ddot{x}_3\right) = -\left(m_1\ddot{x}_1 + \frac{m_3}{4}\ddot{x}_1 + \frac{m_3}{4}\ddot{x}_2\right)$$

$$f_2 = -\left(m_2\ddot{x}_2 + \frac{1}{2}m_3\ddot{x}_3\right) = -\left(m_2\ddot{x}_2 + \frac{m_3}{4}\ddot{x}_2 + \frac{m_3}{4}\ddot{x}_1\right)$$

即有

$$\begin{Bmatrix} f_1 \\ f_2 \end{Bmatrix} = -\begin{bmatrix} m_1 + \dfrac{m_3}{4} & \dfrac{m_3}{4} \\ \dfrac{m_3}{4} & m_2 + \dfrac{m_3}{4} \end{bmatrix} \begin{Bmatrix} \ddot{x}_1 \\ \ddot{x}_2 \end{Bmatrix}$$

故得

$$M = \begin{bmatrix} m_1 + \dfrac{m_3}{4} & \dfrac{m_3}{4} \\ \dfrac{m_3}{4} & m_2 + \dfrac{m_3}{4} \end{bmatrix} \tag{b}$$

由此可见，该例中的质量矩阵已不再是对角阵，而是对称

阵．一般情形下，质量矩阵总是对称阵．故可表示为

$$
\boldsymbol{M}=\begin{bmatrix} m_{11} & m_{12} & \cdots & m_{1n} \\ & \cdots\cdots & & \\ m_{n1} & m_{n2} & \cdots & m_{nn} \end{bmatrix}
$$

其中有

$$
m_{ij}=m_{ji}
$$

这时，惯性力仍取(6.3-8)式的形式．

考虑到关于系统的动能 T，有

$$
2T=\sum_{i,j=1}^{n} m_{ij}\dot{x}_i\dot{x}_j=\dot{\boldsymbol{x}}^T\boldsymbol{M}\dot{\boldsymbol{x}}
$$

读者不难通过上例验证这一表示式． 因为对于任何非零的 $\dot{\boldsymbol{x}}$，系统的动能一定是正的；所以，系统的质量矩阵总是定正的．

例 6.3-7 中的质量矩阵 $\boldsymbol{M}$(见式(b))，也可以通过坐标变换得出．事实上，这一系统的动能可表示为

$$
T=\frac{1}{2}\sum_{i=1}^{3} m_i\dot{x}_i^2=\frac{1}{2}\dot{\boldsymbol{x}}^T\boldsymbol{M}\dot{\boldsymbol{x}}
$$

其中

$$
\boldsymbol{x}=\begin{Bmatrix} x_1 \\ x_2 \\ x_3 \end{Bmatrix},\qquad \boldsymbol{M}=\begin{bmatrix} m_1 & & \\ & m_2 & \\ & & m_3 \end{bmatrix}
$$

注意到 x_1,x_2,x_3 不是相互独立的，它们由约束方程(a)联系着．如果取系统的独立坐标为

$$
\boldsymbol{z}=\begin{Bmatrix} z_1 \\ z_2 \end{Bmatrix}=\begin{Bmatrix} x_1 \\ x_2 \end{Bmatrix}
$$

则 $\boldsymbol{x}$ 与 $\boldsymbol{z}$ 之间存在着如下变换关系：

$$
\begin{Bmatrix} x_1 \\ x_2 \\ x_3 \end{Bmatrix}=\begin{bmatrix} 1 & 0 \\ 0 & 1 \\ 1/2 & 1/2 \end{bmatrix}\begin{Bmatrix} z_1 \\ z_2 \end{Bmatrix}
$$

或记为

$$
\boldsymbol{x}=\boldsymbol{\beta}\boldsymbol{z}
$$

这时，系统的动能可表示为

$$T=\frac{1}{2}\dot{\boldsymbol{x}}^T\boldsymbol{M}\dot{\boldsymbol{x}}=\frac{1}{2}\dot{\boldsymbol{z}}^T\boldsymbol{\beta}^T\boldsymbol{M}\boldsymbol{\beta}\dot{\boldsymbol{z}}=\frac{1}{2}\dot{\boldsymbol{z}}^T\boldsymbol{M}\dot{\boldsymbol{z}}$$

式中

$$\begin{aligned}\boldsymbol{M}&=\boldsymbol{\beta}^T\boldsymbol{M}\boldsymbol{\beta}\\&=\begin{bmatrix}1&0&1/2\\ \\0&1&1/2\end{bmatrix}\begin{bmatrix}m_1&&\\&m_2&\\&&m_3\end{bmatrix}\begin{bmatrix}1&0\\0&1\\1/2&1/2\end{bmatrix}\\&=\begin{bmatrix}m_1+\dfrac{m_3}{4}&\dfrac{m_3}{4}\\ \\ \dfrac{m_3}{4}&m_2+\dfrac{m_3}{4}\end{bmatrix}\end{aligned}$$

可以看到，它就是式(b)所示 $\boldsymbol{M}$.

运动方程． 从系统本身直接求得刚度矩阵(或柔度矩阵)与质量矩阵后，就可以根据力方程(或位移方程)列出系统自由振动的运动方程．事实上，从式(6.3-5)与(6.3-8)，可得

$$\boldsymbol{K}\boldsymbol{x}=-\boldsymbol{M}\ddot{\boldsymbol{x}}$$

或写成

$$\boldsymbol{M}\ddot{\boldsymbol{x}}+\boldsymbol{K}\boldsymbol{x}=\boldsymbol{0}\tag{6.3-9}$$

这样，我们从刚度矩阵与质量矩阵直接得出了系统的运动微分方程．

从柔度矩阵出发可以得到系统运动微分方程的另一个形式．事实上，从式(6.3-2)与(6.3-8)，可得

$$\boldsymbol{x}=-\boldsymbol{R}\boldsymbol{M}\ddot{\boldsymbol{x}}$$

或写成

$$\boldsymbol{R}\boldsymbol{M}\ddot{\boldsymbol{x}}+\boldsymbol{x}=\boldsymbol{0}\tag{6.3-10}$$

系统运动微分方程的这两种形式(6.3-9)与(6.3-10)式是完全等价的．只要注意到系统的刚度矩阵与柔度矩阵是互逆的；于是在(6.3-9)式两端前乘以柔度矩阵 $\boldsymbol{R}$，即得 (6.3-10)式．同样地，在(6.3-10)式两端前乘以刚度矩阵 $\boldsymbol{K}$，即得(6.3-9)式．

例 6.3-8． 列出例 6.3-4 中所考察系统的自由振动微分方

程.

解. 注意到在本例中

$$\boldsymbol{M}=\begin{bmatrix} m_1 & \\ & m_2 \end{bmatrix},\quad \boldsymbol{K}=g\begin{bmatrix} \dfrac{m_1+m_2}{l_1}+\dfrac{m_2}{l_2} & -\dfrac{m_2}{l_2} \\ -\dfrac{m_2}{l_2} & \dfrac{m_2}{l_2} \end{bmatrix}$$

故自由振动微分方程可列为

$$\boldsymbol{M}\ddot{\boldsymbol{x}}+\boldsymbol{K}\boldsymbol{x}=\boldsymbol{0}$$

例 6.3-9. 上例中,如取广义坐标为 φ_1 与 φ_2,图6.3-10. 试列出系统的自由振动微分方程.

解. 注意到广义坐标 φ_1,φ_2 和坐标 x_1, x_2 之间有如下变换关系:

$$\begin{Bmatrix} x_1 \\ x_2 \end{Bmatrix}=\begin{bmatrix} l_1 & 0 \\ l_1 & l_2 \end{bmatrix}\begin{Bmatrix} \varphi_1 \\ \varphi_2 \end{Bmatrix}$$

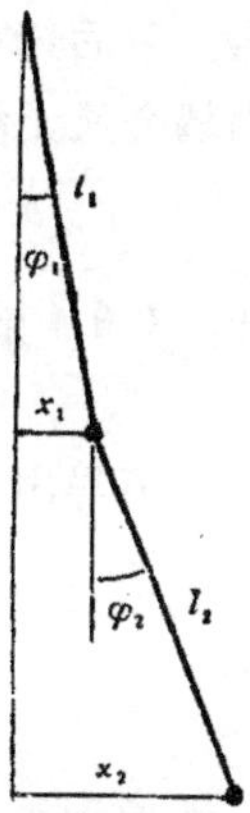

图 6.3-10

或记为

$$\boldsymbol{x}=\boldsymbol{\beta}\boldsymbol{\varphi}$$

由系统的势能表示式,有

$$2U=\boldsymbol{x}^T\boldsymbol{K}\boldsymbol{x}=\boldsymbol{\varphi}^T\boldsymbol{\beta}^T\boldsymbol{K}\boldsymbol{\beta}\boldsymbol{\varphi}=\boldsymbol{\varphi}^T\bar{\boldsymbol{K}}\boldsymbol{\varphi}$$

故在广义坐标系 $\boldsymbol{\varphi}$ 中,系统的刚度矩阵 $\bar{\boldsymbol{K}}$ 为

$$\bar{\boldsymbol{K}}=\boldsymbol{\beta}^T\boldsymbol{K}\boldsymbol{\beta}$$

$$=g\begin{bmatrix} l_1 & l_1 \\ 0 & l_2 \end{bmatrix}\begin{bmatrix} \dfrac{m_1+m_2}{l_1}+\dfrac{m_2}{l_2} & -\dfrac{m_2}{l_2} \\ -\dfrac{m_2}{l_2} & \dfrac{m_2}{l_2} \end{bmatrix}\begin{bmatrix} l_1 & 0 \\ l_1 & l_2 \end{bmatrix}$$

$$=g\begin{bmatrix} (m_1+m_2)l_1 & 0 \\ 0 & m_2l_2 \end{bmatrix}$$

由系统的动能表示式,有

$$2T=\dot{\boldsymbol{x}}^T\boldsymbol{M}\dot{\boldsymbol{x}}=\dot{\boldsymbol{\varphi}}^T\boldsymbol{\beta}^T\boldsymbol{M}\boldsymbol{\beta}\dot{\boldsymbol{\varphi}}=\dot{\boldsymbol{\varphi}}^T\boldsymbol{M}\dot{\boldsymbol{\varphi}}$$

故在广义坐标系 $\boldsymbol{\varphi}$ 中,系统的质量矩阵 $\boldsymbol{M}$ 为

$$
\begin{aligned}
\boldsymbol{M} &= \boldsymbol{\beta}^T \boldsymbol{M}\boldsymbol{\beta} \\
&= \begin{bmatrix} l_1 & l_1 \\ 0 & l_2 \end{bmatrix} \begin{bmatrix} m_1 & 0 \\ 0 & m_2 \end{bmatrix} \begin{bmatrix} l_1 & 0 \\ l_1 & l_2 \end{bmatrix} \\
&= \begin{bmatrix} l_1^2(m_1 + m_2) & l_1 l_2 m_2 \\ l_1 l_2 m_2 & l_2^2 m_2 \end{bmatrix}
\end{aligned}
$$

于是,系统的自由振动微分方程可写为

$$\boldsymbol{M}\ddot{\boldsymbol{\varphi}} + \bar{\boldsymbol{K}}\boldsymbol{\varphi} = \boldsymbol{0}$$

比较例 6.3-8 与例 6.3-9,可见同一个系统在坐标系 $\boldsymbol{x}$ 中有静力耦合而无动力耦合;相反,在坐标系 $\boldsymbol{\varphi}$ 中有动力耦合而无静力耦合.以后还可以看到,如果选取所谓主坐标系,那时系统将既无动力耦合又无静力耦合.

6.4 固有频率与主振型(特征值与特征矢量)

上节导出了多自由度系统的自由振动微分方程:

$$\boldsymbol{M}\ddot{\boldsymbol{x}} + \boldsymbol{K}\boldsymbol{x} = \boldsymbol{0} \tag{6.3-9}$$

以及

$$\boldsymbol{R}\boldsymbol{M}\ddot{\boldsymbol{x}} + \boldsymbol{x} = \boldsymbol{0} \tag{6.3-10}$$

考虑到系统的主振型振动是简谐振动,可设它为

$$\boldsymbol{x} = \boldsymbol{X}\sin(pt + \varphi) \tag{6.4-1}$$

将它分别代入(6.3-9)与(6.3-10)式,可得如下主振型方程

$$\boldsymbol{K}\boldsymbol{X} = p^2\boldsymbol{M}\boldsymbol{X} \tag{6.4-2}$$

以及

$$p^2\boldsymbol{R}\boldsymbol{M}\boldsymbol{X} = \boldsymbol{X} \tag{6.4-3}$$

如果引入系统矩阵的概念,可以将式(6.4-2)与(6.4-3)化成具有相同的形式.对(6.4-2)式两端前乘以 $\boldsymbol{M}^{-1}$,可得

$$\boldsymbol{M}^{-1}\boldsymbol{K}\boldsymbol{X} = p^2\boldsymbol{X} \tag{6.4-4}$$

这时,设系统矩阵 $\boldsymbol{S}$ 为

$$\boldsymbol{S} = \boldsymbol{M}^{-1}\boldsymbol{K} \tag{6.4-5}$$

且令 $\lambda = p^2$，则主振型方程 (6.4-2) 可化为

$$\boldsymbol{S}\boldsymbol{X} = \lambda \boldsymbol{X} \tag{6.4-6}$$

再设另一形式的系统矩阵 $\tilde{\boldsymbol{S}}$ 为

$$\tilde{\boldsymbol{S}} = \boldsymbol{R}\boldsymbol{M} \tag{6.4-7}$$

且令 $\tilde{\lambda} = \frac{1}{p^2}$，则主振型方程 (6.4-3) 可化为

$$\tilde{\boldsymbol{S}}\boldsymbol{X} = \tilde{\lambda} \boldsymbol{X} \tag{6.4-8}$$

这样，主振型方程 (6.4-6) 与 (6.4-8) 就有着相同的形式.

注意到系统的刚度矩阵 $\boldsymbol{K}$ 与柔度矩阵 $\boldsymbol{R}$ 之间存在着互逆关系，即有

$$\boldsymbol{R} = \boldsymbol{K}^{-1} \quad \text{或} \quad \boldsymbol{K} = \boldsymbol{R}^{-1}$$

利用矩阵乘积的求逆公式，可知上述两种系统矩阵之间有着互逆关系：

$$\tilde{\boldsymbol{S}} = \boldsymbol{R}\boldsymbol{M} = \boldsymbol{K}^{-1}\boldsymbol{M} = \boldsymbol{S}^{-1}$$

还应该指出，尽管系统的刚度矩阵 $\boldsymbol{K}$、柔度矩阵 $\boldsymbol{R}$ 以及质量矩阵 $\boldsymbol{M}$ 一般都是对称阵，但是其系统矩阵 $\boldsymbol{S}$ 与 $\tilde{\boldsymbol{S}}$ 一般已不再是对称阵. 例如图 6.3-2 所示扭振系统，其刚度矩阵、柔度矩阵与质量矩阵已分别求得为

$$\boldsymbol{K} = k\begin{bmatrix} 2 & -1 & 0 \\ -1 & 2 & -1 \\ 0 & -1 & 1 \end{bmatrix}$$

$$\boldsymbol{R} = \frac{1}{k}\begin{bmatrix} 1 & 1 & 1 \\ 1 & 2 & 2 \\ 1 & 2 & 3 \end{bmatrix}$$

$$\boldsymbol{M} = \begin{bmatrix} J_1 & 0 & 0 \\ 0 & J_2 & 0 \\ 0 & 0 & J_3 \end{bmatrix}$$

这时，其系统矩阵将为

$$\mathbf{S} = k\begin{bmatrix} \dfrac{2}{J_1} & -\dfrac{1}{J_1} & 0 \\ -\dfrac{1}{J_2} & \dfrac{2}{J_2} & -\dfrac{1}{J_2} \\ 0 & -\dfrac{1}{J_3} & \dfrac{1}{J_3} \end{bmatrix}$$

$$\tilde{S} = \frac{1}{k}\begin{bmatrix} J_1 & J_2 & J_3 \\ J_1 & 2J_2 & 2J_3 \\ J_1 & 2J_2 & 3J_3 \end{bmatrix}$$

可见,这时的 $\mathbf{S}$ 与 $\tilde{S}$ 已不再是对称阵. 只有当上述系统中有 $J_1 = J_2 = J_3 = J$, 即质量矩阵为 $\boldsymbol{M} = J\boldsymbol{I}$ 时, 系统矩阵 $\boldsymbol{S}$ 与 $\tilde{\boldsymbol{S}}$ 才是对称阵.

现在来看系统的固有频率与主振型问题. 鉴于方程(6.4-6)与(6.4-8)属于同一形式,故只需讨论其中之一.

方程(6.4-6)可改写为

$$[\boldsymbol{S} - \lambda\boldsymbol{I}]\boldsymbol{X} = \boldsymbol{0} \tag{6.4-9}$$

它有非零解的条件为

$$|\boldsymbol{S} - \lambda\boldsymbol{I}| = \boldsymbol{0} \tag{6.4-10}$$

(6.4-10)式称为系统的**频率方程**或**特征方程**. 对它展开的结果,可得一个关于 λ 的 n 次代数方程:

$$\begin{aligned} \lambda^n - \lambda^{n-1}(S_{11} + S_{22} + \cdots + S_{nn}) \\ + \cdots + (-1)^n|\boldsymbol{S}| = 0 \end{aligned} \tag{6.4-11}$$

它的 n 个根 $\lambda_i(i = 1, 2, \cdots, n)$ 称为系统的**特征根**,亦称矩阵 $\boldsymbol{S}$ 的**特征值**. 特征值 λ_i 与系统固有频率 p_i 之间有如下关系:

$$\lambda_i = p_i^2 \tag{6.4-12}$$

一般说来, n 次代数方程的 n 个根,可以是单根,也可以是重根;可以是实数,也可以是复数. 但是, 在我们所考察的情形中, 由于系统质量矩阵是定正的实对称阵, 刚度矩阵是定正的或半定正的实对称阵,故所有特征值都是实数, 并且是正数或零. 事实上, 由定正与半定正的条件,对于任何非零的 $\boldsymbol{X}$,有

$$\left.\begin{aligned} \boldsymbol{X}^T\boldsymbol{M}\boldsymbol{X} > 0 \\ \boldsymbol{X}^T\boldsymbol{K}\boldsymbol{X} \geqslant 0 \end{aligned}\right\} \tag{6.4-13}$$

现对系统主振型方程

$$\boldsymbol{KX} = \lambda \boldsymbol{MX}$$

两端前乘以 $\boldsymbol{X}^T$，得

$$\boldsymbol{X}^T\boldsymbol{KX} = \lambda \boldsymbol{X}^T\boldsymbol{MX}$$

考虑到条件式(6.4-13)，自然就得出上述结论.

通常，刚度矩阵为定正(或半定正)的系统，称为定正系统(或半定正系统). 所以，上述结论可改述为：定正系统的特征值都是正的，而半定正系统的特征值是正数或零.

将各个特征值 λ_i 代入式(6.4-9)，可求得各个相应的 $\boldsymbol{X}_i$，它们称为系统的主振型(或固有振型)，亦称为矩阵 $\boldsymbol{S}$ 的特征矢量. 这样，对于任何一个 n 自由度系统，总可以找到 n 个固有频率(或特征值)以及相应的 n 个主振型(或特征矢量).

如果令 $\boldsymbol{B} = \boldsymbol{S} - \lambda \boldsymbol{I}$，那末系统的特征矢量也可以从 $\boldsymbol{B}$ 的伴随阵 adj$\boldsymbol{B}$ 得出. 事实上，按逆阵的表式，有

$$\boldsymbol{B}^{-1} = \frac{1}{|\boldsymbol{B}|}\,\mathrm{adj}\boldsymbol{B}$$

上式前乘以 $|\boldsymbol{B}|\boldsymbol{B}$，得

$$|\boldsymbol{B}|\boldsymbol{I} = \boldsymbol{B}\,\mathrm{adj}\boldsymbol{B}$$

当 $\lambda = \lambda_i$ 时，即有

$$\boldsymbol{B}_i\,\mathrm{adj}\boldsymbol{B}_i = \boldsymbol{0}$$

上式与(6.4-9)式相比较，可知 adj$\boldsymbol{B}_i$ 中各列与 $\boldsymbol{X}_i$ 充其量只相差一个常数乘子.

例6.4-1. 设图 6.2-1 所示三自由度系统中，有 $m_1 = m_2 = m_3 = m$，$k_1 = k_2 = k_3 = k$. 求系统的主振型.

解. 这时，系统矩阵为

$$\boldsymbol{S} = \frac{k}{m}\begin{bmatrix} 2 & -1 & 0 \\ -1 & 2 & -1 \\ 0 & -1 & 1 \end{bmatrix}$$

令 $\alpha = \dfrac{m}{k}$，则有

$$B = S - \lambda I = \frac{1}{\alpha}\begin{bmatrix} 2-\lambda\alpha & -1 & 0 \\ -1 & 2-\lambda\alpha & -1 \\ 0 & -1 & 1-\lambda\alpha \end{bmatrix}$$

而其伴随阵为

$$\mathrm{adj}\,B = \frac{1}{\alpha}\begin{bmatrix} (2-\lambda\alpha)(1-\lambda\alpha)-1 & 1-\lambda\alpha & 1 \\ 1-\lambda\alpha & (2-\lambda\alpha)(1-\lambda\alpha) & 2-\lambda\alpha \\ 1 & 2-\lambda\alpha & (2-\lambda\alpha)^2-1 \end{bmatrix} \tag{6.4-14}$$

将 $\lambda_1 = 0.198/\alpha$ 代入(6.4-14),可得

$$\mathrm{adj}\,B_1 = \frac{1}{\alpha}\begin{bmatrix} 0.445 & 0.802 & 1.000 \\ 0.802 & 1.445 & 1.802 \\ 1.000 & 1.802 & 2.247 \end{bmatrix}$$

注意到该矩阵中各列是成比例的，其中第三列正是取 x_1 为基准的主振型:

$$X_1 = [1.000 \quad 1.802 \quad 2.247]^T$$

同样地,将 $\lambda_2 = 1.555/\alpha$ 代入式(6.4-14)，可得

$$X_2 = [1.000 \quad 0.445 \quad -0.802]^T$$

将 $\lambda_3 = 3.427/\alpha$ 代入式(6.4-14)，可得

$$X_3 = [1.000 \quad -1.247 \quad 0.555]^T$$

矩阵特征值问题通常表示成下述标准形式:

$$AY = \lambda Y \tag{6.4-15}$$

其中 A 是实数方阵，Y 是特征矢量，λ 是特征值．在大多数算法中还假设 A 是对称阵.

显然,方程(6.4-6)与(6.4-8)都具有(6.4-15)式的形式．不过，无论是 S 还是 $\dot{S}$，一般都不是对称阵．为了将它们化为对称阵,可进行坐标变换如下.

因为质量矩阵 M 通常是定正的实对称阵,它总可以分解为[1)]

$$M = U^TU \tag{6.4-16}$$

1) 见 Wilkinson, J. H. and C. Reinsch, Linear Algebra, Handbook for Automatic Computation, Vol. II, 1971, p. 9.

式中 $\boldsymbol{U}$ 为非奇异上三角阵,$\boldsymbol{U}^T$ 为其转置阵.

将式(6.4-16)代入式(6.4-7)与(6.4-8),得

$$\boldsymbol{R}\boldsymbol{U}^T\boldsymbol{U}\boldsymbol{X} = \tilde{\lambda}\boldsymbol{X}$$

上式前乘以 $\boldsymbol{U}$,得

$$\boldsymbol{U}\boldsymbol{R}\boldsymbol{U}^T\boldsymbol{U}\boldsymbol{X} = \tilde{\lambda}\boldsymbol{U}\boldsymbol{X} \tag{6.4-17}$$

引入新的系统矩阵 $\boldsymbol{S}_R$:

$$\boldsymbol{S}_R = \boldsymbol{U}\boldsymbol{R}\boldsymbol{U}^T \tag{6.4-18}$$

再对 $\boldsymbol{X}$ 进行如下变换:

$$\boldsymbol{Y} = \boldsymbol{U}\boldsymbol{X} \tag{6.4-19}$$

于是,式(6.4-17)可改写成

$$\boldsymbol{S}_R\boldsymbol{Y} = \tilde{\lambda}\boldsymbol{Y} \tag{6.4-20}$$

我们来证明新的系统矩阵 $\boldsymbol{S}_R$ 是对称阵,并且与系统矩阵 $\tilde{\boldsymbol{S}}$ 有着相同的特征值. 事实上,$\boldsymbol{S}_R$ 是由对称阵 $\boldsymbol{R}$ 经变换(6.4-18)得来的,按矩阵乘积的转置规则,有

$$\boldsymbol{S}_R^T = \boldsymbol{U}\boldsymbol{R}^T\boldsymbol{U}^T = \boldsymbol{U}\boldsymbol{R}\boldsymbol{U}^T = \boldsymbol{S}_R$$

所以 $\boldsymbol{S}_R$ 已是对称阵. 又因为

$$\boldsymbol{S}_R = \boldsymbol{U}\boldsymbol{R}\boldsymbol{U}^T = \boldsymbol{U}\boldsymbol{R}\boldsymbol{U}^T\boldsymbol{U}\boldsymbol{U}^{-1} = \boldsymbol{U}\boldsymbol{R}\boldsymbol{M}\boldsymbol{U}^{-1} = \boldsymbol{U}\tilde{\boldsymbol{S}}\boldsymbol{U}^{-1} \tag{6.4-21}$$

即系统矩阵 $\boldsymbol{S}_R$ 又可以看作是系统矩阵 $\tilde{\boldsymbol{S}}$ 经变换(6.4-21)得来的. 因为

$$\begin{aligned} |\boldsymbol{S}_R - \lambda\boldsymbol{I}| &= |\boldsymbol{U}\tilde{\boldsymbol{S}}\boldsymbol{U}^{-1} - \lambda\boldsymbol{U}\boldsymbol{I}\boldsymbol{U}^{-1}| \\ &= |\boldsymbol{U}|\,|\tilde{\boldsymbol{S}} - \lambda\boldsymbol{I}|\,|\boldsymbol{U}^{-1}| = 0 \end{aligned}$$

并注意到 $\boldsymbol{U}$ 是非奇异矩阵,故 $\boldsymbol{S}_R$ 与 $\tilde{\boldsymbol{S}}$ 有着相同的特征值. 不过,这时的特征矢量 $\boldsymbol{Y}_i$ 已不同于特征矢量 $\boldsymbol{X}_i$. 但如果求出 $\boldsymbol{Y}_i$ 后,就不难通过逆变换:

$$\boldsymbol{X} = \boldsymbol{U}^{-1}\boldsymbol{Y} \tag{6.4-22}$$

求出相应的 $\boldsymbol{X}_i$.

再来看方程(6.4-6)的变换. 对式(6.4-16)求逆,有

$$\boldsymbol{M}^{-1} = \boldsymbol{U}^{-1}[\boldsymbol{U}^{-1}]^T$$

将上式代入式(6.4-6),得

$$U^{-1}[U^{-1}]^T KX = \lambda X$$

两端前乘以 $\boldsymbol{U}$，得

$$[U^{-1}]^T KX = \lambda UX$$

或写成

$$[U^{-1}]^T KU^{-1}UX = \lambda UX \tag{6.4-23}$$

再引入另一个新的系统矩阵 S_K：

$$S_K = [U^{-1}]^T KU^{-1} \tag{6.4-24}$$

同时对 $\boldsymbol{X}$ 进行变换(6.4-19)．于是，式(6.4-23)可改写为

$$S_K Y = \lambda Y \tag{6.4-25}$$

和前面的讨论相类似，可以证明新的系统矩阵 S_K 已是对称阵，且有

$$\begin{aligned} S_K &= [U^{-1}]^T KU^{-1} \\ &= UU^{-1}[U^{-1}]^T KU^{-1} \\ &= UM^{-1}KU^{-1} \\ &= USU^{-1} \end{aligned}$$

所以，系统矩阵 S_K 与系统矩阵 S 有着相同的特征值．

当 $\boldsymbol{M}$ 是对角阵时，上述变换将大为简化．这时有

$$U = U^T = M^{1/2}, \quad U^{-1} = [U^{-1}]^T = M^{-\frac{1}{2}} \tag{6.4-26}$$

式中 $M^{\frac{1}{2}}$ 表示一对角阵，其元素分别为 $\boldsymbol{M}$ 中对应元素的平方根；$M^{-\frac{1}{2}}$ 的元素分别为 $M^{\frac{1}{2}}$ 中对应元素的倒数．从而有

$$\left.\begin{aligned} S_R &= M^{\frac{1}{2}}RM^{\frac{1}{2}} \\ S_K &= M^{-\frac{1}{2}}KM^{-\frac{1}{2}} \\ Y &= M^{\frac{1}{2}}X \\ X &= M^{-\frac{1}{2}}Y \end{aligned}\right\} \tag{6.4-27}$$

例6.4-2．　设图 6.2-1 所示三自由度系统中有 $m_1 = m_3 = m, m_2 = 4m, k_1 = k_2 = k_3 = k$．试将系统矩阵化为对称阵．

解．这时，系统的柔度矩阵与质量矩阵分别为

$$R = \frac{1}{k}\begin{bmatrix} 1 & 1 & 1 \\ 1 & 2 & 2 \\ 1 & 2 & 3 \end{bmatrix}, \qquad M = m\begin{bmatrix} 1 & 0 & 0 \\ 0 & 4 & 0 \\ 0 & 0 & 1 \end{bmatrix}$$

故系统矩阵 $\boldsymbol{S}$ 为非对称阵：

$$\tilde{\boldsymbol{S}} = \boldsymbol{RM} = \frac{m}{k}\begin{bmatrix} 1 & 4 & 1 \\ 1 & 8 & 2 \\ 1 & 8 & 3 \end{bmatrix}$$

因为这时 $\boldsymbol{M}$ 为对角阵，所以有

$$\boldsymbol{M}^{\frac{1}{2}} = \sqrt{m}\begin{bmatrix} 1 & 0 & 0 \\ 0 & 2 & 0 \\ 0 & 0 & 1 \end{bmatrix}$$

按式(6.4-27)进行变换，有

$$\boldsymbol{S}_R = \boldsymbol{M}^{\frac{1}{2}}\boldsymbol{RM}^{\frac{1}{2}} = \frac{m}{k}\begin{bmatrix} 1 & 2 & 1 \\ 2 & 8 & 4 \\ 1 & 4 & 3 \end{bmatrix}$$

所得 $\boldsymbol{S}_R$ 已是对称阵.

矩阵特征值问题属于线性代数的一个专题．已经发展了许多有效的算法来求解各种形式的矩阵的特征值问题．关于这一问题的详细论述，请读者参阅有关专著及手册[1)].

6.5 主振型(特征矢量)的正交性

一个 n 自由度的振系具有 n 个固有频率以及相应的 n 个主振型．这些主振型之间存在着关于质量矩阵与刚度矩阵的加权正交性．设系统第 i 个与第 j 个主振型矢量分别表示为 $\boldsymbol{X}_i$ 与 $\boldsymbol{X}_j$，就有

$$\boldsymbol{KX}_i = \lambda_i \boldsymbol{MX}_i \tag{6.5-1}$$

$$\boldsymbol{KX}_j = \lambda_j \boldsymbol{MX}_j \tag{6.5-2}$$

式(6.5-1)前乘以 $\boldsymbol{X}_j^T$，有

$$\boldsymbol{X}_j^T\boldsymbol{KX}_i = \lambda_i \boldsymbol{X}_j^T\boldsymbol{MX}_i \tag{6.5-3}$$

---

1) 例如 Gourlay, A. R. and G. A. Watson, Computational Methods for Matrix Eigenproblems, John Wiley & Sons, 1973 或者 Wilkinson, J. H. and C. Reinsch, Linear Algebra, Handbook for Automatic Computation, Vol. II, 1971.

式(6.5-2)前乘以 $\boldsymbol{X}_j^T$，有

$$\boldsymbol{X}_j^T\boldsymbol{K}\boldsymbol{X}_i=\lambda_i\boldsymbol{X}_j^T\boldsymbol{M}\boldsymbol{X}_i \tag{6.5-4}$$

再由于 $\boldsymbol{K}$ 与 $\boldsymbol{M}$ 都是对称阵，故有

$$\boldsymbol{X}_j^T\boldsymbol{K}\boldsymbol{X}_i=\boldsymbol{X}_i^T\boldsymbol{K}\boldsymbol{X}_j$$

$$\boldsymbol{X}_j^T\boldsymbol{M}\boldsymbol{X}_i=\boldsymbol{X}_i^T\boldsymbol{M}\boldsymbol{X}_j$$

将它们代入式(6.5-3)，再与式(6.5-4)相减，得

$$(\lambda_i-\lambda_j)\boldsymbol{X}_i^T\boldsymbol{M}\boldsymbol{X}_j=0 \tag{6.5-5}$$

当 $i\neq j$ 时，由上式可得

$$\boldsymbol{X}_i^T\boldsymbol{M}\boldsymbol{X}_j=0,\quad i\neq j \tag{6.5-6}$$

再由式(6.5-4)，显然有

$$\boldsymbol{X}_i^T\boldsymbol{K}\boldsymbol{X}_j=0,\quad i\neq j \tag{6.5-7}$$

(6.5-6)与(6.5-7)式表示各个主振型关于 $\boldsymbol{M}$ 与 $\boldsymbol{K}$ 存在加权正交性，简称 $\boldsymbol{M}$ 正交与 $\boldsymbol{K}$ 正交.

如果 $i=j$，则不论 $\boldsymbol{X}_i^T\boldsymbol{M}\boldsymbol{X}_i$ 取任何有限值，(6.5-5)式都自然满足. 因而可令

$$\left.\begin{aligned}M_i&=\boldsymbol{X}_i^T\boldsymbol{M}\boldsymbol{X}_i\\K_i&=\boldsymbol{X}_i^T\boldsymbol{K}\boldsymbol{X}_i\end{aligned}\right\} \tag{6.5-8}$$

而由(6.5-1)式，有

$$\lambda_i=K_i/M_i$$

所以，M_i 称为**广义质量**，K_i 称为**广义刚度**.

从式(6.4-20)或(6.4-25)出发，根据以上同样的推导，考虑到不论系统矩阵 $\boldsymbol{S}_R$ 还是 $\boldsymbol{S}_K$ 都是对称阵，可得特征矢量 Y 的正交性，即有

$$\boldsymbol{Y}_i^T\boldsymbol{Y}_j=0,\qquad i\neq j \tag{6.5-9}$$

也就是说，$\boldsymbol{S}_R$ 或 $\boldsymbol{S}_K$ 的特征矢量 $\boldsymbol{Y}$ 具有通常意义的正交性.

但对于系统矩阵 $\boldsymbol{S}$ 与 $\tilde{\boldsymbol{S}}$ 来说，由于它们一般都不是对称阵，因而其特征矢量 $\boldsymbol{X}$ 不具有通常意义的正交性. 只有在特殊情形，即 $\boldsymbol{S}$ 与 $\tilde{\boldsymbol{S}}$ 为对称阵时，特征矢量 $\boldsymbol{X}$ 才具有通常意义的正交性.

主振型的上述加权正交性反映了各个不同的主振型振动之间既无动力耦合，又无静力耦合. 事实上，对应于第 i 个主振型振动

$\boldsymbol{x}_i = \boldsymbol{X}_i \sin p_i t$，系统的惯性力 $\boldsymbol{f}_i$ 可表示为

$$\boldsymbol{f}_i = -\boldsymbol{M}\ddot{\boldsymbol{x}}_i = \boldsymbol{M}\boldsymbol{X}_i p_i^2 \sin p_i t$$

而第 i 个主振型振动的微位移可表示为

$$d\boldsymbol{x}_i = \boldsymbol{X}_i p_i \cos p_i t\, dt$$

由 $\boldsymbol{M}$ 正交性可知，惯性力 $\boldsymbol{f}_i$ 在位移 $d\boldsymbol{x}_j$ 上作功为零，即有

$$d\boldsymbol{x}_j^T \boldsymbol{f}_i = \boldsymbol{X}_j^T \boldsymbol{M}\boldsymbol{X}_i p_j p_i^2 \cos p_j t \sin p_i t\, dt = 0$$

所以说，不同主振型振动之间不存在惯性耦合.

根据同样的理由，由 $\boldsymbol{K}$ 正交性可知，不同主振型振动之间也不存在弹性耦合.

例 6.5-1. 设在光滑水平面上有质点 m，分别由三个刚度各为 k 的弹簧连结于三个固定点，图 6.5-1. 静平衡时各弹簧无变形. 试考察系统的主振型振动.

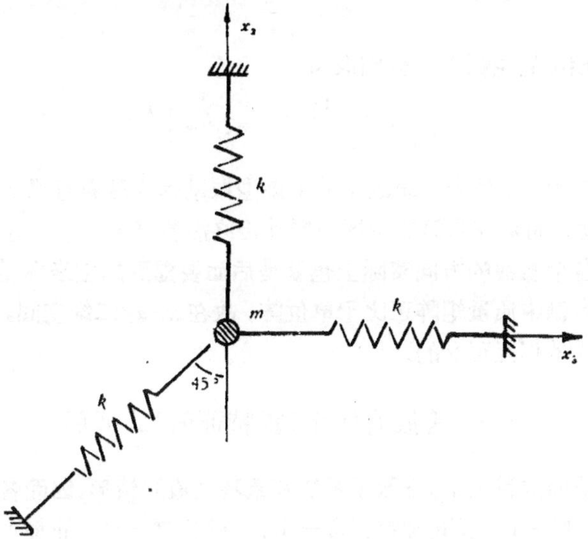

图 6.5-1

解. 以质点平衡位置为原点，取图示坐标系 x_1, x_2. 不难求得，这时系统的刚度矩阵为

$$\boldsymbol{K} = \frac{k}{2}\begin{bmatrix} 3 & 1 \\ 1 & 3 \end{bmatrix}$$

而系统的质量矩阵则为

$$\boldsymbol{M}=m\begin{bmatrix}1 & 0\\ 0 & 1\end{bmatrix}$$

故系统的运动微分方程可写为

$$m\begin{bmatrix}1 & 0\\ 0 & 1\end{bmatrix}\begin{Bmatrix}\ddot{x}_1\\ \ddot{x}_2\end{Bmatrix}+\frac{k}{2}\begin{bmatrix}3 & 1\\ 1 & 3\end{bmatrix}\begin{Bmatrix}x_1\\ x_2\end{Bmatrix}=\begin{Bmatrix}0\\ 0\end{Bmatrix}$$

相应的特征方程为

$$\begin{vmatrix}\dfrac{3}{2}k-mp^2 & \dfrac{k}{2}\\ \dfrac{k}{2} & \dfrac{3}{2}k-mp^2\end{vmatrix}=0$$

由此可解出系统的固有频率，有

$$p_{1,2}^2=\frac{k}{m},\quad \frac{2k}{m}$$

与之相应的主振型可分别取为

$$X_1=\begin{Bmatrix}1\\ -1\end{Bmatrix},\qquad X_2=\begin{Bmatrix}1\\ 1\end{Bmatrix}$$

这就是说，本例中系统的第一主振型振动始终沿着直线 $x_1+x_2=0$ 运动，而系统的第二主振型振动始终沿着直线 $x_1-x_2=0$ 运动．各个轨线的方向实际上也就是后面要提到的主坐标的方向．由于本例中质量矩阵正比于单位阵，故在 x_1-x_2 二维空间，主振动的轨线是相互正交的．

6.6 等固有频率(重特征值)的情形

前面的讨论中，排除了系统有重特征值的情形，因而各个特征矢量是唯一确定的(确定到带一个任意常数乘子)．而每个特征矢量对应着一种主振型振动．这时，系统对应于任意初始条件的自由振动，都可以表示成各个主振型振动的线性组合．正是在这个意义上，我们说各个特征矢量构成了 n 维振型矢量空间的一个**完备基**．

可是，当特征方程出现重根时，对应的特征矢量就不能唯一确定．设特征方程有二重根 $\lambda_1=\lambda_2=\lambda_r$，而 $\boldsymbol{X}_1$ 与 $\boldsymbol{X}_2$ 是其对应的

特征矢量，即有

$$SX_1 = \lambda_r X_1$$
$$SX_2 = \lambda_r X_2$$

那末 X_1 与 X_2 的线性组合 $X_r = aX_1 + bX_2$（其中 a，b 是任意常数）仍然是对应于 λ_r 的特征矢量．事实上，有

$$SX_r = S(aX_1 + bX_2) = \lambda_r(aX_1 + bX_2) = \lambda_r X_r$$

所以说，对应于 λ_r 的特征矢量不能唯一确定．在这情形下，应该怎样来确定振型矢量空间的完备基呢？回答是应该按正交性来选定这个基．就是说，所选定的 X_1，X_2 之间必须满足关于 M,K 的正交条件(6.5-6)与(6.5-7)．

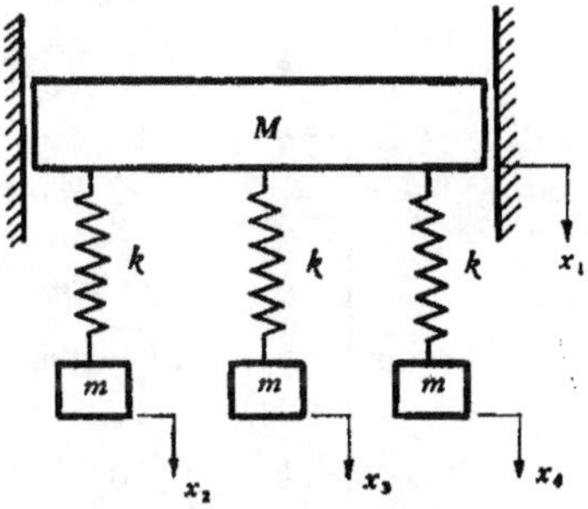

图 6.6-1

例6.6-1．在图 6.6-1 所示模型系统中，假设质量 M 与各个 m 都只能沿 x 方向运动．要求确定其振型矢量空间的完备基．

解．　该系统的质量矩阵为

$$M = \begin{bmatrix} M & 0 & 0 & 0 \\ 0 & m & 0 & 0 \\ 0 & 0 & m & 0 \\ 0 & 0 & 0 & m \end{bmatrix}$$

刚度矩阵为

$$K = \begin{bmatrix} 3k & -k & -k & -k \\ -k & k & 0 & 0 \\ -k & 0 & k & 0 \\ -k & 0 & 0 & k \end{bmatrix}$$

系统主振型方程可写为

$$KX = p^2 MX$$

而系统的特征方程为

$$\Delta = |\boldsymbol{K} - p^2\boldsymbol{M}| = 0$$

上述行列式Δ可以借初等变换化为

$$\Delta = \begin{vmatrix} 3k - p^2M & -k & -k & -k \\ -k & k - p^2m & 0 & 0 \\ -k & 0 & k - p^2m & 0 \\ -k & 0 & 0 & k - p^2m \end{vmatrix}$$

$$= \begin{vmatrix} -p^2M & -p^2m & -p^2m & -p^2m \\ -k & k - p^2m & 0 & 0 \\ -k & 0 & k - p^2m & 0 \\ -k & 0 & 0 & k - p^2m \end{vmatrix}$$

$$= p^2 \begin{vmatrix} -M & 0 & 0 & 0 \\ -k & k - p^2m & 0 & mk/M \\ -k & -(k-p^2m) & k - p^2m & mk/M \\ -k & 0 & -(k-p^2m) & \left(1 + \dfrac{m}{M}\right)k - p^2m \end{vmatrix}$$

$$= p^2 \begin{vmatrix} -M & 0 & 0 & 0 \\ 0 & k - p^2m & 0 & mk/M \\ 0 & -(k-p^2m) & k - p^2m & mk/M \\ 0 & 0 & -(k-p^2m) & \left(1 + \dfrac{m}{M}\right)k - p^2m \end{vmatrix}$$

$$= p^2 \begin{vmatrix} -M & 0 & 0 & 0 \\ 0 & k - p^2m & 0 & mk/M \\ 0 & 0 & k - p^2m & 2mk/M \\ 0 & 0 & 0 & \left(1 + 3\dfrac{m}{M}\right)k - p^2m \end{vmatrix}$$

$$= p^2 \begin{vmatrix} -M & 0 & 0 & 0 \\ 0 & k - p^2m & 0 & 0 \\ 0 & 0 & k - p^2m & 0 \\ 0 & 0 & 0 & \left(1 + 3\dfrac{m}{M}\right)k - p^2m \end{vmatrix}$$

$$= -p^2(k - p^2m)^2\{(M + 3m)k - mMp^2\}$$

故系统的特征根为

$$p_1^2 = 0, \quad p_2^2 = p_3^2 = \frac{k}{m}, \quad p_4^2 = \frac{(M + 3m)k}{mM}$$

容易确定对应于 p_1^2 与 p_4^2 的特征矢量为

$$\boldsymbol{X}_1 = [1 \quad 1 \quad 1 \quad 1]^T$$

$$\boldsymbol{X}_4 = \left[-\frac{3m}{M} \quad 1 \quad 1 \quad 1\right]^T$$

而对应于 $p_2^2 = p_3^2 = \dfrac{k}{m}$，有

$$\left[\boldsymbol{K} - \frac{k}{m}\boldsymbol{M}\right]\boldsymbol{X}_i$$

$$= k\begin{bmatrix} 3 - \dfrac{M}{m} & -1 & -1 & -1 \\ -1 & 0 & 0 & 0 \\ -1 & 0 & 0 & 0 \\ -1 & 0 & 0 & 0 \end{bmatrix}\boldsymbol{X}_i = \boldsymbol{0}$$

由此得

$$\begin{aligned} &X_{1i} = 0, \\ &X_{2i} + X_{3i} + X_{4i} = 0, \end{aligned} \qquad i = 2,3$$

这时，作为完备基中的 $\boldsymbol{X}_2$ 与 $\boldsymbol{X}_3$ 必须按关于 $\boldsymbol{M}$ 与 $\boldsymbol{K}$ 的正交条件来选定．由

$$\boldsymbol{X}_i^T\boldsymbol{M}\boldsymbol{X}_1 = \boldsymbol{X}_i^T\boldsymbol{M}\boldsymbol{X}_4 = 0, \qquad i = 2,3$$

仍得

$$X_{2i} + X_{3i} + X_{4i} = 0, \qquad i = 2,3$$

对于 $\boldsymbol{X}_2$，有二个元素可任意选取，例如取

$$X_{32} = X_{42} = 1$$

于是有

$$X_{22} = -2$$

即有

$$\boldsymbol{X}_2 = [0 \quad -2 \quad 1 \quad 1]^T$$

对于 $\boldsymbol{X}_3$,由

$$\boldsymbol{X}_3\boldsymbol{M}\boldsymbol{X}_2 = 0$$

得

$$-2X_{23} + X_{33} + X_{43} = 0$$

于是有

$$X_{23} = 0$$

这时,$\boldsymbol{X}_3$ 中只有一个元素可以任取,例如取

$$X_{43} = 1$$

则有

$$X_{33} = -1$$

即有

$$\boldsymbol{X}_3 = [0 \quad 0 \quad -1 \quad 1]^T$$

上面所得 $\boldsymbol{X}_1,\boldsymbol{X}_2,\boldsymbol{X}_3,\boldsymbol{X}_4$ 构成了振型矢量空间的一个完备基.

6.7 主振型矩阵、标准振型矩阵

前曾指出,一个 n 自由度系统的自由振动方程可表示为

$$\boldsymbol{M}\ddot{\boldsymbol{x}} + \boldsymbol{K}\boldsymbol{x} = \boldsymbol{0} \tag{6.7-1}$$

当其中 $\boldsymbol{M}$ 为非对角阵时,称该系统有动力耦合;而当 $\boldsymbol{K}$ 为非对角阵时,称该系统有静力耦合. 在一般情形下,系统往往既有动力耦合,又有静力耦合. 但是,正如下面要讲的,借助于主振型矩阵进行坐标变换,就有可能使系统解耦.

所谓**主振型矩阵**是指以系统振型矢量空间的完备基所构成的方阵. 例如,对于三自由度系统,设其振型矢量空间的完备基为

$$\boldsymbol{X}_1 = \begin{Bmatrix} X_{11} \\ X_{21} \\ X_{31} \end{Bmatrix}, \quad \boldsymbol{X}_2 = \begin{Bmatrix} X_{12} \\ X_{22} \\ X_{32} \end{Bmatrix}, \quad \boldsymbol{X}_3 = \begin{Bmatrix} X_{13} \\ X_{23} \\ X_{33} \end{Bmatrix}$$

则其主振型矩阵 $\boldsymbol{P}$ 为

$$\boldsymbol{P}=\begin{bmatrix} X_{11} & X_{12} & X_{13} \\ X_{21} & X_{22} & X_{23} \\ X_{31} & X_{32} & X_{33} \end{bmatrix}=[\boldsymbol{X}_1\ \boldsymbol{X}_2\ \boldsymbol{X}_3] \tag{6.7-2}$$

而 $\boldsymbol{P}$ 的转置阵为

$$\boldsymbol{P}^T=\begin{bmatrix} X_{11} & X_{21} & X_{31} \\ X_{12} & X_{22} & X_{32} \\ X_{13} & X_{23} & X_{33} \end{bmatrix}=\begin{Bmatrix} \boldsymbol{X}_1^T \\ \boldsymbol{X}_2^T \\ \boldsymbol{X}_3^T \end{Bmatrix}$$

利用主振型的正交性，不难证明 $\boldsymbol{P}^T\boldsymbol{MP}$ 以及 $\boldsymbol{P}^T\boldsymbol{KP}$ 都是对角阵. 事实上,按分块矩阵乘法,有

$$\begin{aligned}\boldsymbol{P}^T\boldsymbol{MP}&=\begin{Bmatrix} \boldsymbol{X}_1^T \\ \boldsymbol{X}_2^T \\ \boldsymbol{X}_3^T \end{Bmatrix}\boldsymbol{M}[\boldsymbol{X}_1\ \boldsymbol{X}_2\ \boldsymbol{X}_3]\\ &=\begin{bmatrix} \boldsymbol{X}_1^T\boldsymbol{MX}_1 & \boldsymbol{X}_1^T\boldsymbol{MX}_2 & \boldsymbol{X}_1^T\boldsymbol{MX}_3 \\ \boldsymbol{X}_2^T\boldsymbol{MX}_1 & \boldsymbol{X}_2^T\boldsymbol{MX}_2 & \boldsymbol{X}_2^T\boldsymbol{MX}_3 \\ \boldsymbol{X}_3^T\boldsymbol{MX}_1 & \boldsymbol{X}_3^T\boldsymbol{MX}_2 & \boldsymbol{X}_3^T\boldsymbol{MX}_3 \end{bmatrix}\\ &=\begin{bmatrix} M_1 & 0 & 0 \\ 0 & M_2 & 0 \\ 0 & 0 & M_3 \end{bmatrix}\end{aligned} \tag{6.7-3}$$

上式右端的矩阵中,所有非对角线元素，由(6.5-6) 式，都等于零；而各个对角线元素,由 (6.5-8) 式,等于广义质量 M_i.

根据同样的推理,可得

$$\boldsymbol{P}^T\boldsymbol{KP}=\begin{bmatrix} K_1 & 0 & 0 \\ 0 & K_2 & 0 \\ 0 & 0 & K_3 \end{bmatrix} \tag{6.7-4}$$

式中 K_i 为广义刚度.

利用下述坐标变换:

$$\boldsymbol{x}=\boldsymbol{Pz} \tag{6.7-5}$$

就可使方程 (6.7-1) 解耦. 事实上,将式 (6.7-5) 代入式 (6.7-1),再前乘以 $\boldsymbol{P}^T$,就有

$$\boldsymbol{P}^T\boldsymbol{MP}\ddot{\boldsymbol{z}}+\boldsymbol{P}^T\boldsymbol{KPz}=\boldsymbol{0} \tag{6.7-6}$$

显然,这时 $\boldsymbol{P}^T\boldsymbol{M}\boldsymbol{P}$ 与 $\boldsymbol{P}^T\boldsymbol{K}\boldsymbol{P}$ 已是对角阵,故方程(6.7-6)已取解耦形式. 因此,$\boldsymbol{z}$ 称为系统的主坐标. 而变换 (6.7-5) 称为主坐标变换.

如果各个主振型矢量 $\boldsymbol{X}_i$ 分别除以相应广义质量的平方根 $\sqrt{M_i}$,再由此构成方阵 $\tilde{\boldsymbol{P}}$,则 $\tilde{\boldsymbol{P}}$ 称为标准化主振型矩阵,简称标准振型矩阵. 不难证明,这时有

$$\tilde{\boldsymbol{P}}^T\boldsymbol{M}\tilde{\boldsymbol{P}} = \boldsymbol{I} \tag{6.7-7}$$

以及

$$\tilde{\boldsymbol{P}}^T\boldsymbol{K}\tilde{\boldsymbol{P}} = \begin{bmatrix} \frac{K_1}{M_1} & & 0 \\ & \ddots & \\ 0 & & \frac{K_n}{M_n} \end{bmatrix} = \begin{bmatrix} \lambda_1 & & 0 \\ & \ddots & \\ 0 & & \lambda_n \end{bmatrix} = \boldsymbol{\Lambda} \tag{6.7-8}$$

$\boldsymbol{\Lambda}$ 称为系统的特征值矩阵.

利用下述坐标变换:

$$\boldsymbol{x} = \tilde{\boldsymbol{P}}\tilde{\boldsymbol{z}} \tag{6.7-9}$$

对方程 (6.7-1) 进行解耦,可得

$$\tilde{\boldsymbol{P}}^T\boldsymbol{M}\tilde{\boldsymbol{P}}\ddot{\tilde{\boldsymbol{z}}} + \tilde{\boldsymbol{P}}^T\boldsymbol{K}\tilde{\boldsymbol{P}}\tilde{\boldsymbol{z}} = \boldsymbol{0}$$

由 (6.7-7) 与 (6.7-8),得

$$\ddot{\tilde{\boldsymbol{z}}} + \boldsymbol{\Lambda}\tilde{\boldsymbol{z}} = \boldsymbol{0} \tag{6.7-10}$$

$\tilde{\boldsymbol{z}}$ 称为标准坐标,而式 (6.7-9) 称为标准坐标变换.

例 6.7-1. 在例 6.3-8 所考察的系统中,令 $m_1 = m_2 = m$, $l_1 = l_2 = l$,则系统的质量矩阵与刚度矩阵分别为

$$\boldsymbol{M} = m\boldsymbol{I}, \qquad \boldsymbol{K} = \frac{mg}{l}\begin{bmatrix} 3 & -1 \\ -1 & 1 \end{bmatrix}$$

试利用主坐标变换使系统去耦.

解. 这时,系统的特征方程为

$$\begin{vmatrix} 3-\lambda & -1 \\ -1 & 1-\lambda \end{vmatrix} = 0$$

其中 $\lambda = p^2 l/g$，p 代表系统的固有频率．解此方程，可得特征根为

$$\lambda_{1,2} = 2 \mp \sqrt{2}$$

相应的特征矢量分别为

$$\boldsymbol{X}_1 = [1 \quad 1+\sqrt{2}]^T$$
$$\boldsymbol{X}_2 = [1 \quad 1-\sqrt{2}]^T$$

因而，主坐标变换可取为

$$\boldsymbol{x} = \boldsymbol{P}\boldsymbol{z}, \quad \boldsymbol{P} = \begin{bmatrix} 1 & 1 \\ 1+\sqrt{2} & 1-\sqrt{2} \end{bmatrix}$$

在主坐标系 $\boldsymbol{z}$ 中，质量矩阵 $\boldsymbol{M}$ 将为

$$\begin{aligned} \boldsymbol{M} &= \boldsymbol{P}^T\boldsymbol{M}\boldsymbol{P} \\ &= 2m\begin{bmatrix} 2+\sqrt{2} & 0 \\ 0 & 2-\sqrt{2} \end{bmatrix} \end{aligned}$$

同时，刚度矩阵 $\bar{\boldsymbol{K}}$ 将为

$$\begin{aligned} \bar{\boldsymbol{K}} &= \boldsymbol{P}^T\boldsymbol{K}\boldsymbol{P} \\ &= \frac{4mg}{l}\begin{bmatrix} 1 & 0 \\ 0 & 1 \end{bmatrix} \end{aligned}$$

因而系统的自由振动微分方程可写为

$$\begin{bmatrix} 2+\sqrt{2} & 0 \\ 0 & 2-\sqrt{2} \end{bmatrix} \begin{Bmatrix} \ddot{z}_1 \\ \ddot{z}_2 \end{Bmatrix} + \frac{2g}{l}\begin{bmatrix} 1 & 0 \\ 0 & 1 \end{bmatrix} \begin{Bmatrix} z_1 \\ z_2 \end{Bmatrix} = \begin{Bmatrix} 0 \\ 0 \end{Bmatrix}$$

这时，系统已完全去耦．

利用主坐标变换使系统去耦，这是后面要讲的主坐标分析法的核心．它为研究多自由度系统的强迫振动提供了有效而方便的途径．但在考察系统的强迫振动之前，先来说明系统物理参数的变化以及附加约束对系统固有频率的影响．了解这些变化规律，对于系统设计是很有用处的．

6.8 固有频率随系统物理参数的变化

在机器或结构的初步设计中可能会出现系统固有频率正好和外界扰力频率极为接近的情形．这时，为了排除共振的可能性，往往要修改设计，也就是变更系统的物理参数，使系统固有频率适当地离开该扰力频率．因此，在这类系统设计问题中，有必要研究固有频率随系统参数的变化．

对于一个多自由度系统，其自由振动方程一般可表示为

$$\boldsymbol{M}\ddot{\boldsymbol{x}} + \boldsymbol{K}\boldsymbol{x} = \boldsymbol{0}$$

$\boldsymbol{M}$ 与 $\boldsymbol{K}$ 通常是对称阵，其中包含着系统的各个物理参数．如引入**特征矩阵** $\boldsymbol{D}$

$$\boldsymbol{D} = [\boldsymbol{K} - p^2\boldsymbol{M}]$$

则系统的主振型方程可写成

$$\boldsymbol{D}\boldsymbol{X} = \boldsymbol{0} \tag{6.8-1}$$

这时，系统的各阶固有频率 p_i 与主振型 $\boldsymbol{X}_i$ 必然满足上式，即有

$$\boldsymbol{D}_i\boldsymbol{X}_i = \boldsymbol{0} \tag{6.8-2}$$

其中

$$\boldsymbol{D}_i = [\boldsymbol{K} - p_i^2\boldsymbol{M}]$$

式 (6.8-2) 前乘以 $\boldsymbol{X}_i^T$，得

$$\boldsymbol{X}_i^T\boldsymbol{D}_i\boldsymbol{X}_i = 0 \tag{6.8-3}$$

为了考察系统固有频率随系统某个物理量 s 的变化，将 (6.8-3) 式对该参数 s 求偏导数，可得

$$\frac{\partial \boldsymbol{X}_i^T}{\partial s}\boldsymbol{D}_i\boldsymbol{X}_i + \boldsymbol{X}_i^T\frac{\partial \boldsymbol{D}_i}{\partial s}\boldsymbol{X}_i + \boldsymbol{X}_i^T\boldsymbol{D}_i\frac{\partial \boldsymbol{X}_i}{\partial s} = 0 \tag{6.8-4}$$

注意到 $\boldsymbol{D}_i$ 是对称阵，由式 (6.8-2) 有

$$\boldsymbol{X}_i^T\boldsymbol{D}_i = \boldsymbol{0} \tag{6.8-5}$$

由式 (6.8-2) 与 (6.8-5) 可见，式 (6.8-4) 中第一、三项都等于零，故有

$$\boldsymbol{X}_i^T\frac{\partial \boldsymbol{D}_i}{\partial s}\boldsymbol{X}_i = 0$$

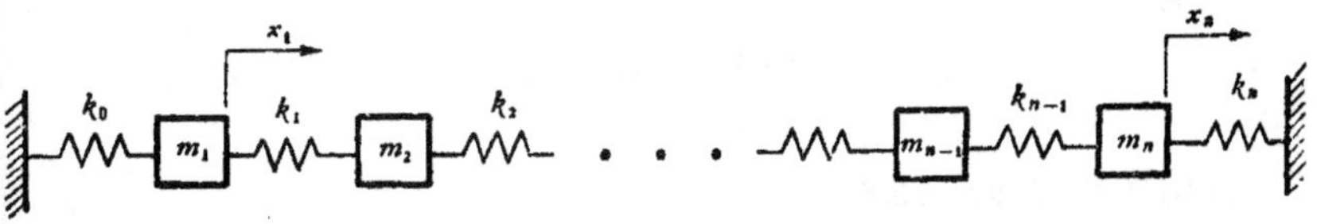

图 6.8-1

即有

$$\boldsymbol{X}_i^T\left[\frac{\partial \boldsymbol{K}}{\partial s}-2p_i\frac{\partial p_i}{\partial s}\boldsymbol{M}-p_i^2\frac{\partial \boldsymbol{M}}{\partial s}\right]\boldsymbol{X}_i=0 \qquad (6.8\text{-}6)$$

再假设各个主振型 $\boldsymbol{X}_i$ 已标准化,即有

$$\boldsymbol{X}_i^T\boldsymbol{M}\boldsymbol{X}_i=1$$

故由式(6.8-6)可得

$$\frac{\partial p_i}{\partial s}=\frac{1}{2}p_i^{-1}\boldsymbol{X}_i^T\frac{\partial \boldsymbol{K}}{\partial s}\boldsymbol{X}_i-\frac{1}{2}p_i\boldsymbol{X}_i^T\frac{\partial \boldsymbol{M}}{\partial s}\boldsymbol{X}_i \qquad (6.8\text{-}7)$$

式(6.8-7)表示系统固有频率随系统物理参数 s 的变化率,其中 $\frac{\partial \boldsymbol{K}}{\partial s}$ 与 $\frac{\partial \boldsymbol{M}}{\partial s}$ 视具体物理系统而定.

现考察图 6.8-1 所示的由多个质量与弹簧组成的串联系统.这类系统的特点是质量矩阵 $\boldsymbol{M}$ 是对角阵,而刚度矩阵 $\boldsymbol{K}$ 是三对角阵.事实上,由牛顿定律,系统的自由振动方程可列为

$$\left.\begin{array}{l}m_1\ddot{x}_1+k_0x_1-k_1(x_2-x_1)=0\\ m_2\ddot{x}_2+k_1(x_2-x_1)-k_2(x_3-x_1)=0\\ \qquad\cdots\cdots\cdots\\ m_n\ddot{x}_n+k_{n-1}(x_n-x_{n-1})+k_nx_n=0\end{array}\right\} \qquad (6.8\text{-}8)$$

显然有

$$\boldsymbol{M}=\mathrm{diag}[m_i] \qquad (6.8\text{-}9)$$

$$\boldsymbol{K}=\mathrm{trid}[K_{ii},K_{i,i+1},K_{i+1,i}]$$

$$\left.\begin{array}{ll}K_{ii}=k_{i-1}+k_i, & i=1,2,\cdots,n\\ K_{i,i+1}=K_{i+1,i}=-k_i, & i=1,2,\cdots,n-1\end{array}\right\} \qquad (6.8\text{-}10)$$

这时,系统的物理参数 $m_1,\cdots,m_n$ 和 $k_0,k_1,\cdots,k_n$ 分别包含在矩阵 $\boldsymbol{M}$ 与 $\boldsymbol{K}$ 内.

故有

$$\frac{\partial \boldsymbol{M}}{\partial k_j}=\frac{\partial \boldsymbol{K}}{\partial m_j}=\boldsymbol{0}$$

而由式 (6.8-9), (6.8-10), 有

$$\frac{\partial \boldsymbol{M}}{\partial m_j}=\begin{bmatrix} 0 & & & & & \\ & \ddots & & & & \\ & & 0 & & & \\ & & & 1 & & \\ & & & & 0 & \\ & & & & & \ddots \\ & & & & & & 0 \end{bmatrix} \begin{matrix} \\ \\ \\ \leftarrow j \text{ 行} \\ \\ \\ \\ \end{matrix}$$

（j 列）

$$\frac{\partial \boldsymbol{K}}{\partial k_j}=\begin{bmatrix} \ddots & & \ddots & & & \\ & \ddots\ 0 & 0 & & & \\ & 0 & 1 & -1 & & \\ & & -1 & 1 & 0 & \\ & & & 0 & 0 & \ddots \\ & & & & \ddots & \ddots \end{bmatrix} \begin{matrix} \\ \\ \leftarrow j \text{ 行} \\ \leftarrow j+1 \text{ 行} \\ \\ \\ \end{matrix}$$

（j 列，$j+1$ 列）

由此可得

$$\frac{\partial p_i}{\partial m_j}=-\frac{1}{2}p_i X_{ji}^2,\quad j=1,2,\cdots,n \tag{6.8-11}$$

$$\left.\begin{aligned} \frac{\partial p_i}{\partial k_0}&=\frac{1}{2}p_i^{-1}X_{1i}^2 \\ \frac{\partial p_i}{\partial k_j}&=\frac{1}{2}p_i^{-1}(X_{ji}-X_{j+1,i})^2,\quad j=1,2,\cdots,n-1 \\ \frac{\partial p_i}{\partial k_n}&=\frac{1}{2}p_i^{-1}X_{ni}^2 \end{aligned}\right\} \tag{6.8-12}$$

由式 (6.8-11), (6.8-12) 可见，串联系统仍保持着 1 自由度系统的如下特性：增大质量将降低系统的固有频率，而增大刚度则会提高系统的固有频率．实际上，这也是多自由度振系所固有的特

性[1]．

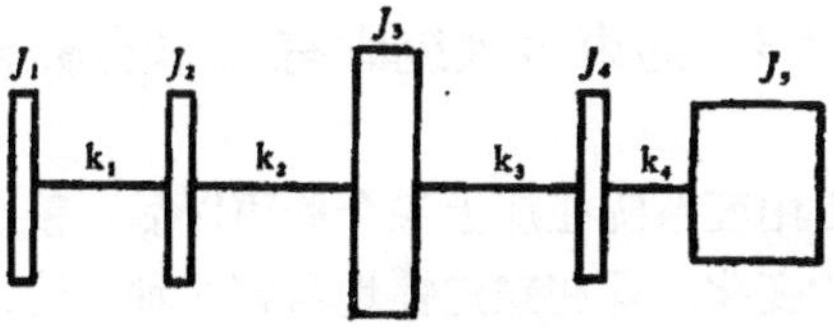

图 6.8-2

例 6.8-1[2]．图 6.8-2 所示是一柴油发电机组的模型系统，J_1，J_2 可看作柴油机曲轴的简化转动惯量，J_3 代表飞轮，J_4 代表发电机风扇，J_5 代表发电机转子．它们的数据列于表 6.1．数字计算结果如表 6.2．在这个实例中，实际可以变动的物理参数只有 k_2，k_3 与 J_3．而从表 6.2 可以看到，变动 k_3 远不如变动 k_2 有效．

表 6.1

下标 j	J_j 千克·米^2	k_j 牛顿·米/弧度
1	0.10	1.00(10^5)
2	0.10	0.50(10^5)
3	0.50	0.25(10^5)
4	0.30	1.00(10^5)
5	1.10	

表 6.2

$p_2 = 561$ 弧度/秒

下标 j	标准振型 X_{j2}	$\frac{\partial p_2}{\partial J_j}$ 弧度/千克·米^2·秒	$\frac{\partial p_2}{\partial k_j}$ (弧度)^2/牛顿·米·秒
1	2.104	−0.124(10^4)	0.391(10^{-3})
2	1.442	−0.583(10^3)	0.444(10^{-2})
3	−0.790	−0.175(10^3)	0.234(10^{-3})
4	−0.278	−0.216(10^2)	0.136(10^{-3})
5	0.113	−0.357(10^1)	

1) Rayleigh, J. W. S., Theory of Sound, 2nd ed., Dover, 1945, Vol. 1, §88.

2) 引自 Dougty, S., Sensitivity of Torsional Natural Frequencies, Trans. ASME, Series B, Vol. 99, No. 1, 1977, p. 142.

6.9 约束对系统固有频率的影响

一个多自由度系统在加上某个约束以后，系统的固有频率就会发生相应的变化．现在来定性地考察这种影响．假设在系统标准坐标之间加上如下约束：

$$\sum_{i=1}^{n} b_i z_i = 0$$

它也可以写成

$$z_n = \sum_{j=1}^{n-1} c_j z_j \tag{6.9-1}$$

这时，原系统的标准坐标运动方程为

$$\begin{aligned} &\ddot{z}_i + p_i^2 z_i = 0, \qquad i = 1,2,\cdots,n-1 \\ &\ddot{z}_n + p_n^2 z_n = 0 \end{aligned} \tag{6.9-2}$$

考虑到式(6.9-1)，可将式(6.9-2)中最后一个方程写成

$$\sum_{j=1}^{n-1} c_j \ddot{z}_j + p_n^2 \sum_{j=1}^{n-1} c_j z_j = 0 \tag{6.9-3}$$

对式(6.9-3)分别乘上 $c_i(i = 1,2,\cdots,n-1)$，再加到式(6.9-2)中前面第 i 个方程上去，可得

$$\ddot{z}_i + c_i\left(\sum_{j=1}^{n-1} c_j \ddot{z}_j\right) + p_i^2 z_i + p_n^2 c_i\left(\sum_{j=1}^{n-1} c_j z_j\right) = 0 \tag{6.9-4}$$

式(6.9-4)就是受约束系统的自由振动方程．设其主振型振动为

$$z_i = Z_i \sin(\omega t + \varphi), \quad i = 1,2,\cdots,n-1$$

这时，(6.9-4)的频率方程为

$$\Delta(\omega) = \left|\begin{bmatrix} p_1^2 - \omega^2 & & & 0 \\ & p_2^2 - \omega^2 & & \\ & & \ddots & \\ 0 & & & p_{n-1}^2 - \omega^2 \end{bmatrix}\right.$$

$$
+\left(p_n^2-\omega^2\right)\begin{bmatrix} c_1^2 & c_1c_2 & \cdots & c_1c_{n-1} \\ c_2c_1 & c_2^2 & \cdots & c_2c_{n-1} \\ & \cdots\cdots\cdots & & \\ c_{n-1}c_1 & & \cdots & c_{n-1}^2 \end{bmatrix}\Bigg| = 0
$$

当 $\omega = p_1$ 时，有

$$
\Delta(p_1) = \Bigg|\begin{bmatrix} 0 & & & \\ & p_2^2-p_1^2 & & \mathbf{0} \\ & & \ddots & \\ \mathbf{0} & & & p_{n-1}^2-p_1^2 \end{bmatrix}
+\left(p_n^2-p_1^2\right)\begin{bmatrix} c_1^2 & c_1c_2 & \cdots & c_1c_{n-1} \\ c_2c_1 & c_2^2 & \cdots & c_2c_{n-1} \\ & \cdots\cdots\cdots & & \\ c_{n-1}c_1 & & \cdots & c_{n-1}^2 \end{bmatrix}\Bigg|
$$

对上式进行如下初等变换：上式第一行元素分别乘以 $(-c_i/c_1)$，再加到第 i 行元素上去，可得

$$
\Delta(p_1) = \Bigg|\begin{bmatrix} 0 & & & \\ & p_2^2-p_1^2 & & \\ & & \ddots & \\ & & & p_{n-1}^2-p_1^2 \end{bmatrix}
+\left(p_n^2-p_1^2\right)\begin{bmatrix} c_1^2 & c_1c_2 & \cdots & c_1c_{n-1} \\ 0 & \cdots\cdots & & 0 \\ & \cdots\cdots\cdots & & \\ 0 & \cdots\cdots & & 0 \end{bmatrix}\Bigg|
$$

$$
= c_1^2(p_2^2-p_1^2)(p_3^2-p_1^2)\cdots(p_n^2-p_1^2)
$$

同样可得

$$
\Delta(p_2) = c_2^2(p_1^2-p_2^2)(p_3^2-p_2^2)\cdots(p_n^2-p_2^2)
$$

$$
\cdots\cdots\cdots
$$

$$
\Delta(p_{n-1}) = c_{n-1}^2(p_1^2-p_{n-1}^2)\cdots(p_{n-2}^2-p_{n-1}^2)(p_n^2-p_{n-1}^2)
$$

而

$$
\Delta(p_n) = (p_1^2-p_n^2)(p_2^2-p_n^2)\cdots(p_{n-1}^2-p_n^2)
$$

假设原系统的各个固有频率各不相等，且可按大小次序排列成

$$p_1 < p_2 < \cdots < p_n$$

这时，上列各个 $\Delta(p_i)$ 的正负号刚好是相互交替出现的．所以在 p_1 与 p_n 之间，$\Delta(\omega)$ 存在着 $n-1$ 个零点 ω_j，它们一一对应着受约束系统的固有频率，而且这些 ω_j 与原系统的固有频率 p_i 刚好是相互交替出现的．

例 6.9-1．假设在图 6.3-5(a)所示三质量系统中有 $m_1=m_2=m_3=m$，称为系统 1，如在其质量 m_1 与固定基础之间加一刚度为 k 的弹簧，就成为图 6.2-1 中等质量与等刚度的情形，称为系统 2．我们来看系统固有频率所发生的变化．

解．这时，系统 1 的特征方程为

$$\Delta(p)=\begin{vmatrix} \dfrac{k}{m}-p^2 & -\dfrac{k}{m} & 0 \\ -\dfrac{k}{m} & \dfrac{2k}{m}-p^2 & -\dfrac{k}{m} \\ 0 & -\dfrac{k}{m} & \dfrac{k}{m}-p^2 \end{vmatrix}$$

$$=-p^2\left(p^2-\frac{k}{m}\right)\left(p^2-\frac{3k}{m}\right)=0$$

故对于系统 1，有

$$p_1^2=0,\qquad p_2^2=\frac{k}{m},\qquad p_3^2=\frac{3k}{m} \tag{a}$$

由第 6.2 节，对于系统 2，有

$$p_1^2=0.198\,\frac{k}{m},\qquad p_2^2=1.555\,\frac{k}{m},\qquad p_3^2=3.247\,\frac{k}{m} \tag{b}$$

可见，系统 2 的三个固有频率都比原来的增大了．这和上节的结论是一致的．

现假设在系统 1 与系统 2 中将质量 m_1 固定．再来考察其固有频率的变化．

这时，相当于加上约束：

$$x_1 = X_{11}z_1 + X_{12}z_2 + X_{13}z_3 = 0$$

虽然这时系统已变成二自由度系统，但可以断定，它的二个固有频率将既介乎(a)式各个频率之间，又介乎(b)式各个频率之间，即有

$$0.198\frac{k}{m} < p_1^2 < \frac{k}{m}$$

$$1.555\frac{k}{m} < p_2^2 < \frac{3k}{m}$$

事实上，这时系统的特征方程为

$$\Delta(p) = \begin{vmatrix} \frac{2k}{m} - p^2 & -\frac{k}{m} \\ -\frac{k}{m} & \frac{k}{m} - p^2 \end{vmatrix}$$

$$= p^4 - 3\frac{k}{m}p^2 + \left(\frac{k}{m}\right)^2 = 0$$

故有

$$p_1^2 = 0.382\frac{k}{m}, \qquad p_2^2 = 2.618\frac{k}{m}$$

这就证实了上述断言.

6.10 无阻尼强迫振动

实际的振动系统中总存在着阻尼，在阻尼的作用下，系统自由振动迅速衰减. 因而在考察周期激扰作用下的系统响应时，往往只需要考虑系统的稳态强迫振动. 当激扰频率远离共振区时，阻尼对系统的稳态强迫振动影响不大. 所以，我们先来考察无阻尼强迫振动.

不计阻尼时，n 自由度系统的强迫振动微分方程为

$$\boldsymbol{M}\ddot{\boldsymbol{x}} + \boldsymbol{K}\boldsymbol{x} = \boldsymbol{f} \tag{6.10-1}$$

式中 $\boldsymbol{f}$ 为激扰力矢量. 在一般情形下，$\boldsymbol{M}$ 与 $\boldsymbol{K}$ 为非对角阵，所以系统既有动力耦合，又有静力耦合. 如第 6.7 节所述，利用主坐标

变换，可以使方程解耦．设 $\boldsymbol{P}$ 为系统的主振型矩阵，令

$$\boldsymbol{x}=\boldsymbol{P}\boldsymbol{z} \tag{6.10-2}$$

代入式(6.10-1)，并前乘以 $\boldsymbol{P}^T$，得

$$\boldsymbol{P}^T\boldsymbol{M}\boldsymbol{P}\ddot{\boldsymbol{z}}+\boldsymbol{P}^T\boldsymbol{K}\boldsymbol{P}\boldsymbol{z}=\boldsymbol{P}^T\boldsymbol{f} \tag{6.10-3}$$

考虑到 $\boldsymbol{P}^T\boldsymbol{M}\boldsymbol{P}$ 与 $\boldsymbol{P}^T\boldsymbol{K}\boldsymbol{P}$ 为对角阵，可记为

$$\boldsymbol{P}^T\boldsymbol{M}\boldsymbol{P}=\mathrm{diag}[M_i]$$

$$\boldsymbol{P}^T\boldsymbol{K}\boldsymbol{P}=\mathrm{diag}[K_i]$$

再将 $\boldsymbol{P}^T\boldsymbol{f}$ 看作广义力，记为

$$\boldsymbol{q}=\boldsymbol{P}^T\boldsymbol{f}=\{q_i\} \tag{6.10-4}$$

于是，式(6.10-3)可写成

$$\mathrm{diag}[M_i]\ddot{\boldsymbol{z}}+\mathrm{diag}[K_i]\boldsymbol{z}=\boldsymbol{q} \tag{6.10-5}$$

上式亦可写成

$$M_i\ddot{z}_i+K_iz_i=q_i,\quad i=1,2,\cdots,n \tag{6.10-6}$$

这时，数量形式的 n 个运动方程已完全解耦．它们中每一个都可以按一自由度系统的方式来处理．

假设系统的激扰力为同一频率的谐和函数，即有

$$\boldsymbol{f}=\boldsymbol{F}\sin\omega t$$

这时，广义力 $\boldsymbol{q}$ 可表示为

$$\boldsymbol{q}=\boldsymbol{Q}\sin\omega t=\boldsymbol{P}^T\boldsymbol{F}\sin\omega t$$

再设方程(6.10-6)的特解亦取同频率的谐和函数形式：

$$\boldsymbol{z}=\boldsymbol{Z}\sin\omega t$$

于是，从方程(6.10-6)可解得

$$Z_i=\frac{Q_i}{K_i-M_i\omega^2}=\frac{Q_i}{M_i(p_i^2-\omega^2)}$$

或写成

$$\boldsymbol{Z}=\mathrm{diag}[\alpha_i]\boldsymbol{Q}=\mathrm{diag}[\alpha_i]\boldsymbol{P}^T\boldsymbol{F} \tag{6.10-7}$$

其中

$$\alpha_i=\frac{1}{K_i-M_i\omega^2}=\frac{1}{M_i(p_i^2-\omega^2)} \tag{6.10-8}$$

返回到原来的坐标，有

$$\boldsymbol{x} = \boldsymbol{X}\sin\omega t = \boldsymbol{P}\boldsymbol{z} = \boldsymbol{P}\boldsymbol{Z}\sin\omega t$$

故有

$$\begin{aligned}\boldsymbol{X} &= \boldsymbol{P}\boldsymbol{Z}\\ &= \boldsymbol{P}\,\mathrm{diag}\,[\alpha_i]\boldsymbol{P}^T\boldsymbol{F}\end{aligned} \tag{6.10-9}$$

定义系统的动柔度矩阵 $\boldsymbol{\rho}$ 为

$$\boldsymbol{\rho} = \boldsymbol{P}\,\mathrm{diag}\,[\alpha_i]\boldsymbol{P}^T \tag{6.10-10}$$

考虑到

$$\begin{aligned}&\boldsymbol{P}\,\mathrm{diag}\,[\alpha_i]\boldsymbol{P}^T\\ &= [\boldsymbol{X}_1\cdots\boldsymbol{X}_n]\begin{bmatrix}\alpha_1 & & \\ & \ddots & \\ & & \alpha_n\end{bmatrix}\begin{Bmatrix}\boldsymbol{X}_1^T\\ \vdots\\ \boldsymbol{X}_n^T\end{Bmatrix}\\ &= \sum_{s=1}^{n}\alpha_s\boldsymbol{X}_s\boldsymbol{X}_s^T\\ &= \sum_{s=1}^{n}\alpha_s\begin{Bmatrix}X_{1s}\\ \vdots\\ X_{ns}\end{Bmatrix}[X_{1s}\cdots X_{ns}]\end{aligned}$$

故有

$$\rho_{ij} = \sum_{s=1}^{n}\alpha_s X_{is}X_{js} \tag{6.10-11}$$

ρ_{ij} 称为系统的动柔度系数．它正是系统在第 i 个谐和激扰单独作用下，系统第 i 个谐和响应与该激扰之比．用控制工程的术语来说，它也就是以第 i 个力作为输入，以第 i 个位移作为输出时，系统的频率特性．

另一方面，式(6.10-9)又可写成

$$\begin{aligned}\boldsymbol{X} &= \boldsymbol{P}\,\mathrm{diag}\,[\alpha_i]\boldsymbol{P}^T\boldsymbol{F}\\ &= [\boldsymbol{X}_1\cdots\boldsymbol{X}_n]\,\mathrm{diag}\,[\alpha_i]\begin{Bmatrix}\boldsymbol{X}_1^T\\ \vdots\\ \boldsymbol{X}_n^T\end{Bmatrix}\boldsymbol{F}\\ &= [\alpha_1\boldsymbol{X}_1\cdots\alpha_n\boldsymbol{X}_n]\begin{Bmatrix}\boldsymbol{X}_1^T\\ \vdots\\ \boldsymbol{X}_n^T\end{Bmatrix}\boldsymbol{F}\end{aligned}$$

$$= \sum_{r=1}^{n} \alpha_r \boldsymbol{X}_r \boldsymbol{X}_r^T \boldsymbol{F}$$

$$= \sum_{r=1}^{n} \alpha_r \boldsymbol{X}_r^T \boldsymbol{F} \boldsymbol{X}_r \tag{6.10-12}$$

解题时，视具体情况分别采用式(6.10-9)或式(6.10-12).

例 6.10-1. 设图 6.10-1(a) 所示系统中，有 $m_1 = m_2 = m_3 = m$，$k_1 = k_2 = k_3 = k$；在 m_3 上作用有谐和扰力 $F\sin\omega t$. 求系统稳态强迫振动.

解. 第 6.2 节中已求得该系统的固有频率为

$$p_1^2 = 0.198\frac{k}{m}$$

$$p_2^2 = 1.555\frac{k}{m}$$

$$p_3^2 = 3.247\frac{k}{m}$$

相应的主振型为

$$\boldsymbol{X}_1 = [1 \quad 1.802 \quad 2.247]^T$$
$$\boldsymbol{X}_2 = [1 \quad 0.445 \quad -0.802]^T$$
$$\boldsymbol{X}_3 = [1 \quad -1.247 \quad 0.555]^T$$

故主振型矩阵为

$$\boldsymbol{P} = \begin{bmatrix} 1 & 1 & 1 \\ 1.802 & 0.445 & -1.247 \\ 2.247 & -0.802 & 0.555 \end{bmatrix}$$

又系统的质量矩阵为

$$\boldsymbol{M} = m\begin{bmatrix} 1 & & \\ & 1 & \\ & & 1 \end{bmatrix}$$

由此得

$$\boldsymbol{P}^T\boldsymbol{M}\boldsymbol{P} = \mathrm{diag}\,[M_i] = m\begin{bmatrix} 9.296 & & \\ & 1.837 & \\ & & 2.863 \end{bmatrix}$$

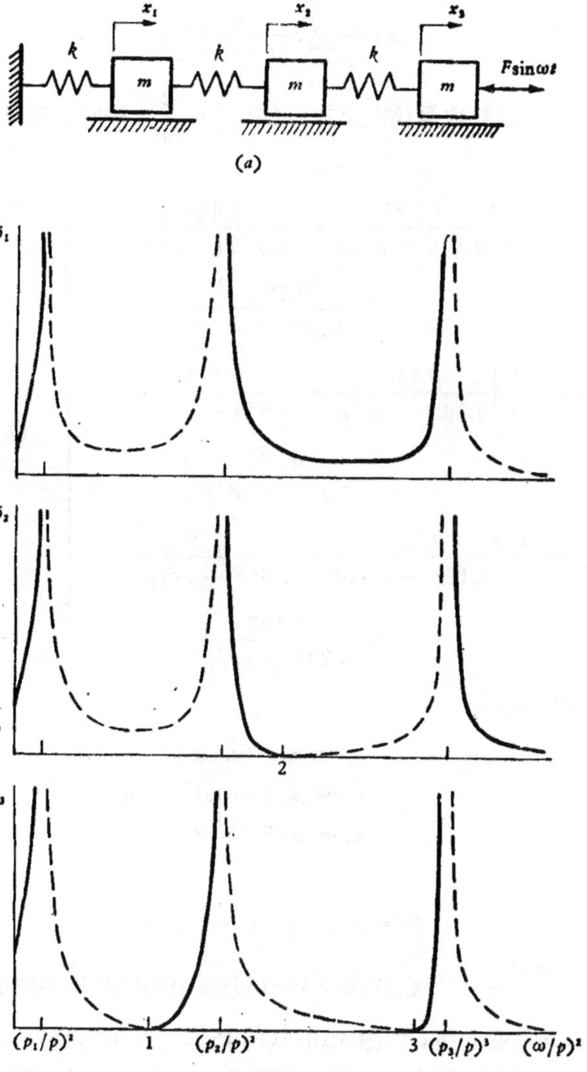

(b)

图 6.10-1

按式 (6.10-11),系统的动柔度系数为

$$\rho_{ij} = \sum_{s=1}^{n} \frac{X_{is}X_{js}}{M_s(p_s^2 - \omega^2)}$$

将上列已知数据代入上式，再令 $p^2 = \frac{k}{m}$，得所求动柔度系数如下：

$$\left.\begin{aligned}
\rho_{13} &= \frac{1}{k}\left\{\frac{0.242}{0.198 - \omega^2/p^2} - \frac{0.436}{1.555 - \omega^2/p^2}\right. \\
&\qquad \left. + \frac{0.194}{3.247 - \omega^2/p^2}\right\} \\
\rho_{23} &= \frac{1}{k}\left\{\frac{0.436}{0.198 - \omega^2/p^2} - \frac{0.194}{1.555 - \omega^2/p^2}\right. \\
&\qquad \left. - \frac{0.242}{3.247 - \omega^2/p^2}\right\} \\
\rho_{33} &= \frac{1}{k}\left\{\frac{0.543}{0.198 - \omega^2/p^2} + \frac{0.35}{1.555 - \omega^2/p^2}\right. \\
&\qquad \left. + \frac{0.108}{3.247 - \omega^2/p^2}\right\}
\end{aligned}\right\} \quad (6.10\text{-}13)$$

由式 (6.10-9) 得

$$x_1 = \rho_{13} F \sin \omega t$$
$$x_2 = \rho_{23} F \sin \omega t$$
$$x_3 = \rho_{33} F \sin \omega t$$

令

$$\tilde{\rho}_i = k\rho_{i3}, \qquad i = 1,2,3$$

对应于 $\left(\frac{\omega}{p}\right)^2$ 的各个值，按式(6.10-13)作 $\tilde{\rho}_i$ 的图线，得系统的(放大 k 倍的)动柔度曲线，如图 6.10-1(b) 所示．图中实线表示系统响应与激扰力同相，而虚线表示二者反相．从该图可以看到，共振发生在激扰频率等于系统固有频率的时候；并且当 $\omega^2/p^2 = 1$, 3 时，在质量 m_3 处响应振幅等于零，即出现反共振；而当 $\omega^2/p^2 = 2$ 时，在质量 m_2 处出现反共振．

6.11 多自由度系统中的阻尼

当激扰频率接近于系统的固有频率时，系统往往会产生大幅度的强迫振动；这时，阻尼起着重要作用．因而在系统共振分析中，必须考虑阻尼的影响．应该指出，由于阻尼本身的复杂性，人们对它的研究至今还很不充分．

在振动分析中，往往采用线性阻尼的模型，也就是假设系统阻尼的大小是与振动速度的一次方成正比的．按这一模型，一个 n 自由度系统的强迫振动微分方程可写为

$$\boldsymbol{M}\ddot{\boldsymbol{x}} + \boldsymbol{C}\dot{\boldsymbol{x}} + \boldsymbol{K}\boldsymbol{x} = \boldsymbol{f} \tag{6.11-1}$$

式中阻尼是用 $\boldsymbol{C}\dot{\boldsymbol{x}}$ 来表示的，$\boldsymbol{C}$ 称为阻尼矩阵，一般它是一个 n 阶方阵

$$\boldsymbol{C} = \begin{bmatrix} c_{11} & c_{12} & \cdots & c_{1n} \\ & \cdots\cdots\cdots & & \\ c_{n1} & c_{n2} & \cdots & c_{nn} \end{bmatrix} \tag{6.11-2}$$

方程 (6.11-1) 中的 $\boldsymbol{M}$ 与 $\boldsymbol{K}$ 如前所述都是对称阵．关于 $\boldsymbol{C}$ 还得作进一步假设．首先考察所谓比例阻尼的情形，即假设有

$$\boldsymbol{C} = a\boldsymbol{M} + b\boldsymbol{K} \tag{6.11-3}$$

其中 a 与 b 是正的常数．在这一情形，方程 (6.11-1) 可以像无阻尼情形那样，利用主坐标变换来进行解耦．借主坐标变换：

$$\boldsymbol{x} = \boldsymbol{P}\boldsymbol{z} \tag{6.11-4}$$

可得

$$\mathrm{diag}\,[M_i]\ddot{\boldsymbol{z}} + \mathrm{diag}\,[c_i]\dot{\boldsymbol{z}} + \mathrm{diag}\,[K_i]\boldsymbol{z} = \boldsymbol{q} \tag{6.11-5}$$

其中，$\boldsymbol{q} = \boldsymbol{P}^T\boldsymbol{f}$，且按假设 (6.11-3)，有

$$c_i = aM_i + bK_i \tag{6.11-6}$$

由 (6.11-6) 式定义的 c_i 称为振型比例阻尼系数．方程 (6.11-5) 也可以写成 n 个独立的二阶方程：

$$M_i\ddot{z}_i + c_i\dot{z}_i + K_iz_i = q_i \tag{6.11-7}$$

方程 (6.11-7) 可以按具有线性阻尼的 1 自由度系统的振动问题

来逐个处理.

如采用标准坐标变换,即变换

$$\boldsymbol{x}=\tilde{\boldsymbol{P}}\tilde{\boldsymbol{z}} \tag{6.11-8}$$

则可得

$$\operatorname{diag}\,[\tilde{c}_i]=a\boldsymbol{I}+b\boldsymbol{\Lambda} \tag{6.11-9}$$

这时有

$$\ddot{\tilde{z}}_i+(a+bp_i^2)\dot{\tilde{z}}_i+p_i^2\tilde{z}_i=\tilde{q}_i \tag{6.11-10}$$

其中 $\tilde{q}_i=\tilde{\boldsymbol{X}}_i^T\boldsymbol{f}$.

参照第三章，可令

$$a+bp_i^2=2\zeta_i p_i$$

或写成

$$\zeta_i=\frac{a+bp_i^2}{2p_i} \tag{6.11-11}$$

由上式定义的 ζ_i 称为振型比例阻尼比. 我们来看该振型阻尼比如何随常数 a 与 b 的取值而变化. 先令 $a=0$,而 $b\neq 0$. 这时有

$$\zeta_i=\frac{b}{2}p_i \tag{6.11-12}$$

这意味着在各个振型振动中，阻尼正比于该振型所对应的固有频率. 因而在系统的强迫振动中,“高振型”部分起的作用要小些.再令 $b=0$, 而 $a\neq 0$. 这时有

$$\zeta_i=\frac{a}{2p_i} \tag{6.11-13}$$

这意味着在各个振型振动中，阻尼反比于该振型所对应的固有频率. 因而在系统强迫振动中，“低振型”部分所起的作用小些. 所以,适当地选取 a 与 b 的值,就有可能近似地反映实际振动中出现的倾向性.

再讨论方程 (6.11-1) 的解耦问题. 可以看到，是否能利用主坐标变换进行解耦，关键在于阻尼矩阵是否能对角化. 而它的对角化意味着主振型不仅关于 $\boldsymbol{M}$ 与 $\boldsymbol{K}$ 具有正交性，而且关于 $\boldsymbol{C}$ 亦具有正交性,即有

$$\boldsymbol{X}_j^T\boldsymbol{C}\boldsymbol{X}_i=0,\quad i\neq j \tag{6.11-14}$$

比例阻尼的假设 (6.11-3) 满足上述条件，但满足这一条件的不限于比例阻尼(参阅附录 E).

另一方面，阻尼矩阵中各个系数本身往往有待于实验测定．这时，更方便的还是通过实验来测定各个振型阻尼比 ζ_i. 这样，在列系统运动微分方程时，可以先不考虑阻尼，待经过标准坐标变换后，再在标准坐标运动微分方程中引入 ζ_i，即直接写成

$$\ddot{\tilde{z}}_i + 2\zeta_i p_i \dot{\tilde{z}}_i + p_i^2 \tilde{z}_i = \tilde{q}_i \tag{6.11-15}$$

这一方法具有很大的实用价值．实践经验表明，它一般适用于弱阻尼系统，即各个 ζ_i 不大于 0.2 的情形．

现在来看另一种常用的阻尼模型，即所谓**结构阻尼**．这时，系统的运动微分方程可写为

$$\boldsymbol{M}\ddot{\boldsymbol{x}} + j\boldsymbol{D}\boldsymbol{x} + \boldsymbol{K}\boldsymbol{x} = \boldsymbol{f} \tag{6.11-16}$$

其中 $\boldsymbol{D}$ 为结构阻尼矩阵，$j = \sqrt{-1}$．同样需要假设 $\boldsymbol{D}$ 满足条件：

$$\boldsymbol{X}_k^T \boldsymbol{D} \boldsymbol{X}_i = 0, \quad i \neq k$$

因而经主坐标变换后，可得

$$\operatorname{diag}[M_i]\ddot{\boldsymbol{z}} + j\operatorname{diag}[D_i]\boldsymbol{z} + \operatorname{diag}[K_i]\boldsymbol{z} = \boldsymbol{q}$$

或写成

$$M_i\ddot{z}_i + jD_i z_i + K_i z_i = q_i \tag{6.11-17}$$

其中 $D_i = \boldsymbol{X}_i^T \boldsymbol{D} \boldsymbol{X}_i$．再令

$$\eta_i = D_i / K_i \tag{6.11-18}$$

于是方程 (6.11-17) 可写为

$$M_i\ddot{z}_i + (1 + j\eta_i)K_i z_i = q_i \tag{6.11-19}$$

由 (6.11-18) 式定义的 η_i 称为**振型结构阻尼系数**，通常由实验确定或取经验值．经验表明，η_i 一般取值于

$$0.01 \leqslant \eta_i \leqslant 0.1$$

6.12 比例阻尼系统的强迫振动

当不计阻尼时，系统在谐和激振作用下其强迫振动响应与激振力之间不是同相就是反相．计及阻尼时，它们之间的相位关系

就不再是那样简单了．这时，采用复数表示来进行分析更为方便．假设激振力为复谐和函数，即有

$$\boldsymbol{f}=\boldsymbol{F}e^{j\omega t} \tag{6.12-1}$$

这时，方程 (6.11-5) 中的广义力 $\boldsymbol{q}$ 为

$$\boldsymbol{q}=\boldsymbol{Q}e^{j\omega t}=\boldsymbol{P}^T\boldsymbol{F}e^{j\omega t} \tag{6.12-2}$$

该方程的各个系数矩阵仍为实数阵，而 $\boldsymbol{z}$ 则为复数主坐标，可表示为

$$\boldsymbol{z}=\boldsymbol{Z}e^{j\omega t} \tag{6.12-3}$$

从方程 (6.11-7) 可解得

$$\begin{aligned}Z_i&=\frac{Q_i}{K_i-M_i\omega^2+j\omega c_i}\\&=\frac{Q_i}{K_i\left(1-\dfrac{\omega^2}{p_i^2}+j2\zeta_i\dfrac{\omega}{p_i}\right)}\\&=\frac{Q_i}{M_i(p_i^2-\omega^2+j2\zeta_ip_i\omega)}\end{aligned} \tag{6.12-4}$$

定义

$$\beta_i=\frac{1}{M_i(p_i^2-\omega^2+j2\zeta_ip_i\omega)},\quad i=1,\cdots,n$$

于是式 (6.12-4) 可写成

$$Z_i=\beta_iQ_i \tag{6.12-4a}$$

返回到原来的坐标 $\boldsymbol{x}$，这时 $\boldsymbol{x}$ 亦取复数形式：

$$\boldsymbol{x}=\boldsymbol{X}e^{j\omega t} \tag{6.12-5}$$

因而有

$$\boldsymbol{X}=\boldsymbol{P}\,\mathrm{diag}\,[\beta_i]\boldsymbol{P}^T\boldsymbol{F} \tag{6.12-6}$$

将上式与 (6.10-10) 相比较，不同之处就在于 α_i 换成了 β_i．按 (6.12-4) 式，各个 β_i 为复数．

这一情形下的系统动柔度矩阵 $\boldsymbol{\rho}$ 可定义为

$$\boldsymbol{\rho}=\boldsymbol{P}\,\mathrm{diag}\,[\beta_i]\boldsymbol{P}^T \tag{6.12-7}$$

按第 6.10 节中同样的办法，可导得

$$\rho_{ik} = \sum_{s=1}^{n} \beta_s X_{is} X_{ks} \tag{6.12-8}$$

可见,这时的 ρ_{ik} 已是复数.

为了便于计算,往往将 β_s 表示为

$$\beta_s = B_s e^{-i\theta_s} \tag{6.12-9}$$

其中

$$\begin{aligned} B_s &= \frac{1}{K_s\sqrt{(1-\omega^2/p_s^2)^2+(2\zeta_s\omega/p_s)^2}} \\ &= \frac{1}{M_s\sqrt{(p_s^2-\omega^2)^2+(2\zeta_s p_s\omega)^2}} \end{aligned} \tag{6.12-10}$$

$$\theta_s = \mathrm{tg}^{-1}\left(\frac{2\zeta_s p_s \omega}{p_s^2-\omega^2}\right) \tag{6.12-11}$$

类似于 (6.10-12) 式,这时的 (6.12-6) 式也可以写成

$$\boldsymbol{X} = \sum_{r=1}^{n} \beta_r \boldsymbol{X}_r^T \boldsymbol{F} \boldsymbol{X}_r \tag{6.12-12}$$

对于结构阻尼的情形,类似上述推导,可得

$$\boldsymbol{X} = \boldsymbol{P}\,\mathrm{diag}\,[\gamma_i]\boldsymbol{P}^T\boldsymbol{F} \tag{6.12-13}$$

其中

$$\begin{aligned} \gamma_i &= \frac{1}{M_i(p_i^2-\omega^2+ip_i^2\eta_i)} \\ &= \frac{1}{K_i\left(1-\dfrac{\omega^2}{p_i^2}+i\eta_i\right)} \end{aligned} \tag{6.12-14}$$

这时,系统的动柔度矩阵可定义为

$$\boldsymbol{\rho} = \boldsymbol{P}\,\mathrm{diag}\,[\gamma_i]\boldsymbol{P}^T \tag{6.12-15}$$

其元素 ρ_{ik} 可导得为

$$\rho_{ik} = \sum_{s=1}^{n} \gamma_s X_{is} X_{ks} \tag{6.12-16}$$

类似地,(6.12-13) 也可以写成

$$X = \sum_{r=1}^{n} \gamma_r X_r^t F X_r \tag{6.12-17}$$

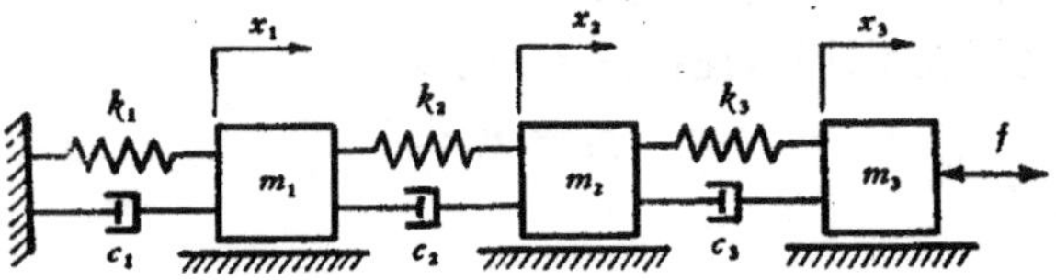

图 6.12-1

例 6.12-1. 设图 6.12-1 中有 $k_1 = k_2 = k_3 = k$, $m_1 = m_2 = m_3 = m$，作用于 m_3 的激振力为 $f = F\cos\omega t$，其中 $\omega = 1.244 \times \sqrt{k/m}$. 再设各个振型阻尼比 $\zeta_i = 0.05, i = 1,2,3$. 求系统的稳态强迫振动.

解. 本题中，系统的各个固有频率 p_i 与各个主振型 X_i 以及广义质量 M_i 均已求得，见例 6.10-1.

按 (6.12-10) 式，可求得各个 B_i 为

$$B_1 = 0.0797\ 1/k$$
$$B_2 = 3.504\ 1/k$$
$$B_3 = 0.204\ 1/k$$

按 (6.12-11) 式，可得

$$\theta_1 = 177°39'$$
$$\theta_2 = 87°3'$$
$$\theta_3 = 7°30'$$

再将它们代入 (6.12-12)，即可得 X. 考虑到系统的强迫振动只是由式 (6.12-5) 的实部来表示的. 故有

$$\mathscr{R}\{x\} = 0.179 \begin{Bmatrix} 1 \\ 1.802 \\ 2.247 \end{Bmatrix} \frac{F}{k} \cos(\omega t - \theta_1)$$
$$- 2.810 \begin{Bmatrix} 1 \\ 0.445 \\ -0.802 \end{Bmatrix} \frac{F}{k} \cos(\omega t - \theta_2)$$

$$
+0.113\begin{Bmatrix}1\\-1.247\\0.555\end{Bmatrix}\frac{F}{k}\cos(\omega t-\theta_3)
$$

本例中，由于激振频率接近于系统二阶固有频率，所以，在系统的稳态强迫振动中，第二主振型居于主导地位。

6.13 主坐标分析法小结

主坐标分析法(主振型叠加法)是多自由度系统动响应分析的一个有效方法．这一方法的核心是主坐标变换，它把原来互相耦合着的 n 个运动方程变换成 n 个互相独立的方程．这样，每个方程都可以按 1 自由度系统的运动方程来处理．如果一个实际振动系统可以简化为多自由度系统的模型，而且系统阻尼可以用振型阻尼来近似描述的话，那末这种变换就是切实可行的．现将这一方法的步骤归纳如下．

第 1 步：列方程

根据简化模型列出系统的无阻尼强迫振动微分方程

$$
\boldsymbol{M}\ddot{\boldsymbol{x}}+\boldsymbol{K}\boldsymbol{x}=\boldsymbol{f}(t) \tag{6.13-1}
$$

其中 $\boldsymbol{M}$ 与 $\boldsymbol{K}$ 一般是定正的或半定正的对称阵．

第 2 步：固有频率与主振型分析

由系统的主振型方程

$$
[\boldsymbol{K}-p^2\boldsymbol{M}]\boldsymbol{X}=\boldsymbol{0} \tag{6.13-2}
$$

求出系统的各阶固有频率 p_i 及其对应的主振型 $\boldsymbol{X}_i$．

第 3 步： 主坐标变换

利用主振型矩阵 $\boldsymbol{P}$

$$
\boldsymbol{P}\equiv[\boldsymbol{X}_1\cdots\boldsymbol{X}_n]
$$

进行坐标变换：

$$
\boldsymbol{x}=\boldsymbol{P}\boldsymbol{z} \tag{6.13-3}
$$

这只要先求出各个广义力

$$q_i(t) = \frac{1}{M_i} X_i^T f(t)$$

其中 M_i 为广义质量，即

$$M_i = X_i^T M X_i$$

于是，可得主坐标运动方程为

$$\ddot{z}_i + p_i^2 z_i = q_i(t) \qquad (i = 1, \cdots, n) \qquad (6.13\text{-}4)$$

第 4 步：　估计振型阻尼

根据实验结果或经验数据确定各阶主振型振动中的比例阻尼比 ζ_i. 可得考虑阻尼时的主坐标运动方程：

$$\ddot{z}_i + 2\zeta_i p_i \dot{z}_i + p_i^2 z_i = q_i(t) \qquad (6.13\text{-}5)$$

$$i = 1, 2, \cdots, n$$

第 5 步：　解主坐标方程

根据广义力 $\boldsymbol{q}(t)$ 的不同形式，分别采用第三章或第四章中的方法解出方程 (6.13-5). 对于最一般形式的广义力，则可利用杜汉梅耳积分，得

$$z_i(t) = \frac{1}{M_i p_i \sqrt{1 - \zeta_i^2}} \int_0^t q_i(\tau) e^{-\zeta_i p_i (t-\tau)} \cdot \sin\sqrt{1 - \zeta_i^2}\, p_i (t - \tau) d\tau$$

第 6 步：　反变换

求得系统的主坐标响应后，即可按 (6.13-3) 式进行反变换，得出原坐标 $\boldsymbol{x}$ 的动响应表示式. 注意到

$$\begin{aligned} \boldsymbol{x} &= \boldsymbol{P}\boldsymbol{z} \\ &= [\boldsymbol{X}_1 \boldsymbol{X}_2 \cdots \boldsymbol{X}_n] \begin{Bmatrix} z_1(t) \\ \cdots \\ z_n(t) \end{Bmatrix} \\ &= z_1(t)\boldsymbol{X}_1 + z_2(t)\boldsymbol{X}_2 + \cdots + z_n(t)\boldsymbol{X}_n \end{aligned}$$

可见，系统动响应是由各阶主振型叠加而得的，这也就是主振型叠加法名称的来由.

例 6.13-1. 再来考察例 6.3-5 中所述的三质量系统. 其中各

个质量均为 m. 再设在原来处于静平衡状态的系统中的第二个质量上作用一水平方向的递增力 $f_2 = at$, 其中 a 是常数. 求系统的响应.

解. 1. 该系统的质量矩阵为

$$\boldsymbol{M} = m\begin{bmatrix} 1 & 0 & 0 \\ 0 & 1 & 0 \\ 0 & 0 & 1 \end{bmatrix}$$

刚度矩阵（见例 6.3-5）为

$$\boldsymbol{K} = k\begin{bmatrix} 1 & -1 & 0 \\ -1 & 2 & -1 \\ 0 & -1 & 1 \end{bmatrix}$$

按题设,激振力列阵为

$$\boldsymbol{f}(t) = \begin{Bmatrix} 0 \\ at \\ 0 \end{Bmatrix}$$

故系统的运动微分方程为

$$\boldsymbol{M}\ddot{\boldsymbol{x}} + \boldsymbol{K}\boldsymbol{x} = \boldsymbol{f}(t)$$

2. 这时,系统的特征方程为

$$|\boldsymbol{K} - p^2\boldsymbol{M}| = \begin{vmatrix} k - mp^2 & -k & 0 \\ -k & 2k - mp^2 & -k \\ 0 & -k & k - mp^2 \end{vmatrix}$$
$$= -mp^2(k - mp^2)(3k - mp^2) = 0$$

故有

$$p_1^2 = 0, \qquad p_2^2 = \frac{k}{m}, \qquad p_3^2 = \frac{3k}{m}$$

相应地可求得

$$\boldsymbol{X}_1 = [\,1 \quad 1 \quad 1\,]^T$$
$$\boldsymbol{X}_2 = [\,1 \quad 0 \quad -1\,]^T$$
$$\boldsymbol{X}_3 = [\,1 \quad -2 \quad 1\,]^T$$

3. 于是,系统的主振型矩阵 $\boldsymbol{P}$ 为

$$P=\begin{bmatrix}1 & 1 & 1\\ 1 & 0 & -2\\ 1 & -1 & 1\end{bmatrix}$$

进行主坐标变换

$$\boldsymbol{x}=\boldsymbol{P}\boldsymbol{z}$$

可得

$$m\begin{bmatrix}3 & 0 & 0\\ 0 & 2 & 0\\ 0 & 0 & 6\end{bmatrix}\ddot{\boldsymbol{z}}+k\begin{bmatrix}0 & 0 & 0\\ 0 & 2 & 0\\ 0 & 0 & 18\end{bmatrix}\boldsymbol{z}=\begin{Bmatrix}1\\ 0\\ -2\end{Bmatrix}at$$

经整理后，得

$$\left.\begin{aligned}&\ddot{z}_1=\frac{a}{3m}t\\ &\ddot{z}_2+\frac{k}{m}z_2=0\\ &\ddot{z}_3+\frac{3k}{m}z_3=-\frac{a}{3m}t\end{aligned}\right\}\qquad (*)$$

4. 由于系统原来处于静平衡状态，故初始条件为

$$\boldsymbol{z}_0=\dot{\boldsymbol{z}}_0=\boldsymbol{0}$$

方程(*)对应于上述初始条件的解为

$$z_1=\frac{at^3}{18m}$$

$$z_2=0$$

$$z_3=-\frac{a}{9k}t+\frac{a}{9kp_3}\sin p_3t$$

5. 返回到原坐标 $\boldsymbol{x}$，有

$$\boldsymbol{x}=[\boldsymbol{X}_1\boldsymbol{X}_2\boldsymbol{X}_3]\begin{Bmatrix}z_1(t)\\ z_2(t)\\ z_3(t)\end{Bmatrix}$$

$$=\frac{at^3}{18m}\boldsymbol{X}_1-\frac{a}{9k}\left(t-\frac{1}{p_3}\sin p_3t\right)\boldsymbol{X}_3$$

6.14 线性阻尼系统的动响应

现在来考察系统阻尼矩阵不能用第6.11节所述方法进行对角化的情形. n自由度线性阻尼系统的运动微分方程一般可表示为

$$\boldsymbol{m}\ddot{\boldsymbol{x}}+\boldsymbol{c}\dot{\boldsymbol{x}}+\boldsymbol{k}\boldsymbol{x}=\boldsymbol{f}(t) \tag{6.14-1}$$

式中$\boldsymbol{m},\boldsymbol{c},\boldsymbol{k}$分别为系统的质量矩阵、阻尼矩阵与刚度矩阵，它们都是$n\times n$阶实对称阵，并且假设它们都是定正的. $\boldsymbol{x}$是位移列阵，$\boldsymbol{f}(t)$是扰力列阵.

对应于系统的自由振动，有

$$\boldsymbol{m}\ddot{\boldsymbol{x}}+\boldsymbol{c}\dot{\boldsymbol{x}}+\boldsymbol{k}\boldsymbol{x}=\boldsymbol{0} \tag{6.14-2}$$

这时，对应于系统特征运动的解可设为如下形式:

$$\boldsymbol{x}=\boldsymbol{\phi}e^{\lambda t} \tag{6.14-3}$$

其中$\boldsymbol{\phi}$是待定的常数列阵，λ为待定常数. 将式(6.14-3)代入方程(6.14-2)，可得

$$[\lambda^2\boldsymbol{m}+\lambda\boldsymbol{c}+\boldsymbol{k}]\boldsymbol{\phi}\equiv\boldsymbol{D}(\lambda)\boldsymbol{\phi}=\boldsymbol{0} \tag{6.14-4}$$

式中$\boldsymbol{D}(\lambda)$为特征矩阵. 方程(6.14-4)有非零解的充分必要条件为

$$\Delta(\lambda)\equiv|\boldsymbol{D}(\lambda)|=0 \tag{6.14-5}$$

方程(6.14-5)称为线性阻尼系统的**特征方程**. 它是λ的$2n$次代数方程，它的$2n$个根$\lambda_i(i=1,2,\cdots,2n)$称为特征根. 和无阻尼情形不同，这时的$\lambda_i$可以是实根或复根. 由阻尼矩阵$\boldsymbol{C}$为定正的假设可知，如果$\lambda_i$是实根，它一定是负的，对应于系统的衰减自由运动. 如果λ_i是复根，它一定具有负实部;且由于特征方程的系数都是实的，所以复特征根一定是共轭成对地出现的. 与这些共轭根对应的特征矢量也可取成复共轭的. 而每一对共轭复根对应着系统中具有特定频率与减幅率的一种衰减自由振动.

当系统的各个特征根均不相同时，系统的各个特征运动可表示为

$$x_r = \phi_r e^{\lambda_r t}, \qquad r = 1,2,\cdots,2n \tag{6.14-6}$$

系统的各个特征矢量 ϕ_r 可构成一个 $n\times 2n$ 阶复振型矩阵:

$$\Psi = [\phi_1\cdots\phi_{2n}] \tag{6.14-7}$$

遗憾的是我们不能直接用它来对方程(6.14-1)进行去耦变换. 因为 Ψ 为 $n\times 2n$ 阶矩阵, 而方程(6.14-1)中的坐标变量只有 n 个. 这个困难可以按如下办法解决. 我们可以将方程(6.14-1)改写成 $2n$ 个一阶方程组. 例如,可以取速度 $\dot{x}$ 作为辅助变量, 方程(6.14-1)可改写成

$$M\dot{y} + Ky = F(t) \tag{6.14-8}$$

其中

$$y = \begin{Bmatrix} \dot{x} \\ x \end{Bmatrix}, \qquad F(t) = \begin{Bmatrix} 0 \\ f(t) \end{Bmatrix}$$

$$M = \begin{bmatrix} 0 & m \\ m & c \end{bmatrix}, \quad K = \begin{bmatrix} -m & 0 \\ 0 & k \end{bmatrix}$$

因为 m、c、k 都是对称阵,所以 M 与 K 也是对称阵.

在考察(6.14-8)的自由振动时,有

$$M\dot{y} + Ky = 0 \tag{6.14-9}$$

于是,这一系统的特征振动可设为

$$y = \phi e^{\lambda t} \tag{6.14-10}$$

考虑到方程(6.14-9)与方程(6.14-2)都是描述同一个系统的自由振动,所以它们有着同样的特征根. 又考虑到

$$y = \phi e^{\lambda t} = \begin{Bmatrix} \dot{x} \\ x \end{Bmatrix} = \begin{Bmatrix} \lambda\phi \\ \phi \end{Bmatrix} e^{\lambda t}$$

所以方程(6.14-9)对应于特征根 λ_r 的特征矢量可表示为

$$\phi_r = \begin{Bmatrix} \lambda_r\phi_r \\ \phi_r \end{Bmatrix} \tag{6.14-11}$$

其中 ϕ_r 为方程(6.14-2)对应于 λ_r 的特征矢量.

现在来看(6.14-9)的特征矢量 ϕ_r 的正交性. 方程(6.14-9)的特征根 λ_r 以及相应的特征矢量 ϕ_r 显然满足

$$\lambda_r \boldsymbol{M}\boldsymbol{\phi}_r + \boldsymbol{K}\boldsymbol{\phi}_r = \mathbf{0} \tag{6.14-12}$$

而对于 λ_s 与 $\boldsymbol{\phi}_s$，则有

$$\lambda_s \boldsymbol{M}\boldsymbol{\phi}_s + \boldsymbol{K}\boldsymbol{\phi}_s = \mathbf{0}$$

上式经转置后，可得

$$\lambda_s \boldsymbol{\phi}_s^T \boldsymbol{M} + \boldsymbol{\phi}_s^T \boldsymbol{K} = \mathbf{0} \tag{6.14-13}$$

式(6.14-12)前乘以 $\boldsymbol{\phi}_s^T$，式(6.14-13)后乘以 $\boldsymbol{\phi}_r$，得

$$\begin{aligned} \lambda_r \boldsymbol{\phi}_s^T \boldsymbol{M}\boldsymbol{\phi}_r + \boldsymbol{\phi}_s^T \boldsymbol{K}\boldsymbol{\phi}_r = 0 \\ \lambda_s \boldsymbol{\phi}_s^T \boldsymbol{M}\boldsymbol{\phi}_r + \boldsymbol{\phi}_s^T \boldsymbol{K}\boldsymbol{\phi}_r = 0 \end{aligned} \tag{6.14-14}$$

(6.14-14)中两式相减，得

$$(\lambda_r - \lambda_s)\boldsymbol{\phi}_s^T \boldsymbol{M}\boldsymbol{\phi}_r = 0 \tag{6.14-15}$$

所以，对于任何两个不相等的 λ_s 与 λ_r，相应的 $\boldsymbol{\phi}_s$ 与 $\boldsymbol{\phi}_r$ 关于 $\boldsymbol{M}$ 存在着下述正交关系：

$$\boldsymbol{\phi}_s^T \boldsymbol{M}\boldsymbol{\phi}_r = 0, \quad 当 \lambda_r \neq \lambda_s \tag{6.14-16}$$

再由式(6.14-14)可得 $\boldsymbol{\phi}_s$ 与 $\boldsymbol{\phi}_r$ 关于 $\boldsymbol{K}$ 的正交关系：

$$\boldsymbol{\phi}_s^T \boldsymbol{K}\boldsymbol{\phi}_r = 0, \quad 当 \lambda_r \neq \lambda_s \tag{6.14-17}$$

当 $s = r$ 时，不论 $\boldsymbol{\phi}_r$ 如何选取，式(6.14-15)总是自然满足．可以记

$$\begin{aligned} \boldsymbol{\phi}_r^T \boldsymbol{M}\boldsymbol{\phi}_r \equiv m_r \\ \boldsymbol{\phi}_r^T \boldsymbol{K}\boldsymbol{\phi}_r \equiv k_r \end{aligned} \tag{6.14-18}$$

由式(6.14-14)可知有

$$k_r = -\lambda_r m_r \tag{6.14-19}$$

m_r 与 k_r 分别为第 r 个模态质量参数与模态刚度参数，它们一般为复数，并且对于共轭的特征矢量，相应的参数也是共轭的．

利用特征矢量的上述正交性，可以将复振型矩阵 $\boldsymbol{\Phi} = [\boldsymbol{\phi}_1 \cdots \boldsymbol{\phi}_{2n}]$ 作为变换矩阵，对方程(6.14-8)进行去耦．即设

$$\boldsymbol{y} = \boldsymbol{\Phi}\boldsymbol{z} \tag{6.14-20}$$

将上式代入方程(6.14-8)，并对方程两端前乘以 $\boldsymbol{\Phi}^T$，得

$$\boldsymbol{\Phi}^T \boldsymbol{M}\boldsymbol{\Phi}\dot{\boldsymbol{z}} + \boldsymbol{\Phi}^T \boldsymbol{K}\boldsymbol{\Phi}\boldsymbol{z} = \boldsymbol{\Phi}^T \boldsymbol{F}(t)$$

考虑到式(6.14-16)，(6.14-17)，(6.14-18)，这一方程可写成

$$\mathscr{M}\dot{\boldsymbol{z}} + \mathscr{K}\boldsymbol{z} = \mathscr{F} \tag{6.14-21}$$

式中

$$\mathscr{M} \equiv \text{diag}\,[m_r]$$

$$\mathscr{K} \equiv \text{diag}\,[k_r]$$

$$\mathscr{F} \equiv \{\mathscr{F}_r\} \equiv \boldsymbol{\Phi}^T \boldsymbol{F}(t)$$

方程(6.14-21)也可写成

$$m_r \dot{z}_r + k_r z_r = \mathscr{F}_r, \quad r = 1,2,\cdots,2n \qquad (6.14\text{-}21)'$$

注意到

$$k_r = -\lambda_r m_r$$

方程(6.14-21)′又可写成

$$\dot{z}_r - \lambda_r z_r = \frac{1}{m_r}\mathscr{F}_r, \quad r = 1,2,\cdots,2n \qquad (6.14\text{-}21)''$$

其中

$$\mathscr{F}_r \equiv \boldsymbol{\phi}_r^T \boldsymbol{F}(t) = [\lambda_r \boldsymbol{\phi}_r^T, \boldsymbol{\phi}_r^T] \begin{Bmatrix} 0 \\ \boldsymbol{f}(t) \end{Bmatrix}$$

$$= \boldsymbol{\phi}_r^T \boldsymbol{f}(t)$$

于是,方程(6.14-21)″对应于零初始条件的解可表示为

$$z_r = \frac{1}{m_r}\int_0^t \mathscr{F}_r(\tau) e^{\lambda_r(t-\tau)} d\tau$$

$$= \frac{1}{m_r}\int_0^t \boldsymbol{\phi}_r^T \boldsymbol{f}(\tau) e^{\lambda_r(t-\tau)} d\tau \qquad (6.14\text{-}22)$$

考虑到

$$\boldsymbol{y} \equiv \begin{Bmatrix} \dot{\boldsymbol{x}} \\ \boldsymbol{x} \end{Bmatrix} = \boldsymbol{\Phi} \boldsymbol{z} = \begin{Bmatrix} \boldsymbol{\Psi}\boldsymbol{\Lambda} \\ \boldsymbol{\Psi} \end{Bmatrix} \boldsymbol{z}$$

式中 $\boldsymbol{\Lambda}$ 为特征值矩阵,$\boldsymbol{\Lambda} \equiv \text{diag}\,[\lambda_r]$.于是有

$$\boldsymbol{x} = \boldsymbol{\Psi} \boldsymbol{z} = \sum_{r=1}^{2n} \boldsymbol{\phi}_r z_r$$

$$= \sum_{r=1}^{2n} \boldsymbol{\phi}_r \left\{ \frac{1}{m_r}\int_0^t \boldsymbol{\phi}_r^T \boldsymbol{f}(\tau) e^{\lambda_r(t-\tau)} d\tau \right\}$$

$$= \sum_{r=1}^{2n} \frac{\boldsymbol{\phi}_r \boldsymbol{\phi}_r^T}{m_r} \int_0^t \boldsymbol{f}(\tau) e^{\lambda_r(t-\tau)} d\tau \qquad (6.14\text{-}23)$$

当扰力 $\boldsymbol{f}(t)$ 为复谐和函数时，有

$$\boldsymbol{f}(t)=\boldsymbol{f}e^{j\omega t}$$

式中右端的 $\boldsymbol{f}$ 表示力幅列阵．将这 $\boldsymbol{f}(t)$ 代入式(6.14-23)，可得

$$\boldsymbol{x}=\sum_{r=1}^{2n}\frac{\boldsymbol{\psi}_r\boldsymbol{\psi}_r^{\mathrm{T}}\boldsymbol{f}}{m_r(j\omega-\lambda_r)}(e^{j\omega t}-e^{\lambda_r t})$$

上式右端包含 $e^{j\omega t}$ 的项代表系统的稳态强迫振动，而包含 $e^{\lambda_r t}$ 的各项代表系统的衰减自由振动．这一自由振动将随时间而消逝．如果只考虑系统的稳态强迫振动，则有

$$\boldsymbol{x}=\sum_{r=1}^{2n}\frac{\boldsymbol{\psi}_r\boldsymbol{\psi}_r^{\mathrm{T}}\boldsymbol{f}}{m_r(j\omega-\lambda_r)}e^{j\omega t} \qquad (6.14\text{-}24)'$$

或写成

$$\boldsymbol{x}=\sum_{r=1}^{2n}\frac{\boldsymbol{\psi}_r^{\mathrm{T}}\boldsymbol{f}\boldsymbol{\psi}_r}{m_r(j\omega-\lambda_r)}e^{j\omega t} \qquad (6.14\text{-}24)''$$

如引入记号

$$\boldsymbol{\beta}\equiv\mathrm{diag}\,[\beta_r], \qquad \beta_r\equiv\frac{1}{m_r(j\omega-\lambda_r)}$$

则式 (6.14-24)′ 又可写成

$$\begin{aligned}\boldsymbol{x}&=\sum_{r=1}^{2n}\beta_r\boldsymbol{\psi}_r\boldsymbol{\psi}_r^{\mathrm{T}}\boldsymbol{f}e^{j\omega t}\\&=\boldsymbol{\Psi}\boldsymbol{\beta}\boldsymbol{\Psi}^{\mathrm{T}}\boldsymbol{f}e^{j\omega t}\\&\equiv\boldsymbol{\rho}\boldsymbol{f}e^{j\omega t}\end{aligned} \qquad (6.14\text{-}24)'''$$

式中 $\boldsymbol{\rho}$ 称为系统的**动柔度矩阵**，且有

$$\boldsymbol{\rho}\equiv\boldsymbol{\Psi}\boldsymbol{\beta}\boldsymbol{\Psi}^{\mathrm{T}} \qquad (6.14\text{-}25)$$

$\boldsymbol{\rho}$ 的各个元素 ρ_{rs} 可写成

$$\rho_{rs}=\sum_{k=1}^{2n}\beta_k\psi_{rk}\psi_{sk}$$

现在来求系统对应于初始扰动的响应．设系统的初始条件为：当 $t=0$ 时，有

$$\boldsymbol{x}(0)=\boldsymbol{x}_0, \qquad \dot{\boldsymbol{x}}(0)=\dot{\boldsymbol{x}}_0 \qquad (6.14\text{-}26)$$

于是有

$$\boldsymbol{y}(0)=\begin{Bmatrix}\dot{\boldsymbol{x}}_0\\ \boldsymbol{x}_0\end{Bmatrix},\qquad \boldsymbol{z}(0)=\boldsymbol{\Phi}^{-1}\boldsymbol{y}(0)$$

考虑到

$$\boldsymbol{\Phi}^T\boldsymbol{M}\boldsymbol{\Phi}=\mathscr{M}$$

故有

$$\boldsymbol{\Phi}^{-1}=\mathscr{M}^{-1}\boldsymbol{\Phi}^T\boldsymbol{M}$$

因而有

$$\begin{aligned}\boldsymbol{z}(0)&=\mathscr{M}^{-1}\boldsymbol{\Phi}^T\boldsymbol{M}\boldsymbol{y}(0)\\&=\mathscr{M}^{-1}[\boldsymbol{\Lambda}\boldsymbol{\Psi}^T,\boldsymbol{\Psi}^T]\begin{bmatrix}\boldsymbol{0}&\boldsymbol{m}\\ \boldsymbol{m}&\boldsymbol{c}\end{bmatrix}\begin{Bmatrix}\dot{\boldsymbol{x}}_0\\ \boldsymbol{x}_0\end{Bmatrix}\\&=\mathscr{M}^{-1}[\boldsymbol{\Lambda}\boldsymbol{\Psi}^T,\boldsymbol{\Psi}^T]\begin{Bmatrix}\boldsymbol{m}\boldsymbol{x}_0\\ \cdots\cdots\\ \boldsymbol{m}\dot{\boldsymbol{x}}_0+\boldsymbol{c}\boldsymbol{x}_0\end{Bmatrix}\end{aligned}$$

或写成

$$z_r(0)=\frac{\boldsymbol{\phi}_r^T}{m_r}[\lambda_r\boldsymbol{m}\boldsymbol{x}_0+\boldsymbol{m}\dot{\boldsymbol{x}}_0+\boldsymbol{c}\boldsymbol{x}_0],\quad r=1,2,\cdots,2n$$

这时,系统的自由振动微分方程可写为

$$\dot{z}_r-\lambda_r z_r=0,\qquad r=1,2,\cdots,2n$$

它对应于初始条件 $\boldsymbol{z}(0)$ 的解为

$$\begin{aligned}z_r(t)&=z_r(0)e^{\lambda_r t}\\&=\frac{\boldsymbol{\phi}_r^T}{m_r}[\lambda_r\boldsymbol{m}\boldsymbol{x}_0+\boldsymbol{m}\dot{\boldsymbol{x}}_0+\boldsymbol{c}\boldsymbol{x}_0]e^{\lambda_r t}\\&\qquad\qquad r=1,2,\cdots,2n\end{aligned}$$

返回到物理坐标 $\boldsymbol{x}$,有

$$\begin{aligned}\boldsymbol{x}(t)&=\boldsymbol{\Psi}\boldsymbol{z}(t)\\&=\sum\boldsymbol{\phi}_r z_r(t)\\&=\sum_{r=1}^{2n}\frac{\boldsymbol{\phi}_r\boldsymbol{\phi}_r^T}{m_r}[\lambda_r\boldsymbol{m}\boldsymbol{x}_0+\boldsymbol{m}\dot{\boldsymbol{x}}_0+\boldsymbol{c}\boldsymbol{x}_0]e^{\lambda_r t}\end{aligned}\tag{6.14-27}$$

因此，由方程 (6.14-1) 描述的多自由度线性阻尼系统，在一般形式的扰力 $\boldsymbol{f}(t)$ 作用下，对应于式 (6.14-26) 所示初始条件，系统的动响应将由两部分组成：一部分由式 (6.14-23) 表示，而另一部分由式 (6.14-27) 表示.

习　题

6.1. 设均匀悬臂梁长 L，截面弯曲刚度为 EI. 取末端挠度 q_1、转角 q_2 为广义位移(题图 6.1). 求系统对应于 q_1 与 q_2 的刚度矩阵与柔度矩阵.

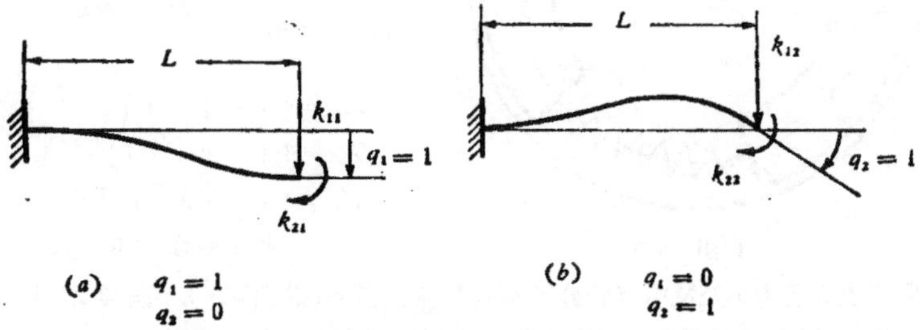

题图 6.1

答.

$$\boldsymbol{K}=\frac{EI}{L}\begin{bmatrix}12/L^2 & -6/L\\ -6/L & 4\end{bmatrix},\quad \boldsymbol{R}=\frac{L}{EI}\begin{bmatrix}L^2/3 & L/2\\ L/2 & 1\end{bmatrix}$$

6.2. 三个质量由二根弹性梁对称地连结在一起，可粗略地作为飞机的简化模型(题图 6.2). 设中间的质量为 M，二端的质量各为 m，梁的刚度系数为 k，梁本身质量可略去不计. 只考虑各个质量沿铅垂方向的运动，求系统的固有频率和主振型.

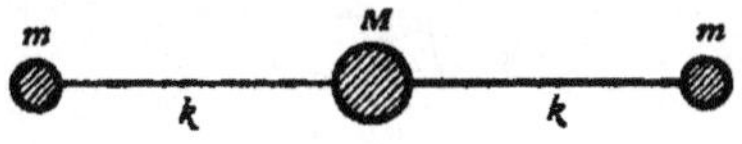

题图 6.2

答.

$$p_{1,2,3}^2=0,\quad 0,\quad k\left(\frac{1}{m}+\frac{2}{M}\right)$$

$$\boldsymbol{X}_1=[\,1\quad 1\quad 1\,]^T$$

$$X_2 = [1 \quad 0 \quad -1]^T$$

$$X_3 = \left[1 \quad -\frac{2m}{M} \quad 1\right]^T$$

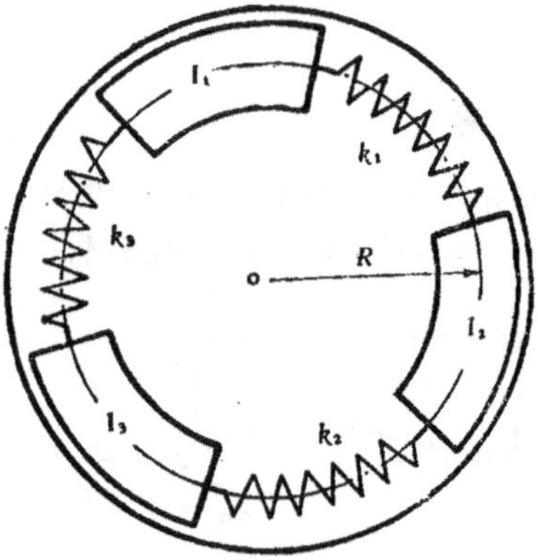

题图 6.3

6.3. 题图 6.3 所示系统中，设各个质量绕轴 O 的转动惯量为 $I_1 = I_2 = I_3 = I$，又各个弹簧刚度为 $k_1 = k_2 = k_3 = k$。求系统的固有频率与主振型。

答。

$$p_{1,2,3}^2 = 0, \quad \frac{3kR^2}{I}, \quad \frac{3kR^2}{I}$$

$$X_1 = [1 \quad 1 \quad 1]^T$$

$$X_2 = [1 \quad 0 \quad -1]^T$$

$$X_3 = [1 \quad -2 \quad 1]^T$$

6.4. 长 l 的均匀简支梁，在距二支点各 $l/6$ 处及中点处分别载有集中质量 m（题图 6.4）。设梁本身质量略去不计，其截面弯曲刚度为 EI。求系统固有频率与主振型。

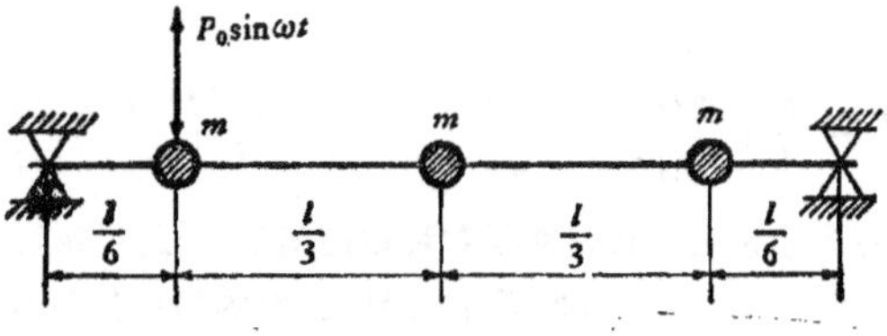

题图 6.4

答。

$$p_{1,2,3} = 9.859\alpha, \ 38.184\alpha, \ 62.354\alpha$$

$$\alpha = \sqrt{\frac{EI}{3ml^3}}$$

$$X_1 = [1 \quad 2 \quad 1]^T$$

$$X_2 = [1 \quad 0 \quad -1]^T$$

$$X_3 = [1 \quad -1 \quad 1]^T$$

6.5. 题图 6.5 所示为三层楼房的简化模型；楼房的质量分别集中到各层楼板，楼板可看作刚体，只作水平运动；各支柱看作均匀弹性梁，支柱与楼板之间为固定连结．假设有 $h_1=h_2=h_3=h, EI_1=EI, EI_2=2EI, EI_3=3EI$，$m_1=m_2=m_3=m$．求系统的固有频率与主振型．

答．

$$p_{1,2,3}^2=0.417\alpha,\ 2.29\alpha,\ 6.29\alpha$$

$$\alpha=\frac{24EI}{mh^3}$$

$$\boldsymbol{X}_1=[3.931\quad 2.292\quad 1]^T$$

$$\boldsymbol{X}_2=[-1.050\quad 1.355\quad 1]^T$$

$$\boldsymbol{X}_3=[0.122\quad -0.645\quad 1]^T$$

6.6．题图 6.6 所示三节摆的固有频率为

$$\omega_1=0.6454\sqrt{g/l}$$

$$\omega_2=1.5146\sqrt{g/l}$$

$$\omega_3=2.5078\sqrt{g/l}$$

设分别再加上如下约束：(a)$\theta=0$，(b)$\theta=\psi$，(c)$\theta=-\psi$．求这三种附加约束情形下系统的固有频率．

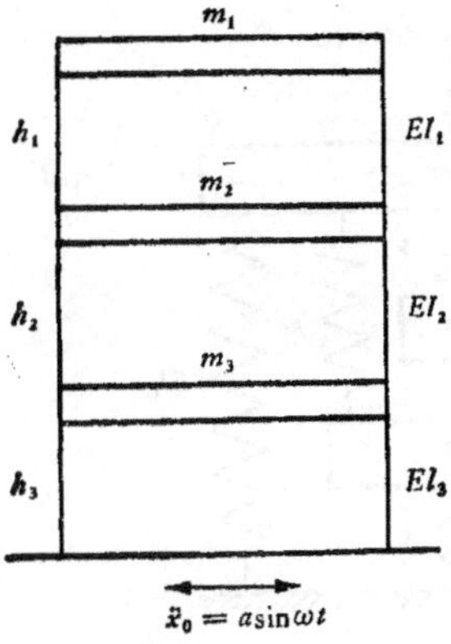

题图 6.5

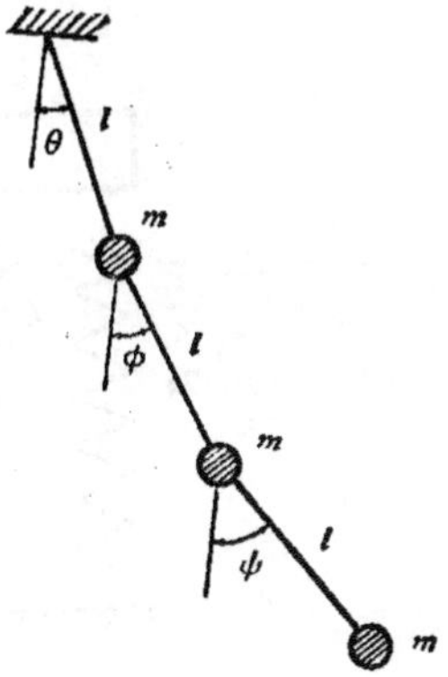

题图 6.6

答．

(a) $p_1=0.766\sqrt{g/l}$，　$p_2=1.85\sqrt{g/l}$

(b) $p_1=0.654\sqrt{g/l}$，　$p_2=2.498\sqrt{g/l}$

(c) $p_1=0.919\sqrt{g/l}$，　$p_2=1.776\sqrt{g/l}$

6.7. 题图 6.7 所示四质量弹簧系统中各个质量均为 m，各个弹簧刚度均为 k. 设系统只能沿水平直线运动. 求系统的固有频率与主振型.

题图 6.7

答.

$$p^2_{1,2,3,4} = 0, \quad (2-\sqrt{2})k/m$$

$$2k/m, \quad (2+\sqrt{2})k/m$$

$$\boldsymbol{X}_1 = [1 \quad 1 \quad 1 \quad 1]^T$$

$$\boldsymbol{X}_2 = [1 \quad 0.414 \quad -0.414 \quad -1]^T$$

$$\boldsymbol{X}_3 = [1 \quad -1 \quad -1 \quad 1]^T$$

$$\boldsymbol{X}_4 = [1 \quad -2.414 \quad 2.414 \quad -1]^T$$

6.8. 题图 6.8 所示系统中，各个质量只能沿铅垂方向运动. 设在质量 $4m$ 上作用有铅垂力 $P_0 \cos \omega t$.

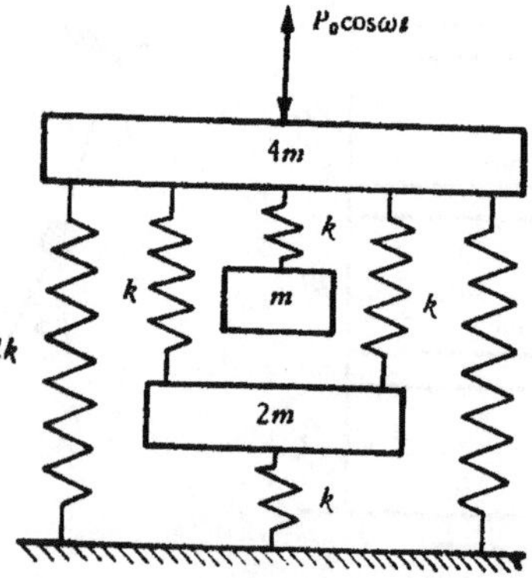

题图 6.8

试求: 1. 各个质量的强迫振动振幅

2. 系统的各个共振频率

答.

1. $$A_m = \frac{3-2\alpha^2}{Z}\frac{P_0}{k}$$

$$A_{2m} = \frac{2(1-\alpha^2)}{Z}\frac{P_0}{k}$$

$$A_{4m} = \frac{(1-\alpha^2)(3-2\alpha^2)}{Z}\frac{P_0}{k}$$

$$\alpha^2 = \frac{\omega^2 m}{k}$$

$$Z = 14 - 41\alpha^2 + 34\alpha^4 - 8\alpha^6$$

2. 共振频率为

$$\omega^2 = 0.590k/m, \quad 1.211k/m, \quad 2.449k/m$$

6.9. 设题 6.7 所述系统中初始条件为

$$X_0 = [0 \quad 0 \quad 0 \quad 0]^T$$
$$\dot{X}_0 = [v \quad 0 \quad 0 \quad v]^T$$

求系统的自由运动.

答.

$$x = X_1 \frac{v}{2} t + X_3 \frac{v}{2p_3} \sin p_3 t$$

6.10. 设题 6.7 所述系统原来处于静平衡状态，今在其中第一个与最末一个质量上加以水平方向的阶跃力 $F_1 = F_4 = F$. 求系统的响应.

答.

$$x = X_1 \frac{Ft^2}{4m} + X_3 \frac{F}{2mp_3^2}(1-\cos p_3 t)$$

6.11. 在题 6.5 所述系统中,设地面的水平运动加速度为 $\ddot{x}_0 = a\sin\omega t$. 求各层楼板相对于地面的水平强迫振动.

答.

$$x = -a\sin\omega t\left\{0.334\left(\frac{\beta_1}{p_1^2}\right)X_1 + 0.314\left(\frac{\beta_2}{p_2^2}\right)X_2 + 0.352\left(\frac{\beta_3}{p_3^2}\right)X_3\right\}$$

$$\beta_i = \frac{1}{1-\omega^2/p_i^2}, \qquad i = 1,2,3$$

6.12. 设题 6.4 所述系统中，在第一个质量 m 上作用有铅垂方向的力 $F\sin\omega t$.

1. 在阻尼略去不计的情形下,求系统的强迫振动.

2. 假设各阶主振型阻尼比均为 0.01，且 $\omega = 10\alpha$. 求系统的强迫振动.

第七章　多自由度系统的振动(二)

7.1 引　　言

随着系统自由度数的增大，振动分析的计算工作量愈大，一般只能求助于电子计算机进行计算．特别是对于大型结构的固有频率与主振型的分析，就必须用计算机来完成．不过在系统自由度数不太大的情形下，也有一些只要用袖珍式计算器就可以方便地进行计算的实用方法．掌握这些方法对于有关的工程设计人员是很有好处的，特别是在对系统进行估算的时候．

本章目的是介绍工程上常用的几种近似方法，包括瑞利能量法、迹法(即邓克利法)、里茨法、矩阵迭代法、子空间迭代法、传递矩阵法以及半定系统特征值问题的解法．

7.2 瑞利能量法

第二章中曾经介绍了能量法在 1 自由度振系中的应用．瑞利早就指出，如果能合理地给出各个主振型的近似假设，那末上述能量法同样适用于多自由度系统与分布参数系统[1]．现用矩阵形式表述如下．

设有一 n 自由度系统，其质量矩阵为 $\boldsymbol{M}$，刚度矩阵为 $\boldsymbol{K}$，系统的主振动 $\boldsymbol{x}$ 可表示为

$$\boldsymbol{x}=\boldsymbol{X}\sin pt \tag{7.2-1}$$

其中 $\boldsymbol{X}$ 是振型矢量．按刚度法，这时系统的主振动方程可写为

$$\boldsymbol{K}\boldsymbol{x}=-\boldsymbol{M}\ddot{\boldsymbol{x}} \tag{7.2-2}$$

1) Rayleigh, J. W. S., Theory of Sound, 2nd ed., Dover, 1945, Vol. 1, p. 109.

将式 (7.2-1) 代入方程 (7.2-2)，有

$$\boldsymbol{KX}=p^2\boldsymbol{MX}$$

上式两端前乘以 $\boldsymbol{X}^T$，得

$$\boldsymbol{X}^T\boldsymbol{KX}=p^2\boldsymbol{X}^T\boldsymbol{MX} \tag{7.2-3$'$}$$

或写成

$$p^2=\frac{\boldsymbol{X}^T\boldsymbol{KX}}{\boldsymbol{X}^T\boldsymbol{MX}}=R_1(\boldsymbol{X}) \tag{7.2-3}$$

我们把 $R_1(\boldsymbol{X})$ 称为第一瑞利商. 当式(7.2-3)中 $\boldsymbol{X}$ 取为系统的各阶主振型 $\boldsymbol{X}_i$ 时，瑞利商 $R_1(\boldsymbol{X}_i)$ 就相应地给出各阶固有频率 p_i 的平方(或特征值 λ_i)，即有

$$\lambda_i=p_i^2=\frac{\boldsymbol{X}_i^T\boldsymbol{KX}_i}{\boldsymbol{X}_i^T\boldsymbol{MX}_i},\quad i=1,2,\cdots,n \tag{7.2-4}$$

如果在 (7.2-3) 式中，$\boldsymbol{X}$ 只是代表假设的主振型，那末由瑞利商只能得出相应固有频率的估值. 理论上，它适用于求各阶固有频率. 实际上，因为关于系统的高阶主振型很难作出合理的假设，所以式 (7.2-3) 往往只有在估算系统的基本固有频率 p_1 时才是切实可行的.

注意到，系统在主振型振动中动能的最大值为

$$T_m=\frac{1}{2}p^2\boldsymbol{X}^T\boldsymbol{MX}$$

而弹性势能的最大值为

$$U_m=\frac{1}{2}\boldsymbol{X}^T\boldsymbol{KX}$$

可见，式 (7.2-3)$'$ 右端刚好等于 $2T_m$，而左端刚好等于 $2U_m$. 所以，这一方法常称为瑞利能量法.

从柔度法出发，可以得到另一种形式的关于系统固有频率的估式. 设系统的柔度矩阵为 $\boldsymbol{R}$，则系统的主振动方程可表示为

$$\boldsymbol{x}=-\boldsymbol{RM}\ddot{\boldsymbol{x}} \tag{7.2-5}$$

将式 (7.2-1) 代入方程(7.2-5)，有

$$\boldsymbol{X}=p^2\boldsymbol{RMX}$$

上式两端前乘以 $p^2\boldsymbol{X}^T\boldsymbol{M}$,得

$$p^2\boldsymbol{X}^T\boldsymbol{M}\boldsymbol{X}=p^4\boldsymbol{X}^T\boldsymbol{M}\boldsymbol{R}\boldsymbol{M}\boldsymbol{X} \tag{7.2-6$'$}$$

或写成

$$p^2=\frac{\boldsymbol{X}^T\boldsymbol{M}\boldsymbol{X}}{\boldsymbol{X}^T\boldsymbol{M}\boldsymbol{R}\boldsymbol{M}\boldsymbol{X}}\equiv R_{\mathrm{II}}(\boldsymbol{X}) \tag{7.2-6}$$

我们把 $R_{\mathrm{II}}(\boldsymbol{X})$ 称为第二瑞利商. 当式(7.2-6)中的 $\boldsymbol{X}$ 取为系统的主振型时,$R_{\mathrm{II}}(\boldsymbol{X}_i)$ 也就给出相应的特征值 λ_i,即有

$$\lambda_i\equiv p_i^2=\frac{\boldsymbol{X}_i^T\boldsymbol{M}\boldsymbol{X}_i}{\boldsymbol{X}_i^T\boldsymbol{M}\boldsymbol{R}\boldsymbol{M}\boldsymbol{X}_i},\ i=1,2,\cdots,n \tag{7.2-7}$$

所以,第二瑞利商也可以用来估算系统的固有频率.

关于式(7.2-6),也可以给出类似的能量解释. 事实上,式(7.2-6)$'$ 右端刚好二倍于主振型振动中惯性力在其所引起的位移上所做功的最大值,即二倍于以惯性力为外载时系统弹性势能的最大值 U_m. 事实上,如果在系统上作用有惯性力 $\boldsymbol{f}$:

$$\boldsymbol{f}=-\boldsymbol{M}\ddot{\boldsymbol{x}}=p^2\boldsymbol{M}\boldsymbol{x}$$

那末由此惯性力引起的位移为

$$\boldsymbol{x}=\boldsymbol{R}\boldsymbol{f}=p^2\boldsymbol{R}\boldsymbol{M}\boldsymbol{x}$$

这时,系统的势能为

$$\begin{aligned}U&=\frac{1}{2}\boldsymbol{f}^T\boldsymbol{x}\\&=\frac{1}{2}p^4\boldsymbol{x}^T\boldsymbol{M}\boldsymbol{R}\boldsymbol{M}\boldsymbol{x}\end{aligned}$$

因而势能的最大值 U_m 为

$$U_m=\frac{1}{2}p^4\boldsymbol{X}^T\boldsymbol{M}\boldsymbol{R}\boldsymbol{M}\boldsymbol{X}$$

现在来证明,对于任意的假设振型 $\boldsymbol{X}$ 恒有

$$R_{\mathrm{I}}(\boldsymbol{X})\geqslant R_{\mathrm{II}}(\boldsymbol{X}) \tag{7.2-8}$$

事实上,由第六章的讨论可知,一个 n 自由度定正系统必定存在着 n 个正特征值 λ_i,不妨假设它们可由小到大地排列成

$$\lambda_1<\lambda_2<\cdots\cdots<\lambda_n$$

对应于这 n 个特征值，可确定 n 个特征矢量 $\boldsymbol{X}_i$，它们是相互线性独立的，因而可构成 n 维线性空间的一个完备基．任何一个假设振型矢量 $\boldsymbol{X}$ 都可以表示为各个特征矢量的线性组合，即有

$$\boldsymbol{X}=\sum_i c_i\boldsymbol{X}_i \tag{7.2-9}$$

假设这些特征矢量均已标准化，由系统特征矢量的正交性，有

$$\left.\begin{aligned}\boldsymbol{X}_j^T\boldsymbol{M}\boldsymbol{X}_i&=\begin{cases}0, & \text{当 } i\neq j\\ 1, & \text{当 } i=j\end{cases}\\ \boldsymbol{X}_j^T\boldsymbol{K}\boldsymbol{X}_i&=\begin{cases}0, & \text{当 } i\neq j\\ \lambda_i, & \text{当 } i=j\end{cases}\\ \boldsymbol{X}_j^T\boldsymbol{M}\boldsymbol{R}\boldsymbol{M}\boldsymbol{X}_i&=\begin{cases}0, & \text{当 } i\neq j\\ 1/\lambda_i, & \text{当 } i=j\end{cases}\end{aligned}\right\} \tag{7.2-10}$$

将式 (7.2-9) 的 $\boldsymbol{X}$ 分别代入式 (7.2-3) 与 (7.2-6)，并考虑到式 (7.2-10)，可得

$$\left.\begin{aligned}R_{\mathrm{I}}(\boldsymbol{X})&=\frac{\sum_i c_i^2\lambda_i}{\sum_i c_i^2}\\ R_{\mathrm{II}}(\boldsymbol{X})&=\frac{\sum_j c_j^2}{\sum_j c_j^2/\lambda_j}\end{aligned}\right\} \tag{7.2-11}$$

因而不等式 (7.2-8) 可写成

$$\frac{\sum_i c_i^2\lambda_i}{\sum_i c_i^2}\geqslant\frac{\sum_j c_j^2}{\sum_j c_j^2/\lambda_j}$$

上述不等式可等价地表示为

$$\left(\sum_i c_i^2\right)\left(\sum_j c_j^2\right)\leqslant\left(\sum_i c_i^2\lambda_i\right)\left(\sum_j c_j^2/\lambda_j\right)$$

或写成

$$\sum_i \sum_j c_i^2 c_j^2 \leqslant \frac{1}{2} \sum_i \sum_j c_i^2 c_j^2 \left(\frac{\lambda_i}{\lambda_j} + \frac{\lambda_j}{\lambda_i}\right) \tag{7.2-12}$$

考虑到对于任何正数 $a > 0, b > 0$，下列不等式恒成立：

$$a^2 + b^2 \geqslant 2ab$$

故有

$$\frac{\lambda_i^2 + \lambda_j^2}{\lambda_i \lambda_j} \geqslant 2$$

由此可见，不等式 (7.2-12) 恒成立．这就证明了式 (7.2-8) 的正确性．

现在来证明，用瑞利商来估算系统的基频时，总给出基频的上限估值．事实上，对于一个合理假设的基频振型，用式 (7.2-9) 表示时，总有

$$c_1 \gg c_r, \quad r = 2, 3, \cdots, n \tag{7.2-13}$$

这时，由式 (7.2-11) 可得

$$\left.\begin{aligned} R_{\mathrm{I}}(\boldsymbol{X}) &= \lambda_1 \cdot \frac{1 + \sum_r \dfrac{c_r^2}{c_1^2} \dfrac{\lambda_r}{\lambda_1}}{1 + \sum_r \dfrac{c_r^2}{c_1^2}} \\ R_{\mathrm{II}}(\boldsymbol{X}) &= \lambda_1 \cdot \frac{1 + \sum_r \dfrac{c_r^2}{c_1^2}}{1 + \sum_r \dfrac{c_r^2}{c_1^2} \dfrac{\lambda_1}{\lambda_r}} \end{aligned}\right\} \tag{7.2-14}$$

可见，(7.2-14) 式中两个瑞利商右端的分式均大于 1．当满足假设条件 (7.2-13) 时，这些分式又都接近于 1．所以说，这两个瑞利商给出的都是基频的上限估值．而由 (7.2-8) 式可知，由 $R_{\mathrm{II}}(\boldsymbol{X})$ 给出的估值将比 $R_{\mathrm{I}}(\boldsymbol{X})$ 的更接近于真值．

以上介绍了两种形式的瑞利能量法．应该指出，它们各有所长．前者适用于刚度矩阵已知的情形，后者适用于柔度矩阵已知的情形．一般说来，前者较为简便，后者较为准确．

下面来看能量法的几个具体应用．先以应用于多自由度系统为例．

例 7.2-1. 仍取图 6.3-2 所示 3 自由度扭振系统，设有 $J_1 = J_2 = J_3 = J$. 求系统基频估值.

解. 这时，系统的质量矩阵为

$$M = J\begin{bmatrix} 1 & 0 & 0 \\ 0 & 1 & 0 \\ 0 & 0 & 1 \end{bmatrix}$$

刚度矩阵为

$$K = k\begin{bmatrix} 2 & -1 & 0 \\ -1 & 2 & -1 \\ 0 & -1 & 1 \end{bmatrix}$$

而柔度矩阵为

$$R = \frac{1}{k}\begin{bmatrix} 1 & 1 & 1 \\ 1 & 2 & 2 \\ 1 & 2 & 3 \end{bmatrix}$$

现分别用两种形式的能量法来求系统基频的估值.

不妨先粗糙地取假设振型为

$$X = [1 \quad 1 \quad 1]^T$$

由此得

$$X^T M X = 3J$$
$$X^T K X = k$$
$$X^T M R M X = 14J^2/k$$

故由式 (7.2-3)，得

$$p^2 = 0.333k/J$$

而由式 (7.2-9)，得

$$p^2 = 0.214k/J$$

再取"静变形曲线"作为假设振型，即取

$$X = [3 \quad 5 \quad 6]^T$$

由此得

$$X^T M X = 70J$$
$$X^T K X = 14k$$

$$X^TMRMX = 353J^2/k$$

故由式 (7.2-3)，得

$$p^2 = 0.2000k/J$$

而由式 (7.2-9)，得

$$p^2 = 0.1983k/J$$

该系统的基频值(准确到 4 位)可求得为

$$p_1^2 = 0.1980k/J$$

再来看应用于分布参数系统的情形．可举弹性梁的振动问题为例．

设梁沿长度方向的质量密度为 $\rho(x)$，梁弯曲振动中的振型曲线用 $y(x)$ 表示，则梁动能的最大值可表示为

$$T_m = \frac{1}{2} p^2 \int_l \rho y^2 dx \tag{7.2-11}$$

式中积分是沿梁长 l 进行的．

在弯曲振动中，梁的势能就等于弯曲变形能．设梁的截面弯矩为 M，截面弯曲刚度为 EI，则梁的弯曲变形能公式可表示为

$$U = \frac{1}{2} \int_l \frac{M^2}{EI} dx \tag{7.2-12}$$

在第一种瑞利能量法中，取假设振型作为梁最大变形时的挠曲轴，故有

$$\frac{M_1}{EI} = \frac{d^2y}{dx^2}$$

M_1 为梁发生最大变形时的截面弯矩．将它代入式 (7.2-12)，可得

$$U_m = \frac{1}{2} \int_l EI \left(\frac{d^2y}{dx^2}\right)^2 dx \tag{7.2-13}$$

这时，式 (7.2-3) 就成为

$$p^2 = \frac{\int_l EI \left(\frac{d^2y}{dx^2}\right)^2 dx}{\int_l \rho y^2 dx} \tag{7.2-14}$$

从第二种瑞利能量法出发，考虑到惯性力所做的功就等于它所引起的梁的弯曲变形能，故取 $p^2\rho y$ 作为分布载荷，根据支承条件来确定梁发生最大弯曲变形时的截面弯矩 M_2，将它代入式(7.2-12)来确定 U_m. 然后根据 $T_m = U_m$，来确定基频的估值. 这样做有一个很大的好处，就是不必要求假设的振型满足梁的边界条件. 因为在计算惯性力所作的功时，假设振型的功用仅在于确定惯性力的分布规律. 而梁的变形是在惯性力作用下发生的，所以自然满足梁的边界条件. 正因为如此，甚至对于一些看来很不合理的振型假设，也能给出具有适当精度的结果. 但是在计算上远不如第一种形式的能量法来得简便.

例 7.2-2. 用能量法求均匀简支梁(图 7.2-1)的基频估值.

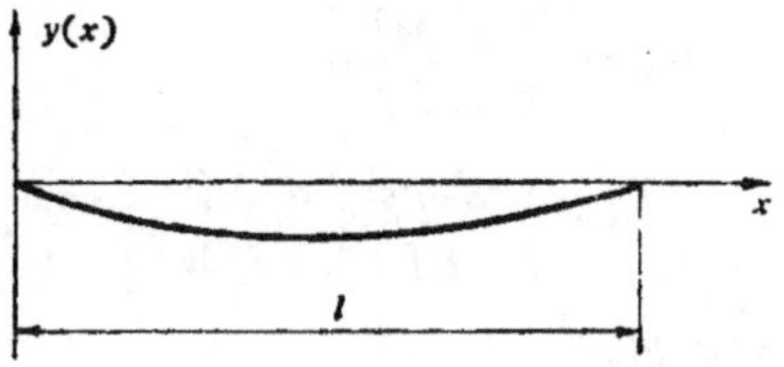

图 7.2-1

解. 设梁的弯曲振型为

$$y(x) = y_0 \sin \frac{\pi x}{l} \tag{*}$$

这时，梁动能的最大值为

$$T_m = \frac{1}{2} \rho p^2 y_0^2 \int_0^l \sin^2 \frac{\pi x}{l} dx$$

由(*)式，有

$$\frac{d^2 y}{dx^2} = -\left(\frac{\pi}{l}\right)^2 y_0 \sin \frac{\pi x}{l}$$

故梁势能的最大值为

$$U_m = \frac{1}{2} EI \left(\frac{\pi}{l}\right)^4 \int_0^l \sin^2 \frac{\pi x}{l} dx$$

按第一种能量法，可得

$$p^2 = \pi^4 \frac{EI}{\rho l^4}$$

按第二种能量法，梁在惯性载荷 $\rho p^2 y$ 作用下发生最大变形时的截面弯矩为

$$M_2 = \frac{1}{2}\rho p^2 x \int_0^l y(x)dx$$

$$- \rho p^2 \int_0^x (x-\xi)y(\xi)d\xi$$

$$= \rho p^2 y_0 \left(\frac{l}{\pi}\right)^2 \sin\frac{\pi x}{l}$$

故有

$$U_m = \frac{1}{2}\int_0^l \frac{M_2^2}{EI}dx$$

$$= \frac{1}{2}\frac{\rho^2\omega^4 y_0^2}{EI}\left(\frac{\rho}{\pi}\right)^4 \int_0^l \sin^2\frac{\pi x}{l}dx$$

按 $T_m = U_m$，同样可得

$$p^2 = \pi^4 \frac{EI}{\rho l^4}$$

本例中，由于假设的振型(*)正好就是梁的基频主振型，故两种形式的能量法得到了一致的、准确的结果.

例 7.2-3. 按下列假设振型曲线:

a. $y = y_0(3lx^2 - x^3)$

b. $y = y_0 x^{\frac{3}{2}}$

c. $y = y_0 x^2$

d. $y = y_0 x$

用能量法求均匀悬臂梁的基频估值. 其基频准确值已知为 3.515 $\sqrt{EI/\rho l^4}$.

解. 对于均匀悬臂梁来说，M_2 可按下式来求:

$$M_2 = p^2\rho \int_x^l \int_\eta^l y(\xi)d\xi d\eta$$

这时，式 (7.2-9) 就成为

$$p^2 = \frac{EI}{\rho} \cdot \frac{\int_0^l y^2 dx}{\int_0^l \left(\int_x^l \int_\eta^l y(\xi)d\xi d\eta\right)^2 dx} \tag{7.2-15}$$

将梁基频的估值表示成

$$p = \beta\sqrt{EI/\rho l^4}$$

分别按式 (7.2-14) 与 (7.2-15) 进行计算，所得结果可列成表 7.1.

表 7.1

假设振型	a	b	c	d
按(7.2-14)所得 β	3.567	—	4.472	—
%误差	1.48	—	27.2	—
按(7.2-15)所得 β	3.517	3.518	3.531	3.567
%误差	0.06	0.09	0.46	1.48

值得指出的是，假设振型 d 甚至不完全满足梁的几何边界条件，但是按第二种能量法，仍能得到相当满意的结果.

7.3 迹法(邓克利法)

上节所述能量法给出了系统基本固有频率的上限估式. 现在来介绍系统基本固有频率的一种下限估式，因为它和系统矩阵的迹有着密切联系，故称迹法.

设系统的主振型方程为

$$\tilde{\boldsymbol{S}}\boldsymbol{X} = \boldsymbol{RMX} = \tilde{\lambda}\boldsymbol{X}$$

则系统的特征方程为

$$|\tilde{\boldsymbol{S}} - \tilde{\lambda}\boldsymbol{I}| = 0 \tag{7.3-1}$$

展开可得

$$\tilde{\lambda}^n - (\tilde{S}_{11} + \tilde{S}_{22} + \cdots + \tilde{S}_{nn})\tilde{\lambda}^{n-1} + \cdots = 0 \qquad (7.3\text{-}2)$$

由代数方程的理论，可知式(7.3-2)中 $\tilde{\lambda}^{n-1}$ 的系数变号后就等于 n 个特征根之和,即有

$$\sum_{i=1}^{n} \tilde{\lambda}_i = \tilde{S}_{11} + \tilde{S}_{22} + \cdots + \tilde{S}_{nn} \qquad (7.3\text{-}3)$$

上式右端通常称为矩阵 $\tilde{\boldsymbol{S}}$ 的迹,记为 $\mathrm{tr}\tilde{\boldsymbol{S}}$, 故式(7.3-3)可写成

$$\sum_{i=1}^{n} \tilde{\lambda}_i = \mathrm{tr}\tilde{\boldsymbol{S}} \qquad (7.3\text{-}4)$$

注意到 $\tilde{\lambda}_i = \dfrac{1}{p_i^2}$, 且方程(7.3-1)的 n 个特征根按大小排列为

$$\tilde{\lambda}_1 > \tilde{\lambda}_2 > \cdots > \tilde{\lambda}_n$$

故式(7.3-4)可近似地取为

$$\tilde{\lambda}_1 = \frac{1}{p_1^2} \approx \mathrm{tr}\tilde{\boldsymbol{S}} \qquad (7.3\text{-}5)$$

式(7.3-5)就是迹法的基本公式. 因为它是从式(7.3-4)左端舍去了一些正数项而得到的近似式, 故 $\mathrm{tr}\tilde{\boldsymbol{S}}$ 将大于 $\dfrac{1}{p_1^2}$ 的真值, 而 $(\mathrm{tr}\tilde{\boldsymbol{S}})^{-1}$ 将小于系统基频 p_1 的真值. 所以说, 式(7.3-5)是系统基频的下限估式. 从式(7.3-4)还可以看到,只有当满足 $\tilde{\lambda}_1 \gg \tilde{\lambda}_2$,即 $p_2 \gg p_1$ 时,式(7.3-5)才能给出比较准确的基频估值.

当系统的质量矩阵为对角阵时,即有

$$\boldsymbol{M} = \mathrm{diag}\,[m_i]$$

这时系统矩阵 $\tilde{\boldsymbol{S}} = \boldsymbol{RM}$ 的迹为

$$\mathrm{tr}\,\tilde{\boldsymbol{S}} = r_{11}m_1 + r_{22}m_2 + \cdots + r_{nn}m_n \qquad (7.3\text{-}6)$$

考虑到 r_{ii} 是第 i 个质量处作用有单位力时系统的原地柔度系数。如果在该弹性系统中仅仅保留一个集中质量 m_i, 那末系统就成为一自由度系统,这时系统的柔度就等于 r_{ii}, 而系统的刚度 $k_i = 1/r_{ii}$, 系统的固有频率则为

$$\Omega_i^2 = \frac{k_i}{m_i} = \frac{1}{r_{ii}m_i}$$

或写成

$$r_{ii}m_i = \frac{1}{\Omega_i^2}$$

因而由式(7.3-5)与(7.3-6)，得

$$\tilde{\lambda}_1 = \frac{1}{p_1^2} \approx \frac{1}{\Omega_1^2} + \frac{1}{\Omega_2^2} + \cdots + \frac{1}{\Omega_n^2} \qquad (7.3\text{-}7)$$

式(7.3-7)称作邓克利(Dunkerley)公式.

这一公式虽然在准确度上不如能量法. 但是它更便于考察物理参数(质量或刚度)变化对系统基频的影响，所以，许多工程人员乐于采用它.

例 7.3-1. 仍取例 7.2-1 中的系统. 用迹法求基频估值.

解. 这时，系统矩阵 $\tilde{\boldsymbol{S}}$ 为

$$\tilde{\boldsymbol{S}} = \boldsymbol{RM} = J/k\begin{bmatrix} 1 & 1 & 1 \\ 1 & 2 & 2 \\ 1 & 2 & 3 \end{bmatrix}$$

故有

$$\mathrm{tr}\,\tilde{\boldsymbol{S}} = 6J/k$$

按式(7.3-5)有

$$p_1^2 \approx 0.166k/J$$

如前所述，系统基频的准确值为

$$p_1^2 = 0.198k/J$$

例 7.3-2. 设均匀悬臂梁自由端有集中质量 m，梁长为 l，每单位长度的质量为 ρ，且设 $\rho l = m$(图 7.3-1)，求系统的基频估值.

图 7.3-1

解. 均匀悬臂梁本身的基频已知为

$$\Omega_1^2 = 3.515^2\left(\frac{EI}{ml^3}\right)$$

从第二章例 2.2-2 知，无重悬臂梁自由端有集中质量时的系统固有频率为

$$\Omega_2^2 = 3\left(\frac{EI}{ml^3}\right)$$

按式 (7.3-7) 有

$$p_1^2 = \frac{\Omega_1^2\Omega_2^2}{\Omega_1^2 + \Omega_2^2} = 2.41\left(\frac{EI}{ml^3}\right)$$

这一结果与能量法所得结果大致相当．按瑞利法（参阅例 2.3-5），有

$$p_1^2 = \frac{3EI}{\left(1 + \frac{33}{140}\right)ml} = 2.43\left(\frac{EI}{ml^3}\right)$$

例 7.3-3．设有图 7.3-2 所示 2 自由度系统，其中 $k_1 = ck$，c 为常数．现用迹法求基频，并将结果与准确值作比较．

解．这时，有

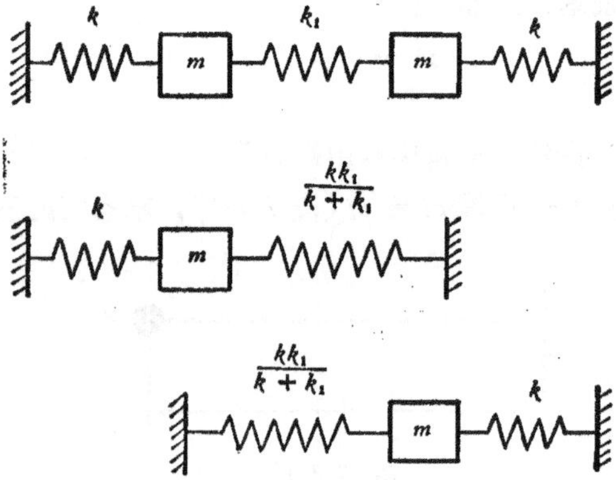

图 7.3-2

$$\Omega_1^2=\Omega_2^2=\frac{(k+2k_1)k}{(k+k_1)m}=\frac{1+2c}{1+c}\cdot\frac{k}{m}$$

按式(7.3-7)有

$$p_1^2=\frac{\Omega_1^2\Omega_2^2}{\Omega_1^2+\Omega_2^2}=\frac{1}{2}\frac{(1+2c)}{(1+c)}\cdot\frac{k}{m}$$

从第五章例5.2-1可知,该系统基频的准确值为

$$p_1^2=\frac{k}{m}$$

对应于各个不同的 c 值,有

c	p_1^2 的估值
0.5	$0.666\frac{k}{m}$
1	$0.750\frac{k}{m}$
2	$0.833\frac{k}{m}$
4	$0.900\frac{k}{m}$
10	$0.954\frac{k}{m}$

可见,只有当 c 足够大时,基频估值才比较接近真值.

7.4 里茨(Ritz)法

前节所述瑞利能量法可以有效地用来估算系统的基频.但是,复杂系统的分析往往不能满足于只确定它的基频.直接应用瑞利法来确定系统的高阶频率,困难在于如何选取系统高阶主振型的近似假设.里茨采取迂迴的办法成功地克服了这一困难.里茨法不直接给出假设振型 $\boldsymbol{X}$,而是把它表示成有限个独立假设模态的线性和,即设

$$\boldsymbol{X}=\sum_i a_i\boldsymbol{\phi}_i \tag{7.4-1}$$

其中 $\boldsymbol{\phi}_i$ 为各个线性独立的假设模态，a_i 为待定系数.将式(7.4-1)代入瑞利商式(7.2-3)，再由瑞利商取驻值的条件来确定系统固有频率的近似值以及相应的各个待定系数. 这一过程实质上也就是寻找“最佳的”拟合振型. 事实上，只要各个假设模态取得合适，就不仅可以得到十分精确的基频拟合振型，而且可以得到比较合适的高频拟合振型. 因此，这一方法不仅可以求得更精确的基频近似值，而且也适用于求系统的高阶频率与振型.

事实上，由上一章关于主振型的理论可知，一个 n 自由度线性振系一定有 n 个固有频率(或特征值)以及相应的 n 个主振型(或特征矢量).这 n 个相互独立的特征矢量构成 n 维线性空间的一个完备基.也就是说，系统的任何振型都可以表示为这 n 个特征矢量的线性和. 在这 n 个特征矢量中任意选取 s 个($s<n$)，不妨就选前 s 个特征矢量，构成 n 维线性空间的一个非完备基，则由这一非完备基所确定的空间是原空间的一个子空间. 如果我们知道这一子空间的另外任意一组基 $[\boldsymbol{\varphi}_1\cdots\boldsymbol{\varphi}_s]$，并把它取作假设模态，即设

$$\boldsymbol{X}=\sum_j a_j\boldsymbol{\varphi}_j$$

那末，由里茨法这时就可以得到系统的前 s 阶准确的固有频率与主振型. 但是，一般说来我们并不知道这一子空间的任一组基.所以，我们只能凭经验或实验启示，选取若干个近似假设模态，而所得近似解的准确度将取决于这些假设模态所构成的近似振型的逼真程度. 后面要提到的子空间迭代法可以通过反复迭代，使假设振型最后一定收敛于前 s 阶主振型.

现在假定已经对 n 自由度振系的前 s 阶主振型选定了 s 个($s<n$)假设模态 $\boldsymbol{\phi}_j(j=1,2,\cdots,s)$，令

$$\boldsymbol{X}=\sum_j a_j\boldsymbol{\phi}_j=\boldsymbol{\phi a} \tag{7.4-2}$$

其中 $\boldsymbol{\phi}=[\boldsymbol{\phi}_1\cdots\boldsymbol{\phi}_s]$为 $n\times s$ 阶假设模态矩阵，而$\boldsymbol{a}=[a_1\cdots a_s]^T$为 $s\times 1$ 阶待定系数列阵. 再设系统的质量矩阵为 $\boldsymbol{M}$，刚度矩阵为 $\boldsymbol{K}$，它们都是 $n\times n$ 阶实对称阵. 这时，系统的瑞利商 R_1 可表

示为

$$R_{\mathrm{I}}=\frac{\boldsymbol{X}^{T}\boldsymbol{K}\boldsymbol{X}}{\boldsymbol{X}^{T}\boldsymbol{M}\boldsymbol{X}}=\frac{\boldsymbol{a}^{T}\boldsymbol{\phi}^{T}\boldsymbol{K}\boldsymbol{\phi}\boldsymbol{a}}{\boldsymbol{a}^{T}\boldsymbol{\phi}^{T}\boldsymbol{M}\boldsymbol{\phi}\boldsymbol{a}} \tag{7.4-3}$$

上述瑞利商作为系统固有频率平方的估值，又以各个 a_j 作为参变量，故可记为

$$R_{\mathrm{I}}\equiv\frac{U_1(\boldsymbol{a})}{T(\boldsymbol{a})}\equiv p^2 \tag{7.4-4}$$

其中

$$U_1(\boldsymbol{a})\equiv\boldsymbol{a}^{T}\boldsymbol{\phi}^{T}\boldsymbol{K}\boldsymbol{\phi}\boldsymbol{a}$$
$$T(\boldsymbol{a})\equiv\boldsymbol{a}^{T}\boldsymbol{\phi}^{T}\boldsymbol{M}\boldsymbol{\phi}\boldsymbol{a}$$

由瑞利商在系统的各个特征值处具有驻值这一性质[1)]，我们可以用式(7.4-4)取驻值的条件来确定各个待定系数 a_j。将式(7.4-4)对各个 a_j 取偏导数，并令其等于零，得

$$\frac{\partial R_{\mathrm{I}}}{\partial a_j}=\frac{1}{T^2}\left\{T(\boldsymbol{a})\frac{\partial U_1}{\partial a_j}-U_1(\boldsymbol{a})\frac{\partial T}{\partial a_j}\right\}=0,\quad j=1,2,\cdots,s$$

考虑到式(7.4-4)，可将上式写成

$$\frac{\partial U_1}{\partial a_j}-p^2\frac{\partial T}{\partial a_j}=0,\quad j=1,2,\cdots,s \tag{7.4-5}$$

注意到

$$\begin{aligned}\frac{\partial U_1}{\partial a_j}&=\frac{\partial}{\partial a_j}(\boldsymbol{a}^{T}\boldsymbol{\phi}^{T}\boldsymbol{K}\boldsymbol{\phi}\boldsymbol{a})\\&=\left[\frac{\partial}{\partial a_j}\boldsymbol{a}^{T}\right]\boldsymbol{\phi}^{T}\boldsymbol{K}\boldsymbol{\phi}\boldsymbol{a}+\boldsymbol{a}^{T}\boldsymbol{\phi}^{T}\boldsymbol{K}\boldsymbol{\phi}\left\{\frac{\partial}{\partial a_j}\boldsymbol{a}\right\}\\&=2\left[\frac{\partial}{\partial a_j}\boldsymbol{a}^{T}\right]\boldsymbol{\phi}^{T}\boldsymbol{K}\boldsymbol{\phi}\boldsymbol{a}\\&=2\boldsymbol{\phi}_j^{T}\boldsymbol{K}\boldsymbol{\phi}\boldsymbol{a}\end{aligned}$$

类似地有

---

1) 参阅 L. Meirovitch, Analytical Methods in Vibrations, Macmillan, 1967, p. 117.

$$\frac{\partial T}{\partial a_j} = 2\boldsymbol{\phi}_j^T \boldsymbol{M}\boldsymbol{\phi}\boldsymbol{a}$$

于是,式(7.4-5)可写成

$$\boldsymbol{\phi}_j^T \boldsymbol{K}\boldsymbol{\phi}\boldsymbol{a} - p^2\boldsymbol{\phi}_j^T \boldsymbol{M}\boldsymbol{\phi}\boldsymbol{a} = 0, \quad j = 1,2,\cdots,s$$

合并表示成矩阵方程,有

$$\boldsymbol{\phi}^T \boldsymbol{K}\boldsymbol{\phi}\boldsymbol{a} - p^2\boldsymbol{\phi}^T \boldsymbol{M}\boldsymbol{\phi}\boldsymbol{a} = \boldsymbol{0} \tag{7.4-6}$$

再引入如下广义刚度矩阵与广义质量矩阵:

$$\left.\begin{aligned} \mathscr{K} &= \boldsymbol{\phi}^T \boldsymbol{K}\boldsymbol{\phi} \\ \mathscr{M} &= \boldsymbol{\phi}^T \boldsymbol{M}\boldsymbol{\phi} \end{aligned}\right\} \quad s \times s \text{ 阶实对称阵} \tag{7.4-7}$$

则式(7.4-6)又可写成

$$[\mathscr{K} - p^2 \mathscr{M}]\boldsymbol{a} = \boldsymbol{0} \tag{7.4-8}$$

于是,问题又归结为矩阵特征值问题. 所不同的是现在为 $s \times s$ 阶矩阵特征值问题,而不是原系统的 $n \times n$ 阶矩阵特征值问题.从这意义上说,里茨法起着使坐标缩聚的作用. 由于 s 一般远小于系统自由度数 n,故上述特征值问题可以方便地使用现成标准程序在中小容量的计算机上求解.

解得的 s 个特征值就是原系统的前 s 阶固有频率平方的近似值,再设已从方程(7.4-8)解得 s 个标准化特征矢量 $\boldsymbol{a}_1, \cdots, \boldsymbol{a}_s$,即可按式(7.4-2)求得系统前 s 阶近似主振型,即有

$$\boldsymbol{X}_j = \boldsymbol{\phi}\boldsymbol{a}_j, \qquad j = 1,\cdots,s \tag{7.4-9}$$

注意到各个 $\boldsymbol{a}_j$ 已对广义质量矩阵 $\mathscr{M}$ 正交标准化,即有

$$\boldsymbol{a}_k^T \mathscr{M} \boldsymbol{a}_j = \begin{cases} 1, & \text{当 } k = j \\ 0, & \text{当 } k \neq j \end{cases}$$

故各个 $\boldsymbol{X}_j$ 也已对系统质量矩阵 $\boldsymbol{M}$ 正交标准化,即有

$$\begin{aligned} \boldsymbol{X}_k^T \boldsymbol{M}\boldsymbol{X}_j &= \boldsymbol{a}_k^T \boldsymbol{\phi}^T \boldsymbol{M}\boldsymbol{\phi}\boldsymbol{a}_j \\ &= \boldsymbol{a}_k^T \mathscr{M} \boldsymbol{a}_j \end{aligned}$$

现在指出,从柔度法出发,也可以根据第二瑞利商 R_{II} 将问题归结为里茨特征值问题. 设已知 n 自由度系统的质量矩阵 $\boldsymbol{M}$ 与柔度矩阵 $\boldsymbol{R}$,则瑞利商 R_{II} 可表示为

$$R_{\text{II}} = \frac{\boldsymbol{X}^T \boldsymbol{M}\boldsymbol{X}}{\boldsymbol{X}^T \boldsymbol{M}\boldsymbol{R}\boldsymbol{M}\boldsymbol{X}} \equiv p^2 \tag{7.4-10}$$

将式 (7.4-2) 代入式 (7.4-10)，可得

$$R_{II}=\frac{\boldsymbol{a}^T\boldsymbol{\phi}^T\boldsymbol{M}\boldsymbol{\phi}\boldsymbol{a}}{\boldsymbol{a}^T\boldsymbol{\phi}^T\boldsymbol{M}\boldsymbol{R}\boldsymbol{M}\boldsymbol{\phi}\boldsymbol{a}}\equiv\frac{T(\boldsymbol{a})}{U_2(\boldsymbol{a})}=p^2 \qquad (7.4\text{-}11)$$

其中

$$U_2(\boldsymbol{a})\equiv\boldsymbol{a}^T\boldsymbol{\phi}^T\boldsymbol{M}\boldsymbol{R}\boldsymbol{M}\boldsymbol{\phi}\boldsymbol{a}$$

这时，瑞利商 R_{II} 取驻值的条件为

$$\frac{\partial R_{II}}{\partial a_j}=\frac{1}{U_2^2}\left\{U_2(\boldsymbol{a})\frac{\partial T}{\partial a_j}-T(\boldsymbol{a})\frac{\partial U_2}{\partial a_j}\right\}=0,\quad j=1,\cdots,s$$

考虑到式 (7.4-11)，得

$$\frac{\partial T}{\partial a_j}-p^2\frac{\partial U_2}{\partial a_j}=0,\quad j=1,\cdots,s \qquad (7.4\text{-}12)$$

与前面相类似，求偏导数的结果为

$$\frac{\partial U_2}{\partial a_j}=2\boldsymbol{\phi}_j^T\boldsymbol{M}\boldsymbol{R}\boldsymbol{M}\boldsymbol{\phi}\boldsymbol{a}$$

$$\frac{\partial T}{\partial a_j}=2\boldsymbol{\phi}_j^T\boldsymbol{M}\boldsymbol{\phi}\boldsymbol{a}$$

于是式 (7.4-12) 可写成

$$\boldsymbol{\phi}_j^T\boldsymbol{M}\boldsymbol{\phi}\boldsymbol{a}-p^2\boldsymbol{\phi}_j^T\boldsymbol{M}\boldsymbol{R}\boldsymbol{M}\boldsymbol{\phi}\boldsymbol{a}=0,\quad j=1,\cdots,s$$

或合并写成

$$\boldsymbol{\phi}^T\boldsymbol{M}\boldsymbol{\phi}\boldsymbol{a}-p^2\boldsymbol{\phi}^T\boldsymbol{M}\boldsymbol{R}\boldsymbol{M}\boldsymbol{\phi}\boldsymbol{a}=\boldsymbol{0} \qquad (7.4\text{-}13)$$

引入如下 $s\times s$ 阶实对称矩阵:

$$\mathscr{R}\equiv\boldsymbol{\phi}^T\boldsymbol{M}\boldsymbol{R}\boldsymbol{M}\boldsymbol{\phi}$$

则式 (7.4-13) 可表示成

$$[\mathscr{M}-p^2\mathscr{R}]\boldsymbol{a}=\boldsymbol{0} \qquad (7.4\text{-}14)$$

这样，我们得到了里茨特征值问题的另一种形式．在第 7.2 节中曾经指出，第二瑞利商总是不大于第一瑞利商，即有

$$R_{II}(\boldsymbol{X})\leqslant R_I(\boldsymbol{X})$$

所以，从同样的假设模态出发，从式 (7.4-14) 解得的系统近似频率要比从式 (7.4-8) 解得的更准确些．这也可以从下面的例子中得到证实．

例 7.4-1. 考虑图 7.4-1 所示由四个相等的质量 m 以及四个刚度为 k 的弹簧组成的串联系统. 分别用两种形式的里茨法求解系统的前二阶固有频率与振型.

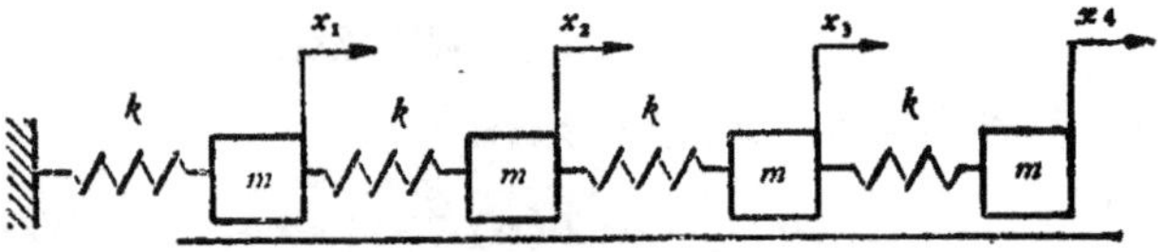

图 7.4-1

解. 容易求得系统的质量矩阵 M 为

$$\boldsymbol{M} = m\boldsymbol{I}$$

柔度矩阵 $\boldsymbol{R}$ 为

$$\boldsymbol{R} = \frac{1}{k}\begin{bmatrix} 1 & 1 & 1 & 1 \\ 1 & 2 & 2 & 2 \\ 1 & 2 & 3 & 3 \\ 1 & 2 & 3 & 4 \end{bmatrix}$$

刚度矩阵 $\boldsymbol{K}$ 为

$$\boldsymbol{K} = k\begin{bmatrix} 2 & -1 & 0 & 0 \\ -1 & 2 & -1 & 0 \\ 0 & -1 & 2 & -1 \\ 0 & 0 & -1 & 1 \end{bmatrix}$$

将假设振型 $\boldsymbol{X}$ 表示为

$$\boldsymbol{X} = \sum_{i=1}^{2} a_i \boldsymbol{\phi}_i = [\boldsymbol{\phi}_1 \boldsymbol{\phi}_2] \begin{Bmatrix} a_1 \\ a_2 \end{Bmatrix} \equiv \boldsymbol{\phi a}$$

其中假设模态取为

$$\boldsymbol{\phi}_1 = [0.25 \quad 0.5 \quad 0.75 \quad 1]^T$$
$$\boldsymbol{\phi}_2 = [0 \quad 0.2 \quad 0.6 \quad 1]^T$$

由此可求得

$$\mathscr{M} \equiv \boldsymbol{\phi}^T \boldsymbol{M} \boldsymbol{\phi} = m\begin{bmatrix} 1.875 & 1.55 \\ 1.55 & 1.4 \end{bmatrix}$$

$$\mathscr{K} = \phi^T K \phi = k\begin{bmatrix} 0.25 & 0.25 \\ 0.25 & 0.36 \end{bmatrix}$$

$$\mathscr{R} = \phi^T MRM\phi = \frac{m^2}{k}\begin{bmatrix} 15.375 & 12.35 \\ 12.35 & 10.04 \end{bmatrix}$$

按第一种里茨法列方程，由式(7.4-8)可得

$$\begin{bmatrix} 0.25k - 1.875p^2m & 0.25k - 1.55p^2m \\ 0.25k - 1.55p^2m & 0.36k - 1.4p^2m \end{bmatrix}\begin{Bmatrix} a_1 \\ a_2 \end{Bmatrix} = 0$$

由此可解得

$$p_1^2 = 0.12359k/m, \quad \left(\frac{a_1}{a_2}\right)_1 = -3.1999$$

$$p_2^2 = 1k/m, \quad \left(\frac{a_1}{a_2}\right)_2 = -0.8$$

按第二种里茨法列方程，由式(7.4-14)可得

$$\begin{bmatrix} 1.875 - 15.375p^2m/k & 1.55 - 12.35p^2m/k \\ 1.55 - 12.35p^2m/k & 1.4 - 10.04p^2m/k \end{bmatrix}\begin{Bmatrix} a_1 \\ a_2 \end{Bmatrix} = 0$$

由此可解得

$$p_1^2 = 0.12075k/m, \quad \left(\frac{a_1}{a_2}\right)_1 = -3.1999$$

$$p_2^2 = 1k/m, \quad \left(\frac{a_1}{a_2}\right)_2 = -0.8$$

可见，两种里茨法所得的近似振型是一致的，将所得(a_1/a_2)代入假设振型表示式，可得基准化振型为

$$X_1 = [0.36364 \quad 0.63636 \quad 0.81818 \quad 1\,]^T$$

$$X_2 = [-1 \quad -1 \quad 0 \quad 1\,]^T$$

但是，两种方法所得的频率近似值有所出入．可以求得，这一系统的前二阶固有频率的准确值为

$$p_1^2 = 0.12061k/m \qquad \text{（准确到第 5 位数字）}$$

$$p_2^2 = 1k/m$$

比较结果，第二种里茨法所得一阶近似频率较第一种所得的要准确些．由于所取假设模态刚好能构成系统的二阶主振型，所以两

种方法关于二阶固有频率与振型都得到了相同的准确结果.

7.5 矩阵迭代法

现在来介绍求解特征值问题的矩阵迭代法. 这一方法特别适用于只需要求出系统最低几阶固有频率与主振型的情形. 对于小型问题利用袖珍计算器即可计算, 对于大型问题可以排程序上机计算.

7.5.1 最低频率与振型

如第 6.3 节所述,按柔度法,系统的主振型方程可表示成

$$\tilde{\boldsymbol{S}}\boldsymbol{X} = \tilde{\lambda}\boldsymbol{X} \tag{7.5-1}$$

其中

$$\tilde{\boldsymbol{S}} \equiv \boldsymbol{R}\boldsymbol{M} = \boldsymbol{K}^{-1}\boldsymbol{M} \tag{7.5-2}$$

$$\tilde{\lambda} \equiv 1/p^2$$

为求系统的最低固有频率与主振型, 从式(7.5-1) 出发最为适宜. 其迭代求解过程详述如下[1]:

1. 选取某个经过基准化的假设振型 $\boldsymbol{u}_0$. 所谓基准化就是取振型矢量的某个分量为基准值 1. 用系统矩阵 $\boldsymbol{S}$ 前乘假设振型 $\boldsymbol{u}_0$, 再对得到的振型矢量进行基准化,可得

$$\boldsymbol{S}\boldsymbol{u}_0 = a_1\boldsymbol{u}_1$$

2. 如果 $\boldsymbol{u}_1 \neq \boldsymbol{u}_0$,就再从 $\boldsymbol{u}_1$ 出发,重复上述步骤,得

$$\boldsymbol{S}\boldsymbol{u}_1 = a_2\boldsymbol{u}_2$$

3. 如果 $\boldsymbol{u}_2 \neq \boldsymbol{u}_1$,则继续重复上述步骤,直到

$$\boldsymbol{S}\boldsymbol{u}_{k-1} = a_k\boldsymbol{u}_k$$

当式中 $\boldsymbol{u}_{k-1} = \boldsymbol{u}_k$ 时停止. 这时,特征值 λ_1 就等于 a_k,而相应的特征矢量 $\boldsymbol{X}_1$ 就等于 $\boldsymbol{u}_k$. 后面将要证明这一迭代过程一定收敛于最大的特征值及其所对应的特征矢量.

1) 为了书写方便,下面将式(7.5-1)中的系统矩阵 $\tilde{\boldsymbol{S}}$ 与特征值 $\tilde{\lambda}$ 记号上的波纹号去掉了. 但要记住它们仍保持式(7.5-2)中的含义.

例 7.5-1. 仍取图 6.3-2 所示扭振系统为例. 设系统中 $J_1 = J_2 = J_3 = J$. 用矩阵迭代法求系统固有频率与振型.

解. 这时,系统矩阵 $\boldsymbol{S}$ 为

$$\boldsymbol{S} = \frac{J}{k}\begin{bmatrix} 1 & 1 & 1 \\ 1 & 2 & 2 \\ 1 & 2 & 3 \end{bmatrix}$$

系统最大的特征值 $\lambda_1 = 1/p_1^2$. 为求系统最低固有频率与振型,可粗略地取初始假设振型 $\boldsymbol{u}_0$ 为

$$\boldsymbol{u}_0 = [\,1 \quad 1 \quad 1\,]^T$$

第一次迭代得

$$\boldsymbol{S}\boldsymbol{u}_0 = \frac{J}{k}\begin{bmatrix} 1 & 1 & 1 \\ 1 & 2 & 2 \\ 1 & 2 & 3 \end{bmatrix}\begin{Bmatrix} 1 \\ 1 \\ 1 \end{Bmatrix}$$

$$= \frac{J}{k}\begin{Bmatrix} 3 \\ 5 \\ 6 \end{Bmatrix} = \frac{3J}{k}\begin{Bmatrix} 1.0000 \\ 1.6667 \\ 2.0000 \end{Bmatrix}$$

$$\equiv \frac{3J}{k}\boldsymbol{u}_1$$

重复上述步骤,有

$$\boldsymbol{S}\boldsymbol{u}_1 = \frac{4.6667J}{k}\begin{Bmatrix} 1.0000 \\ 1.7857 \\ 2.2143 \end{Bmatrix} \equiv 4.6667\frac{J}{k}\boldsymbol{u}_2$$

$$\boldsymbol{S}\boldsymbol{u}_2 = \frac{5.0000J}{k}\begin{Bmatrix} 1.0000 \\ 1.8000 \\ 2.2429 \end{Bmatrix} \equiv 5.0000\frac{J}{k}\boldsymbol{u}_3$$

$$\boldsymbol{S}\boldsymbol{u}_3 = \frac{5.0429J}{k}\begin{Bmatrix} 1.0000 \\ 1.8017 \\ 2.2465 \end{Bmatrix} \equiv 5.0429\frac{J}{k}\boldsymbol{u}_4$$

$$\boldsymbol{S}\boldsymbol{u}_4 = \frac{5.0482J}{k}\begin{Bmatrix} 1.0000 \\ 1.8019 \\ 2.2469 \end{Bmatrix} \equiv 5.0482\frac{J}{k}\boldsymbol{u}_5$$

$$Su_5 = \frac{5.0488J}{k}\begin{Bmatrix}1.0000\\1.8019\\2.2470\end{Bmatrix} \equiv 5.0488\frac{J}{k}u_6$$

$$Su_6 = \frac{5.0489J}{k}\begin{Bmatrix}1.0000\\1.8019\\2.2470\end{Bmatrix} \equiv 5.0489\frac{J}{k}u_7$$

这时,已有

$$u_6 = u_7$$

故有

$$\lambda_1 = 5.0489\frac{J}{k}$$

即有

$$p_1^2 = \frac{1}{5.0489}\frac{k}{J} = 0.1980\frac{k}{J}$$

它所对应的主振型 X_1 为

$$X_1 = [1.0000 \quad 1.8019 \quad 2.2470]^T$$

现在来证明上述迭代过程一定收敛于最大的特征值及其特征矢量. 事实上,任意假设的振型 u_0 总可以表示成

$$u_0 = \sum_{i=1}^{n} c_i X_i$$

其中 c_i 为常数, X_i 为系统第 i 阶主振型, 其对应的特征值为 λ_i, 再设所有特征值各不相等,且按大小排列有

$$\lambda_1 > \lambda_2 > \cdots > \lambda_n$$

于是,经第一次迭代后,有

$$Su_0 = \sum_{i=1}^{n} c_i SX_i$$

$$= \sum_{i=1}^{n} c_i \lambda_i X_i \equiv a_1 u_1$$

即有

$$\boldsymbol{u}_1=\frac{1}{a_1}\sum_{i=1}^{n}c_i\lambda_i\boldsymbol{X}_i$$

经第二次迭代后，有

$$\begin{aligned}\boldsymbol{S}\boldsymbol{u}_1&=\frac{1}{a_1}\sum_{i=1}^{n}c_i\lambda_i\boldsymbol{S}\boldsymbol{X}_i\\&=\frac{1}{a_1}\sum_{i=1}^{n}c_i\lambda_i^2\boldsymbol{X}_i=a_2\boldsymbol{u}_2\end{aligned}$$

即有

$$\boldsymbol{u}_2=\frac{1}{a_1a_2}\sum_{i=1}^{n}c_i\lambda_i^2\boldsymbol{X}_i$$

重复上述迭代过程，第 k 次迭代的结果为

$$\boldsymbol{u}_k=\frac{1}{a_1a_2\cdots a_k}\sum_{i=1}^{n}c_i\lambda_i^k\boldsymbol{X}_i$$

可见，随着迭代次数的增加，对应于 λ_1^k 的项愈来愈成为主导的，也就是说 $\boldsymbol{u}_k$ 将愈来愈接近于最大特征值所对应的主振型 $\boldsymbol{X}_1$。

如果在数字计算的准确度内有

$$\boldsymbol{u}_{k-1}=\boldsymbol{u}_k$$

亦即有

$$\frac{1}{a_1a_2\cdots a_{k-1}}c_1\lambda_1^{k-1}\boldsymbol{X}_1=\frac{1}{a_1a_2\cdots a_k}c_1\lambda_1^k\boldsymbol{X}_1$$

可见，在同样的准确度内就有

$$\lambda_1=a_k$$

注意到迭代的通式 $\boldsymbol{u}_k$ 也可以写成

$$\boldsymbol{u}_k=\frac{1}{a_1a_2\cdots a_k}c_1\lambda_1^k\left(\boldsymbol{X}_1+\sum_{i=2}^{n}\frac{c_i\lambda_i^k}{c_1\lambda_1^k}\boldsymbol{X}_i\right)$$

显而易见，$\boldsymbol{u}_k$ 的收敛速度取决于 $\left(\frac{\lambda_2}{\lambda_1}\right)^k$ 趋于零的快慢程度。

7.5.2 高阶频率与振型

从上面的讨论中还可以看到，如果在假设振型中不包含最低

主振型，即有 $c_1=0$，那末迭代结果将收敛于 $\boldsymbol{X}_2$. 但是不管 c_1 多么小，只要它不等于零，那末迭代结果仍将收敛于 $\boldsymbol{X}_1$. 一旦求得 $\boldsymbol{X}_1$ 以后，我们就有可能利用主振型的正交性来清除掉假设振型中的 $\boldsymbol{X}_1$ 分量，然后再用来迭代求解 $\boldsymbol{X}_2$. 不仅如此，如果在假设振型中清除掉所有前 r 阶主振型分量，那末迭代结果将得出第 $r+1$ 阶固有频率与主振型.

事实上，任意一个假设振型 $\boldsymbol{u}$ 总可以表示为主振型 $\boldsymbol{X}_i$ 的线性和：

$$\boldsymbol{u}=\sum_{i=1}^{n}\boldsymbol{X}_i c_i \tag{7.5-3}$$

式中的各个系数 c_i 可确定如下. 在式 (7.5-3) 两端前乘以 $\boldsymbol{X}_i^T\boldsymbol{M}$，由主振型的正交性，可得

$$\boldsymbol{X}_i^T\boldsymbol{M}\boldsymbol{u}=\boldsymbol{X}_i^T\boldsymbol{M}\boldsymbol{X}_i c_i\equiv M_i c_i$$

于是有

$$c_i=\frac{\boldsymbol{X}_i^T\boldsymbol{M}\boldsymbol{u}}{M_i},\qquad i=1,2,\cdots,n$$

式中 $M_i\equiv\boldsymbol{X}_i^T\boldsymbol{M}\boldsymbol{X}_i$ 为系统的广义质量. 这样，要在假设振型 $\boldsymbol{u}$ 中清掉所有前 r 阶主振型分量，只须取

$$\boldsymbol{u}-\sum_{j=1}^{r}\boldsymbol{X}_j c_j=\boldsymbol{u}-\sum_{j=1}^{r}\boldsymbol{X}_j\cdot\frac{\boldsymbol{X}_j^T\boldsymbol{M}\boldsymbol{u}}{M_j}$$

$$=\left[\boldsymbol{I}-\sum_{j=1}^{r}\frac{\boldsymbol{X}_j\boldsymbol{X}_j^T\boldsymbol{M}}{M_j}\right]\boldsymbol{u}$$

引入 r 阶清型矩阵 $\boldsymbol{Q}_r$：

$$\boldsymbol{Q}_r\equiv\boldsymbol{I}-\sum_{j=1}^{r}\frac{\boldsymbol{X}_j\boldsymbol{X}_j^T\boldsymbol{M}}{M_j} \tag{7.5-4}$$

由上面的讨论可知，任意一个假设振型 $\boldsymbol{u}$ 前乘以 r 阶清型矩阵 $\boldsymbol{Q}_r$ 后，就从该振型中清掉了所有前 r 阶主振型分量. 所以用 $\boldsymbol{Q}_r\boldsymbol{u}$ 作为假设振型进行迭代，结果将收敛于第 $r+1$ 阶主振型 $\boldsymbol{X}_{r+1}$.

注意到，在实际运算中不可避免地存在舍入误差，即使从 $\boldsymbol{Q}_r\boldsymbol{u}_0$

出发进行迭代，得到的 $\boldsymbol{u}_1$ 中仍可能包含有前 r 阶主振型分量；所以，在每次迭代后都必须重新清型．这就是说，在求系统的最低频率时，每次迭代相当于前乘以系统矩阵 $\boldsymbol{S}$，而在求系统的高阶（$r+1$ 阶）固有频率时，每次迭代相当于前乘以经过清型变换后的系统矩阵 $\boldsymbol{S}_r=\boldsymbol{S}\boldsymbol{Q}_r$.

由式 (7.5-4)，经清型后的各阶系统矩阵 $\boldsymbol{S}_r$ 可表示为

$$\begin{aligned}\boldsymbol{S}_r&=\boldsymbol{S}\boldsymbol{Q}_r\\&=\boldsymbol{S}-\boldsymbol{S}\sum_{j=1}^{r}\frac{\boldsymbol{X}_j\boldsymbol{X}_j^T\boldsymbol{M}}{M_j}\\&=\boldsymbol{S}-\sum_{j=1}^{r}\frac{\lambda_j\boldsymbol{X}_j\boldsymbol{X}_j^T\boldsymbol{M}}{M_j}\end{aligned}\tag{7.5-5}$$

由此可见，各个 $\boldsymbol{S}_r$ 可以按递推公式求得：

$$\boldsymbol{S}_r=\boldsymbol{S}_{r-1}-\frac{\lambda_r\boldsymbol{X}_r\boldsymbol{X}_r^T\boldsymbol{M}}{M_r}\tag{7.5-6}$$

这就给编写程序带来很大方便．

例 7.5-2．继续求例 7.5-1 中系统的高阶频率与振型．

解．前例中已求得系统的最低阶主振型为

$$\boldsymbol{X}_1=[1.0000\quad 1.8019\quad 2.2470]^T$$

相应的特征值为

$$\lambda_1=5.0489\,\frac{J}{k}$$

相应于最低阶主振动的广义质量为

$$M_1=\boldsymbol{X}_1^T\boldsymbol{M}\boldsymbol{X}=9.2959J$$

按式 (7.5-6) 可求得

$$\boldsymbol{S}_1=\begin{bmatrix}0.4568&0.0213&-0.2205\\0.0213&0.2365&-0.1991\\-0.2205&-0.1991&0.2576\end{bmatrix}$$

选取初始假设振型为

$$\boldsymbol{u}_0=[1\quad 1\quad -1]^T$$

经 12 次迭代后，得

$$\lambda_2 = 0.6430J/k, \qquad p_2^2 = 1.5552k/J$$

$$\boldsymbol{X}_2 = [1.0000 \quad 0.4452 \quad -0.8020]^T$$

$$M_2 = 1.8414J$$

为求第 3 阶固有频率与振型，按式 (7.5-6) 可求得

$$\boldsymbol{S}_2 = \begin{bmatrix} 0.1076 & -0.1342 & 0.0595 \\ -0.1342 & 0.1673 & -0.0744 \\ 0.0595 & -0.0744 & 0.0330 \end{bmatrix}$$

经迭代求解，得

$$\lambda_3 = 0.3080J/k, \qquad p_3^2 = 3.2467k/J$$

$$\boldsymbol{X}_3 = [1.0000 \quad -1.2470 \quad 0.5545]^T$$

7.6 子空间迭代法

上节所述矩阵迭代法每次限于一个假设振型矢量参与迭代，如果要求 n 自由度系统的前 s 阶固有频率与振型，就得按顺序逐个分别迭代求解．其实，我们也可以用前 s 阶假设振型矢量同时进行迭代求解．这就是所谓**子空间迭代法**．尽管它的形式有多种多样，它的基本思想可以阐述如下．

设有 n 自由度系统，其质量矩阵与刚度矩阵分别为 $\boldsymbol{M}$ 与 $\boldsymbol{K}$，再设系统的各个特征矢量为 $\boldsymbol{X}_i(i = 1,2,\cdots,n)$，相应的特征值为 $\lambda_i = 1/p_i^2$，则有

$$\boldsymbol{K}\boldsymbol{X}_i = \frac{1}{\lambda_i}\boldsymbol{M}\boldsymbol{X}_i$$

或写成

$$\boldsymbol{K}^{-1}\boldsymbol{M}\boldsymbol{X}_i = \lambda_i\boldsymbol{X}_i \tag{7.6-1}$$

如果把 $\boldsymbol{K}^{-1}\boldsymbol{M}$ 看作一个算子，那末任一特征矢量 $\boldsymbol{X}_i$ 经过这一算子作用后就等于放大了 λ_i 倍．这个道理在前面讲矩阵迭代法时已经反复指出多次．

如果我们选取 s 个 $(s < n)$ n 维矢量 $\boldsymbol{\phi}_{j0}(j = 1,2,\cdots,s)$ 构

成一个 $n \times s$ 阶矩阵 $[\boldsymbol{\phi}_{j0}]$

$$[\boldsymbol{\phi}_{j0}] = [\boldsymbol{\phi}_{10} \cdots \boldsymbol{\phi}_{s0}]$$

把它作为系统前 s 阶主振型矩阵 $\boldsymbol{X}$ 的零次近似,即设[1)]

$$\boldsymbol{X}_0 = [\boldsymbol{\phi}_{j0}] \tag{7.6-2}$$

并且对它前乘以 $\boldsymbol{K}^{-1}\boldsymbol{M}$,这就相当于对 $[\boldsymbol{\phi}_{j0}]$ 的每一列作用一个算子 $\boldsymbol{K}^{-1}\boldsymbol{M}$,由此得

$$\boldsymbol{\phi}_{I} = \boldsymbol{K}^{-1}\boldsymbol{M}[\boldsymbol{\phi}_{j0}] \tag{7.6-3}$$

或者从下述方程

$$\boldsymbol{K}\boldsymbol{\phi}_{I} = \boldsymbol{M}[\boldsymbol{\phi}_{j0}] \tag{7.6-4}$$

解出 $\boldsymbol{\phi}_{I}$. 我们知道,任一 n 维假设振型矢量 $\boldsymbol{\phi}_{j0}$ 总可以表示成系统各个主振型矢量的线性和,即

$$\boldsymbol{\phi}_{j0} = \sum_{i} c_{ij}\boldsymbol{X}_i$$

但如上节所述,不管 $\boldsymbol{\phi}_{10}$ 如何选取(当然 $\boldsymbol{\phi}_{10}$ 选得越接近于一阶主振型越好),经过反复迭代,它一定收敛于一阶主振型. 如果选取 $\boldsymbol{\phi}_{20}$ 时使它不包含一阶主振型分量,那末经反复迭代后,它一定收敛于二阶主振型. 同样地,如果选取 $\boldsymbol{\phi}_{i0}$ 时使它不包含前 $i-1$ 阶主振型分量,那末经反复迭代后,它一定收敛于 i 阶主振型. 当然,我们不可能一开始在选取 $[\boldsymbol{\phi}_{j0}]$ 时就做到这一点. 但是,我们可以在迭代过程中逐步达到这一目标. 正是这个缘故,我们在迭代求得 $\boldsymbol{\phi}_{I}$ 以后,并不直接用它再进行迭代. 而是在再次迭代之前先对 $\boldsymbol{\phi}_{I}$ 进行处理. 首先,要对它进行正交化,这样可以使它的各列经迭代后分别趋于各个不同阶的主振型,而不是都趋于一阶主振型. 其次,还要对它进行标准化或基准化,使得在数字运算中能保持适当的大小. 这种处理可以取多种方式,不过利用前节所述的里茨法,可以直接达到这两个目的.

把系统前 s 阶主振型矩阵的一次近似 $\boldsymbol{X}_{I}$ 表示为

$$\boldsymbol{X}_{I} = \boldsymbol{\phi}_{I}\boldsymbol{a}_{I} \tag{7.6-5}$$

1) 这里我们约定用罗马数字 0,I, II,…作角标来表示近似解的次数.

式中 $\boldsymbol{a}_{\mathrm{I}}$ 为 $s\times s$ 阶待定系数矩阵．再按前节所述，作相应的广义质量矩阵与广义刚度矩阵：

$$\begin{aligned}\mathscr{M}_{\mathrm{I}} &= \boldsymbol{\phi}_{\mathrm{I}}^{T}\boldsymbol{M}\boldsymbol{\phi}_{\mathrm{I}}\\ \mathscr{K}_{\mathrm{I}} &= \boldsymbol{\phi}_{\mathrm{I}}^{T}\boldsymbol{K}\boldsymbol{\phi}_{\mathrm{I}}\end{aligned} \tag{7.6-6}$$

然后把问题归结为 $s\times s$ 阶矩阵特征值问题：

$$\mathscr{K}_{\mathrm{I}}\boldsymbol{a} = \frac{1}{\lambda}\mathscr{M}_{\mathrm{I}}\boldsymbol{a} \tag{7.6-7}$$

式中 $\boldsymbol{a}$ 为待定系数列阵，λ 为待定特征值．由于通常有 $s \ll n$，所以方程(7.6-7)很容易利用现成标准程序在计算机上求解．从方程(7.6-7)解得 s 个特征值 $\lambda_{j\mathrm{I}}(j=1,2,\cdots,s)$以及相应的 s 个标准化特征矢量 $\boldsymbol{a}_{j\mathrm{I}}$．由此构成系统的一次近似特征值矩阵 $\boldsymbol{\Lambda}_{\mathrm{I}}\equiv \mathrm{diag}[\lambda_{j\mathrm{I}}]$ 以及待定系数矩阵 $\boldsymbol{a}_{\mathrm{I}}\equiv[\boldsymbol{a}_{j\mathrm{I}}]$．再由式(7.6-5)可得

$$\boldsymbol{X}_{\mathrm{I}} = \boldsymbol{\phi}_{\mathrm{I}}\boldsymbol{a}_{\mathrm{I}} \equiv [\boldsymbol{\phi}_{j\mathrm{I}}]$$

注意到，设 $\boldsymbol{a}_{\mathrm{I}}$ 已对广义质量矩阵 $\mathscr{M}_{\mathrm{I}}$ 正交标准化，即有

$$\boldsymbol{a}_{\mathrm{I}}^{T}\mathscr{M}_{\mathrm{I}}\boldsymbol{a}_{\mathrm{I}} = \boldsymbol{I}$$

这时 $\boldsymbol{X}_{\mathrm{I}}$ 也已对系统质量矩阵 M 正交标准化，即有

$$\boldsymbol{X}_{\mathrm{I}}^{T}\boldsymbol{M}\boldsymbol{X}_{\mathrm{I}} = \boldsymbol{a}_{\mathrm{I}}^{T}\boldsymbol{\phi}_{\mathrm{I}}^{T}\boldsymbol{M}\boldsymbol{\phi}_{\mathrm{I}}\boldsymbol{a}_{\mathrm{I}} = \boldsymbol{a}_{\mathrm{I}}^{T}\mathscr{M}_{\mathrm{I}}\boldsymbol{a}_{\mathrm{I}} = \boldsymbol{I}$$

这样得到的 $\boldsymbol{X}_{\mathrm{I}}$ 已较 $\boldsymbol{X}_0$ 有所改进．于是，可以用 $[\boldsymbol{\phi}_{j\mathrm{I}}]$ 进行第二次迭代．即对 $[\boldsymbol{\phi}_{j\mathrm{I}}]$ 作用以算子 $\boldsymbol{K}^{-1}\boldsymbol{M}$ 后得 $\boldsymbol{\phi}_{\mathrm{II}}$，再次归结为里茨特征值问题，并由此解得 $\boldsymbol{\Lambda}_{\mathrm{II}}$ 与 $\boldsymbol{a}_{\mathrm{II}}$，然后得到二次近似 $\boldsymbol{X}_{\mathrm{II}}$：

$$\boldsymbol{X}_{\mathrm{II}} = \boldsymbol{\phi}_{\mathrm{II}}\boldsymbol{a}_{\mathrm{II}} \equiv [\boldsymbol{\phi}_{j\mathrm{II}}]$$

不断重复这种迭代过程．最后，第N次近似 $\boldsymbol{X}_N$ 与 $\boldsymbol{\Lambda}_N$，当$N\to\infty$时，将收敛于系统的前 s 阶主振型矩阵 $\boldsymbol{X}$ 与特征值矩阵 $\boldsymbol{\Lambda}$，即有

$$\left.\begin{aligned}\boldsymbol{X}_N &\equiv [\boldsymbol{\phi}_{jN}] \to \boldsymbol{X},\\ \boldsymbol{\Lambda}_N &\equiv \mathrm{diag}[\lambda_{jN}] \to \boldsymbol{\Lambda},\end{aligned}\right\} \quad \text{当 } N\to\infty$$

实践中发现，最低的几阶振型一般收敛得非常快．因此，我们宁肯多取几阶假设振型来进行迭代．例如取 r 个 $(r>s)$ 假设振型，然后将迭代过程进行到前 s 阶振型均已达到所需精确度为止．附加 $r-s$ 个假设振型的目的是加快前 s 阶振型的收敛速度．但是这样做显然要在每次迭代中增加一些计算工作量．所以，必须

权衡得失来选取合理的附加振型个数．经验指出，可在 $r=2s$ 及 $r=s+8$ 二数中取较小的一个[1]．

子空间迭代法具有很大的优点．当系统中存在等固有频率或有几个固有频率非常接近的时候，使用上节所述矩阵迭代法会出现收敛速度太慢的情形．子空间迭代法可以有效地克服这一困难．不仅如此，在大型复杂结构的振动分析中，系统自由度数可能多达数百甚至上千，但是需要用到的固有频率与主振型往往只是最低的三、四十个．在这种情形下，通常就得进行所谓坐标缩聚．和其他缩聚方法相比，子空间迭代法具有精确度高与可靠的优点．所以，它已成为大型结构振动分析的最有效方法之一．

例 7.6-1． 仍取例 7.4-1 中考察过的四质量系统． 用子空间迭代法求系统前二阶固有频率与振型．

解．这一系统的质量矩阵 $\boldsymbol{M}$，刚度矩阵 $\boldsymbol{K}$ 与柔度矩阵 $\boldsymbol{R}$ 均已列出于例 7.4-1 中．

取系统前二阶主振型矩阵的零次近似为

$$\boldsymbol{X}_0=\begin{bmatrix}0.25 & 0.5 & 0.75 & 1\\ 1 & 1 & 0 & -0.9\end{bmatrix}^T$$

$\boldsymbol{X}_0$ 经 $\boldsymbol{K}^{-1}\boldsymbol{M}=\boldsymbol{RM}$ 作用后，得

$$\tilde{\boldsymbol{\phi}}_1=\boldsymbol{RMX}_0=\frac{m}{k}\begin{bmatrix}2.5 & 4.75 & 6.5 & 7.5\\ 1.1 & 1.2 & 0.3 & -0.6\end{bmatrix}^T$$

将它基准化为

$$\boldsymbol{\phi}_1=\begin{bmatrix}0.3333333 & 0.9166666\\ 0.6333333 & 1.0000000\\ 0.8666666 & 0.2500000\\ 1.0000000 & -0.5000000\end{bmatrix}$$

按式 (7.6-6) 构作广义质量矩阵与广义刚度矩阵

$$\mathscr{M}_1\equiv\boldsymbol{\phi}_1^T\boldsymbol{M}\boldsymbol{\phi}_1=m\begin{bmatrix}2.2633333 & 0.6555555\\ 0.6555555 & 2.1527776\end{bmatrix}$$

---

1) 参阅 K. J. Bathe and E. L. Wilson, Numerical Methods in Finite Element Analysis, Prentice-Hall, 1976, p. 504.

$$\mathscr{K}_{\mathrm{I}}=\boldsymbol{\phi}_{\mathrm{I}}^{\mathrm{T}}\boldsymbol{K}\boldsymbol{\phi}_{\mathrm{I}}=k\begin{bmatrix}0.2733333 & 0.0555555\\0.0555555 & 1.9722221\end{bmatrix}$$

然后归结为里茨问题：

$$[\mathscr{K}_{\mathrm{I}}-p^2\mathscr{M}_{\mathrm{I}}]\boldsymbol{a}=\mathbf{0}$$

可得

$$\begin{bmatrix}0.2733333-2.2633333\alpha & 0.0555555-0.6555555\alpha\\0.0555555-0.6555555\alpha & 1.9722221-2.1527776\alpha\end{bmatrix}\begin{Bmatrix}a_1\\a_2\end{Bmatrix}=\mathbf{0}$$

其中 $\alpha=p^2m/k$. 由上述方程有非零解的条件，得频率方程：

$$4.4427002\alpha^2-4.9793823\alpha+0.5359875=0$$

由此解得

$$\alpha_1=0.1206231$$

$$\alpha_2=1.0001777$$

相应于 $\alpha=\alpha_1$，可解得

$$a_2=0.0137374a_1$$

由此求得基准化一次近似一阶振型为

$$\boldsymbol{\phi}_{11}=\begin{Bmatrix}0.3483183\\0.6515459\\0.8761186\\1.0000000\end{Bmatrix}$$

相应于 $\alpha=\alpha_2$，可解得

$$a_1=-0.3015051a_2$$

由此求得基准化一次近似二阶振型为

$$\boldsymbol{\phi}_{21}=\begin{Bmatrix}1.0000000\\0.9912784\\-0.0138505\\-0.9820379\end{Bmatrix}$$

于是，系统前二阶主振型矩阵的一次近似为

$$\boldsymbol{X}_{\mathrm{I}}=[\boldsymbol{\phi}_{11}\boldsymbol{\phi}_{21}]$$

对 $\boldsymbol{X}_{\mathrm{I}}$ 进行迭代，得

$$\tilde{\Phi}_{\text{II}}=\boldsymbol{RMX}_{\text{I}}=\frac{m}{k}\begin{bmatrix}2.8759828 & 0.9953900\\ 5.4036473 & 0.9907800\\ 7.2797659 & -0.0051080\\ 8.2797659 & -0.9871459\end{bmatrix}$$

将它基准化为

$$\boldsymbol{\phi}_{\text{II}}=\begin{bmatrix}0.3473507 & 1.0000000\\ 0.6526328 & 0.9953686\\ 0.8792236 & -0.0051316\\ 1.0000000 & -0.9917177\end{bmatrix}$$

广义质量矩阵与广义刚度矩阵的二次近似为

$$\mathscr{M}_{\text{II}}\equiv\boldsymbol{\phi}_{\text{II}}^{\mathrm{T}}\boldsymbol{M}\boldsymbol{\phi}_{\text{II}}=m\begin{bmatrix}2.3196125 & 0.0007313\\ 0.0007313 & 2.9742888\end{bmatrix}$$

$$\mathscr{K}_{\text{II}}\equiv\boldsymbol{\phi}_{\text{II}}^{\mathrm{T}}\boldsymbol{K}\boldsymbol{\phi}_{\text{II}}=k\begin{bmatrix}0.2797799 & 0.0000765\\ 0.0000765 & 2.9743741\end{bmatrix}$$

再次归结为里茨问题：

$$[\mathscr{K}_{\text{II}}-p^2\mathscr{M}_{\text{II}}]\boldsymbol{a}=\boldsymbol{0}$$

可得

$$\begin{bmatrix}0.2797799-2.3196125\alpha & 0.0000765-0.0007313\alpha\\ 0.0000765-0.0007313\alpha & 2.9743741-2.9742888\alpha\end{bmatrix}\begin{Bmatrix}a_1\\ a_2\end{Bmatrix}=\boldsymbol{0}$$

得频率方程如下：

$$6.8991969\alpha^2-7.7315414\alpha+0.8321700=0$$

由此可解得

$$\alpha_1=0.1206149$$

$$\alpha_2=1.0000287$$

对应于 $\alpha=\alpha_1$，有

$$a_2\approx 0.0001a_1$$

对应于 $\alpha=\alpha_2$，有

$$a_1\approx -0.0003a_2$$

即有

$$\boldsymbol{a}_{\text{II}} \approx \begin{bmatrix} 1 & -0.0003 \\ 0.0001 & 1 \end{bmatrix}$$

可见，前二阶主振型矩阵的二次近似为

$$\boldsymbol{X}_{\text{II}} = \boldsymbol{\phi}_{\text{II}}\boldsymbol{a}_{\text{II}}$$

它与 $\boldsymbol{\phi}_{\text{II}}$ 之间的差别已经不大(相应元素的差别都已在小数点后第 4 位上). 所以，迭代过程可到此结束.

7.7 半定系统[1)]

考察一个保守系统，它的动能与势能是

$$T = \frac{1}{2}\dot{\boldsymbol{y}}^T\boldsymbol{M}\dot{\boldsymbol{y}} \tag{7.7-1}$$

$$U = \frac{1}{2}\boldsymbol{y}^T\boldsymbol{K}\boldsymbol{y} \tag{7.7-2}$$

其中 $\boldsymbol{M}$ 是系统的质量矩阵，$\boldsymbol{K}$ 是系统的刚度矩阵，$\boldsymbol{M}$ 与 $\boldsymbol{K}$ 都是实对称的. 动能按定义是正的，且只当速度全为零时才为零，所以 $\boldsymbol{M}$ 是定正的. 势能如取最小值为零，则它是非负的，它可以在坐标不全为零时等于零. 例如图 7.7-1 与图 7.7-2 中的无约束系统，它的 $\boldsymbol{K}$ 只是正的而不是定正的. 如果系统的 $\boldsymbol{M}$ 是定正的，而 $\boldsymbol{K}$

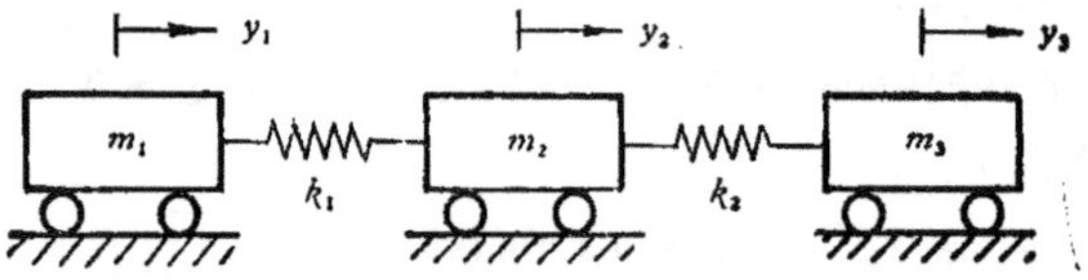

图 7.7-1

只是正的，则称它为**半定系统**. 半定系统在 $U = 0$ 时不一定对应于平衡位置.

由式 (7.7-1) 与 (7.7-2) 可得系统的运动微分方程

1) 本节由陈松淇执笔.

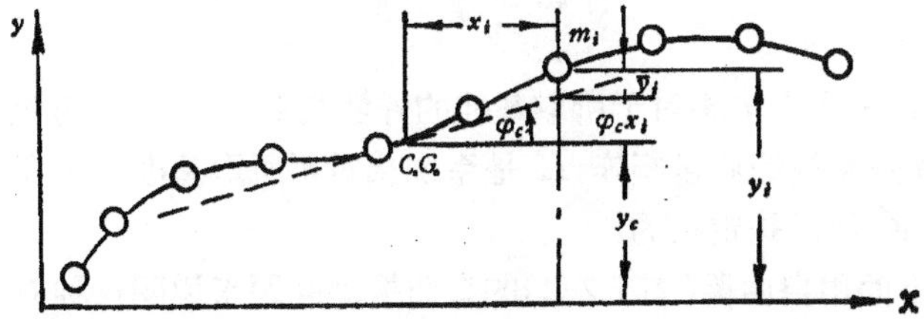

图 7.7-2

$$M\ddot{y} + Ky = 0 \tag{7.7-3}$$

设系统自由振动的主振型矢量用 Y 表示，则特征值问题写成

$$\omega^2 MY = KY \tag{7.7-4}$$

两端前乘 Y^T，得

$$\omega^2 Y^T MY = Y^T KY \tag{7.7-5}$$

如有非零矢量 Y_0 使势能等于零，则有

$$\omega_0^2 Y_0^T MY_0 = 0 \tag{7.7-6}$$

因 $Y_0^T MY_0 \neq 0$，故必有 $\omega_0 = 0$，所以半定系统至少有一个零固有频率．相应的 Y_0 称为零固有模态，在无约束系统中就是刚体模态．

刚体模态与相应的零固有频率是特征值问题的一个解，任何其它解的模态都必须和刚体模态正交．可以看到，这就是无约束系统的线动量或角动量守恒的条件．

由方程(7.7-4)可见，如系统存在刚体模态，则刚度矩阵 K 必是奇异的．这与无约束系统不能定义柔度矩阵的事实相符合．

对于半定系统，可以认为系统的弹性变形叠加于系统的刚体位移上．这变形由随系统作刚体运动的某一基准（动坐标系）量起，系统相对于这一基准就有了约束，因而刚度矩阵不再是奇异的．因为势能只与弹性变形有关，而动能则必须用绝对速度表示．所以对于集中参数系统，系统的动能与势能可分别表示为

$$T = \frac{1}{2}\dot{y}^T M\dot{y} \tag{7.7-7}$$

$$U = \frac{1}{2}\bar{\boldsymbol{y}}^T\bar{\boldsymbol{K}}\bar{\boldsymbol{y}} \tag{7.7-8}$$

其中 $\bar{y}_i$ 是质点 i 相对于所取基准的弹性变形，y_i 是它的绝对位移，$\boldsymbol{M}$ 是系统的质量矩阵，$\bar{\boldsymbol{K}}$ 是系统相对于所取基准的刚度矩阵，$\boldsymbol{M}$ 与 $\bar{\boldsymbol{K}}$ 都已是定正的.

下面用自由梁(图 7.7-2)的弯曲振动问题来说明这种方法.设梁的变形充分小,梁的质心位置不因变形而改变;且刚体转动也是微小的,由此引起的梁的纵向位移可以忽略. 这样,记质心的横向位移为 y_c，梁在质心处的切线与 x 轴的夹角为 φ_c，质点 i 相对于此切线的位移为 $\bar{y}_i$，于是质点 i 的绝对位移可写成(图 7.7-2)

$$y_i = y_c + \varphi_c x_i + \bar{y}_i, \qquad i = 1,\cdots,n \tag{7.7-9}$$

其中 y_c 与 φ_c 对应于刚体位移，$\bar{y}_i$ 是相对于固连于梁的质心的动坐标系的弹性位移. 式 (7.7-9) 可写成矩阵形式

$$\boldsymbol{y} = y_c\boldsymbol{1} + \varphi_c\boldsymbol{x} + \bar{\boldsymbol{y}} \tag{7.7-10}$$

其中 $\boldsymbol{1}$ 是元素都是 1 的列阵，$\boldsymbol{x}$ 是元素为质心至质点 i 的距离 x_i 的列阵.

设梁的前两个模态的运动是刚体运动,即

$$\boldsymbol{y}_1 = y_c\boldsymbol{1}, \quad \boldsymbol{y}_2 = \varphi_c\boldsymbol{x} \tag{7.7-11}$$

则任何其它模态的运动必和它们正交,即有

$$\boldsymbol{y}_1^T\boldsymbol{M}\boldsymbol{y} = 0, \quad \boldsymbol{y}_2^T\boldsymbol{M}\boldsymbol{y} = 0 \tag{7.7-12}$$

这就是自由梁的线动量与角动量等于零的条件. 将式 (7.7-10), (7.7-11) 代入 (7.7-12),得到

$$\begin{aligned} y_c\boldsymbol{1}^T\boldsymbol{M}\boldsymbol{1} + \varphi_c\boldsymbol{1}^T\boldsymbol{M}\boldsymbol{x} + \boldsymbol{1}^T\boldsymbol{M}\bar{\boldsymbol{y}} = 0 \\ y_c\boldsymbol{x}^T\boldsymbol{M}\boldsymbol{1} + \varphi_c\boldsymbol{x}^T\boldsymbol{M}\boldsymbol{X} + \boldsymbol{x}^T\boldsymbol{M}\bar{\boldsymbol{y}} = 0 \end{aligned} \tag{7.7-13}$$

但

$$\begin{aligned} &\boldsymbol{1}^T\boldsymbol{M}\boldsymbol{1} = \sum_{i=1}^{n} m_i = M \\ &\boldsymbol{1}^T\boldsymbol{M}\boldsymbol{x} = \boldsymbol{x}^T\boldsymbol{M}\boldsymbol{1} = 0 \\ &\boldsymbol{x}^T\boldsymbol{M}\boldsymbol{x} = \sum_{i=1}^{n} m_i x_i^2 = I_c \end{aligned} \tag{7.7-14}$$

其中 M 是梁的总质量，I_c 是梁对于质心的转动惯量，第二式等于零是因为 x_i 是从质心量起的．于是由式(7.7-13)，(7.7-14)，得

$$y_c = -\frac{1}{M}\boldsymbol{1}^T\boldsymbol{M}\bar{\boldsymbol{y}}, \qquad \varphi_c = -\frac{1}{I_c}\boldsymbol{x}^T\boldsymbol{M}\bar{\boldsymbol{y}} \tag{7.7-15}$$

所以式(7.7-10)可以写成

$$\boldsymbol{y} = -\frac{1}{M}\boldsymbol{1}\boldsymbol{1}^T\boldsymbol{M}\bar{\boldsymbol{y}} - \frac{1}{I_c}\boldsymbol{x}\boldsymbol{x}^T\boldsymbol{M}\bar{\boldsymbol{y}} + \bar{\boldsymbol{y}} \tag{7.7-16}$$

记

$$\boldsymbol{C} = \boldsymbol{I} - \frac{1}{M}\boldsymbol{1}\boldsymbol{1}^T\boldsymbol{M} - \frac{1}{I_c}\boldsymbol{x}\boldsymbol{x}^T\boldsymbol{M} \tag{7.7-17}$$

其中 $\boldsymbol{I}$ 是单位矩阵，则式(7.7-16)成为

$$\boldsymbol{y} = \boldsymbol{C}\bar{\boldsymbol{y}} \tag{7.7-18}$$

由此，绝对运动可以用相对于所取基准的相对运动来表示，动能可以表示为

$$T = \frac{1}{2}\dot{\boldsymbol{y}}^T\boldsymbol{M}\dot{\boldsymbol{y}} = \frac{1}{2}\dot{\bar{\boldsymbol{y}}}^T\boldsymbol{C}^T\boldsymbol{M}\boldsymbol{C}\dot{\bar{\boldsymbol{y}}} = \frac{1}{2}\dot{\bar{\boldsymbol{y}}}^T\boldsymbol{M}'\dot{\bar{\boldsymbol{y}}} \tag{7.7-19}$$

其中

$$\boldsymbol{M}' = \boldsymbol{C}^T\boldsymbol{M}\boldsymbol{C} \tag{7.7-20}$$

是对称阵．

根据式(7.7-8)和(7.7-19)可得特征值问题

$$\boldsymbol{M}'\bar{\boldsymbol{Y}} = \lambda\bar{\boldsymbol{K}}\bar{\boldsymbol{Y}} \tag{7.7-21}$$

其中 $\lambda = \omega^{-2}$，$\bar{\boldsymbol{Y}}$ 是系统相对于所取基准的自由振动主振型矢量，而 $\boldsymbol{M}'$ 与 $\bar{\boldsymbol{K}}$ 都是定正的．

方程(7.7-21)两端前乘 $\bar{\boldsymbol{K}}^{-1} = \bar{\boldsymbol{R}}$，就得到特征值问题的另一种形式

$$\bar{\boldsymbol{R}}\boldsymbol{M}'\bar{\boldsymbol{Y}} = \lambda\bar{\boldsymbol{Y}} \tag{7.7-22}$$

这形式便于用逐次清型的矩阵迭代法求解．方程中的柔度矩阵 $\bar{\boldsymbol{R}}$ 可以按梁在质心处为固定端的情形直接求出．

由方程(7.7-21)可以求得 $n-2$ 个特征值与相应的特征矢量，特征值对应于系统的非零固有频率，而特征矢量通过变换

(7.7-18) 就得到系统的固有模态. 当然，除此以外还有二个刚体模态和二个相应的零固有频率.

在上面关于自由梁的弯曲振动问题中，梁的弹性变形基准是固连于梁的质心的直线.然而也可以选取其它形式的基准. 例如，铰连于自由梁两端的直线 (图 7.7-2). 这时，梁的绝对位移由式 (7.7-10) 变成

$$\boldsymbol{y} = \alpha y_c \mathbf{1} + \beta\varphi_c \boldsymbol{x} + \bar{\boldsymbol{y}}' \tag{7.7-10$'$}$$

其中 α, β 是常数，$\bar{\boldsymbol{y}}'$ 是从新基准量起的弹性变形矢量. 而正交关系式 (7.7-13) 变成

$$\begin{aligned} &\alpha y_c \mathbf{1}^T \boldsymbol{M} \mathbf{1} + \beta\varphi_c \mathbf{1}^T \boldsymbol{M}\boldsymbol{x} + \mathbf{1}^T \boldsymbol{M}\bar{\boldsymbol{y}}' = 0 \\ &\alpha y_c \boldsymbol{x}^T \boldsymbol{M} \mathbf{1} + \beta\varphi_c \boldsymbol{x}^T \boldsymbol{M}\boldsymbol{x} + \boldsymbol{x}^T \boldsymbol{M}\bar{\boldsymbol{y}}' = 0 \end{aligned} \tag{7.7-13$'$}$$

由此得

$$\begin{aligned} \alpha y_c &= -\frac{1}{M} \mathbf{1}^T \boldsymbol{M}\bar{\boldsymbol{y}}' \\ \beta\varphi_c &= -\frac{1}{I_c} \boldsymbol{x}^T \boldsymbol{M}\bar{\boldsymbol{y}}' \end{aligned} \tag{7.7-15$'$}$$

将式 (7.7-15)′ 代入式(7.7-10)′,就得到与式 (7.7-18) 完全相同的变换式.可见式 (7.7-18) 中的 $\bar{\boldsymbol{y}}$ 是可以由随系统作刚体运动的任一基准量起的. 相应地,方程 (7.7-21) 中的 $\bar{\boldsymbol{Y}}$ 就是对此基准的相对主振型矢量,而 $\bar{\boldsymbol{K}}$ 或 $\bar{\boldsymbol{R}}$ 就对此基准来计算. 对于不同的基准，矩阵 $\boldsymbol{C}$ 都保持不变.

此外,式 (7.7-20) 中 $\boldsymbol{M}'$ 的计算还可以简化. 注意到 $\boldsymbol{M}$ 是对称阵以及 $\boldsymbol{C}$ 的具体结构,容易验证 $\boldsymbol{MC}$ 也是对称阵，且有 $\boldsymbol{C}^n = \boldsymbol{C}$, 因此

$$\boldsymbol{M}' = \boldsymbol{C}^T\boldsymbol{M}\boldsymbol{C} = \boldsymbol{M}\boldsymbol{C}^2 = \boldsymbol{M}\boldsymbol{C} \tag{7.7-20$'$}$$

相应地,方程 (7.7-21) 与 (7.7-22) 可以写成

$$\boldsymbol{M}\boldsymbol{C}\bar{\boldsymbol{Y}} = \lambda\bar{\boldsymbol{K}}\bar{\boldsymbol{Y}} \tag{7.7-21$'$}$$

$$\bar{\boldsymbol{R}}\boldsymbol{M}\boldsymbol{C}\bar{\boldsymbol{Y}} = \lambda\bar{\boldsymbol{Y}} \tag{7.7-22$'$}$$

还有,如果系统是对称的,则系统的固有模态可分为对称的和反对称的两类. 对于对称模态的运动，绝对位移表达式 (7.7-10)

中将不含刚体转动 $\boldsymbol{y}_2$，这时有

$$\boldsymbol{C}_s = \boldsymbol{I} - \frac{1}{M}\boldsymbol{1}\boldsymbol{1}^T\boldsymbol{M} \tag{7.7-17$'$}$$

对于反对称模态的运动，绝对位移表达式 (7.7-10) 中将不含刚体平动 $\boldsymbol{y}_1$，这时有

$$\boldsymbol{C}_a = \boldsymbol{I} - \frac{1}{I_c}\boldsymbol{x}\boldsymbol{x}^T\boldsymbol{M} \tag{7.7-17$''$}$$

又因为不论是对称模态或是反对称模态，只要分别确定它们的半个模态就够了. 所以对于对称系统，特征值问题可以分解成对称和反对称的两个，其中每一个都只需根据半个系统来计算.

例 7.7-1. 设有均匀无质量梁 AB，长为 l，弯曲刚度为 EI，铰支于点 A，梁上有三个集中质量，各为 m，分布于距 A 为 $l/3, 2l/3, l$ 处，如图 7.7-3(a). 试求此系统的弯曲固有频率与相应的固有模态.

解. 取与 A, B 两点铰连的直线作为系统的弹性变形基准. 对此基准，系统成为简支梁(图 7.7-3 (b)). 它的柔度矩阵与质量矩阵分别为

$$\bar{\boldsymbol{R}} = \frac{l^3}{486EI}\begin{bmatrix} 8 & 7 & 0 \\ 7 & 8 & 0 \\ 0 & 0 & 0 \end{bmatrix}, \quad \boldsymbol{M} = m\begin{bmatrix} 1 & 0 & 0 \\ 0 & 1 & 0 \\ 0 & 0 & 1 \end{bmatrix}$$

矩阵 $\boldsymbol{C}$ 与刚体模态有关，而刚体模态必须由绝对坐标系确定. 对于绝对坐标系，系统绕铰链 A 作定轴转动，唯一的刚体转动模态为

$$\boldsymbol{Y}_1 = \begin{bmatrix} \frac{1}{3} & \frac{2}{3} & 1 \end{bmatrix}^T$$

按照式 (7.7-17)，算得

$$\boldsymbol{C} = \frac{1}{14}\begin{bmatrix} 13 & -2 & -3 \\ -2 & 10 & -6 \\ -3 & -6 & 5 \end{bmatrix}$$

将算得的矩阵 $\bar{\boldsymbol{R}}, \boldsymbol{M}, \boldsymbol{C}$ 代入方程 (7.7-22)$'$，用矩阵迭代法求得特征值与相应的特征矢量分别为

$$\lambda_2 = \frac{47.586ml^3}{2268EI}, \quad \bar{Y}_2 = [1 \quad 0.977 \quad 0]^T$$

$$\lambda_3 = \frac{4.414ml^3}{2268EI}, \quad \bar{Y}_3 = [1 \quad -1.423 \quad 0]^T$$

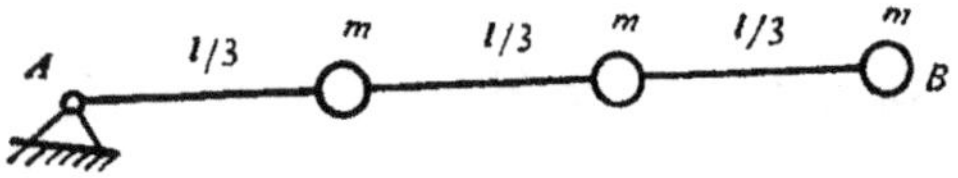

(a)

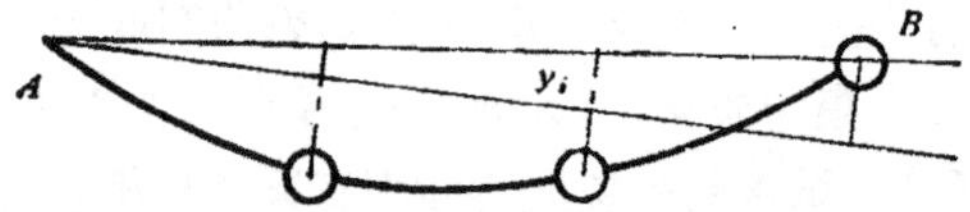

(b)

图 7.7-3

由所得的特征值通过 $\lambda = \omega^{-2}$ 就可求得系统的非零固有频率. 所得的特征矢量按式 (7.7-18) 经过变换矩阵 $\boldsymbol{C}$, 就可求得系统的固有模态. 它们分别是

$$\omega_2^2 = 47.661\frac{EI}{ml^3}, \quad \boldsymbol{Y}_2 = [-1.249 \quad -0.877 \quad 1]^T$$

$$\omega_3^2 = 513.82\frac{EI}{ml^3}, \quad \boldsymbol{Y}_3 = [2.861 \quad -2.930 \quad 1]^T$$

此外,系统还有一个已知的刚体模态 $\boldsymbol{Y}_1$ 和相应的零固有频率.

本例选取的基准是通过 A,B 两点的直线,系统第三质点的相对变形恒为零,因此矢量 $\bar{\boldsymbol{Y}}$ 的第三元素等于零, 矩阵 $\bar{\boldsymbol{R}}$ 的第三行与第三列的元素也都是零. 又因为矩阵 $\boldsymbol{M}$ 是对角阵. 因此如果在方程 (7.7-22)′中将矩阵分块,就可得到

$$\bar{\boldsymbol{R}}'\bar{\boldsymbol{M}}\bar{\boldsymbol{C}}\bar{\boldsymbol{Y}}' = \lambda\bar{\boldsymbol{Y}}'$$

其中 $\bar{\boldsymbol{R}}'$,$\bar{\boldsymbol{M}}$,$\bar{\boldsymbol{C}}$ 是从 $\bar{\boldsymbol{R}}$, $\boldsymbol{M}$, $\boldsymbol{C}$ 中划去第三行与第三列后所得的降阶矩阵,$\bar{\boldsymbol{Y}}'$ 是从 $\bar{\boldsymbol{Y}}$ 中划去第三元素后所得的二维矢量. 由此算得的 $\bar{\boldsymbol{Y}}'$ 只要添上一个零元素作为第三元素就得到 $\bar{\boldsymbol{Y}}$, 全部结果与

上面所得的完全相同. 因为矩阵 $\boldsymbol{C}$ 的第三列元素不论是对于特征值问题的求解或是对于求得的矢量的变换都不起作用，所以不必算出. 下面的例子都按类似的考虑来做.

例 7.7-2.　均匀无质量自由梁 AC 长为 $18L$，弯曲刚度为 EI，梁上有集中质量 m，$9m$，$4m$，分布于 A，B，C 三点，如图 7.7-4 (a). 试求系统的弯曲固有频率与相应的固有模态.

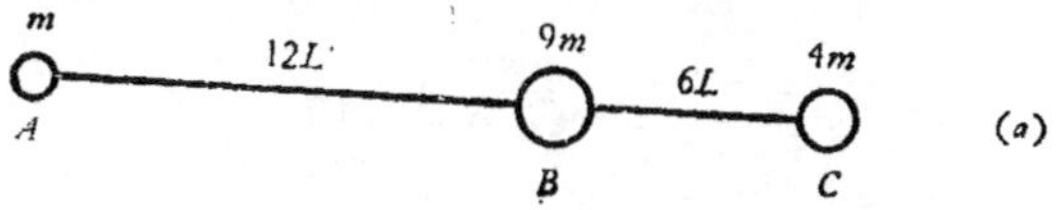

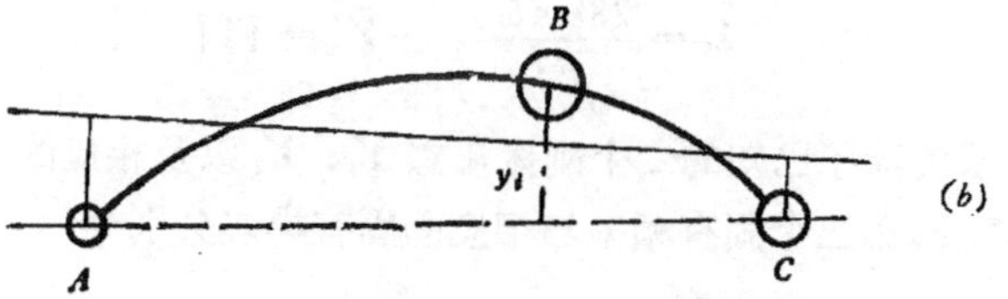

图　7.7-4

解. 取与 A、C 两点铰连的直线作为系统的弹性变形基准. 对此基准，系统成为简支梁(图 7.7-4(b)). 因第一与第三质点的相对变形恒为零，故系统的柔度矩阵与质量矩阵在划去第一、三行与第一、三列后成为

$$\bar{\boldsymbol{R}}' = \frac{96L^3}{EI}[1], \qquad \bar{\boldsymbol{M}} = 9m[1]$$

计算矩阵 C. 它所用到的系统质量矩阵和两个刚体模态分别为

$$\boldsymbol{M} = m\begin{bmatrix} 1 & 0 & 0 \\ 0 & 9 & 0 \\ 0 & 0 & 4 \end{bmatrix}$$

$$\boldsymbol{Y}_1 = [1 \quad 1 \quad 1]^T, \qquad \boldsymbol{Y}_2 = [15 \quad 1 \quad -6]^T$$

其中 $\boldsymbol{Y}_1$ 是随质心平动的刚体模态，$\boldsymbol{Y}_2$ 是绕质心转动的刚体模态．由此算得

$$\boldsymbol{C}=\frac{1}{3}\begin{bmatrix} - & -3 & - \\ - & 1 & - \\ - & -1.5 & - \end{bmatrix}$$

其中第一、三列的元素不必算出．划去第一、三行与第一、三列后，得

$$\bar{\boldsymbol{C}}=\frac{1}{3}[1]$$

于是特征值问题写成

$$\bar{\boldsymbol{R}}'\bar{\boldsymbol{M}}\bar{\boldsymbol{C}}\bar{\boldsymbol{Y}}'=\lambda\bar{\boldsymbol{Y}}'$$

算得特征值与特征矢量分别为

$$\lambda_3=\frac{288mL^3}{EI},\quad \bar{\boldsymbol{Y}}_3'=[1]$$

因此，系统除了已知的二个刚体模态 $\boldsymbol{Y}_1$、$\boldsymbol{Y}_2$ 以及相应的二个零固有频率外，第三个固有频率与相应的固有模态分别为

$$\omega_3^2=\frac{EI}{288mL^3},\quad \boldsymbol{Y}_3=[-3\quad 1\quad -1.5]^T$$

其中 $\boldsymbol{Y}_3$ 由 $\bar{\boldsymbol{Y}}_3'$ 添上两个零元素后再经变换 $\boldsymbol{C}$ 而求得．

例 7.7-3． 设有一对称无质量自由梁，梁的长度、弯曲刚度，以及它上面对称分布的集中质量，如图 7.7-5(a)所示．试求系统的弯曲固有频率与相应的固有模态．

解．取与系统对称中心固连的直线作为系统的弹性变形基准．系统分成二个完全相同的半系统，每一半对所取的基准是一个悬臂梁(图 7.7-5(b))．它的柔度矩阵和质量矩阵划去第一行与第一列后成为

$$\bar{\boldsymbol{R}}'=\frac{L^3}{12EI}\begin{bmatrix} 2 & 5 \\ 5 & 18 \end{bmatrix},\quad \boldsymbol{M}=m\begin{bmatrix} 2 & 0 \\ 0 & 1 \end{bmatrix}$$

计算半系统的矩阵 $\boldsymbol{C}$．对于 $\boldsymbol{C}_s$，用到的质量矩阵和刚体平动半模态分别是

$$
\boldsymbol{M}=m\begin{bmatrix}20 & 0 & 0\\ 0 & 2 & 0\\ 0 & 0 & 1\end{bmatrix},\qquad \boldsymbol{Y}_1=[\,1\quad 1\quad 1\,]^T
$$

由此算得

$$
\boldsymbol{C}_s=\frac{1}{23}\begin{bmatrix}- & -2 & -1\\ - & 21 & -1\\ - & -2 & 22\end{bmatrix}
$$

而

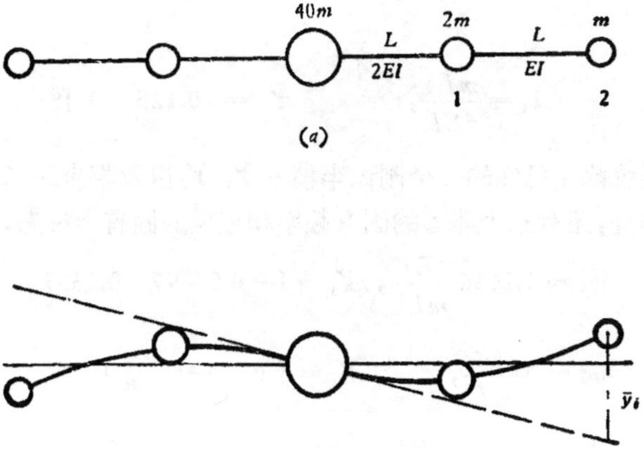

图 7.7-5

$$
\bar{\boldsymbol{C}}_s=\frac{1}{23}\begin{bmatrix}21 & -1\\ -2 & 22\end{bmatrix}
$$

对于 $\boldsymbol{C}_a$，需用刚体转动半模态

$$
\boldsymbol{Y}_2=[\,0\quad 1\quad 2\,]^T
$$

由此算得

$$
\boldsymbol{C}_a=\frac{1}{3}\begin{bmatrix}- & 0 & 0\\ - & 2 & -1\\ - & -2 & 1\end{bmatrix}
$$

而

$$
\boldsymbol{C}_a=\frac{1}{3}\begin{bmatrix}2 & -1\\ -2 & 1\end{bmatrix}
$$

于是，对称模态与反对称模态的半系统特征值问题分别写成

$$\bar{R}'\bar{M}\bar{C}_s\bar{Y}' = \lambda\bar{Y}'$$

与

$$\bar{R}'\bar{M}\bar{C}_a\bar{Y}' = \lambda\bar{Y}'$$

由此算得特征值与特征矢量为

$$\lambda_3 = \frac{218.42mL^3}{276EI}, \quad \bar{Y}'_3 = [0.29214 \quad 1]^T$$

$$\lambda_5 = \frac{11.58mL^3}{276EI}, \quad \bar{Y}'_5 = [-2.0853 \quad 1]^T$$

与

$$\lambda_4 = \frac{mL^3}{6EI}, \quad \bar{Y}'_4 = [0.125 \quad 1]^T$$

因此系统除了已知的二个刚体半模态 $\boldsymbol{Y}_1$,$\boldsymbol{Y}_2$ 以及相应的二个零固有频率外,还有三个非零的固有频率和相应的固有半模态,它们是

$$\omega_3^2 = 1.2636\frac{EI}{mL^3}, \quad \boldsymbol{Y}_3 = [-0.07397 \quad 0.2397 \quad 1]^T$$

$$\omega_4^2 = 6\frac{EI}{mL^3}, \quad \boldsymbol{Y}_4 = [0 \quad -1 \quad 1]^T$$

$$\omega_5^2 = 23.834\frac{EI}{mL^3}, \quad \boldsymbol{Y}_5 = [0.12115 \quad -1.7115 \quad 1]^T$$

其中 $\boldsymbol{Y}_1$, $\boldsymbol{Y}_3$, $\boldsymbol{Y}_5$ 是对称半模态,$\boldsymbol{Y}_2$,$\boldsymbol{Y}_4$ 是反对称半模态.

7.8 传递矩阵法

相当广泛的一类工程系统，例如连续梁结构、汽轮发电机轴系、发动机螺旋桨轴系等等,可以简化为由一系列弹性元件与惯性元件组成的链式系统. 这类系统的振动问题可以简单地利用传递矩阵的概念列式求解. 在分析中，首先需要将整个结构分解成一系列具有简单力学特性的二端元件，而传递矩阵可以用来表示各

个元件(或结构)一端的广义力与广义位移和另一端的广义力与广义位移之间的联系．我们先用弹簧-质量系统来说明传递矩阵的概念．然后再把它应用到轴或梁的振动问题中去．

7.8.1 基本概念与方法

设有图 7.8-1 所示弹簧质量系统．系统的运动由各个质量的坐标所确定．我们约定：各个质量的位移向右为正，作用于各个质量右端的力向右为正，而作用于左端的力向左为正．这时，每个端面上的位移与力组成一个状态矢量，例如第 i 个质量右端的状态矢量可表示为

$$Z_i^R = \begin{Bmatrix} x \\ F \end{Bmatrix}_i^R$$

而其左端的状态矢量可表示为

$$Z_i^L = \begin{Bmatrix} x \\ F \end{Bmatrix}_i^L$$

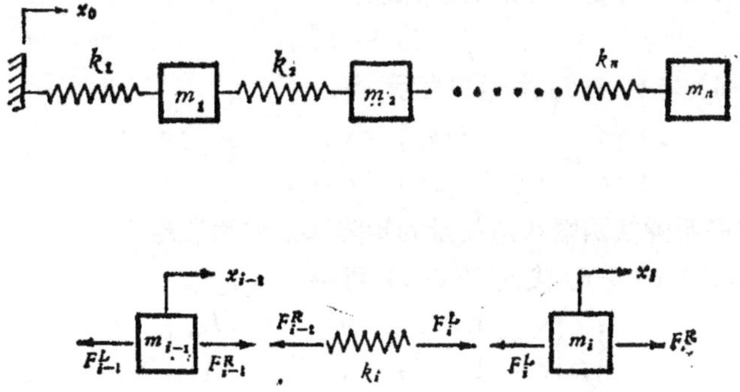

图 7.8-1

取第 i 个质量 m_i 为分离体，由牛顿运动定律有

$$m_i\ddot{x}_i = F_i^R - F_i^L$$

当进行谐振动时，有

$$\ddot{x}_i = -\omega^2 x_i$$

故有

$$F_i^R = -m_i\omega^2 x_i + F_i^L \tag{7.8-1}$$

另一方面，每个质量左右端的位移总是相同的，即有

$$x_i = x_i^R = x_i^L \tag{7.8-2}$$

(7.8-1) 与 (7.8-2) 可用矩阵形式表示为

$$\begin{Bmatrix} x \\ F \end{Bmatrix}_i^R = \begin{bmatrix} 1 & 0 \\ -\omega^2 m_i & 1 \end{bmatrix} \begin{Bmatrix} x \\ F \end{Bmatrix}_i^L$$

$$= \boldsymbol{C}_{ip} \begin{Bmatrix} x \\ F \end{Bmatrix}_i^L \tag{7.8-3}$$

式中联系一个质量左右端状态矢量的矩阵 $\boldsymbol{C}_{ip}$ 称为**点矩阵**.

再取第 i 个弹簧为分离体．这时，弹簧两端的位移分别等于 x_i^L 与 x_{i-1}^R，而两端的力分别等于 F_i^L 与 F_{i-1}^R．故弹簧右端的状态矢量就等于$\begin{Bmatrix} x \\ F \end{Bmatrix}_i^L$，而左端的状态矢量就等于$\begin{Bmatrix} x \\ F \end{Bmatrix}_{i-1}^R$.由弹簧变形特性，有

$$x_i^L - x_{i-1}^R = \frac{1}{k_i} F_{i-1}^R \tag{7.8-4}$$

又由于不计弹簧本身的质量，故有

$$F_i^L = F_{i-1}^R \tag{7.8-5}$$

(7.8-4) 与 (7.8-5) 用矩阵表示，有

$$\begin{Bmatrix} x \\ F \end{Bmatrix}_i^L = \begin{bmatrix} 1 & 1/k_i \\ 0 & 1 \end{bmatrix} \begin{Bmatrix} x \\ F \end{Bmatrix}_{i-1}^R \equiv \boldsymbol{C}_{if} \begin{Bmatrix} x \\ F \end{Bmatrix}_{i-1}^R \tag{7.8-6}$$

式中联系弹簧两端状态矢量的矩阵 $\boldsymbol{C}_{if}$ 称为**场矩阵**.

将式 (7.8-6) 代入 (7.8-3)，可得

$$\begin{Bmatrix} x \\ F \end{Bmatrix}_i^R = \begin{bmatrix} 1 & 0 \\ -\omega^2 m_i & 1 \end{bmatrix} \begin{bmatrix} 1 & 1/k_i \\ 0 & 1 \end{bmatrix} \begin{Bmatrix} x \\ F \end{Bmatrix}_{i-1}^R$$

$$= \begin{bmatrix} 1 & 1/k_i \\ -\omega^2 m_i & \left(1 - \dfrac{\omega^2 m_i}{k_i}\right) \end{bmatrix} \begin{Bmatrix} x \\ F \end{Bmatrix}_{i-1}^R$$

$$\equiv \boldsymbol{C}_i \begin{Bmatrix} x \\ F \end{Bmatrix}_{i-1}^R \tag{7.8-7}$$

式中联系第 i 个质量右端与第 $i-1$ 个质量右端状态矢量的矩阵 $\boldsymbol{C}_i$，称为第 i 个子传递矩阵．显然，在上述系统中，末端的状态矢

量 Z_n^R 与零端(即支承处)的状态矢量 Z_0 之间有如下关系:

$$Z_n^R = C_n C_{n-1} \cdots C_1 Z_0 \equiv C Z_0 \qquad (7.8\text{-}8)$$

式中矩阵 C 称为系统的总传递矩阵. 注意到各个 C_i 中的元素有依赖于 ω 的,故 C 中各个元素一般亦依赖于 ω,即可表示为

$$C \equiv \begin{bmatrix} C_{11}(\omega) & C_{12}(\omega) \\ C_{21}(\omega) & C_{22}(\omega) \end{bmatrix}$$

至于状态矢量 Z_n^R 与 Z_0 则还有赖于支承方式与外作用,即所谓边界条件.

这样,对应于各个 ω 值,从零端的状态矢量出发,利用式 (7.8-8),就可算出末端的状态矢量. 其中满足指定边界条件的各个 ω,就是系统的固有频率. 例如,图 7.8-1 所示系统在自由谐振动中,有

$$x_0 = 0$$
$$F_n^R = 0$$

这时,有

$$x_n = C_{12}(\omega) F_0$$
$$C_{22}(\omega) F_0 = 0$$

因此,满足 $C_{22}(\omega) = 0$ 的 ω 就是系统的固有频率. 而 $C_{22}(\omega)$ 称为这一情形的频率函数.

利用传递矩阵计算固有频率与主振型的步骤如下:

1. 选取某个 ω 值,代入各个子传递矩阵 C_i;

2. 按表 7.2 所示流程逐步算出总传递矩阵;

3. 如频率函数不等于零,则重选 ω 值,重复上述步骤;

4. 如频率函数等于零,则该 ω 就是系统的一个固有频率. 这时,如表 7.2 所示,用各个中间矩阵前乘状态矢量 Z_0,就可得出各个相应的状态矢量,由此可确定系统的主振型. 表 7.2 中记号 → 表示前乘,记号 ⇒ 表示结果.

7.8.2 轴的扭转振动

现将传递矩阵法应用于轴的扭振. 设有图 7.8-2 所示轴系. 轴

表 7.2

$$
\begin{array}{l}
C_2 \longrightarrow C_1 \longrightarrow Z_0 \Longrightarrow Z_1^R \\
\qquad \Downarrow \\
C_3 \longrightarrow C_2 C_1 \longrightarrow Z_0 \Longrightarrow Z_2^R \\
\qquad \Downarrow \\
\vdots \qquad \vdots \qquad\quad \vdots \\
C_n \longrightarrow C_{n-1} \cdots C_1 \longrightarrow Z_0 \Longrightarrow Z_{n-1}^R \\
\qquad \Downarrow \\
\qquad C \qquad \longrightarrow \qquad Z_0 \Longrightarrow Z_n^R
\end{array}
$$

本身质量可略去不计．这时，系统可分解为转动惯量为 J_i 的各个刚体盘，以及扭转刚度为 k_i 的各个弹性轴段．

现约定：各盘右端的扭矩为 T_i^R，当其矩矢(按右手法则确定)向右时为正；而各盘左端的扭矩为 T_i^L，其矩矢向左为正．至于各盘的角位移 θ，一律按角位移矢向右为正．

这时，与前述弹簧质量系统相对应，有

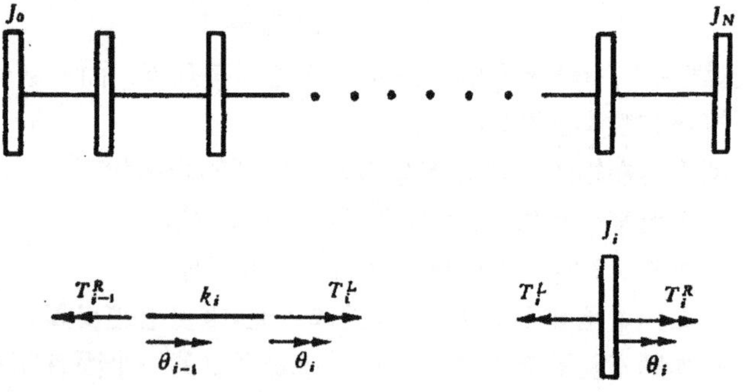

图 7.8-2

$$
\begin{Bmatrix} \theta \\ T \end{Bmatrix}_i^R = \begin{bmatrix} 1 & 0 \\ -\omega^2 J & 1 \end{bmatrix} \begin{Bmatrix} \theta \\ T \end{Bmatrix}_i^L \equiv C_{ip} \begin{Bmatrix} \theta \\ T \end{Bmatrix}_i^L \qquad (7.8\text{-}9)
$$

以及

$$
\begin{Bmatrix} \theta \\ T \end{Bmatrix}_i^L = \begin{bmatrix} 1 & 1/k_i \\ 0 & 1 \end{bmatrix} \begin{Bmatrix} \theta \\ T \end{Bmatrix}_{i-1}^R \equiv C_{if} \begin{Bmatrix} \theta \\ T \end{Bmatrix}_{i-1}^R \qquad (7.8\text{-}10)
$$

(7.8-9) 与 (7.8-10) 合起来，可得

$$\begin{Bmatrix} \theta \\ T \end{Bmatrix}_i^R = \begin{bmatrix} 1 & 1/k_i \\ -\omega^2 J_i & 1-\dfrac{\omega^2 J_i}{k_i} \end{bmatrix} \begin{Bmatrix} \theta \\ T \end{Bmatrix}_{i-1}^R \equiv \boldsymbol{C}_i \begin{Bmatrix} \theta \\ T \end{Bmatrix}_{i-1}^R \tag{7.8-11}$$

对应于图 7.8-2 所示系统，有

$$\begin{Bmatrix} \theta \\ T \end{Bmatrix}_n^R = \boldsymbol{C}_n \boldsymbol{C}_{n-1} \cdots \boldsymbol{C}_1 \boldsymbol{C}_{0p} \begin{Bmatrix} \theta \\ T \end{Bmatrix}_0^L$$

$$\equiv \boldsymbol{C} \begin{Bmatrix} \theta \\ T \end{Bmatrix}_0^L \equiv \begin{bmatrix} C_{11} & C_{12} \\ C_{21} & C_{22} \end{bmatrix} \begin{Bmatrix} \theta \\ T \end{Bmatrix}_0^L \tag{7.8-12}$$

在轴系自由谐振动的情形下，有

$$T_0^L = T_n^R = 0$$

故有

$$\begin{aligned} \theta_n &= C_{11}\theta_0 \\ C_{21}\theta_0 &= 0 \end{aligned} \tag{7.8-13}$$

满足(7.8-13)中第二式的各个 ω 就是系统的固有频率. 可以看到，$\omega = 0$ 是系统的一个固有频率. 事实上，当 $\omega = 0$ 时，有

$$\boldsymbol{C}_i = \begin{bmatrix} 1 & 1/k_i \\ 0 & 1 \end{bmatrix}, \qquad \boldsymbol{C}_{0p} = \begin{bmatrix} 1 & 0 \\ 0 & 1 \end{bmatrix}$$

故有

$$\boldsymbol{C} = \begin{bmatrix} 1 & \Sigma 1/k_i \\ 0 & 1 \end{bmatrix}$$

即有

$$C_{21} = 0$$

当图 7.8-2 中盘 J_0 固定时，有

$$\begin{Bmatrix} \theta \\ T \end{Bmatrix}_n^R = \boldsymbol{C}_n \boldsymbol{C}_{n-1} \cdots \boldsymbol{C}_1 \begin{Bmatrix} \theta \\ T \end{Bmatrix}_0 \equiv \boldsymbol{C} \begin{Bmatrix} \theta \\ T \end{Bmatrix}_0$$

它在自由谐振动的情形下，有

$$T_n^R = 0$$

$$\theta_0 = 0$$

故有

$$\theta_n = C_{12}T_0$$
$$C_{22}T_0 = 0 \tag{7.8-14}$$

(7.8-13) 中的 C_{21} 与 (7.8-14) 中的 C_{22} 分别是相应系统的频率函数.

例 7.8-1. 仍取图 6.3-2 所示系统为例，且设 $J_1 = J_2 = J_3 = J$. 用传递矩阵法求解.

解. 这时，各个子传递矩阵为

$$\boldsymbol{C}_i = \begin{bmatrix} 1 & 1/k \\ -\omega^2 J & 1-\omega^2 J/k \end{bmatrix} \quad i = 1,2,3$$

而且有

$$\boldsymbol{Z}_3^R = \boldsymbol{C}_3\boldsymbol{C}_2\boldsymbol{C}_1\boldsymbol{Z}_0$$

解题时可按表 7.2 所示步骤进行.但在实际计算过程中，有两处可以简便处理. 首先，在求 C_{22} 时，由于各个中间矩阵与总传递矩阵的第一列元素均不起作用，所以根本不用去算. 其次，如把状态矢量表示成无量纲形式: $\bar{\theta} = \theta, \bar{T} = T/k$，则各个子传递矩阵亦将无量纲化，即有

$$\boldsymbol{C}_i = \begin{bmatrix} 1 & 1 \\ -\omega^2 J/k & 1-\omega^2 J/k \end{bmatrix}$$

因而可以从选定的无量纲值 $\alpha \equiv \omega^2 J/k$ 出发进行计算.

例如，取 $\alpha = 1.5$，按表 7.2 (左半部)所示计算流程，有

$$\begin{bmatrix} 1 & 1 \\ -1.500 & -0.500 \end{bmatrix} \begin{bmatrix} - & 1 \\ - & -0.500 \end{bmatrix}$$

$$\begin{bmatrix} 1 & 1 \\ -1.500 & -0.500 \end{bmatrix} \begin{bmatrix} - & 0.500 \\ - & -1.250 \end{bmatrix}$$

$$\begin{bmatrix} - & -0.750 \\ - & -0.125 \end{bmatrix}$$

取 $\alpha = 1.6$，有

$$\begin{bmatrix} 1 & 1 \\ -1.600 & -0.600 \end{bmatrix} \begin{bmatrix} - & 1 \\ - & -0.600 \end{bmatrix}$$

$$\begin{bmatrix} 1 & 1 \\ -1.600 & -0.600 \end{bmatrix} \begin{bmatrix} - & 0.400 \\ - & -1.240 \end{bmatrix}$$

$$\begin{bmatrix} - & -0.840 \\ - & 0.104 \end{bmatrix}$$

故在 1.5 与 1.6 之间，必有一个 α，使 $C_{22}=0$．对一系列 α 值，重复上述计算，并作出 $C_{22}(\alpha)$ 曲线，如图 7.8-3 所示，可得该曲线与横坐标的交点为

$$\alpha = 0.198, \quad 1.555, \quad 3.247$$

即有

$$\omega^2 = 0.198k/J, \quad 1.555k/J, \quad 3.247k/J$$

取 $\alpha = 1.555$，求相应的主振型．这时，可设 $\boldsymbol{Z}_0 = [\,0 \quad 1\,]^T$，按表 7.2 所示计算流程，可得

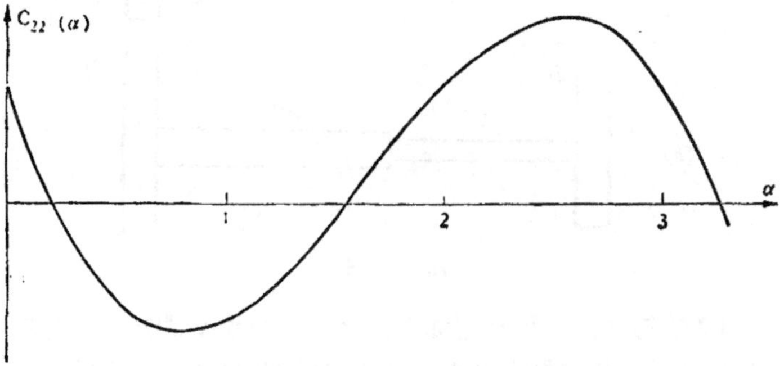

图 7.8-3

$$\begin{bmatrix} 1 & 1 \\ -1.555 & -0.555 \end{bmatrix} \begin{bmatrix} - & 1 \\ - & -0.555 \end{bmatrix} \begin{bmatrix} 0 \\ 1 \end{bmatrix} \begin{bmatrix} 1 \\ -0.555 \end{bmatrix}$$

$$\begin{bmatrix} 1 & 1 \\ -1.555 & -0.555 \end{bmatrix} \begin{bmatrix} - & 0.445 \\ - & -1.247 \end{bmatrix} \begin{bmatrix} 0 \\ 1 \end{bmatrix} \begin{bmatrix} 0.445 \\ -1.247 \end{bmatrix}$$

$$\begin{bmatrix} - & -0.802 \\ - & 0.000 \end{bmatrix} \begin{bmatrix} 0 \\ 1 \end{bmatrix} \begin{bmatrix} -0.802 \\ 0.000 \end{bmatrix}$$

可以看到，结果与矩阵迭代法所得相一致(准确到小数点后三位)．

传动轴系

现考察图 7.8-4 所示齿轮传动轴系(a)．它可以简化为等效直列轴系 (b)．

假设齿轮系与轴本身的质量均可略去不计．再设轴 1 与轴 2 的转速比为 1∶n，于是轴 2 的角速度为 $\dot{\theta}_2 = n\dot{\theta}_1$，故系统总的动能为

$$T = \frac{1}{2}J_1\dot{\theta}_1^2 + \frac{1}{2}J_2n^2\dot{\theta}_1^2$$

因此，在简化系统中盘 2 的等效转动惯量可取为 n^2J_2.

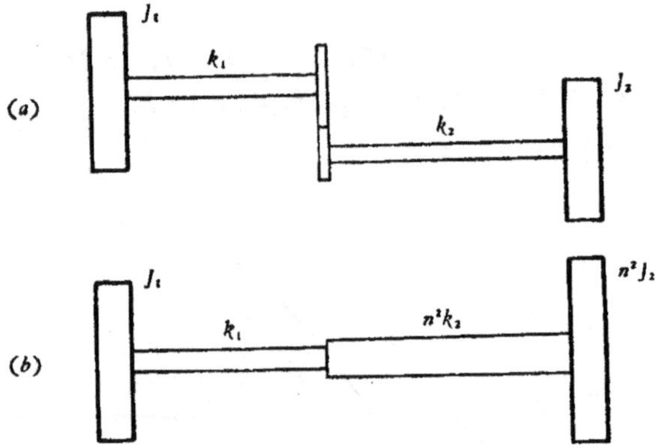

图 7.8-4

轴 2 的等效刚度可确定如下．将盘 1 与盘 2 固定，在齿轮 1 上作用一扭矩，使齿轮 1 产生转角 θ_1，这时齿轮 2 将产生转角 $\theta_2 = n\theta_1$，故系统总的弹性势能为

$$U = \frac{1}{2}k_1\theta_1^2 + \frac{1}{2}k_2n^2\theta_1^2$$

因此，在简化系统中轴 2 的等效刚度可取为 n^2k_2.

由此可得构作等效系统的规则如下：设相对于基准轴的转速比为 n，则被简化轴的转动惯量与刚度分别乘以 n^2，即得相应的等效转动惯量与等效刚度．

分支系统

船舰推进系统、汽车差动传动轴系、轧钢机传动系统等一类工程结构都可归结为所谓分支系统．分支扭振系统可以用上述传动轴系的简化方法简化为图 7.8-5 所示 1∶1 齿轮传动轴系．这只要

将转动惯量与刚度都乘以转速比的平方就可以了.

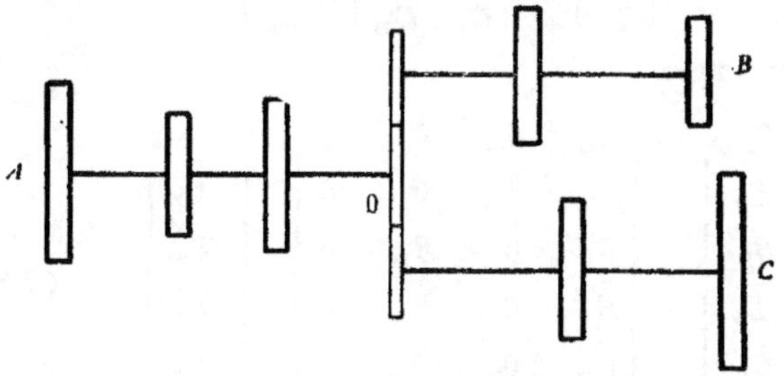

图 7.8-5

采用所谓直接法[1]，可将分支系统按照直列系统那样进行处理. 取分支点为零端，并约定各分支轴的转角，其角位移矢指向各自的末端为正；则由等速传动条件，在零端有

$$\theta_{0a} = \theta_{0b} = \theta_{0c} = \theta_0 \tag{7.8-15}$$

再设各分支轴在零端的扭矩分别为 T_{0a}，T_{0b}，T_{0c}，其正负仍按本节开头的规定来取；则由平衡条件有

$$T_{0a} + T_{0b} + T_{0c} = 0 \tag{7.8-16}$$

这时，各分支轴末端的状态矢量可表示为

$$\boldsymbol{Z}_a = \begin{Bmatrix} \theta_a \\ T_a \end{Bmatrix}, \quad \boldsymbol{Z}_b = \begin{Bmatrix} \theta_b \\ T_b \end{Bmatrix}, \quad \boldsymbol{Z}_c = \begin{Bmatrix} \theta_c \\ T_c \end{Bmatrix}$$

而各分支轴的传递矩阵可分别表示为

$$\boldsymbol{A} = \begin{bmatrix} A_{11} & A_{12} \\ A_{21} & A_{22} \end{bmatrix} \quad \boldsymbol{B} = \begin{bmatrix} B_{11} & B_{12} \\ B_{21} & B_{22} \end{bmatrix} \quad \boldsymbol{C} = \begin{bmatrix} C_{11} & C_{12} \\ C_{21} & C_{22} \end{bmatrix}$$

其中各个元素 A_{ij}，B_{ij}，$C_{ij}(i,j = 1,2)$ 都是频率 ω 的函数. 于是有

$$\begin{Bmatrix} \theta_a \\ T_a \end{Bmatrix} = \begin{bmatrix} A_{11} & A_{12} \\ A_{21} & A_{22} \end{bmatrix} \begin{Bmatrix} \theta_0 \\ T_{0a} \end{Bmatrix}$$

$$\begin{Bmatrix} \theta_b \\ T_b \end{Bmatrix} = \begin{bmatrix} B_{11} & B_{12} \\ B_{21} & B_{22} \end{bmatrix} \begin{Bmatrix} \theta_0 \\ T_{0b} \end{Bmatrix}$$

---

1) Shaikh, N., A Direct Method for Analysis of Branched Torsional System, ASME Paper 73-DET-134.

$$\begin{Bmatrix} \theta_c \\ T_c \end{Bmatrix} = \begin{bmatrix} C_{11} & C_{12} \\ C_{21} & C_{22} \end{bmatrix} \begin{Bmatrix} \theta_0 \\ T_{0c} \end{Bmatrix}$$

以上三式可合写成

$$\begin{Bmatrix} \theta_a \\ T_a \\ \theta_b \\ T_b \\ \theta_c \\ T_c \end{Bmatrix} = \begin{bmatrix} A_{11} & A_{12} & 0 & 0 \\ A_{21} & A_{22} & 0 & 0 \\ B_{11} & 0 & B_{12} & 0 \\ B_{21} & 0 & B_{22} & 0 \\ C_{11} & 0 & 0 & C_{12} \\ C_{21} & 0 & 0 & C_{22} \end{bmatrix} \begin{Bmatrix} \theta_0 \\ T_{0a} \\ T_{0b} \\ T_{0c} \end{Bmatrix} \qquad (7.8\text{-}17)$$

(7.8-17) 左端的状态矢量中有一半元素取决于边界条件.例如,对于自由端扭矩为零,而对于固定端转角为零. 在图 7.8-5 中,各分支轴末端均为自由端,故可从 (7.8-17) 中取出各扭矩方程,列为

$$\begin{Bmatrix} T_a \\ T_b \\ T_c \end{Bmatrix} = \begin{bmatrix} A_{21} & A_{22} & 0 & 0 \\ B_{21} & 0 & B_{22} & 0 \\ C_{21} & 0 & 0 & C_{22} \end{bmatrix} \begin{Bmatrix} \theta_0 \\ T_{0a} \\ T_{0b} \\ T_{0c} \end{Bmatrix} \qquad (7.8\text{-}18)$$

再将 (7.8-16) 与(7.8-18) 合起来,可得

$$\begin{Bmatrix} T_a \\ T_b \\ T_c \\ 0 \end{Bmatrix} = \begin{bmatrix} A_{21} & A_{22} & 0 & 0 \\ B_{21} & 0 & B_{22} & 0 \\ C_{21} & 0 & 0 & C_{22} \\ 0 & 1 & 1 & 1 \end{bmatrix} \begin{Bmatrix} \theta_0 \\ T_{0a} \\ T_{0b} \\ T_{0c} \end{Bmatrix} \qquad (7.8\text{-}19)$$

如前所述,式 (7.8-19) 左端为 ω 的函数,而满足指定边界条件

$$T_a = T_b = T_c = 0 \qquad (7.8\text{-}20)$$

的各个 ω 就是该分支系统的固有频率. 可是,当 (7.8-20) 得到满足时,(7.8-19) 就成为齐次方程. 众所周知,齐次方程有非零解的条件是系数行列式必须等于零. 由此得频率方程为

$$\Delta \equiv \begin{vmatrix} A_{21} & A_{22} & 0 & 0 \\ B_{21} & 0 & B_{22} & 0 \\ C_{21} & 0 & 0 & C_{22} \\ 0 & 1 & 1 & 1 \end{vmatrix} = 0 \qquad (7.8\text{-}21)$$

或展开得

$$\Delta = A_{21}B_{22}C_{22} + B_{21}C_{22}A_{22} + C_{21}A_{22}B_{22} = 0 \qquad (7.8-22)$$

Δ就是该分支系统的频率函数. 作出Δ与ω的关系曲线，就不难得出系统的各个固有频率.

7.8.3 梁的弯曲振动

现将传递矩阵法应用于梁结构的弯曲振动. 这时，梁结构将简化为带多个集中质量的弹性梁(图 7.8-6). 梁的弯曲振动问题与轴的扭转振动问题的解法基本上一样，不同的是梁的状态矢量将包括二个位移分量(挠度 y 与转角 θ) 以及二个力分量 (剪力 S 与弯矩M). 即有

$$\boldsymbol{Z} = \begin{Bmatrix} y \\ \theta \\ M \\ S \end{Bmatrix}$$

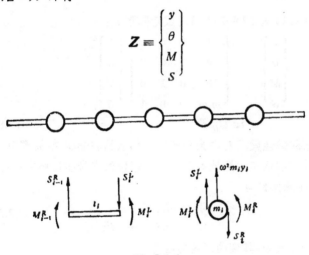

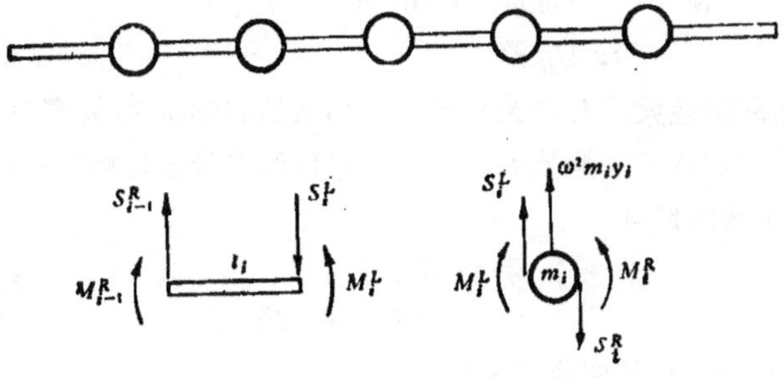

图 7.8-6

如图 7.8-7 所示,我们约定: y 轴向上为正; 梁右截面上的弯矩 M_i 逆时针方向为正,剪力 S_i^R 向下为正; 左截面上的弯矩 M_{i-1} 顺时针方向为正,剪力 S_i^L 向上为正.

先取集中质量 m_i 作为分离体. 由位移连续条件,有

$$\begin{aligned} y_i^R &= y_i^L \\ \theta_i^R &= \theta_i^L \end{aligned} \qquad (7.8-23)$$

由平衡条件,有

$$\left.\begin{aligned} M_i^R &= M_i^L \\ S_i^R &= S_i^L - m_i\ddot{y}_i = S_i^L + m_i\omega^2 y_i \end{aligned}\right\} \tag{7.8-24}$$

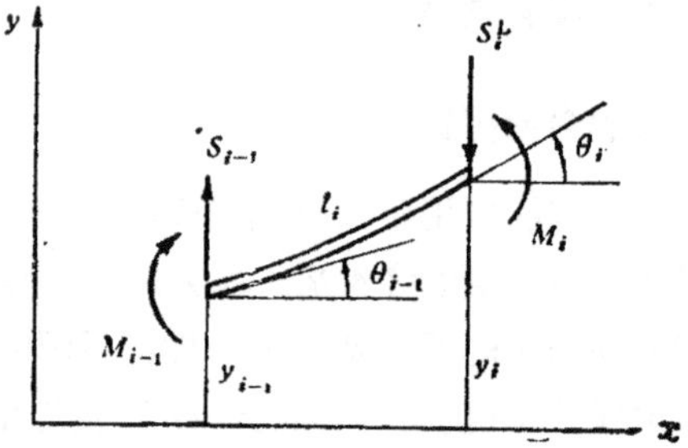

图 7.8-7

式(7.8-23)与(7.8-24)可写成矩阵形式:

$$\begin{Bmatrix} y \\ \theta \\ M \\ S \end{Bmatrix}_i^R = \begin{bmatrix} 1 & 0 & 0 & 0 \\ 0 & 1 & 0 & 0 \\ 0 & 0 & 1 & 0 \\ m_i\omega^2 & 0 & 0 & 1 \end{bmatrix} \begin{Bmatrix} y \\ \theta \\ M \\ S \end{Bmatrix}_i^L$$

$$\equiv \boldsymbol{C}_{ip}\boldsymbol{Z}_i^L \tag{7.8-25}$$

若取弹性梁段 l_i 作为分离体，那么其右端状态矢量就等于 $\boldsymbol{Z}_i^L$，其左端状态矢量就等于 $\boldsymbol{Z}_{i-1}^R$. 假设梁本身质量略去不计. 这时，由平衡条件有

$$\begin{aligned} S_i^L &= S_{i-1}^R \\ M_i^L &= l_i S_{i-1}^R + M_{i-1}^R \end{aligned} \tag{7.8-26}$$

对于均匀梁段，其弯曲形变方程为

$$M = EI\frac{d^2y}{dx^2} = EI\frac{d\theta}{dx}$$

即有

$$\theta = \frac{1}{EI}\int M dx$$

因而有

$$\theta_i^L = \theta_{i-1}^R + \frac{1}{EI}\int_0^{l_i}(M_{i-1}^R + S_{i-1}^R x)dx$$

$$= \theta_{i-1}^R + \frac{l_i M_{i-1}^R}{EI} + \frac{l_i^2 S_{i-1}^R}{2EI} \tag{7.8-27}$$

又

$$y = \int \theta dx$$

因而有

$$y_i^L = y_{i-1}^R + \int_0^{l_i} \left(\theta_{i-1}^R + \frac{M_{i-1}^R x}{EI} + \frac{S_{i-1}^R x^2}{2EI} \right) dx$$

$$= y_{i-1}^R + l_i \theta_{i-1}^R + \frac{l_i^2 M_{i-1}^R}{2EI} + \frac{l_i^3 S_{i-1}^R}{6EI} \tag{7.8-28}$$

式 (7.8-26),(7.8-27),(7.8-28) 可写成矩阵形式:

$$\begin{Bmatrix} y \\ \theta \\ M \\ S \end{Bmatrix}_i^L = \begin{bmatrix} 1 & l_i & \dfrac{l_i^2}{2EI} & \dfrac{l_i^3}{6EI} \\ 0 & 1 & \dfrac{l_i}{EI} & \dfrac{l_i^2}{2EI} \\ 0 & 0 & 1 & l_i \\ 0 & 0 & 0 & 1 \end{bmatrix} \begin{Bmatrix} y \\ \theta \\ M \\ S \end{Bmatrix}_{i-1}^R$$

$$= \mathbf{C}_{ij} \boldsymbol{Z}_{i-1}^R \tag{7.8-29}$$

将式 (7.8-25) 与 (7.8-29) 联合起来,得

$$\boldsymbol{Z}_i^R = \mathbf{C}_{ip} \mathbf{C}_{ij} \boldsymbol{Z}_{i-1}^R = C_i \boldsymbol{Z}_{i-1}^R$$

其中

$$\boldsymbol{C}_i = \begin{bmatrix} 1 & l_i & \dfrac{l_i^2}{2EI} & \dfrac{l_i^3}{6EI} \\ 0 & 1 & \dfrac{l_i}{EI} & \dfrac{l_i^2}{2EI} \\ 0 & 0 & 1 & l_i \\ \omega^2 m_i & \omega^2 m_i l_i & \dfrac{\omega^2 m_i l_i^2}{2EI} & 1 + \dfrac{\omega^2 m_i l_i^3}{6EI} \end{bmatrix} \tag{7.8-30}$$

对于图 7.8-6 所示系统,有

$$\boldsymbol{Z}_n^R = \boldsymbol{C}_{nf} \boldsymbol{C}_{n-1} \cdots \boldsymbol{C}_1 \boldsymbol{Z}_0 = \boldsymbol{C} \boldsymbol{Z}_0 \tag{7.8-31}$$

其中总传递矩阵 $\boldsymbol{C}$ 为四阶方阵,记为

$$\boldsymbol{C} = [C_{ij}(\omega)] \qquad i,j = 1,2,3,4$$

方程(7.8-31)两端的状态矢量中各有一半元素取决于边界条件．满足指定边界条件的 ω 就是系统的固有频率．

对应于简支梁，其边界条件为

$$y_0 = y_n^R = M_0 = M_n^R = 0$$

代入式(7.8-31)，有

$$\begin{Bmatrix} 0 \\ \theta \\ 0 \\ S \end{Bmatrix}_n^R = \begin{bmatrix} C_{11} & C_{12} & C_{13} & C_{14} \\ C_{21} & C_{22} & C_{23} & C_{24} \\ C_{31} & C_{32} & C_{33} & C_{34} \\ C_{41} & C_{42} & C_{43} & C_{44} \end{bmatrix} \begin{Bmatrix} 0 \\ \theta \\ 0 \\ S \end{Bmatrix}_0$$

从上式第一、三行，得

$$C_{12}\theta_0 + C_{14}S_0 = 0$$
$$C_{32}\theta_0 + C_{34}S_0 = 0$$

故频率方程为

$$\Delta \equiv \begin{vmatrix} C_{12} & C_{14} \\ C_{32} & C_{34} \end{vmatrix} = 0 \qquad (7.8\text{-}32)$$

对应于两端固定的梁，其边界条件为

$$\theta_0 = \theta_n^R = y_0 = y_n^R = 0$$

得频率方程为

$$\Delta \equiv \begin{vmatrix} C_{13} & C_{14} \\ C_{23} & C_{24} \end{vmatrix} = 0 \qquad (7.8\text{-}33)$$

对应于悬臂梁，其边界条件为

$$\theta_0 = y_0 = M_n^R = S_n^R = 0$$

得频率方程为

$$\Delta \equiv \begin{vmatrix} C_{33} & C_{34} \\ C_{43} & C_{44} \end{vmatrix} = 0 \qquad (7.8\text{-}34)$$

式(7.8-32)，(7.8-33)，(7.8-34)中的各个 Δ 也就是相应系统的频率函数．

例 7.8-2. 求解图 6.3-8 所示悬臂梁系统的固有频率与主振

型．设 $m_1 = m_2 = m_3 = m$，梁本身的质量可略去不计．

解．首先，进行无量纲化，可令

$$\bar{y} = \frac{y}{l}, \quad \bar{\theta} = \theta$$

$$\bar{M} = \frac{Ml}{EI}, \quad \bar{S} = \frac{Sl^2}{EI}$$

于是，本题中各个子传递矩阵化为

$$\boldsymbol{C}_i = \begin{bmatrix} 1 & 1 & \frac{1}{2} & \frac{1}{6} \\ 0 & 1 & 1 & \frac{1}{2} \\ 0 & 0 & 1 & 1 \\ \alpha & \alpha & \frac{\alpha}{2} & 1+\frac{\alpha}{6} \end{bmatrix} \quad i = 1,2,3$$

其中

$$\alpha \equiv \frac{m\omega^2 l^3}{EI}$$

系统的传递矩阵方程可写为

$$\boldsymbol{Z}_3^R = \boldsymbol{C}_3\boldsymbol{C}_2\boldsymbol{C}_1\boldsymbol{Z}_0 \equiv \boldsymbol{C}\boldsymbol{Z}_0$$

其边界条件为

$$\bar{y}_0 = \bar{\theta}_0 = \bar{M}_3^R = \bar{S}_3^R = 0$$

其频率方程与式 (7.8-34) 相同．

由于 $\bar{y}_0 = \bar{\theta}_0 = 0$，故 $\boldsymbol{C}$ 的开头二列元素不需计算．例如，取 $\alpha = 0.0855$，其计算步骤如下：

$$\begin{bmatrix} \\ \boldsymbol{C}_2 \\ \\ \end{bmatrix} \underbrace{\begin{bmatrix} 1 & 1 & 0.5 & 0.16667 \\ 0 & 1 & 1 & 0.5 \\ 0 & 0 & 1 & 1 \\ 0.0855 & 0.0855 & 0.04275 & 1.01425 \end{bmatrix}}_{\boldsymbol{C}_1} \underbrace{\begin{bmatrix} 0 \\ 0 \\ \bar{M}_0 \\ \bar{S}_0 \end{bmatrix}}_{\boldsymbol{Z}_0} \begin{bmatrix} \\ \boldsymbol{Z}_1^R \\ \\ \end{bmatrix}$$

$$
\begin{bmatrix} \boldsymbol{C}_3 \end{bmatrix}
\begin{bmatrix} - & - & 2.00713 & 1.33572 \\ - & - & 2.02138 & 2.00713 \\ - & - & 1.04275 & 2.01425 \\ - & - & 0.21463 & 1.12845 \end{bmatrix}
\begin{bmatrix} \boldsymbol{Z}_0 \end{bmatrix}
\begin{bmatrix} \boldsymbol{Z}_2^R \end{bmatrix}
$$

$$
\begin{bmatrix} - & - & 4.58562 & 4.53806 \\ - & - & 3.17131 & 4.58562 \\ - & - & 1.25711 & 3.14270 \\ - & - & 0.60643 & 1.51645 \end{bmatrix}
\begin{bmatrix} \boldsymbol{Z}_0 \end{bmatrix}
\begin{bmatrix} \boldsymbol{Z}_3^R \end{bmatrix}
$$

由此得

$$
\Delta = \begin{vmatrix} 1.25711 & 3.14270 \\ 0.60643 & 1.51645 \end{vmatrix} = 0.00051 \approx 0
$$

可见，由 $\alpha = 0.0855$ 确定的 ω 已经足够准确地代表系统的一个固有频率，即有

$$
\omega^2 = 0.0855 \frac{EI}{ml^3}
$$

利用这一 α 值可进一步确定主振型．由方程

$$
C_{33}\overline{M}_0 + C_{34}\overline{S}_0 = 0
$$

可得

$$
\overline{M}_0 = -\frac{3.14270}{1.25711}\overline{S}_0 = -2.5000\overline{S}_0
$$

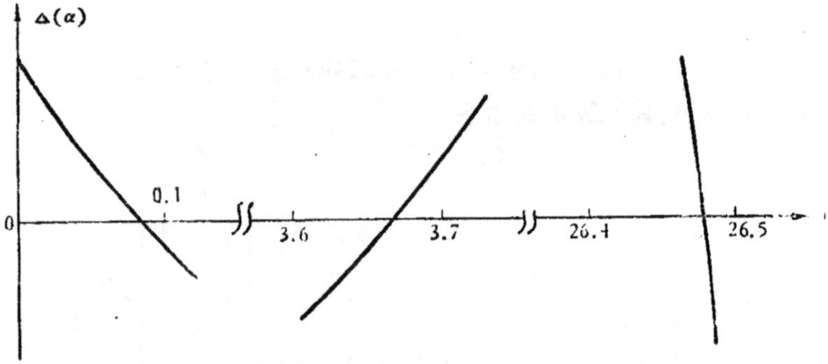

图 7.8-8

于是有

$$\bar{y}_1 = a_{13}\bar{M}_0 + a_{14}\bar{S}_0$$
$$= -0.5 \times 2.5\bar{S}_0 + 0.16667\bar{S}_0$$
$$= -1.08333\bar{S}_0$$

如果取 $\bar{y}_1$ 为基准,即令 $\bar{y}_1 = 1$,得

$$\bar{S}_0 = -\frac{1}{1.08333} = -0.9231$$

$$\bar{M}_0 = 2.3077$$

由此可进一步计算 $\bar{y}_2, \bar{y}_3$.

对各个不同的 α 值计算 Δ, 可找出系统的各阶固有频率. 图 7.8-8 给出了各阶固有频率附近的 $\Delta(\alpha)$曲线.

关于系统各阶固有频率与主振型的计算结果列于表 7.3.

表 7.3

i	1	2	3
$\omega_i^2 \frac{ml^3}{EI}$	0.0855	3.668	26.48
$y_1^{(i)}$	1	1	1
$y_2^{(i)}$	3.399	1.188	−0.699
$y_3^{(i)}$	6.393	−0.788	0.215

习　　题

7.1. 分别用以下三种方法确定例 7.8-2 所述系统的基频: 1.两种形式的能量法, 2.迹法, 3.矩阵迭代法.

7.2. 在题图 7.2 所示轴系模型中,轴可看作均匀简支梁, 其截面弯曲刚度为 EI,轴长 l, 轴本身重量可略去不计. 轴上各集中质量为

$$m_1 = m, \quad m_2 = 4m, \quad m_3 = 2m$$

分别用 1.二种形式的能量法,2.迹法,3.矩阵迭代法,求系统的基频.

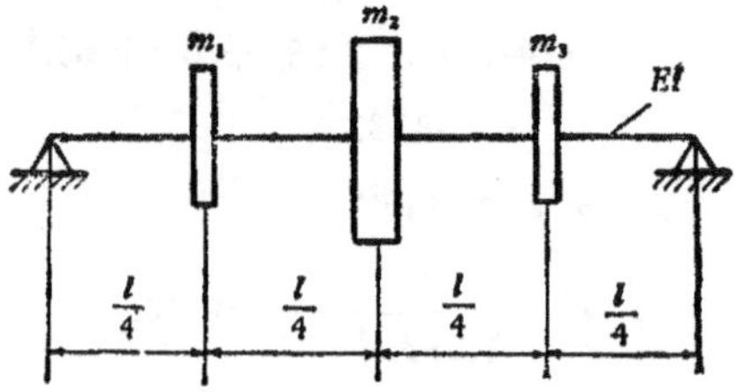

题图 7.2

答. $p_1 = 2.90\sqrt{\frac{EI}{ml^3}}$

7.3. 图 6.2-1 所示系统中，设有

$$m_1 = m,\quad m_2 = 2m,\quad m_3 = 3m$$
$$k_1 = 3k,\quad k_2 = 2k,\quad k_3 = k$$

试用矩阵迭代法求各阶固有频率与振型。

答. $p^2_{1,2,3} = 0.1546\,\frac{k}{m}$

$1.1751\,\frac{k}{m}$

$5.5036\,\frac{k}{m}$

$\mathbf{X}_1 = [0.2213 \quad 0.5361 \quad 1.000]^T$
$\mathbf{X}_2 = [0.5229 \quad 1.000 \quad -0.3960]^T$
$\mathbf{X}_3 = [1.000 \quad -0.2518 \quad 0.0162]^T$

7.4. 用矩阵迭代法或传递矩阵法求题图 7.4 所示轴系模型的扭转振动的各阶固有频率与振型。

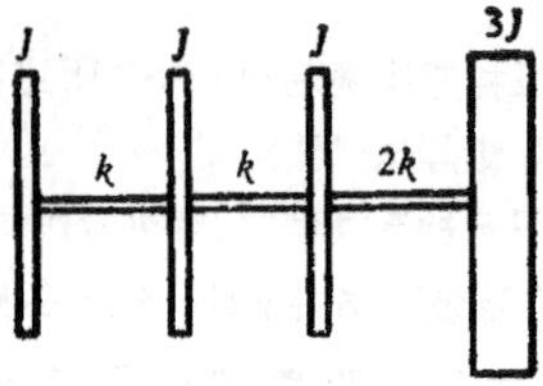

题图 7.4

答. $p^2_{1,2,3,4} = 0,\ 0.451\dfrac{k}{J},\ 2.215\dfrac{k}{J},\ 4\dfrac{k}{J}$

7.5. 题图 7.5 所示分支轴系中,有

$$J_1 = 30,\quad J_2 = 2,\quad J_3 = 5,\quad J_4 = 12.5$$
$$k_1 = 1\times10^7,\quad k_2 = 5\times10^6,\quad k_3 = 1\times10^6$$

用传递矩阵法求系统的非零最低固有频率.

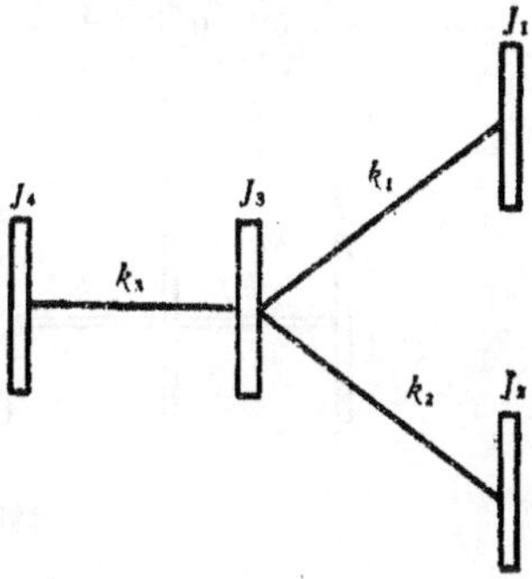

题图 7.5

答. $p = 316$ 弧度/秒

7.6. 设有长度为 $2l$ 的均匀悬臂梁,其截面弯曲刚度为 EI,在梁中点与末端各载有集中质量 $2m$ 与 m, 梁本身质量可略去不计(题图 7.6). 试用传递矩阵法求系统的固有频率与振型.

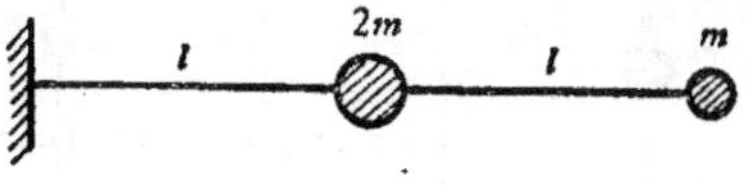

题图 7.6

答. $p^2ml^3/EI\approx0.31, 8.12$

7.7. 确定梁系对应于下列边界条件:

1. 一端铰支,一端固定;

2. 一端铰支,一端自由

的频率函数(行列式).

答.

$$1.\quad \Delta=\begin{vmatrix} C_{12} & C_{14} \\ C_{22} & C_{24} \end{vmatrix},\qquad 2.\quad \Delta=\begin{vmatrix} C_{32} & C_{34} \\ C_{42} & C_{44} \end{vmatrix}$$

7.8. 试确定带弹性支承 k 的集中质量 m(题图 7.8)，在梁系横向振动问题中的点矩阵。证明它就等于质量 m 的点矩阵与弹簧 k 的点矩阵的乘积.

答.

$$\begin{bmatrix} 1 & 0 & 0 & 0 \\ 0 & 1 & 0 & 0 \\ 0 & 0 & 1 & 0 \\ m\omega^2-k & 0 & 0 & 1 \end{bmatrix}$$

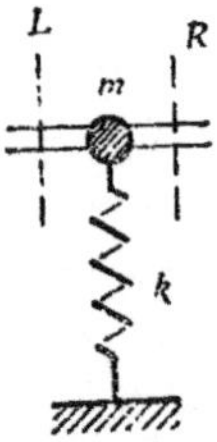

题图 7.8

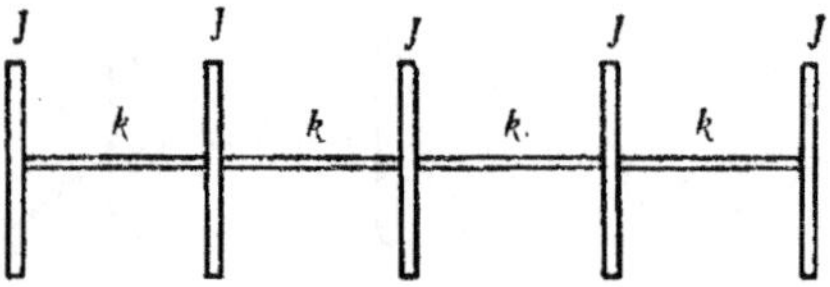

题图 7.9

7.9. 利用第 7.7 节所述半定系统特征值问题的解法，确定题图 7.9 所示自由轴系的扭振固有频率与振型.

7.10. 试用矩阵迭代法确定题图 7.10 所示直角梁系在本身平面内弯曲振动的前二阶固有频率与振型.

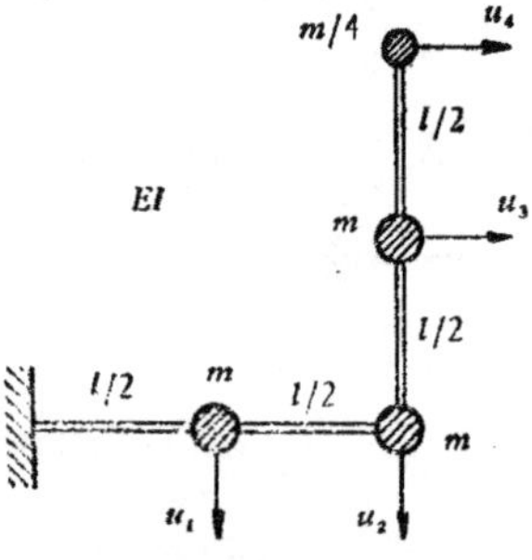

题图 7.10

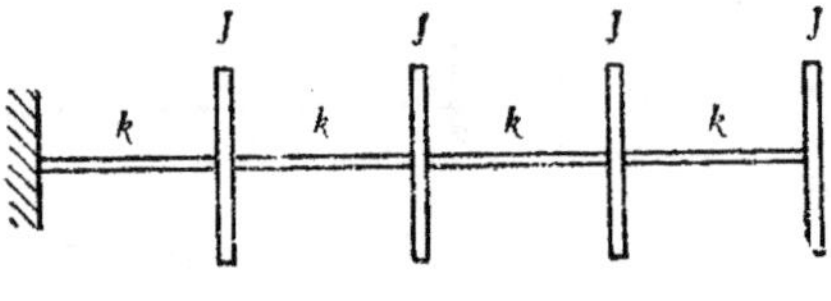

题图 7.11

7.11. 设有题图 7.11 所示固支-自由扭振轴系.

1. 用两种能量法估算系统的基频. 假设振型可取为

$$X=[0.4 \quad 0.7 \quad 0.9 \quad 1]^T$$

2. 用迹法估算系统基频.

3. 用两种里茨法计算系统前二阶频率，假设模态可取为

$$\phi_1 = [0.25 \quad 0.5 \quad 0.75 \quad 1]^T$$

$$\phi_2 = [0.06 \quad 0.25 \quad 0.56 \quad 1]^T$$

4．用矩阵迭代法求系统前二阶频率与振型．

5．用子空间迭代法求系统前二阶频率与振型．初始迭代振型可选成与 3 中的相同．

6．用传递矩阵法求系统前二阶频率与振型．

7.12．考察题图 7.12 所示梁系模型的弯曲振动．其中无重均匀悬臂梁长 l，截面弯曲刚度为 EI，沿梁长等间距安装四个集中质量 m．

1)用两种能量法估算系统的基频．假设振型可取为

$$X = [1 \quad 0.66 \quad 0.34 \quad 0.1]^T$$

2) 用迹法估算系统基频．

3) 用两种里茨法计算系统前二阶频率，假设模态可取为

$$\phi_1 = [1 \quad 0.56 \quad 0.25 \quad 0.06]^T$$

$$\phi_2 = [1 \quad 0.42 \quad 0.12 \quad 0.015]^T$$

4) 用矩阵迭代法求系统前二阶频率与振型．

5) 用子空间迭代法求系统前二阶频率与振型．初始迭代振型可选成与 3 中的相同．

6) 用传递矩阵法求系统前二阶频率与振型．

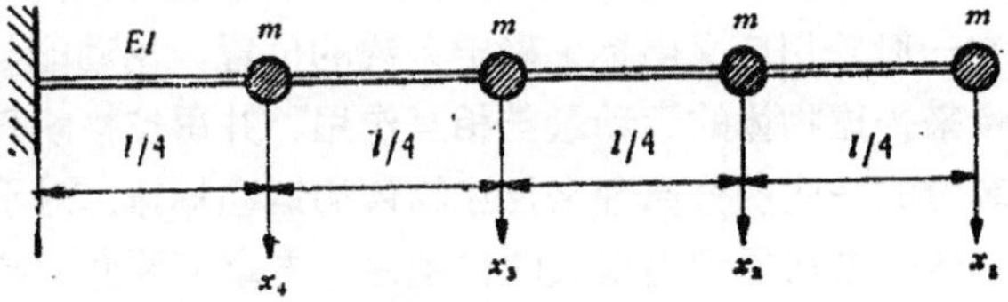

题图 7.12

第八章 拉格朗日方程

8.1 引　　言

在前面各章里，基本上是从牛顿定律出发推导系统的运动微分方程．我们经常采用物理坐标来确定物体的空间位置，用动量（或动量矩）来表征物体的运动量，并且用力（或力矩）来描述物体之间的相互作用．由于这些物理量一般都是矢量，故有矢量力学这一名称．矢量力学通常是从单个质点或刚体出发列方程的．所以，对于由多个质点或刚体组成的系统，要写出它的运动微分方程，一般都先要取分离体，分别列出各个质点或刚体的运动微分方程．这就必须考虑各个质点或刚体之间的相互作用．同时，在受约束的系统中，还必须考虑约束的作用．这种方法在考察较为复杂的振动系统时，会带来一些不必要的麻烦．

另一种方法，即分析力学的方法，是从系统总体出发来列方程的．它一般采用广义坐标来确定系统的位置，用动能与功这样一些纯量来描述物体的运动量与相互作用，并用拉格朗日方程或者和它等价的一些变分原理来描述物体的运动规律．对于复杂系统来说，这一方法显示出很大的优越性．本章简要介绍拉格朗日方程及其在振动问题中的应用．为了给读者提供预备知识，已将一些有关的力学概念与定理汇编成附录 C.

8.2 拉格朗日方程

设有 n 个质点组成的系统受有 s 个完整的理想约束，故系统的自由度数为 $N = 3n - s$．这时，系统中各个质点的矢径 $\boldsymbol{r}_i$ 都可以表示为 N 个广义坐标 $q_j(j = 1,2,\cdots,N)$ 与时间 t 的函数，即

有

$$\boldsymbol{r}_i = \boldsymbol{r}_i(\boldsymbol{q}, t), \quad i = 1, 2, \cdots, n \tag{8.2-1}$$

注意到矢径的等时变分

$$\delta \boldsymbol{r}_i = \sum_{j=1}^{n} \frac{\partial \boldsymbol{r}_i}{\partial q_j} \delta q_j \tag{8.2-2}$$

就是系统中各个质点的虚位移.

根据虚功原理与达朗伯原理,有

$$\sum_{i=1}^{n} (\boldsymbol{F}_i - m_i \ddot{\boldsymbol{r}}_i) \cdot \delta \boldsymbol{r}_i = 0 \tag{8.2-3}$$

式中 m_i 是第 i 个质点的质量，而 $\boldsymbol{F}_i$ 则是作用于该质点的所有主动力的合力.

考虑到式 (8.2-2),可将式 (8.2-3) 中第一项和式写成

$$\begin{aligned}\sum_{i=1}^{n} \boldsymbol{F}_i \cdot \delta \boldsymbol{r}_i &= \sum_i \boldsymbol{F}_i \cdot \sum_j \frac{\partial \boldsymbol{r}_i}{\partial q_j} \delta q_j \\ &= \sum_j \left\{ \sum_i \boldsymbol{F}_i \cdot \frac{\partial \boldsymbol{r}_i}{\partial q_j} \right\} \delta q_j \end{aligned} \tag{8.2-4}$$

对应于各个广义坐标 q_j,引入广义主动力 Q_j(以下简称广义力)

$$Q_j \equiv \sum_i \boldsymbol{F}_i \cdot \frac{\partial \boldsymbol{r}_i}{\partial q_j} \tag{8.2-5}$$

于是式 (8.2-4) 可写成

$$\sum_i \boldsymbol{F}_i \cdot \delta \boldsymbol{r}_i = \sum_j Q_j \delta q_j \tag{8.2-6}$$

从物理上看，上式意味着作用于系统上所有主动力在系统虚位移上所作的虚功等于所有广义主动力在广义虚位移上所作的虚功.

类似地,可以把式 (8.2-3)中第二项和式表示成广义惯性力的虚功. 即有

$$\begin{aligned}-\sum_i m_i \ddot{\boldsymbol{r}}_i \cdot \delta \boldsymbol{r}_i &= -\sum_i m_i \ddot{\boldsymbol{r}}_i \cdot \sum_j \frac{\partial \boldsymbol{r}_i}{\partial q_j} \delta q_j \\ &= -\sum_j \left\{ \sum_i m_i \ddot{\boldsymbol{r}}_i \cdot \frac{\partial \boldsymbol{r}_i}{\partial q_j} \right\} \delta q_j \end{aligned}$$

$$= \sum_j Q_j^I \delta q_j \tag{8.2-7}$$

式中 Q_j^I 为对应于广义坐标 q_j 的广义惯性力，且有

$$Q_j^I = -\sum_i m_i \ddot{\boldsymbol{r}}_i \cdot \frac{\partial \boldsymbol{r}_i}{\partial q_j} \tag{8.2-8}$$

考虑到

$$\frac{d}{dt}\left(\dot{\boldsymbol{r}} \cdot \frac{\partial \boldsymbol{r}_i}{\partial q_j}\right) = \ddot{\boldsymbol{r}}_i \cdot \frac{\partial \boldsymbol{r}_i}{\partial q_j} + \dot{\boldsymbol{r}}_i \cdot \frac{d}{dt}\left(\frac{\partial \boldsymbol{r}_i}{\partial q_j}\right)$$

故式 (8.2-8) 可写成

$$Q_j^I = \sum_i m_i \dot{\boldsymbol{r}}_i \cdot \frac{d}{dt}\left(\frac{\partial \boldsymbol{r}_i}{\partial q_j}\right) - \frac{d}{dt} \sum_i m_i \dot{\boldsymbol{r}}_i \cdot \frac{\partial \boldsymbol{r}_i}{\partial q_j} \tag{8.2-9}$$

上式可进一步与动能的表示式联系起来. 式 (8.2-1) 对时间 t 求导，得系统各点的速度为

$$\dot{\boldsymbol{r}}_i = \sum_{j=1}^{N} \frac{\partial \boldsymbol{r}_i}{\partial q_j} \dot{q}_j + \frac{\partial \boldsymbol{r}_i}{\partial t}, \quad i = 1,2,\cdots,n \tag{8.2-10}$$

其中 $\dot{q}_j = \frac{dq_j}{dt}$ 为系统的广义速度. 可见，速度 $\dot{r}_i$ 是广义速度 $\dot{q}_j$ 的线性函数. 将式 (8.2-10) 对广义速度求偏导数，并考虑到各个广义速度是彼此独立的，可得

$$\frac{\partial \dot{\boldsymbol{r}}_i}{\partial \dot{q}_j} = \frac{\partial \boldsymbol{r}_i}{\partial q_j}, \quad i = 1,2,\cdots,n \tag{8.2-11}$$

又注意到 $\frac{\partial \boldsymbol{r}_i}{\partial q_j}$ 只是广义坐标与时间的显函数，于是有

$$\frac{d}{dt}\left(\frac{\partial \boldsymbol{r}_i}{\partial q_j}\right) = \sum \frac{\partial}{\partial q_k}\left(\frac{\partial \boldsymbol{r}_i}{\partial q_j}\right) \delta q_k + \frac{\partial}{\partial t}\left(\frac{\partial \boldsymbol{r}_i}{\partial q_j}\right)$$

按偏导数的性质，上式右端求偏导的次序可以交换，故有

$$\frac{d}{dt}\left(\frac{\partial \boldsymbol{r}_i}{\partial q_j}\right) = \frac{\partial}{\partial q_j}\left\{\sum_k \frac{\partial \boldsymbol{r}_i}{\partial q_k} \delta q_k + \frac{\partial \boldsymbol{r}_i}{\partial t}\right\} = \frac{\partial \dot{\boldsymbol{r}}_i}{\partial q_j} \tag{8.2-12}$$

由式 (8.2-11)，(8.2-12)，以及系统动能表示式：

$$T = \frac{1}{2} \sum_i m_i \dot{\boldsymbol{r}}_i \cdot \dot{\boldsymbol{r}}_i \tag{8.2-13}$$

可以将式(8.2-9)表示成

$$
\begin{aligned}
Q_j^I &= \sum_i m_i \dot{\boldsymbol{r}}_i \cdot \frac{\partial \dot{\boldsymbol{r}}_i}{\partial q_j} - \frac{d}{dt} \sum_i m_i \dot{\boldsymbol{r}}_i \cdot \frac{\partial \dot{\boldsymbol{r}}_i}{\partial \dot{q}_j} \\
&= \frac{\partial T}{\partial q_j} - \frac{d}{dt} \frac{\partial T}{\partial \dot{q}_j}
\end{aligned}
\qquad (8.2\text{-}14)
$$

将式(8.2-6),(8.2-7)式代入式(8.2-3),有

$$\Sigma(Q_j + Q_j^I)\delta q_j = 0$$

考虑到各个 δ_{qj} 是彼此独立的,所以有

$$Q_j + Q_j^I = 0, \quad j = 1, 2, \cdots, N \qquad (8.2\text{-}15)$$

再由式(8.2-14),可得

$$\frac{d}{dt}\left(\frac{\partial T}{\partial \dot{q}_j}\right) - \frac{\partial T}{\partial q_j} = Q_j, \quad j = 1, 2, \cdots, N \qquad (8.2\text{-}16)$$

这就是广义坐标形式的拉格朗日方程.它反映出如下运动规律:理想完整约束系统在运动过程中广义主动力与广义惯性力始终是相互平衡的.

拉格朗日方程是一组关于N个广义坐标 q_j 的二阶常微分方程.采用这一方法列方程时,不必取分离体,不必考虑理想约束的反力,并且有统一的格式和步骤.其主要步骤为:

1. 选定系统的广义坐标;
2. 写出广义坐标形式的系统动能表示式 T.并计算有关导数;
3. 求出对应于各个广义坐标的广义力.

当广义力与广义速度无关时,有

$$Q_j = Q_j(\boldsymbol{q}, t)$$

再设存在着函数 $U(\boldsymbol{q}, t)$,并有

$$Q_j = -\frac{\partial U}{\partial q_j} \qquad (8.2\text{-}17)$$

这时的广义力 Q_j 称为有势力,而 U 称为力的势能.当势能 U 不明显依赖于 t 时,有势力亦称保守力.对于主动力仅为有势力的系统,拉格朗日方程可写成

$$\frac{d}{dt}\left(\frac{\partial T}{\partial \dot{q}_j}\right)-\frac{\partial T}{\partial q_j}+\frac{\partial U}{\partial q_j}=0, \quad j=1,2\cdots N \tag{8.2-18}$$

再引入拉格朗日函数 $L(q_j,\dot{q}_j,t)$，

$$L\equiv T-U \tag{8.2-19}$$

考虑到 U 只是广义坐标与时间的函数，所以有

$$\frac{\partial U}{\partial \dot{q}_j}=0$$

于是，拉格朗日方程又可写为

$$\frac{d}{dt}\left(\frac{\partial L}{\partial \dot{q}_j}\right)-\frac{\partial L}{\partial q_j}=0 \tag{8.2-20}$$

当广义力中只有一部分是有势力时，拉格朗日方程可写成

$$\frac{d}{dt}\left(\frac{\partial L}{\partial \dot{q}_j}\right)-\frac{\partial L}{\partial q_j}=Q_j'$$

或

$$\frac{d}{dt}\left(\frac{\partial T}{\partial \dot{q}_j}\right)-\frac{\partial T}{\partial q_j}+\frac{\partial U}{\partial q_j}=Q_j' \tag{8.2-21}$$

其中 Q_j' 代表广义力中非有势力的那一部分.

在非保守力中，阻尼力有着重要地位. 在理论分析中，常用的一种模型是线性阻尼力，即假设阻尼力正比于广义速度的一次方. 这时，可以引入所谓**瑞利耗能函数** $\mathscr{D}$，即设

$$\mathscr{D}\equiv\frac{1}{2}\sum_i\sum_j c_{ij}\dot{q}_i\dot{q}_j \tag{8.2-22}$$

而由阻尼引起的广义力为

$$Q_j=-\frac{\partial \mathscr{D}}{\partial \dot{q}_j} \tag{8.2-23}$$

假设式 (8.2-22) 中的 c_{ij} 是对称的，即有 $c_{ij}=c_{ji}$.

对于系统仅受有势力与线性阻尼力作用的情况，拉格朗日方程可写为

$$\frac{d}{dt}\left(\frac{\partial L}{\partial \dot{q}_j}\right)-\frac{\partial L}{\partial q_j}+\frac{\partial \mathscr{D}}{\partial \dot{q}_j}=0 \tag{8.2-24}$$

或

$$\frac{d}{dt}\left(\frac{\partial T}{\partial \dot{q}_i}\right)-\frac{\partial T}{\partial q_i}+\frac{\partial U}{\partial q_i}+\frac{\partial \mathscr{D}}{\partial \dot{q}_i}=0 \qquad (8.2\text{-}24)''$$

设系统除上述力外，还作用有广义力 Q_i'，则拉格朗日方程为

$$\frac{d}{dt}\left(\frac{\partial T}{\partial \dot{q}_i}\right)-\frac{\partial T}{\partial q_i}+\frac{\partial U}{\partial q_i}+\frac{\partial \mathscr{D}}{\partial \dot{q}_i}=Q_i' \qquad (8.2\text{-}25)$$

例 8.2-1. 图 8.2-1 所示系统中，质量M用弹簧k连结于活动支点O，质量M与点O都限于在同一水平方向作直线运动. 设点O的运动规律已知为 $x_0=a(t)$. 在质量M上悬挂一物理摆，摆重为mg，其重心C至悬挂点的距离为l，摆绕其重心轴的迴转半径为ρ.

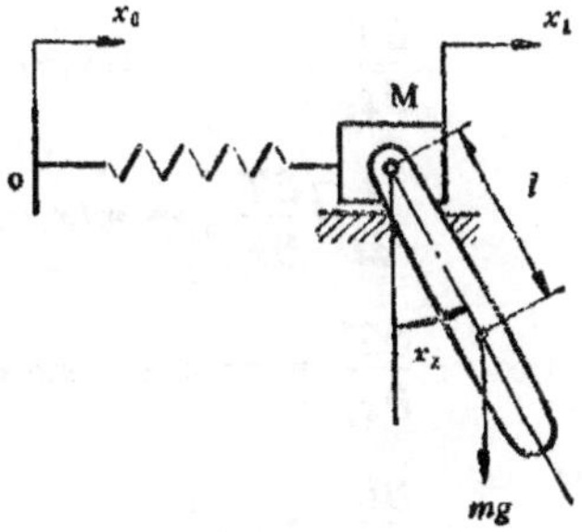

图 8.2-1

解. 取质量M的坐标x_1以及摆与铅垂线之间的夹角x_2作为系统的广义坐标.

这时，系统的动能可表示为

$$T=\frac{1}{2}M\dot{x}_1^2+\frac{1}{2}m\{(\dot{x}_1+l\dot{x}_2\cos x_2)^2+(l\dot{x}_2\sin x_2)^2\}+\frac{1}{2}m\rho^2\dot{x}_2^2$$

$$=\frac{1}{2}(M+m)\dot{x}_1^2+\frac{1}{2}m\{2l\dot{x}_1\dot{x}_2\cos x_2+(l^2+\rho^2)\dot{x}_2^2\}$$

注意到，系统所有主动力都是有势力，且系统势能由弹性势能与重力势能二者组成. 设 $x_0=x_1=x_2=0$ 时，系统势能为零，则系统势能的表示式可写为

$$U=mgl(1-\cos x_2)+\frac{1}{2}k(x_1-x_0)^2$$

再对拉格朗日方程中需要用到的各个导数计算如下:

$$\frac{\partial T}{\partial \dot{x}_1} = (M+m)\dot{x}_1 + ml\dot{x}_2\cos x_2$$

$$\frac{d}{dt}\left(\frac{\partial T}{\partial \dot{x}_1}\right) = (M+m)\ddot{x}_1 + ml\ddot{x}_2\cos x_2 - ml\dot{x}_2^2\sin x_2$$

$$\frac{\partial T}{\partial x_1} = 0$$

$$\frac{\partial U}{\partial x_1} = k(x_1 - x_0)$$

$$\frac{\partial T}{\partial \dot{x}_2} = ml\dot{x}_1\cos x_2 + m(l^2+\rho^2)\dot{x}_2$$

$$\frac{d}{dt}\left(\frac{\partial T}{\partial \dot{x}_2}\right) = ml\ddot{x}_1\cos x_2 - ml\dot{x}_1\dot{x}_2\sin x_2 + m(l^2+\rho^2)\ddot{x}_2$$

$$\frac{\partial T}{\partial x_2} = -ml\dot{x}_1\dot{x}_2\sin x_2$$

$$\frac{\partial U}{\partial x_2} = mgl\sin x_2$$

将它们代入拉格朗日方程，得

$$\left.\begin{aligned}&(M+m)\ddot{x}_1 + ml\ddot{x}_2\cos x_2 - ml\dot{x}_2^2\sin x_2 + k(x_1 - x_0) = 0\\&ml\ddot{x}_1\cos x_2 + m(l^2+\rho^2)\ddot{x}_2 + mgl\sin x_2 = 0\end{aligned}\right\}$$

如限于考察微幅振动，可设 x_1，x_2 为小量．这时，略去二阶及二阶以上小量，上式可简化为

$$\left.\begin{aligned}&(M+m)\ddot{x}_1 + ml\ddot{x}_2 + kx_1 = ka(t)\\&ml\ddot{x}_1 + m(l^2+\rho^2)\ddot{x}_2 + mglx_2 = 0\end{aligned}\right\}$$

例 8.2-2. 图 8.2-2 所示弹性摆由板簧与重摆组成．板簧长为 l_1，两端均可看作插入支承，其刚度矩阵 K_s 是已知的（参阅习题 6.1），板簧质量可略去不计．摆可看作刚体，质量为 m，摆重心 C 至顶端距离为 l_2，摆绕重心轴的迴转半径为 ρ．试列出摆在铅垂平衡位置附近作微振动的运动微分方程．

解．系统势能由弹性势能与重力势能二者组成．设系统在平

衡位置的势能为零．这时，系统的弹性势能可表示为

$$U_1=\frac{1}{2}\left(k_{11}x_1^2+2k_{12}x_1x_2+k_{22}x_2^2\right)$$

系统的重力势能可表示为

$$\begin{aligned}U_2&=mg\left(l_1+l_2-l_1\cos\frac{x_1}{l_1}-l_2\cos x_2\right)\\&=\frac{1}{2}mg\left(\frac{x_1^2}{l_1}+l_2x_2^2\right)\end{aligned}$$

而系统的动能为

$$\begin{aligned}T&=\frac{1}{2}m(\dot{x}_1+l_2\dot{x}_2)^2+\frac{1}{2}m\rho^2\dot{x}_2^2\\&=\frac{1}{2}m\dot{x}_1^2+ml_2\dot{x}_1\dot{x}_2+\frac{1}{2}m(l_2^2+\rho^2)\dot{x}_2^2\end{aligned}$$

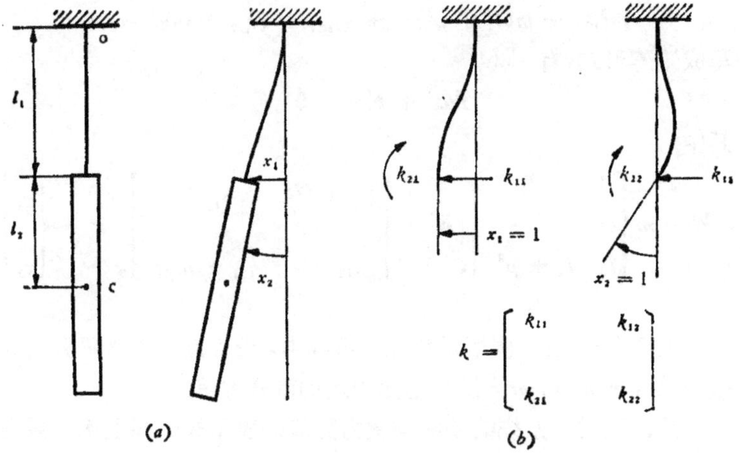

图 8.2-2

拉格朗日方程中的各个导数可计算如下：

$$\frac{\partial T}{\partial \dot{x}_1}=m\dot{x}_1+ml_2\dot{x}_2$$

$$\frac{d}{dt}\left(\frac{\partial T}{\partial \dot{x}_1}\right)=m\ddot{x}_1+ml_2\ddot{x}_2$$

$$\frac{\partial T}{\partial \dot{x}_2} = ml_2\dot{x}_1 + m(l_2^2 + \rho^2)\dot{x}_2$$

$$\frac{d}{dt}\left(\frac{\partial T}{\partial \dot{x}_2}\right) = ml_2\ddot{x}_1 + m(l_2^2 + \rho^2)\ddot{x}_2$$

$$\frac{\partial T}{\partial x_1} = \frac{\partial T}{\partial x_2} = 0$$

$$\frac{\partial U}{\partial x_1} = k_{11}x_1 + k_{12}x_2 + \frac{mg}{l_1}x_1$$

$$\frac{\partial U}{\partial x_2} = k_{12}x_1 + k_{22}x_2 + mgl_2x_2$$

故系统的拉格朗日方程可列为

$$m\ddot{x}_1 + ml_2\ddot{x}_2 + \left(k_{11} + \frac{mg}{l_1}\right)x_1 + k_{12}x_2 = 0$$

$$ml_2\ddot{x}_1 + m(l_2^2 + \rho^2)\ddot{x}_2 + k_{12}x_1 + (k_{22} + mgl_2)x_2 = 0$$

写成矩阵形式，有

$$\boldsymbol{M}\ddot{\boldsymbol{x}} + \boldsymbol{K}\boldsymbol{x} = \boldsymbol{0}$$

其中

$$\boldsymbol{M} = m\begin{bmatrix} 1 & l_2 \\ l_2 & l_2^2 + \rho^2 \end{bmatrix}, \quad \boldsymbol{K} = \begin{bmatrix} k_{11} + \dfrac{mg}{l_1} & k_{12} \\ k_{12} & k_{22} + mgl_2 \end{bmatrix}, \quad \boldsymbol{x} = \begin{Bmatrix} x_1 \\ x_2 \end{Bmatrix}$$

例 8.2-3. 在上例所示弹性摆系统中，设支点 O 作水平方向的微振动 $a = a_0 \sin \omega t$. 试列出摆的运动微分方程.

解. 这时，系统的动能与重力势能的表示式仍同上例. 只是弹性势能的表示式变为

$$U_1 = \frac{1}{2}\{k_{11}(x_1 - a)^2 + 2k_{12}(x_1 - a)x_2 + k_{22}x_2^2\}$$

于是有

$$\frac{\partial U}{\partial x_1} = k_{11}(x_1 - a) + k_{12}x_2 + \frac{mg}{l_1}x_1$$

$$\frac{\partial U}{\partial x_2} = k_{12}(x_1 - a) + k_{22}x_2 + mgl_2x_2$$

故系统的拉格朗日方程可列为

$$\boldsymbol{M}\ddot{\boldsymbol{x}} + \boldsymbol{K}\boldsymbol{x} = \begin{Bmatrix} k_{11}a_0 \sin \omega t \\ k_{12}a_0 \sin \omega t \end{Bmatrix}$$

例 8.2-4. 在前例所示弹性摆系统中，支承面绕支点 O 作微幅角振动 $\beta = \beta_0 \sin \omega t$. 试列出摆的运动微分方程.

解. 这时，系统的动能与重力势能的表示式仍同前例. 只是弹性势能的表示式变为

$$U_1 = \frac{1}{2}\{k_{11}(x_1 - l_1\beta)^2 + 2k_{12}(x_1 - l_1\beta)(x_2 - \beta) + k_{22}(x_2 - \beta)^2\}$$

于是有

$$\frac{\partial U}{\partial x_1} = k_{11}(x_1 - l_1\beta) + k_{12}(x_2 - \beta) + \frac{mg}{l_1} x_1$$

$$\frac{\partial U}{\partial x_2} = k_{12}(x_1 - l_1\beta) + k_{22}(x_2 - \beta) + mgl_2x_2$$

故系统的拉格朗日方程可列为

$$\boldsymbol{M}\ddot{\boldsymbol{x}} + \boldsymbol{K}\boldsymbol{x} = \begin{Bmatrix} (k_{11}l_1 + k_{12})\beta_0 \sin \omega t \\ (k_{12}l_1 + k_{22})\beta_0 \sin \omega t \end{Bmatrix}$$

8.3 微振动方程

线性系统在稳定平衡位置附近作微振动，其运动微分方程的一般形式可由拉格朗日方程导出如下. 仍设系统是由 n 个质点组成的并具有 N 个自由度的完整系统，按微振动的假设，系统的各个广义坐标 q_k 与广义速度 $\dot{q}_k$ 均可看作一阶微量，从而导出的微振动方程亦将精确到一阶微量. 这时，计算拉格朗日方程中的各个导数 $\frac{\partial T}{\partial \dot{q}_k}$，$\frac{\partial T}{\partial q_k}$ 与 $\frac{\partial U}{\partial q_k}$ 也只须精确到一阶微量. 但考虑到对 q_k，$\dot{q}_k$

求导时，各个微量将降低一阶，所以在计算系统的动能 T 与势能 U 时，必须精确到二阶微量。这可以作为一般规则表述如下：在建立系统的微振动方程时，计算系统的动能与势能必须精确到二阶微量。

设系统的约束是定常的，即有

$$\boldsymbol{r}_i = \boldsymbol{r}_i(\boldsymbol{q}), \quad i = 1,2,\cdots,n \tag{8.3-1}$$

这时，系统的动能可表示为

$$\begin{aligned} T &= \frac{1}{2}\sum_i m_i \dot{\boldsymbol{r}}_i \cdot \dot{\boldsymbol{r}}_i \\ &= \frac{1}{2}\sum_i m_i \left(\sum_{r=1}^{N} \frac{\partial \boldsymbol{r}_i}{\partial q_r}\dot{q}_r\right) \cdot \left(\sum_{s=1}^{N} \frac{\partial \boldsymbol{r}_i}{\partial q_s}\dot{q}_s\right) \\ &= \frac{1}{2}\sum_r \sum_s \left(\sum_i m_i \frac{\partial \boldsymbol{r}_i}{\partial q_r} \cdot \frac{\partial \boldsymbol{r}_i}{\partial q_s}\right)\dot{q}_r \dot{q}_s \end{aligned} \tag{8.3-2}$$

由式 (8.3-1) 可知，$\frac{\partial \boldsymbol{r}_i}{\partial q_k}$ $(i = 1,2,\cdots,n, k = 1,2,\cdots,N)$ 一般是各个广义坐标的函数，它在平衡位置 $q_1 = \cdots = q_N = 0$ 附近的泰勒展式可写为

$$\frac{\partial \boldsymbol{r}_i}{\partial q_k} = \left(\frac{\partial \boldsymbol{r}_i}{\partial q_k}\right)_0 + \sum_j \left\{\frac{\partial}{\partial q_j}\left(\frac{\partial \boldsymbol{r}_i}{\partial q_k}\right)\right\}_0 q_j + \cdots$$

式中下标 0 表示括号内的量取 $q_1 = \cdots = q_N = 0$ 时的值。考虑到动能的表示式中只需要保留二阶微量，故对于式 (8.3-2) 中的 $\frac{\partial \boldsymbol{r}_i}{\partial q_r}$ 与 $\frac{\partial \boldsymbol{r}_i}{\partial q_s}$ 只需保留其泰勒展式中的常数项。令

$$m_{rs} \equiv \sum_i m_i \left(\frac{\partial \boldsymbol{r}_i}{\partial q_r}\right)_0 \cdot \left(\frac{\partial \boldsymbol{r}_i}{\partial q_s}\right)_0 \equiv m_{sr} \tag{8.3-3}$$

于是，系统的动能 T 可表示为

$$T = \frac{1}{2}\sum_r \sum_s m_{rs}\dot{q}_r \dot{q}_s \tag{8.3-4}$$

写成矩阵式，有

$$T = \frac{1}{2}\dot{\boldsymbol{q}}^{\mathrm{T}} \boldsymbol{M} \dot{\boldsymbol{q}} \tag{8.3-4$'$}$$

式中 $\dot{\boldsymbol{q}}$ 为广义速度列阵，$\boldsymbol{M}\equiv[m_{rs}]$ 为系统的质量矩阵. 由式(8.3-3)可知,质量矩阵 M 为对称阵.

在定常约束的情形下,系统的势能仅仅是广义坐标的函数,即有

$$U=U(\boldsymbol{q}),$$

它在平衡位置附近的泰勒展式可写为

$$U=U(0)+\sum_k\left(\frac{\partial U}{\partial q_k}\right)_0 q_k+\frac{1}{2}\sum_r\sum_s\left(\frac{\partial^2 U}{\partial q_r\partial q_s}\right)_0 q_r q_s+\cdots$$

考虑到在系统平衡位置处有

$$\left(\frac{\partial U}{\partial q_k}\right)_0=0,\quad k=1,2,\cdots N$$

且不失一般性,可令在平衡位置处,有

$$U(0)=0$$

故在上述 U 的泰勒展式中略去二阶以上的微量后,可得

$$\begin{aligned}U&=\frac{1}{2}\sum_r\sum_s\left(\frac{\partial^2 U}{\partial q_r\partial q_s}\right)_0 q_r q_s\\&\equiv\frac{1}{2}\sum_r\sum_s k_{rs}q_r q_s\end{aligned}\tag{8.3-5}$$

其中

$$k_{rs}\equiv\left(\frac{\partial^2 U}{\partial q_r\partial q_s}\right)_0\equiv k_{sr}\tag{8.3-6}$$

或采用矩阵记号,写为

$$U=\frac{1}{2}\boldsymbol{q}^{\mathrm{T}}\boldsymbol{K}\boldsymbol{q}\tag{8.3-5$'$}$$

其中 $\boldsymbol{q}$ 为广义坐标列阵，$\boldsymbol{K}\equiv[k_{rs}]$ 为系统的刚度矩阵. 由式(8.3-6)可知,刚度矩阵亦为对称阵.

至于耗能函数 $\mathscr{D}$,按式(8.2-22),有

$$\mathscr{D}\equiv\frac{1}{2}\sum_r\sum_s c_{rs}\dot{q}_r\dot{q}_s\tag{8.3-7}$$

或写成

$$\mathscr{D} = \frac{1}{2}\dot{\boldsymbol{q}}^T\boldsymbol{C}\dot{\boldsymbol{q}} \tag{8.3-7$'$}$$

式中 $\boldsymbol{C} = [c_{rs}]$ 为阻尼矩阵．按假设它也是对称的．

将所得 T,U 与 $\mathscr{D}$ 的表式代入拉格朗日方程(8.2-25)，可得

$$\sum_{s=1}^{N}\{m_{rs}\ddot{q}_s + c_{rs}\dot{q}_s + k_{rs}q_s\} = Q_r \quad r = 1,2,\cdots,N \tag{8.3-8}$$

或写成矩阵形式，有

$$\boldsymbol{M}\ddot{\boldsymbol{q}} + \boldsymbol{C}\dot{\boldsymbol{q}} + \boldsymbol{K}\boldsymbol{q} = \boldsymbol{Q} \tag{8.3-8$'$}$$

式中质量矩阵 $\boldsymbol{M}$、阻尼矩阵 $\boldsymbol{C}$ 与刚度矩阵 $\boldsymbol{K}$ 均为对称阵，而 $\boldsymbol{Q}$ 为广义力列阵．

例 8.3-1．质量为 m 的质点，由空间的 n 个弹簧共同支持．假设各个弹簧的质量均可略去不计，静平衡状态下质点位于 O 点，图 8.3-1．试列出质点的微振动方程．

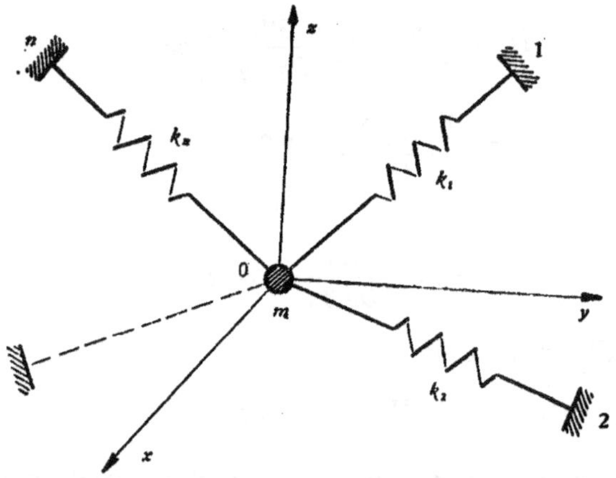

图 8.3-1

解． 取固定坐标系 $Oxyz$，它的各个轴向单位矢量分别为 $\boldsymbol{i}$, $\boldsymbol{j}$, $\boldsymbol{k}$．设 m 点的坐标为 (x,y,z)，于是 m 点的矢径 $\boldsymbol{r}$ 可表示为

$$\boldsymbol{r} = x\boldsymbol{i} + y\boldsymbol{j} + z\boldsymbol{k}$$

再设各个弹簧的轴线方向 $O1$, $O2$, $\cdots$, On 的单位矢量分别为 $\boldsymbol{L}_1$

$(s=1,2,\cdots,n)$，即设

$$\boldsymbol{L}_s = l_{s1}\boldsymbol{i} + l_{s2}\boldsymbol{j} + l_{s3}\boldsymbol{k}$$

这时，各个弹簧的势能分别为

$$U_s = \frac{1}{2}k_s(\boldsymbol{r}\cdot\boldsymbol{L}_s)^2 = \frac{1}{2}k_s(l_{s1}x + l_{s2}y + l_{s3}z)^2$$

而系统总的弹性势能为

$$U = \sum_{s=1}^{n} U_s$$

系统的动能即质点的动能为

$$T = \frac{1}{2}m\dot{\boldsymbol{r}}\cdot\dot{\boldsymbol{r}} = \frac{1}{2}m(\dot{x}^2 + \dot{y}^2 + \dot{z}^2)$$

将 T，U 的表示式代入拉格朗日方程，得

$$\left.\begin{aligned} m\ddot{x} + k_{11}x + k_{12}y + k_{13}z = 0 \\ m\ddot{y} + k_{21}x + k_{22}y + k_{23}z = 0 \\ m\ddot{z} + k_{31}x + k_{32}y + k_{33}z = 0 \end{aligned}\right\}$$

式中

$$k_{ij} = \sum_{s=1}^{n} k_s l_{si} l_{sj}, \quad i,j = 1,2,3$$

或写成

$$\boldsymbol{M}\ddot{\boldsymbol{x}} + \boldsymbol{K}\boldsymbol{x} = \boldsymbol{0}$$

其中

$$\boldsymbol{M} = m\boldsymbol{I}, \quad \boldsymbol{K} = [k_{ij}]$$

$$\boldsymbol{x} = [xyz]^T$$

例 8.3-2．设有图 8.3-2 所示多自由度线性阻尼弹簧质量系

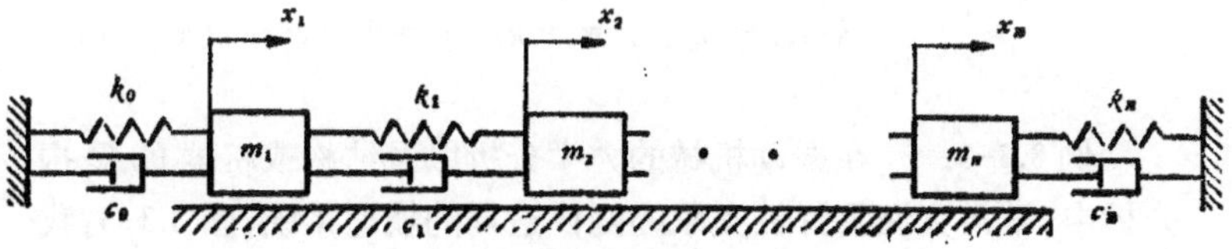

图 8.3-2

统．试导出其运动微分方程．

解． 这时，系统的动能为

$$T=\frac{1}{2}\sum m_i\dot{x}_i^2$$

系统的势能为

$$U=\frac{1}{2}k_0x_1^2+\frac{1}{2}\sum_{i=1}^{n-1}k_i(x_{i+1}-x_i)^2+\frac{1}{2}k_nx_n^2$$

$$=\frac{1}{2}\sum_{i=1}^{n}(k_{i-1}+k_i)x_i^2-\sum_{i=1}^{n-1}k_ix_ix_{i+1}$$

而系统的耗能函数 $\mathscr{D}$ 为

$$\mathscr{D}=\frac{1}{2}c_0\dot{x}_1^2+\frac{1}{2}\sum_{i=1}^{n-1}c_i(\dot{x}_{i+1}-\dot{x}_i)^2+\frac{1}{2}c_n\dot{x}_n^2$$

$$=\frac{1}{2}\sum_{i=1}^{n}(c_{i-1}+c_i)\dot{x}_i^2-\sum_{i=1}^{n-1}c_i\dot{x}_i\dot{x}_{i+1}$$

将它们代入拉格朗日方程 (8.2-24)″，可得

$$\boldsymbol{M}\ddot{\boldsymbol{x}}+\boldsymbol{C}\dot{\boldsymbol{x}}+\boldsymbol{K}\boldsymbol{x}=\boldsymbol{0}$$

其中

$$\boldsymbol{M}=\mathrm{diag}\,[m_i]$$

$$\boldsymbol{C}=\mathrm{trid}\,[c_{ij}]$$

$$c_{ii}=c_{i-1}+c_i,\quad i=1,2,\cdots,n$$

$$c_{i,i+1}=c_{i+1,i}=-c_i,\quad i=1,2,\cdots,(n-1)$$

$$\boldsymbol{K}=\mathrm{trid}\,[k_{ij}]$$

$$k_{ii}=k_{i-1}+k_i,\quad i=1,2,\cdots,n$$

$$k_{i,i+1}=k_{i+1,i}=-k_i,\quad i=1,2,\cdots,(n-1)$$

例 8.3-3． 在振动机械的力学分析以及结构或机器的隔振分析中，常常会遇到弹性支承的刚体这样的模型系统，图 8.3-3．我们用拉格朗日方程来列出该系统的微振动方程．

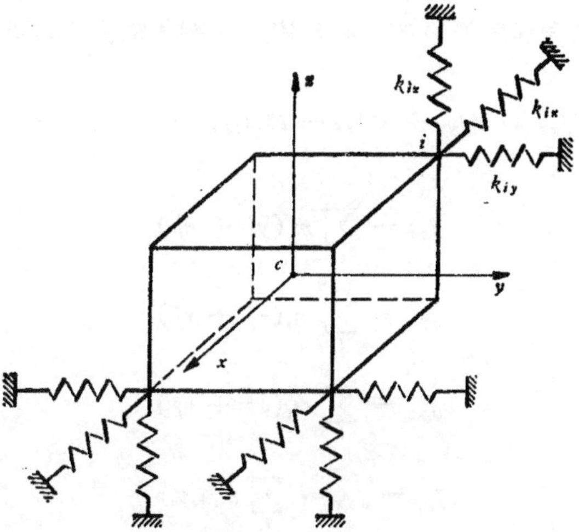

图 8.3-3

解. 我们先来看自由刚体的动能表示式.按克尼格(König)定理：质点系的动能 T 等于其质心的动能 T_C（假设系统质量全部集中于质心）以及质点系相对于固连于质心的平动坐标系的相对运动动能 T_r 二者之和. 即有

$$T = T_c + T_r \tag{a}$$

质心的动能为

$$T_c = \frac{1}{2}mv_c^2 = \frac{1}{2}m\dot{\boldsymbol{r}}_c \cdot \dot{\boldsymbol{r}}_c \tag{b}$$

式中 m 为系统的总质量，$\boldsymbol{v}_c$ 为质心的速度，$\boldsymbol{r}_c$ 为质心的矢径。

相对运动为绕质心的转动，在各个瞬时相当于绕通过质心的某个瞬轴的转动，其动能可表示为

$$T_r = \frac{1}{2}J\omega^2 \tag{c}$$

式中 J 为刚体绕瞬轴的转动惯量，ω 为绕瞬轴的转动角速度. 注意到角速度矢 $\boldsymbol{\omega}$ 与瞬轴是重合的，设

$$\boldsymbol{\omega} = \omega_x\boldsymbol{i} + \omega_y\boldsymbol{j} + \omega_z\boldsymbol{k} = \omega(\lambda_1\boldsymbol{i} + \lambda_2\boldsymbol{j} + \lambda_3\boldsymbol{k}) \tag{d}$$

其中 $\boldsymbol{i},\boldsymbol{j},\boldsymbol{k}$ 分别为质心平动坐标系 $Cxyz$ 的轴向单位矢量，λ_1，λ_2，λ_3 分别为角速度矢 $\boldsymbol{\omega}$ 的方向余弦. 又刚体绕瞬轴的转动惯量 J 为

$$J = \lambda_1^2 J_{xx} + \lambda_2^2 J_{yy} + \lambda_3^2 J_{zz} - 2\lambda_1\lambda_2 J_{xy} - 2\lambda_2\lambda_3 J_{yz} - 2\lambda_3\lambda_1 J_{zx} \tag{e}$$

其中

$$J_{xx} = \sum_i m_i(y_i^2 + z_i^2)$$

$$J_{yy} = \sum_i m_i(z_i^2 + x_i^2)$$

$$J_{zz} = \sum_i m_i(x_i^2 + y_i^2)$$

$$J_{xy} = J_{yx} = \sum_i m_i x_i y_i$$

$$J_{yz} = J_{zy} = \sum_i m_i y_i z_i$$

$$J_{zx} = J_{xz} = \sum_i m_i z_i x_i$$

它们中间前三个代表刚体相对于平动坐标系 $Cxyz$ 各轴的转动惯量，后三个代表惯量积. 将式 (e) 代入式 (c)，并考虑到式 (d)，得刚体相对于质心的相对转动动能 T_r 为

$$T_r = \frac{1}{2} J_{xx}\omega_x^2 + \frac{1}{2} J_{yy}\omega_y^2 + \frac{1}{2} J_{zz}\omega_z^2 - J_{xy}\omega_x\omega_y - J_{yz}\omega_y\omega_z - J_{zx}\omega_z\omega_x \tag{f}$$

如引入转动惯量矩阵

$$\boldsymbol{J} = \begin{bmatrix} J_{xx} & -J_{xy} & -J_{xz} \\ -J_{yx} & J_{yy} & -J_{yz} \\ -J_{zx} & -J_{zy} & J_{zz} \end{bmatrix} \tag{g}$$

则相对转动的动能可表示为

$$T_r = \frac{1}{2}\boldsymbol{\omega}^{\mathrm{T}}\boldsymbol{J}\boldsymbol{\omega} \tag{h}$$

故自由刚体的动能表示式可写成

$$T = \frac{1}{2} m\dot{\boldsymbol{r}}_c^T \dot{\boldsymbol{r}}_c + \frac{1}{2} \boldsymbol{\omega}^T \boldsymbol{J} \boldsymbol{\omega} \tag{i}$$

回到本题，设图 8.3-3 所示对称刚体处在平衡位置时，上述质心平动坐标系 $Cxyz$ 分别与刚体的三个中心惯量主轴相重合，故在这位置上有

$$J_{xy} = J_{yz} = J_{zx} = 0$$

在刚体作微振动时，J_{xy}，J_{yz}，J_{zx} 均为小量. 再设刚体绕质心轴 Cx，Cy，Cz 的微角位移分别为 α，β，γ，即

$$\boldsymbol{\theta} = \alpha \boldsymbol{i} + \beta \boldsymbol{j} + \gamma \boldsymbol{k}$$

于是有

$$\boldsymbol{\omega} = \dot{\boldsymbol{\theta}} = \dot{\alpha} \boldsymbol{i} + \dot{\beta} \boldsymbol{j} + \dot{\gamma} \boldsymbol{k}$$

这时，刚体的相对转动动能简化为

$$T_r = \frac{1}{2}(J_{xx}\dot{\alpha}^2 + J_{yy}\dot{\beta}^2 + J_{zz}\dot{\gamma}^2)$$

由于我们限于考察微振动，所以其中的 J_{xx}，J_{yy}，J_{zz} 都可看作常数.

设刚体质心 C 的微位移 $\Delta \boldsymbol{r}_c$ 为

$$\Delta \boldsymbol{r}_c = \xi \boldsymbol{i} + \eta \boldsymbol{j} + \zeta \boldsymbol{k}$$

于是有

$$\dot{\boldsymbol{r}}_c = \dot{\xi} \boldsymbol{i} + \dot{\eta} \boldsymbol{j} + \dot{\zeta} \boldsymbol{k}$$

故刚体质心的动能为

$$T_c = \frac{1}{2} m(\dot{\xi}^2 + \dot{\eta}^2 + \dot{\zeta}^2)$$

因而上述刚体的微振动动能为

$$T = \frac{1}{2} m(\dot{\xi}^2 + \dot{\eta}^2 + \dot{\zeta}^2) + \frac{1}{2}(J_{xx}\dot{\alpha}^2 + J_{yy}\dot{\beta}^2 + J_{zz}\dot{\gamma}^2) \tag{j}$$

为了计算图 8.3-3 所示弹簧系统的势能，可分别考察各个悬点的位移. 设第 i 个悬点相对于质心 C 的矢径为 $\boldsymbol{\rho}_i$

$$\boldsymbol{\rho}_i = x_i \boldsymbol{i} + y_i \boldsymbol{j} + z_i \boldsymbol{k}$$

则第 i 个悬点的相对位移为

$$\begin{aligned}\Delta\boldsymbol{\rho}_i &= \boldsymbol{\theta}\times\boldsymbol{\rho}_i \\ &= (z_i\beta - y_i\gamma)\boldsymbol{i} + (x_i\gamma - z_i\alpha)\boldsymbol{j} + (y_i\alpha - x_i\beta)\boldsymbol{k}\end{aligned}$$

设第 i 个悬点的绝对矢径为 $\boldsymbol{r}_i$，于是该悬点的绝对位移为

$$\begin{aligned}\Delta\boldsymbol{r}_i = &(\xi + z_i\beta - y_i\gamma)\boldsymbol{i} + (\eta + x_i\gamma - z_i\alpha)\boldsymbol{j} \\ &+ (\zeta + y_i\alpha - x_i\beta)\boldsymbol{k}\end{aligned}$$

故第 i 个悬点弹簧的势能 U_i 为

$$\begin{aligned}U_i = \frac{1}{2}\{&k_{ix}(\xi + z_i\beta - y_i\gamma)^2 + k_{iy}(\eta + x_i\gamma - z_i\alpha)^2 \\ &+ k_{iz}(\zeta + y_i\alpha - x_i\beta)^2\}\end{aligned}$$

而整个系统的弹簧势能 U 为

$$\begin{aligned}U = \frac{1}{2}\sum_{i=1}^{n}\{&k_{ix}(\xi + z_i\beta - y_i\gamma)^2 \\ &+ k_{iy}(\eta + x_i\gamma - z_i\alpha)^2 + k_{iz}(\zeta + y_i\alpha - x_i\beta)^2\}\end{aligned} \quad \text{(k)}$$

将式 (j) 与 (k) 中的 T 与 U 代入拉格朗日方程，整理后可得

$$\boldsymbol{M}\ddot{\boldsymbol{q}} + \boldsymbol{K}\boldsymbol{q} = \boldsymbol{0}$$

式中

$$\boldsymbol{M} = \begin{bmatrix} m & & & & & \\ & m & & & & \\ & & m & & & \\ & & & J_{xx} & & \\ & & & & J_{yy} & \\ & & & & & J_{zz} \end{bmatrix}, \qquad \boldsymbol{q} = \begin{Bmatrix} \xi \\ \eta \\ \zeta \\ \alpha \\ \beta \\ \gamma \end{Bmatrix}$$

$$\boldsymbol{K} = [K_{ij}], \quad i,j = 1,2,\cdots,6$$

其中

$$K_{11} = \sum_{i=1}^{n} k_{ix}$$

$$K_{15} = K_{51} = \sum_{i=1}^{n} k_{ix}z_i$$

$$K_{16} = K_{61} = -\sum_{i=1}^{n} k_{ix} y_i$$

$$K_{12} = K_{13} = K_{14} = K_{21} = K_{31} = K_{41} = 0$$

$$K_{22} = \sum_{i=1}^{n} k_{iy}$$

$$K_{24} = K_{42} = -\sum_{i=1}^{n} k_{iy} z_i$$

$$K_{26} = K_{62} = \sum_{i=1}^{n} k_{iy} x_i$$

$$K_{23} = K_{25} = K_{32} = K_{52} = 0$$

$$K_{33} = \sum_{i=1}^{n} k_{iz}$$

$$K_{34} = K_{43} = \sum_{i=1}^{n} k_{iz} y_i$$

$$K_{35} = K_{53} = -\sum_{i=1}^{n} k_{iz} x_i$$

$$K_{36} = K_{63} = 0$$

$$K_{44} = \sum_{i=1}^{n} (k_{iy} z_i^2 + k_{iz} y_i^2)$$

$$K_{45} = K_{54} = -\sum_{i=1}^{n} k_{iz} y_i x_i$$

$$K_{46} = K_{64} = -\sum_{i=1}^{n} k_{iy} x_i z_i$$

$$K_{55} = \sum_{i=1}^{n} (k_{ix} z_i^2 + k_{iz} x_i^2)$$

$$K_{56} = K_{65} = -\sum_{i=1}^{n} k_{ix} z_i y_i$$

$$K_{66}=\sum_{i=1}^{n}(k_{iy}x_i^2+k_{ix}y_i^2)$$

习　　题

8.1．题图 8.1 所示双物理摆可以在 xy 平面内铅垂平衡位置附近进行微振动．设上摆与下摆的质量分别为 m_1 与 m_2，重心分别位于 C_1 与 C_2，绕各自重心轴的转动惯量分别为 J_1 与 J_2．取摆与铅垂线之间的夹角 θ_1 与 θ_2 作为广义坐标，列出其运动微分方程．

答．

$$M\ddot{\theta}+K\theta=0$$

$$M=\begin{bmatrix} J_1+m_1h_1^2+m_2l^2 & m_2lh_2 \\ m_2lh_2 & J_2+m_2h_2^2 \end{bmatrix}$$

$$K=\begin{bmatrix} (m_1h_1+m_2l)g & 0 \\ 0 & m_2h_2g \end{bmatrix}$$

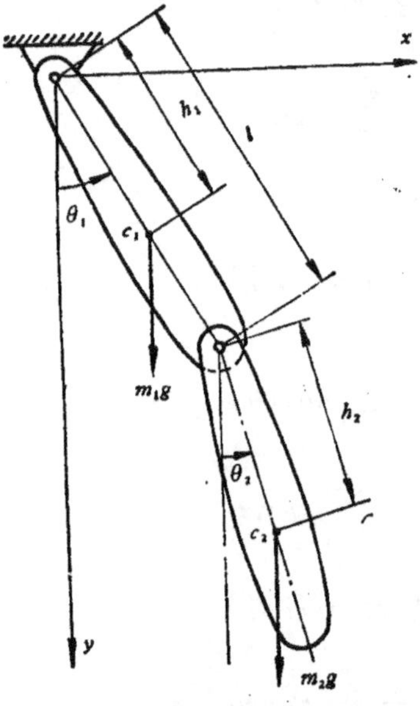

题图　8.1

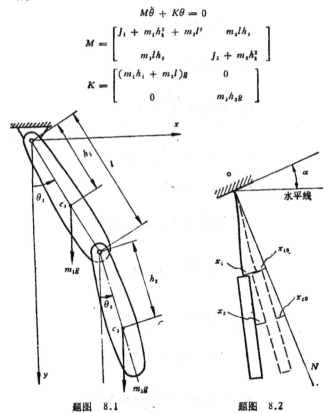

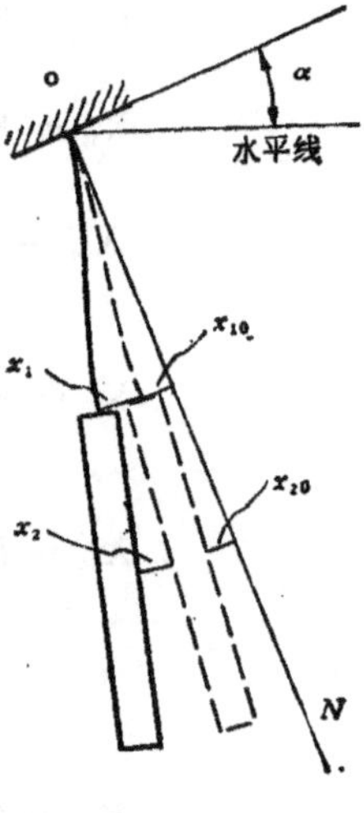

题图　8.2

8.2. 设在例 8.2-2 中所述弹性摆的支承平面与水平面之间的倾角为 α,题图 8.2. 试列出摆在平衡位置附近微振动的微分方程.

提示. 从系统平衡位置 x_{10} 与 x_{20} 出发,取 x_1 与 x_2 为广义坐标(题图 8.2). 系统的势能可表示为

$$U = \frac{1}{2}(k_{11}x_1^2 + 2k_{12}x_1x_2 + k_{22}x_2^2)$$
$$+ \frac{1}{2}mg\left(\frac{x_1^2}{l_1} + l_2x_2^2\right)\cos\alpha$$

8.3. 设在题 8.2 所述弹性摆系统中,支承面绕支点 O 在 α 角附近作微振动 $\beta = \beta_0 \mathrm{Sin}\omega t$. 试列出摆的微振动方程.

8.4. 设在题 8.2 所述弹性摆系统中,支点 O 沿 α 角方向作微振动 $a = a_0\sin\omega t$. 试列出摆的微振动方程.

8.5. 用拉格朗日方程导出第 5.6 节中所述离心摆吸振器的运动微分方程.

8.6. 题图 8.6 所示为弹性地基上的刚性建筑的模型. 质量为 M 的刚体支承于一水平弹簧与一扭转弹簧上,可以沿水平方向左右平移并在铅垂面内发生摇摆,设水平弹簧刚度为 k_1, 扭转弹簧刚度为 k_2, 刚体重心 C 至支承点 O 的距离为 l,刚体绕重心的回转半径为 ρ_c; 再设地基的水平振动为 $x_G = a\sin\omega t$. 取支承点 O 的水平位移 x 与刚体在铅垂面内的摆角 θ 作广义坐标,试列出刚体的运动微分方程.

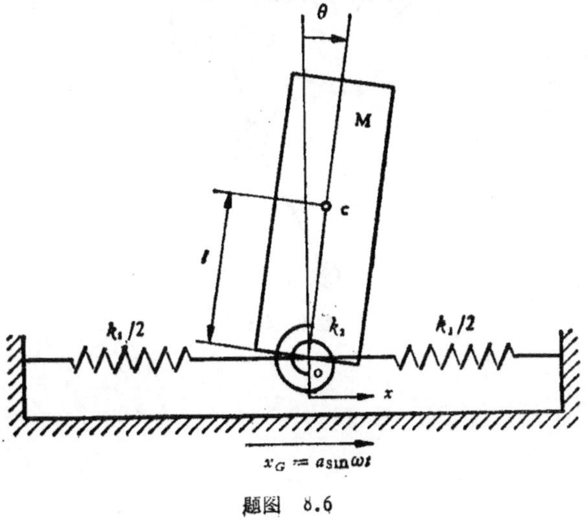

题图 8.6

8.7. 题图 8.7 所示三自由度振系中，刚体只能在图示平面内运动．设刚体质量为 m，绕重心 C（即对称中心）的转动惯量为 J，各弹簧的刚度均为 k．图示为其静平衡位置．试用拉格朗日方程列出其运动微分方程．

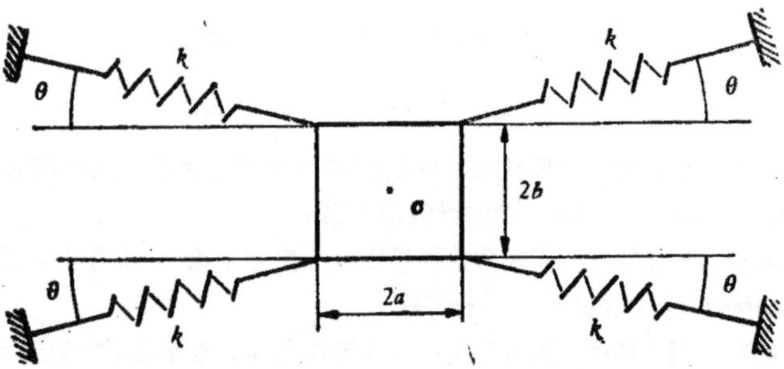

题图 8.7

8.8. 题图 8.8 所示系统中，刚度为 k 的水平弹簧一端固定，另一端连结一个质量为 M 的滑块，滑块可沿光滑的水平直线轨道滑动，滑块重心处悬挂一个双数学摆，上下两个摆的质量分别为 m_1 与 m_2，摆长分别为 l_1 与 l_2．试列出系统的运动微分方程．

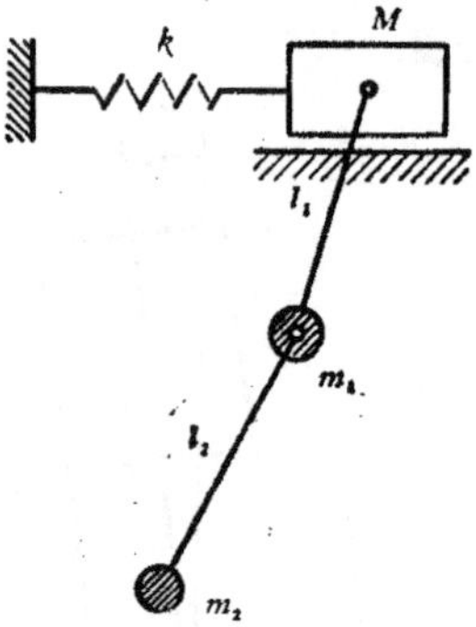

题图 8.8

第九章　弹性体振动的准确解

9.1 引　言

在引论中我们曾经提到,实际的振动系统都是弹性体系统.弹性体具有分布的物理参数(质量,阻尼,刚度).它可以看作由无数个质点借弹性联系组成的连续系统,其中每个质点都具有独立的自由度.所以,一个弹性体的空间位置需要用无数个点的独立空间坐标来确定.也就是说,弹性体具有无限多个自由度.在数学上,弹性体的运动需要用偏微分方程来描述.前面我们论述的多自由度系统只是弹性体的近似力学模型.

本章讨论理想弹性体的振动.所谓理想弹性体是指满足以下三个条件的连续系统模型:(1)匀质分布;(2)各向同性;(3)服从虎克定律.通过对一些简单形状的弹性体的振动分析,着重说明弹性体振动的特点,弄清它与多自由度系统振动的共同点与不同点.我们将看到,任何一个弹性体具有无限多个固有频率以及无限多个与之相应的主振型;而且这些主振型之间也存在着关于质量与刚度的正交性;弹性体的自由振动也可以表示为各个主振动的线性叠加;而且对于弹性体的动响应分析,主振型叠加法仍然是适用的.所以说,弹性体振动与多自由度系统的振动,二者有着一系列共同的特性,这就是它们的共性.而二者的差别仅在于数量上弹性体有无限多个固有频率与主振型,而多自由度系统只有有限多个.

我们还将看到,对于一些简单情形下的弹性体振动问题,可以很方便地找到它们的准确解.尽管实际问题往往是复杂的,很少可以归结为这些简单情形;但是了解这些简单情形下准确解的特征,对于处理复杂问题是有帮助的.

为了避免用到弹性力学的知识，而仅以材料力学作为基础，我们将限于讨论一维弹性体(梁，轴，杆等).

9.2 弦的振动

设有理想柔软的细弦张紧于两个固定支点之间，张力为 T，跨长为 l，弦单位长度的质量为 ρ. 两支点连线方向取为 x 轴(向右为正)，与 x 轴垂直的方向取为 y 轴(向上为正)，如图 9.2-1(a). 设弦的振动发生在 xoy 平面内，弦的运动可表示为 $y=y(x,t)$. 还假设弦的振动幅度是微小的，即 y 与 $\dfrac{\partial y}{\partial x}$ 均为小量；在这假设下弦的张力 T 可近似地看作常量. 又重力与阻尼的影响均略去不计.

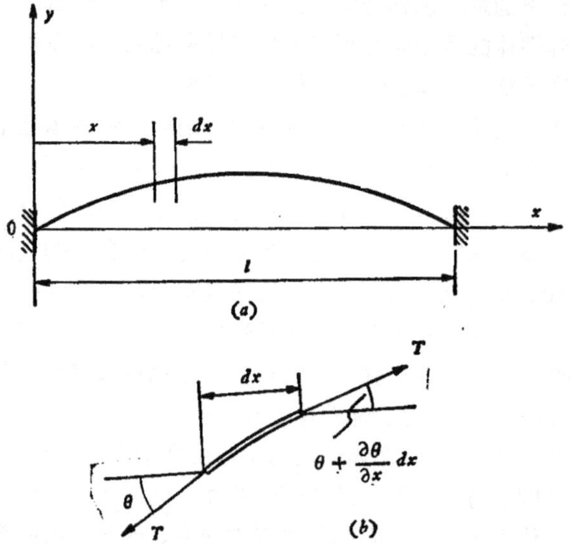

图 9.2-1

在自由振动中，弦的微元 dx 的受力图示如图 9.2-1(b). 列出这一微元的运动微分方程，得

$$\rho dx\frac{\partial^2 y}{\partial t^2}=T\sin\left(\theta+\frac{\partial\theta}{\partial x}dx\right)-T\sin\theta$$

考虑到在微振动假设下，有

$$\theta \approx \sin\theta \approx \mathrm{tg}\theta = \frac{\partial y}{\partial x}$$

故有

$$\begin{aligned}\rho dx \frac{\partial^2 y}{\partial t^2} &= T\left(\theta + \frac{\partial\theta}{\partial x} dx\right) - T\theta \\ &= T\frac{\partial\theta}{\partial x} dx \\ &= T\frac{\partial^2 y}{\partial x^2} dx\end{aligned}$$

或整理成

$$\frac{\partial^2 y}{\partial x^2} = \frac{1}{c^2}\frac{\partial^2 y}{\partial t^2}, \qquad 0 < x < l \tag{9.2-1}$$

式中 $c = \sqrt{T/\rho}$. 此外，弦的运动还必须满足边界条件：

$$y(0, t) = y(l, t) = 0 \tag{9.2-2}$$

可以证明，式 (9.2-1) 中的 c 就是弹性波沿弦向的传播速度. 而弦的驻定态振动可以看作相同形式的两个反向行进波的叠加. 故方程 (9.2-1) 亦称波动方程[1].

我们这里将从另一个角度来讨论方程 (9.2-1)，这样可以更清楚地看到弹性体振动与多自由度系统振动之间的共同特点. 描述弹性体自由振动的方程 (9.2-1) 与描述多自由度系统自由振动的方程 (6.3-9)，虽然在形式上截然不同，但在处理上可以用相同的方法. 观察弦的自由振动可以发现存在着这样一些同步振动，即运动中弦的各点同时到达最大幅值，又同时通过平衡位置，而整个弦的振动形态却不随时间而变化. 用数学语言来说，描述弦振动的函数 $y(x, t)$ 可以分解为空间函数与时间函数的乘积，即

$$y(x, t) = X(x)Y(t) \tag{9.2-3}$$

1) 参阅 L. Meirovitch, Analytical Methods in Vibrations, Macmillan, 1967, p. 330.

其中 $X(x)$ 是振型函数，它表征整个弦的振动形态，而 $Y(t)$ 表征点的振动规律．将式 (9.2-3) 代入方程 (9.2-1)，可得

$$c^2 \frac{1}{X} \frac{d^2X}{dx^2} = \frac{1}{Y} \frac{d^2Y}{dt^2} \tag{9.2-4}$$

上式左端只依赖于 x，而右端只依赖于 t，所以要使上式对任意的 x 与 t 都成立，必然是二者都等于同一个常数．设这一常数为 α，得如下二个常微分方程：

$$\frac{d^2y}{dt^2} - \alpha Y = 0$$

$$\frac{d^2X}{dx^2} - \frac{\alpha}{c^2} X = 0$$

因为只有当 α 为负数时，才可从上述第一个方程确定振动运动，所以我们取 $\alpha \equiv -p^2$．于是，上述方程可改写为

$$\frac{d^2y}{dt^2} + p^2Y = 0 \tag{9.2-5}$$

$$\frac{d^2X}{dx^2} + \beta^2X = 0, \quad \beta \equiv \frac{p}{c} \tag{9.2-6}$$

由方程 (9.2-5)，可解得

$$Y(t) = A \sin pt + B \cos pt \tag{9.2-7}$$

其中 A, B 为积分常数．同时，由方程 (9.2-6)，可解得

$$X(x) = C \sin\beta x + D \cos\beta x \tag{9.2-8}$$

其中 C, D 为积分常数．另外，由边界条件(2)，得

$$X(0) = 0 \tag{9.2-9}$$

$$X(l) = 0 \tag{9.2-10}$$

由条件 (9.2-9) 可得

$$D = 0$$

而由条件 (9.2-10) 可得

$$\sin\beta l = 0 \tag{9.2-11}$$

这就是弦振动的**特征方程**．由此可确定一系列**特征值** β_i：

$$\beta_i l = i\pi, \qquad i = 1, 2, \cdots$$

或写成

$$\beta_i = \frac{i\pi}{l}, \quad i = 1, 2, \cdots \tag{9.2-12}$$

与此相应，可确定一系列特征函数，亦称振型函数[1]：

$$X_i(x) = \sin\frac{i\pi x}{l}, \quad i = 1, 2, \cdots \tag{9.2-13}$$

与各个特征值相对应，可确定系统的各个固有频率：

$$p_i = c\beta_i = \frac{i\pi}{l}\sqrt{T/\rho}, \quad i = 1, 2, \cdots \tag{9.2-14}$$

其中 p_1 常称为基本固有频率，其余的 p_i 称为高阶固有频率．弦对应于各个固有频率的主振动为

$$\begin{aligned} y_i(x,t) &= X_i(x)Y_i(t) \\ &= (A_i \sin p_i t + B_i \cos p_i t)\sin\frac{i\pi x}{l} \end{aligned} \tag{9.2-15}$$

而弦的任意一个自由振动都可以表示为这些主振动的叠加，即有

$$\begin{aligned} y(x,t) &= \sum_i y_i(x,t) \\ &= \sum_i (A_i \sin p_i t + B_i \cos p_i t)\sin\frac{i\pi x}{l} \end{aligned} \tag{9.2-16}$$

其中各个 A_i 与 B_i 由运动的初始条件确定．

设在初始时刻 $t = 0$，有

$$y(x,0) = f(x)$$

$$\frac{\partial y}{\partial t}(x,0) = g(x)$$

于是有

$$y(x,0) = \sum_i B_i \sin\frac{i\pi x}{l} = f(x)$$

1）因为振型只确定系统中各点振动幅度的相对值，故其表示式无需再带常数因子．

$$\frac{\partial y}{\partial t}(x,0)=\sum_i A_i p_i \sin\frac{i\pi x}{l}=g(x)$$

由三角函数的正交性，有

$$\int_0^l \sin\frac{i\pi x}{l}\sin\frac{j\pi x}{l}dx=\begin{cases}0, & 当 i \neq j\\ \frac{l}{2}, & 当 i=j\end{cases} \tag{9.2-17}$$

由此可得

$$\left.\begin{aligned}B_i&=\frac{2}{l}\int_0^l f(x)\sin\frac{i\pi x}{l}dx\\ A_i&=\frac{1}{p_i}\cdot\frac{2}{l}\int_0^l g(x)\sin\frac{i\pi x}{l}dx\end{aligned}\right\} \tag{9.2-18}$$

从以上讨论可见，张紧弦的自由振动，除了基频(最低频率)振动外，还可以包含频率为基频整数倍的振动．这种倍频振动亦称谐波振动．在音乐上，正是这种频率之间的整数倍关系，使谐波与基波组成各种悦耳的谐音结构．所以象提琴、钢琴、竖琴以及二胡等乐器都采用弦振动作为声源．

由式(9.2-14)可见，调整弦支点间的跨度或调整弦的张力，可以校正弦的基本音调．

弦振动的各种谐波组成确定声音的音色，而在振动中各种谐波出现与否以及出现的相对大小取决于激励条件．

例 9.2-1．　设张紧弦在初始时刻被拨到图 9.2-2 所示位置，然后无初速地释放．求弦的自由振动．

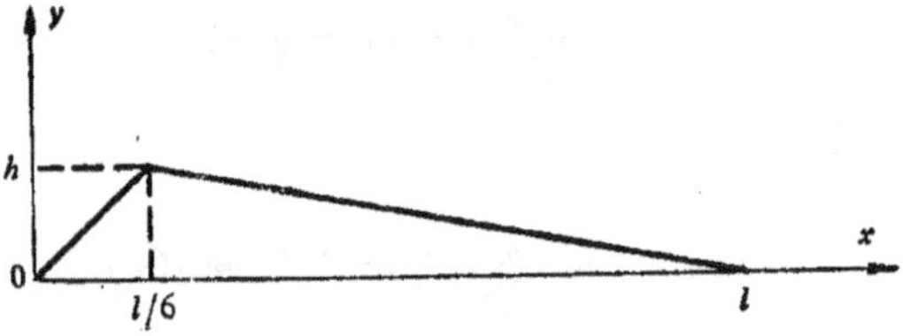

图　9.2-2

解．　按题设，有

$$y(x,0)=\begin{cases}\dfrac{6h}{l}x, & 0\leqslant x\leqslant \dfrac{l}{6}\\[2mm] \dfrac{6h}{5l}(l-x), & \dfrac{l}{6}\leqslant x\leqslant l\end{cases}$$

$$\frac{\partial y}{\partial t}(x,0)=0$$

故有

$$A_i=0,\qquad i=1,2,\cdots$$

$$B_i=\frac{12h}{l^2}\int_0^{l/6}x\sin\frac{i\pi x}{l}\,dx+\frac{12h}{5l^2}\int_{l/6}^{l}(l-x)\sin\frac{i\pi x}{l}\,dx$$

$$=\frac{72h}{5(i\pi)^2}\sin\frac{i\pi}{6},\qquad i=1,2,\cdots$$

因而弦的自由振动可表示为(只写出级数的前 4 项):

$$y(x,t)=\frac{72h}{5\pi^2}\left\{\frac{1}{2}\sin\frac{\pi x}{l}\cos\frac{\pi}{l}\sqrt{\frac{T}{\rho}}\,t\right.$$

$$+\frac{0.866}{4}\sin\frac{2\pi x}{l}\cos\frac{2\pi}{l}\sqrt{\frac{T}{\rho}}\,t$$

$$+\frac{1}{9}\sin\frac{3\pi x}{l}\cos\frac{3\pi}{l}\sqrt{\frac{T}{\rho}}\,t$$

$$\left.+\frac{0.866}{16}\sin\frac{4\pi x}{l}\cos\frac{4\pi}{l}\sqrt{\frac{T}{\rho}}\,t+\cdots\right\}$$

本例中，弦在 $l/6$ 处(3 次谐波的波腹处)被拨动；尽管如此，基波的振幅约为 3 次谐波振幅的 4 倍.

9.3 杆的纵向振动

本节考察理想弹性体等截面细直杆的纵向振动．讨论中还假设杆的横截面在振动时仍保持为平面作整体运动．并且略去了杆纵向伸缩而引起的横向变形.

取杆的纵向作为 x 轴，各个截面的纵向位移表示为 $u(x,t)$，图

9.3-1. 杆的微元 dx 在自由振动中的受力图也在图 9.3-1 中给出.

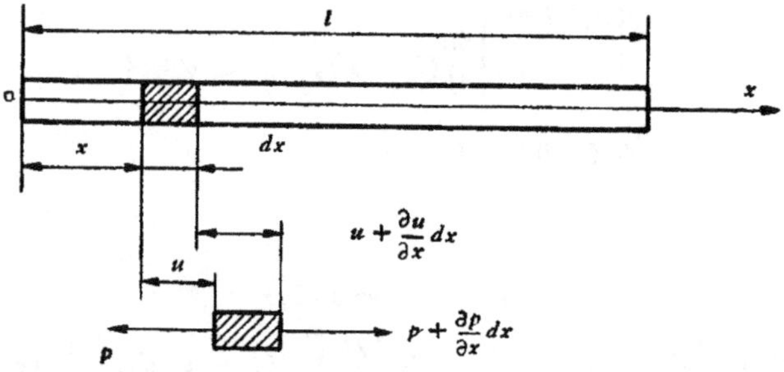

图 9.3-1

设杆单位体积的质量为 ρ，杆长为 l，截面积为 A，材料的弹性模量为 E. 再设杆的任一 x 截面处，纵向应变表示为 $\varepsilon(x)$，纵向张力表示为 $P(x)$；则由材料力学知

$$\varepsilon(x) = \frac{\partial u}{\partial x}$$

$$P(x) = AE\varepsilon = AE\frac{\partial u}{\partial x}$$

而在 $x + dx$ 截面处的张力则为

$$P + \frac{\partial P}{\partial x}dx = AE\left(\frac{\partial u}{\partial x} + \frac{\partial^2 u}{\partial x^2}dx\right)$$

列出杆微元 dx 的运动微分方程，得

$$\rho A dx\frac{\partial^2 u}{\partial t^2} = AE\frac{\partial^2 u}{\partial x^2}dx$$

整理得

$$\frac{\partial^2 u}{\partial x^2} = \frac{1}{c^2}\frac{\partial^2 u}{\partial t^2}$$

其中 $c^2 \equiv E/\rho$[1]. 这样，我们又一次得到了形式同于式 (9.2-1) 的波动方程.

1) c 的量纲同于速度. 可以证明，它就是压缩波沿杆纵向的传播速度.

仍然采用分离变量法，将 $u(x,t)$ 表示为

$$u(x,t)=X(x)U(t)$$

可得类似于方程 (9.2-5) 与 (9.2-6) 的常微分方程组，由此解得 $U(t)$ 与 $X(x)$：

$$U(t)=A\sin pt+B\cos pt$$

$$X(x)=C\sin\frac{p}{c}x+D\cos\frac{p}{c}x$$

其中固有频率 p 与振型函数 $X(x)$ 的系数，由各种边界条件确定.

1. 两端固定的杆　这一情形与上节所述弦的振动相似. 边界条件为

$$X(O)=X(l)=0$$

由此得杆的固有频率为

$$p_i=\frac{i\pi}{l}\sqrt{\frac{E}{\rho}},\qquad i=1,2,\cdots$$

相应的振型函数为

$$X_i(x)=\sin\frac{i\pi x}{l},\qquad i=1,2,\cdots$$

2. 两端自由的杆　这时，杆两端的应力必须为零. 故边界条件为

$$\frac{dX}{dx}(O)=\frac{dX}{dx}(l)=0$$

由此得

$$C=0$$

$$\frac{p}{c}\cdot D\sin\frac{p}{c}l=0$$

从后面一个方程可得[1)]

$$p=0\qquad \text{或}\qquad \sin\frac{p}{c}l=0$$

---

1) $p=0$ 对应于杆作刚体纵向平动.

故杆的固有频率为

$$p_i = \frac{i\pi}{l}\sqrt{\frac{E}{\rho}}, \qquad i = 0,1,2,\cdots$$

相应的振型函数为

$$X_i(x) = \cos\frac{i\pi x}{l}, \qquad i = 0,1,2,\cdots$$

3. 一端固定一端自由的杆　这时，边界条件为

$$X(0) = 0$$

$$\frac{dX}{dx}(l) = 0$$

由此得

$$D = 0$$

$$\frac{p}{c}\cdot C\cos\frac{p}{c}l = 0$$

从后面一个方程可得[1)]

$$\cos\frac{p}{c}l = 0$$

故杆的固有频率为

$$p_i = \frac{2i-1}{2}\cdot\frac{\pi}{l}\sqrt{\frac{E}{\rho}}, \qquad i = 1,2,\cdots$$

相应的振型函数为

$$X_i(x) = \sin\left(\frac{2i-1}{2}\cdot\frac{\pi x}{l}\right), \qquad i = 1,2,\cdots$$

4. 一端固定一端弹性支承的杆(图 9.3-2)

设弹性支承刚度为 k. 这时，边界条件为

$$X(O) = 0$$

$$AE\frac{dX}{dx}(l) = -kX(l)$$

---

1) $p = 0$ 对应于零解，故舍去.

由此得

$$D = 0$$

$$AE \cdot \frac{p}{c} \cos \frac{p}{c} l = -k \sin \frac{p}{c} l$$

图 9.3-2

从后面一个方程可得

$$\frac{\mathrm{tg}\,(pl/c)}{pl/c} = -\frac{AE}{kl} = \alpha$$

对应于给定的 α 值，不难找到各个固有频率 p_i 的数字解．而与各个 p_i 相应的振型函数为

$$X_i(x) = \sin \frac{p_i}{c} x$$

9.4 轴的扭转振动

本节讨论等截面直圆轴的扭转振动，我们可得出与上述棱柱形杆的纵向振动一样的运动微分方程．除了理想弹性体的假设外，在讨论中我们还假设轴的横截面在扭转振动中仍保持为平面作整体转动．严格说来，只有等截面圆轴才满足这一要求．

取圆轴的轴心线作为 x 轴，图 9.4-1．轴任一 x 截面处的转角表示为 $\theta(x, t)$．设轴长为 l，单位体积的质量为 ρ，圆截面对其中心的极惯量矩为 I_p，材料的剪切弹性模量为 G．轴微元 dx 在自由振动中的受力图也在图 9.4-1 中给出．由材料力学知，轴的扭转应变为 $\frac{\partial \theta}{\partial x}$，而作用于微元 dx 两侧截面上的扭矩分别为 $GI_p \frac{\partial \theta}{\partial x}$ 以及 $GI_p\left(\frac{\partial \theta}{\partial x} + \frac{\partial^2 \theta}{\partial x^2} dx\right)$．列出这一微元的运动微分方程，可得

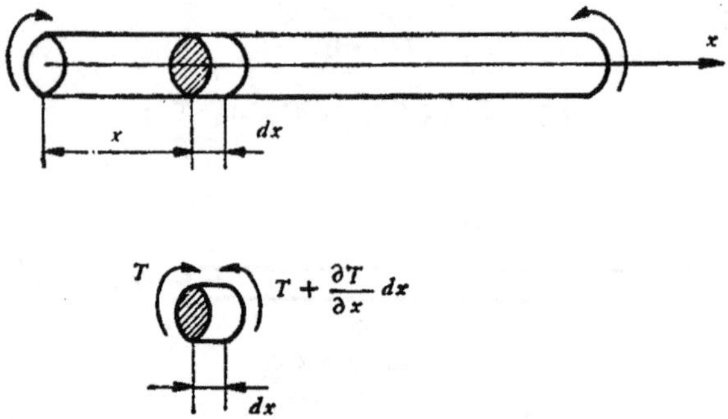

图 9.4-1

$$\rho I_p dx \frac{\partial^2\theta}{\partial t^2} = G I_p \frac{\partial^2\theta}{\partial x^2} dx$$

整理得

$$\frac{\partial^2\theta}{\partial x^2} = \frac{1}{c^2}\frac{\partial^2\theta}{\partial t^2}$$

其中 $c^2 = G/\rho$[1]. 这一方程与前面得到的波动方程形式完全一样，故解的形式也一样.

例 9.4-1. 设轴的一端固定，另一端附有圆盘，图 9.4-2. 圆盘的转动惯量为 I. 试考察这一系统的扭振固有频率与振型函数.

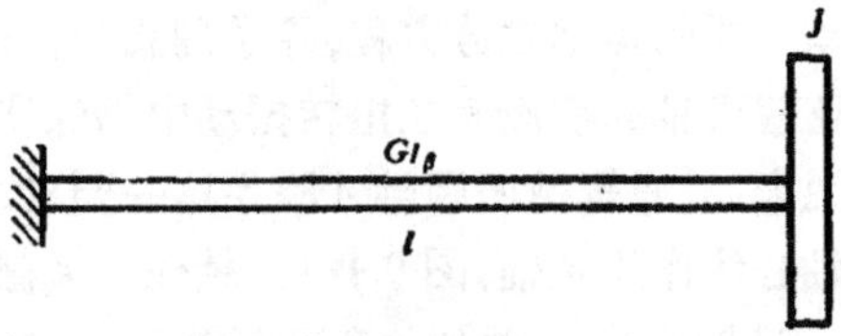

图 9.4-2

解. 设轴的扭转振动可表示为

$$\theta(x,t) = X(x)\Theta(t)$$

且有

1) c 具有速度的量纲. 可以证明，它就是剪切波沿圆轴纵向的传播速度.

$$\Theta(t) = A\sin pt + B\cos pt$$

$$X(x) = C\sin\frac{p}{c}x + D\cos\frac{p}{c}x$$

轴在固定端的边界条件为

$$X(O) = 0 \tag{a}$$

轴在 l 端的边界条件可求得如下．由材料力学知，轴在 l 端截面处的扭矩应为

$$GI_p\frac{\partial\theta}{\partial x}(l,t)$$

而这一扭矩就等于圆盘的惯性力矩:

$$-I\frac{\partial^2\theta}{\partial t^2}(l,t)$$

考虑到

$$\frac{\partial\theta}{\partial x}(l,t) = \frac{dX}{dx}(l)\Theta(t)$$

$$\frac{\partial^2\theta}{\partial t^2}(l,t) = X(l)\frac{d^2\Theta}{dt^2} = -p^2X(l)\Theta(t)$$

故有

$$GI_p\frac{dX}{dx}(l) = p^2IX(l) \tag{b}$$

这就是轴在 l 端的边界条件．由式 (a) 可得

$$D = 0$$

由式 (b) 可得

$$\frac{p}{c}GI_p\cos\frac{p}{c}l = p^2I\sin\frac{p}{c}l$$

或写成

$$\beta\operatorname{tg}\beta = \alpha \tag{c}$$

其中

$$\beta \equiv \frac{pl}{c},\quad \alpha \equiv \frac{\rho lI_p}{I}$$

式(c)即轴系的特征方程．α 的物理意义为轴的转动惯量与圆盘转动惯量之比．对于给定的 α 值，不难找出轴系固有频率的数字解．在实用上，通常基频振动最为重要．下表给出对应于各个不同的 α 值时，基本特征值 β_1 的值．

α	0.01	0.10	0.30	0.50	0.70	0.90	1.00	1.50
β_1	0.10	0.32	0.52	0.65	0.75	0.82	0.86	0.98
α	2.00	3.00	4.00	5.00	10.0	20.0	100	∞
β_1	1.08	1.20	1.27	1.32	1.42	1.52	1.57	$\pi/2$

注意到，当 α 取小值时，β_1 亦为小值．如近似地取 $\operatorname{tg}\beta\approx\beta$，则(c)式化简为

$$\beta^2=\alpha \tag{d}$$

或写为

$$p^2=\frac{c^2\rho I_p}{Il}=\frac{GI_p}{Il}$$

注意到 GI_p/l 就是轴的扭转弹簧常数，上式也就是略去轴的质量后所得1自由度系统的固有频率公式．可以看到，当 $\alpha=0.3$ 时，由上式给出的固有频率近似值的误差约为5%．

进一步的近似可取 $\operatorname{tg}\beta\approx\beta+\frac{\beta^3}{3}$．这时有

$$\beta\left(\beta+\frac{\beta^3}{3}\right)=\alpha$$

即有

$$\beta=\sqrt{\frac{\alpha}{1+\beta^2/3}}$$

再将(d)式中的 β^2 代入上式右端，可得

$$\beta=\sqrt{\frac{\alpha}{1+\alpha/3}}$$

或写为

$$p=\sqrt{\left(\frac{GI_p}{l}\right)\Big/I\left(1+\frac{\alpha}{3}\right)} \tag{e}$$

上式也就是将轴的转动惯量的三分之一加到圆盘上后所得 1 自由度扭振系统的固有频率公式.它和瑞利能量法所得的结果相一致.可以看到,当 $\alpha=1$ 时,用式 (e) 所得的基频近似值的误差还不到 1%. 所以说,只要轴的转动惯量不大于圆盘的转动惯量,那末计算基频的近似式 (e) 在实用上已足够准确了.

综上所述,弦的横振、杆的纵振与轴的扭振都导致同一形式的波动方程. 它们的运动具有共同的规律,如表 9.1.

表 9.1

	弦的横振	杆的纵振	轴的扭振
物理参数	T 弦的张力 ρ 弦的线质量	E 弹性模量 A 截面积 ρ 密度	G 剪切弹性模量 I_p 截面极惯量矩 ρ 密度
x 截面处位移 y	横向位移	纵向位移	转　角
单位长度的质量（或转动惯量）	ρ	ρA	ρI_p
x 截面处力（或扭矩）	$T\dfrac{\partial y}{\partial x}$	$EA\dfrac{\partial y}{\partial x}$	$GI_p\dfrac{\partial y}{\partial x}$
波速 c	$\sqrt{T/\rho}$	$\sqrt{E/\rho}$	$\sqrt{G/\rho}$
运动微分方程	$\dfrac{\partial^2 y}{\partial x^2}=\dfrac{1}{c^2}\dfrac{\partial^2 y}{\partial t^2}$		
通　　解	$y=\Sigma y_i=\Sigma X_i(x)Y_i(t)$ $Y_i(t)=A_i\sin p_it+B_i\cos p_it, X_i(x)=C_i\sin\dfrac{p_ix}{c}+D_i\cos\dfrac{p_ix}{c}$		
边界条件	两端固定	两端自由	一端固定一端自由
	$X(O)=X(l)=0$	$X'(0)=X'(l)=0$	$X(O)=X'(l)=0$
固有频率	$p_i=i\pi c/l$ $i=1,2,3,\cdots$	$p_i=i\pi c/l$ $i=0,1,2,\cdots$	$p_i=\dfrac{2i-1}{2}\cdot\dfrac{\pi c}{l}$ $i=1,2,3,\cdots$
振型函数	$X_i=\sin\dfrac{i\pi x}{l}$	$X_i=\cos\dfrac{i\pi x}{l}$	$X_i=\sin\left(\dfrac{2i-1}{2}\cdot\dfrac{\pi x}{l}\right)$

9.5 梁的弯曲振动

现在来考察等截面细直梁的弯曲振动．所谓直梁是指梁未变形时各截面形心的连线(即轴线)是直线．还假设梁具有对称平面，且在弯曲振动中梁的轴线(以下称为挠曲线)始终保持在这一对称平面内．取梁未变形时的轴线方向为 x 轴(向右为正)，取对称面内与 x 轴垂直的方向为 y 轴(向上为正)，图 9.5-1．梁在弯曲振动时，其挠曲线随时间而变化，可表示为

$$y=y(x,t)$$

除了理想弹性体与微幅振动的假设外，在讨论中还假设梁的长度与截面高度之比是相当大的（例如大于 10）．故可以采用材料力学中熟知的梁弯曲的简化理论．根据这一理论，在我们采用的坐标系中，梁挠曲线的微分方程可表示为

$$EI\frac{\partial^2 y}{\partial x^2}=M \tag{9.5-1}$$

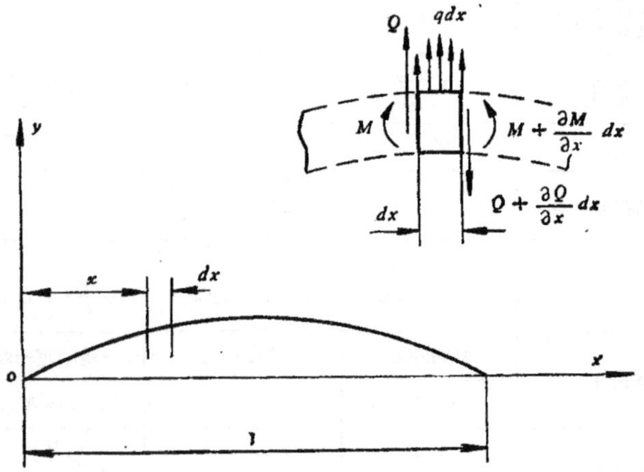

图 9.5-1

其中 E 是弹性模量，I 是截面惯量矩，EI 称为梁的弯曲刚度，M 代表 x 截面处的弯矩．关于弯矩的正负，规定为左截面上顺时针方

向为正，右截面上逆时针方向为正．关于剪力Q的正负，规定为左截面上向上为正，右截面上向下为正．至于分布载荷集度q的正向则规定与y轴相同．在这些规定下，有

$$\frac{\partial M}{\partial x}=Q,\quad \frac{\partial Q}{\partial x}=q$$

于是，将方程(9.5-1)对x求偏导数，可得

$$\frac{\partial}{\partial x}\left(EI\frac{\partial^2 y}{\partial x^2}\right)=\frac{\partial M}{\partial x}=Q$$

$$\frac{\partial^2}{\partial x^2}\left(EI\frac{\partial^2 y}{\partial x^2}\right)=\frac{\partial Q}{\partial x}=q$$

考虑到等截面梁的EI是常量，就有

$$EI\frac{\partial^3 y}{\partial x^3}=Q$$

$$EI\frac{\partial^4 y}{\partial x^4}=q \tag{9.5-2}$$

方程(9.5-2)就是等截面梁在集度为q的分布力作用下的挠曲线微分方程．

应用达朗伯原理，可将动力学问题转化成静力学问题的形式来处理．为此，在梁上加以分布的惯性力，其集度为

$$q=-\rho\frac{\partial^2 y}{\partial t^2} \tag{9.5-3}$$

其中ρ代表梁单位长度的质量．假设阻尼的影响可以略去不计，那末梁在自由振动中的载荷就仅仅是分布的惯性力．将式(9.5-3)代入方程(9.5-2)，即得等截面梁自由弯曲振动的微分方程：

$$EI\frac{\partial^4 y}{\partial x^4}=-\rho\frac{\partial^2 y}{\partial t^2}$$

或写成

$$\frac{\partial^4 y}{\partial x^4}+\frac{1}{a^2}\frac{\partial^2 y}{\partial t^2}=0 \tag{9.5-4}$$

其中$a^2=EI/\rho$．方程(9.5-4)是4阶偏微分方程，它已不同于前

述波动方程．同样地，也需根据梁的支承情形附加适当的边界条件．所以，在数学上这类问题（包括前述波动方程问题）常称为偏微分方程的边值问题．

要完整地表述边值问题，必须规定它的边界条件．常见的边界条件有：

1. **固支端** 该处挠度与转角都为零，即有

$$\left.\begin{aligned} &y(\xi,t)=0\\ &\frac{\partial y}{\partial x}(\xi,t)=0 \end{aligned}\right\}\quad \xi=0 \quad 或 \quad \xi=l \tag{9.5-5}$$

2. **铰支端** 该处挠度与弯矩都为零，即有

$$\left.\begin{aligned} &y(\xi,t)=0\\ &EI\frac{\partial^2 y}{\partial x^2}(\xi,t)=0 \end{aligned}\right\}\quad \xi=0 \quad 或 \quad \xi=l \tag{9.5-6}$$

3. **自由端** 该处弯矩与剪力都为零，即有

$$\left.\begin{aligned} &EI\frac{\partial^2 y}{\partial x^2}(\xi,t)=0\\ &EI\frac{\partial^3 y}{\partial x^3}(\xi,t)=0 \end{aligned}\right\}\quad \xi=0 \quad 或 \quad \xi=l \tag{9.5-7}$$

此外，还有一些不常见的边界条件，例如弹性支承端或梁端附有集中质量等等．所有这些边界条件，大体上可分成两类．象式（9.5-5）中的条件以及式（9.5-6）中第一个条件，它们都是对挠度或转角的限制条件，称为**几何边界条件**．而其余一些对弯矩与剪力的限制条件，则称为**力边界条件**．在下一章中讨论弹性体振动问题的近似解法时，就会看到对边界条件的这种分类是有好处的．

为求解上述偏微分方程的边值问题，可采用分离变量法．目的是使问题转化为常微分方程的边值问题．假设方程（9.5-4）的解可表示为

$$y(x,t)=X(x)Y(t) \tag{9.5-8}$$

将式（9.5-8）代入方程（9.5-4），得

$$\frac{1}{Y}\frac{d^2Y}{dt^2}=-\frac{a^2}{X}\frac{d^4X}{dx^4}$$

上式左端仅依赖于 t，而右端仅依赖于 x，要使上式对于任何 x 与 t 值都能成立，必须二者都等于同一个常数，和前面关于波动方程的讨论一样，只有当这一常数取负值时，才有对应于振动运动的解．故可以把这一常数记为 $-p^2$.

于是有

$$\frac{d^2Y}{dt^2}+p^2Y=0 \tag{9.5-9}$$

$$\frac{d^4X}{dx^4}-\beta^4X=0,\qquad \beta^2\equiv\frac{p}{a} \tag{9.5-10}$$

方程 (9.5-9) 的通解为

$$Y(t)=A\sin pt+B\cos pt \tag{9.5-11}$$

其中 A,B 为积分常数.

方程 (9.5-10) 是一个 4 阶常系数线性常微分方程，它的特征方程为

$$\lambda^4-\beta^4=0$$

其特征值为

$$\lambda_1=\beta,\quad \lambda_2=-\beta,\quad \lambda_3=j\beta,\quad \lambda_4=-j\beta$$

故方程 (9.5-10) 的通解为

$$X(x)=D_1e^{\beta x}+D_2e^{-\beta x}+D_3e^{j\beta x}+D_4e^{-j\beta x}$$

其中 D_1,D_2,D_3,D_4 为积分常数．引用双曲函数[1]：

$$\operatorname{sh}x=\frac{1}{2}(e^x-e^{-x})$$

$$\operatorname{ch}x=\frac{1}{2}(e^x+e^{-x})$$

可将上述通解改写成

---

1) 列出双曲函数的几个常用公式：

$$\operatorname{th}x=\frac{\operatorname{sh}x}{\operatorname{ch}x},\qquad \operatorname{ch}^2x-\operatorname{sh}^2x=1$$

$$\operatorname{sh}0=0,\qquad \operatorname{ch}0=1$$

$$\frac{d}{dx}\operatorname{sh}x=\operatorname{ch}x,\quad \frac{d}{dx}\operatorname{ch}x=\operatorname{sh}x$$

$$X(x) = C_1 \mathrm{ch}\beta x + C_2 \mathrm{sh}\beta x + C_3 \cos\beta x + C_4 \sin\beta x \tag{9.5-12}$$

其中 C_1, C_2, C_3, C_4 为积分常数.这时,边界条件 (9.5-5),(9.5-6),(9.5-7) 相应地转化为

固支端: $X = 0, \quad \dfrac{dX}{dx} \equiv X' = 0$ (9.5-5)′

铰支端: $X = 0, \quad \dfrac{d^2X}{dx^2} \equiv X'' = 0$ (9.5-6)′

自由端: $X'' = 0, \quad \dfrac{d^3X}{dx^3} \equiv X''' = 0$ (9.5-7)′

梁的两端共有 4 个边界条件,可以用来确定式 (9.5-12) 中 4 个任意常数的相对比值,并导出频率方程.从而确定梁弯曲振动的固有频率 p 以及振型函数 X.至于式 (9.5-11) 中的常数 A 与 B 则由运动的初始条件确定.

在具体考察各种支承情形下梁弯曲振动固有频率与振型函数之前,先将边界条件中要用到的 $X(x)$ 的各阶导数列出如下:

$$X'(x) = \beta[C_1 \mathrm{sh}\beta x + C_2 \mathrm{ch}\beta x - C_3 \sin\beta x + C_4 \cos\beta x] \tag{9.5-13}$$

$$X''(x) = \beta^2[C_1 \mathrm{ch}\beta x + C_2 \mathrm{sh}\beta x - C_3 \cos\beta x - C_4 \sin\beta x] \tag{9.5-14}$$

$$X'''(x) = \beta^3[C_1 \mathrm{sh}\beta x + C_2 \mathrm{ch}\beta x + C_3 \sin\beta x - C_4 \cos\beta x] \tag{9.5-15}$$

9.6 简支梁情形

简支梁的边界条件为

$$X(0) = 0 \tag{9.6-1}$$

$$X''(0) = 0 \tag{9.6-2}$$

$$X(l) = 0 \tag{9.6-3}$$

$$X''(l) = 0 \tag{9.6-4}$$

由 (9.6-1),有

$$C_1 + C_3 = 0$$

由 (9.6-2),有

$$C_1 - C_3 = 0$$

故有

$$C_1 = C_3 = 0$$

于是由 (9.6-3) 与 (9.6-4)，有

$$C_2 \operatorname{sh} \beta l + C_4 \sin \beta l = 0$$

$$C_2 \operatorname{sh} \beta l - C_4 \sin \beta l = 0$$

因为当 $\beta l \neq 0$ 时，$\operatorname{sh} \beta l$ 不为零；故得

$$C_2 = 0$$

于是，特征方程为

$$\sin \beta l = 0 \tag{9.6-5}$$

由此得特征值为

$$\beta_i = \frac{i\pi}{l}, \qquad i = 1, 2, \cdots \tag{9.6-6}$$

与此相应的固有频率值为

$$p_i = (i\pi)^2 \sqrt{\frac{EI}{\rho l^4}}, \qquad i = 1, 2, \cdots \tag{9.6-7}$$

而对应的振型函数为

$$X_i(x) = \sin \beta_i x = \sin \frac{i\pi}{l} x, \quad i = 1, 2, \cdots \tag{9.6-8}$$

与 p_i 对应的主振动可表示为

$$\begin{aligned} y_i(x, t) &= X_i(x) Y_i(t) \\ &= (A_i \sin p_i t + B_i \cos p_i t) \sin \frac{i\pi}{l} x \end{aligned} \tag{9.6-9}$$

而简支梁的自由振动则可表示为各个主振动的叠加，即

$$\begin{aligned} y(x, t) &= \sum_i y_i(x, t) \\ &= \sum_i (A_i \sin p_i t + B_i \cos p_i t) \sin \frac{i\pi}{l} x \end{aligned} \tag{9.6-10}$$

其中各个 A_i, B_i 由初始条件确定.

设在 $t = 0$ 时，梁的初始挠度与初始速度为

$$y(x,0)=f(x)$$

$$\frac{\partial y}{\partial t}(x,0)=g(x)$$

则由式 (9.6-10),有

$$y(x,0)=\sum_i B_i\sin\frac{i\pi x}{l}=f(x)$$

$$\frac{\partial y}{\partial t}(x,0)=\sum_i A_i p_i\sin\frac{i\pi x}{l}=g(x)$$

由此得

$$\left.\begin{aligned}B_i&=\frac{2}{l}\int_0^l f(x)\sin\frac{i\pi x}{l}\,dx\\A_i&=\frac{1}{p_i}\cdot\frac{2}{l}\int_0^l g(x)\sin\frac{i\pi x}{l}\,dx\end{aligned}\right\}\tag{9.6-11}$$

例 9.6-1. 设简支梁在 $t=0$ 时未发生位移,即有

$$f(x)=0$$

但在 $x=\xi$ 处有一微段 δ 由于受撞击而获得初速度,即有

$$g(x)=\begin{cases}v, & \text{当 } \xi-\dfrac{\delta}{2}\leqslant x\leqslant\xi+\dfrac{\delta}{2}\\0, & \text{当 } x<\xi-\dfrac{\delta}{2} \text{ 或 } x>\xi+\dfrac{\delta}{2}\end{cases}$$

试求梁的自由弯曲振动.

解. 由式 (9.6-11),可得

$$B_i=0$$

$$A_i=\frac{1}{p_i}\cdot\frac{2}{l}\int_{\xi-\frac{\delta}{2}}^{\xi+\frac{\delta}{2}}v\sin\frac{i\pi x}{l}\,dx\approx\frac{2v\delta}{p_i l}\sin\frac{i\pi\xi}{l}$$

于是由式 (9.6-10),有

$$y(x,t)=\frac{2v\delta}{l}\sum_i\frac{1}{p_i}\sin\frac{i\pi\xi}{l}\sin\frac{i\pi x}{l}\sin p_i t$$

设撞击发生在梁的中点处,即 $\xi=\frac{l}{2}$ 处,则有

$$y(x,t)=\frac{2v\delta}{l}\left(\frac{1}{p_1}\sin\frac{\pi x}{l}\sin p_1 t-\frac{1}{p_3}\sin\frac{3\pi x}{l}\sin p_3 t\right.$$
$$\left.+\frac{1}{p_5}\sin\frac{5\pi x}{l}\sin p_5 t-\cdots\right)$$
$$=\frac{2v\delta l}{a\pi^2}\left(\sin\frac{\pi x}{l}\sin p_1 t-\frac{1}{9}\sin\frac{3\pi x}{l}\sin p_3 t\right.$$
$$\left.+\frac{1}{25}\sin\frac{5\pi x}{l}\sin p_5 t-\cdots\right)$$

可见，在这情形下，只发生那些与中点截面对称的主振动（即 $i=1,3,5,\cdots$），而它们的振幅则按 $1/i^2$ 递减.

9.7 固支梁情形

固支梁的边界条件为

$$X(0)=0,\qquad X'(0)=0 \tag{9.7-1}$$
$$X(l)=0,\qquad X'(l)=0 \tag{9.7-2}$$

由条件(9.7-1)，有

$$C_1+C_3=0$$
$$C_2+C_4=0$$

故有

$$C_3=-C_1$$
$$C_4=-C_2$$

再由条件(9.7-2)，可得

$$\left.\begin{aligned}(\operatorname{ch}\beta l-\cos\beta l)C_1+(\operatorname{sh}\beta l-\sin\beta l)C_2=0\\(\operatorname{sh}\beta l+\sin\beta l)C_1+(\operatorname{ch}\beta l-\cos\beta l)C_2=0\end{aligned}\right\} \tag{9.7-3}$$

若上式对 C_1,C_2 有非零解，它的系数行列式必须为零. 即

$$\begin{vmatrix}\operatorname{ch}\beta l-\cos\beta l & \operatorname{sh}\beta l-\sin\beta l\\ \operatorname{sh}\beta l+\sin\beta l & \operatorname{ch}\beta l-\cos\beta l\end{vmatrix}=0$$

将上式展开，考虑到

$$\mathrm{ch}^2\beta l - \mathrm{sh}^2\beta l = 1, \qquad \cos^2\beta l + \sin^2\beta l = 1$$

化简后，可得特征方程为

$$\cos\beta l \, \mathrm{ch}\, \beta l = 1 \tag{9.7-4}$$

可以用数字解法求得这一超越方程最低几个特征根为[1]

$\beta_1 l$	$\beta_2 l$	$\beta_3 l$	$\beta_4 l$	$\beta_5 l$
4.730	7.853	10.996	14.137	17.279

其中，对应于 $i \geqslant 2$ 的各个特征根可足够准确地取为

$$\beta_i l \approx \left(i + \frac{1}{2}\right)\pi, \quad i = 2, 3, 4, \cdots$$

梁的固有频率相应地为

$$p_i = \beta_i^2 \sqrt{EI/\rho}, \qquad i = 1, 2, \cdots \tag{9.7-5}$$

求得各个特征根后，由式 (9.7-3) 可确定系数 C_1，C_2 的比值:

$$\gamma_i \equiv \left(\frac{C_2}{C_1}\right)_i = -\frac{\mathrm{ch}\,\beta_i l - \cos\beta_i l}{\mathrm{sh}\,\beta_i l - \sin\beta_i l}$$

$$= -\frac{\mathrm{sh}\,\beta_i l + \sin\beta_i l}{\mathrm{ch}\,\beta_i l - \cos\beta_i l} \tag{9.7-6}$$

故与 p_i 相应的各个振型函数可取为

$$X_i(x) = \mathrm{ch}\,\beta_i x - \cos\beta_i x + \gamma_i(\mathrm{sh}\,\beta_i x - \sin\beta_i x) \tag{9.7-7}$$

其中前三阶振型函数示于图 9.7-1.

读者试自行证明：从自由梁的边界条件

$$X''(0) = X'''(0) = 0$$

$$X''(l) = X'''(l) = 0$$

得到的自由梁弯曲振动的特征方程与固支梁的特征方程 (9.7-4) 形式相同. 不过，自由梁还有

$$\beta = 0$$

的二重特征值. 它们分别对应于自由梁的两种横向刚体运动：在

1) 方程(9.7-4)的零解 $\beta = 0$，对应于系统的静止状态，故舍去.

对称面内的铅垂平动与绕重心的转动．还要指出，虽然自由梁与固支梁有相同的弯曲振动固有频率，但是它们相应的振型函数却是不同的．

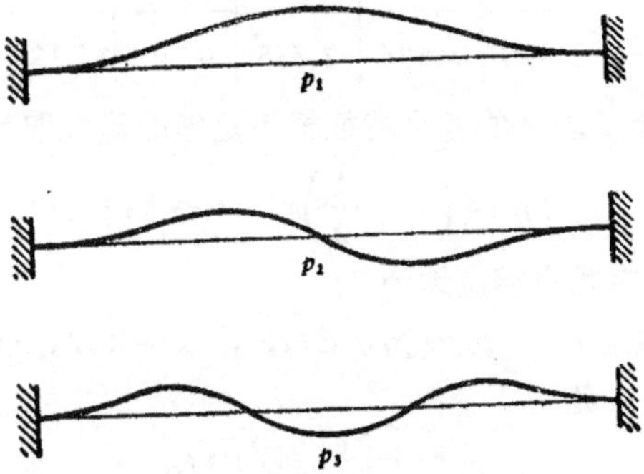

图 9.7-1

9.8 悬臂梁情形

取悬臂梁的固定端作为坐标系 xOy 的原点．悬臂梁的边界条件可表示为

$$X(0)=0, \qquad X'(0)=0 \tag{9.8-1}$$

$$X''(l)=0, \qquad X'''(l)=0 \tag{9.8-2}$$

从上节的讨论可知，由条件 (9.8-1)，可得

$$C_3=-C_1$$

$$C_4=-C_2$$

利用这一结果与条件 (9.8-2)，可得

$$\left.\begin{aligned}(\operatorname{ch}\beta l+\cos\beta l)C_1+(\operatorname{sh}\beta l+\sin\beta l)C_2=0\\(\operatorname{sh}\beta l-\sin\beta l)C_1+(\operatorname{ch}\beta l+\cos\beta l)C_2=0\end{aligned}\right\} \tag{9.8-3}$$

这一方程关于 C_1,C_2 具有非零解的充分必要条件为

$$\begin{vmatrix}\operatorname{ch}\beta l+\cos\beta l & \operatorname{sh}\beta l+\sin\beta l\\ \operatorname{sh}\beta l-\sin\beta l & \operatorname{ch}\beta l+\cos\beta l\end{vmatrix}=0$$

上式经展开并化简后，可得

$$\cos\beta l \operatorname{ch}\beta l = -1 \tag{9.8-4}$$

它就是悬臂梁弯曲振动的特征方程. 它的最低几个特征根可借数字解求得为

$\beta_1 l$	$\beta_2 l$	$\beta_3 l$	$\beta_4 l$	$\beta_5 l$
1.875	4.694	7.855	10.996	14.137

其中,对应于 $i \geqslant 3$ 的各个特征根可足够准确地取为

$$\beta_i l \approx \left(i - \frac{1}{2}\right)\pi, \quad i = 3,4,\cdots$$

悬臂梁的固有频率相应地为

$$p_i = \beta_i^2 \sqrt{EI/\rho}, \quad i = 1,2,\cdots \tag{9.8-5}$$

其基本频率 p_1 为

$$p_1 = \frac{3.5156}{l^2}\sqrt{EI/\rho} \tag{9.8-6}$$

求得各个特征根后,由式 (9.8-3) 可确定系数 C_1, C_2 的比值:

$$\zeta_i \equiv \left(\frac{C_2}{C_1}\right)_i = -\frac{\operatorname{ch}\beta_i l + \cos\beta_i l}{\operatorname{sh}\beta_i l + \sin\beta_i l}$$

$$= -\frac{\operatorname{sh}\beta_i l - \sin\beta_i l}{\operatorname{ch}\beta_i l + \cos\beta_i l} \tag{9.8-7}$$

故与 p_i 相应的振型函数可取为

$$X_i(x) = \operatorname{ch}\beta_i x - \cos\beta_i x + \zeta_i(\operatorname{sh}\beta_i x - \sin\beta_i x) \tag{9.8-8}$$

其中前三阶振型函数示于图 9.8-1.

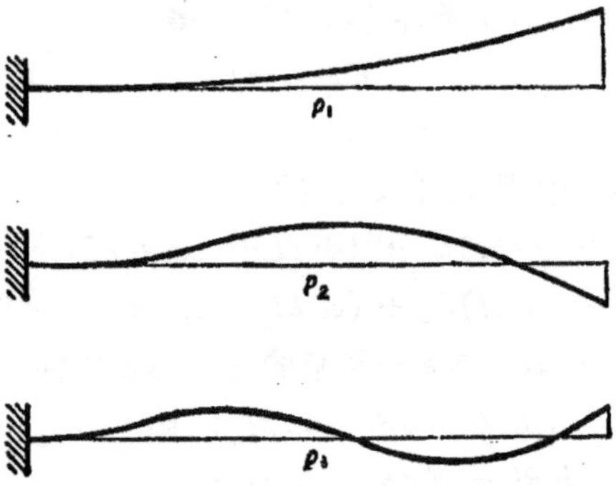

图 9.8-1

我们已经先后讨论了均匀梁弯曲振动的三种典型边界条件。对于其他边界条件也可以进行类似的讨论。表 9.2 类比了六种不

表 9.2 均匀梁的弯曲振动

物理参数	$y=y(x,t)$ 挠曲线的挠度 E 弹性模量 ρ 梁单位长度的质量 I 截面惯量矩 l 梁长		
运动方程	$\frac{\partial^4 y}{\partial x^4}+\frac{1}{a^2}\frac{\partial^2 y}{\partial t^2}=0,\quad a^2=\frac{EI}{\rho}$		
通　解	$y(x,t)=\sum_i y_i(x,t)=\sum_i X_i(x)(A_i\sin p_i t+B_i\cos p_i t)$ $X_i(x)=C_1\text{ch}\beta_i x+C_2\text{sh}\beta_i x+C_3\cos\beta_i x+C_4\sin\beta_i x,\ \beta_i^4\equiv p_i^2/a^2$		
固有频率	$p_i=\frac{\lambda_i^2}{l^2}a=\frac{\lambda_i^2}{l^2}\sqrt{\frac{EI}{\rho}},\quad \lambda_i^2=\beta_i^2 l^2$		
边界条件	固支梁	自由梁	悬臂梁
	$X(0)=X'(0)=0$ $X(l)=X'(l)=0$	$X''(0)=X'''(0)=0$ $X''(l)=X'''(l)=0$	$X(0)=X'(0)=0$ $X''(l)=X'''(l)=0$
特征方程	$1-\text{ch}\lambda\cos\lambda=0$	$1-\text{ch}\lambda\cos\lambda=0$	$1+\text{ch}\lambda\cos\lambda=0$
特征根 λ_i	4.730 7.853 10.996 $\lambda_i\approx\left(i+\frac{1}{2}\right)\pi,\quad i\geqslant 2$	4.730 7.853 10.996 （零频率除外） $\lambda_i\approx\left(i+\frac{1}{2}\right)\pi,\quad i\geqslant 2$	1.875 4.694 7.855 $\lambda_i\approx\left(i-\frac{1}{2}\right)\pi,\quad i\geqslant 3$
振型函数	$\text{ch}\beta_i x-\cos\beta_i x$ $+\nu_i(\text{sh}\beta_i x-\sin\beta_i x)$	$\text{ch}\beta_i x+\cos\beta_i x$ $+\nu_i(\text{sh}\beta_i x+\sin\beta_i x)$	$\text{ch}\,\beta_i x-\cos\beta_i x$ $+\zeta_i(\text{sh}\beta_i x-\sin\beta_i x)$
边界条件	简支梁	铰支-固支梁	铰支-自由梁
	$X(0)=X''(0)=0$ $X(l)=X''(l)=0$	$X(0)=X''(0)=0$ $X(l)=X'(l)=0$	$X(0)=X''(0)=0$ $X''(l)=X'''(l)=0$
特征方程	$\sin\lambda=0$	$\text{th}\lambda-\text{tg}\lambda=0$	$\text{th}\lambda-\text{tg}\lambda=0$
特征根 λ_i	$i\pi$	3.927 7.069 10.210 $\lambda_i\approx\left(i+\frac{1}{4}\right)\pi,i=1,2,\cdots$	3.927 7.069 10.210 （零频率除外） $\lambda_i\approx\left(i+\frac{1}{4}\right)\pi,i=1,2,\cdots$
振型函数	$\sin\frac{i\pi x}{l}$	$\text{sh}\beta_i x-\frac{\text{sh}\lambda_i}{\sin\lambda_i}\sin\beta_i x$	$\text{sh}\beta_i x+\frac{\text{sh}\lambda_i}{\sin\lambda_i}\sin\beta_i x$
注	$\nu_i=-\frac{\text{ch}\lambda_i-\cos\lambda_i}{\text{sh}\lambda_i-\sin\lambda_i},\quad \zeta_i=-\frac{\text{ch}\lambda_i+\cos\lambda_i}{\text{sh}\lambda_i+\sin\lambda_i}$		

同边界条件下均匀梁弯曲振动的固有频率与振型函数．这些振型函数值已有表可查[1]．

例 9.8-1． 设在悬臂梁的自由端加上横向弹性支承，其弹簧系数为 k，图 9.8-2．试导出系统的频率方程．

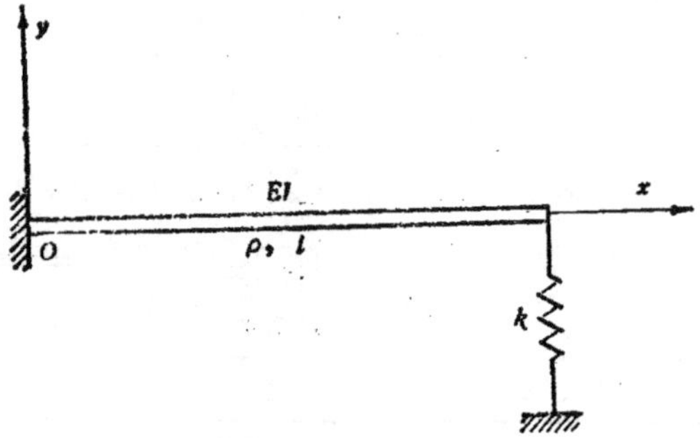

图 9.8-2

解． 取固支端作为坐标系 xOy 的原点．由固支端的边界条件，有

$$C_3 = -C_1$$

$$C_4 = -C_2$$

在弹性支承端，弯矩为零，而剪力就是弹簧力．考虑到弹簧力是恢复力，并且其方向按截面剪力的正负号规定，那么当 $y(l)$ 为正时，弹簧力向下，作为剪力应取正号；反之，当 $y(l)$ 为负时，弹簧力向上，作为剪力应取负号．故弹性支承端的边界条件为

$$\begin{aligned} &X''(l) = 0 \\ &EIX'''(l) = kX(l) \end{aligned} \tag{a}$$

由此可得

$$\begin{aligned} &(\operatorname{ch}\beta l + \cos\beta l)C_1 + (\operatorname{sh}\beta l + \sin\beta l)C_2 = 0 \\ &[EI\beta^3(\operatorname{sh}\beta l - \sin\beta l) - k(\operatorname{ch}\beta l - \cos\beta l)]C_1 \\ &\quad + [EI\beta^3(\operatorname{ch}\beta l + \cos\beta l) - k(\operatorname{sh}\beta l - \sin\beta l)]C_2 = 0 \end{aligned} \tag{b}$$

方程 (b) 有非零解的条件为

1) 参阅 Bishop, R. E. D and Johnson, D.C., Vibration analysis table, Cambridge Univ. Press, 1956.

$$
\begin{aligned}
&EI\beta^3(\operatorname{ch}\beta l + \cos\beta l)^2 \\
&\qquad - k(\operatorname{ch}\beta l + \cos\beta l)(\operatorname{sh}\beta l - \sin\beta l) \\
&\qquad - EI\beta^3(\operatorname{sh}^2\beta l - \sin^2\beta l) \\
&\qquad + k(\operatorname{sh}\beta l + \sin\beta l)(\operatorname{ch}\beta l - \cos\beta l) = 0
\end{aligned}
$$

化简后得

$$EI\beta^3(1 + \operatorname{ch}\beta l\cos\beta l) + k(\operatorname{ch}\beta l\sin\beta l - \operatorname{sh}\beta l\cos\beta l) = 0$$

或写为

$$-\frac{k}{EI} = \beta^3\frac{1 + \operatorname{ch}\beta l\cos\beta l}{\operatorname{ch}\beta l\sin\beta l - \operatorname{sh}\beta l\cos\beta l} \tag{c}$$

上式即所求的频率方程.

注意到,当 $k = 0$ 时,上式转化为

$$1 + \operatorname{ch}\beta l\cos\beta l = 0$$

它就是悬臂梁的频率方程. 又当 $k\to\infty$时，弹性支承端就相当于铰支端. 这时,式 (c) 转化为

$$\operatorname{ch}\beta l\sin\beta l - \operatorname{sh}\beta l\cos\beta l = 0$$

或写为

$$\operatorname{th}\beta l = \operatorname{tg}\beta l \tag{d}$$

式 (d) 即为一端固支一端铰支情形下的梁的弯曲振动频率方程. 它的特征根可以足够准确地取为

$$\beta_i l = \left(i + \frac{1}{4}\right)\pi,\quad i = 1,2,\cdots$$

例 9.8-2. 设在悬臂梁的自由端附加集中质量 m,图 9.8-3. 试求其频率方程.

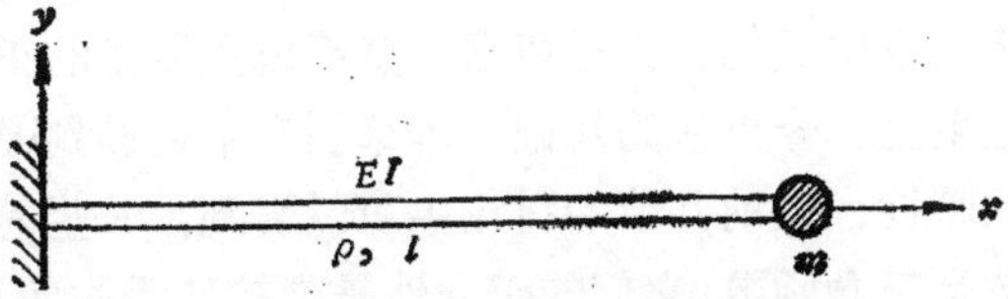

图 9.8-3

解. 和上例一样，取固支端作为坐标系原点. 假设附加质

量可看作质点，那么在梁的 $x=l$ 截面处弯矩为零；而剪力就是质量 m 的惯性力．这一惯性力可表示为

$$-m\frac{\partial^2 y}{\partial t^2}(l,t)=mp^2y(l,t)$$

但按截面剪力的正负号规定，当惯性力为正时，作为剪力应取负号；反之，当惯性力为负时，作为剪力应取正号．故梁附加质量端的边界条件为

$$\begin{aligned}&X''(l)=0\\&EIX'''(l)=-mp^2X(l)\end{aligned}\tag{e}$$

条件 (e) 与上例中条件 (a) 相比，差别仅在于将 (a) 中的 k 换成了 $-mp^2$．于是，将上例的 (c) 式中的 k 换成 $-mp^2$ 就可得本例所求的频率方程．即有

$$\frac{mp^2}{EI}=\beta^3\frac{1+\operatorname{ch}\beta l\cos\beta l}{\operatorname{ch}\beta l\sin\beta l-\operatorname{sh}\beta l\cos\beta l}\tag{f}$$

令 $\dfrac{m}{\rho l}=\alpha$，这个量的物理意义为附加质量与梁质量之比．再考虑到

$$\frac{mp^3}{EI}=\frac{\alpha\rho l p^2}{EI}=\alpha l\beta^4$$

将它代入 (f) 式，即得本例所求频率方程：

$$\alpha\beta l=\frac{1+\operatorname{ch}\beta l\cos\beta l}{\operatorname{ch}\beta l\sin\beta l-\operatorname{sh}\beta l\cos\beta l}\tag{g}$$

9.9 振型函数的正交性

在第六章中我们讨论过多自由度系统主振型的正交性．这种正交性是主坐标分析法的基础．本章引言中曾提到弹性体振动具有类似的特性．从前几节的讨论中可以看到，一些简单情形下的振型函数是三角函数，它们的正交性是比较熟悉的；而在另一些情形下得到的振型函数还包含有双曲函数，它们的正交性以及更一般情形下振型函数的正交性尚待进一步说明．

下面我们仅就梁的弯曲振动的振型函数论证其正交性. 因为在讨论正交性时,不必涉及振型函数的具体形式,所以我们稍为放宽一些假设条件,和前几节不同,本节所考察的梁截面可以是变化的. 这时,梁单位长度的质量 $\rho(x)$ 以及截面刚度 $EI(x)$ 都是 x 的已知函数,而不必为常数. 故梁的自由弯曲振动微分方程为

$$\frac{\partial^2}{\partial x^2}\left[EI(x)\frac{\partial^2 y}{\partial x^2}(x,t)\right]=-\rho(x)\frac{\partial^2 y}{\partial t^2}(x,t) \qquad (9.9\text{-}1)$$

采用分离变量法,将 $y(x,t)$ 表示为

$$y(x,t)=X(x)Y(t) \qquad (9.9\text{-}2)$$

将它代入方程 (9.9-1) 进行分离变量后,可得

$$\frac{d^2Y}{dt^2}+p^2Y=0 \qquad (9.9\text{-}3)$$

$$\frac{d^2}{dx^2}\left[EI(x)\frac{d^2X}{dx^2}\right]=p^2\rho(x)X(x) \qquad (9.9\text{-}4)$$

我们将从方程 (9.9-4) 出发进行讨论. 这时,与 (9.5-5),(9.5-6),(9.5-7) 相对应的边界条件分别为

固支端:

$$\left.\begin{aligned}X(\xi)&=0\\X'(\xi)&=0\end{aligned}\right\}\quad \xi=0 \text{ 或 } l \qquad (9.9\text{-}5)$$

铰支端:

$$\left.\begin{aligned}X(\xi)&=0\\EI(\xi)X''(\xi)&=0\end{aligned}\right\}\quad \xi=0 \text{ 或 } l \qquad (9.9\text{-}6)$$

自由端:

$$\left.\begin{aligned}EI(\xi)X''(\xi)&=0\\ [EI(x)X''(x)]'\big|_{x=\xi}&=0\end{aligned}\right\}\quad \xi=0 \text{ 或 } l \qquad (9.9\text{-}7)$$

现假设方程 (9.9-4) 在一定的边界条件下,对应于任意两个不同的特征值 p_i 或 p_j 的振型函数分别为 $X_i(x)$ 与 $X_j(x)$,于是有

$$[EI(x)X_i''(x)]''=p_i^2\rho(x)X_i(x),\quad 0<x<l \qquad (9.9\text{-}8)$$

$$[EI(x)X_j''(x)]''=p_j^2\rho(x)X_j(x),\quad 0<x<l \qquad (9.9\text{-}9)$$

对 (9.9-8) 式乘以 $X_j(x)dx$,然后在 $0<x<l$ 上对 x 进行积分,得

$$\int_0^l X_j(x)[EI(x)X_i''(x)]''dx$$
$$= X_j(x)[EI(x)X_i''(x)]'|_0^l - X_j'(x)EI(x)X_i''(x)|_0^l$$
$$+ \int_0^l EI(x)X_j''(x)X_i''(x)dx$$
$$= p_i^2\int_0^l \rho(x)X_i(x)X_j(x)dx \quad (9.9\text{-}10)$$

再对式 (9.9-9) 乘以 $X_i(x)dx$，然后在 $0<x<l$ 上对 x 进行积分，得

$$\int_0^l X_i(x)[EI(x)X_j''(x)]''dx$$
$$= X_i(x)[EI(x)X_j''(x)]'|_0^l - X_i'(x)EI(x)X_j''(x)|_0^l$$
$$+ \int_0^l EI(x)X_i''(x)X_j''(x)dx$$
$$= p_j^2\int_0^l \rho(x)X_i(x)X_j(x)dx \quad (9.9\text{-}11)$$

式 (9.9-10) 与式 (9.9-11) 相减，可得

$$(p_i^2 - p_j^2)\int_0^l \rho(x)X_i(x)X_j(x)dx$$
$$= \{X_j(x)[EI(x)X_i''(x)]' - X_j'(x)EI(x)X_i''(x)$$
$$- X_i(x)[EI(x)X_j''(x)]' + X_i'(x)EI(x)X_j''(x)\}|_0^l \quad (9.9\text{-}12)$$

可以看到，如果以式 (9.9-5)—(9.9-7) 中任意两个式子组合成梁的边界条件，那末式 (9.9-12) 右端都将等于零. 所以，在这情形下，就有

$$(p_i^2 - p_j^2)\int_0^l \rho(x)X_i(x)X_j(x)dx = 0$$

但前面已经假设 $p_i \neq p_j$，故有

$$\int_0^l \rho(x)X_i(x)X_j(x)dx = 0, \quad 当\ i \neq j \quad (9.9\text{-}13)$$

正是在这一意义上，我们称振型函数 $X_i(x)$ 与 $X_j(x)$ 关于质量密

度 $\rho(x)$ 正交．数学上，亦称以 $\rho(x)$ 为权的加权正交，以区别于 $\rho(x)=$ 常数时，$X_i(x)$ 与 $X_j(x)$ 所具有的通常意义下的正交性：

$$\int_0^l X_i(x)X_j(x)dx=0,\qquad 当\ i\neq j$$

考虑到式(9.9-13)，从式(9.9-10) 或式 (9.9-11) 都可以看到，在上述边界条件下，有

$$\int_0^l EI(x)X_i''(x)X_j''(x)dx=0,\qquad 当\ i\neq j \tag{9.9-14}$$

由此可见，梁弯曲振动振型函数这种关于刚度 $EI(x)$的正交性，实际上是振型函数的二阶导数所具有的正交性．

当 $i=j$ 时，式 (9.9-12) 自然满足．这时，可记下列积分为

$$\begin{aligned}&\int_0^l \rho(x)X_i^2(x)dx\equiv M_i\\&\int_0^l EI(x)[X''(x)]^2dx\equiv K_i\end{aligned} \tag{9.9-15}$$

M_i 称为第 i 阶振型的广义质量，K_i 称为第 i 阶振型的广义刚度．由式 (9.9-10) 或式 (9.9-11) 不难看到，有

$$K_i/M_i=p_i^2$$

当梁的 l 端为弹性支承时，边界条件为

$$\begin{aligned}&EI(l)X''(l)=0\\&[EI(x)X''(x)]'|_{x=l}=kX(l)\end{aligned}$$

将它代入式 (9.9-12) 与式 (9.9-10)，可得

$$\int_0^l \rho(x)X_i(x)X_j(x)dx=0,\qquad 当\ i\neq j$$

$$\int_0^l EI(x)X_i''(x)X_j''(x)dx+kX_i(l)X_j(l)=0,\ 当\ i\neq j \tag{9.9-16}$$

又当梁的 l 端具有附加质量时，边界条件为

$$\begin{aligned}&EI(l)X''(l)=0\\&[EI(x)X''(x)]'|_{x=l}=-mp^2X(l)\end{aligned}$$

将它代入式 (9.9-12) 与式 (9.9-10)，可得

$$\int_0^l \rho(x)X_i(x)X_j(x)dx + mX_i(l)X_j(l) = 0, \quad 当\ i \neq j$$
$$\int_0^l EI(x)X_i''(x)X_j''(x)dx = 0, \quad 当\ i \neq j \tag{9.9-17}$$

由此可见，在弹性支承端情形与附加质量端情形，它们的振型函数的正交性分别由式 (9.9-16) 与式 (9.9-17) 表示.

现在来看上述正交性的物理意义. 设第 i 阶与第 j 阶主振动可分别表示为

$$y_i = X_i(x)Y_i(t)$$
$$y_j = X_j(x)Y_j(t)$$

我们来证明，当 $i \neq j$ 时，对应于 y_i 的惯性力与弹性力在 y_j 上所作的功为零.

事实上，对应于 y_i，梁微元 dx 的惯性力 df_i 为

$$df_i = -\rho(x)dxX_i(x)Y_i''(t)$$

对应于 y_j，梁在该微元处的速度为

$$\frac{\partial y_j}{\partial t} = X_j(x)Y_j'(t)$$

故整个梁对应于 y_i 的惯性力在 y_j 上所作功的功率为

$$\begin{aligned} P_{ij} &= \int_0^l \frac{\partial y_j}{\partial t} df_i \\ &= -Y_i''(t)Y_j'(t)\int_0^l \rho(x)X_i(x)X_j(x)dx \\ &= 0, \quad 当\ i \neq j \end{aligned}$$

在弯曲振动中，关于弹性力的功，只需要考虑截面弯矩所作的功. 梁对应于 y_i 的截面弯矩 $M(x)$ 为

$$M(x) = EI(x)X_i''(x)Y_i(t)$$

而对应于 y_j 的截面转角微元 $d\theta$ 为

$$d\theta = X_j''(x)Y_j(t)dx$$

故整个梁对应于 y_i 的弯矩在 y_j 上所作的功为

$$W_{ij} = \frac{1}{2}\int_0^l M d\theta$$

$$= \frac{1}{2} Y_i(t) Y_j(t) \int_0^l EI(x) X_i''(x) X_j''(x) dx$$
$$= 0, \quad 当\ i \neq j$$

可见,由于振型函数的正交性,当 $i \neq j$ 时,主振动 y_i 不会激起主振动 y_j. 换句话说,振型函数的正交性反映了各阶主振动之间既不存在惯性耦合作用,也不存在弹性耦合作用. 上述讨论同样适用于有弹性支承端与附加质量端的情形.

9.10 主振型叠加法

在第六章中讨论多自由度系统的动响应分析时我们介绍了主坐标分析法(即主振型叠加法). 利用系统的主振型矩阵进行主坐标变换,可以将系统相互耦合的物理坐标运动方程变换成去耦的主坐标运动方程,从而使多自由度系统的动响应分析问题可以按多个 1 自由度系统的问题分别来处理. 对于具有无限多个自由度的连续系统,也可以用类似的方法来分析系统的动响应. 为此,只要把连续系统的位移表示成振型函数的级数,利用振型函数的正交性,就可以将系统的物理坐标偏微分方程变换成一系列主坐标的二阶常微分方程组. 这样,就可以按一系列 1 自由度系统的问题来处理了.

我们还是用梁的弯曲振动问题来说明这一方法. 设有弯曲刚度为 $EI(x)$,质量分布密度为 $\rho(x)$ 的梁,在分布载荷 $p(x,t)$ 的作用下,求它的动响应. 这时,梁的弯曲振动微分方程为

$$\frac{\partial^2}{\partial x^2}\left[EI(x)\frac{\partial^2}{\partial x^2}y(x,t)\right] + \rho(x)\frac{\partial^2}{\partial t^2}y(x,t) = p(x,t) \qquad (9.10\text{-}1)$$

梁的各阶振型函数 $X_i(x)$ 满足下列方程:

$$[EI(x)X_i''(x)]'' - p_i^2\rho(x)X_i(x) = 0 \qquad (9.10\text{-}2)$$

并且满足相应的边界条件. 上节还证明了,在固支、铰支、自由端条件下,这些振型函数还满足下列正交关系:

$$\int_0^l \rho(x)X_i(x)X_j(x)dx = \begin{cases} 0, & 当\ i \neq j \\ M_i, & 当\ i = j \end{cases} \qquad (9.10\text{-}3)$$

$$\int_0^l EI(x)X_i''(x)X_j''(x)\,dx = \begin{cases} 0, & 当\ i \neq j \\ K_i, & 当\ i = j \end{cases} \tag{9.10-4}$$

现设梁的挠度 $y(x,t)$ 可以表示为振型函数的级数:

$$y(x,t) = \sum_i X_i(x)q_i(t) \tag{9.10-5}$$

式中各个 $q_i(t)$ 可以看作系统的广义坐标(相当于多自由度系统中的主坐标). 我们用拉格朗日方程来导出各个广义坐标的运动微分方程.

首先来看系统动能的表示式. 由式(9.10-5), 梁各点的速度可表示为

$$\frac{\partial y}{\partial t}(x,t) = \sum_i X_i(x)\dot{q}_i(t)$$

考虑到式(9.10-3),系统的动能可表示为

$$\begin{aligned} T &= \frac{1}{2}\int_0^l \rho(x)\left[\frac{\partial y}{\partial t}(x,t)\right]^2 dx \\ &= \frac{1}{2}\int_0^l \rho(x)\left(\sum_i X_i\dot{q}_i\right)\left(\sum_j X_j\dot{q}_j\right)dx \\ &= \frac{1}{2}\sum_i\sum_j \dot{q}_i\dot{q}_j\int_0^l \rho(x)X_i(x)X_j(x)dx \\ &= \frac{1}{2}\sum_i M_i\dot{q}_i^2 \end{aligned} \tag{9.10-6}$$

式中

$$M_i = \int_0^l \rho(x)X_i^2(x)dx$$

M_i 称为对应于广义坐标 q_i 的广义质量.

再来看系统的势能表示式. 只考虑梁的弯曲势能, 由式(9.10-5),梁各截面上的弯矩 $M(x)$ 可表示为

$$\begin{aligned} M(x) &= EI(x)\frac{\partial^2 y}{\partial x^2}(x,t) \\ &= EI(x)\sum_i X_i''(x)q_i(t) \end{aligned}$$

考虑到式(9.10-4),系统的势能可表示为

$$U=\frac{1}{2}\int_0^l EI(x)\left[\frac{\partial^2 y}{\partial x^2}(x,t)\right]^2 dx$$

$$=\frac{1}{2}\int_0^l EI(x)\left(\sum_i X_i''(x)q_i\right)\left(\sum_j X_j''(x)q_j\right)dx$$

$$=\frac{1}{2}\sum_i\sum_j q_iq_j\int_0^l EI(x)X_i''(x)X_j''(x)dx$$

$$=\frac{1}{2}\sum_i K_iq_i^2 \tag{9.10-7}$$

式中

$$K_i\equiv\int_0^l EI(x)[X_i''(x)]^2dx$$

K_i 称为对应于广义坐标 q_i 的广义刚度. 且有

$$K_i=p_i^2M_i$$

然后来看广义力 Q_i. 由式(9.10-5),梁的虚位移可表示为

$$\delta y(x)=\sum_i X_i(x)\delta q_i$$

梁的分布载荷 $p(x,t)$ 在上述虚位移上所作的虚功为

$$\delta W=\int_0^l p(x,t)\left[\sum_i X_i(x)\delta q_i\right]dx$$

$$=\sum_i \delta q_i\int_0^l p(x,t)X_i(x)dx$$

$$\equiv\sum_i Q_i\delta q_i \tag{9.10-8}$$

式中,定义了广义力 Q_i 为

$$Q_i\equiv\int_0^l p(x,t)X_i(x)dx \tag{9.10-9}$$

将上面得到的动能 T、势能 U 以及广义力 Q_i 的表示式代入拉格朗日方程:

$$\frac{d}{dt}\left(\frac{\partial T}{\partial \dot{q}_i}\right)-\frac{\partial T}{\partial q_i}+\frac{\partial U}{\partial q_i}=Q_i \tag{9.10-10}$$

可得广义坐标 q_i 的下列运动微分方程:

$$\ddot{q}_i + p_i^2 q_i = \frac{1}{M_i}\int_0^l p(x,t)X_i(x)dx, \quad i = 1,2,\cdots \qquad (9.10\text{-}11)$$

现在来考察梁的分布载荷 $p(x, t)$ 在时间上与空间上可分离的情形,即设有

$$p(x,t) = p(x)F(t) \qquad (9.10\text{-}12)$$

这时,方程 (9.10-11) 可化为

$$\ddot{q}_i + p_i^2 q_i = \frac{\mathscr{P}_i}{M_i} F(t) \qquad (9.10\text{-}13)$$

式中

$$\mathscr{P}_i = \int_0^l p(x)X_i(x)dx \qquad (9.10\text{-}14)$$

$\mathscr{P}_i$ 称为第 i 阶主振型的激扰系数. 方程 (9.10-13) 对应于初条件 $q_i(0)$ 与 $\dot{q}_i(0)$ 的解为

$$q_i(t) = q_i(0)\cos p_i t + \frac{1}{p_i}\dot{q}_i(0)\sin p_i t + \left(\frac{\mathscr{P}_i}{M_i p_i^2}\right) p_i \int_0^t F(\xi)\sin p_i(t-\xi)d\xi \qquad (9.10\text{-}15)$$

考虑到,对应于 $F(t) = 1$,梁的静挠度的级数表示式中 $X_i(x)$ 的系数为 $\mathscr{P}_i/M_i p_i^2$, 故下述量

$$\mathscr{D}_i(t) \equiv p_i \int_0^t F(\xi)\sin p_i(t-\xi)d\xi \qquad (9.10\text{-}16)$$

可称为第 i 阶主振型的动响应系数.

广义坐标与广义速度的初始值 $q_i(0)$ 与 $\dot{q}_i(0)$ 可由物理坐标的初始条件确定. 设在 $t = 0$ 时,有

$$y(x,0) = \sum_i q_i(0)X_i(x) = f(x)$$

$$\frac{\partial y}{\partial t}(x,0) = \sum_i \dot{q}_i(0)X_i(x) = g(x)$$

则有

$$\left.\begin{aligned} q_i(0) &= \frac{1}{M_i}\int_0^l \rho(x)f(x)X_i(x)dx \\ \dot{q}_i(0) &= \frac{1}{M_i}\int_0^l \rho(x)g(x)X_i(x)dx \end{aligned}\right\} \qquad (9.10\text{-}17)$$

例 9.10-1. 均匀简支梁在 $x=c$ 处作用有一正弦力 $P\sin\omega t$，图 9.10-1. 求梁的动响应.

解. 均匀简支梁的固有频率为

$$p_i=(i\pi)^2\sqrt{EI/\rho} \tag{a}$$

相应的振型函数为

$$X_i(x)=\sin\frac{i\pi x}{l} \tag{b}$$

设梁的挠度为

$$y(x,t)=\sum_i X_i(x)q_i(t) \tag{c}$$

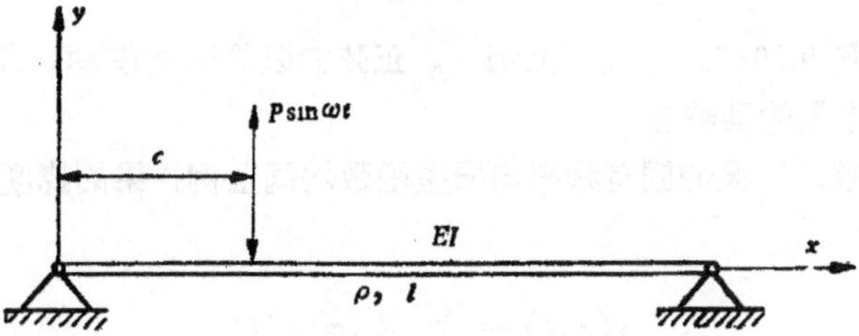

图 9.10-1

对应于广义坐标 q_i 的广义质量为

$$M_i=\int_0^l \rho(x)\left(\sin\frac{i\pi x}{l}\right)^2 dx=\frac{\rho l}{2} \tag{d}$$

作用于 $x=c$ 的集中力 $P\sin\omega t$ 可表示为

$$p(x,t)=P\sin\omega t\cdot\delta(x-c)$$

式中 $\delta(x)$ 为 δ 函数. 于是，广义力 Q_i 为

$$\begin{aligned}Q_i&=\frac{1}{M_i}\int_0^l p(x,t)X_i(x)dx\\&=\frac{2}{\rho l}P\sin\omega t\int_0^l\delta(x-c)\cdot\sin\frac{i\pi x}{l}dx\\&=\frac{2P}{\rho l}\sin\frac{i\pi c}{l}\sin\omega t\end{aligned}$$

所以，广义坐标 q_i 的运动微分方程为

$$\ddot{q}_i + p_i^2 q_i = \frac{2P}{\rho l} \sin \frac{i\pi c}{l} \sin \omega t$$

上述方程对应于零初始条件的解为

$$q_i(t) = \frac{1}{p_i} \cdot \frac{2P}{\rho l} \sin \frac{i\pi c}{l} \int_0^t \sin \omega \xi \sin p_i(t - \xi) d\xi$$

$$= \frac{2P \sin \dfrac{i\pi c}{l}}{\rho l(p_i^2 - \omega^2)} \cdot \left(\sin \omega t - \frac{\omega}{p_i} \sin p_i t \right) \qquad (e)$$

将式 (a),(b),(e) 代入式 (c)，即得梁的物理坐标动响应.

例 9.10-2.　设在上例中，正弦力以等速 v 移动，即有 $c = vt$. 求梁的动响应.

解.　梁的固有频率与振型函数均同上例. 梁的挠度仍可设为

$$y(x, t) = \sum_i X_i(x) q_i(t)$$

梁的广义质量亦同上例. 不同的是，这时广义力 Q_i 为

$$Q_i = \frac{2P}{\rho l} \sin \omega t \int_0^l \sin \frac{i\pi x}{l} \cdot \delta(x - vt) dx$$

$$= \frac{2P}{\rho l} \sin \frac{i\pi v t}{l} \sin \omega t$$

令 $\omega_i \equiv \dfrac{i\pi v}{l}$，则有

$$Q_i = \frac{2P}{\rho l} \sin \omega_i t \sin \omega t$$

$$= \frac{P}{\rho l} \{ \cos(\omega_i - \omega)t - \cos(\omega_i + \omega)t \}$$

故广义坐标 q_i 的运动微分方程为

$$\ddot{q}_i + p_i^2 q_i = \frac{P}{\rho l}\{\cos(\omega_i - \omega)t - \cos(\omega_i + \omega)t\}$$

上述方程对应于零初始条件的解为

$$q_i(t) = \frac{P}{\rho l}\left\{\frac{1}{p_i^2 - (\omega_i - \omega)^2}[\cos(\omega_i - \omega)t - \cos p_i t]\right.$$

$$\left. - \frac{1}{p_i^2 - (\omega_i + \omega)^2}[\cos(\omega_i + \omega)t - \cos p_i t],\right\},\quad 0 \leqslant t \leqslant \frac{l}{v}$$

将它代入梁挠度的表示式，即得梁的动响应。

例 9.10-3. 均匀简支梁受图 9.10-2 所示突加分布载荷 $p(x,t) = \frac{cx}{l}F(t)$ 的作用. 求其动响应.

解. 梁的固有频率、振型函数、挠度以及广义质量仍然用前例中式 (a),(b),(c),(d) 表示.

这时，广义力 Q_i 为

$$\begin{aligned}
Q_i &= \frac{1}{M_i}\int_0^l p(x,t)X_i(x)dx \\
&= \frac{2c}{\rho l^2}F(t)\int_0^l x\sin\frac{i\pi x}{l}dx \\
&= \frac{2c}{\rho l^2}F(t)\left[\frac{\sin\frac{i\pi x}{l}}{(i\pi/l)^2} - \frac{x\cos\frac{i\pi x}{l}}{i\pi/l}\right]_0^l \\
&= -\frac{2c}{i\pi\rho}F(t)\cos i\pi \\
&= (-1)^{i+1}\cdot\frac{2c}{i\pi\rho}F(t)
\end{aligned}$$

故广义坐标 q_i 的运动微分方程为

$$\ddot{q}_i + p_i^2 q_i = (-1)^{i+1}\cdot\frac{2c}{i\pi\rho}F(t)$$

对应于零初始条件，上述方程的解为

$$q_i(t)=\begin{cases}(-1)^{i+1}\cdot\dfrac{2c}{i\pi\rho p_i^2}(1-\cos p_it), & 当\ 0\leqslant t\leqslant t_1\\ (-1)^i\cdot\dfrac{2c}{i\pi\rho p_i^2}\{2[1-\cos p_i(t-t_1)] \\ \qquad -(1-\cos p_it)\}, & 当\ t_1\leqslant t\end{cases}$$

而梁的动响应可表示为

$$y(x,t)=\sum_i q_i(t)\sin\frac{i\pi x}{l}$$

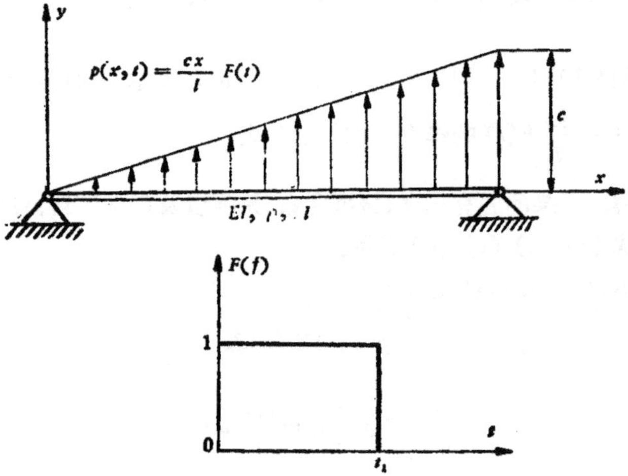

图 9.10-2

习　　题

9.1. 确定张紧弦的自由振动，设初始条件为

$$\dot{y}(x,0)=0$$

$$y(x,0)=\begin{cases}\dfrac{2\delta}{l}x, & 0\leqslant x\leqslant\dfrac{l}{2}\\ 2\delta\left(1-\dfrac{x}{l}\right), & \dfrac{l}{2}\leqslant x\leqslant l\end{cases}$$

9.2. 确定悬臂圆杆的自由扭振，设初始条件为

$$\dot{\theta}(x,0)=0$$

$$\theta(x,0)=\theta_0\frac{x}{l},\qquad 0\leqslant x\leqslant l$$

9.3. 简支梁受集度为 w 的均布载荷的作用，设在静止状态突然撤去载荷，问梁将发生何种振动？

答.

$$y = \frac{4wl^4}{\pi^5 EI} \sum_{i=1,3,5,\cdots} \frac{1}{i^5} \sin \frac{i\pi x}{l} \cos p_i t$$

9.4. 长 l 的均匀圆轴，单位长度的质量为 ρ，截面扭转刚度为 GI_p，中间截面固支，两端自由. 试确定其扭振固有频率.

答. $$p_i = (2i+1)\frac{\pi}{l}\sqrt{\frac{G}{\rho}}, \qquad i = 0,1,2,\cdots$$

9.5—9.9. **试考察下列梁弯曲振动的频率方程.**

9.5. 一端铰支，一端自由的均匀梁.

9.6. 一端铰支，一端弹簧(刚度为 k) 支承的均匀梁.

9.7. 一端铰支，一端附加集中质量 m 的均匀梁.

9.8. 一端铰支，一端附加集中质量 m 并受弹簧(刚度为 k) 支承的均匀梁.

9.9. 两端附有集中质量 m 的自由均匀梁.

答. 频率方程为 $2\phi^2 \sin\beta l \operatorname{sh}\beta l + \cos\beta l \operatorname{ch}\beta l - 1 = 0$

其中 $\phi \equiv mp^2/EI\beta^2 \qquad p^2 = \frac{EI}{\rho}\beta^4 \qquad \rho$ 为梁单位长度的质量

9.10. 一特种人造卫星，由钢缆连结两个相等的质量 m 组成，钢缆长 $2l$，单位长度的质量为 ρ；整个卫星装置以角速度 ω_0 绕其质心旋转，题图 9.10. 假设钢缆中的张力可以看作常数. 证明钢缆在旋转平面内的横向振动微分方程为

$$\frac{\partial^2 y}{\partial x^2} = \frac{\rho}{m\omega_0^2 l}\left(\frac{\partial^2 y}{\partial t^2} - \omega_0^2 y\right)$$

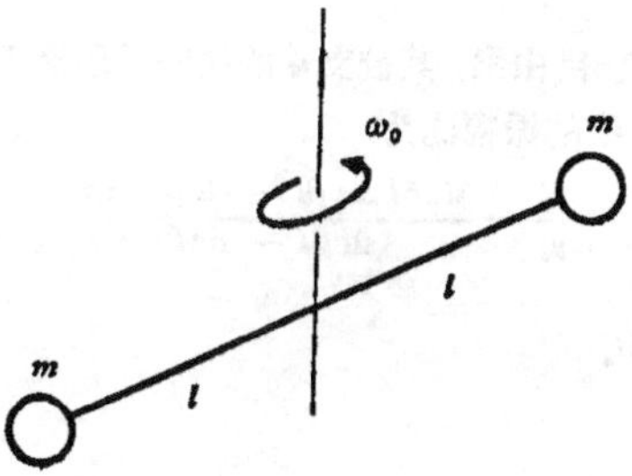

题图 9.10

并且这一振动的基频为

$$p^2 \approx \left(\frac{\pi}{2l}\right)^2 \left(\frac{m\omega_0^2 l}{\rho}\right) - \omega_0^2$$

9.11. 证明变截面杆纵向振动振型函数的正交性.

9.12. 铅垂均匀杆下端附有集中质量 m，上端支点作铅垂谐振动 $\xi = a\sin\omega t$，题图 9.12. 求杆的纵向强迫振动.

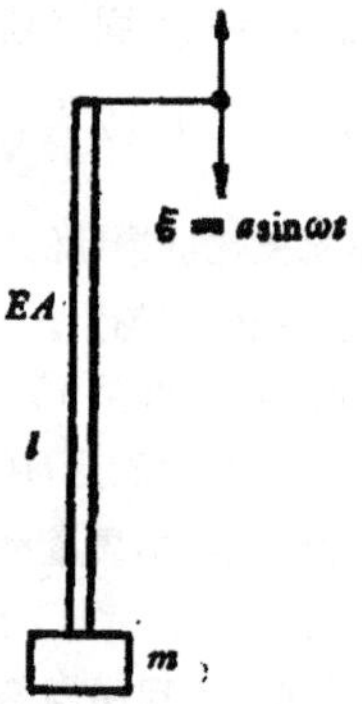

题图 9.12

9.13. 设简支梁受分布载荷 $w = w_0 \sin \frac{\pi x}{l} \sin\omega t$ 的作用. 求梁的强迫振动.

答.

$$y = \frac{w_0 l^4}{\pi^4 EI} \cdot \frac{\sin\omega t}{1 - \frac{\omega^2 l^4}{\pi^4 a^2}} \cdot \sin\frac{\pi x}{l}$$

9.14. 铰支-固支梁在其中点处作用有横向集中力 $P\sin\omega t$. 求梁的强迫振动.

9.15. 设有铰支-自由梁，其铰支端的横向运动给定为 $y_0\sin\omega t$. 证明铰支端与自由端 $(x = l)$ 的振幅比为

$$\frac{y_0}{y_l} = \frac{\mathrm{sh}\,\beta l \cos\beta l - \mathrm{ch}\,\beta l \sin\beta l}{\mathrm{sh}\,\beta l - \sin\beta l}$$

其中 $\beta^2 = \omega\sqrt{\rho/EI}$.

第十章　弹性体振动的近似解法

10.1　引　　言

前面讨论了理想弹性体的振动，对于一些最简单的情形，得到了它们的准确解．但是，对于稍为复杂一点的情形(例如变截面直梁或曲梁，要得到它们的准确解就不是那么容易了．而对于复杂弹性体的振动问题通常无法找到准确解．在这种情况下，我们只能满足于近似解法．各种近似解法的要旨在于变无限为有限．数学上，各种偏微分方程的数值解法也无非是将连续变量（无限多个)处理成离散变量（有限多个）来求解．本章将讨论的是力学模型的近似处理，也就是如何将无限多个自由度系统(连续系统)变换成有限多个自由度系统(离散系统)．

连续系统模型的离散化方法，大体可归纳成三大类：1. 集中质量法　2. 广义坐标法．3. 有限元素法．下面分别来介绍这些方法．和上一章一样，本章也仅限于讨论一维弹性体，这样并不妨碍我们理解问题的实质．

10.2　集 中 质 量 法

集中参数模型早先是从那些物理参数分布很不均匀的（或相对地集中的）实际系统中抽象出来的．人们把那些惯性相对地大而弹性极微弱的部件看作集中质量(刚体或质点)，而把那些惯性相对地小而弹性极为显著的部件看作无质量的弹簧（或者根本不计弹簧的质量，或者将它的质量折算到有关集中质量上去)．后来这一方法也推广应用于均匀或近乎均匀的弹性体上．这时，保留或大致保留弹性体原有的弹性特性，而只是将质量集中到弹性体的若干个截面或点上. 集中质量法的名称也就是这样得来的. 在当时计算技术还不够发达的情况下，它不失为一种行之有效的近似方法. 但是，关于如何选取各个集中点以及如何配置各点的质量，才能使所得结果比较接近于实际情况，这在很大程度上要靠经验或实验的启示，缺乏一般的理论指导. 只是由于做法简单，所得质量矩阵为对角阵，从而计算工作量可小些，所以现在还是有人采用这一方法.

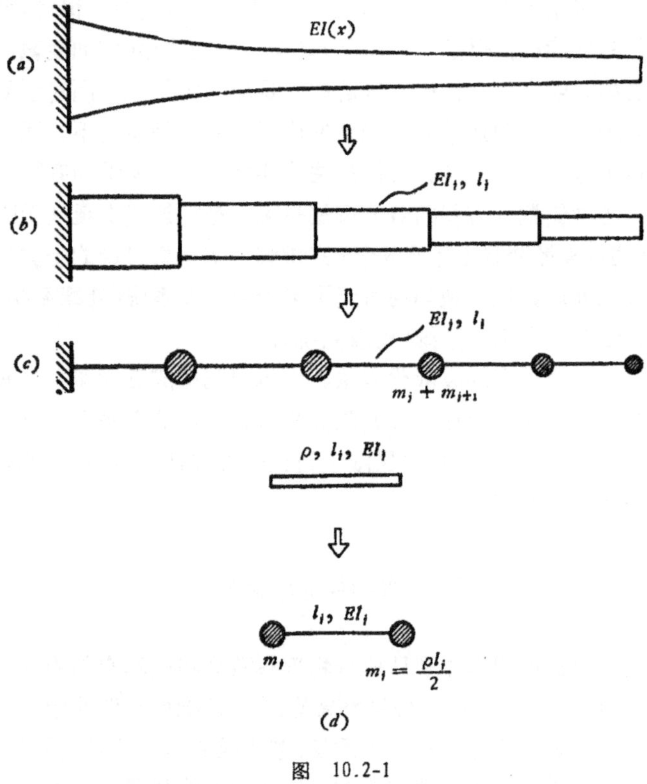

图 10.2-1

我们用变截面梁的简化过程来说明这一方法. 首先将图 10.2-1(a) 所示变截面梁用若干个均匀梁段所组成的阶梯梁来代替（图 10.2-1(b)）. 然后保持各个梁段的弹性特性，将它的质量分别集中到梁段的两端，一般可取平分的办法，图 10.2-1(d). 最后可得图 10.2-1 (c)所示模型系统. 接下去就可以按多自由度系统的问题来处理了. 关于均匀梁的简化，就只是简单地分段与集中. 至于分段多少较为合宜，得随具体问题而定.

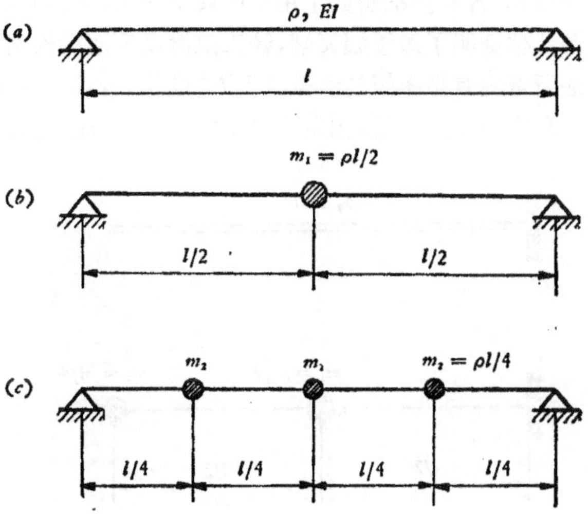

图 10.2-2

以均匀简支梁为例，图 10.2-2(a). 取分成两段的模型，图 10.2-2(b). 可以相当准确地求出一阶固有频率，所得近似值为

$$p_1 \approx 9.798\alpha, \qquad \alpha = \sqrt{\frac{EI}{\rho l^4}}$$

取分成四段的模型，图 10.2-2(c). 可求得前三阶固有频率的近似值为

$$p_1 \approx 9.860\alpha, \quad p_2 \approx 39.20\alpha, \quad p_3 \approx 83.24\alpha$$

而简支梁前三阶固有频率的准确值为

$$p_1 = 9.867\alpha, \quad p_2 = 39.48\alpha, \quad p_3 = 88.83\alpha$$

如果要求更高阶的固有频率，就得取更多分段的模型. 可以看到，对于简支梁，采用集中质量的模型，所得结果还是相当令人满意的. 但是，同一模型用于悬臂梁上效果就差得多. 例如，采用分两

段集中的模型，图 10.2-3. 可求得前二阶固有频率的近似值为

$$p_1 \approx 3.156a, \quad p_2 \approx 16.27a$$

而相应的准确值为

$$p_1 = 3.515a, \quad p_2 = 22.04a$$

格莱德威尔[1]曾经详细研究了用集中质量法求解均匀梁弯曲振动的问题. 他证明了对于固支端、铰支或滑动支座端的情形，用集中质量法所得固有频率值的误差与 $1/N^4$ 成正比，其中 N 是分段数. 而对于具有自由端的梁，相应的误差则与 $1/N^2$ 成正比.

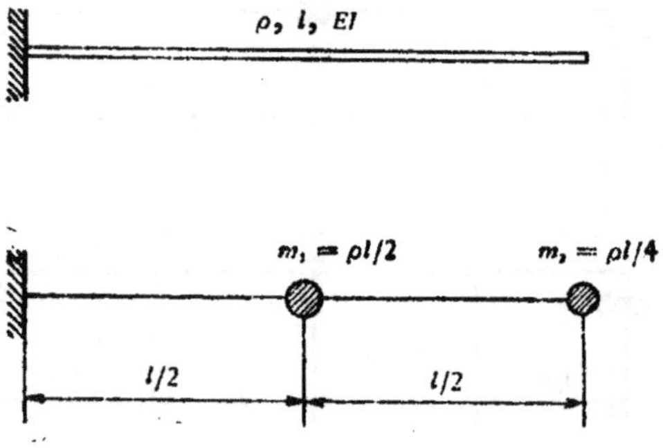

图 10.2-3

10.3 广义坐标法

上节提到的集中质量法是将连续系统的惯性与弹性特性转化到一些离散的物理元件上去，用各个集中质量的物理坐标的运动来确定连续系统的运动. 广义坐标法与此不同，它是将系统的惯性与弹性特性转化到一些振型上去，振型本身都是物理坐标的确定函数，在找出这些振型的运动规律以后，再用它们来确定系统物理坐标的运动. 上一章中讲过的主振型叠加法就是一种广义坐标

1) 参阅 Gladwell, G. M. L., The approximation of uniform beams in transverse vibration by sets of masses elastically connected, Proc. 4th Nat. Cong. of Appl. Mech., ASME, 1962, p. 169—176.

法．在那里我们已经看到，例如简支梁的弯曲振动 $y(x,t)$ 可以看作是由一系列主振动叠加而成的(图 10.3-1)，即有

$$y(x,t)=\sum_i q_i(t)\sin\frac{i\pi x}{l}$$

理论上它是由无限多个主振动组成的级数．实际上，由于我们考察的频率范围是有限的，往往只需要取级数的有限项和就能足够准确地反映实际情况．各种**广义坐标近似法**正是在这一基础上发展起来的．

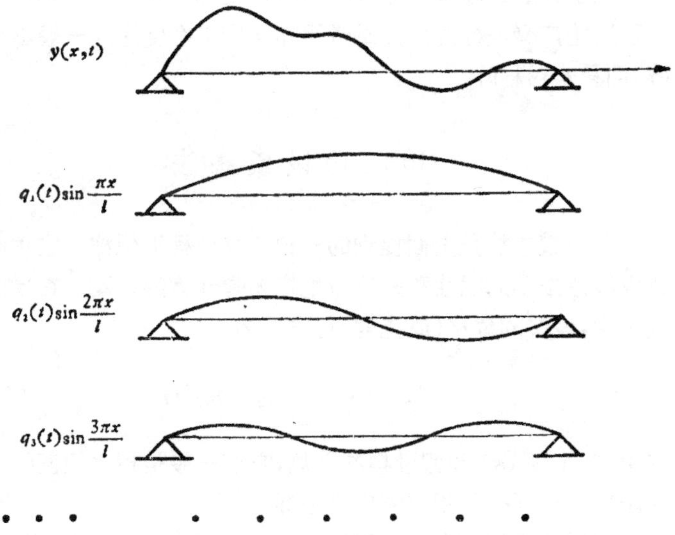

图 10.3-1

在主振型叠加法中，我们采用的是系统的**振型函数**，亦称**特征函数**．它们既满足系统的运动微分方程，又满足特定问题中的全部边界条件(包括几何边界条件与力边界条件)．考虑到只有在一些极简单的情形下，才能找到这些特征函数的解析表示式，所以在近似法中不再局限于用特征函数来构作近似解，而广泛采用其他一些更为实用的函数．这时，不一定要求这些函数满足系统的运动微分方程，但它们必须具备方程中所用到的各阶导数，并且满足

适当的边界条件．其中满足指定边值问题中全部边界条件的函数，称为比较函数（comparison functions）；而那些只满足边值问题中几何边界条件的函数，则称为容许函数（admissible functions）．这时，一维弹性体振动问题的解可近似地表示为有限项线性和：

$$y(x,t)=\sum_{i=1}^{n}\phi_i(x)q_i(t)$$

其中 $\phi_i(x)$ 是这一边值问题的比较函数或容许函数，$q_i(t)$ 为相应的广义坐标．由于这些 $\phi_i(x)$ 函数之间不一定具有正交性，故所得广义坐标的运动微分方程一般不再是相互独立的．也就是说，关于这些广义坐标的广义质量矩阵与广义刚度矩阵一般不是对角阵，而只是对称阵．

10.4 假设模态法

假设模态法是上面提到的一种广义坐标近似法．它用有限个假设模态振动的线性和来近似地描述弹性体的振动．在梁的振动问题中，设梁的位移（或挠度）可表示为

$$y(x,t)=\sum_{i=1}^{n}\phi_i(x)q_i(t) \tag{10.4-1}$$

式中，各个 $\phi_i(x)$ 为假设模态函数，它们一般是指定边值问题的容许函数；而 $q_i(t)$ 是相应的广义坐标．

利用拉格朗日方程，可以得出关于广义坐标 $q_i(t)$ 的一组（n 个）运动微分方程．

梁在振动中的动能 T 可表示为

$$\begin{aligned}T&=\frac{1}{2}\int_0^l\rho(x)\left[\frac{\partial y}{\partial t}(x,t)\right]^2dx\\&=\frac{1}{2}\int_0^l\rho(x)\left[\sum_i\phi_i(x)\dot{q}_i(t)\right]\left[\sum_j\phi_j(x)\dot{q}_j(t)\right]dx\\&=\frac{1}{2}\sum_i\sum_j\dot{q}_i(t)\dot{q}_j(t)\int_0^l\rho(x)\phi_i(x)\phi_j(x)dx\end{aligned}$$

或写成

$$T=\frac{1}{2}\sum_{i}\sum_{j}m_{ij}\dot{q}_i(t)\dot{q}_j(t) \tag{10.4-2}$$

其中

$$m_{ij}=m_{ji}=\int_0^l \rho(x)\phi_i(x)\phi_j(x)dx \tag{10.4-3}$$

写成矩阵形式，有

$$T=\frac{1}{2}\dot{\boldsymbol{q}}^T\boldsymbol{M}\dot{\boldsymbol{q}} \tag{10.4-2$'$}$$

其中，$\dot{\boldsymbol{q}}$ 为广义速度列阵，$\boldsymbol{M}$ 为广义质量矩阵，且有

$$\dot{\boldsymbol{q}}=\{\dot{q}_i(t)\},\quad \boldsymbol{M}=[m_{ij}]$$

在弯曲振动中，梁的势能可表示为

$$\begin{aligned}U&=\frac{1}{2}\int_0^l EI(x)\left[\frac{\partial^2 y}{\partial x^2}(x,t)\right]^2dx\\&=\frac{1}{2}\int_0^l EI(x)\left[\sum_i\phi_i''(x)q_i(t)\right]\left[\sum_j\phi_j''(x)q_j(t)\right]dx\\&=\frac{1}{2}\sum_i\sum_j q_i(t)q_j(t)\int_0^l EI(x)\phi_i''(x)\phi_j''(x)dx\end{aligned}$$

或写成

$$U=\frac{1}{2}\sum_i\sum_j k_{ij}q_i(t)q_j(t) \tag{10.4-4}$$

其中

$$k_{ij}=k_{ji}=\int_0^l EI(x)\phi_i''(x)\phi_j''(x)dx \tag{10.4-5}$$

写成矩阵形式，有

$$U=\frac{1}{2}\boldsymbol{q}^T\boldsymbol{K}\boldsymbol{q} \tag{10.4-4$'$}$$

其中，$\boldsymbol{q}$ 为广义位移列阵，$\boldsymbol{K}$ 为广义刚度矩阵，且有

$$\boldsymbol{q}=\{q_i(t)\},\quad \boldsymbol{K}=[k_{ij}]$$

在杆的纵振与扭振问题中，动能与势能的表示式仍取式(10.4-2)与式(10.4-4)的形式，只是其中的 k_{ij} 分别为

纵振： $$k_{ij} = \int_0^l EA(x)\phi_i'(x)\phi_j'(x)\,dx$$

扭振： $$k_{ij} = \int_0^l GI_p(x)\phi_i'(x)\phi_j'(x)dx \tag{10.4-5$'$}$$

下面分别来考察系统的自由振动与动响应.

一、自由振动

在考察弹性体的自由振动时，将上面得到的动能与势能的表示式代入如下拉格朗日方程：

$$\frac{d}{dt}\left(\frac{\partial T}{\partial \dot{q}_i}\right) - \frac{\partial T}{\partial q_i} + \frac{\partial U}{\partial q_i} = 0, \quad i = 1,2,\cdots,n$$

从而可得

$$\sum_{j=1}^{n} m_{ij}\ddot{q}_j(t) + \sum_{j=1}^{n} k_{ij}q_j(t) = 0, \quad i = 1,2,\cdots,n$$

写成矩阵形式为

$$\boldsymbol{M}\ddot{\boldsymbol{q}} + \boldsymbol{K}\boldsymbol{q} = \boldsymbol{0} \tag{10.4-6}$$

方程 (10.4-6) 就是用广义坐标 $\boldsymbol{q}$ 描述的弹性体自由振动微分方程. 对应于系统的主振型振动,可设

$$\boldsymbol{q} = \boldsymbol{a}\sin(pt + \varphi) \tag{10.4-7}$$

其中 $\boldsymbol{a}$ 为待定常数列阵，p 为待定固有频率. 将式 (10.4-7) 代入方程 (10.4-6)，得

$$[\boldsymbol{K} - \lambda\boldsymbol{M}]\boldsymbol{a} = \boldsymbol{0}, \quad \lambda = p^2 \tag{10.4-8}$$

于是，问题又归结为矩阵特征值问题. 由此可解得 n 个特征值 λ_i 以及 n 个相应的特征矢量：

$$\boldsymbol{a}_i = [a_{1i}\cdots a_{ni}]^T$$

这时，原连续系统的 n 个固有频率的近似值 p_i 就等于

$$p_i = \sqrt{\lambda_i}, \qquad i = 1,2,\cdots,n \tag{10.4-9}$$

原连续系统相应于各个 p_i 的振型函数 $X_i(x)$ 近似地取为

$$X_i(x) = \sum_{j=1}^{n} a_{ji}\phi_j(x), \quad i = 1,2,\cdots,n \tag{10.4-10}$$

可以证明，这样得到的振型函数 $X_i(x)$ 具有关于连续系统分

布质量与分布刚度的正交性．事实上，因为 $\boldsymbol{a}_i$ 是方程 (10.4-8) 的特征矢量，正如第六章所指出的，它具有关于质量与刚度的正交性，即有

$$\boldsymbol{a}_j^T\boldsymbol{M}\boldsymbol{a}_i=\begin{cases}0\ , & \text{当 } i\neq j \text{ 时}\\ M_i\ , & \text{当 } i=j \text{ 时}\end{cases} \tag{10.4-11}$$

$$\boldsymbol{a}_j^T\boldsymbol{K}\boldsymbol{a}_i=\begin{cases}0\ , & \text{当 } i\neq j \text{ 时}\\ K_i\ , & \text{当 } i=j \text{ 时}\end{cases} \tag{10.4-12}$$

注意到式 (10.4-10) 可记为

$$X_i(x)=\boldsymbol{a}_i^T\boldsymbol{\phi}=\boldsymbol{\phi}^T\boldsymbol{a}_i \tag{10.4-13}$$

其中 $\boldsymbol{\phi}$ 为假设模态列阵，即

$$\boldsymbol{\phi}=[\phi_1(x)\cdots\phi_n(x)]^T$$

又由式 (10.4-3)，质量矩阵 $\boldsymbol{M}$ 可表示为

$$\boldsymbol{M}=\int_0^l\rho(x)\boldsymbol{\phi}\boldsymbol{\phi}^Tdx \tag{10.4-14}$$

考虑到式 (10.4-13) 与式 (10.4-14)，有

$$\begin{aligned}&\int_0^l\rho(x)X_i(x)X_j(x)dx\\ &=\int_0^l\rho(x)\boldsymbol{a}_i^T\boldsymbol{\phi}\boldsymbol{\phi}^T\boldsymbol{a}_jdx\\ &=\boldsymbol{a}_i^T\left\{\int_0^l\rho(x)\boldsymbol{\phi}\boldsymbol{\phi}^Tdx\right\}\boldsymbol{a}_j\\ &=\boldsymbol{a}_i^T\boldsymbol{M}\boldsymbol{a}_j=\begin{cases}0\ , & \text{当 } i\neq j \text{ 时}\\ M_i\ , & \text{当 } i=j \text{ 时}\end{cases}\end{aligned}$$

这就证明了 $X_i(x)$ 关于分布质量的正交性．类似地可以证明 $X_i(x)$ 还具有关于分布刚度的正交性．

例 10.4-1． 考察变截面悬臂杆的纵向振动，图 10.4-1．设其质量与刚度分布可表示为

$$\rho(x)=\frac{6}{5}\rho\left[1-\frac{1}{2}\left(\frac{x}{l}\right)^2\right] \tag{a}$$

$$EA(x)=\frac{6}{5}EA\left[1-\frac{1}{2}\left(\frac{x}{l}\right)^2\right] \tag{b}$$

求其前三阶固有频率与特征函数.

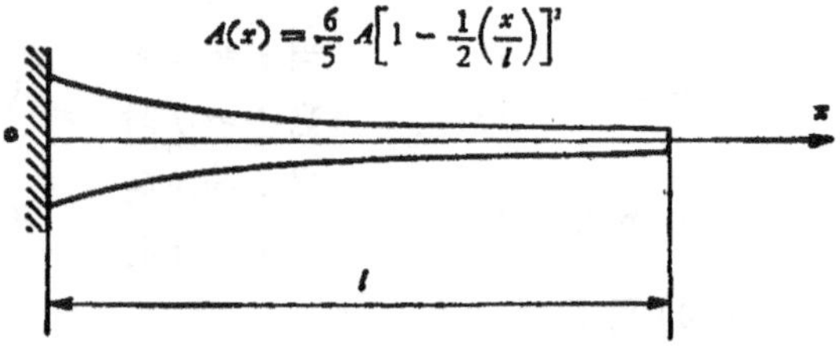

图 10.4-1

解. 均匀悬臂杆纵向振动的特征函数为

$$\phi_i(x) = \sin(2i-1)\frac{\pi x}{2l}, \quad i = 1, 2, \cdots$$

它们在本问题中是比较函数. 故可取其中前 n 个 $\phi_i(x)$ 作为本问题的假设模态. 这时,杆的纵向位移可表示为

$$u(x,t) = \sum_{i=1}^{n}\phi_i(x)q_i(t)$$

由式(10.4-3),有

$$m_{ij} = \frac{6}{5}\rho\int_0^l\left[1-\frac{1}{2}\left(\frac{x}{l}\right)^2\right]\sin(2i-1)\frac{\pi x}{2l}\sin(2j-1)\frac{\pi x}{2l}dx$$

$$i, j = 1, 2, \cdots, n \tag{c}$$

由式(10.4-5),有

$$k_{ij} = \frac{6}{5}EA\frac{(2i-1)\pi}{2l}\cdot\frac{(2j-1)\pi}{2l}$$

$$\cdot\int_0^l\left[1-\frac{1}{2}\left(\frac{x}{l}\right)^2\right]\cos(2i-1)\frac{\pi x}{2l}\cos(2j-1)\frac{\pi x}{2l}dx$$

$$i, j = 1, 2, \cdots, n \tag{d}$$

如果对第三阶固有频率与振型函数的近似解的精确度要求不高,可以取 $n = 3$. 这时,可得广义质量矩阵与广义刚度矩阵为

$$
\boldsymbol{M} = \frac{\rho l}{10\pi}\begin{bmatrix} 5\pi^2 - 6 & \frac{15}{2} & -\frac{13}{6} \\ \frac{15}{2} & 5\pi^2 - \frac{2}{3} & \frac{51}{8} \\ -\frac{13}{6} & \frac{51}{8} & 5\pi^2 - \frac{6}{25} \end{bmatrix} \tag{e}
$$

$$
\boldsymbol{K} = \frac{EA}{40l}\begin{bmatrix} 5\pi^2 + 6 & \frac{27}{2} & -\frac{25}{6} \\ \frac{27}{2} & 45\pi^2 + 6 & \frac{675}{8} \\ -\frac{25}{6} & \frac{675}{8} & 125\pi^2 + 6 \end{bmatrix} \tag{f}
$$

于是，解特征值问题：

$$
[\boldsymbol{K} - \lambda \boldsymbol{M}]\boldsymbol{a} = \boldsymbol{0} \tag{g}
$$

可得

$$
\begin{aligned}
p_1 &= \sqrt{\lambda_1} = 1.774248\sqrt{\frac{EA}{\rho l^2}}, \quad \boldsymbol{a}_1 = \begin{Bmatrix} 0.99994 \\ -0.01050 \\ 0.00187 \end{Bmatrix} \\
p_2 &= \sqrt{\lambda_2} = 4.822161\sqrt{\frac{EA}{\rho l^2}}, \quad \boldsymbol{a}_2 = \begin{Bmatrix} -0.16100 \\ 0.98657 \\ -0.02748 \end{Bmatrix} \\
p_3 &= \sqrt{\lambda_3} = 7.931696\sqrt{\frac{EA}{\rho l^2}}, \quad \boldsymbol{a}_3 = \begin{Bmatrix} 0.06737 \\ -0.11308 \\ 0.99130 \end{Bmatrix}
\end{aligned} \tag{h}
$$

将所得结果代入式(10.4-10)，得相应的近似振型函数：

$$
X_1(x) = 0.99994\sin\frac{\pi x}{2l} - 0.01050\sin\frac{3\pi x}{2l} + 0.00187\sin\frac{5\pi x}{2l}
$$

$$
X_2(x) = -0.16100\sin\frac{\pi x}{2l} + 0.98657\sin\frac{3\pi x}{2l}
$$

$$- 0.02748 \sin \frac{5\pi x}{2l}$$

$$X_3(x) = 0.06737 \sin \frac{\pi x}{2l} - 0.11308 \sin \frac{3\pi x}{2l} + 0.99130 \sin \frac{5\pi x}{2l}$$

相应的振型曲线示于图 10.4-2.

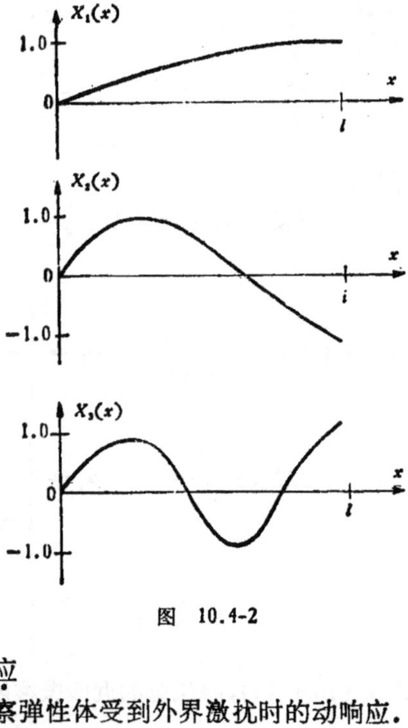

图 10.4-2

二、动响应

现在来考察弹性体受到外界激扰时的动响应. 这时，系统的动响应仍可表示成式 (10.4-1):

$$y(x,t) = \sum_{i=1}^{n} \phi_i(x) q_i(t) \tag{10.4-1}$$

并且系统的动能与势能仍可由式 (10.4-2) 与式 (10.4-4) 表示，即有

$$T = \frac{1}{2}\sum_i \sum_j m_{ij}\dot{q}_i(t)\dot{q}_j(t)$$

$$= \frac{1}{2}\dot{\boldsymbol{q}}^T\boldsymbol{M}\dot{\boldsymbol{q}} \tag{10.4-2}$$

$$U = \frac{1}{2}\sum_i \sum_j k_{ij}q_i(t)q_j(t)$$

$$= \frac{1}{2}\boldsymbol{q}^T\boldsymbol{K}\boldsymbol{q} \tag{10.4-4}$$

但由于激扰的作用，这时系统已经是非保守的，故拉格朗日方程取如下形式：

$$\frac{d}{dt}\left(\frac{\partial T}{\partial \dot{q}_i}\right) - \frac{\partial T}{\partial q_i} + \frac{\partial U}{\partial q_i} = Q_i(t), i = 1,2,\cdots,n \tag{10.4-15}$$

式中 $Q_i(t)$ 为对应于广义坐标 q_i 的广义力．按广义力的定义，激扰力在系统虚位移上所作的虚功就等于各个广义力在广义虚位移上所作的虚功．由此可求出各个广义力．

设作用于系统的激扰力可表示为

$$f(x,t) + \sum_r F_r(t)\delta(x - x_r), \quad r = 1,2,\cdots,s$$

式中，$f(x,t)$ 表示分布力；而 $F_r(t)\delta(x - x_r)$ 表示作用于 x_r 处的集中力；$\delta(x - x_r)$ 是 δ 函数：

$$\left.\begin{aligned} &\delta(x - x_r) = 0, \quad \text{当 } x \neq x_r \text{ 时} \\ &\int_0^l \delta(x - x_r)dx = 1, \quad 0 < x_r < l \end{aligned}\right\}$$

$F_r(t)\delta(x - x_r)$ 的量纲与分布力相同．

由式 (10.4-1)，系统的虚位移可取为

$$\delta y(x) = \sum_{i=1}^n \phi_i(x)\delta q_i$$

于是，激扰力在系统虚位移上所作的虚功为

$$\delta W(t) = \int_0^l \left\{ f(x,t) + \sum_r F_r(t)\delta(x - x_r)\right\} \delta y(x)dx$$

$$= \int_0^l \left\{ f(x,t) + \sum_r F_r(t)\delta(x - x_r) \right\} \sum_{i=1}^n \phi_i(x)\delta q_i dx$$

$$= \sum_{i=1}^n \left\{ \int_0^l \left[f(x, t) + \sum_r F_r(t)\delta(x - x_r) \right] \phi_i(x) dx \right\} \delta q_i$$

$$= \sum_{i=1}^n \left\{ \int_0^l f(x,t)\phi_i(x)dx + \sum_r F_r(t)\phi_i(x_r) \right\} \delta q_i$$

按广义力的定义，有

$$\delta W(t) = \sum_i Q_i(t)\delta q_i$$

故有

$$Q_i(t) = \int_0^l f(x, t)\phi_i(x)dx + \sum_r F_r(t)\phi_i(x_r) \quad (10.4\text{-}16)$$

这就是对应于 q_i 的广义力 Q_i 的表示式。

将式(10.4-2)，(10.4-4)以及(10.4-16)代入方程(10.4-15)，得

$$\sum_{i=1}^n m_{ij}\ddot{q}_j(t) + \sum_{j=1}^n k_{ij}q_j(t) = Q_i(t), \quad i = 1,2,\cdots,n$$

或写成矩阵形式，有

$$\boldsymbol{M}\ddot{\boldsymbol{q}} + \boldsymbol{K}\boldsymbol{q} = \boldsymbol{Q}(t) \quad (10.4\text{-}17)$$

其中 $\boldsymbol{Q}(t)$ 为广义力列阵，$\boldsymbol{Q}(t) = \{Q_i(t)\}$。

例 10.4-2. 在例 10.4-1 所考察的变截面悬臂杆纵振问题中，设在杆自由端作用有纵向集中扰力 $F\sin 3\alpha t$，其中 $\alpha = \sqrt{\dfrac{EA}{\rho l^2}}$. 求杆的纵向强迫振动。

解. 仍取例 10.4-1 中的假设模态：

$$\phi_i(x) = \sin(2i - 1)\frac{\pi x}{2l}, \quad i = 1,2,3$$

将杆的纵振运动表示为

$$u(x, t) = \sum_{i=1}^3 \phi_i(x)q_i(t) \quad (\mathrm{j})$$

这时，按式 (10.4-16)，广义扰力为

$$
\begin{aligned}
Q_i(t) &= \phi_i(l) F \sin 3\alpha t \\
&= (-1)^{i+1} F \sin 3\alpha t, \quad i = 1,2,3
\end{aligned}
$$

于是，按式 (10.4-17)，有

$$
\boldsymbol{M}\ddot{\boldsymbol{q}} + \boldsymbol{K}\boldsymbol{q} = \begin{Bmatrix} 1 \\ -1 \\ 1 \end{Bmatrix} F \sin 3\alpha t \tag{k}
$$

其中 $\boldsymbol{M}, \boldsymbol{K}$ 分别由上例中的式 (e), (f) 表示. 上述方程 (k) 已化成多自由度系统的无阻尼强迫振动微分方程的形式. 故已经可以按第 6.10 节所述方法处理.

上例中已求得方程 (g) 的特征值矩阵为

$$
\boldsymbol{\Lambda} = \alpha^2 \begin{bmatrix} 3.147958 & 0 & 0 \\ 0 & 23.253238 & 0 \\ 0 & 0 & 62.911807 \end{bmatrix}
$$

相应的特征矢量矩阵 $\boldsymbol{a}$ 为

$$
\boldsymbol{a} = [\boldsymbol{a}_1 \quad \boldsymbol{a}_2 \quad \boldsymbol{a}_3]
$$

其中 $\boldsymbol{a}_1, \boldsymbol{a}_2, \boldsymbol{a}_3$ 由上例式 (h) 表示. 由此可求得

$$
\mathscr{M} = \boldsymbol{a}^T \boldsymbol{M} \boldsymbol{a} = \rho l \begin{bmatrix} 1.37454 & 0 & 0 \\ 0 & 1.45772 & 0 \\ 0 & 0 & 1.50381 \end{bmatrix}
$$

对方程 (k) 作主坐标变换:

$$
\boldsymbol{q} = \boldsymbol{a}\boldsymbol{z} \tag{l}
$$

可得

$$
\begin{aligned}
\ddot{\boldsymbol{z}} + \boldsymbol{\Lambda}\boldsymbol{z} &= \mathscr{M}^{-1}\boldsymbol{a}^T \begin{Bmatrix} 1 \\ -1 \\ 1 \end{Bmatrix} F \sin 3\alpha t \\
&= \begin{Bmatrix} 0.73491 \\ -0.80608 \\ 0.77918 \end{Bmatrix} \frac{F}{\rho l} \sin 3\alpha t
\end{aligned}
$$

由此可解得各个 $z_i(t)$，再代入式 (l) 得各个 $q_i(t)$，然后代入式 (j) 得出所求 $u(x,t)$。

10.5 模态综合法

从原理上来说，假设模态法也适用于复杂结构的振动分析。但困难在于不易找到整个结构的假设模态。为了克服这一困难，人们设法把一个复杂结构分解成若干个较为简单的子结构。对于这些子结构，比较易于找到它们的假设模态。然后根据在对接面上保持位移协调(或者再加上内力协调)的条件，把这些子结构装配

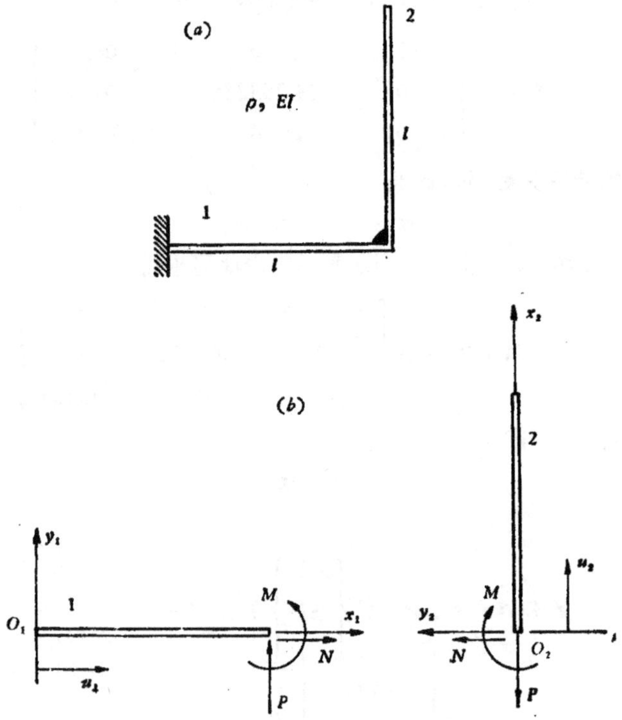

图 10.5-1

成总体结构. 这样，我们就可以利用各个子结构的假设模态来综合总体结构的振动模态. 模态综合法的名称也就是这样得来的. 我们用均匀直角梁在它本身平面内的弯曲振动分析问题作为例子来说明这一方法的基本思想. 这一模型也正是赫弟[1]最早提出这一方法时所举的一例.

设由两根完全相同的均匀细直梁，长 l，截面刚度为 EI，单位长度的质量为 ρ，组成一直角梁，其一端固支，另一端自由，图 10.5-1(a). 现考察它的平面弯曲振动的前二阶固有频率与振型.

将这一直角梁分成两段均匀的直梁①与②，分别取坐标系 $x_1O_1y_1$ 与 $x_2O_2y_2$，如图 10.5-1(b)所示. 梁的振动位移用 $u_1(x_1,t)$，$y_1(x_1,t)$，$u_2(x_2,t)$ 以及 $y_2(x_2,t)$ 表示，它们可分别近似地假设为

$$\left.\begin{aligned} u_1(x_1,t) &= 0 \\ y_1(x_1,t) &= \phi_1(x_1)\zeta_1(t) + \phi_2(x_1)\zeta_2(t) \\ u_2(x_2,t) &= \phi_3(x_2)\zeta_3(t) \\ y_2(x_2,t) &= \phi_4(x_2)\zeta_4(t) + \phi_5(x_2)\zeta_5(t) \end{aligned}\right\} \tag{10.5-1}$$

其中各个假设模态 $\phi_i(x)$ 可取为

$$\left.\begin{aligned} \phi_1(x_1) &= \left(\frac{x_1}{l}\right)^2 \\ \phi_2(x_1) &= \left(\frac{x_1}{l}\right)^3 \\ \phi_3(x_2) &= 1 \\ \phi_4(x_2) &= \frac{x_2}{l} \\ \phi_5(x_2) &= 6\left(\frac{x_2}{l}\right)^2 - 4\left(\frac{x_2}{l}\right)^3 + \left(\frac{x_2}{l}\right)^4 \end{aligned}\right\} \tag{10.5-2}$$

可以看到，$\phi_1(x_1)$ 与 $\phi_2(x_1)$ 是悬臂梁弯曲振动的容许函数；$\phi_3(x_2)$ 是自由梁的纵向刚体运动模态；$\phi_4(x_2)$ 是铰支-自由梁的刚体转动

1) Hurty, W. C., Vibrations of Structural Systems by Component Synthesis, J. Engr. Mech. Div., Proc. ASCE, 1960, pp. 51—69.

模态；而 $\phi_5(x_2)$ 则是悬臂梁弯曲振动的比较函数[1]。

在自由振动中，各梁段可以看作在对接力（或力矩）P,N,M 作用下运动．这时，梁段的动能为

$$T=\frac{1}{2}\sum_i\sum_j m_{ij}\dot{\zeta}_i(t)\dot{\zeta}_j(t)$$

其中

$$m_{ij}=m_{ji}=\int_0^l\rho\phi_i(x)\phi_j(x)dx$$

将式 (10.5-2) 中的各个 ϕ_i 代入上式；对于梁段①，可得

$$\left.\begin{aligned}m_{11}&=\int_0^l\rho\phi_1^2dx=\rho\int_0^l\left(\frac{x}{l}\right)^4dx=0.2000\rho l\\m_{12}&=m_{21}=\int_0^l\rho\phi_1\phi_2dx=\rho\int_0^l\left(\frac{x}{l}\right)^5dx=0.1666\rho l\\m_{22}&=\int_0^l\rho\phi_2^2dx=\rho\int_0^l\left(\frac{x}{l}\right)^6dx=0.1428\rho l\end{aligned}\right\}\quad(10.5\text{-}3)$$

对于梁段②，可得

$$\left.\begin{aligned}&m_{33}=1.0000\rho l\\&m_{34}=m_{43}=m_{35}=m_{53}=0\\&m_{44}=0.3333\rho l\\&m_{45}=m_{54}=0.8666\rho l\\&m_{55}=2.3111\rho l\end{aligned}\right\}\quad(10.5\text{-}3)'$$

其中，因为梁的纵向位移 u_2 与横向位移 y_2 不发生耦合，故有 $m_{34}=m_{43}=m_{35}=m_{53}=0$.

梁段的势能表示式为

---

1) 设取假设模态：

$$\phi_5(x_2)=c_1\left(\frac{x_2}{l}\right)^2+c_2\left(\frac{x_2}{l}\right)^3+\left(\frac{x_2}{l}\right)^4$$

其中 c_1,c_2 是待定常数．如使它满足梁自由端的力边界条件：

$$\phi_5''(l)=\phi_5'''(l)=0$$

可得

$$c_1=6,\quad c_2=-4$$

$$U = \frac{1}{2}\sum_i \sum_j k_{ij}\zeta_i(t)\zeta_j(t)$$

其中 k_{ij} 的表示式为

$$k_{ij} = \int_0^l EI\phi_i''(x)\phi_j''(x)dx \qquad \text{（弯振）}$$

或为

$$k_{ij} = \int_0^l EA\phi_i'(x)\phi_j'(x)dx \qquad \text{（纵振）}$$

将式 (10.5-2) 对 x 求导，有

$$\phi_1''(x_1) = \frac{2}{l^2}$$

$$\phi_2''(x_1) = \frac{6}{l^3}x_1$$

$$\phi_3'(x_2) = 0$$

$$\phi_4''(x_2) = 0$$

$$\phi_5''(x_2) = \frac{12}{l^2} - \frac{24}{l^3}x_2 + \frac{12}{l^4}x_2^2$$

将上面得到的结果代入 k_{ij} 的相应表示式，可得

$$\left.\begin{aligned}
k_{11} &= EI\int_0^l [\phi_1'']^2 dx = EI\int_0^l \left(\frac{2}{l^2}\right)^2 dx = 4\frac{EI}{l^3} \\
k_{12} &= k_{21} = 6\frac{EI}{l^3} \\
k_{22} &= 12\frac{EI}{l^3} \\
k_{55} &= 28.8\frac{EI}{l^3}
\end{aligned}\right\} \qquad (10.5\text{-}4)$$

而其余的 k_{ij} 均为零.

按广义力的定义，对应于各个 ζ_i 的广义力 Q_i 可求得如下：

$$Q_1 = P\phi_1(l) + M\phi_1'(l) = P + \frac{2M}{l}$$

$$Q_2 = P\phi_2(l) + M\phi_2'(l) = P + \frac{3M}{l}$$

$$\left.\begin{aligned}Q_3 &= -P\phi_3(0) = -P \\ Q_4 &= -M\phi_4'(0) = -\frac{M}{l} \\ Q_5 &= M\phi_5'(0) = 0\end{aligned}\right\} \tag{10.5-5}$$

将以上求得的梁段的动能、势能与广义力的表示式分别代入拉格朗日方程,可得下述微分方程组:

$$\boldsymbol{M}\ddot{\boldsymbol{\zeta}} + \boldsymbol{K}\boldsymbol{\zeta} = \boldsymbol{Q} \tag{10.5-6}$$

其中

$$\boldsymbol{\zeta} = \{\zeta_i\}, \qquad i = 1,2,\cdots,5$$
$$\boldsymbol{Q} = \{Q_i\}, \qquad i = 1,2,\cdots,5$$

$$\boldsymbol{M} = \rho l\begin{bmatrix} 0.2000 & 0.1666 & 0 & 0 & 0 \\ 0.1666 & 0.1428 & 0 & 0 & 0 \\ 0 & 0 & 1.0000 & 0 & 0 \\ 0 & 0 & 0 & 0.3333 & 0.8666 \\ 0 & 0 & 0 & 0.8666 & 2.3111 \end{bmatrix} \tag{10.5-6)'$$

$$\boldsymbol{K} = \frac{EI}{l^3}\begin{bmatrix} 4 & 6 & 0 & 0 & 0 \\ 6 & 12 & 0 & 0 & 0 \\ 0 & 0 & 0 & 0 & 0 \\ 0 & 0 & 0 & 0 & 0 \\ 0 & 0 & 0 & 0 & 28.8 \end{bmatrix}$$

但是,方程 (10.5-6) 中的各个变量 ζ_i 不完全是相互独立的;所以,还必须利用对接条件消去这种不独立性. 由位移协调条件,有

$$y_1(l,t) = u_2(0,t)$$

$$\frac{\partial y_1}{\partial x_1}(l,t) = \frac{\partial y_2}{\partial x_2}(0,t)$$

由此得

$$\left.\begin{aligned}\zeta_1 + \zeta_2 &= \zeta_3 \\ 2\zeta_1 + 3\zeta_2 &= \zeta_4\end{aligned}\right\} \tag{10.5-7}$$

再由弯矩协调条件,有

$$EI\frac{\partial^2 y_1}{\partial x_1^2}(l,t) = EI\frac{\partial^2 y_2}{\partial x_2}(0,t)$$

由此得

$$\zeta_1 + 3\zeta_2 = 6\zeta_5 \tag{10.5-8}$$

这样，我们得到了包含有 5 个变量的 3 个独立的代数方程 (10.5-7) 与 (10.5-8)，因而可以任选其中 2 个变量作为独立变量．例如取 ζ_1,ζ_2 作为独立变量，即令

$$\boldsymbol{q} = \begin{Bmatrix} q_1 \\ q_2 \end{Bmatrix} = \begin{Bmatrix} \zeta_1 \\ \zeta_2 \end{Bmatrix}$$

由方程 (10.5-7) 与 (10.5-8)，可得

$$\boldsymbol{\zeta} = \boldsymbol{\beta q} \tag{10.5-9}$$

其中

$$\boldsymbol{\beta} = \begin{bmatrix} 1 & 0 \\ 0 & 1 \\ 1 & 1 \\ 2 & 3 \\ \frac{1}{6} & \frac{1}{2} \end{bmatrix} \tag{10.5-10}$$

将式 (10.5-9) 代入方程 (10.5-6)，然后再对方程两端前乘以 $\boldsymbol{\beta}^T$，得

$$\boldsymbol{\beta}^T \boldsymbol{M\beta}\ddot{\boldsymbol{q}} + \boldsymbol{\beta}^T \boldsymbol{K\beta q} = \boldsymbol{\beta}^T \boldsymbol{Q}$$

注意到

$$\boldsymbol{\beta}^T \boldsymbol{Q} = \begin{Bmatrix} P + \dfrac{2M}{l} - P - \dfrac{2M}{l} \\ P + \dfrac{3M}{l} - P - \dfrac{3M}{l} \end{Bmatrix} = \boldsymbol{0} \tag{10.5-11}$$

得到这一结果并不是偶然的，因为对接力总是成对出现的作用与反作用，$\boldsymbol{\beta}^T \boldsymbol{Q} = \boldsymbol{0}$ 反映了成对的对接力在对接位移上作功之和等于零这一必然的结果．于是有

$$\boldsymbol{\beta}^T \boldsymbol{M\beta}\ddot{\boldsymbol{q}} + \boldsymbol{\beta}^T \boldsymbol{K\beta q} = \boldsymbol{0}$$

或写成

$$\mathscr{M}\ddot{\boldsymbol{q}} + \mathscr{K}\boldsymbol{q} = \boldsymbol{0} \tag{10.5-12}$$

其中

$$\mathscr{M} = \boldsymbol{\beta}^T \boldsymbol{M} \boldsymbol{\beta}$$

$$\mathscr{K} = \boldsymbol{\beta}^T \boldsymbol{K} \boldsymbol{\beta}$$

由式 (10.5-6)′与 (10.5-10)，可得

$$\mathscr{M} = \rho l \begin{bmatrix} 3.175 & 4.659 \\ 4.659 & 7.321 \end{bmatrix}$$

$$\mathscr{K} = \frac{EI}{l^3} \begin{bmatrix} 4.8 & 8.4 \\ 8.4 & 19.2 \end{bmatrix}$$

注意到方程 (10.5-6) 所描述的系统相当于 5 自由度的，而方程 (10.5-12) 所描述的系统只有 2 自由度. 所以说，通过综合降低了系统的自由度数；换句话说，综合起着坐标缩聚的作用.

将方程 (10.5-12) 的主振动解表示成

$$\boldsymbol{q} = \boldsymbol{q}_0 \sin pt$$

则由方程 (10.5-12) 可解得

$$p_1 = 1.172 \sqrt{\frac{EI}{\rho l^4}}$$

$$p_2 = 3.197 \sqrt{\frac{EI}{\rho l^4}}$$

与之相应的特征矢量分别为

$$\boldsymbol{q}_{01} = \begin{Bmatrix} 1.000 \\ -0.219 \end{Bmatrix}, \qquad \boldsymbol{q}_{02} = \begin{Bmatrix} 1.000 \\ -0.705 \end{Bmatrix}$$

再设方程 (10.5-6) 的主振动解可表示为

$$\boldsymbol{\zeta} = \boldsymbol{\zeta}_0 \sin pt$$

则由式 (10.5-9)，有

$$\boldsymbol{\zeta}_0 = \boldsymbol{\beta} \boldsymbol{q}_0$$

由此得

$$\boldsymbol{\zeta}_{01} = \begin{Bmatrix} 1.000 \\ -0.219 \\ 0.781 \\ 1.343 \\ 0.057 \end{Bmatrix}, \qquad \boldsymbol{\zeta}_{02} = \begin{Bmatrix} 1.000 \\ -0.705 \\ 0.295 \\ -0.115 \\ -0.186 \end{Bmatrix}$$

上面得到的 p_1 与 p_2 就是均匀直角梁平面弯曲振动的前二阶近似固有频率．至于和它相应的近似振型函数，则可将上面得到的 ζ_{01} 与 ζ_{02} 分别代入式(10.5-1)得出．相应的振型曲线示于图10.5-2．

上述直角梁前二阶固有频率的准确值为[1]

$$p_1 = 1.162\sqrt{\frac{EI}{\rho l^4}}$$

$$p_2 = 3.168\sqrt{\frac{EI}{\rho l^4}}$$

用本节方法所得近似值较准确值高 1% 左右．

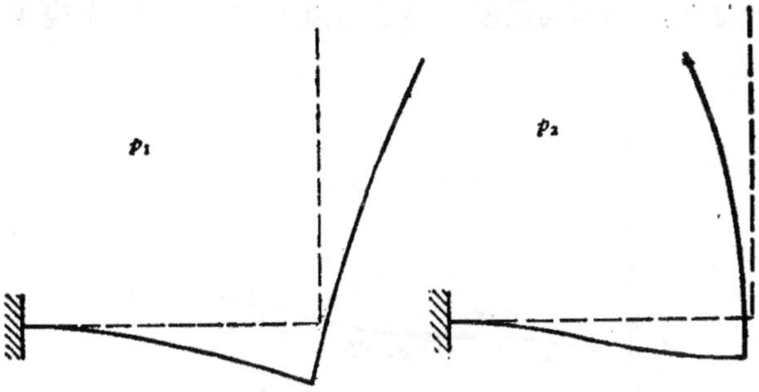

图 10.5-2

10.6 有限元素法

第三类离散化方法为**有限元素法**，它兼有前二类方法的某些特点．有限元素法把一个复杂结构(连续系统)抽象化为有限个元素在有限个结点处对接而成的组合结构．每个元素都是一个弹性体．元素的位移用结点位移的插值函数来表示．插值函数实质上就是一种假设模态．和前述假设模态法不同之处在于：1.这里不

1) R. E. D. Bishop, The Vibration of Frames, Proc. I. M. E., Vol. 170, 1956.

是对整个结构，也不是对各个子结构，而是对每个元素取假设模态．由于元素数目通常取得比较大（即元素尺寸相对地小），所以它们的假设模态可以取得非常简单，一般取多项式函数形式．2．有限元素法不是取模态作为广义坐标，而是取结点位移作为系统的广义坐标．这时，各个元素的分布质量将按一定的格式集中到各个结点上去，并由此得出离散系统的力学模型．从这一观点来说，有限元素法本质上是一种离散化方法．我们还是用梁的弯曲振动分析来说明这一方法的基本思想．先看元素方程的列法，然后再看总体系统方程的列法．

元素方程　在有限元素法中把每个元素都看作是在结点力作用下发生运动的．为了选取梁元素在弯曲振动中的插值函数，我们来看长度为 l 的均匀梁段在常值结点力作用下的静挠曲线，图10.6-1．

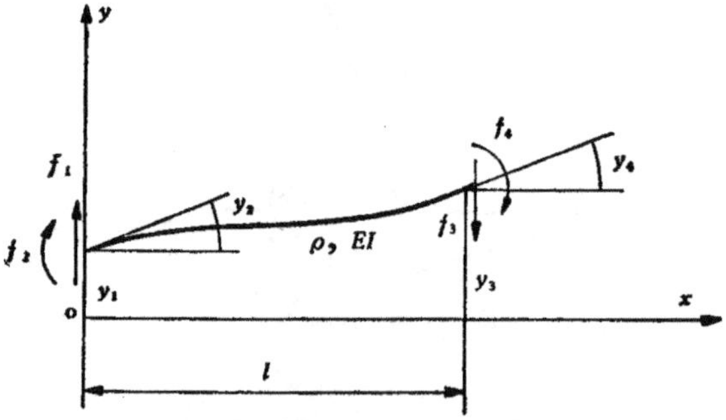

图　10.6-1

这时，梁的分布载荷集度为零．所以梁挠曲线的微分方程为

$$\frac{d^4y}{dx^4}=0 \tag{10.6-1}$$

它的解取下述形式：

$$y(x)=a_0+a_1x+a_2x^2+a_3x^3=\boldsymbol{X}(x)\boldsymbol{a} \tag{10.6-2}$$

其中 $\boldsymbol{X}(x)$ 为行阵，$\boldsymbol{a}$ 为列阵，且有

$$\left.\begin{aligned}\boldsymbol{X}(x)&=[1\quad x\quad x^2\quad x^3]\\ \boldsymbol{a}&=[a_0\quad a_1\quad a_2\quad a_3]^T\end{aligned}\right\} \tag{10.6-2$'$}$$

式 (10.6-2) 中，各个 $a_i(i=0,1,2,3)$ 为积分常数，它们的值取决于边界条件. 梁元素两端的挠度与转角提供了 4 个边界值，由此可确定这些 a_i. 对式 (10.6-2) 求导，可得

$$y'(x)=a_1+2a_2x+3a_3x^2=\boldsymbol{X}'(x)\boldsymbol{a} \tag{10.6-3}$$

其中

$$\boldsymbol{X}'(x)=[0 \quad 1 \quad 2x \quad 3x^2]$$

取梁元素两端的挠度与转角作为梁元素的 4 个广义坐标，即令

$$\boldsymbol{y}=\begin{Bmatrix} y_1 \\ y_2 \\ y_3 \\ y_4 \end{Bmatrix}=\begin{Bmatrix} y(0) \\ y'(0) \\ y(l) \\ y'(l) \end{Bmatrix} \tag{10.6-4}$$

由式 (10.6-2) 与 (10.6-3)，得

$$\begin{aligned} y_1 &= a_0 \\ y_2 &= a_1 \\ y_3 &= a_0+a_1l+a_2l^2+a_3l^3 \\ y_4 &= a_1+2a_2l+3a_3l^2 \end{aligned}$$

或写成

$$\boldsymbol{Y}=\boldsymbol{C}\boldsymbol{a} \tag{10.6-5}$$

其中，$\boldsymbol{a}$ 由式 (10.6-2)′ 表示，而

$$\boldsymbol{C}=\begin{bmatrix} 1 & 0 & 0 & 0 \\ 0 & 1 & 0 & 0 \\ 1 & l & l^2 & l^3 \\ 0 & 1 & 2l & 3l^2 \end{bmatrix}$$

容易看出，$\boldsymbol{C}$ 为非奇异阵，所以它有逆阵 $\boldsymbol{C}^{-1}$. 于是有

$$\begin{aligned} \boldsymbol{a} &= \boldsymbol{C}^{-1}\boldsymbol{y} \\ &= \begin{bmatrix} 1 & 0 & 0 & 0 \\ 0 & 1 & 0 & 0 \\ -\frac{3}{l^2} & -\frac{2}{l} & \frac{3}{l^2} & -\frac{1}{l} \\ \frac{2}{l^3} & \frac{1}{l^2} & -\frac{2}{l^3} & \frac{1}{l^2} \end{bmatrix}\boldsymbol{y} \end{aligned} \tag{10.6-6}$$

从而式(10.6-2)可写为

$$\begin{aligned} y(x) &= \boldsymbol{X}(x)\boldsymbol{a} \\ &= \boldsymbol{X}\boldsymbol{C}^{-1}\boldsymbol{y} = \boldsymbol{\Phi}(x)\boldsymbol{y} \end{aligned} \tag{10.6-7}$$

其中

$$\begin{aligned} \boldsymbol{\Phi}(x) &= \boldsymbol{X}\boldsymbol{C}^{-1} \\ &= [\phi_1 \quad \phi_2 \quad \phi_3 \quad \phi_4] \end{aligned} \tag{10.6-8}$$

且有

$$\left.\begin{aligned} \phi_1 &= 1 - 3\left(\frac{x}{l}\right)^2 + 2\left(\frac{x}{l}\right)^3 \\ \phi_2/l &= \frac{x}{l}\left(1 - \frac{x}{l}\right)^2 \\ \phi_3 &= 3\left(\frac{x}{l}\right)^2 - 2\left(\frac{x}{l}\right)^3 \\ \phi_4/l &= \left(\frac{x}{l}\right)^2\left(\frac{x}{l} - 1\right) \end{aligned}\right\} \tag{10.6-8$'$}$$

式中各个 ϕ_i 也就是梁元素在常值结点力作用下,在广义坐标 y_i 方向上发生单位位移时,梁元素挠曲线的静模态函数. 各个相应的挠曲线如图 10.6-2 示.

在梁的弯曲振动中,如果仍取 $\boldsymbol{y}$ 作为梁元素的广义坐标,这时 $\boldsymbol{y}$ 将是时间的函数,挠曲线将不仅是空间的函数,也是时间的函数. 作为近似,我们假定在振动中梁元素的插值函数与假设模态仍取上述形式. 即有

$$y(x,t) = \boldsymbol{X}(x)\boldsymbol{a}(t) = \boldsymbol{\Phi}(x)\boldsymbol{y}(t) \tag{10.6-9}$$

其中 $\boldsymbol{X}(x)$ 仍由式(10.6-2)$'$表示,而 $\boldsymbol{\Phi}(x)$ 仍由式(10.6-8)表示. 于是有

$$\left.\begin{aligned} \frac{\partial^2 y}{\partial x^2}(x,t) &= \boldsymbol{\Phi}''(x)\boldsymbol{y} \\ \frac{\partial y}{\partial t}(x,t) &= \boldsymbol{\Phi}(x)\dot{\boldsymbol{y}} \end{aligned}\right\} \tag{10.6-10}$$

梁元素的动能可表示为

$$T = \frac{1}{2}\int_0^l \rho\left(\frac{\partial y}{\partial t}\right)^2 dx$$

$$= \frac{1}{2}\int_0^l \rho \dot{\boldsymbol{y}}^T \boldsymbol{\Phi}^T \boldsymbol{\Phi} \dot{\boldsymbol{y}} dx$$

$$= \frac{1}{2}\dot{\boldsymbol{y}}^T \left\{\int_0^l \rho \boldsymbol{\Phi}^T \boldsymbol{\Phi} dx\right\} \dot{\boldsymbol{y}}$$

$$= \frac{1}{2}\dot{\boldsymbol{y}}^T \boldsymbol{m} \dot{\boldsymbol{y}} \tag{10.6-11}$$

其中 $\boldsymbol{m}$ 为梁元素的质量矩阵，即

$$\boldsymbol{m} = \int_0^l \rho \boldsymbol{\Phi}^T \boldsymbol{\Phi} dx \tag{10.6-12}$$

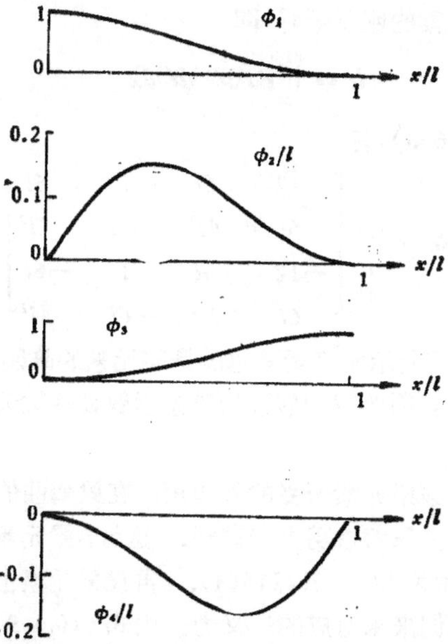

图　10.6-2

将式 (10.6-8) 代入上式，可得

$$m=\frac{\rho l}{420}\begin{bmatrix}156 & 22l & 54 & -13l\\ 22l & 4l^2 & 13l & -3l^2\\ 54 & 13l & 156 & -22l\\ -13l & -3l^2 & -22l & 4l^2\end{bmatrix} \tag{10.6-13}$$

梁元素的势能可表示为

$$\begin{aligned}U&=\frac{1}{2}\int_0^l EI\left(\frac{\partial^2 y}{\partial x^2}\right)^2 dx\\&=\frac{1}{2}\int_0^l EI\boldsymbol{y}^T\boldsymbol{\Phi}''^T\boldsymbol{\Phi}''\boldsymbol{y}dx\\&=\frac{1}{2}\boldsymbol{y}^T\left\{\int_0^l EI\boldsymbol{\Phi}''^T\boldsymbol{\Phi}''dx\right\}\boldsymbol{y}\\&=\frac{1}{2}\boldsymbol{y}^T\boldsymbol{k}\boldsymbol{y}\end{aligned} \tag{10.6-14}$$

其中 $\boldsymbol{k}$ 为梁元素的刚度矩阵，即

$$\boldsymbol{k}=\int_0^l EI\boldsymbol{\Phi}''^T\boldsymbol{\Phi}''dx \tag{10.6-15}$$

考虑到式(10.6-8)，有

$$\boldsymbol{k}=\frac{EI}{l^3}\begin{bmatrix}12 & 6l & -12 & 6l\\ 6l & 4l^2 & -6l & 2l^2\\ -12 & -6l & 12 & -6l\\ 6l & 2l^2 & -6l & 4l^2\end{bmatrix} \tag{10.6-16}$$

可以看到，上式所示刚度矩阵也就是梁元素的静刚度矩阵. 这是可以意料到的，因为我们假设的模态函数就是梁元素的静模态函数.

现在来考察梁元素所受的外作用。在梁弯曲的简化理论中，梁元素的对接力只考虑剪力与弯矩. 这时，梁元素两端共有四个对接力，设表示为 $f_i(i=1,2,3,4)$. 再设梁元素上作用有分布载荷 $f(x,t)$. 我们来求对应的广义力. 由式(10.6-9)，梁元素的虚位移可取为

$$\delta y(x,t)=\sum_i \phi_i(x)\delta y_i$$

在这虚位移上，外作用所作的虚功为

$$\delta W = \sum_i f_i \delta y_i + \int_0^l f(x,t)\delta y(x,t)dx$$
$$= \sum_i \left\{ f_i + \int_0^l f(x,t)\phi_i dx \right\} \delta y_i$$

按广义力的定义，有

$$\delta W = \sum_i Q_i \delta y_i$$

故广义力为

$$Q_i = f_i + \int_0^l f(x,t)\phi_i dx = f_i + Q_{ie} \tag{10.6-17}$$

其中

$$Q_{ie} = \int_0^l f(x,t)\phi_i dx \tag{10.6-17)'$$

将以上所得梁元素的动能、势能与广义力的表示式代入拉格朗日方程，得梁元素的运动微分方程为

$$\boldsymbol{m}\ddot{\boldsymbol{y}} + \boldsymbol{k}\boldsymbol{y} = \boldsymbol{Q} \tag{10.6-18}$$

其中，$\boldsymbol{Q}$ 为广义力列阵，且有 $\boldsymbol{Q} = \{Q_i\}$；而质量矩阵 $\boldsymbol{m}$ 与刚度矩阵 $\boldsymbol{k}$ 分别由式 (10.6-13) 与 (10.6-16) 表示.

例 10.6-1.　取整个梁作为元素来考察简支梁的最低固有频率.

解.　这时，由梁的边界条件，有

$$y_1 = y_3 = 0$$
$$Q_2 = Q_4 = 0$$

由方程 (10.6-18)，可得

$$\frac{\rho l^3}{420}\begin{bmatrix} 4 & -3 \\ -3 & 4 \end{bmatrix}\begin{Bmatrix} \ddot{y}_2 \\ \ddot{y}_4 \end{Bmatrix} + \frac{EI}{l}\begin{bmatrix} 4 & 2 \\ 2 & 4 \end{bmatrix}\begin{Bmatrix} y_2 \\ y_4 \end{Bmatrix} = 0$$

设系统的主振动可表示为

$$\left.\begin{aligned} y_2 &= Y_2 \sin pt \\ y_4 &= Y_4 \sin pt \end{aligned}\right\}$$

可得如下主振型方程：

$$\left\{\frac{EI}{l}\begin{bmatrix}4 & 2\\2 & 4\end{bmatrix}-\frac{\rho l^3p^2}{420}\begin{bmatrix}4 & -3\\-3 & 4\end{bmatrix}\right\}\begin{Bmatrix}Y_2\\Y_4\end{Bmatrix}=0$$

再令

$$\frac{\rho l^4p^2}{420EI}=\lambda$$

得如下频率方程:

$$\begin{vmatrix}4-4\lambda & 2+3\lambda\\2+3\lambda & 4-4\lambda\end{vmatrix}=0$$

由此得

$$\lambda=\frac{2}{7}\quad 或\quad 6$$

即系统的固有频率的近似值为

$$p=10.95\alpha\ 或\ 50.20\alpha,\quad \alpha=\sqrt{\frac{EI}{\rho l^4}}$$

简支梁的前二阶固有频率的准确解为 9.870α 与 39.35α. 可见,取整个梁作为一个元素时,所得最低固有频率近似值的误差约为 10%. 当然,我们可以把梁分成若干个元素来改进这一近似.

系统方程 以上得到了单个元素的质量矩阵、刚度矩阵、广义力列阵,并由此得出元素的运动微分方程. 现在用两个元素的对接来说明系统综合的一般规律. 图 10.6-3(a) 与 3(b) 分别画出了元素的局部坐标系与系统的总体坐标系.

设元素①与②的广义坐标分别用 $\boldsymbol{y}_1$ 与 $\boldsymbol{y}_2$ 表示,即

$$\boldsymbol{y}_1=\begin{Bmatrix}y_1\\y_2\\y_3\\y_4\end{Bmatrix},\qquad \boldsymbol{y}_2=\begin{Bmatrix}y_5\\y_6\\y_7\\y_8\end{Bmatrix}$$

它们的质量矩阵分别表示为 $\boldsymbol{m}_1$ 与 $\boldsymbol{m}_2$,它们的刚度矩阵分别表示为 $\boldsymbol{k}_1$ 与 $\boldsymbol{k}_2$; 动能以及势能分别表示为 $\boldsymbol{T}_1$ 与 $\boldsymbol{T}_2$ 以及 $\boldsymbol{U}_1$ 与 $\boldsymbol{U}_2$. 于是,系统的动能为

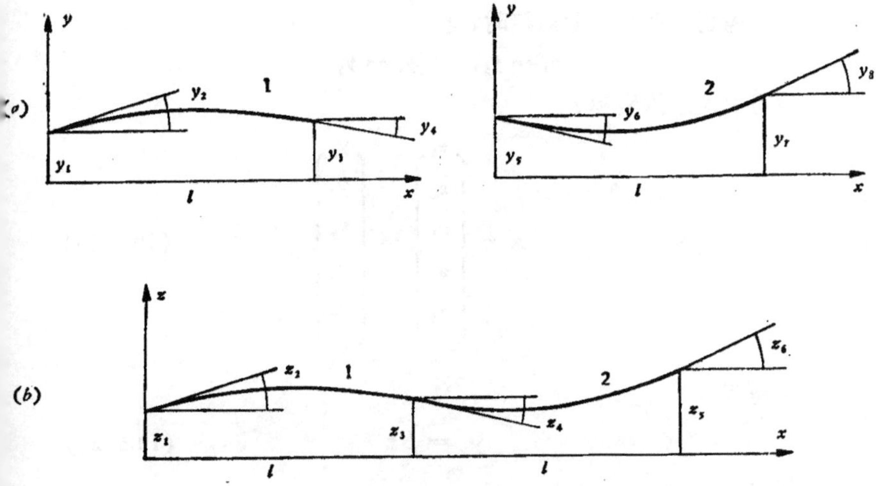

图 10.6-3

$$
\begin{aligned}
T &= T_1 + T_2 \\
&= \frac{1}{2}\sum_{i=1}^{2} \dot{\boldsymbol{y}}_i^T \boldsymbol{m}_i \dot{\boldsymbol{y}}_i
\end{aligned}
$$

系统的势能为

$$
\begin{aligned}
U &= U_1 + U_2 \\
&= \frac{1}{2}\sum_{i=1}^{2} \boldsymbol{y}_i^T \boldsymbol{k}_i \boldsymbol{y}_i
\end{aligned}
$$

或写成

$$
\left.
\begin{aligned}
T &= \frac{1}{2}\dot{\boldsymbol{y}}_L^T \boldsymbol{m}_L \dot{\boldsymbol{y}}_L \\
U &= \frac{1}{2}\boldsymbol{y}_L^T \boldsymbol{k}_L \boldsymbol{y}_L
\end{aligned}
\right\}
\qquad (10.6\text{-}19)
$$

其中

$$
\boldsymbol{y}_L = \begin{Bmatrix} \boldsymbol{y}_1 \\ \boldsymbol{y}_2 \end{Bmatrix}, \quad \boldsymbol{m}_L = \begin{bmatrix} \boldsymbol{m}_1 & \boldsymbol{0} \\ \boldsymbol{0} & \boldsymbol{m}_2 \end{bmatrix}, \quad \boldsymbol{k}_L = \begin{bmatrix} \boldsymbol{k}_1 & \boldsymbol{0} \\ \boldsymbol{0} & \boldsymbol{k}_2 \end{bmatrix}
$$

以上都是采用局部坐标系来表示的.

考虑到两个元素对接时，有

$$y_3 = y_5, \qquad y_4 = y_6$$

故可引入总体坐标 $\boldsymbol{z}$：

$$\boldsymbol{z} = \begin{Bmatrix} z_1 \\ z_2 \\ z_3 \\ z_4 \\ z_5 \\ z_6 \end{Bmatrix} = \begin{Bmatrix} y_1 \\ y_2 \\ y_3 \\ y_4 \\ y_7 \\ y_8 \end{Bmatrix} \tag{10.6-20}$$

于是有

$$\boldsymbol{y}_L = \boldsymbol{\beta z} \tag{10.6-21}$$

其中

$$\boldsymbol{\beta} = \begin{bmatrix} 1 & 0 & 0 & 0 & 0 & 0 \\ 0 & 1 & 0 & 0 & 0 & 0 \\ 0 & 0 & 1 & 0 & 0 & 0 \\ 0 & 0 & 0 & 1 & 0 & 0 \\ 0 & 0 & 1 & 0 & 0 & 0 \\ 0 & 0 & 0 & 1 & 0 & 0 \\ 0 & 0 & 0 & 0 & 1 & 0 \\ 0 & 0 & 0 & 0 & 0 & 1 \end{bmatrix} \tag{10.6-21$'$}$$

将式 (10.6-21) 代入式 (10.6-19)，可得

$$\left.\begin{aligned} T &= \frac{1}{2}\,\dot{\boldsymbol{z}}^T\boldsymbol{\beta}^T\boldsymbol{m}_L\boldsymbol{\beta}\dot{\boldsymbol{z}} = \frac{1}{2}\,\dot{\boldsymbol{z}}^T\boldsymbol{M}\dot{\boldsymbol{z}} \\ U &= \frac{1}{2}\,\boldsymbol{z}^T\boldsymbol{\beta}^T\boldsymbol{k}_L\boldsymbol{\beta}\boldsymbol{z} = \frac{1}{2}\,\boldsymbol{z}^T\boldsymbol{K}\boldsymbol{z} \end{aligned}\right\} \tag{10.6-22}$$

其中

$$\begin{aligned} \boldsymbol{M} &= \boldsymbol{\beta}^T\boldsymbol{m}_L\boldsymbol{\beta} \\ \boldsymbol{K} &= \boldsymbol{\beta}^T\boldsymbol{k}_L\boldsymbol{\beta} \end{aligned} \tag{10.6-22$'$}$$

$\boldsymbol{M}$ 与 $\boldsymbol{K}$ 分别是用总体坐标表示的系统质量矩阵与刚度矩阵．不

难看出，这时 $\boldsymbol{M}$ 与 $\boldsymbol{K}$ 分别由 $\boldsymbol{m}_1$，$\boldsymbol{m}_2$ 与 $\boldsymbol{k}_1$，$\boldsymbol{k}_2$ 按下述方式叠合而成。如果元素①与②具有相同的物理参数，并且取相同的插值函数，那末它们就具有相同的质量矩阵与刚度矩阵，即有

$$\boldsymbol{m}_1=\boldsymbol{m}_2=\boldsymbol{m},\qquad \boldsymbol{k}_1=\boldsymbol{k}_2=\boldsymbol{k}$$

将 $\boldsymbol{m}$ 与 $\boldsymbol{k}$ 等分成 4 个子块，即

$$\boldsymbol{m}=\left[\begin{array}{c|c}\boldsymbol{m}_{11} & \boldsymbol{m}_{12}\\ \hline \boldsymbol{m}_{21} & \boldsymbol{m}_{22}\end{array}\right],\qquad \boldsymbol{k}=\left[\begin{array}{c|c}\boldsymbol{k}_{11} & \boldsymbol{k}_{12}\\ \hline \boldsymbol{k}_{21} & \boldsymbol{k}_{22}\end{array}\right]$$

这时，系统的总体坐标质量矩阵与刚度矩阵可表示为

$$\boldsymbol{M}=\left[\begin{array}{c|c|c}\boldsymbol{m}_{11} & \boldsymbol{m}_{12} & 0\\ \hline \boldsymbol{m}_{21} & \boldsymbol{m}_{22}+\boldsymbol{m}_{11} & \boldsymbol{m}_{12}\\ \hline 0 & \boldsymbol{m}_{21} & \boldsymbol{m}_{22}\end{array}\right]$$

$$=\frac{\rho l}{420}\begin{bmatrix}156 & 22l & 54 & -13l & 0 & 0\\ 22l & 4l^2 & 13l & -3l^2 & 0 & 0\\ 54 & 13l & 312 & 0 & 54 & -13l\\ -13l & -3l^2 & 0 & 8l^2 & 13l & -3l^2\\ 0 & 0 & 54 & 13l & 156 & -22l\\ 0 & 0 & -13l & -3l^2 & -22l & 4l^2\end{bmatrix}$$

$$\boldsymbol{K}=\left[\begin{array}{c|c|c}\boldsymbol{k}_{11} & \boldsymbol{k}_{12} & 0\\ \hline \boldsymbol{k}_{21} & \boldsymbol{k}_{22}+\boldsymbol{k}_{11} & \boldsymbol{k}_{12}\\ \hline 0 & \boldsymbol{k}_{21} & \boldsymbol{k}_{22}\end{array}\right]\tag{10.6-23}$$

$$=\frac{EI}{l^3}\begin{bmatrix}12 & 6l & -12 & 6l & 0 & 0\\ 6l & 4l^2 & -6l & 2l^2 & 0 & 0\\ -12 & -6l & 24 & 0 & -12 & 6l\\ 6l & 2l^2 & 0 & 8l^2 & -6l & 2l^2\\ 0 & 0 & -12 & -6l & 12 & -6l\\ 0 & 0 & 6l & 2l^2 & -6l & 4l^2\end{bmatrix}$$

现在来看系统的广义力。设元素①与②的广义力分别为 $\boldsymbol{Q}_1$ 与 $\boldsymbol{Q}_2$，即设

$$\boldsymbol{Q}_1 = \begin{Bmatrix} Q_1 \\ Q_2 \\ Q_3 \\ Q_4 \end{Bmatrix}, \quad \boldsymbol{Q}_2 = \begin{Bmatrix} Q_5 \\ Q_6 \\ Q_7 \\ Q_8 \end{Bmatrix}$$

再令

$$\boldsymbol{Q}_L = \begin{Bmatrix} \boldsymbol{Q}_1 \\ \boldsymbol{Q}_2 \end{Bmatrix}$$

按广义力的定义，广义力 $\boldsymbol{Q}_L$ 在虚位移 δy_L 上所作的虚功为

$$\delta W = \sum_{i=1}^{8} Q_i \delta y_i = \boldsymbol{\delta y}_L^T \boldsymbol{Q}_L \tag{10.6-24}$$

由式(10.6-21)，有

$$\boldsymbol{\delta y}_L = \boldsymbol{\beta \delta z}$$

上式经转置后，有

$$\boldsymbol{\delta y}_L^T = \boldsymbol{\delta z}^T \boldsymbol{\beta}^T$$

故式(10.6-24)又可写成

$$\delta W = \boldsymbol{\delta y}_L^T \boldsymbol{Q}_L = \boldsymbol{\delta z}^T \boldsymbol{\beta}^T \boldsymbol{Q}_L$$

引入记号

$$\boldsymbol{Q} = \boldsymbol{\beta}^T \boldsymbol{Q}_L \tag{10.6-25}$$

则有

$$\delta W = \boldsymbol{\delta z}^T \boldsymbol{Q}$$

可见，$\boldsymbol{Q}$ 就是对应于系统总体坐标的广义力.

考虑到两元素在对接处的对接力为作用与反作用，故有

$$f_3 = -f_5, \qquad f_4 = -f_6$$

于是，由式(10.6-17)，广义力 $\boldsymbol{Q}$ 为

$$\boldsymbol{Q} = \begin{Bmatrix} Q_1 \\ Q_2 \\ Q_{3e} + Q_{5e} \\ Q_{4e} + Q_{6e} \\ Q_7 \\ Q_8 \end{Bmatrix} \tag{10.6-26}$$

对于由两元素组成的系统，其总体坐标 $\boldsymbol{z}$ 已是独立的广义坐标. 故可将以上得到的用总体坐标表示的系统动能、势能以及广义力的表示式 (10.6-22) 与 (10.6-26) 代入拉格朗日方程，由此得系统总体坐标的运动微分方程:

$$\boldsymbol{M\ddot{z}} + \boldsymbol{Kz} = \boldsymbol{Q} \tag{10.6-27}$$

以上关于两个元素对接的讨论不难推广到具有多个元素的系统.

例 10.6-2. 将均匀简支梁(梁长 $L = 2l$) 分成两个相同的元素来求其固有频率的近似值.

解. 这时，由边界条件有

$$z_1 = z_5 = 0$$
$$f_2 = f_8 = 0$$

且在自由振动中，有

$$Q_{ie} = 0, \qquad i = 1, 2, \cdots, 8$$

故由运动微分方程(10.6-27)，可得

$$\frac{\rho l}{420}\begin{bmatrix} 4l^2 & 13l & -3l^2 & 0 \\ 13l & 312 & 0 & -13l \\ -3l^2 & 0 & 8l^2 & -3l^2 \\ 0 & -13l & -3l^2 & 4l^2 \end{bmatrix}\begin{Bmatrix} \ddot{z}_2 \\ \ddot{z}_3 \\ \ddot{z}_4 \\ \ddot{z}_6 \end{Bmatrix}$$
$$+ \frac{EI}{l^3}\begin{bmatrix} 4l^2 & -6l & 2l^2 & 0 \\ -6l & 24 & 0 & 6l \\ 2l^2 & 0 & 8l^2 & 2l^2 \\ 0 & 6l & 2l^2 & 4l^2 \end{bmatrix}\begin{Bmatrix} z_2 \\ z_3 \\ z_4 \\ z_6 \end{Bmatrix} = \boldsymbol{0}$$

由此得频率方程为

$$\begin{vmatrix} (4-4\lambda)l^2 & -(6+13\lambda)l & (2+3\lambda)l^2 & 0 \\ -(6-13\lambda)l & 24-312\lambda & 0 & (6+13\lambda)l \\ (2+3\lambda)l^2 & 0 & (8-8\lambda)l & (2+3\lambda)l^2 \\ 0 & (6+13\lambda)l & (2+3\lambda)l^2 & (4-4\lambda)l^2 \end{vmatrix} = 0$$

其中

$$\lambda = \frac{\rho l^4 p^2}{420EI} = \frac{\rho L^4 p^2}{6720EI}$$

从这一频率方程可求得系统固有频率的近似值为

$$p = 9.909\alpha,\quad 43.82\alpha,\quad 110.1\alpha,\quad 200.7\alpha$$

其中

$$\alpha = \sqrt{\frac{EI}{\rho L^4}}$$

可见，这时最低固有频率近似值的误差约为 0.4%；而二阶固有频率的误差约为 10%.

例 10.6-3. 将均匀悬臂梁(长 $L = 2l$) 分成相同的两个元素来求梁固有频率的近似值.

解. 这时，由边界条件，有

$$z_1 = z_2 = 0$$
$$f_7 = f_8 = 0$$

且在自由振动中，有

$$Q_{ie} = 0,\qquad i = 1,2,\cdots,8$$

故由运动微分方程 (10.6-27)，可得

$$\frac{\rho l}{420}\begin{bmatrix} 312 & 0 & 54 & -13l \\ 0 & 8l^2 & 13l & -3l^2 \\ 54 & 13l & 156 & -22l \\ -13l & -3l^2 & -22l & 4l^2 \end{bmatrix}\begin{Bmatrix} \ddot{z}_3 \\ \ddot{z}_4 \\ \ddot{z}_5 \\ \ddot{z}_6 \end{Bmatrix} + \frac{EI}{l^3}\begin{bmatrix} 24 & 0 & -12 & 6l \\ 0 & 8l^2 & -6l & 2l^2 \\ -12 & -6l & 12 & -6l \\ 6l & 2l^2 & -6l & 4l^2 \end{bmatrix}\begin{Bmatrix} z_3 \\ z_4 \\ z_5 \\ z_6 \end{Bmatrix} = \mathbf{0}$$

由此得频率方程为

$$\begin{vmatrix} 24 - 312\lambda & 0 & -(12 + 54\lambda) & (6 + 13\lambda)l \\ 0 & (8 - 8\lambda)l^2 & -(6 + 13\lambda)l & (2 + 3\lambda)l^2 \\ -(12 + 54\lambda) & -(6 + 13\lambda)l & 12 - 156\lambda & (-6 + 22\lambda)l \\ (6 + 13\lambda)l & (2 + 3\lambda)l^2 & (-6 + 22\lambda)l & (4 - 4\lambda)l^2 \end{vmatrix} = 0$$

其中

$$\lambda = \frac{\rho l^4 p^2}{420EI} = \frac{\rho L^4 p^2}{6720EI}$$

从上述频率方程可求得系统固有频率的近似值为

$$p = 3.519\alpha, \quad 22.22\alpha, \quad 75.16\alpha, \quad 218.1\alpha$$

其中

$$\alpha = \sqrt{\frac{EI}{\rho L^4}}$$

而均匀悬臂梁的前二阶固有频率的准确值为

$$p = 3.515\alpha, \quad 22.04\alpha$$

可见，最低阶固有频率近似值的误差约为 0.1%；而 2 阶固有频率的误差约为 0.8%.

从以上讨论可以看到，要获得足够的近似，必须将系统分成更多的元素. 从表 10.1 所列举的关于梁弯曲振动特征值 λ_i 的计算结果，可以看出有限元素法的有效性.

习　　题

用假设模态法求解下列问题:

10.1. 设变截面圆轴，一端固支，一端自由. 其转动惯量与扭转刚度的变化规律为

$$I(x) = I\left(1 - \frac{x}{l}\right)$$

$$GI_p(x) = GI_p\left(1 - \frac{x}{l}\right)$$

求系统前二阶扭振固有频率与振型函数的近似解.

10.2. 题图 10.2 所示变截面杆，其截面变化规律为

$$m(x) = \frac{6}{5}m\left(1 - \frac{1}{3}\frac{x}{l}\right)$$

$$EA(x) = \frac{6}{5}EA\left(1 - \frac{1}{3}\frac{x}{l}\right)$$

求系统前二阶纵振固有频率与振型函数的近似解.

表 10.1　均匀梁弯曲振动的特征值 λ_i

固有圆频率 $p_i = \lambda_i^2 \sqrt{\dfrac{EI}{\rho l^4}}$

边界条件	元素数目 \ 固有频率阶次	1阶	2阶	3阶	4阶	5阶
简支梁	2	3.146	6.620	10.495	14.170	
	4	3.142	6.296	9.511	13.239	16.691
	8	3.142	6.284	9.431	12.591	15.781
	准确解	π	2π	3π	4π	5π
悬臂梁	2	1.876	4.714	8.669	14.770	
	4	1.875	4.697	7.885	11.075	15.104
	8	1.875	4.694	7.857	11.008	14.178
	准确解	1.875	4.694	7.855	10.996	14.137
固支梁	2	4.768	9.054			
	4	4.733	7.889	11.113	15.285	19.657
	8	4.730	7.856	11.009	14.181	17.392
	准确解	4.730	7.853	10.996	14.137	17.279

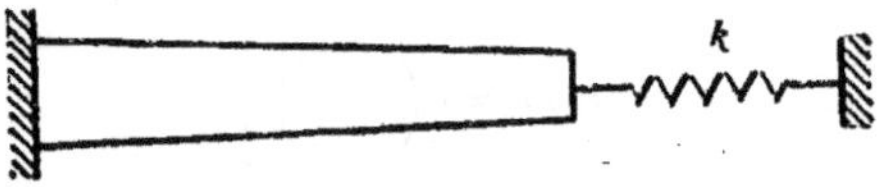

题图　10.2

10.3.　设有单位厚度的楔形梁，一端固支，一端自由，题图 10.3. 其截面变化规律有

$$A(x) = h\left(1 - \frac{x}{2l}\right)$$

$$I(x) = \frac{h^3}{12}\left(1 - \frac{x}{2l}\right)^3$$

求系统前二阶弯振固有频率及振型函数的近似解。

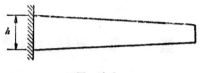

题图 10.3

用模态综合法求解下列问题:

10.4. 把悬臂杆看作一自由均匀杆与一不动刚体对接而成，用自由杆的纵振模态(前三阶)来综合悬臂杆纵振的前二阶固有频率.

10.5 考察题图 10.5 所示平面刚架在本身平面内的弯曲振动. 假设在振动中拐角始终保持为直角，求它的前二阶固有频率与振型.

10.6. 在水平面内弯成直角的圆杆,一端固支,一端自由,题图 10.6. 考察杆在铅垂面内的弯曲振动,但须考虑杆①除弯振外还有扭振. 求它的前二阶固有频率与振型.

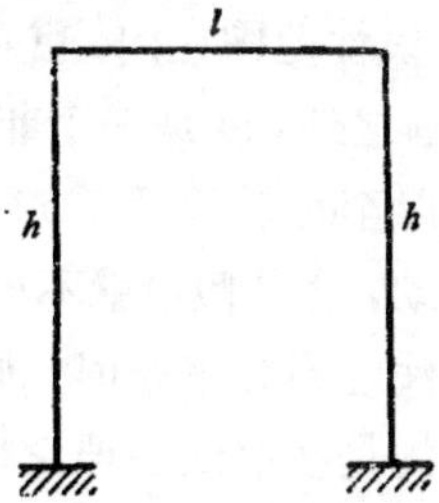

题图 10.5

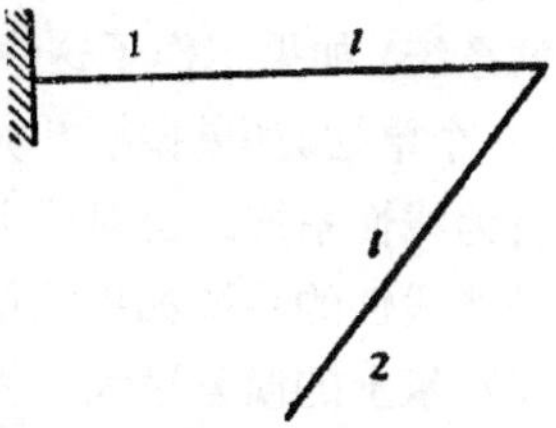

题图 10.6

10.7—10.9. 用有限元素法求解下列问题:

10.7. 将均匀固支梁分成二个相同的元素，求它的弯曲振动基频近似值.

10.8. 将一端固支、一端自由的均匀圆杆，分成相同的四个元素，求它的前二阶扭振频率.

10.9. 将两端固支的均匀杆分成四个相同的元素，求它的前二阶纵振频率.

第十一章　非线性振动

11.1　引　　言

振动系统的许多运动状态可以按线性系统来分析、解释．但这只能限于一定的范围之内，因为系统中某些元件的特性只在某一定范围之内才是线性的．例如，一个弹簧被拉伸或压缩，其中将分别产生拉压恢复力．在一定范围之内，力与变形之间的关系是线性的．超过这一范围，恢复力增长的速率将大于变形增长的速率(硬弹簧)或小于变形增长的速率(软弹簧)．因此，一个简单的弹簧-质量振子，如果工作于弹簧的线性范围之内，就可以看为一个线性系统；如果工作于这线性范围之外，就是一个非线性系统．同理，一个单摆，如果振幅 θ 充分小以至可以假设 $\sin\theta$ 就等于 θ，则可看为线性系统．但对于大幅振动，这种假设就不再正确．本质上是非线性的系统如果简单当作线性系统来处理，则不仅所得结果在数量上的误差过大，更重要的是按照线性理论将无法预料或解释实际系统可能出现的某些重要的非线性现象．

对于线性系统，因果关系是线性的．即载荷加倍，响应也就加倍；若同时作用有不同的载荷，总响应就是各个单独载荷的响应之和．因此可以应用叠加原理．对于非线性系统，因果关系不再是线性的，叠加原理也就不再适用．非线性系统至今没有一般的解法，只能采用一些特殊的研究方法来尽可能地揭示系统的某些重要的运动性态．这些方法沿着定性的与定量的两个方向发展，两者相辅相成．法国物理学家邦加来 (Poincaré) 在这两个方面都作了奠基性的工作．

本章通过一些典型的 1 自由度非线性系统介绍定性方法与定量方法的一些初步知识；揭示非线性系统所特有的某些重要的运

动性态.

11.2 相 平 面

1 自由度振动系统的运动微分方程一般形式为

$$\ddot{x}+f(x,\dot{x},t)=0 \tag{11.2-1}$$

其中 $f(x,\dot{x},t)$ 可以是 x 与 $\dot{x}$ 的非线性函数. 如 $f(x,\dot{x},t)$ 不显含时间 t，则有

$$\ddot{x}+f(x,\dot{x})=0 \tag{11.2-2}$$

方程 (11.2-1) 所表示的系统称为非自治系统，而方程 (11.2-2) 所表示的系统称为自治系统.

我们首先研究自治系统. 令 $\dot{x}=y$，方程 (11.2-2) 可改写为两个联立的一阶方程如下

$$\begin{aligned}\dot{x}&=y\\ \dot{y}&=-f(x,y)\end{aligned} \tag{11.2-3}$$

如果把 x 与 y 都看为笛卡儿坐标，则 x-y 平面称为相平面. 相平面上坐标 (x, y) 所表示的点称为相点，它定义着系统在某一瞬时的状态. 当系统的状态发生变化，相点就在相平面上运动，由此生成的曲线称为相轨线.

将方程 (11.2-3) 的第二式除以第一式，得

$$\frac{dy}{dx}=-\frac{f(x,y)}{y} \tag{11.2-4}$$

方程 (11.2-4) 的积分曲线就是相轨线. 不过这一非线性方程通常是难以积分成封闭形式的. 尽管如此，方程 (11.2-4) 或 (11.2-3) 已经给出了有用的定性知识. 方程 (11.2-4) 在 x-y 平面上定义了一个方向场，也就规定了积分曲线在每一点的方向. 方程 (11.2-3) 则定义了一个矢量场（矢量的两个分量是 $\dot{x}$ 与 $\dot{y}$），积分曲线将处处与矢量场的矢量相切，且相点沿积分曲线运动的方向就是与它相切的场矢量所指的方向. 如果方程 (11.2-3) 右

端连续且适合李普希兹条件(对于涉及大量自然现象的物理系统，这条件通常是满足的)，则对于场矢量不为零(矢量)的点，有唯一的积分曲线经过. 这样的点称为方程(11.2-4)的常点. 对于场矢量为零(矢量)的点，方程(11.2-4)的右端成为不定，经过它的积分曲线除了该点本身之外，还可能有多条乃至无限多条的积分曲线渐近地趋于它. 这样的点称为方程(11.2-4)的奇点. 奇点对应于系统的静平衡状态，因为这时系统的速度 $\dot{x}$ 与加速度 $\dot{y}=\ddot{x}$ 都等于零. 奇点也称为平衡点. 如果在奇点的邻域内没有其它奇点，则称该奇点为孤立奇点. 以后我们将只考虑孤立奇点. 经过常点的积分曲线是唯一确定的. 在奇点附近的积分曲线则很复杂，它们的行为确定平衡状态(奇点)的稳定性.

以后要用到平衡状态的稳定性概念，我们在这里引述李亚普诺夫的稳定性定义，而不详细说明.

如果对于任何预先给定的包含平衡状态(奇点)在内的容许偏差区域 ε，总可指出一个包含着平衡状态(奇点)的区域 δ(一般与 ε 有关)，使得从区域 δ 出发的运动(相轨线)都不跑出区域 ε，那末这平衡状态(奇点)叫做稳定的. 如果从区域 δ 出发的运动(相轨线)都渐近地趋于稳定平衡状态(奇点)，那末这平衡状态(奇点)叫做渐近稳定的. 在相反的情形下，即不论 δ 如何小，总有运动(相轨线)在有限的时间内到达区域 ε 的边界，那末这平衡状态(奇点)叫做不稳定的.

这些定义数学上可表述如下:

1. 平衡状态 $x=x_0$, $y=y_0$ 是稳定的，如果对于任何预先给定的任意小的数 ε，可以找到数 $\delta(\varepsilon)$，使得只要当 $t=t_0$ 时有

$$|x(t_0)-x_0|<\delta(\varepsilon),\quad |y(t_0)-y_0|<\delta(\varepsilon),$$

那末对于任何 t, $t_0<t<+\infty$，就有

$$|x(t)-x_0|<\varepsilon,\quad |y(t)-y_0|<\varepsilon$$

2. 平衡状态 $x=x_0$, $y=y_0$ 是渐近稳定的，如果它是稳定的，且有

$$\lim_{t\to+\infty} x(t) = x_0, \quad \lim_{t\to+\infty} y(t) = y_0$$

3. 平衡状态 $x = x_0$, $y = y_0$ 是不稳定的，如果对于任何预先给定的任意小的数 ε，找不到相应的稳定区域 $\delta(\varepsilon)$. 即不管 δ 如何小，总有运动 $x(t)$，$y(t)$，虽然在 $t = t_0$ 时满足

$$|x(t_0) - x_0| < \delta$$

$$|y(t_0) - y_0| < \delta$$

但在有限的 $t > t_0$，就有

$$|x(t) - x_0| = \varepsilon$$

或
$$|y(t) - y_0| = \varepsilon$$

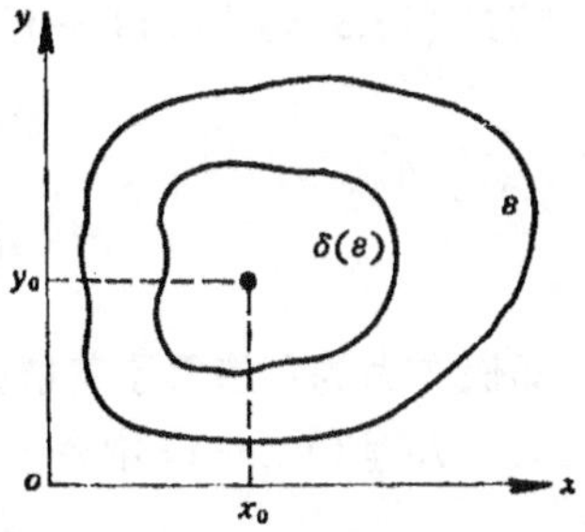

图 11.2-1

11.3 保 守 系 统

保守系统的总能将保持不变. 对于单位质量，动能与势能之和为

$$\frac{1}{2}\dot{x}^2 + U(x) = E = \text{常数} \tag{11.3-1}$$

令 $y = \dot{x}$，则方程 (11.3-1) 表示相平面 x-y 上的一族相轨线. 对 y 解出，有

$$y = \pm\sqrt{2[E - U(x)]} \tag{11.3-2}$$

可见对于保守系统，相轨线必然是对 x 轴对称的. 还有，相轨线只能出现于 $E > U(x)$ 的区域. 因为运动只能发生于 $E > U(x)$，否则速度 $y = \dot{x}$ 将取虚值.

保守系统的运动微分方程可表示为

$$\ddot{x} + f(x) = 0 \tag{11.3-3}$$

其中 $-f(x)$ 是作用于系统的保守力. 因为 $\ddot{x} = \dot{x}(d\dot{x}/dx)$，上式可写成分离变量的形式

$$\dot{x}d\dot{x} + f(x)dx = 0 \tag{11.3-4}$$

积分之，得

$$\frac{1}{2}\dot{x}^2+\int_0^x f(x)dx=E \tag{11.3-5}$$

将式 (11.3-5) 与 (11.3-1) 比较，可得

$$U(x)=\int_0^x f(x)dx$$

$$f(x)=\frac{dU}{dx} \tag{11.3-6}$$

即保守力的负值等于势能的梯度.

方程 (11.3-4) 中令 $y=\dot{x}$，就得到相轨线的微分方程

$$\frac{dy}{dx}=-\frac{f(x)}{y} \tag{11.3-7}$$

方程 (11.3-7) 的奇点对应于 $f(x)=0$，$y=\dot{x}=0$ 的点，也就是平衡点. 由方程 (11.3-6) 可见，在平衡点处，势能曲线的斜率必等

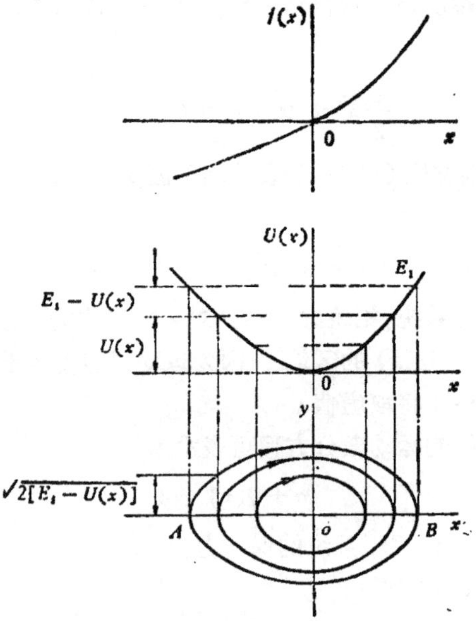

图 11.3-1

于零．这样，保守系统的平衡点只有三种类型，分别对应于势能的极小值，极大值，以及拐点处．分别讨论如下：

I. 设 $xf(x)>0(x\neq 0)$，$f(0)=0$

由 (11.3-6) 可见，这时势能 $U(x)$ 随 $|x|$ 而增大，且 $U(0)=0$．即 $U(x)$ 是定正函数，在平衡点有极小值．在画出势能曲线以后，利用 (11.3-2) 就可对不同的 E 在相平面上画出相轨线．作法如图 11.3-1 所示．因为运动只能发生于 $E>U(x)$，所以这时的相轨线都是闭曲线．上下对称围绕着唯一的奇点 $(0, 0)$，且随着 E 的减小，逐渐收缩于奇点．这样的奇点称为中心．可以看出，中心是稳定的．这也就验证了拉格朗日-狄里赫利定理：如系统在平衡位置势能具有极小值，则此平衡位置是稳定的．

相点沿相轨线运动的方向由 $\dot{x}=y$ 确定．在 $y>0$ 的半平面，x 随时间增大；在 $y<0$ 的半平面，x 随时间减小．故方向沿着顺时针方向．

闭轨线对应于系统的周期运动．周期如用 T 表示，则

$$T=\int_{t_0}^{t_0+T}dt=\oint\frac{dx}{y}=2\int_{x_A}^{x_B}\frac{dx}{\sqrt{2[E-U(x)]}}\quad(11.3\text{-}8)$$

其中 x_A 与 x_B 各为图 11.3-1 中点 A 与 B 的 x 坐标值，且

$$E=U(x_A)=U(x_B)$$

如要得到运动方程，则由如下积分求得

$$t=\int_0^t dt=\int_{x_0}^x\frac{dx}{y}=\int_{x_0}^x\frac{dx}{\pm\sqrt{2[E-U(x)]}}\quad(11.3\text{-}9)$$

计算积分时，当 $y=\dot{x}$ 通过零值时，必须由平方根的一支转到另一支．

由图 11.3-1 可见，在振幅微小的情形，$f(x)$ 近似是线性的，所以在中心附近系统的运动将由单个谐波来描述．但在大振幅情形，闭轨线就不是微小振幅情形的按比例放大，特别是当 $f(x)$ 不是奇函数的情形，闭轨线对 y 轴还是明显不对称的，所以可以预期，非线性系统的振动中将有高次谐波出现．在 $f(x)$ 不是奇函数的情形，振动中心还会偏离平衡位置，出现漂移或流动，漂移的距

离与振幅有关.

由式(11.3-8)还可以看到，振动周期依赖于E因之依赖于振幅. 只有在线性情形，$U(x)$是x的二次函数，才可以通过简单积分看出，这时周期与振幅无关. 周期与振幅的依赖关系将通过后面的具体例子更进一步看出.

II. 设 $xf(x) < 0(x \neq 0)$，$f(0) = 0$

这时势能$U(x)$是定负的，在奇点(0，0)势能有极大值. 相轨线的作图法仍像前一情形一样. 由于这时势能$U(x)$是定负的，条件 $E > U(x)$不可能在闭区域里得到满足，所以相轨线不可能是闭曲线. 当然仍是上下对称的. 如图 11.3-2 所示. 当$E=0$，相轨线是奇点本身以及四支趋近于它和离开它的曲线. 这四支曲线将相平面分成上下左右四个不同的区域，故称为分界线. 当$E > 0$，相轨线出现在上下两个区域. 当$E < 0$，相轨线出现在

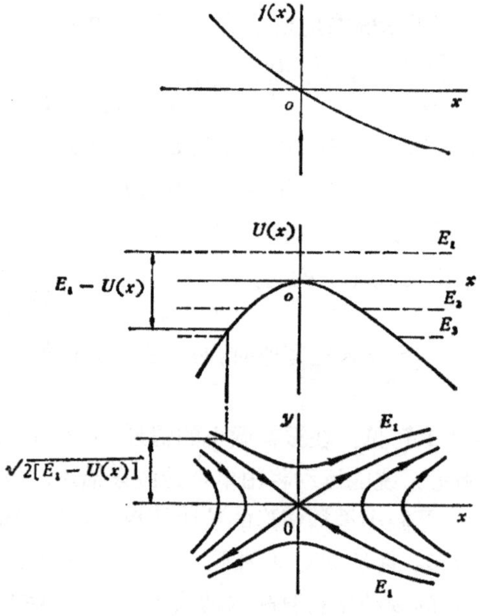

图 11.3-2

左右两个区域．相点在相轨线上运动的方向是，在上半平面沿着使 x 增加的方向，在下半平面沿着使 x 减小的方向．这时奇点是不稳定的．因为在它不论多小的邻域内，除了两支趋近于它的分界线以外，所有相轨线都要离开它．这样的奇点称为鞍点．它是一种排斥性的平衡位置．

III．设 $f(x)>0(x\neq 0)$，$f(0)=0$

这时势能 $U(x)$ 是变号函数，奇点 $(0,0)$ 对应于它的拐点处．这样的奇点既不是中心也不是鞍点，是一种退化情形．由图 11.3-3 可见，它也是不稳定的．

II，III 两种情形，平衡点都是不稳定的．这就验证了李亚普诺夫定理：如系统在平衡位置势能不具极小值，则此平衡位置是不稳定的．

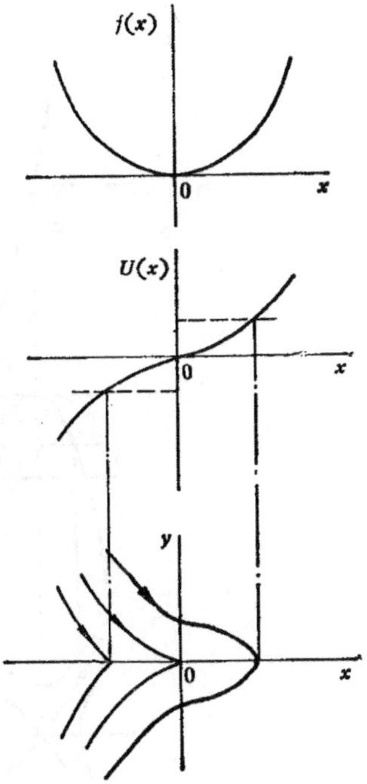

图 11.3-3

总结上述情形，保守系统的奇点只能是中心，鞍点，或退化情形．相轨线是依赖于总能 E 的曲线族．不存在孤立闭轨线．

例 11.3-1．考察杜芬（Duffing）方程

$$\ddot{x}+\omega_0^2(x+\beta x^3)=0 \tag{a}$$

如 $\beta>0$，即硬弹簧情形．这时有 $xf(x)>0$ $(x\neq 0)$，且 $f(0)=0$．故属于情形 I．相轨线都是闭曲线，围绕着中心 $(0,0)$．

如 $\beta<0$，即软弹簧情形．这时令 $-\beta=\rho^2$，则系统的奇点有 $(0,0)$，$\left(\frac{1}{\rho},0\right)$，$\left(-\frac{1}{\rho},0\right)$，共三个．如图 11.3-4 所示．前一个对应于势能的极小值，后两个各对应于势能的极大值，即前

一个是中心，后两个是鞍点．所以这时的相轨线是 I，II 两种情形

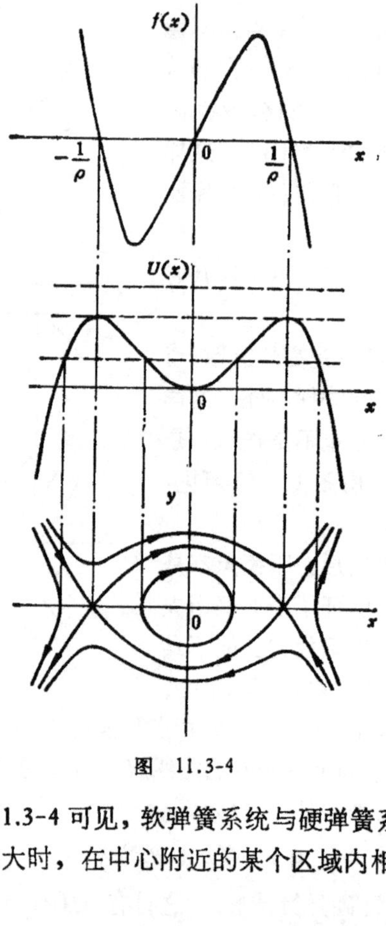

图　11.3-4

的合并．由图 11.3-4 可见，软弹簧系统与硬弹簧系统不同，只当系统的总能不太大时，在中心附近的某个区域内相轨线才是封闭的．

由于所设的 $f(x)$ 对 $\beta>0$ 或 $\beta<0$ 都是奇函数，所以两种情形的相轨线都不仅对 x 轴对称，而且对 y 轴对称．这时周期运动的周期可写成

$$T=4\int_0^a \frac{dx}{\sqrt{2E-\omega_0^2\left(x^2+\frac{\beta}{2}x^4\right)}} \tag{b}$$

其中 a 是 x 的最大值．由

$$U(a) = E \tag{c}$$

确定．式 (b) 可以通过椭圆积分用椭圆函数表示．但我们不这样做了，只限于将它改写成便于定性说明问题的积分形式．因 a 由方程 (c) 确定，故 a^2 是 $2E - \omega_0^2\left(Z + \frac{\beta}{2}Z^2\right) = 0$ 的根．于是有

$$2E - \omega_0^2\left(x^2 + \frac{\beta}{2}x^4\right) = \frac{\omega_0^2\beta}{2}(a^2 - x^2)(b^2 + x^2) \tag{d}$$

比较两端系数得

$$\frac{\beta}{2}(-b^2 + a^2) = -1 \text{ 或 } b^2 = a^2 + \frac{2}{\beta} \tag{e}$$

利用 (d) 和 (e) 改写 (b) 并引入关系式

$$x = a\sin\theta \tag{f}$$

以 θ 作为新的积分变量代替 (b) 中的 x，就可得到新的积分形式为

$$T = \frac{4\sqrt{2}}{\omega_0}\int_0^{\frac{\pi}{2}}\frac{d\theta}{\sqrt{2 + \beta a^2 + \beta a^2\sin^2\theta}} \tag{g}$$

现在，从 (g) 已经可以看出，这时的振动周期 T 与线性振动情形的不一样．对于线性振动，$\beta = 0$，由 (g) 可得 $T = \frac{2\pi}{\omega_0}$，它与振幅无关．但对于非线性振动，$\beta \neq 0$，振动周期明显依赖于振幅．对于硬弹簧 ($\beta > 0$)，当振幅增大时，它的周期减小，因而频率增加；而对于软弹簧 ($\beta < 0$)，情况正好相反，即随着振幅增大，周期增加，频率减小． 对于 $\beta > 0$，所有相轨线都是封闭的，即所有运动都是周期运动； 这时 (g) 无论如何总是有效的． 然而对于 $\beta < 0$，只有在中心附近的某个区域内，相轨线才是封闭的．所以仅当 (c) 所确定的 a 不是太大时，(g) 才有意义．

在图 11.3-5 中，我们分别对线性弹簧，硬弹簧与软弹簧三种情形作出了振幅 a 与频率 $\omega = \frac{2\pi}{T}$ 之间关系的示意曲线． 利用 (g) 不难证明这些曲线在 $\omega = \omega_0$ 处有公共切线． 图中强调指

出：对于硬弹簧，频率随振幅的增大而增加；对于线性弹簧，频率与振幅无关；对于软弹簧，频率随振幅的增大而减小．只在振幅充分小时，非线性弹簧才近似于线性弹簧，频率与振幅无关．

还可计算相点沿分界线趋向鞍点所需的时间．不失一般性，我们计算分界线上 $x=0$ 的点沿分界线趋向鞍点 $\left(\frac{1}{\rho}, 0\right)$ 所需的时间 T_s．由 (g) 去掉其中的因子 4，并令 $a=\frac{1}{\rho}$，$\beta=-\rho^2$，就得到结果：

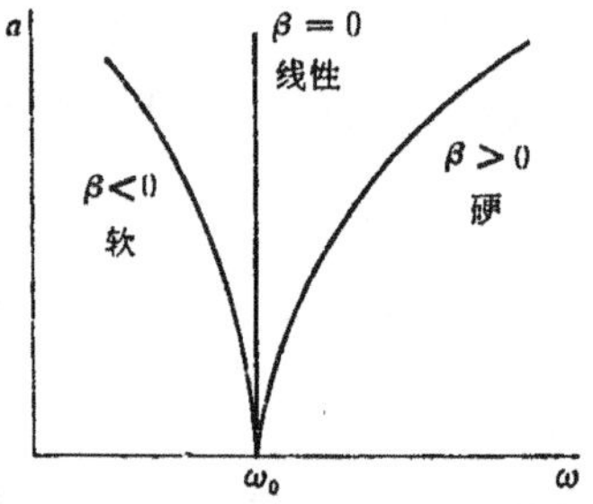

图　11.3-5

$$T_s=\frac{\sqrt{2}}{\omega_0}\int_0^{\frac{\pi}{2}}\frac{d\theta}{\sqrt{1-\sin^2\theta}}$$

$$=\frac{\sqrt{2}}{\omega_0}\int_0^{\frac{\pi}{2}}\sec\theta d\theta$$

可以看到 T_s 是无限的．这就是说要达到不稳定平衡位置所需的时间是无限的．于是也清楚地看到，在这种平衡位置的邻域中，任何运动都是缓慢的“蠕动”．对于这种性质的平衡点，这是一个一般的结论．

例 11.3-2．考察单摆的情形．单摆的运动微分方程可以表示为

$$\ddot{x}+\omega_0^2\sin x=0,\quad \omega_0^2=g/L \tag{a}$$

其中 g 是重力加速度，L 是摆长．这时 $f(x)=\omega_0^2\sin x$，故

$$U(x)=\omega_0^2(1-\cos x) \tag{b}$$

于是相轨线方程(即能量守恒方程)为

$$y^2=2[E-\omega_0^2(1-\cos x)] \tag{c}$$

奇点则由 $y=0$, $f(x)=\omega_0^2\sin x=0$ 给出．即为 $y=0$, $x=n\pi$ (n 是任何正的或负的整数)，其中当 n 为偶数时，奇点对应于势能的极小值，所以是中心；当 n 为奇数时，奇点对应于势能的极大值，

所以是鞍点. 中心与鞍点相间地出现. 相轨线与奇点如图 11.3-6 所示. 由 (c) 可见,必须 $E>0$, 运动才能发生. 如果 $0<E<2\omega_0^2$, 则相轨线是围绕着各个中心的闭曲线. 这时振幅 a 满足关系式

$$E=\omega_0^2(1-\cos a) \tag{d}$$

而振动的周期 T 根据 (11.3-8) 并利用 (b) 与 (d), 可表为

$$T=\frac{4}{\sqrt{2}\,\omega_0}\int_0^a\frac{dx}{\sqrt{\cos x-\cos a}}$$

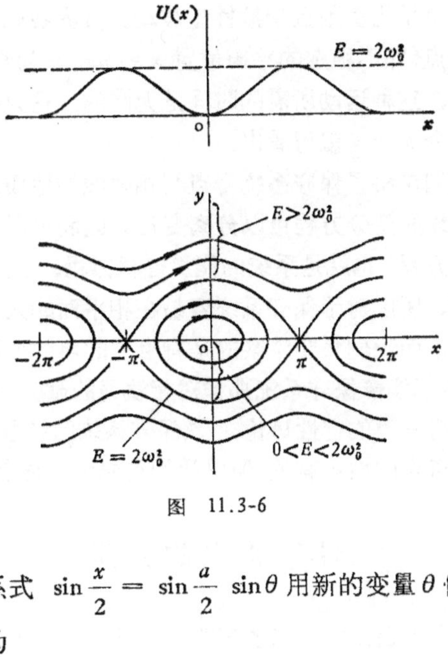

图 11.3-6

如果引入关系式 $\sin\frac{x}{2}=\sin\frac{a}{2}\sin\theta$ 用新的变量 θ 代替 x, 则 T 的积分式成为

$$T=\frac{4}{\omega_0}\int_0^{\frac{\pi}{2}}\frac{d\theta}{\sqrt{1-\sin^2\frac{a}{2}\sin^2\theta}} \tag{e}$$

即 T 由第一类完全椭圆积分给出. 我们看到周期随振幅的增大而增大,这与单摆的恢复力是软性的事实相符合.

如果 $E > 2\omega_0^2$. 则由 (c) 可以看出，$y = \dot{x}$ 永远不会达到零值，对应的相轨线就是图 11.3-6 中所示的开曲线. $E = 2\omega_0^2$ 时出现由闭曲线向开曲线的过渡，即得到分界线. 分界线的方程为

$$y^2 = 4\omega_0^2 \cos^2 \frac{x}{2}$$

上述三种类型的相轨线对应着单摆的如下三种运动：闭曲线对应着单摆在它的最低位置 ($x = 2n\pi$) 附近振动. 开曲线对应于这样的运动，即单摆的初速如此之大，以致一直以同一转动方向绕着悬挂点在铅垂面内转动. 这时角位移 x 无限地增加，而角速度 $y = \dot{x}$ 在某个平均值附近周期性地波动. 分界线则对应着单摆到达它的最高点(即不稳定的平衡位置 $x = n\pi$, n 为奇数)时速度恰为零的运动. 这种运动所需的时间是无限的. 这只要从 (e) 中去掉因子 4 并令 $a = \pi$ 就可看出.

上面我们考察了保守系统奇点与相轨线的性质. 保守系统的特点是相轨线的微分方程可以分离变量，因而可以通过直接积分得到相轨线方程，也就是系统的能量守恒方程. 这样得到的相轨线是准确的，所以对于保守系统容易在相平面的大范围内研究系统的行为. 下面我们将要考察的是有阻尼的自治系统. 由于阻尼的出现，通常不能像保守系统那样对相轨线的微分方程直接积分，只能对它进行一般的定性讨论. 从保守系统已经看到，相轨线的一般行为与奇点的性质有关，所以我们首先讨论奇点的性质.

11.4 奇点的性质

一般来说 1 自由度自治系统的运动微分方程可归结为如下形式：

$$\dot{x} = P(x, y), \quad \dot{y} = Q(x, y) \tag{11.4-1}$$

其中 $P(x, y)$ 与 $Q(x, y)$ 一般是状态变量 x, y 的非线性函数，有连续的一阶偏导数. 为便于把方程写成矩阵形式，引入记号 $x = x_1$, $\dot{x} = x_2$, $P(x, y) = X_1(x_1, x_2)$, $Q(x, y) = X_2(x_1, x_2)$,

方程 (11.4-1) 可写成

$$\dot{x}_1 = X_1(x_1, x_2), \quad \dot{x}_2 = X_2(x_1, x_2) \tag{11.4-2}$$

消去 dt，得到系统的相轨线微分方程

$$\frac{dx_2}{dx_1} = \frac{X_2(x_1, x_2)}{X_1(x_1, x_2)} \tag{11.4-3}$$

方程 (11.4-3) 的奇点由

$$X_1(\alpha_1, \alpha_2) = 0, \quad X_2(\alpha_1, \alpha_2) = 0 \tag{11.4-4}$$

确定。其中 α_1, α_2 是常数，表示奇点的坐标 $x_1 = \alpha_1$, $x_2 = \alpha_2$. 因为 X_1, X_2 一般是非线性函数，所以 (11.4-4) 的解可能不止一个。我们将只考察与相平面坐标原点重合的奇点附近的相轨线行为，这时有 $\alpha_1 = \alpha_2 = 0$. 这不失一般性，因为相轨线的斜率不因坐标系的平移而变化，所以对于那些不与原点重合的奇点总可利用坐标系平移(坐标变换)使它成为新坐标系的原点。这样，将 X_1 与 X_2 在原点附近按泰勒公式展开，则方程 (11.4-3) 写成

$$\frac{dx_2}{dx_1} = \frac{a_{11}x_1 + a_{12}x_2 + \varepsilon_1(x_1, x_2)}{a_{21}x_1 + a_{22}x_2 + \varepsilon_2(x_1, x_2)} \tag{11.4-5}$$

相应地方程 (11.4-2) 写成

$$\begin{aligned} \dot{x}_1 &= a_{11}x_1 + a_{12}x_2 + \varepsilon_1(x_1, x_2) \\ \dot{x}_2 &= a_{21}x_1 + a_{22}x_2 + \varepsilon_2(x_1, x_2) \end{aligned} \tag{11.4-6}$$

其中系数 a_{ij} 为

$$a_{ij} = \left.\frac{\partial X_i}{\partial x_j}\right|_{x_j=0}, \quad i, j = 1, 2 \tag{11.4-7}$$

这就解释了为什么要求 $X_i (i = 1, 2)$ 具有连续的一阶偏导数。函数 ε_1 与 ε_2 是非线性的，其中至少包含着关于 x_1 与 x_2 的二次项。引入矩阵记号

$$\boldsymbol{x} = \begin{Bmatrix} x_1 \\ x_2 \end{Bmatrix}, \quad \boldsymbol{\varepsilon} = \begin{Bmatrix} \varepsilon_1 \\ \varepsilon_2 \end{Bmatrix}, \quad \boldsymbol{A} = \begin{Bmatrix} a_{11} & a_{12} \\ a_{21} & a_{22} \end{Bmatrix} \tag{11.4-8}$$

方程 (11.4-6) 可写成简洁的形式

$$\dot{\boldsymbol{x}} = \boldsymbol{A}\boldsymbol{x} + \boldsymbol{\varepsilon} \tag{11.4-9}$$

方程 (11.4-9) 称为系统的非线性完全方程。设函数 ε_1 与 ε_2 在原

点附近是可忽略的微小量，则方程可近似为

$$\dot{\boldsymbol{x}} = \boldsymbol{A}\boldsymbol{x} \tag{11.4-10}$$

方程（11.4-10）称为系统在原点附近的线性化方程或变分方程．如果用线性化方程（11.4-10）取代非线性完全方程对系统在原点附近的运动进行分析，称为无穷小分析，一般可望得到在原点附近的运动性质的可靠信息．然而也有这样的情形，即线性化方程不能提供关于非线性完全系统的运动性质的确切信息．这将在后面讨论．

方程（11.4-10）所表示的系统在原点附近的运动取决于矩阵 $\boldsymbol{A}$ 的特征值．这可说明如下．设方程（11.4-10）的解为

$$\boldsymbol{x}(t) = e^{\lambda t}\boldsymbol{x}_0 \tag{11.4-11}$$

其中 $\boldsymbol{x}_0$ 是常数列矩阵．将(11.4-11)代入(11.4-10)并遍除以 $e^{\lambda t}$，即得特征值问题

$$\lambda\boldsymbol{x}_0 = \boldsymbol{A}\boldsymbol{x}_0 \tag{11.4-12}$$

由此得特征方程

$$\det(\boldsymbol{A} - \lambda\boldsymbol{I}) = 0 \tag{11.4-13}$$

方程（11.4-13）有二个根 λ_1 与 λ_2，它们就是矩阵 $\boldsymbol{A}$ 的特征值．由（11.4-11）可见，所求的运动形式取决于特征值 λ_1 与 λ_2 的性质．我们只讨论 λ_1 与 λ_2 不等于零的情形，这时必有 $\det\boldsymbol{A} \neq 0$．或者说，矩阵 $\boldsymbol{A}$ 必是非奇异的．这时方程（11.4-5）的奇点（原点）称为一阶奇点或初级奇点．下面分三种情形讨论．

1. 如 λ_1 与 λ_2 是相异实根，则可找到变换

$$\boldsymbol{x}(t) = \boldsymbol{B}\boldsymbol{u}(t) \tag{11.4-14}$$

其中 $\boldsymbol{B}$ 是非奇异常数矩阵，使（11.4-10）变成

$$\dot{\boldsymbol{u}} = \boldsymbol{C}\boldsymbol{u} \tag{11.4-15}$$

其中

$$\boldsymbol{C} = \boldsymbol{B}^{-1}\boldsymbol{A}\boldsymbol{B} = \begin{bmatrix} \lambda_1 & 0 \\ 0 & \lambda_2 \end{bmatrix} \tag{11.4-16}$$

于是（11.4-15）变成二个独立的运动微分方程

$$\dot{u}_1 = \lambda_1 u_1, \quad \dot{u}_2 = \lambda_2 u_2 \tag{11.4-17}$$

方程(11.4-17)有解

$$u_1 = u_{10}e^{\lambda_1 t}, \quad u_2 = u_{20}e^{\lambda_2 t} \tag{11.4-18}$$

其中 u_{10} 与 u_{20} 分别是 u_1 与 u_2 的初值.(11.4-18)就是系统在原点附近的运动方程,也是相轨线在原点附近的参数方程,运动的性质依赖于 λ_1 与 λ_2 是否同号.

如 λ_1 与 λ_2 同号,奇点(原点)称为结点,当 $\lambda_2 < \lambda_1 < 0$,即两根都是负实根. 这时由(11.4-18)可见,在相平面 u_1-u_2 上所有相轨线随着 $t \to \infty$ 而趋于原点,如图 11.4-1(a) 所示. 所以原点是稳定结点. 系统在原点附近的运动都渐近地趋于原点. 除了 $u_{10} = 0$ 这种情形外,所有相轨线趋于原点时斜率都等于零. 当 $\lambda_2 > \lambda_1 > 0$,图 11.4-1(a) 中的箭头都要调反方向. 这时结点是不稳定的.

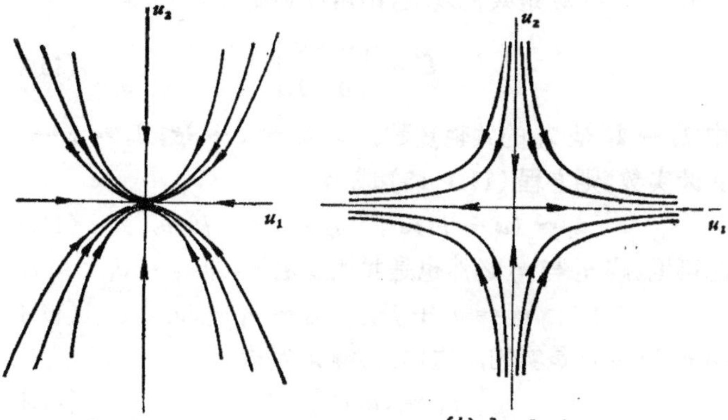

(a) $\lambda_2<\lambda_1<0$　　(b) $\lambda_2<0<\lambda_1$

图 11.4-1

如 λ_1 与 λ_2 反号,则有一个解趋于零而另一个趋于无穷. 这时平衡点称为鞍点. 鞍点总是不稳定的. 图 11.4-1(b) 是对应于 $\lambda_2 < 0 < \lambda_1$ 的相图.

2. 如 λ_1 与 λ_2 是相等实根,则可找到变换 $\boldsymbol{B}$ 使得

$$\boldsymbol{C} = \begin{bmatrix} \lambda_1 & 0 \\ 0 & \lambda_1 \end{bmatrix} \tag{11.4-19}$$

或

$$C=\begin{bmatrix}\lambda_1 & 1\\ 0 & \lambda_1\end{bmatrix} \tag{11.4-20}$$

对应于 (11.4-19) 的情形,方程 (11.4-15) 成为

$$\dot{u}_1=\lambda_1 u_1,\quad \dot{u}_2=\lambda_1 u_2 \tag{11.4-21}$$

方程 (11.4-21) 有解

$$u_1=u_{10}e^{\lambda_1 t},\quad u_2=u_{20}e^{\lambda_1 t} \tag{11.4-22}$$

所以相轨线是通过原点的直线族．当 $\lambda_1<0$,平衡点是稳定结点;当 $\lambda_1>0$,则是不稳定结点．至于 (11.4-20) 的情形,平衡点称为退化结点．这时相轨线是一族趋于原点的曲线,仍然是当 $\lambda_1<0$ 时平衡点稳定,当 $\lambda_1>0$ 时不稳定．因为等根不是常见的情形,所以不再详细讨论．

3. 如 λ_1 与 λ_2 是共轭复根,则可找到变换 $\boldsymbol{B}$ 使得

$$C=\begin{bmatrix}\lambda_1 & 0\\ 0 & \bar{\lambda}_1\end{bmatrix} \tag{11.4-23}$$

其中 $\lambda_2=\bar{\lambda}_1$ 是 λ_1 的共轭复数．令 $\lambda_1=\alpha+j\beta$, $\bar{\lambda}_1=\alpha-j\beta$, α 与 β 为实数,则方程 (11.4-15) 成为

$$\dot{u}_1=(\alpha+j\beta)u_1,\quad \dot{u}_2=(\alpha-j\beta)u_2 \tag{11.4-24}$$

由此可见,解 u_1 与 u_2 必然也是共轭复函数,即 $u_2=\bar{u}_1$．引入记号

$$u_1=v_1+jv_2,\quad u_2=v_1-jv_2 \tag{11.4-25}$$

其中 v_1 与 v_2 都是实的．这样,将解 u_1 写成

$$u_1=(u_{10}e^{\alpha t})e^{j\beta t} \tag{11.4-26}$$

于是可以看出,在复平面 v_1-v_2 上,矢量 u_1 的端点轨迹(相轨线)是一族对数螺旋线．事实上,因子 $e^{j\beta t}$ 代表一个在复平面上以角速度 β 旋转的单位矢量,而矢量 u_1 的大小 $|u_{10}|e^{\alpha t}$ 则随 $e^{\alpha t}$ 而变化．这时的平衡点称为**焦点**．对于 $\alpha<0$,焦点是稳定的;而对于 $\alpha>0$,焦点则是不稳定的．β 的符号规定复矢量的旋转方向．当 $\beta>0$ 为逆时针方向,$\beta<0$ 为顺时针方向．图 11.4-2(a) 所示的是 $\alpha<0$, $\beta>0$ 时的一支典型相轨线．

当 $\alpha=0$,矢量 u_1 的大小不随时间变化,相轨线是以原点为

中心的圆(图 11.4-2(b))。 这时平衡点称为中心。附近的运动是周期的，因此中心是稳定的，但不是渐近稳定的。

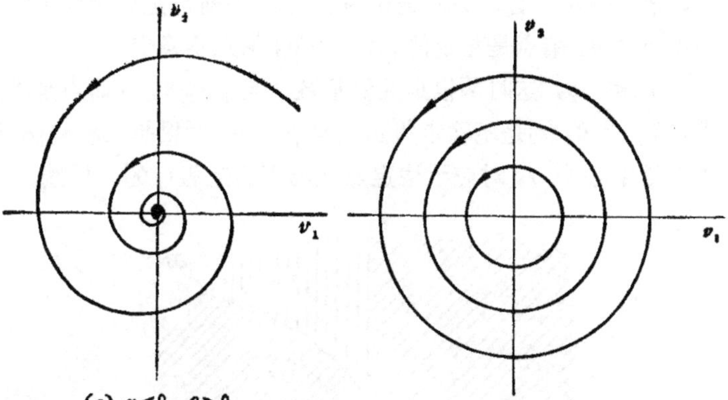

(a) $\alpha<0$, $\beta>0$　　(b) $\alpha=0$, $\beta>0$

图　11.4-2

这样，根据求解特征方程(11.4-13)所得的特征值 λ_1 与 λ_2，就可确定奇点的性质。然而，特征值为特征方程的系数所完全确定。因此也可直接根据对系数 $a_{ij}(i, j=1, 2)$ 的考察来确定奇点的性质。现在回到特征方程(11.4-13)，并写成

$$\det(\boldsymbol{A}-\lambda\boldsymbol{I})=\lambda^2-(a_{11}+a_{22})\lambda+a_{11}a_{22}-a_{12}a_{21}=0 \quad (11.4\text{-}27)$$

引入两个参数

$$\begin{aligned} a_{11}+a_{22}&=\mathrm{tr}\boldsymbol{A}=p \\ a_{11}a_{22}-a_{12}a_{21}&=\det\boldsymbol{A}=q \end{aligned} \quad (11.4\text{-}28)$$

这样，特征方程变成

$$\lambda^2-p\lambda+q=0 \quad (11.4\text{-}29)$$

它的根为

$$\left.\begin{matrix}\lambda_1\\ \lambda_2\end{matrix}\right\}=\frac{1}{2}\left(p\pm\sqrt{p^2-4q}\right) \quad (11.4\text{-}30)$$

与前面讨论过的三种情形对应起来：

1. $p^2>4q$。这时两个特征值是相异实数。当 $q>0$，两根同

号．这时，如 $p<0$，则平衡点是稳定结点（记为 SN）；如 $p>0$，则为不稳定结点（UN）．当 $q<0$，两根反号． 这时不论 p 的符号如何平衡点都是鞍点（SP）．

2. $p^2=4q$． 这时两根是相等实数． 平衡点是分界线上的结点．如 $p<0$，结点是稳定的，如 $p>0$，结点不稳定．

3. $p^2<4q$，这时两根是共轭复数．当 $p<0$，平衡点是稳定焦点；当 $p>0$，则是不稳定焦点．当 $p=0$，两根是共轭纯虚数，平衡点是中心（C），对应于稳定焦点与不稳定焦点的分界线．

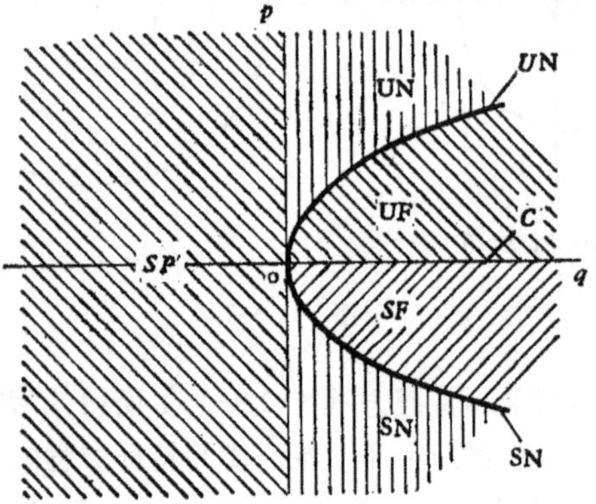

图 11.4-3

图11.4-3所示的 p-q 参数图给出了奇点性质的各种可能性的全貌．由图可见，中心是弱稳定焦点与弱不稳定焦点无限趋近的一种极限情形．因此中心更应该看作一个数学概念，通常表示一种假设的物理实况．中心是保守系统的一个特征．类似地，$p^2=4q$ 的情形对应于图 11.4-3 中将结点与焦点分开的抛物线．物理上，这条抛物线代表着振动运动与非振动运动的分界． 在标有 SN 的区域，运动的特性是非振动性衰减的；而在标有 SF 的区域运动的特性则是衰减振动．另一方面，在标有 UN 的区域，运动是非振动性发散的；而在标有 UF 的区域，运动则是发散振动．在标有 C 的区域（只包含着 q 的正半轴），运动是谐和的．由图 11.4-3 可见，只有 $p\leqslant 0$ 且 $q>0$，平衡点是稳定的． p，q 的其它任何一种组合

则都是不稳定.

根据上面的讨论可以看出：结点与焦点，不是渐近稳定就是不稳定. 鞍点则总是不稳定. 中心则仅仅是稳定的. 渐近稳定对应于特征值都是负实数或是有负实部的共轭复数的情形，不稳定则对应于特征值中至少有一个是正实数或是有正实部的复数的情形. 所以如果根据线性化手续就能判明平衡点是渐近稳定的或不稳定的. 则非线性完全系统的平衡点也必有完全相同的性质. 因为这时舍去的高次项只能使按无穷小分析所得的不为零的实部有微小的变化，即只能使系统的阻尼率有微小的增减，不会影响在平衡点附近运动的实质. 但对于仅仅是稳定的情形则不然，因为这时按无穷小分析出现了实部等于零的特征值，舍去的高次项的微小影响会使这个原为零实部的特征值的实部发生质的变化，从而影响了原点附近运动的性质. 因此由线性化系统得到的平衡点如是中心，由非线性完全系统得到的可能是稳定焦点或不稳定焦点，也可能仍是中心. 这要由考察包含于 ε_1 与 ε_2 中的高次项来确定. 这样，当 $\det\boldsymbol{A} \neq 0$，除中心的情形外，线性化方程 (11.4-10) 与非线性完全方程 (11.4-9) 的原点有相同的性质.

例 11.4-1. 应用上述理论考察单摆的奇点性质. 设单摆的运动微分方程为

$$\ddot{x} + \omega_0^2 \sin x = 0 \tag{a}$$

解. 令 $x = x_1$, $\dot{x} = x_2$, 则 (a) 可写成

$$\dot{x}_1 = x_2, \quad \dot{x}_2 = -\omega_0^2 \sin x_1 \tag{b}$$

平衡点为

$$x_1 = \pm i\pi, \ i = 0, 1, 2, \cdots, \ x_2 = 0$$

由于点 $x_1 = 0, \pm 2\pi, \pm 4\pi, \cdots, x_2 = 0$ 对应于同一个物理位置. 而点 $x_1 = \pm\pi, \pm 3\pi, \pm 5\pi, \cdots, x_2 = 0$ 对应于另同一个物理位置. 所以我们只须考察平衡点 $x_1 = x_2 = 0$ 以及 $x_1 = \pi$, $x_2 = 0$, 得到的结论完全适合于其它的平衡点.

在 $x_1 = x_2 = 0$ 附近，(b) 的线性化方程为

$$\dot{x}_1 = x_2, \quad \dot{x}_3 = -\omega_0^2 x_1 \tag{c}$$

它的系数矩阵为

$$A=\begin{bmatrix}0 & 1\\ -\omega_0^2 & 0\end{bmatrix}$$

相应的特征方程为

$$\det(A-\lambda I)=\lambda^2+\omega_0^2=0 \tag{d}$$

方程 (d) 有根

$$\begin{matrix}\lambda_1\\ \lambda_2\end{matrix}=\pm j\omega_0$$

因是共轭纯虚根,所以平衡点是中心.

在 $x_1=\pi$, $x_2=0$ 附近, (b) 的线性化方程为

$$\dot{x}_1=x_2,\qquad \dot{x}_2=\omega_0^2 x_1$$

它的系数矩阵为

$$A=\begin{bmatrix}0 & 1\\ \omega_0^2 & 0\end{bmatrix}$$

特征方程为

$$\det(A-\lambda I)=\lambda^2-\omega_0^2=0$$

有根

$$\begin{matrix}\lambda_1\\ \lambda_2\end{matrix}=\pm\omega_0$$

因是异号实根，所以平衡点是鞍点. $x_1=\pi$ 表示摆处倒立位置,显然这个位置是不稳定的.

同一问题也可借参数 p, q 进行讨论. 对于平衡点 $x_1=x_2=0$,

$$p=\mathrm{tr}A=0,\qquad q=\det A=\omega_0^2>0$$

在 p-q 图上属于 q 的正半轴，故平衡点是中心. 而对于平衡点 $x_1=\pi$, $x_2=0$,

$$p=\mathrm{tr}A=0,\quad q=\det A=-\omega_0^2<0$$

在 p-q 图上属于 q 的负半轴,故平衡点是鞍点.

单摆的问题我们已经作为保守系统的例子在相平面上讨论过它的大范围运动了. 现在则只考察在平衡点附近的运动. 借无穷小分析得到的中心是不能断定完全系统究竟是中心还是稳定焦点

或不稳定焦点的. 但对于这个特殊问题,从物理上考虑,系统没有能量损耗与增添,是可以得出完全系统仍是中心的结论的.

这样,平衡点 $x_1 = 0$, $\pm 2\pi$, $\pm 4\pi$, $\cdots$, $x_2 = 0$ 是中心,而平衡点 $x = \pm\pi$, $\pm 3\pi$, $\pm 5\pi$, $\cdots$, $x_2 = 0$ 是鞍点.

例 11.4-2. 考察下列方程的奇点性质

$$\ddot{x} + \eta\dot{x}^3 + x = 0 \tag{a}$$

解. 令 $x = x_1$, $\dot{x} = x_2$, 则 (a) 可以写成

$$\dot{x}_1 = x_2, \quad \dot{x}_2 = -x_1 - \eta x_2^3 \tag{b}$$

奇点就是相平面的原点 $x_1 = 0$, $x_2 = 0$. 在它附近的线性化方程为

$$\dot{x}_1 = x_2, \quad \dot{x}_2 = -x_1 \tag{c}$$

方程 (c) 的系数矩阵为

$$\boldsymbol{A} = \begin{bmatrix} 0 & 1 \\ -1 & 0 \end{bmatrix}$$

故 $p = \mathrm{tr}\boldsymbol{A} = 0$, $q = \det\boldsymbol{A} = 1 > 0$, 即原点为中心,因此是稳定的. 但实际完全系统包含着高次项 $\eta x_2^3 = \eta\dot{x}^3$, 系统的实际运动将随 $\eta > 0$ 而衰减或随 $\eta < 0$ 而发散. 即对于非线性完全系统,原点是稳定焦点或不稳定焦点.

例 11.4-3. 考察下列方程的奇点性质.

$$\ddot{x} + x^2 = 0 \tag{a}$$

解. 令 $x = x_1$, $\dot{x} = x_2$, 则 (a) 写成

$$\dot{x}_1 = x_2, \quad \dot{x}_2 = -x_1^2. \tag{b}$$

它有唯一的奇点,即原点 $x_1 = 0$, $x_2 = 0$. 原点附近的相轨线见保守系统的退化情形, 图 11.3-3, 是一簇开曲线. 原点是不稳定的. 然而方程 (b) 在原点附近的线性化方程为

$$\dot{x}_1 = x_2, \quad \dot{x}_2 = 0 \tag{c}$$

却有布满整个轴 x_1 的奇点, 相轨线则是一族平行于轴 x_1 的直线. 可见两系统没有对应关系. 注意到这时线性化方程的系数矩阵为

$$A=\begin{bmatrix}0 & 1\\0 & 0\end{bmatrix}$$

显然有 $\det A=0$. 当 $\det A=0$，线性化方程的原点就不是孤立奇点，这是一个一般的性质. 这时完全方程的孤立奇点称为高阶奇点.

11.5 极限环，自激振动

现在从奇点附近运动特性的研究转到相轨线在整个相平面上的行为的研究. 我们只限于考察只有一个奇点的系统(例如拟线性系统).

从保守系统已经看到，如奇点是中心，它的周围将布满环绕着它的闭轨线，形成一个连续族. 在非保守的自治系统，由于能量的增添与损耗，p-q 图上 $p \doteqdot 0$，故中心将变成焦点(或结点)，原来环绕中心的闭轨线将变成螺旋线(或抛物线). 如果系统存在这样的阻尼，即在振幅小于某值时阻尼是负的，使运动发散；而在振幅大于某值时，阻尼又变成正的，使运动衰减. 那末就有可能在振幅等于某值时，相平面上会出现一条闭轨线. 这样的闭轨线是孤立的. 它存在着一个邻域，在其中没有别的闭轨线，而是布满螺旋线(或抛物线)渐近地趋于它，故称它为**极限环**. 极限环可能不止一

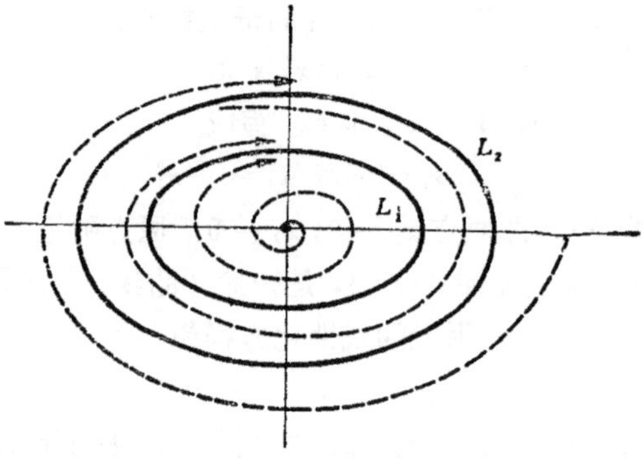

图 11.5-1

个．所以，非保守的自治系统的相平面将出现奇点，在只有一个奇点的系统，这奇点就是焦点或结点；还可能有数量有限的几个孤立闭轨线——极限环；以及其它不闭的轨线，它们或者盘向极限环，或者趋于奇点．如图 11.5-1，图 11.5-2 所示．随着时间 t 的增加，如果极限环两侧的相轨线都渐近地趋于它，则极限环是稳定的．如果哪怕有一侧的相轨线是离开它的，则极限环是不稳定的．图 11.5-1，图 11.5-2 中，极限环 L_1 与 M_2 是稳定的，其余的都是不稳定的．不稳定极限环是实际系统不能实现的运动．稳定的极限环对应于系统的稳态周期运动．这样的稳态运动称为自激振动或简称自振．线性系统中是不可能出现这一现象的．

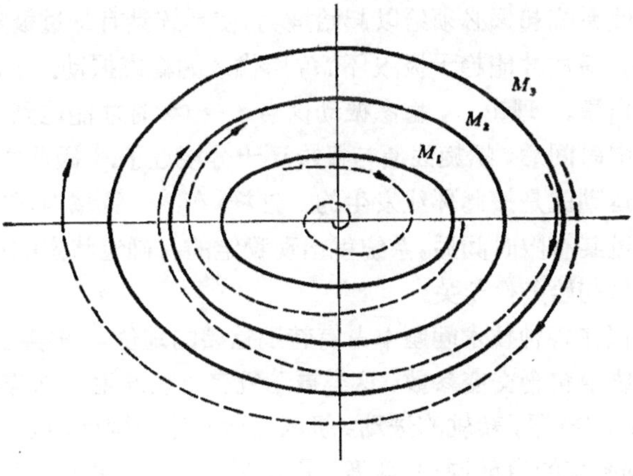

图 11.5-2

自振发生于系统受到某些不可避免的干扰而自发地开始振动，振幅一直增长至系统的非线性因素起作用而限制振幅为止．这种运动之所以能够维持，是由于存在一个与系统有关的外部恒定能源，又由于系统固有的非线性机制，在运动着的系统与恒定能源之间引起交变力的出现，使系统周期性地从恒定能源获取能量，平衡由于阻尼而造成的能量损耗．自振与强迫振动不同．维持自振的交变力是由运动本身产生或控制的，一旦运动停止，交变力就不再出现．而维持强迫振动的交变力由外部能源独立产生，它不依赖于运动，即使运动消失了，交变力仍可存在．这样，强迫振动的频率完全由外力确定，而自振频率则很接近于系统的固有频率．然而自振又与保守系统的自由振动不同．保守系统自由振动的振幅是任意的，完全由初条件确定．而自振的振幅在一定范围之内与初始条件无关，只为系统的参数所确定．如图11.5-1情形，在极限环 L_2 所围成的区域内，从任意点出发，都渐近地趋于极限环 L_1．而在图11.5-2情形，从极限环 M_1 与 M_3 所围成的环域内任意点出发，都渐近地趋向极限环 M_2．前一情形平衡点是不稳定的，因此任意微小的干扰都可使系统起振最后趋于极限环 L_1 所代表的稳态振动．这现象称为**软自激**．后一情形平衡点是稳定的，因此要使系统起振必须给以起始推力，使系统具有越过极限环 M_1 的振幅，最后才能趋于极限环 M_2 所代表的稳态振动．这现象则称为**硬自激**．理论上，稳态振动仅当 $t\to\infty$ 时才能达到．然而，经过有限时间后，螺旋线便与极限环十分接近了．因此实际上可以看作运动就是按此环线发生的．这样，在某一区域内，任意初始条件经过某有限时间后，系统就出现稳定的有确定状态的振动，完全与这些初始条件无关．

自振在各种技术问题中占有特别重要的地位．事实上，只要物理系统中包含交变参数，这类振动就有可能发生．如车轮的闪动，机翼的颤振，转轴的进动，机床低速部件的爬行，电子管的振荡，控制系统的自激振动，等等．因此寻求极限环并确定其稳定性就成为非线性自治系统理论中的一个最重要的问题．

根据相平面上的一般定性讨论，极限环的存在是明显的．但在解决具体问题时要详细确定它却有很大的困难．除了拟线性系统外，还没有解决极限环存在性与确定它的位置的一般理论方法．虽然也存在一些判定极限环存在与不存在的经典定理，但用处有限．在多数情形，问题的解决还只能采用由定性方法引出的图解法以及借助于模拟机或数字机的数值计算．

范德波（Van der Pol）振荡器是已知的存在极限环的系统的

一个经典例子．我们通过这个例子来考察极限环的某些性质．范德波振荡器由下列微分方程所描述

$$\ddot{x} + \mu(x^2 - 1)\dot{x} + x = 0, \quad \mu > 0 \qquad (11.5\text{-}1)$$

它可以看为一个有变阻尼的振荡器．事实上 $\mu(x^2 - 1)$ 可以看为依赖于振幅的阻尼因子，当 $|x| < 1$，因子是负的；当 $|x| > 1$，因子是正．因此，在区域 $|x| < 1$，负阻尼使振幅增大；而在区域 $|x| > 1$，正阻尼使振幅减小．因此可望有极限环存在．实际上也确是可以确定的．

令 $x = x_1$，$\dot{x} = x_2$，方程 (1) 成为

$$\dot{x}_1 = x_2, \quad \dot{x}_2 = -x_1 + \mu(1 - x_1^2)x_2 \qquad (11.5\text{-}2)$$

显然，原点是唯一的平衡点．为确定平衡点的性质，我们写出原点附近的线性化方程为

$$\dot{x}_1 = x_2, \quad \dot{x}_2 = -x_1 + \mu x_2 \qquad (11.5\text{-}3)$$

它的系数矩阵为

$$\boldsymbol{A} = \begin{bmatrix} 0 & 1 \\ -1 & \mu \end{bmatrix}$$

于是特征方程为

$$\lambda^2 - \mu\lambda + 1 = 0 \qquad (11.5\text{-}4)$$

方程 (11.5-4) 有根

$$\begin{matrix}\lambda_1 \\ \lambda_2\end{matrix} = \frac{\mu}{2} \pm \sqrt{\left(\frac{\mu}{2}\right)^2 - 1} \qquad (11.5\text{-}5)$$

当 $\mu > 2$，λ_1 与 λ_2 都是正实根，所以原点是不稳定结点．当 $\mu<2$，λ_1 与 λ_2 是有正实部的共轭复根，所以原点是不稳定焦点．总之，原点是不稳定平衡点．从它邻域出发的任何运动都将离开此邻域而趋于极限环．

为求相轨线方程，将方程 (11.5-2) 的第二式除以第一式，得

$$\frac{dx_2}{dx_1} = \mu(1 - x_1^2) - \frac{x_1}{x_2} \qquad (11.5\text{-}6)$$

方程 (11.5-6) 不能积分为封闭的形式．当 μ 充分小时，可用后面将要讲到的摄动法求按 μ 展为幂级数形式的解．或用其它近似方

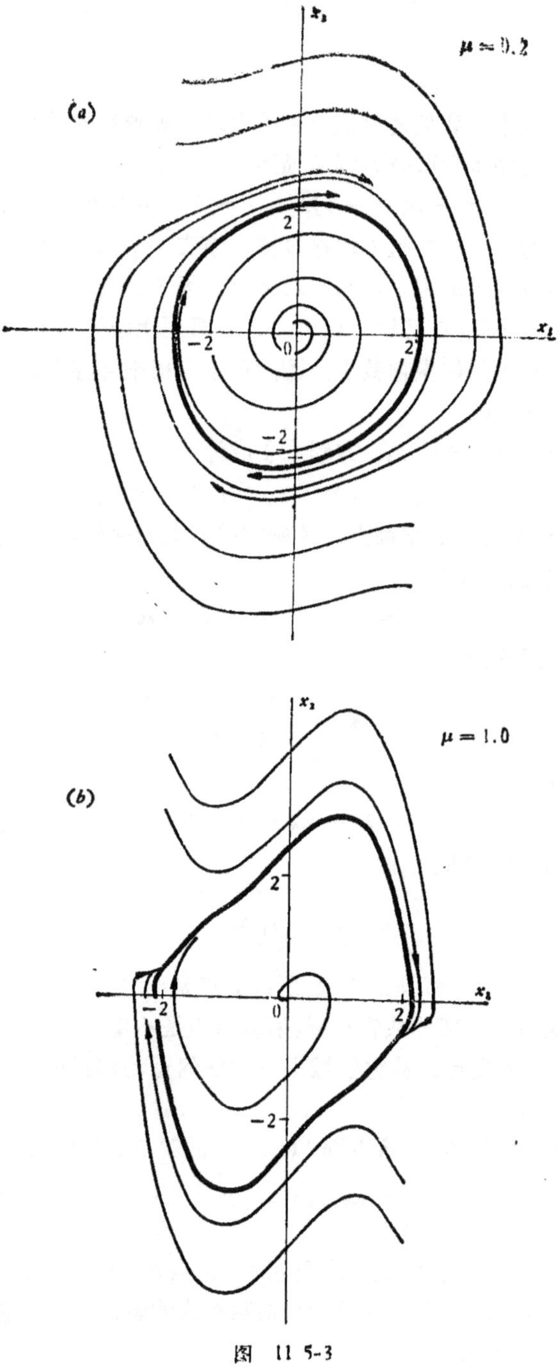

图 11 5-3

法求近似解. 在μ的一般情形，相轨线可用下节的图解法求得，或借模拟机或数字机求数值解. 图 11.5-3 中的相轨线是根据模拟机对 $\mu=0.2$ 与 $\mu=1.0$ 算得的结果画出的. 由图可见，极限环的形状依赖于参数 μ. 事实上当 $\mu\to 0$，极限环变成圆. 因为所有相轨线都从环的内侧或外侧趋于它，故极限环是稳定的. 注意如 $\mu<0$，则平衡点是稳定的而极限环是不稳定的. 因此可以说，稳定的极限环绕着不稳定平衡点，而不稳定极限环绕着稳定平衡点.

最后指出，根据原点附近的线性化分析是不足以揭示系统的极限环的. 线性化分析可以预示系统当$\mu>0$时平衡位置不稳定，运动将无限增长. 实际控制振幅大小的是非线性项 $\mu x^2\dot{x}$. 不过如果我们的目的只在于防止系统发生自激的话，那末线性化分析所提供的知识有时也足够了.

11.6 等倾线法

等倾线法是求自治系统积分曲线的一般作图法.

设自治系统的运动微分方程为

$$\dot{x}=P(x,y),\quad \dot{y}=Q(x,y) \tag{11.6-1}$$

于是相平面 x-y 上积分曲线的微分方程为

$$\frac{dy}{dx}=\varphi(x,y) \tag{11.6-2}$$

其中

$$\varphi(x,y)=\frac{Q(x,y)}{P(x,y)}$$

如固定斜率 dy/dx 为某个确定的数 c，解方程 (11.6-2)，得到曲线

$$\varphi(x,y)=c \tag{11.6-3}$$

称为**等倾线**. 它是所有积分曲线中斜率等于 c 的点的轨迹.

等倾线法的作图步骤如下：给 c 以不同的值如 $c_1,c_2,c_3,\cdots$,

根据方程(11.6-3)就可以在相平面上作出一系列的等倾线．等倾线如有交点则必是方程(11.6-2)的奇点，因在交点处 dy/dx 变成不定．

在 $c=c_1$ 的等倾线上任取一点 A，经过它作斜率分别等于 c_1 与 c_2 的两直线段．这两直线段与 $c=c_2$ 的等倾线交于两点，将此两点之间的等倾线弧段平分为两半，得到中点 B(如图 11.6-1)．直线段 AB 就可近似地取为这两等倾线之间的积分曲线弧段．所取的 c_1 与 c_2 数值越靠近，所得的结果就越准确．再以 B 为起点，重复相同的步骤，就可得到 $c=c_2$ 与 $c=c_3$ 两等倾线之间的积分曲线的近似弧段 BC．这样继续下去就可得到所需的近似积分曲线．

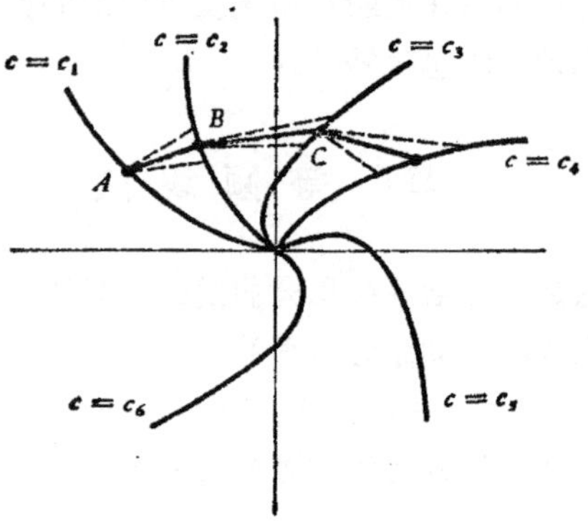

图 11.6-1

11.7 利埃纳(Liénard)法

二阶非线性微分方程的一类重要特殊情形是

$$\ddot{x}+\varphi_1(\dot{x})+\omega_0^2x=0 \qquad (11.7\text{-}1)$$

它的积分曲线可以用利埃纳作图法很简便地作出，特别是确定极限环．对方程(11.7-1)作变换 $\tau=\omega_0t$ 并令 $y=dx/d\tau$，则方程(11.7-1)变为

$$\frac{dy}{d\tau} = -\varphi(y) - x, \quad \frac{dx}{d\tau} = y \tag{11.7-2}$$

其中

$$\varphi(y) = \frac{1}{\omega_0^2}\varphi_1(\omega_0 y)$$

于是积分曲线的微分方程为

$$\frac{dy}{dx} = \frac{-\varphi(y) - x}{y} \tag{11.7-3}$$

如在相平面 x-y 上作出曲线(图 11.7-1)

$$x = -\varphi(y) \tag{11.7-4}$$

又在相平面上任取一点 P，它的坐标为 (x, y). 从点 P 引直线平行于轴 x 与曲线 $x = -\varphi(y)$ 交于点 M，再由 M 作 x 轴的垂线 MN，则线段 NP 的斜率为

$$\operatorname{tg}\alpha = \frac{PL}{MP} = \frac{y}{x + \varphi(y)} \tag{11.7-5}$$

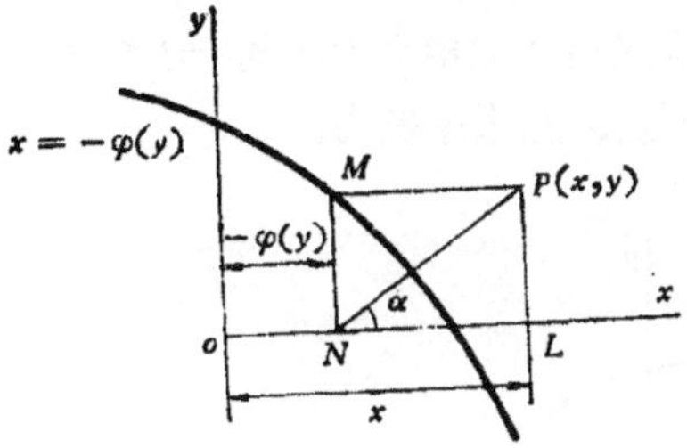

图 11.7-1

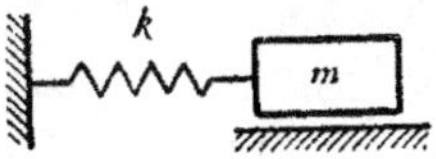

图 11.7-2

将 (11.7-5) 与 (11.7-3) 比较，可以看出通过点 P 的积分曲线在点 P 的切线方向与线段 NP 垂直.

因此，积分曲线可以用利埃纳法作出如下：过点 P 作垂直于 NP 的直线段，在此直线段上取点 P_1，由点 P_1 再用同样的方法求出积分曲线经过点 P_1 的切线方向. 这样继续下去可以得到一条折线，它就是积分曲线的近似. 如折线的每段充分小，就能得到有相当精度的结果.

例 11.7-1. 一质点受到线性弹簧与库仑摩擦的作用(图 11.7-2)，试画出系统的相轨线.

解. 质点的运动微分方程为

$$m\ddot{x} \pm F + kx = 0, \quad \dot{x} \gtrless 0 \tag{a}$$

其中 F 为库仑摩擦力的大小. 引入记号 $\omega_0^2 = k/m$, $f = F/m\omega_0^2$; 对方程 (a) 作变换 $\tau = \omega_0 t$, 并令 $y = dx/d\tau$. 方程 (a) 变为

$$\frac{dy}{d\tau} = \mp f - x, \quad \frac{dx}{d\tau} = y, \quad y \gtrless 0 \tag{b}$$

于是相轨线的微分方程为

$$\frac{dy}{dx} = \frac{\mp f - x}{y}, \quad y \gtrless 0 \tag{c}$$

这时,利埃纳法中的曲线 $x = -\varphi(y)$ 为 $x = -f$ (当 $y > 0$) 以及 $x = f$ (当 $y < 0$), 是两条平行于 y 轴的半直线,分别由 x 轴上的点 S_1 与 S_2 画出(图 11.7-3). 可以看出, 在 $y > 0$ 的半平面, 相轨线是以 S_1 为中心的圆弧;在 $y < 0$ 的半平面, 相轨线是以 S_2 为中心的圆弧. 通过 x 轴时,圆弧互相连接起来. 这样,经过每一次连接,振幅就减少 $2f$. 当相轨线与 x 轴相交于区间 $-f \leqslant x \leqslant f$ 时,运动就停止. 这时弹簧力不足以克服摩擦力.

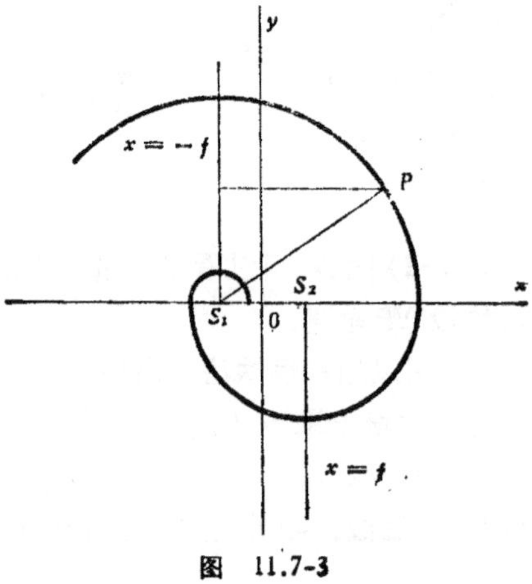

图 11.7-3

方程 (c) 对于 $y>0$ 为

$$\frac{dy}{dx}=-\frac{f+x}{y}$$

奇点为 $x=-f,\ y=0$，相轨线方程为 $(x+f)^2+y^2=C$，是以奇点为中心的圆弧. 同理，方程 (c) 对于 $y<0$，相轨线是以奇点 $x=f,\ y=0$ 为中心的圆弧. 可见对于这特殊情形，利埃纳法得到的是准确结果.

例 11.7-2. 一滑块放在以匀速 V 运动的粗糙皮带上，滑块通过一线性弹簧系于固定支座(图 11.7-4). 设滑块同时受到库仑摩擦与粘性阻尼的作用. 试用利埃纳法讨论滑块的运动.

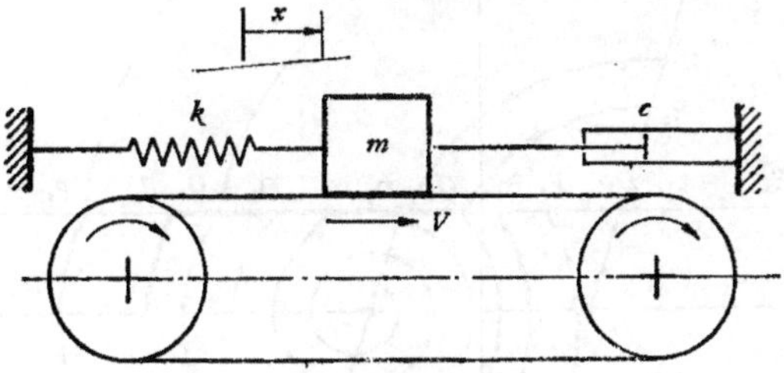

图 11.7-4

解. 记弹簧从原长的伸长为 x，则滑块的运动微分方程为

$$m\ddot{x}\pm F+c\dot{x}+kx=0,\quad \dot{x}-V\gtrless 0 \tag{a}$$

其中 F 为库仑摩擦力的大小，c 为粘性阻尼系数. 再引入记号

$$\omega_0^2=k/m,\ f=F/m\omega_0^2,\ \varepsilon=c/m\omega_0,\ v=V/\omega_0$$

对方程 (a) 作变换 $\tau=\omega_0 t$ 并令 $y=dx/d\tau$. 则方程 (a) 变为

$$\frac{dy}{d\tau}=(\mp f-\varepsilon y)-x,\quad y-v\gtrless 0 \tag{b}$$

$$\frac{dx}{d\tau}=y$$

于是相轨线微分方程为

$$\frac{dy}{dx}=\frac{(\mp f-\varepsilon y)-x}{y},\ y-v\gtrless 0 \tag{c}$$

考虑通常动摩擦力比静摩擦力小，相应的 f 分别记为 f_d 与 f_s. 这时利埃纳法中的曲线 $x=-\varphi(y)$ 如图 11.7-5 所示：即从点 D_1 与 D_2 画出的两条半直线 $x=-f_d-\varepsilon y$ 与 $x=f_d-\varepsilon y$；以及在直线 $y=v$ 上的两个点 E_1 与 E_2. 其中点 D_1 与 D_2 的坐标分别为 $(-f_d-\varepsilon v, v)$ 与 $(f_d-\varepsilon v, v)$，而点 E_1 与 E_2 的坐标分别为 $(-f_s-\varepsilon v, v)$ 与 $(f_s-\varepsilon v, v)$.

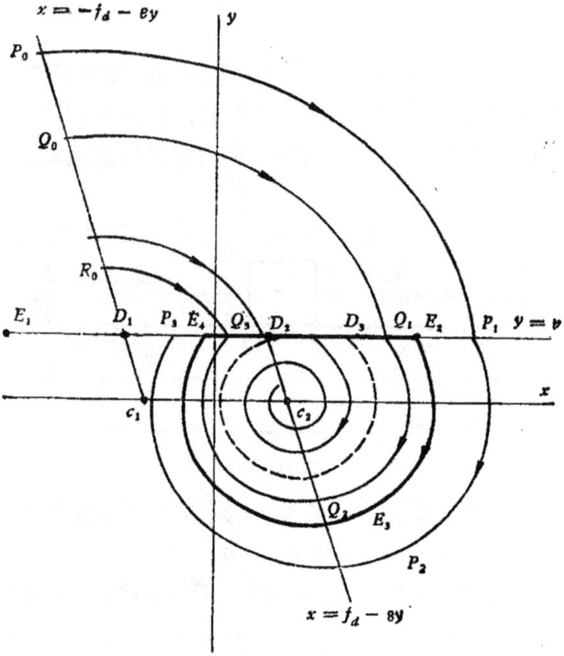

图 11.7-5

为了便于作图，我们对奇点与相轨线的性质先作分析. 方程(c)当 $y<v$ 时为

$$\frac{dy}{dx}=\frac{f_d-\varepsilon y-x}{y} \tag{d}$$

奇点为 $x=f_d$, $y=0$. 为确定奇点的性质，对方程(d)作坐标变换

$$x = f_d + x_1, \quad y = y$$

在新的坐标系奇点为原点，方程 (d) 变为

$$\frac{dy}{dx_1} = \frac{-\varepsilon y - x_1}{y}$$

它的系数矩阵为

$$\boldsymbol{A} = \begin{bmatrix} 0 & 1 \\ -1 & -\varepsilon \end{bmatrix}$$

由此 $p = \mathrm{tr}\boldsymbol{A} = -\varepsilon < 0$，$q = \det\boldsymbol{A} = 1 > 0$，且 $p^2 < 4q$. 故奇点 $x_1 = 0$（即 $x = f_d$），$y = 0$ 是稳定焦点. 在 $y < v$ 的区域内相轨线是螺旋线.

同理，方程 (c) 当 $y > v$ 时有奇点 $x = -f_d$，$y = 0$，也是稳定焦点. 因此在 $y > v$ 的区域内相轨线也是螺旋线.

至于 $y = v$ 时，滑块对于皮带处于相对静止，运动方程为 $y = v$，相轨线也就是直线 $y = v$.

由图可见，从相点 P_0 出发的相轨线沿着 $P_0P_1P_2P_3E_2E_3E_4\cdots$进行，从 R_0 出发的将沿着 $R_0Q_3E_2E_3E_4E_2\cdots$. 即它们最后都进入相同的轨线. 图中虚轨线通过点 D_2 并在 D_2 与直线 $y = v$ 相切，可见从虚轨线外侧的点出发的相轨线，最终都进入闭轨线$E_2E_3E_4E_2$. 从虚轨线内侧的点出发的相轨线则都渐近地趋于奇点 $c_2(f_d, 0)$. 这样虚轨线是不稳定极限环，而闭轨线 $E_2E_3E_4E_2$ 除 D_2D_3 一段外，是稳定的，因此有可能对应于系统的稳态自激振动.

如 f_s 与 f_d 之差 Δf 不大，图 11.7-5 中的点 E_4 与 E_2 将一起向点 D_2 靠近，这时稳态运动接近于简谐振动. 在一般情形，滑块的稳态运动为张弛振动，其运动图的波形如图 11.7-6 所示. 这种运动包含着两个明显的阶段： 一个是由图 11.7-5 中的点 E_4 至 E_2 的运动，这时滑块对于皮带处于相对静止，皮带通过变化着的静摩擦力作功向系统输入能量， 能量缓慢地储存于弹簧. 另一个阶段是当摩擦力平衡不了弹簧力与粘性阻力时，弹簧回跳，能量几乎一下子被释放出来，这阶段的运动对应于图 11.7-5 中的轨线 $E_2E_3E_4$.

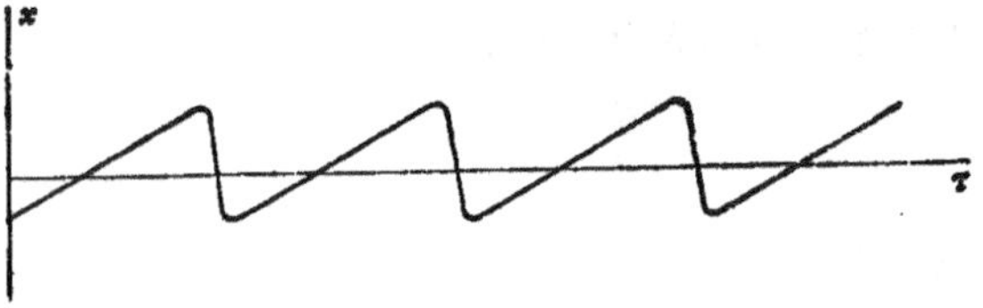

图 11.7-6

如要滑块不发生稳态振动，就得使点 E_2 沿直线 $y = v$ 进入不稳定极限环的内侧. 为此可采取如下措施：1. 提高皮带速度 v. 随着 v 的提高，图中距离 c_2D_2 增大，虚环也随着扩大. 另一方面，点 E_2 的 x 坐标则反而减小. 因此随着 v 的提高，点 E_2 与虚环上的点 D_3 有可能重合，重合时 v 的值称为临界值，记为 v_c. 可见当 $v > v_c$ 时，稳态振动将不出现. 2. 减小静动摩擦力之差 Δf. 随着 Δf 的减小，点 E_2 沿直线 $y = v$ 向左移动. 当 E_2 与 D_3 重合时，对应的 Δf 记为 Δf_c，可见当 $\Delta f < \Delta f_c$，稳态振动也不出现. 3. 增大粘性阻尼系数 ε. 随着 ε 的增大，虚环的螺旋线部分形状将更加张开. 因此也有可能将点 E_2 包含于它的内侧，使稳态振动不出现.

另外，增加弹簧的刚度 k，就缩短能量的积聚过程. 即使不能消除稳态振动，也可减小振幅且使振动接近于谐和的.

实际传递低速滑动的机构可以简化为图 11.7-7 所示的弹簧-质量系统. 图中主动件以匀速 V 作水平直线运动，通过驱动装置带动放在固定道轨上的质量为 m 的从动滑块移动. 因驱动装置工作时有变形，可以抽象化为一根刚度为 k 的弹簧.

当系统的参数满足一定条件时，滑块的运动会出现不均匀现象，即时而停住，时而跳动. 这现象在机床上称为爬行. 会严重影响加工表面的光洁度并引起位移量的误差. 这现象如发生于测量仪表则会严重降低准确度. 此外这种不均匀现象还会大大加速零件的磨损. 所以应该避免. 图 11.7-7 中滑块的运动微分方程如作简单的坐标变换就可变为图 11.7-4 中滑块的运动微分方程

(a)，所以前面的讨论完全适用于图 11.7-7 中的实际机构.

例 11.7-3. 用利埃纳法研究瑞利方程的相轨线. 设瑞利方程有形式

$$\ddot{x}+\mu\left(\frac{1}{3}\dot{x}^2-1\right)\dot{x}+x=0, \quad \mu>0 \tag{a}$$

解. 令 $\dot{x}=y$，可得相轨线微分方程为

$$\frac{dy}{dx}=-\frac{\mu\left(\frac{1}{3}y^2-1\right)y+x}{y} \tag{b}$$

这时对应于利埃纳法中的曲线 $x=-\varphi(y)$ 为

$$x=\mu\left(1-\frac{1}{3}y^2\right)y \tag{c}$$

函数 $\mu\left(1-\frac{1}{3}y^2\right)y$ 的性质如下:

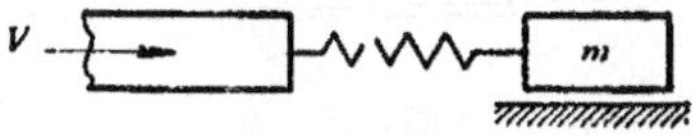

图 11.7-7

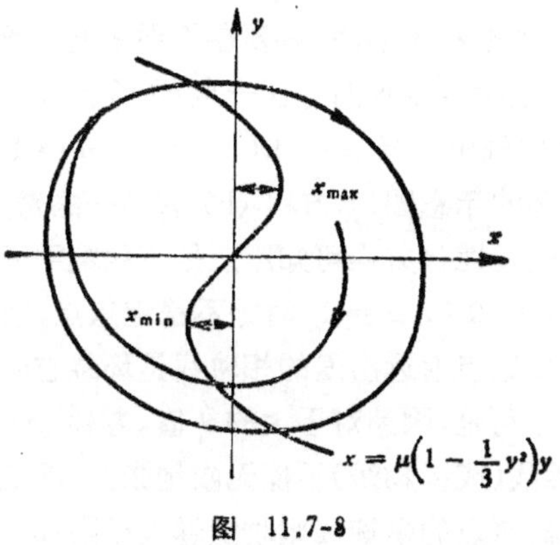

图 11.7-8

1. 当 $y=0$ 与 $y=\pm\sqrt{3}$ 时，$x=0$

2. 当 $y=\pm 1$ 时，x 取极值(图 11.7-8)

$$x=\pm\frac{2\mu}{3}$$

因而当 μ 增加时，回线将沿 x 轴伸长． 当 $\mu\to\infty$，回线趋于一对直线 $y=\pm\sqrt{3}$ (图 11.7-9)．

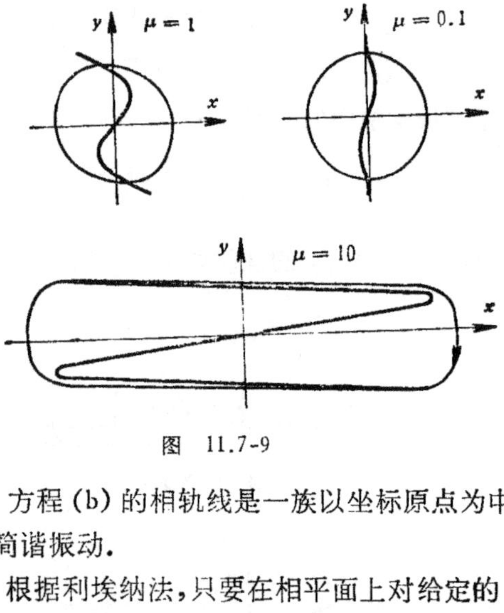

图 11.7-9

当 $\mu=0$，方程 (b) 的相轨线是一族以坐标原点为中心的圆，对应于系统的简谐振动．

当 $\mu\neq 0$，根据利埃纳法，只要在相平面上对给定的 μ 值画出曲线 (c)，就可以确定相平面上任一点的场方向，从而求得极限环．图 11.7-9 中画出了当 $\mu=0.1$，$\mu=1$，$\mu=10$ 时的曲线 (c) 与相应的极限环的示意图． 方程 (b) 有唯一的奇点即坐标原点．根据原点附近的线性化方程可知原点是不稳定平衡位置 (见 11.5 节的例)．当 $\mu=0.1$，$\mu=1$ 时是不稳定焦点，当 $\mu=10$ 时是不稳定结点．从原点附近出发的相轨线是环绕它向外张开的螺旋线(或抛物线)．可是，因为对于大的 y 值，方程 (a) 中的阻尼项是正的，所以螺旋线(或抛物线)不能无限地张开，而是渐近地卷向极限环．至于远离原点的螺旋线则收缩卷向极限环．这极限环对应

于方程 (a) 的周期解.

从图 11.7-9 中极限环的形状以及原点的性质可见，对于不同的 μ 值，自激振动的振幅与形式以及建立的特征都不相同.

最后指出，瑞利方程 (a) 对 t 求导，并令 $\dot{x}=z$，就得到 11.5 节的例范德波方程.

11.8 基本摄动法

描述物理系统的微分方程，常常可以分成两个部分，一部分只包含常系数的线性项，另一部分与前者相比是微小的，它包含非线性项(自治的或非自治的)，这样的系统称为弱非线性系统或拟线性系统. 使系统成为非线性的微小项，称为摄动项[1]. 如果在系统中引入某个小参数 ε，则摄动项可以写成与 ε 成比例.

设有拟线性自治系统由微分方程

$$\ddot{x}+\omega_0^2 x=\varepsilon f(x, \dot{x}) \tag{11.8-1}$$

所描述，其中 $f(x, \dot{x})$ 是关于 x 与 $\dot{x}$ 解析的非线性函数. 方程 (11.8-1) 当 $\varepsilon=0$ 时，成为

$$\ddot{x}+\omega_0^2 x=0 \tag{11.8-2}$$

是一个谐振子方程，它的解是已知的. 这样，由于小参数 ε 的引入，就有可能在已知解与所求解之间找到对应的关系.

方程 (11.8-1) 的解一般不具封闭的形式. 显然 (11.8-1) 的解除依赖于时间 t 外还依赖于小参数 ε，而且当 $\varepsilon=0$ 此解变为方程 (11.8-2) 的解. 由于 ε 是小参数，我们求 (11.8-1) 的解为按 ε 直接展开的幂级数形式，即

$$x(t, \varepsilon)=x_0(t)+\varepsilon x_1(t)+\varepsilon^2 x_2(t)+\cdots \tag{11.8-3}$$

其中函数 $x_i(t)$ $(i=0, 1, 2, \cdots)$ 与 ε 无关. $x_0(t)$ 是方程 (11.8-2) 的解，即方程 (11.8-1) 当 $\varepsilon=0$ 时的解，称为零次近似解或派生解，而方程 (11.8-2) 所描述的系统称为派生系统.

---

1) 如果系统微分方程的微小部分不包含非线性项，而只含有非自治项，那末这种微小项也称摄动项.

将 (11.8-3) 代入 (11.8-1) 的左端，有

$$\begin{aligned}\ddot{x}+\omega_0^2x &= (\ddot{x}_0+\varepsilon\ddot{x}_1+\varepsilon^2\ddot{x}_2+\cdots)\\&\quad+\omega_0^2(x_0+\varepsilon x_1+\varepsilon^2x_2+\cdots)\\&=\ddot{x}_0+\omega_0^2x_0+\varepsilon(\ddot{x}_1+\omega_0^2x_1)\\&\quad+\varepsilon^2(\ddot{x}_2+\omega_0^2x_2)+\cdots\end{aligned}$$

将 (11.8-3) 代入 $f(x,\dot{x})$，则因 $f(x,\dot{x})$ 是解析函数，故可将它在派生解附近展为 ε 的幂级数，即

$$\begin{aligned}f(x,\dot{x}) &= f(x_0,\dot{x}_0)+\varepsilon\left[x_1\frac{\partial f(x_0,\dot{x}_0)}{\partial x}+\dot{x}_1\frac{\partial f(x_0,\dot{x}_0)}{\partial \dot{x}}\right]\\&\quad+\varepsilon^2\left[x_2\frac{\partial f(x_0,\dot{x}_0)}{\partial x}+\dot{x}_2\frac{\partial f(x_0,\dot{x}_0)}{\partial \dot{x}}+\frac{1}{2!}x_1^2\frac{\partial^2 f(x_0,\dot{x}_0)}{\partial x^2}\right.\\&\quad\left.+\frac{2}{2!}x_1\dot{x}_1\frac{\partial^2 f(x_0,\dot{x}_0)}{\partial x\partial\dot{x}}+\frac{1}{2!}\dot{x}_1^2\frac{\partial^2 f(x_0,\dot{x}_0)}{\partial\dot{x}^2}\right]+\cdots\end{aligned}$$

其中 $\partial f(x_0,\dot{x}_0)/\partial x$ 等等表示 $\partial f(x,\dot{x})/\partial x$ 等等在 $x=x_0$, $\dot{x}=\dot{x}_0$ 的值. 这样，将 (11.8-3) 代入 (11.8-1) 后，得

$$\begin{aligned}&\ddot{x}_0+\omega_0^2x_0+\varepsilon(\ddot{x}_1+\omega_0^2x_1)+\varepsilon^2(\ddot{x}_2+\omega_0^2x_2)+\cdots\\&=\varepsilon\left\{f(x_0,\dot{x}_0)+\varepsilon\left[x_1\frac{\partial f(x_0,\dot{x}_0)}{\partial x}+\dot{x}_1\frac{\partial f(x_0,\dot{x}_0)}{\partial\dot{x}}\right]\right.\\&\quad\left.+\varepsilon^2[\qquad]+\cdots\right\}\end{aligned}\tag{11.8-4}$$

方程(11.8-4)必须对 ε 的一切值都满足，又因为函数 $x_i(i=0,1,2,\cdots)$ 与 ε 无关，故方程 (11.8-4) 两端 ε 同次幂的系数必须相等，这就得到方程组

$$\begin{aligned}&\ddot{x}_0+\omega_0^2x_0=0\\&\ddot{x}_1+\omega_0^2x_1=f(x_0,\dot{x}_0)\\&\ddot{x}_2+\omega_0^2x_2=x_1\frac{\partial f(x_0,\dot{x}_0)}{\partial x}+\dot{x}_1\frac{\partial f(x_0,\dot{x}_0)}{\partial\dot{x}}\\&\cdots\cdots\end{aligned}\tag{11.8-5}$$

其中每个都是线性方程，且关于 x_n 的方程，右端所包含的变量与导数只到 x_{n-1} 与 $\dot{x}_{n-1}(n=1,2,3,\cdots)$ 为止，因此方程组 (11.8-5) 可以依次求解. 这样求解的方法称为**基本摄动法**.

式(11.8-3)所表示的级数解称为方程(11.8-1)的形式解，最初是由泊松 (Poisson，1830 年前后)提出的，后来邦加来 (Poincaré，1892 年)证明了形式解的合理性．邦加来指出，如果微分方程中的非线性项是所含小参数的解析函数，那末它的解(不限于周期的)就是对此小参数解析的，即可以展成此小参数的幂级数；且当小参数充分小时，级数是收敛的．

对于实际计算，只能计算到级数的开头几项，因此级数在 $i\to\infty$ 时是否收敛并不重要，重要的是对于固定的 i，在 $\varepsilon\to 0$ 与 $t\to\infty$ 时的渐近性．如果保留级数 (11.8-3) 至 $i=N$ 的项，后面的项全部截去，由此引起的误差只与小参数 ε 的 $N+1$ 次幂同阶，即满足条件

$$x(t,\varepsilon)=\sum_{i=0}^{N}\varepsilon^i x_i(t)+O(\varepsilon^{N+1}),\ \text{当}\ \varepsilon\to 0 \quad (11.8\text{-}6)$$

那末 (11.8-3) 就是一个邦加来渐近级数．这时，级数中的每一项只是它前面一项的微小修正．所以，当 ε 充分小时，用渐近级数的开头几项来表示解就有很好的近似．通常计算到第一次近似就可以显示出解的全部性质，更高次的项只是在数量上给出解的微小修正．由于计算工作量随着阶次的增高而迅速复杂化，一般也就只限于计算到不高的近似．

实际系统所包含的小参数 ε 是有确定的值的，不可能任意地小，所以级数 (11.8-3) 只能在自变量 (t) 的某个区间内才能一致满足条件 (11.8-6)，也就是说用 (11.8-3) 表示的解只能在自变量的某个区间内才一致有效．下面用具体例子说明．

例 11.8-1．　用基本摄动法求下列杜芬方程的解．

$$\ddot{x}+\omega_0^2(x+\varepsilon x^3)=0,\quad \varepsilon\ll 1 \qquad (a)$$

其中 $\omega_0=\sqrt{k/m}$ 是系统当 $\varepsilon=0$ 时的固有频率，m 是系统的质量，k 是弹簧特性曲线在 $x=0$ 的斜率，即 $\varepsilon=0$ 时系统的弹簧常数．

解．系统有能量积分

$$\frac{\dot{x}^2}{2}+\frac{\omega_0^2}{2}\left(x^2+\varepsilon\frac{x^4}{2}\right)=E \tag{b}$$

其中常数 E 由初条件确定. (b) 就是系统在相平面 x-$\dot{x}$ 上的相轨线方程,根据定性讨论,当 $\varepsilon>0$, 所有相轨线是围绕中心 $x=0$, $\dot{x}=0$ 的闭曲线,对应于系统的周期运动,所以是有界的.

现在设方程 (a) 的解有 (11.8-3) 的形式. 于是由 (11.8-5) 得到方程组:

$$\begin{aligned}&\ddot{x}_0+\omega_0^2x_0=0\\&\ddot{x}_1+\omega_0^2x_1=-\omega_0^2x_0^3\\&\ddot{x}_2+\omega_0^2x_2=-3\omega_0^2x_0^2x_1\\&\cdots\cdots\end{aligned} \tag{c}$$

对于自治系统,如用 $t+t_0$ 代替 t, 微分方程不变. 故如 $x(t)$ 是解,则 $x(t+t_0)$ 也是解.因此不失一般性,我们求方程(a)对应于初速度等于零的解. 又因为方程 (a) 是保守的, 它的相轨线是连续曲线族. 从任意点出发, 都可以得到相应的相轨线. 因此我们求方程 (a) 对应于下列初条件的解

$$x(0)=A_0,\quad \dot{x}(0)=0 \tag{d}$$

其中 A_0 是任意常数. 因为所求的解有形式 (11.8-3), 又因为派生系统的相轨线也是连续曲线族,所以条件 (d) 可以化为

$$\begin{aligned}&x_0(0)=A_0,\quad \dot{x}_0(0)=0\\&x_i(0)=\dot{x}_i(0)=0,\quad i=1,2,\cdots\end{aligned} \tag{e}$$

现在求方程组 (c) 对应于初条件 (e) 的解. 由式 (c) 的第一方程并考虑式 (e) 中的第一组初条件,得到解

$$x_0=A_0\cos\omega_0t \tag{f}$$

将式 (f) 代入 (c) 的第二方程,得

$$\ddot{x}_1+\omega_0^2x_1=-\frac{3}{4}\omega_0^2A_0^3\cos\omega_0t-\frac{1}{4}\omega_0^2A_0^3\cos3\omega_0t \tag{g}$$

它的解为

$$x_1=A_1\cos\omega_0t+B_1\sin\omega_0t-\frac{3}{8}\omega_0tA_0^3\sin\omega_0t$$

$$+\frac{1}{32}A_0^3\cos 3\omega_0 t$$

对应于 (e) 中 $i=1$ 的初条件，

$$x_1=-\frac{1}{32}A_0^3\cos\omega_0 t-\frac{3}{8}\omega_0 t A_0^3\sin\omega_0 t+\frac{1}{32}A_0^3\cos 3\omega_0 t \quad \text{(h)}$$

于是方程 (a) 对应于初条件 (d) 的解为

$$x=A_0\cos\omega_0 t+\varepsilon A_0^3\left[-\frac{1}{32}\cos\omega_0 t-\frac{3}{8}\omega_0 t\sin\omega_0 t\right.$$
$$\left.+\frac{1}{32}\cos 3\omega_0 t\right]+\cdots \quad \text{(i)}$$

对应于一般初条件的解为

$$x=A_0\cos(\omega_0 t+\phi)+\varepsilon A_0^3\left[-\frac{1}{32}\cos(\omega_0 t+\phi)\right.$$
$$-\frac{3}{8}(\omega_0 t+\phi)\sin(\omega_0 t+\phi)$$
$$\left.+\frac{1}{32}\cos 3(\omega_0 t+\phi)\right]+\cdots \quad \text{(j)}$$

从已求出的项可以看出，εx_1 中包含着 $t\sin(\omega_0 t+\phi)$ 的项，因此级数只当 $t\ll\frac{1}{\varepsilon}$ 时才有渐近性．当 t 与 $\frac{1}{\varepsilon}$ 同阶，εx_1 就与 x_0 同阶，渐近性也就丧失． $t\sin(\omega_0 t+\phi)$ 的项称为长期项，它当 $t\to\infty$ 时趋于无限． 继续计算级数更多的项，还会有形如 $t^n\sin(\omega_0 t+\phi)$ 与 $t^n\cos(\omega_0 t+\phi)$ 的长期项出现． 尽管有长期项出现，仍不能说所求的解是无界的．事实上，按邦加来理论，整个无穷级数 (j) 当 ε 充分小时收敛于方程 (a) 的解，此解按定性讨论是有界的．问题是所取的级数不适合于近似计算．长期项的出现一方面使得近似解具有渐近性的时间区间极短；另一方面根据求得的几项也难以断定所求的解是否具有周期性．

邦加来指出，如果派生系统的解是包含着任意常数的连续周期解族，则其中只有当任意常数取某确定值时，相应的解才是原(非线性)方程的派生解，才能与原(非线性)方程的周期解相对应．

挑选派生解的条件就是保证一次近似解具有周期性的条件．如果选出的常数值是有关方程的单根，也就保证以后各次都可以找到唯一的具有周期性的近似．根据邦加来的这一周期解理论，在挑选派生解以保证所求的解具有周期性的同时，也就消除了长期项．这样求得的近似解不管只有多少项，都有明显的周期性，而且可以在较长的时间区间内一致有效．

11.9 L-P (Lindstedt-Poincaré) 法

设有拟线性自治系统

$$\ddot{x} + \omega_0^2 x = \varepsilon f(x, \dot{x}) \tag{11.9-1}$$

其中 ε 是小参数，$f(x, \dot{x})$ 是对 x 与 $\dot{x}$ 解析的非线性函数．当 $\varepsilon = 0$ 系统变为线性的，有周期为 $2\pi/\omega_0$ 的周期解．现在用 L-P 法求 $\varepsilon \neq 0$ 时系统的周期解．

L-P 法的基本思想在于认识到当 $\varepsilon \neq 0$ 时系统的振动频率将从线性频率 ω_0 变至 ω，这种变化是由摄动项引起的，而摄动项又与系统的运动有关，所以 ω 应该是 ε 的未知函数，它与所求的周期解 x 一样，必须在摄动过程中逐步确定．

为了避免引出未知周期，由关系式 $\tau = \omega t$ 引入新的时间变量 τ 代替 t，于是方程 (11.9-1) 变为

$$\omega^2 x'' + \omega_0^2 x = \varepsilon f(x, \omega x') \tag{11.9-2}$$

其中撇表示对 τ 求微商．方程 (11.9-2) 的形式解，按照上述思想，必须同时求 $x(\tau, \varepsilon)$ 与 $\omega(\varepsilon)$ 为按 ε 展开的幂级数，即

$$x(\tau, \varepsilon) = x_0(\tau) + \varepsilon x_1(\tau) + \varepsilon^2 x_2(\tau) + \cdots \tag{11.9-3}$$

$$\omega(\varepsilon) = \omega_0 + \varepsilon\omega_1 + \varepsilon^2\omega_2 + \cdots \tag{11.9-4}$$

其中 $x_i(\tau)(i = 1, 2, \cdots)$ 是 τ 的未知函数；$\omega_i(i = 1, 2, \cdots)$ 是未知参数．由于两个未知函数 $x(\tau, \varepsilon)$ 与 $\omega(\varepsilon)$ 由一个方程 (11.9-2) 确定，这就存在着任意性，因此可以适当选取参数 $\omega_i(i = 1, 2, \cdots)$ 使得 $x_i(\tau)(i = 1, 2, \cdots)$ 都是 τ 的 2π 周期函数，因而都是有界的，

这样，展式 (11.9-3) 在 τ 的无限区间就是渐近的. 这种将系统中某个因摄动而变化的参数，与所求的解一起按摄动强度 ε 展开，在求解过程中选取参数的摄动使得所求的展式在所需的区间具有渐近性的解法，称为**约束参数法**.

将 (11.9-3) 与 (11.9-4) 代入 (11.9-2) 的左端，得到

$$
\begin{aligned}
\omega^2 x'' + \omega_0^2 x &= (\omega_0 + \varepsilon\omega_1 + \varepsilon^2\omega_2 + \cdots)^2 (x_0'' + \varepsilon x_1'' \\
&\quad + \varepsilon^2 x_2'' + \cdots) + \omega_0^2 (x_0 + \varepsilon x_1 + \varepsilon^2 x_2 + \cdots) \\
&= (\omega_0^2 x_0'' + \omega_0^2 x_0) + \varepsilon(\omega_0^2 x_1'' + \omega_0^2 x_1 \\
&\quad + 2\omega_0\omega_1 x_0'') + \varepsilon^2[\omega_0^2 x_2'' + \omega_0^2 x_2 \\
&\quad + (2\omega_0\omega_2 + \omega_1^2) x_0'' + 2\omega_0\omega_1 x_1''] + \cdots
\end{aligned}
\tag{11.9-5}
$$

将 (11.9-3) 与 (11.9-4) 代入 (11.9-2) 的右端，则必须将 $f(x, \omega x')$ 在 $x = x_0$, $x' = x_0'$, $\omega = \omega_0$ 附近展开为 ε 的幂级数，于是得到

$$
\begin{aligned}
\varepsilon f(x, \omega x') &= \varepsilon f(x_0, \omega_0 x_0') \\
&\quad + \varepsilon^2 \left[x_1 \frac{\partial f(x_0, \omega_0 x_0')}{\partial x} + x_1' \frac{\partial f(x_0, \omega_0 x_0')}{\partial x'} \right. \\
&\quad \left. + \omega_1 \frac{\partial f(x_0, \omega_0 x_0')}{\partial \omega} \right] + \cdots
\end{aligned}
\tag{11.9-6}
$$

其中 $\dfrac{\partial f(x_0, \omega_0 x_0')}{\partial x}$ 等等是 $\dfrac{\partial f(x, \omega x')}{\partial x}$ 等等在 $x = x_0$, $x' = x_0'$, $\omega = \omega_0$ 的值. 令 (11.9-5) 与 (11.9-6) 相等并比较 ε 同次幂的系数，得线性方程组

$$
\begin{aligned}
&\omega_0^2 x_0'' + \omega_0^2 x_0 = 0 \\
&\omega_0^2 x_1'' + \omega_0^2 x_1 = f(x_0, \omega_0 x_0') - 2\omega_0\omega_1 x_0'' \qquad (11.9\text{-}7) \\
&\omega_0^2 x_2'' + \omega_0^2 x_2 = x_1 \frac{\partial f(x_0, \omega_0 x_0')}{\partial x} + x_1' \frac{\partial f(x_0, \omega_0 x_0')}{\partial x'} \\
&\qquad + \omega_1 \frac{\partial f(x_0, \omega_0 x_0')}{\partial \omega} - (2\omega_0\omega_2 + \omega_1^2) x_0'' \\
&\qquad - 2\omega_0\omega_1 x_1'' \\
&\cdots\cdots
\end{aligned}
$$

这组方程像基本摄动法一样可以依次求解，但不同的是还必

须确定 $\omega_i(i=1, 2, \cdots)$，这可由函数 $x_i(\tau)$ 的周期性条件来确定，周期性条件的数学形式为

$$x_i(\tau+2\pi)=x_i(\tau), \quad i=0, 1, 2, \cdots \tag{11.9-8}$$

如 (11.9-7) 的右端不含第一谐波，则唯一的共振将不发生，函数 x_i 就是周期的，因而不会出现长期项. (11.9-7) 的第一式是齐次方程，x_0 中没有出现长期项的危险，所以只要在 $x_i(i=1, 2, \cdots)$ 的方程中依次选择 $\omega_i(i=1, 2, \cdots)$ 使右端第一谐波的系数等于零，就可以保证 x_i 的周期性.

例 11.9-1. 用 L-P 法求下列杜芬方程的解.

$$\ddot{x}+\omega_0^2(x+\varepsilon x^3)=0, \quad \varepsilon \ll 1 \tag{a}$$

这时，$f(x, \omega x')=f(x)=-\omega_0^2 x^3$. 因此方程(11.9-7)遍除 ω_0^2 后成为

$$\begin{aligned}
&x_0''+x_0=0\\
&x_1''+x_1=-x_0^3-2\frac{\omega_1}{\omega_0}x_0''\\
&x_2''+x_2=-3x_0^2x_1-\frac{1}{\omega_0^2}(2\omega_0\omega_2+\omega_1^2)x_0''-2\frac{\omega_1}{\omega_0}x_1''\\
&\cdots\cdots
\end{aligned} \tag{b}$$

其中解 $x_i(i=1, 2, \cdots)$ 必须令其满足周期性条件 (11.9-8)，而派生解 x_0 的周期性则自动满足.

我们求方程 (b) 对应于初条件

$$\begin{aligned}
&x_0(0)=A_0, \quad x_0'(0)=0\\
&x_i(0)=x_i'(0)=0, \quad i=1, 2, \cdots
\end{aligned} \tag{c}$$

的解. 考虑到 (c) 中的第一组初条件，(b) 的第一方程的解为

$$x_0=A_0\cos\tau \tag{d}$$

将 (d) 代入 (b) 的第二方程，得

$$x_1''+x_1=\frac{1}{4\omega_0}A_0(8\omega_1-3\omega_0A_0^2)\cos\tau-\frac{1}{4}A_0^3\cos 3\tau \tag{e}$$

其中右端的第一项将引起共振，从而出现长期项. 为了满足 (11.9-8) 中 $i=1$ 的条件，必须使长期项不出现，而这只须令 (e)

右端 $\cos\tau$ 的系数等于零,由此有

$$\omega_1=\frac{3}{8}\omega_0 A_0^2 \tag{f}$$

考虑 (f) 以及 (c) 中 $i=1$ 的初条件, (e) 的解为

$$x_1=-\frac{1}{32}A_0^3\cos\tau+\frac{1}{32}A_0^3\cos 3\tau \tag{g}$$

将 (d), (f) 与 (g) 代入 (b) 的第三方程,得到

$$x_2''+x_2=\frac{1}{128}\frac{A_0}{\omega_0}(256\omega_2+21A_0^4)\cos\tau+\frac{24}{128}A_0^5\cos 3\tau$$
$$-\frac{3}{128}A_0^5\cos 5\tau \tag{h}$$

根据周期性条件,必须

$$\omega_2=-\frac{21}{256}\omega_0 A_0^4 \tag{i}$$

因此,考虑到 (i) 以及 (c) 中 $i=2$ 的初条件, (h) 的解为

$$x_2=\frac{23}{1024}A_0^5\cos\tau-\frac{24}{1024}A_0^5\cos 3\tau+\frac{1}{1024}A_0^5\cos 5\tau \tag{j}$$

按照同样的作法,可以得到更高次的近似. 将 (d), (g), (j) 代入 (11.9-3), 得到

$$x(\tau)=A_0\cos\tau-\varepsilon\frac{1}{32}A_0^3(\cos\tau-\cos 3\tau)$$
$$+\varepsilon^2\frac{1}{1024}A_0^5(23\cos\tau-24\cos 3\tau+\cos 5\tau)+\cdots \tag{k}$$

代入 $\tau=\omega t$, 并对应于一般的初条件,就得到方程 (a) 的解为

$$x(t)=A_0\cos(\omega t+\phi)-\varepsilon\frac{1}{32}A_0^3[\cos(\omega t+\phi)$$
$$-\cos 3(\omega t+\phi)]+\varepsilon^2\frac{1}{1024}A_0^5[23\cos(\omega t+\phi)$$
$$-24\cos 3(\omega t+\phi)+\cos 5(\omega t+\phi)]+\cdots \tag{l}$$

其中的基本频率 ω、根据 (11.9-4), (f), (i), 为

$$\omega=\omega_0\left(1+\varepsilon\frac{3}{8}A_0^2-\varepsilon^2\frac{21}{256}A_0^4+\cdots\right) \tag{m}$$

(k) 对于 τ 的无限区间都有渐近性，(l) 则只有对准确的 ω，才在 t 的无限区间有渐近性. (l) 只是根据 (m) 将上节的无穷级数 (j) 重新组合排列而已. 然而对于 (l)，不管求出多少项，都可以看出它具有周期性，而且对 t 的一致有效区间也在逐次扩大. 这个方法最初是林斯泰特 (Lindstedt, 1883) 为了消除天文学上的长期项而提出的. 后来邦加来 (1892) 的周期解理论使这方法应用于工程振动问题更具理论基础. 邦加来还证明了林斯泰特所得的展式是渐近的.

由 (l) 与 (m)，我们再一次看到弹簧的非线性对振幅与频率都有影响. 还可指出，单摆在一定条件下可看为这里所讨论的拟线性系统. 事实上，如 θ 在一定范围之内，$\sin\theta \approx \theta - \frac{1}{6}\theta^3$ 将是正确的，于是令 $-\frac{1}{6} = \varepsilon$，单摆就成为有软特性弹簧的振动系统. 虽然 (l) 与 (m) 是默认为对于正的 ε 求得的，但对于负的 ε 也同样正确，只要 ε 充分小. 不过对于实际系统 ε 有确定的值，因此，在软弹簧情形初能量不能太大，式 (m) 才有意义，运动才是周期的. 这一点也与定性讨论的结果相符.

例 11.9-2. 求下列范德波方程的稳态振动.

$$\ddot{x} + \varepsilon(x^2 - 1)\dot{x} + x = 0, \quad \varepsilon \ll 1 \tag{a}$$

解. 设方程 (a) 的解为 (11.9-3) 与 (11.9-4). 在这里 $\omega_0 = 1$，且 $f(x, \omega x') = (1 - x^2)\omega x'$. 于是由 (11.9-7) 得到

$$\begin{aligned}
&x_0'' + x_0 = 0\\
&x_1'' + x_1 = (1 - x_0^2)x_0' - 2\omega_1 x_0''\\
&x_2'' + x_2 = -2x_0x_0'x_1 + (1 - x_0^2)(x_1' + x_0'\omega_1)\\
&\quad - (2\omega_2 + \omega_1^2)x_0'' - 2\omega_1 x_1''\\
&\cdots\cdots
\end{aligned} \tag{b}$$

我们现在求的是自振系统的极限环，它是有确定振幅的稳态振动.

而 L-P 法又只能直接求稳态振动本身，因此不能由任意的初条件出发来得到它. 然而系统是自治的，仍可求对应于初条件

$$\dot{x}(0)=0 \tag{c}$$

的解，只是振幅必须由求解过程按周期性条件逐步确定. 对应于方程组 (b)，条件 (c) 化为

$$x_i'(0)=0, \quad i=0,1,2,\cdots \tag{d}$$

(b) 的第一方程对应于 (d) 中 $i=0$ 的初条件的解为

$$x_0=A_0\cos\tau \tag{e}$$

其中 A_0 为待定常数. 将 (e) 代入 (b) 的第二方程，得

$$x_1''+x_1=\left(\frac{A_0^2}{4}-1\right)A_0\sin\tau+2\omega_1A_0\cos\tau+\frac{1}{4}A_0^3\sin3\tau \tag{f}$$

根据周期性条件，必须

$$A_0^2=4, \quad \omega_1=0 \tag{g}$$

于是方程 (f) 对应于 (d) 中 $i=1$ 的初条件的解为

$$x_1=A_1\cos\tau+\frac{3}{4}\sin\tau-\frac{1}{4}\sin3\tau \tag{h}$$

将 (l), (g), (h) 代入 (b) 的第三方程，得

$$x_2''+x_2=\left(4\omega_2+\frac{1}{4}\right)\cos\tau+2A_1\sin\tau+\cdots \tag{i}$$

根据周期性条件，有

$$\omega_2=-\frac{1}{16}, \ A_1=0 \tag{j}$$

因此

$$x(\tau)=2\cos\tau+\frac{\varepsilon}{4}(3\sin\tau-\sin3\tau)+\cdots \tag{k}$$

代入 $\tau=\omega t$，并考虑自治系统的特性，

$$x(t)=2\cos(\omega t+\varphi)+\frac{\varepsilon}{4}[3\sin(\omega t+\phi) \\ -\sin3(\omega t+\phi)]+\cdots \tag{l}$$

其中自振频率

$$\omega = 1 - \frac{\varepsilon^2}{16} + \cdots \tag{m}$$

范德波方程是自激振动系统的典型例子．一些电路就是模仿它设计的．此外，联轴器以及其它机件所产生的震颤声，也是由于系统存在依非线性速度而变化的力所引起的，所以也属于范德波方程研究的范畴．

从上面两个例子的分析，我们看到自激振动系统与保守系统有着根本的区别． 在保守系统中，具有任何的常数振幅的振动都是可能的，但在自振系统则仅对某些确定值的常振幅的振动才有可能．这在物理上是很明显的，因为在保守系统中既无能量耗散又无能源，一旦激起了振动，振幅就保持和它的初始值相等．而自振系统中具有能量耗散与能源，所以振幅仅在系统耗散的能量与能源补给的能量正好彼此平衡时才保持常值．

11.10 KBM 法(一)

KBM 法是由克雷洛夫、包戈留波夫发展起来的，后来包戈留波夫、米特罗波尔斯基给出了严密的数学基础，故称为克雷洛夫-包戈留波夫-米特罗波尔斯基法，简称 KBM 法．苏联教科书称为非线性振动理论中的渐近法．它的基本思想是根据弱非线性系统中振动的拟谐和性质来寻求相应的具有渐近性质的级数解．我们首先考察拟线性自治系统．设系统的运动微分方程为

$$\ddot{x} + \omega_0^2 x = \varepsilon f(x, \dot{x}) \tag{11.10-1}$$

其中 ε 是小参数，$f(x, \dot{x})$ 是对 x 与 $\dot{x}$ 解析的非线性函数．当 $\varepsilon = 0$ 时，系统化为线性的，而振动将是谐和的．可以表示为

$$x = a\cos\psi$$

其中振幅 a 是常值，相角 ψ 是匀速变化的，即

$$\dot{a} = 0, \quad \dot{\psi} = \omega_0$$

当 $\varepsilon \neq 0$ 但充分小时，系统是弱非线性的，方程 (11.10-1) 的右端可看作摄动项，它将使系统的振动成为拟谐和的，即除了主谐

波外，振动中还含有一些微小的高次谐波，而主谐波的振幅与振动频率将与摄动强度 ε 有关，且随时间而慢变.

根据上述考虑，我们寻求方程 (11.10-1) 的如下形式的级数解

$$x = a\cos\psi + \varepsilon x_1(a, \psi) + \varepsilon^2 x_2(a, \psi) + \cdots \quad (11.10\text{-}2)$$

其中 $x_1(a, \psi), x_2(a, \psi), \cdots$ 是角 ψ 的周期函数，周期为 2π；而 a 与 ψ 是时间的慢变函数，设由下列微分方程确定

$$\begin{aligned} \dot{a} &= \varepsilon A_1(a) + \varepsilon^2 A_2(a) + \cdots \\ \dot{\psi} &= \omega_0 + \varepsilon\omega_1(a) + \varepsilon^2\omega_2(a) + \cdots \end{aligned} \quad (11.10\text{-}3)$$

于是，现在的问题是怎样来选取函数 $x_i(a, \psi)$，$A_i(a)$ 以及 $\omega_i(a)$ $(i = 1, 2, \cdots)$ 使得式 (11.10-2) 中的 a 与 ψ 用方程 (11.10-3) 所定出的时间函数代入后，该式就成为原始方程 (11.10-1) 的解. 显然，这些函数的选取是有一定的任意性的. 为了唯一地确定这些函数，我们选取函数 $A_i(a)$，$\omega_i(a)$ 以保证 $x_i(a, \psi)$ 为 ψ 的周期函数；又因为积分方程(11.10-3)，将 a 与 ψ 表为时间的函数时其中将各包含一个任意常数，因此 $x_i(a, \psi)$ 中的第一谐波都可归并到零次项 $a\cos\psi$ 中，即可以规定 $x_i(a, \psi)$ 中不存在第一谐波. KBM 法除了可以用来求周期解外，还可以用来研究运动的建立过程.

为求形式解 (11.10-2)，可将 (11.10-2) 与 (11.10-3) 代入方程 (11.10-1)，令所得方程两边关于 ε 同次幂的系数相等，就得到求形式解中各个未知函数的方程. 我们先来导出 $\dot{x}$, $\ddot{x}$ 以及 $f(x, \dot{x})$ 在将 (11.10-2) 与 (11.10-3) 代入后展开的级数. 利用 (11.10-2) 与 (11.10-3) 就有

$$\begin{aligned} \dot{x} &= \frac{dx}{dt} = \frac{\partial x}{\partial a}\dot{a} + \frac{\partial x}{\partial \psi}\dot{\psi} \\ &= -a\omega_0\sin\psi + \varepsilon\left(A_1\cos\psi - \omega_1 a\sin\psi + \omega_0\frac{\partial x_1}{\partial \psi}\right) + \cdots \end{aligned} \quad (11.10\text{-}4)$$

以及

$$\ddot{x} = \frac{\partial^2 x}{\partial a^2}\dot{a}^2 + 2\frac{\partial^2 x}{\partial a \partial \psi}\dot{a}\dot{\psi} + \frac{\partial^2 x}{\partial \psi^2}\dot{\psi}^2 + \left(\frac{\partial x}{\partial a}\frac{d\dot{a}}{da} + \frac{\partial x}{\partial \psi}\frac{d\dot{\psi}}{da}\right)\dot{a}$$

$$= -\omega_0^2 a\cos\psi + \varepsilon\left(-2\omega_0 A_1 \sin\psi - 2\omega_0\omega_1 a\cos\psi + \omega_0^2\frac{\partial^2 x_1}{\partial \psi^2}\right)$$

$$+ \varepsilon^2\left\{-\left[2(\omega_0 A_2 + \omega_1 A_1) + aA_1\frac{d\omega_1}{da}\right]\sin\psi\right.$$

$$-\left[(\omega_1^2 + 2\omega_0\omega_2)a - A_1\frac{dA_1}{da}\right]\cos\psi$$

$$\left. + 2\omega_0 A_1\frac{\partial^2 x_1}{\partial a \partial \psi} + \omega_0^2\frac{\partial^2 x_2}{\partial \psi^2} + 2\omega_0\omega_1\frac{\partial^2 x_1}{\partial \psi^2}\right\} + \cdots$$

(11.10-5)

至于 $f(x, \dot{x})$，引入记号

$$x_0 = a\cos\psi, \quad \dot{x}_0 = -a\omega_0 \sin\psi \tag{11.10-6}$$

利用 (11.10-2) 与 (11.10-4) 将 $f(x, \dot{x})$ 在 x_0, $\dot{x}_0$ 附近展开，就有

$$f(x, \dot{x}) = f(x_0, \dot{x}_0) + \varepsilon\left[x_1\frac{\partial f(x_0, \dot{x}_0)}{\partial x}\right.$$

$$\left. + \left(A_1\cos\psi - \omega_1 a\sin\psi + \omega_0\frac{\partial x_1}{\partial \psi}\right)\frac{\partial f(x_0, \dot{x}_0)}{\partial \dot{x}}\right]$$

$$+ \cdots \tag{11.10-7}$$

其中 $\partial f(x_0, \dot{x}_0)/\partial x$ 等等代表 $\partial f(x, \dot{x})/\partial x$ 等等在 $x = x_0$, $\dot{x} = \dot{x}_0$ 的值。 最后，将 (11.10-2)，(11.10-5) 以及 (11.10-7) 代入 (11.10-1)，令两端关于 ε 同次幂的系数相等，得到微分方程组

$$\omega_0^2\frac{\partial^2 x_1}{\partial \psi^2} + \omega_0^2 x_1 = f(x_0, \dot{x}_0) + 2\omega_0 A_1 \sin\psi + 2\omega_0\omega_1 a\cos\psi$$

$$\omega_0^2\frac{\partial^2 x_2}{\partial \psi^2} + \omega_0^2 x_2 = x_1\frac{\partial f(x_0, \dot{x}_0)}{\partial x} + \left(A_1\cos\psi - \omega_1 a\sin\psi\right.$$

$$\left. + \omega_0\frac{\partial x_1}{\partial \psi}\right)\frac{\partial f(x_0, \dot{x}_0)}{\partial \dot{x}}$$

$$+ \left[2(\omega_0 A_2 + \omega_1 A_1) + aA_1\frac{d\omega_1}{da}\right]\sin\psi$$

$$+\left[(\omega_1^2+2\omega_0\omega_2)a-A_1\frac{dA_1}{da}\right]\cos\phi$$

$$-2\omega_0A_1\frac{\partial^2x_1}{\partial a\partial\phi}-2\omega_0\omega_1\frac{\partial^2x_1}{\partial\phi^2} \tag{11.10-8}$$

……

它们可以依次求解．求解过程中，必须令每个方程右端的 $\sin\phi$ 项与 $\cos\phi$ 项的系数等于零，才能防止长期项的出现． 因为函数 $f(x_0, \dot{x}_0)$，$\partial f(x_0, \dot{x}_0)/\partial x$ 以及 $\partial f(x_0, \dot{x}_0)/\partial\dot{x}$ 的傅立叶展式中一般包含着 $\sin n\phi$ 与 $\cos n\phi(n=1, 2, \cdots)$ 的项，这些项为函数 $f(x, \dot{x})$ 的具体形式所决定，所以我们转而考察 $f(x, \dot{x})$ 有特殊形式的情形．

例 11.10-1．求下列杜芬方程的解．

$$\ddot{x}+\omega_0^2(x+\varepsilon x^3)=0,\quad \varepsilon\ll 1 \tag{a}$$

在这里 $f(x, \dot{x})=f(x)=-\omega_0^2x^3$，而

$$f(x_0, \dot{x}_0)=f(x_0)=-\omega_0^2x_0^3=-\omega_0^2a^3\cos^3\phi$$

$$=-\frac{1}{4}\omega_0^2a^3(3\cos\phi+\cos 3\phi)$$

$$\frac{\partial f(x_0, \dot{x}_0)}{\partial x}=-3\omega_0^2x_0^2=-3\omega_0^2a^2\cos^2\phi \tag{b}$$

$$\frac{\partial f(x_0, \dot{x}_0)}{\partial \dot{x}}=0$$

注意到现在的情形 $f(x, \dot{x})$ 只是 x 的函数，所以 (b) 中不出现正弦的项．将 (b) 代入 (11.10-8)，后者就成为

$$\frac{\partial^2x_1}{\partial\phi^2}+x_1=2\frac{A_1}{\omega_0}\sin\phi+\frac{1}{4}\frac{a}{\omega_0}(8\omega_1-3\omega_0a^2)\cos\phi$$

$$-\frac{1}{4}a^3\cos 3\phi \tag{c}$$

$$\frac{\partial^2x_2}{\partial\phi^2}+x_2=-\frac{3}{2}x_1a^2(1+\cos 2\phi)+\frac{1}{\omega_0^2}\Big[2(\omega_0A_2+\omega_1A_1)$$

$$+ aA_1 \frac{d\omega_1}{da}\Big] \sin\psi + \frac{1}{\omega_0^2}\Big[(\omega_1^2 + 2\omega_0\omega_2)a$$

$$- A_1 \frac{dA_1}{da}\Big] \cos\psi - 2\frac{A_1}{\omega_0}\frac{\partial^2 x_1}{\partial a \partial\psi} - 2\frac{\omega_1}{\omega_0}\frac{\partial^2 x_1}{\partial\psi^2} \tag{d}$$

为防止 x_1 中出现长期项，令 (c) 中 $\sin\psi$ 与 $\cos\psi$ 的系数等于零，得

$$A_1 = 0, \quad \omega_1 = \frac{3}{8}\omega_0 a^2 \tag{e}$$

于是 (c) 的解为

$$x_1 = \frac{1}{32} a^3 \cos 3\psi \tag{f}$$

将 (e) 与 (f) 代入 (d)，并注意到其中

$$x_1(1 + \cos 2\psi) = \frac{1}{64} a^3(\cos\psi + 2\cos 3\psi + \cos 5\psi)$$

就得到

$$\frac{\partial^2 x_2}{\partial\psi^2} + x_2 = 2\frac{A_2}{\omega_0}\sin\psi + \left(\frac{15}{128}a^4 + 2\frac{\omega_2}{\omega_0}\right) a\cos\psi$$

$$+ \frac{21}{128}a^5\cos 3\psi - \frac{3}{128}a^5\cos 5\psi \tag{g}$$

为消除长期项，必须

$$A_2 = 0, \quad \omega_2 = -\frac{15}{256}\omega_0 a^4 \tag{h}$$

因此 (d) 的解为

$$x_2 = -\frac{21}{1024}a^5\cos 3\psi + \frac{1}{1024}a^5\cos 5\psi \tag{i}$$

于是，方程 (11.10-1) 的解为

$$x = a\cos\psi + \varepsilon\frac{1}{32}a^3\left(1 - \varepsilon\frac{21}{32}a^2\right)\cos 3\psi$$

$$+ \varepsilon^2\frac{1}{1024}a^5\cos 5\psi + \cdots \tag{j}$$

还有，根据已算出的 A_1 与 A_2，得到

$$\dot{a} = 0 \quad 即 \quad a = 常数 \tag{k}$$

其实就是算出所有的 A_i 也只能得到 $a=$ 常数的结论，因为系统是保守的，保守系统没有瞬态解．至于 ψ 的方程，则为

$$\dot{\psi}=\omega_0\left(1+\varepsilon\frac{3}{8}a^2-\varepsilon^2\frac{15}{256}a^4+\cdots\right) \tag{l}$$

因为 $a=$ 常数，因此

$$\psi=\omega t+\psi_0 \tag{m}$$

其中

$$\omega=\omega_0\left(1+\varepsilon\frac{3}{8}a^2-\varepsilon^2\frac{15}{256}a^4+\cdots\right) \tag{n}$$

它就是基本频率，ψ_0 则是常相角．

现在来看 a 与 ψ_0 同例 11.9-1 所用的初条件之间的关系．设当 $\psi=\omega t+\psi_0=0$ 时，t 记为 t_0．于是对于上节的初条件，有

$$x(t_0)=A_0,\quad \dot{x}(t_0)=0 \tag{o}$$

解 (j) 对 (o) 的第二条件已经自动满足了，对第一条件则成为

$$x(t_0)=a+\varepsilon\frac{1}{32}a^3-\varepsilon^3\frac{20}{1024}a^5+\cdots=A_0 \tag{p}$$

由此可解出 a．方程 (p) 当 $\varepsilon=0$ 时给出 $a=A_0$，且左端是 ε 的幂级数，因此可求 a 为如下的按 ε 展开的幂级数形式，即设

$$a=A_0+\varepsilon A_1+\varepsilon^2A_2+\cdots \tag{q}$$

将 (q) 代入 (p)，得

$$A_0+\varepsilon A_1+\varepsilon^2A_2+\cdots+\varepsilon\frac{1}{32}(A_0+\varepsilon A_1+\varepsilon^2A_2+\cdots)^3$$

$$-\varepsilon^2\frac{20}{1024}(A_0+\varepsilon A_1+\varepsilon^2A_2+\cdots)^5=A_0 \tag{r}$$

比较两端 ε 同次幂的系数，得到

$$A_1+\frac{1}{32}A_0^3=0,\quad A_2+\frac{3}{32}A_0^2A_1-\frac{20}{1024}A_0^5=0,\cdots \tag{s}$$

故有

$$A_1=-\frac{1}{32}A_0^3,\quad A_2=\frac{23}{1024}A_0^5,\cdots \tag{t}$$

因此，a 的解为

$$a = A_0 - \varepsilon \frac{1}{32} A_0^3 + \varepsilon^2 \frac{23}{1024} A_0^5 + \cdots \tag{u}$$

将 (u) 代入 (j) 并保留至 ε 的二次幂，得对应于初条件为 (o) 的解为

$$x(t) = A_0 \cos(\omega t + \psi_0) - \varepsilon \frac{1}{32} A_0^3 [\cos(\omega t + \psi_0) - \cos 3(\omega t + \psi_0)] + \varepsilon^2 \frac{1}{1024} A_0^5 [23 \cos(\omega t + \psi_0) - 24 \cos 3(\omega t + \psi_0) + \cos 5(\omega t + \psi_0)] + \cdots \tag{v}$$

将 (t) 代入 (n) 并保留至 ε 的二次幂，得相应的基本频率为

$$\omega = \omega_0 \left(1 + \varepsilon \frac{3}{8} A_0^2 - \varepsilon^2 \frac{21}{256} A_0^4 + \cdots\right) \tag{w}$$

至于 ψ_0，则由 $\omega t_0 + \psi_0 = 0$ 得到

$$\psi_0 = -\omega_0 t_0 \left(1 + \varepsilon \frac{3}{8} A_0^2 - \varepsilon^2 \frac{21}{256} A_0^4 + \cdots\right) \tag{x}$$

在 $\dot{x}(0) = 0$ 的特殊情形，$t_0 = 0$，因此 $\psi_0 = 0$.

可见对于相同的初条件，KBM 法所得的结果与 L-P 法所得的完全相同.

例 11.10-2. 考察下列范德波方程的极限环.

$$\ddot{x} + \varepsilon(x^2 - 1)\dot{x} + x = 0 \tag{a}$$

在这里 $f(x, \dot{x}) = (1 - x^2)\dot{x}$，因此

$$f(x_0, \dot{x}_0) = (1 - x_0^2)\dot{x}_0 = -(1 - a^2\cos^2\psi) a \sin\psi = \left(\frac{a^2}{4} - 1\right) a \sin\psi + \frac{a^3}{4} \sin 3\psi$$

$$\frac{\partial f(x_0, \dot{x}_0)}{\partial x} = -2x_0\dot{x}_0 = a^2 \sin 2\psi \tag{b}$$

$$\frac{\partial f(x_0, \dot{x}_0)}{\partial \dot{x}} = 1 - x_0^2 = 1 - \frac{a^2}{2} - \frac{a^2}{2} \cos 2\psi$$

将 (b) 代入 (11.10-8) 并注意到 $\omega_0 = 1$，就有

$$\frac{\partial^2 x_1}{\partial \psi^2} + x_1 = 2\omega_1 a \cos\psi + \left(\frac{a^3}{4} - a + 2A_1\right)\sin\psi$$

$$+ \frac{a^3}{4}\sin 3\psi \tag{c}$$

$$\frac{\partial^2 x_2}{\partial \psi^2} + x_2 = \left[(\omega_1^2 + 2\omega_2)a - A_1\frac{dA_1}{da}\right]\cos\psi$$

$$+ \left[2(A_2 + \omega_1 A_1) + aA_1\frac{d\omega_1}{da}\right]\sin\psi$$

$$- 2\omega_1\frac{\partial^2 x_1}{\partial \psi^2} - 2A_1\frac{\partial^2 x_1}{\partial a\partial\psi} + (1 - a^2\cos^2\psi)$$

$$\times\left(A_1\cos\psi - a\omega_1\sin\psi + \frac{\partial x_1}{\partial\psi}\right) + a^2 x_1\sin 2\psi \tag{d}$$

对于方程 (c)，为消除长期项，必须

$$\omega_1 = 0,\quad A_1 = \frac{1}{2}a\left(1 - \frac{1}{4}a^2\right) \tag{e}$$

于是方程 (c) 的解为

$$x_1 = -\frac{a^3}{32}\sin 3\psi \tag{f}$$

将 (e) 与 (f) 代入 (d)，得

$$\frac{\partial^2 x_2}{\partial \psi^2} + x_2 = \left(\frac{7a^5}{128} - \frac{a^3}{4} + \frac{a}{4} + 2\omega_2 a\right)\cos\psi + 2A_2\sin\psi$$

$$+ \frac{a^3(a^2+8)}{128}\cos 3\psi + \frac{5a^5}{128}\cos 5\psi \tag{g}$$

为消除长期项，必须

$$\omega_2 = -\frac{1}{8} + \frac{a^2}{8} - \frac{7a^4}{256},\quad A_2 = 0 \tag{h}$$

于是方程 (g) 的解为

$$x_2 = -\frac{1}{1024}a^3(a^2+8)\cos 3\psi - \frac{5}{3072}a^5\cos 5\psi \tag{i}$$

因此方程 (a) 有近似解

$$x = a\cos\psi - \frac{\varepsilon a^3}{32}\sin 3\psi$$

$$-\frac{\varepsilon^2 a^3}{1024}\left[(a^2+8)\cos 3\psi+\frac{5}{3}a^2\cos 5\psi\right] \tag{j}$$

其中的 a 与 ψ 应由下列方程确定，

$$\dot{a}=\frac{\varepsilon a}{2}\left(1-\frac{1}{4}a^2\right) \tag{k}$$

$$\dot{\psi}=1-\varepsilon^2\left(\frac{1}{8}-\frac{a^2}{8}+\frac{7a^4}{256}\right) \tag{l}$$

为了求得振幅 a 与时间 t 的关系，必须求解方程 (k). 对 (k) 两端乘以 a 后，就有

$$\frac{d(a^2)}{dt}=\varepsilon\left(1-\frac{a^2}{4}\right)a^2$$

由此

$$\frac{d(a^2)}{\left(1-\frac{a^2}{4}\right)a^2}=\varepsilon dt$$

或者

$$\frac{d(a^2)}{4-a^2}+\frac{d(a^2)}{a^2}=\varepsilon dt$$

求积后得到

$$\ln\frac{a^2}{4-a^2}=\ln\frac{a_0^2}{4-a_0^2}+\varepsilon t$$

解之，得

$$a^2=\frac{4}{1+\left(\frac{4}{a_0^2}-1\right)e^{-\varepsilon t}} \tag{m}$$

其中常数 a_0 是振幅 a 的初始值. 为积分方程 (l)，利用 (k)，则 (l) 可改写为

$$\frac{d\psi}{dt}=1-\frac{\varepsilon^2}{16}-\frac{\varepsilon^2}{16}\left(1-\frac{7}{4}a^2\right)\left(1-\frac{1}{c}a^2\right)$$

$$=1-\frac{\varepsilon^2}{16}-\frac{\varepsilon}{8a}\left(1-\frac{7}{4}a^2\right)\frac{da}{dt}$$

积分之，得

$$\psi=\left(1-\frac{\varepsilon^2}{16}\right)t-\frac{\varepsilon}{8}\ln|a|+\frac{7\varepsilon}{64}a^2+\psi_0 \qquad \text{(n)}$$

其中 ψ_0 是积分常数，取决于初始条件．

至此我们求得系统 (a) 的拟谐和振动 (j)，其中主谐波的振幅 a 与相角 ψ 分别按 (m) 与 (n) 随时间 t 变化．

现在进一步讨论运动的性质．从 (m) 可见，如振幅的初始值 a_0 等于零，那末在任何时刻 t 的振动都等于零，因而得到 $x=0$，也就是范德波方程的平凡解．它对应于系统的静平衡状态，但是这一状态是不稳定的．事实上，无论振幅的初始值如何小，它总将单调增大．由于偶然的微小冲击实际上是不可避免的，所以系统将自动地从静止状态激发振动．但从 (m) 又可看到，只要 $a_0\neq 0$，当 $t\to\infty$，总有 $a(t)\to 2$．也就是说，任何振动当 t 增长时趋于稳态振动．根据 (j) 与 (n)，稳态振动的近似解为

$$x=2\cos(\omega t+\varphi_0)-\frac{\varepsilon}{4}\sin 3(\omega t+\varphi_0)+\cdots \qquad \text{(o)}$$

其中

$$\omega=1-\frac{\varepsilon^2}{16}+\cdots \qquad \text{(p)}$$

而 φ_0 是稳态振动的初相角．这里得到的结果与例 11.9-2 用 L-P 法得到的实际上一样．所差的 $\frac{3}{4}\varepsilon\sin(\omega t+\phi)$ 可以通过初相角而归并到零次近似中去．稳态振动对应于范德波方程 (a) 的极限环．因为不管相点从何处(对应于不同的 a_0 与 ψ_0) 出发，最后都趋于极限环，所以极限环是稳定的．

上面关于稳态振动的确定及其稳定性的判断是根据近似方程 (k) 直接积分，得到主谐波振幅随时间变化的规律而作出的．然而不通过直接积分 (k) 也可以得到同样的结果．我们将近似方程 (k) 仍写成一般的形式

$$\dot{a}=\varepsilon A_1(a) \qquad \text{(q)}$$

令

$$A_1(a) = 0 \tag{r}$$

由此解出的根 a_0 就是系统稳态振动的振幅. 为了研究稳态振动的稳定性,我们考察方程 (q) 的无限接近于 a_0 的解. 设

$$a = a_0 + \delta a \tag{s}$$

将 (s) 代入 (q), 得到 (q) 在 a_0 附近的变分方程

$$\frac{d(\delta a)}{dt} = \varepsilon A_1'(a_0)\delta a \tag{t}$$

其中 $A_1'(a_0)$ 代表 dA_1/da 在 $a = a_0$ 的值. 方程 (t) 的解为

$$\delta a = (\delta a)_0 e^{\varepsilon A_1'(a_0)t} \tag{u}$$

设 a_0 是 (r) 的单根,因而有 $A_1'(a_0) \neq 0$. 因此如果

$$A_1'(a_0) < 0 \tag{v}$$

则所考察的振幅值是稳定的, 也即相应的稳态振动是稳定的; 反之,如果

$$A_1'(a_0) > 0 \tag{w}$$

则相应的稳态振动不稳定. 上面通过对函数 $A_1(a)$ 的分析研究所得到的结果, 在许多情形也可方便地通过对 $A_1(a)$ 图形的考察而得到.

我们回到对范德波方程的极限环及其稳定性的确定. 由方程 (k) 知

$$A_1(a) = \frac{a}{2}\left(1 - \frac{1}{4}a^2\right) \tag{x}$$

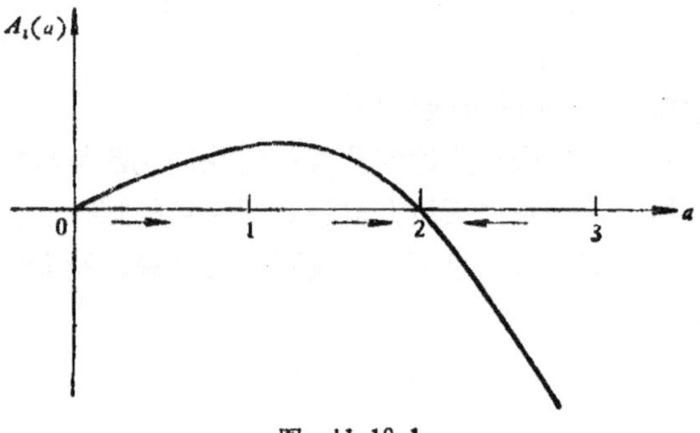

图 11.10-1

令 $A_1(a)=0$，求得根为

$$a_{01}=0, \quad a_{02}=2$$

其中 $a_{01}=0$ 对应于静平衡状态，$a_{02}=2$ 对应于极限环．它们的稳定性则由 $A_1'(a_0)$ 的符号决定．由式 (x) 可知

$$A_1'(0)=\frac{1}{2}, \quad A_1'(2)=-1$$

因此平衡状态 $a_{01}=0$ 是不稳定的．振幅 $a_{02}=2$ 的稳态振动是稳定的． 如果将函数 $A_1(a)$ 的图形画出，如图 11.10-1 所示则由图可见，曲线 $A_1(a)$ 与轴 a 交于 $a_{01}=0$ 与 $a_{02}=2$，它们分别代表系统的静平衡状态与稳态振动．在 $a_{01}=0$ 附近，只要 $a>0$，就有 $A_1(a)>0$，从而 $\dot{a}>0$，振幅将随时间单调增长，所以静平衡状态 $a_{01}=0$ 不稳定．在 $a_{02}=2$ 附近，如 $a<2$，则 $A_1(a)>0$，$\dot{a}>0$，a 朝等于 2 的方向增长；如 $a>2$，则 $A_1(a)<0$，$\dot{a}<0$，a 朝等于 2 的方向减小．所以 $a_{02}=2$ 的稳态振动是稳定的． 图中箭头表示振幅变化的方向．

11.11 KBM 法(二)

现在考察有外周期力作用的振动系统，因为外周期力明显依赖于时间，所以这时系统是非自治的．设系统的运动微分方程为

$$\ddot{x}+\omega_0^2 x=\varepsilon f(\nu t, x, \dot{x}) \tag{11.11-1}$$

其中 ε 是小参数，ν 是外周期力的常数频率，$f(\nu t, x, \dot{x})$ 是关于 νt 的周期为 2π 的周期函数，它可以表示成

$$f(\nu t, x, \dot{x})=\sum_{n=-N}^{N} e^{jn\nu t} f_n(x, \dot{x}) \tag{11.11-2}$$

同时假设，有限和式中的系数 $f_n(x, \dot{x})$ 是关于 x 与 $\dot{x}$ 的某些多项式．

方程 (11.11-1) 可解释为具有固有频率为 ω_0 的振动系统，在微小非线性干扰 $\varepsilon f(\nu t, x, \dot{x})$ 作用下的运动微分方程． 当 $\varepsilon=0$ 时，系统的振动是谐和的，可以表示为

$$x_0 = a\cos\psi, \ \dot{x}_0 = -a\omega_0\sin\psi, \ \psi = \omega_0 t + \psi_0 \quad (11.11\text{-}3)$$

当 $\varepsilon \neq 0$ 时，如果应用前述方法求 (11.11-1) 的按 ε 展为幂级数的形式解，就得将函数 $\varepsilon f(\nu t, x, \dot{x})$ 在 x_0，$\dot{x}_0$ 附近展开，这样展式中就出现含有 $\sin(n\nu + m\omega_0)t$ 与 $\cos(n\nu + m\omega_0)t$ 的项，其中 n 与 m 是整数. 也就是说，微小干扰中包含着形为 $(n\nu + m\omega_0)$ 的组合频率的谐波分量. 当这些组合频率中的某一个接近于系统的固有频率 ω_0 时，相应的这个干扰力分量就能给振动的性质以很大的影响，即发生共振. 所以在非线性振动系统，不仅可能在 $\omega_0 \approx \nu$ 时发生共振，还可能在 $n\nu + m\omega_0 \approx \omega_0$ 时发生共振. 或者说，非线性系统中可能发生满足如下条件的共振

$$\nu \approx \frac{p}{q}\omega_0 \quad (11.11\text{-}4)$$

其中 p 与 q 通常是不大的互质整数.

这样，共振可以分成下列三种类型:

1. $p = q = 1$，即 $\nu \approx \omega_0$；这情形称为“主”共振或通常的共振.

2. $q = 1$，即 $\nu \approx p\omega_0$ 或 $\omega_0 \approx \frac{\nu}{p}$；这时被激起的振动的频率约等于外力频率的分数倍，称为分频共振或分数共振或亚谐共振. 这情形也可能在带有周期系数的线性系统中发生，这时称为参数共振.

3. $p = 1$，即 $\omega_0 \approx q\nu$；这时被激起的振动的频率约等于外力频率的整数倍，称为超谐共振. 对于实际重要的是主共振与亚谐共振或参数共振.

从物理上考虑，共振时固有振动与外力之间的相位差将会对振动的振幅与频率的变化起根本影响，而在非共振时则没有影响（这也可以从下面的解法中得到证实）. 所以我们将分别讨论，先从非共振情形开始.

非共振是指干扰力中任何一个分量的频率 $(n\nu + m\omega_0)$ 都不等于且不接近于频率 ω_0 的情形. 这时形式解的求法与自治情形

相似，不同的只是在形式解中必须包含组合频率的谐波．所以我们求(11.11-1)的解为

$$x = a\cos\psi + \varepsilon x_1(a,\psi,\nu t) + \varepsilon^2 x_2(a,\psi,\nu t) + \cdots \quad (11.11\text{-}5)$$

其中的 a 与 ψ 设由下列微分方程确定

$$\begin{aligned} \dot{a} &= \varepsilon A_1(a) + \varepsilon^2 A_2(a) + \cdots \\ \dot{\psi} &= \omega_0 + \varepsilon\omega_1(a) + \varepsilon^2\omega_2(a) + \cdots \end{aligned} \quad (11.11\text{-}6)$$

(11.11-6) 中的 A_i，ω_i 由使 $x_i(i = 1, 2, \cdots)$ 的表达式中不出现分母转为零的项的条件唯一确定．同时规定 $x_i(i = 1, 2, \cdots)$ 中不存在自变量 ψ 的第一谐波，也就是使 a 作为振动的主谐波的全振幅．

将(11.11-5)与(11.11-6)代入(11.11-1)，比较两端关于 ε 同次幂的系数，就得到求解 $x_i(i = 1, 2, \cdots)$ 的方程组．为此，先由(11.11-5)对 t 求导，得

$$\dot{x} = \left(\cos\psi + \varepsilon\frac{\partial x_1}{\partial a} + \varepsilon^2\frac{\partial x_2}{\partial a} + \cdots\right)\dot{a} + \left(-a\sin\psi + \varepsilon\frac{\partial x_1}{\partial\psi} + \varepsilon^2\frac{\partial x_2}{\partial\psi} + \cdots\right)\dot{\psi} + \varepsilon\frac{\partial x_1}{\partial t} + \varepsilon^2\frac{\partial x_2}{\partial t} + \cdots \quad (11.11\text{-}7)$$

$$\begin{aligned} \ddot{x} = {} & \left(\cos\psi + \varepsilon\frac{\partial x_1}{\partial a} + \varepsilon^2\frac{\partial x_2}{\partial a} + \cdots\right)\ddot{a} + \left(-a\sin\psi + \varepsilon\frac{\partial x_1}{\partial\psi} + \varepsilon^2\frac{\partial x_2}{\partial\psi} + \cdots\right)\ddot{\psi} + \left(\varepsilon\frac{\partial^2 x_1}{\partial a^2} + \varepsilon^2\frac{\partial^2 x_2}{\partial a^2} + \cdots\right)\dot{a}^2 \\ & + \left(-a\cos\psi + \varepsilon\frac{\partial^2 x_1}{\partial\psi^2} + \varepsilon^2\frac{\partial x_2}{\partial\psi^2} + \cdots\right)\dot{\psi}^2 + 2\left(\varepsilon\frac{\partial^2 x_1}{\partial a\partial t} + \varepsilon^2\frac{\partial^2 x_2}{\partial a\partial t} + \cdots\right)\dot{a} \\ & + 2\left(\varepsilon\frac{\partial^2 x_1}{\partial\psi\partial t} + \varepsilon^2\frac{\partial^2 x_2}{\partial\psi\partial t} + \cdots\right)\dot{\psi} \\ & + 2\left(-\sin\psi + \varepsilon\frac{\partial^2 x_1}{\partial a\partial\psi} + \varepsilon^2\frac{\partial^2 x_2}{\partial a\partial\psi} + \cdots\right)\dot{a}\dot{\psi} \end{aligned}$$

$$+\varepsilon\frac{\partial^2 x_1}{\partial t^2}+\varepsilon^2\frac{\partial^2 x_2}{\partial t^2}+\cdots \tag{11.11-8}$$

其中的 $\dot{a}$, $\ddot{a}$, $\dot{\psi}$, $\ddot{\psi}$ 用所设级数(11.11-6)代入,于是

$$\ddot{x}+\omega_0^2 x=\varepsilon\left(\frac{\partial^2 x_1}{\partial\psi^2}\omega_0^2+\frac{\partial^2 x_1}{\partial t^2}+2\frac{\partial^2 x_1}{\partial\psi\partial t}\omega_0+\omega_0^2 x_1\right.$$
$$\left.-2a\omega_0\omega_1\cos\psi-2\omega_0 A_1\sin\psi\right)$$
$$+\varepsilon^2\left[\frac{\partial^2 x_2}{\partial\psi^2}\omega_0^2+\frac{\partial^2 x_2}{\partial t^2}+2\frac{\partial^2 x_2}{\partial\psi\partial t}\omega_0+\omega_0^2 x_2\right.$$
$$-2a\omega_0\omega_2\cos\psi-2\omega_0 A_2\sin\psi+\left(A_1\frac{dA_1}{da}-a\omega_1^2\right)\cos\psi$$
$$-\left(aA_1\frac{d\omega_1}{da}+2A_1\omega_1\right)\sin\psi+2\omega_0 A_1\frac{\partial^2 x_1}{\partial a\partial\psi}$$
$$\left.+2\omega_0\omega_1\frac{\partial^2 x_1}{\partial\psi^2}+2\frac{\partial^2 x_1}{\partial a\partial t}A_1+2\frac{\partial^2 x_1}{\partial\psi\partial t}\omega_1\right]$$
$$+\varepsilon^3[\quad]+\cdots \tag{11.11-9}$$

利用(11.11-5)与(11.11-7)将 $\varepsilon f(\nu t, x, \dot{x})$ 在 $x_0=a\cos\psi$, $\dot{x}_0=-a\omega_0\sin\psi$ 附近展开,就有

$$\varepsilon f(\nu t, x, \dot{x})=\varepsilon f(\nu t, x_0, \dot{x}_0)$$
$$+\varepsilon^2\left[\frac{\partial f(\nu t, x_0, \dot{x}_0)}{\partial x}x_1+\frac{\partial f(\nu t, x_0, \dot{x}_0)}{\partial\dot{x}}\right.$$
$$\left.\times\left(A_1\cos\psi-a\omega_1\sin\psi+\frac{\partial x_1}{\partial\psi}\omega_0+\frac{\partial x_1}{\partial t}\right)\right]$$
$$+\varepsilon^3[\quad]+\cdots \tag{11.11-10}$$

其中 $\partial f(\nu t, x_0, \dot{x}_0)/\partial x$ 等等代表 $\partial f(\nu t, x, \dot{x})/\partial x$ 等等在 $x=x_0$, $\dot{x}=\dot{x}_0$ 的值. 比较(11.11-9)与(11.11-10)两式的 ε 系数,得方程组

$$\omega_0^2\frac{\partial^2 x_1}{\partial\psi^2}+2\omega_0\frac{\partial^2 x_1}{\partial\psi\partial t}+\frac{\partial^2 x_1}{\partial t^2}+\omega_0^2 x_1$$
$$=f_0(a, \psi, \nu t)+2a\omega_0\omega_1\cos\psi+2\omega_0 A_1\sin\psi \tag{11.11-11}$$
$$\omega_0^2\frac{\partial^2 x_2}{\partial\psi^2}+2\omega_0\frac{\partial^2 x_2}{\partial\psi\partial t}+\frac{\partial^2 x_2}{\partial t^2}+\omega_0^2 x_2$$

$$= f_1(a,\psi,\nu t) + 2a\omega_0\omega_2\cos\psi + 2\omega_0 A_2\sin\psi \quad (11.11\text{-}12)$$

...

其中

$$f_0(a,\psi,\nu t) = f(\nu t, x_0, \dot{x}_0) \quad (11.11\text{-}13)$$

$$\begin{aligned} f_1(a,\psi,\nu t) &= x_1\frac{\partial f(\nu t, x_0, \dot{x}_0)}{\partial x} + \Big(A_1\cos\psi - a\omega_1\sin\psi \\ &+ \frac{\partial x_1}{\partial\psi}\omega_0 + \frac{\partial x_1}{\partial t}\Big)\frac{\partial f(\nu t, x_0, \dot{x}_0)}{\partial \dot{x}} + \Big(a\omega_1^2 - A_1\frac{dA_1}{da}\Big)\cos\psi \\ &+ \Big(aA_1\frac{d\omega_1}{da} + 2A_1\omega_1\Big)\sin\psi - 2\omega_0\omega_1\frac{\partial^2 x_1}{\partial\psi^2} \\ &- 2A_1\frac{\partial^2 x_1}{\partial a\partial t} - 2\omega_1\frac{\partial^2 x_1}{\partial\psi\partial t} - 2\omega_0 A_1\frac{\partial^2 x_1}{\partial a\partial\psi} \end{aligned} \quad (11.11\text{-}14)$$

因为函数 $f_i(a,\psi,\nu t)$ $(i = 0, 1, 2, \cdots)$ 所包含的谐波分量由函数 $f(\nu t, x, \dot{x})$ 的具体形式所决定，所以我们转而考察具体的例子.

例 11.11-1. 设有外周期力作用的杜芬方程为

$$\ddot{x} + \omega_0^2(x + \varepsilon\beta x^3) = \varepsilon F\cos\nu t \quad (a)$$

其中 ω_0 是线性化系统的固有频率，β 是给定参数，εF 是(单位质量)外周期力的力幅，ν 是外周期力的频率. 求方程 (a) 在非共振情形的解.

解. 方程 (a) 可改写成

$$\ddot{x} + \omega_0^2 x = \varepsilon(F\cos\nu t - \omega_0^2\beta x^3) \quad (b)$$

可见 $f(\nu t, x, \dot{x}) = F\cos\nu t - \omega_0^2\beta x^3$，故有

$$\begin{aligned} f_0(a,\psi,\nu t) &= F\cos\nu t - \omega_0^2\beta a^3\cos^3\psi \\ &= F\cos\nu t - \frac{1}{4}\omega_0^2\beta a^3(3\cos\psi + \cos 3\psi) \end{aligned}$$

于是

$$\begin{aligned} &\omega_0^2\frac{\partial^2 x_1}{\partial\psi^2} + 2\omega_0\frac{\partial^2 x_1}{\partial\psi\partial t} + \frac{\partial^2 x_1}{\partial t^2} + \omega_0^2 x_1 \\ &= 2\omega_0 A_1\sin\psi - \Big(\frac{3}{4}\beta\omega_0^2 a^3 - 2a\omega_0\omega_1\Big)\cos\psi \end{aligned}$$

$$+F\cos\nu t-\frac{1}{4}\beta\omega_0^2a^3\cos 3\psi \tag{c}$$

为使 x_1 不出现分母转为零的项，必须

$$2\omega_0 A_1=0,\quad 即\ A_1=0 \tag{d}$$

以及

$$\frac{3}{4}\beta\omega_0^2a^3-2a\omega_0\omega_1=0,\quad 即\quad \omega_1=\frac{3}{8}\beta\omega_0a^2 \tag{e}$$

因此

$$\dot{a}=0,\quad 即\ a=常数 \tag{f}$$

$$\dot{\psi}=\omega_0+\varepsilon\omega_1=\omega_0+\frac{3}{8}\varepsilon\beta\omega_0a^2 \tag{g}$$

考虑到 (f)，积分 (g) 得

$$\psi=\omega t+\psi_0,\ \omega=\omega_0\left(1+\frac{3}{8}\varepsilon\beta a^2\right) \tag{h}$$

满足条件 (f) 与 (g) 并在 x_1 不含第一谐波的情况下，方程 (c) 的解为

$$x_1=\frac{F}{\omega_0^2-\nu^2}\cos\nu t+\frac{1}{32}\beta a^3\cos 3\psi \tag{i}$$

于是方程 (a) 的一次近似解为

$$\left.\begin{aligned}&x=a\cos\psi+\frac{1}{32}\varepsilon\beta a^3\cos 3\psi+\frac{\varepsilon F}{\omega_0^2-\nu^2}\cos\nu t\\&\psi=\omega t+\psi_0,\ \omega=\omega_0\left(1+\frac{3}{8}\varepsilon\beta a^2\right)\end{aligned}\right\} \tag{j}$$

仅限于一次近似，解由频率为 ω 的固有振动(其中有主谐波与高次谐波)与频率为 ν 的异周期振动两部分组成. 如进一步求出二次近似解，就会出现 $\nu\pm2\omega_0$ 的组合频率谐波. 再继续作下去，还会出现形如 $n\nu+m\omega_0$ 的组合频率谐波. 在非共振情形，运动一般不是周期的.

如外周期力的力幅并非微小，即方程 (a) 中外周期力的系数不是 εF 而是 F，则只要对 (a) 作变换

$$x = y + \frac{F}{\omega_0^2 - \nu^2}\cos\nu t$$

就可化为形如 (b) 的方程.

例 11.11-2. 设在例 11.11-1 方程(a)中加入微小线性阻尼项，成为

$$\ddot{x} + 2\varepsilon\zeta\omega_0\dot{x} + \omega_0^2(x + \varepsilon\beta x^3) = \varepsilon F\cos\nu t \tag{a}$$

求这时方程 (a) 在非共振情形的解.

解. 因为这时 $f(\nu t, x, \dot{x}) = F\cos\nu t - 2\zeta\omega_0\dot{x} - \beta\omega_0^2x^3$，所以

$$f_0(a, \psi, \nu t) = F\cos\nu t + 2\zeta\omega_0^2 a\sin\psi$$
$$- \frac{1}{4}\beta\omega_0^2a^3(3\cos\psi + \cos 3\psi).$$

于是

$$\omega_0^2\frac{\partial^2 x_1}{\partial\psi^2} + 2\omega_0\frac{\partial^2 x_1}{\partial\psi\partial t} + \frac{\partial^2 x_1}{\partial t^2} + \omega_0^2 x_1$$
$$= (2\zeta\omega_0^2 a + 2\omega_0 A_1)\sin\psi$$
$$- \left(\frac{3}{4}\beta\omega_0^2a^3 - 2\omega_0\omega_1 a\right)\cos\psi$$
$$+ F\cos\nu t - \frac{1}{4}\beta\omega_0^2a^3\cos 3\psi \tag{b}$$

为使 x_1 不出现分母转为零的项，必须

$$2\zeta\omega_0^2 a + 2\omega_0 A_1 = 0,\ \text{即}\ A_1 = -\zeta\omega_0 a \tag{c}$$

$$\frac{3}{4}\beta\omega_0^2a^3 - 2\omega_0\omega_1 a = 0,\ \text{即}\ \omega_1 = \frac{3}{8}\beta\omega_0 a^2 \tag{d}$$

由此

$$\dot{a} = -\varepsilon\zeta\omega_0 a \tag{e}$$

$$\dot{\psi} = \omega_0 + \frac{3}{8}\varepsilon\beta\omega_0 a^2 \tag{f}$$

积分 (e) 与 (f)，得到

$$a = a_0e^{-\varepsilon\zeta\omega_0 t}$$

$$\psi = \omega_0 t - \frac{3}{16}\frac{\beta}{\zeta} a_0^2 e^{-2\varepsilon\zeta\omega_0 t} + \frac{3}{16}\frac{\beta}{\zeta} a_0^2 + \psi_0$$

其中 a_0 是振幅 a 的初始值，ψ_0 是相角 ψ 的初始值．满足条件 (c) 与 (d) 且在 x_1 不含第一谐波的情况下，(b) 的解为

$$x_1 = \frac{F}{\omega_0^2 - \nu^2}\cos\nu t + \frac{1}{32}\beta a^3\cos 3\psi$$

因此方程 (b) 的一次近似解为

$$\left.\begin{aligned} x &= a\cos\psi + \frac{1}{32}\varepsilon\beta a^3\cos 3\psi + \frac{\varepsilon F}{\omega_0^2 - \nu^2}\cos\nu t \\ a &= a_0 e^{-\varepsilon\zeta\omega_0 t} \\ \psi &= \omega_0 t - \frac{3}{16}\frac{\beta}{\zeta} a_0^2 e^{-2\varepsilon\zeta\omega_0 t} + \frac{3}{16}\frac{\beta}{\zeta} a_0^2 + \psi_0 \end{aligned}\right\}$$

继续作下去，解 x 中除了继续出现固有振动的高次谐波外，还将出现异周期振动的高次谐波以及组合振动谐波．

如果系统具有线性正阻尼，即 $\varepsilon\zeta > 0$，则由一次近似已可看出，这情形有

$$\underset{t\to\infty}{a(t)} \to 0$$

系统的固有振动将迅速衰减，所有振动都趋于异周期的，所以异周期振动是唯一可能的稳态振动．了解这一性质以后，如果我们要求方程 (a) 在非共振情形的稳态解，就可直接应用基本摄动法．设方程 (a) 的解为

$$x = x_0 + \varepsilon x_1 + \varepsilon^2 x_2 + \cdots$$

代入方程 (a)，比较两端关于 ε 同次幂的系数，得到方程组

$$\begin{aligned} &\ddot{x}_0 + \omega_0^2 x_0 = 0 \\ &\ddot{x}_1 + \omega_0^2 x_1 = F\cos\nu t - 2\zeta\omega_0\dot{x}_0 - \beta\omega_0^2 x_0^3 \\ &\cdots\cdots \end{aligned}$$

稳态解是与外扰力同周期的解，所以第一方程唯一可能的解为

$$x_0 = 0$$

代入第二方程得

$$\ddot{x}_1 + \omega_0^2 x_1 = F\cos\nu t$$

它的与外力同周期的解为

$$x_1 = \frac{F}{\omega_0^2 - \nu^2} \cos \nu t$$

所以方程 (a) 在非共振情形的定常解的一次近似为

$$x = \frac{\varepsilon F}{\omega_0^2 - \nu^2} \cos \nu t$$

对于具有非线性阻尼的系统，固有振动的衰减条件一般与外周期力的力幅大小有关.

11.12 KBM 法(三)

现在考察共振情形，设

$$\omega_0 \approx \frac{p}{q} \nu$$

其中 p 与 q 是某两个互质整数. 我们假设 $\frac{p}{q}\nu$ 的值充分接近于 ω_0，因而很自然地假设

$$\omega_0^2 = \left(\frac{p}{q} \nu\right)^2 + \varepsilon \Delta \tag{11.12-1}$$

其中 $\varepsilon\Delta$ 表示固有频率与外加频率平方之间的解谐. 这样，方程 (11.11-1) 可写成

$$\ddot{x} + \left(\frac{p}{q} \nu\right)^2 x = \varepsilon[f(\nu t, x, \dot{x}) - x\Delta] \tag{11.12-2}$$

方程 (11.12-2) 的解可以求为如下形式，

$$x = a\cos\psi + \varepsilon x_1(a, \nu t, \psi) + \varepsilon^2 x_2(a, \nu t, \psi) + \cdots \tag{11.12-3}$$

其中的 $x_1(a, \nu t, \psi)$, $x_2(a, \nu t, \psi)$, $\cdots$ 是关于两个角变量 νt 与 ψ 的周期为 2π 的周期函数，而 a 与 ψ 是某些时间函数，它们应该由相应的微分方程来决定.

为了建立这些方程，我们引入固有振动与外作用之间的相位差

$$\theta = \psi - \frac{p}{q} \nu t \tag{11.12-4}$$

在共振情形，系统能量的积聚与散失将与这个相位差有很大关系，因此它对振动的振幅与频率的变化将起根本的影响. 所以与以前所研究的情形不同，$\dot{a}$ 与 $\dot{\psi}$ 不仅应表示为 a 的函数，而且也是 θ 的函数. 也就是 a 与 ψ 应由下列微分方程确定.

$$\begin{aligned} \dot{a} &= \varepsilon A_1(a,\theta) + \varepsilon^2 A_2(a,\theta) + \cdots \\ \dot{\psi} &= \frac{p}{q}\nu + \varepsilon B_1(a,\theta) + \varepsilon^2 B_2(a,\theta) + \cdots \end{aligned} \tag{11.12-5}$$

其中 $A_1(a,\theta)$，$A_2(a,\theta)$，$\cdots$，$B_1(a,\theta)$，$B_2(a,\theta)$ 是关于角变量 θ 的周期为 2π 的函数.

因为在 $\dot{a}$ 与 $\dot{\psi}$ 的表达式的右端，引进的不是全相位 ψ，而是相位差θ，所以从(11.12-3)与(11.12-5)中消去 ψ 是合适的. 为此，利用(11.12-4)就有$\psi = \dfrac{p}{q}\nu t + \theta$，将它代入(11.12-3)与(11.12-5)，得到

$$\begin{aligned} x = a\cos\left(\frac{p}{q}\nu t + \theta\right) &+ \varepsilon x_1\left(a,\nu t,\frac{p}{q}\nu t + \theta\right) \\ &+ \varepsilon^2 x_2\left(a,\nu t,\frac{p}{q}\nu t + \theta\right) + \cdots \end{aligned} \tag{11.12-6}$$

其中的时间函数 a 与 θ 应满足方程

$$\begin{aligned} \dot{a} &= \varepsilon A_1(a,\theta) + \varepsilon^2 A_2(a,\theta) + \cdots \\ \dot{\theta} &= \varepsilon B_1(a,\theta) + \varepsilon^2 B_2(a,\theta) + \cdots \end{aligned} \tag{11.12-7}$$

于是，我们应该这样来确定函数，

$$\begin{gathered} A_1(a,\theta),\ A_2(a,\theta),\ \cdots,\ B_1(a,\theta),\ B_2(a,\theta),\ \cdots \\ x_1\left(a,\nu t,\frac{p}{q}\nu t + \theta\right),\ x_2\left(a,\nu t,\frac{p}{q}\nu t + \theta\right),\ \cdots \end{gathered} \tag{11.12-8}$$

即使得表达式(11.12-6)在将其中的 a 与 θ 用(11.12-7)的解代入后，就满足方程(11.12-2). 为使(11.12-8)的函数能唯一确定，我们选取 $A_i(i=1,2,\cdots)$与 $B_i(i=1,2,\cdots)$ 使得 $x_i(i=1,2,\cdots)$ 的表达式中不出现分母转为零的项；同时规定 $x_i\ (i=1,2,\cdots)$

中不包含 $\left(\frac{p}{q}\nu t+\theta\right)$ 的一次谐波． 下面来导出确定函数 x_1，x_2，···的方程．

对式(11.12-6)求导，得到

$$
\begin{aligned}
\dot{x}=&\left(\cos\psi+\varepsilon\frac{\partial x_1}{\partial a}+\varepsilon^2\frac{\partial x_2}{\partial a}+\cdots\right)\dot{a}+\left(-a\sin\psi\right.\\
&\left.+\varepsilon\frac{\partial x_1}{\partial\theta}+\varepsilon^2\frac{\partial x_2}{\partial\theta}+\cdots\right)\dot{\theta}\\
&+\left(-a\frac{p}{q}\nu\sin\psi+\varepsilon\frac{\partial x_1}{\partial t}+\varepsilon^2\frac{\partial x_2}{\partial t}+\cdots\right)
\end{aligned}
\tag{11.12-9}
$$

$$
\begin{aligned}
\ddot{x}=&\left(\cos\psi+\varepsilon\frac{\partial x_1}{\partial a}+\varepsilon^2\frac{\partial x_2}{\partial a}+\cdots\right)\ddot{a}+\left(\varepsilon\frac{\partial^2 x_1}{\partial a^2}\right.\\
&\left.+\varepsilon^2\frac{\partial^2 x_2}{\partial a^2}+\cdots\right)\dot{a}^2\\
&+2\left(-\sin\psi+\varepsilon\frac{\partial^2 x_1}{\partial a\partial\theta}+\varepsilon^2\frac{\partial^2 x_2}{\partial a\partial\theta}+\cdots\right)\dot{a}\dot{\theta}\\
&+2\left(-\frac{p}{q}\nu\sin\psi+\varepsilon\frac{\partial^2 x_1}{\partial a\partial t}+\varepsilon^2\frac{\partial^2 x_2}{\partial a\partial t}+\cdots\right)\dot{a}\\
&+\left(-a\sin\psi+\varepsilon\frac{\partial x_1}{\partial\theta}+\varepsilon^2\frac{\partial x_2}{\partial\theta}+\cdots\right)\ddot{\theta}\\
&+\left(-a\cos\psi+\varepsilon\frac{\partial^2 x_1}{\partial\theta^2}+\varepsilon^2\frac{\partial^2 x_2}{\partial\theta^2}+\cdots\right)\dot{\theta}^2\\
&+2\left(-a\frac{p}{q}\nu\cos\psi+\varepsilon\frac{\partial^2 x_1}{\partial\theta\partial t}+\varepsilon^2\frac{\partial^2 x_2}{\partial\theta\partial t}+\cdots\right)\dot{\theta}\\
&+\left(-a\left(\frac{p}{q}\nu\right)^2\cos\psi+\varepsilon\frac{\partial^2 x_1}{\partial t^2}+\varepsilon^2\frac{\partial^2 x_2}{\partial t^2}+\cdots\right)
\end{aligned}
\tag{11.12-10}
$$

又根据(11.12-7)，有

$$
\begin{aligned}
\ddot{a}&=\varepsilon^2\left(\frac{\partial A_1}{\partial a}A_1+\frac{\partial A_1}{\partial\theta}B_1\right)+\varepsilon^3(\quad)+\cdots\\
\dot{a}^2&=\varepsilon^2A_1^2+\varepsilon^3(\quad)+\cdots\\
\dot{\theta}^2&=\varepsilon^2B_1^2+\varepsilon^3(\quad)+\cdots
\end{aligned}
$$

$$\ddot{\theta}=\varepsilon^2\left(\frac{\partial B_1}{\partial a}A_1+\frac{\partial B_1}{\partial\theta}B_1\right)+\varepsilon^3(\quad)+\cdots \tag{11.12-11}$$

$$\dot{a}\dot{\theta}=\varepsilon^2 A_1 B_1+\varepsilon^3(\quad)+\cdots$$

将(11.12-6)与(11.12-10)代入(11.12-2)的左端,同时利用(11.12-7)与(11.12-11),再将结果按 ε 的幂次排列,得

$$\begin{aligned}\ddot{x}+\left(\frac{p}{q}\nu\right)^2x=&\varepsilon\left[-2\frac{p}{q}\nu\sin\psi A_1-2a\frac{p}{q}\nu\cos\psi B_1\right.\\&\left.+\frac{\partial^2x_1}{\partial t^2}+\left(\frac{p}{q}\nu\right)^2x_1\right]\\&+\varepsilon^2\left[\left(\frac{\partial A_1}{\partial a}A_1+\frac{\partial A_1}{\partial\theta}B_1-aB_1^2-2a\frac{p}{q}\nu B_2\right)\cos\psi\right.\\&+\left(-2A_1B_1-2\frac{p}{q}\nu A_2-a\frac{\partial B_1}{\partial a}A_1-a\frac{\partial B_1}{\partial\theta}B_1\right)\sin\psi\\&\left.+2\frac{\partial^2x_1}{\partial a\partial t}A_1+2\frac{\partial^2x_1}{\partial\theta\partial t}B_1+\frac{\partial^2x_2}{\partial t^2}+\left(\frac{p}{q}\nu\right)^2x_2\right]+\cdots\end{aligned} \tag{11.12-12}$$

把方程(11.12-2)的右端在 $x=a\cos\psi$, $\dot{x}=-a\frac{p}{q}\nu\sin\psi$ 附近展为 ε 的幂级数,得

$$\begin{aligned}&\varepsilon[f(\nu t,x,\dot{x})-x\Delta]\\&=\varepsilon\left[-a\cos\psi\Delta+f\left(\nu t,a\cos\psi,-a\frac{p}{q}\nu\sin\psi\right)\right]\\&\quad+\varepsilon^2\left[f'_x\left(\nu t,a\cos\psi,-a\frac{p}{q}\nu\sin\psi\right)x_1\right.\\&\quad+f'_{\dot{x}}\left(\nu t,a\cos\psi,-a\frac{p}{q}\nu\sin\psi\right)\left(A_1\cos\psi\right.\\&\quad\left.\left.-aB_1\sin\psi+\frac{\partial x_1}{\partial t}\right)-x_1\Delta\right]+\cdots\end{aligned} \tag{11.12-13}$$

其中 $f'_x\left(\nu t,a\cos\psi,-a\frac{p}{q}\nu\sin\psi\right)$ 等等代表 $\partial f(\nu t,x,\dot{x})/\partial x$ 等等在 $x=a\cos\psi$, $\dot{x}=-a\frac{p}{q}\nu\sin\psi$ 的值. 令(11.12-12)与

(11.12-13)右端 ε 同次幂的系数相等，得到确定未知函数 $x_1, x_2, \cdots$ 的方程组

$$\frac{\partial^2 x_1}{\partial t^2}+\left(\frac{p}{q}\nu\right)^2 x_1=f_0(a, \nu t, \psi)+2\frac{p}{q}\nu A_1\sin\psi$$

$$+2a\frac{p}{q}\nu B_1\cos\psi-a\Delta\cos\psi \tag{11.12-14}$$

$$\frac{\partial^2 x_2}{\partial t^2}+\left(\frac{p}{q}\nu\right)^2 x_2=f_1(a, \nu t, \psi)$$

$$+\left(2\frac{p}{q}\nu A_2+a\frac{\partial B_1}{\partial a}A_1+a\frac{\partial B_1}{\partial \theta}B_1+2A_1B_1\right)\sin\psi$$

$$+\left(2a\frac{p}{q}\nu B_2-\frac{\partial A_1}{\partial a}A_1-\frac{\partial A_1}{\partial \theta}B_1+aB_1^2\right)\cos\psi \tag{11.12-15}$$

……

其中记号

$$f_0(a, \nu t, \psi)=f\left(\nu t, a\cos\psi, -a\frac{p}{q}\nu\sin\psi\right) \tag{11.12-16}$$

$$f_1(a, \nu t, \psi)=f'_x\left(\nu t, a\cos\psi, -a\frac{p}{q}\nu\sin\psi\right)x_1$$

$$+f'_{\dot{x}}\left(\nu t, a\cos\psi, -a\frac{p}{q}\nu\sin\psi\right)$$

$$\times\left(A_1\cos\psi-aB_1\sin\psi+\frac{\partial x_1}{\partial t}\right)$$

$$-x_1\Delta-2A_1\frac{\partial^2 x_1}{\partial a\partial t}-2B_1\frac{\partial^2 x_1}{\partial\theta\partial t} \tag{11.12-17}$$

……

方程(11.12-14)与(11.12-15)可依次求解．由 x_1 中不存在使分母转为零的项的条件，可以唯一确定 A_1 与 B_1；再由 x_1 中不存在 ψ 的第一次谐波的条件可以唯一确定 x_1．由所得的 A_1 与 B_1 代入(11.12-7)，求得 a 与 θ，再代入(11.12-6)，就得到 x 的一次近似解．继续同样的步骤可以求得更高次的近似解．

在将 A_1 与 B_1 代入方程(11.12-7)而求解 a 与 θ 时，由于方程的右端既依赖于 a 又依赖于 θ，所以在一般情形下把它积分到最终形式是办不到的．但是在一般情形下解的定性性质，可以用前面的邦加来定性理论来研究，因为这里所涉及的是两个一阶的自治方程．

从物理上看，a 必须保持有界，所以(11.12-7)的一次近似方程所定义的积分曲线不是趋于奇点就是趋于极限环．或者说，方程的所有解随着时间的增长不是趋于常数解就是趋于周期解．在常数解情形，x 的第一次近似所表示的振动将精确地以 $\frac{p}{q}\nu$ 的频率进行，即振动频率可以表示为扰力频率的简单的有理关系式．所以这样的振动称为**同步的**．在第二种情形，a 与 θ 的解是周期的，其振动频率将为 $\Delta\omega=\omega-\frac{p}{q}\nu$．所以这时 x 的第一次近似所表示的振动将以两个基本频率即频率 $\left(\frac{p}{q}\nu+\Delta\omega\right)$ 与拍频 $\Delta\omega$ 进行，这样的振动称为**异步的**．

例 11.12-1．考察有正弦型外力作用的杜芬方程，设方程为

$$\ddot{x}+\omega_0^2x=\varepsilon(F\cos\nu t-2\zeta\omega_0\dot{x}-\beta\omega_0^2x^3) \tag{a}$$

首先考察 $p=1,q=1$ 的主共振情形．这时令 $\omega_0^2=\nu^2+\varepsilon\Delta$，于是方程(a)写成

$$\ddot{x}+\nu^2x=\varepsilon(F\cos\nu t-2\zeta\omega_0\dot{x}-\beta\omega_0^2x^3-x\Delta) \tag{b}$$

设方程(b)的解为

$$x=a\cos\psi+\varepsilon x_1(a,\nu t,\psi)+\varepsilon^2x_2(a,\nu t,\psi)+\cdots \tag{c}$$

其中 $\psi=\nu t+\theta$，a 与 θ 由下列微分方程确定，

$$\begin{aligned}\dot{a}&=\varepsilon A_1(a,\theta)+\varepsilon^2A_2(a,\theta)+\cdots\\ \dot{\theta}&=\varepsilon B_1(a,\theta)+\varepsilon^2B_2(a,\theta)+\cdots\end{aligned} \tag{d}$$

由(11.12-16)与(b)可知

$$f_0(a,\nu t,\psi)=F\cos\nu t+2\zeta\omega_0\nu a\sin\psi$$

$$-\frac{3}{4}\beta\omega_0^2 a^3\cos\psi-\frac{1}{4}\beta\omega_0^2 a^3\cos 3\psi$$

由 (11.12-14) 有

$$\frac{\partial^2 x_1}{\partial t^2}+\nu^2 x_1=\left(F\cos\theta-\frac{3}{4}\beta\omega_0^2 a^3+2a\nu B_1-a\Delta\right)\cos\psi$$

$$+(F\sin\theta+2\zeta\omega_0\nu a+2\nu A_1)\sin\psi-\frac{1}{4}\beta\omega_0^2 a^3\cos 3\psi \tag{e}$$

为使 x_1 中不出现分母转为零的项，必须

$$F\cos\theta-\frac{3}{4}\beta\omega_0^2 a^3+2a\nu B_1-a\Delta=0$$

$$F\sin\theta+2\zeta\omega_0\nu a+2\nu A_1=0$$

由此得

$$\left.\begin{aligned}A_1&=\frac{1}{2\nu}(-2\zeta\omega_0\nu a-F\sin\theta)\\B_1&=\frac{1}{2\nu a}\left(\frac{3}{4}\beta\omega_0^2 a^3+a\Delta-F\cos\theta\right)\end{aligned}\right\} \tag{f}$$

满足条件 (f) 的情况下，方程 (e) 有解

$$x_1=\frac{1}{32}\beta a^3\cos 3\psi$$

于是 (a) 的一次近似解为

$$x=a\cos(\nu t+\theta)+\frac{1}{32}\varepsilon\beta a^3\cos 3(\nu t+\theta) \tag{g}$$

其中的 a 与 θ 由下列微分方程确定

$$\left.\begin{aligned}\dot a&=\frac{1}{2\nu}(-2\varepsilon\zeta\omega_0\nu a-\varepsilon F\sin\theta)\\\dot\theta&=\frac{1}{2\nu a}\left\{\left[\omega_0^2\left(1+\frac{3}{4}\varepsilon\beta a^2\right)-\nu^2\right]a-\varepsilon F\cos\theta\right\}\end{aligned}\right\} \tag{h}$$

我们考察方程 (h) 的常数解，它对应于方程 (a) 的稳态同步周期解．方程 (h) 的常数解由下列方程确定，

$$2\varepsilon\zeta\omega_0\nu a+\varepsilon F\sin\theta=0$$

$$\left[\omega_0^2\left(1+\frac{3}{4}\varepsilon\beta a^2\right)-\nu^2\right]a-\varepsilon F\cos\theta=0 \tag{i}$$

由 (i) 得

$$a^2\left\{\left[\left(1+\frac{3}{4}\varepsilon\beta a^2\right)-\left(\frac{\nu}{\omega_0}\right)^2\right]^2+\left[2\varepsilon\zeta\left(\frac{\nu}{\omega_0}\right)\right]^2\right\}=\left(\frac{\varepsilon F}{\omega_0^2}\right)^2 \tag{j}$$

$$\operatorname{tg}\theta=\frac{-2\varepsilon\zeta\left(\dfrac{\nu}{\omega_0}\right)}{\left(1+\dfrac{3}{4}\varepsilon\beta a^2\right)-\left(\dfrac{\nu}{\omega_0}\right)^2} \tag{k}$$

给定 $\varepsilon\beta$，$\varepsilon\zeta$ 与 $\varepsilon F/\omega_0^2$，就可由 (j) 得到 a-$\dfrac{\nu}{\omega_0}$ 的关系曲线，即反应曲线(图 11.12-1)．下面来看如何画出这些曲线．首先令 (j) 中的 $\varepsilon\zeta=0$，$\varepsilon F=0$，得到

$$1+\frac{3}{8}\varepsilon\beta a^2=\frac{\nu}{\omega_0} \tag{l}$$

即脊骨曲线(图 11.12-2 中的点划线)．再将 (j) 改写成

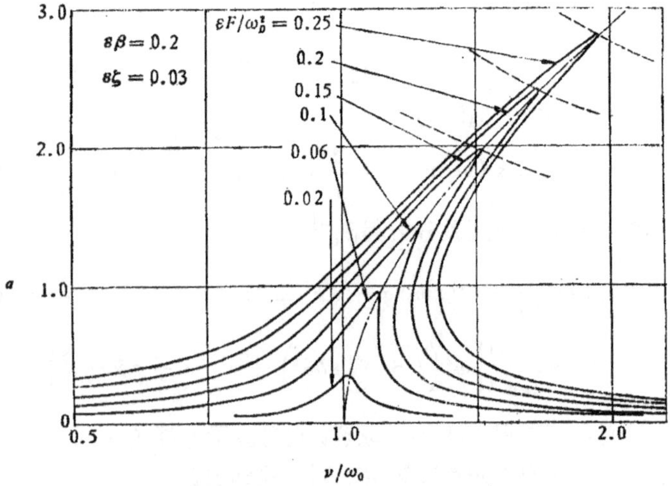

图 11.12-1

$$a+\frac{3}{4}\varepsilon\beta a^3=\left(\frac{\nu}{\omega_0}\right)^2 a\pm\sqrt{\left(\frac{\varepsilon F}{\omega_0^2}\right)^2-\left[2\varepsilon\zeta\left(\frac{\nu}{\omega_0}\right)a\right]^2} \tag{m}$$

记

$$y=a+\frac{3}{4}\varepsilon\beta a^3 \tag{n}$$

则有

$$y=\left(\frac{\nu}{\omega_0}\right)^2 a\pm\sqrt{\left(\frac{\varepsilon F}{\omega_0^2}\right)^2-\left[2\varepsilon\zeta\left(\frac{\nu}{\omega_0}\right)a\right]^2} \tag{o}$$

给定 $\frac{\nu}{\omega_0}$ 的值，就可以在 y-a 平面上将此二曲线画出，曲线的交点给出对应的 a 值，如图 11.12-2 所示．图中的 a 值有三个．在线

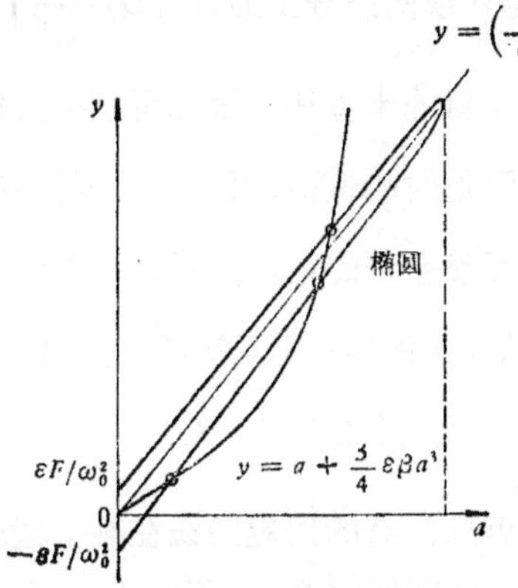

图 11.12-2

性情形，(n) 退化成直线 $y=a$，而 (o) 是椭圆，因此 a 只有一个解．在非线性情形，就有多个解存在．对不同的 $\frac{\nu}{\omega_0}$ 值，(n) 不变，而 (o) 则随着变化，所以得到不同的一组交点，即不同的一组解 a．这样就可以在 a-$\frac{\nu}{\omega_0}$ 平面上在脊骨曲线近旁画出反应曲线（图 11.12-1）．由图可见，反应曲线在脊骨曲线近旁的振幅变大，这一点与线性情形相类似，但不同之处是由于脊骨曲线的弯曲，所以即使在无阻尼情形，共振振幅也有可能不趋于无界．在有阻尼情

形，共振振幅由反应曲线与脊骨曲线的交点所确定．它略小于最大振幅．由 (k) 可见，共振时 $\theta=-90^\circ$．将这 θ 值代入 (i) 的第一式，得到共振振幅的轨迹方程

$$2\varepsilon\zeta\left(\frac{\nu}{\omega_0}\right)a=\frac{\varepsilon F}{\omega_0^2} \tag{p}$$

对应于不同的 $\left(\frac{\varepsilon F}{\omega_0^2}\right)$ 值，方程 (p) 所表示的轨迹在图 11.12-1 中用虚线画出．这轨迹与脊骨曲线 (l) 的交点就给出相应的共振振幅．共振振幅对于近似地画出有阻尼情形的反应曲线有实际意义．由于系统的阻尼微小，可以在 (o) 中略去阻尼项．这时图 11.12-2 中的椭圆退化成两条分别通过 $\left(O,\frac{\varepsilon F}{\omega_0^2}\right)$ 与 $\left(O,-\frac{\varepsilon F}{\omega_0^2}\right)$，且与 $y=\left(\frac{\nu}{\omega_0}\right)^2 a$ 平行的半直线．因此可以很方便地确定所求的 a 值．将它作为有阻尼时的近似，再加上共振振幅，就可以简捷地画出反应曲线而有足够合理的精度．对应于不同的 $\left(\frac{\nu}{\omega_0}\right)$ 值求出 a 值后，代入 (k) 或 (i) 的第一式，就可求出相应的 θ 值，从而在 θ-$\frac{\nu}{\omega_0}$ 平面上画相位差曲线(图 11.12-3)．

从图 11.12-1 可见，有的反应曲线在某个频域内对应于同一个频率将出现三个不同的振幅值，在图 11.12-3 中则将出现三个不同的相位差值．这三个不同的振幅值与相位差值就是方程 (h) 在给定的扰力幅 εF 与扰频 ν 下的三个奇点的坐标．它们对应于方程 (a) 的三个不同的稳态同步振动．运动必须是稳定的，在物理上才可以实现，所以我们必须进一步考察运动的稳定性，而这只须考察方程 (h) 奇点的性质就可以了．为此必须写出方程 (h) 在奇点附近的线性化方程，即变分方程．设满足方程 (i) 的解记为 (a_0,θ_0)，它就是方程 (h) 的奇点．设有

$$a=a_0+\delta a,\quad \theta=\theta_0+\delta a \tag{q}$$

代入方程 (h)，并只保留线性项，就得到奇点 (a_0,θ_0) 附近的变分

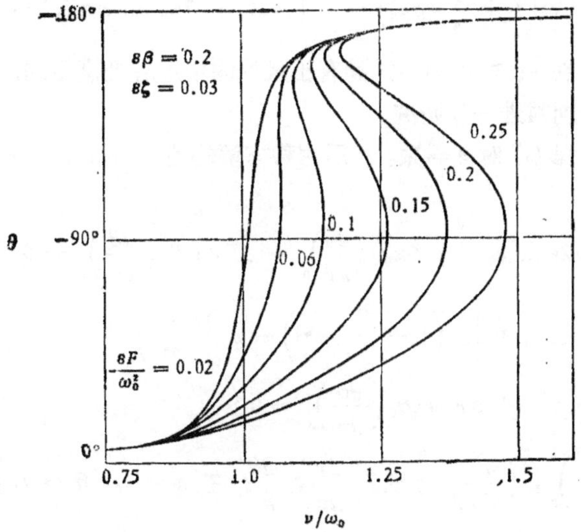

图 11.12-3

方程为

$$\frac{d(\delta a)}{dt} = \frac{1}{2\nu}(-2\varepsilon\zeta\omega_0\nu\delta a - \varepsilon F\cos\theta_0\delta\theta)$$

$$\frac{d(\delta\theta)}{dt} = \frac{1}{2\nu}\left[\frac{1}{a_0}\left(\frac{3}{2}\varepsilon\beta\omega_0^2a_0^2 + \frac{\varepsilon F}{a_0}\cos\theta_0\right)\delta a + \frac{\varepsilon F}{a_0}\sin\theta_0\delta\theta\right] \tag{r}$$

方程 (r) 的特征方程为

$$\begin{vmatrix} -2\varepsilon\zeta\omega_0\nu - \lambda & -\varepsilon F\cos\theta_0 \\ \frac{1}{a_0}\left(\frac{3}{2}\varepsilon\beta\omega_0^2a_0^2 + \frac{\varepsilon F}{a_0}\cos\theta_0\right) & \frac{\varepsilon F}{a_0}\sin\theta_0 - \lambda \end{vmatrix} = 0 \tag{s}$$

展开并利用 (i)，得到

$$\lambda^2 + 4\varepsilon\zeta\omega_0\nu\lambda + \frac{\varepsilon F}{a_0}\left\{\left[\omega_0^2\left(1 + \frac{9}{4}\varepsilon\beta a_0^2\right) - \nu^2\right]\cos\theta_0 - 2\varepsilon\zeta\omega_0\nu\sin\theta_0\right\} = 0 \tag{t}$$

因此对应于奇点 (a_0, θ_0) 的同步稳态振动的稳定性条件为

$$4\varepsilon\zeta\omega_0\nu > 0 \tag{u}$$

$$\left[\omega_0^2\left(1+\frac{9}{4}\varepsilon\beta a_0^2\right)-\nu^2\right]\cos\theta_0-2\varepsilon\zeta\omega_0\nu\sin\vartheta_0>0 \quad \text{(v)}$$

条件 (u) 在 $\varepsilon\zeta>0$ 即系统具有正阻尼的情形总是满足的. 至于条件 (v) 则须进一步研究.

将方程 (i) 对 ν 导微，然后用稳态解的值 $a=a_0$，$\theta=\theta_0$ 代入，得到

$$\begin{aligned}
&-2\varepsilon\zeta\omega_0a_0-2\varepsilon\zeta\omega_0\nu\left(\frac{da}{d\nu}\right)_0-\varepsilon F\cos\theta_0\left(\frac{d\theta}{d\nu}\right)_0=0\\
&-2\nu a_0+\left[\omega_0^2\left(1+\frac{9}{4}\varepsilon\beta a_0^2\right)-\nu^2\right]\left(\frac{da}{d\nu}\right)_0\\
&\qquad+\varepsilon F\sin\theta_0\left(\frac{d\theta}{d\nu}\right)_0=0
\end{aligned} \quad \text{(w)}$$

其中 $\left(\frac{da}{d\nu}\right)_0$，$\left(\frac{d\theta}{d\nu}\right)_0$ 分别为 $\frac{da}{d\nu}$，$\frac{d\theta}{d\nu}$ 在 $a=a_0$，$\theta=\theta_0$ 的值. 由 (w) 消去 $\left(\frac{d\theta}{d\nu}\right)_0$ 并利用 (i)，得到

$$\begin{aligned}
&\left\{\left[\omega_0^2\left(1+\frac{9}{4}\varepsilon\beta a_0^2\right)-\nu^2\right]\cos\theta_0-2\varepsilon\zeta\omega_0\nu\sin\theta_0\right\}\left(\frac{da}{d\nu}\right)_0\\
&\quad=\frac{2\nu a_0^2}{\varepsilon F}\left\{\left[\omega_0^2\left(1+\frac{3}{4}\varepsilon\beta a_0^2\right)-\nu^2\right]-2(\varepsilon\zeta\omega_0)^2\right\}
\end{aligned} \quad \text{(x)}$$

由 (x) 可将稳定性条件 (v) 表示为

$$\begin{aligned}
&\left(\frac{da}{d\nu}\right)_0>0，\text{如 } \omega_0^2\left(1+\frac{3}{4}\varepsilon\beta a_0^2\right)>\nu^2+2(\varepsilon\zeta\omega_0)^2\\
&\left(\frac{da}{d\nu}\right)_0<0，\text{如 } \omega_0^2\left(1+\frac{3}{4}\varepsilon\beta a_0^2\right)<\nu^2+2(\varepsilon\zeta\omega_0)^2
\end{aligned} \quad \text{(y)}$$

或者精确到一阶小量，表示为

$$\begin{aligned}
&\left(\frac{da}{d\nu}\right)_0>0，\text{如 } \omega_0\left(1+\frac{3}{8}\varepsilon\beta a_0^2\right)>\nu\\
&\left(\frac{da}{d\nu}\right)_0<0，\text{如 } \omega_0\left(1+\frac{3}{8}\varepsilon\beta a_0^2\right)<\nu
\end{aligned} \quad \text{(z)}$$

条件 (z) 配合已经画出的反应曲线一起应用是很方便的. 事实上 (z) 的第一式说明对于脊骨曲线左边的反应曲线，斜率为正的部

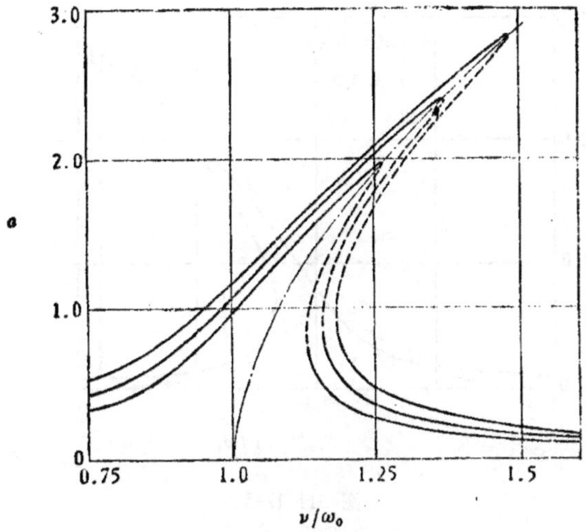

图 11.12-4

分是稳定的；(z) 的第二式说明对于脊骨曲线右边的反应曲线，斜率为负的部分是稳定的. 图 11.12-4 中稳定部分用实线画出，不稳定部分用虚线画出. 不稳定部分的振幅对应于不能实现的运动. 所以如果扰力频率从相当小的值缓慢增加，振动的振幅将随着增大，直至点1(图 11.12-5) 振幅将突然下跌至点 2，然后随着扰频的增加振幅减小. 相反如扰频从相当大的值缓慢减小，振动的振幅将随着增大，直至点 3 振幅将突然上跃至点 4，然后随着扰频的减小振幅减小. 在振幅发生跳跃的同时，相位差也发生跳跃(图 11.12-3). 跳跃是非线性振动系统所特有的现象.

例 11.12-2. 考察有正弦型外力作用的无阻尼杜芬方程

$$\ddot{x}+\omega_0^2 x=F\cos\nu t-\varepsilon\beta\omega_0^2 x^3 \tag{a}$$

在 $p=1$, $q=3$ 的亚谐共振. 这时设 $\omega_0^2=\left(\frac{\nu}{3}\right)^2+\varepsilon\Delta$，则方程 (a)可写成

$$\ddot{x}+\left(\frac{\nu}{3}\right)^2 x=F\cos\nu t-\varepsilon(\beta\omega_0^2 x^3+x\Delta) \tag{b}$$

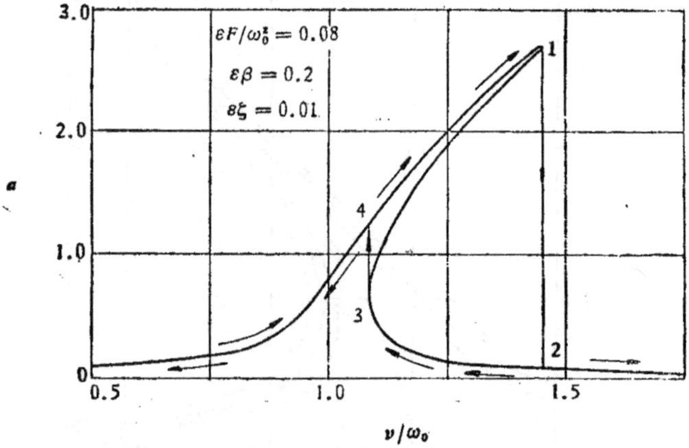

图 11.12-5

现在外力幅 F 不是微小量，故对方程 (b) 作代换

$$x = y - \frac{9F}{8\nu^2}\cos\nu t \tag{c}$$

得

$$\ddot{y} + \left(\frac{\nu}{3}\right)^2 y = -\varepsilon\left[\beta\omega_0^2\left(y - \frac{9F}{8\nu^2}\cos\nu t\right)^3 + \left(y - \frac{9F}{8\nu^2}\cos\nu t\right)\Delta\right] \tag{d}$$

于是方程 (d) 可以应用 KBM 法求解．设

$$y = a\cos\left(\frac{1}{3}\nu t + \theta\right) + \varepsilon x_1\left(a, \nu t, \frac{1}{3}\nu t + \theta\right) + \varepsilon^2 x_2\left(a, \nu t, \frac{1}{3}\nu t + \theta\right) + \cdots \tag{e}$$

其中的 a 与 θ 由下列微分方程决定

$$\begin{aligned}\dot{a} &= \varepsilon A_1(a, \theta) + \varepsilon^2 A_2(a, \theta) + \cdots \\ \dot{\theta} &= \varepsilon B_1(a, \theta) + \varepsilon^2 B_2(a, \theta) + \cdots\end{aligned} \tag{f}$$

将 (e) 与 (f) 代入 (d)，得

$$\frac{\partial^2 x_1}{\partial t^2}+\left(\frac{\nu}{3}\right)^2 x_1=-\left\{\beta\omega_0^2\left[a\cos\left(\frac{1}{3}\nu t+\theta\right)\right.\right.$$

$$\left.\left.-\frac{9F}{8\nu^2}\cos\nu t\right]^3+\left[a\cos\left(\frac{1}{3}\nu t+\theta\right)-\frac{9F}{8\nu^2}\cos\nu t\right]\Delta\right\}$$

$$+\frac{2}{3}\nu A_1\sin\left(\frac{1}{3}\nu t+\theta\right)+\frac{2}{3}a\nu B_1\cos\left(\frac{1}{3}\nu t+\theta\right)$$

$$=\left[-\frac{3}{4}\beta\omega_0^2 a^3+\frac{27}{32\nu^2}\beta\omega_0^2 F a^2\cos 3\theta\right.$$

$$\left.-\frac{243}{128\nu^4}\beta\omega_0^2 F^2 a-a\Delta+\frac{2}{3}a\nu B_1\right]\cos\left(\frac{1}{3}\nu t+\theta\right)$$

$$+\left[\frac{27}{32\nu^2}\beta\omega_0^2 F a^2\sin 3\theta+\frac{2}{3}\nu A_1\right]\sin\left(\frac{1}{3}\nu t+\theta\right)$$

$$+\cdots \tag{g}$$

为使 x_1 中不出现分母转为零的项，必须

$$A_1=-\frac{81}{64\nu^3}\beta\omega_0^2 F a^2\sin 3\theta$$

$$B_1=\frac{3}{2\nu}\left[\frac{3}{4}\beta\omega_0^2 a^2-\frac{27}{32\nu^2}\beta\omega_0^2 F a\cos 3\theta\right.$$

$$\left.+\frac{243}{128\nu^4}\beta\omega_0^2 F^2+\Delta\right] \tag{h}$$

在满足条件 (h) 的情形下，(a) 有一次近似解[1)]

$$x=a\cos\left(\frac{1}{3}\nu t+\theta\right)-\frac{9F}{8\nu^2}\cos\nu t \tag{i}$$

其中的 a 与 θ 由下列微分方程决定

$$\dot a=-\frac{81}{64\nu^3}\varepsilon\beta\omega_0^2 F a^2\sin 3\theta$$

$$\dot\theta=\frac{3}{2\nu}\left[\frac{3}{4}\varepsilon\beta\omega_0^2 a^2-\frac{27}{32\nu^2}\varepsilon\beta\omega_0^2 F a\cos 3\theta\right.$$

$$\left.+\frac{243}{128\nu^4}\varepsilon\beta\omega_0^2 F^2+\omega_0^2-\left(\frac{\nu}{3}\right)^2\right] \tag{j}$$

---

1) 这里与过去不同，第一次近似解中没有包含 εx_1 的项。因为 a 与 θ 的误差已与 ε 同阶，所以第一次近似解中要不要包含 εx_1 的项已无关紧要。

方程 (j) 的常数解对应于方程 (a) 的稳态振动，由下列方程确定

$$\dot{a}=0,\quad \dot{\theta}=0 \tag{k}$$

由此得

$$\theta=0 \tag{l}$$

$$a^2-\left(\frac{9F}{8\nu^2}\right)a+2\left(\frac{9F}{8\nu^2}\right)^2+\frac{4}{3}\frac{1}{\varepsilon\beta}\left[1-\left(\frac{\nu}{3\omega_0}\right)^2\right]=0 \tag{m}$$

方程 (m) 有根

$$a=\frac{1}{2}\left(\frac{9F}{8\nu^2}\right)\pm\frac{1}{2}\left\{\left(\frac{9F}{8\nu^2}\right)^2-8\left(\frac{9F}{8\nu^2}\right)^2-\frac{16}{3}\cdot\frac{1}{\varepsilon\beta}\left[1-\left(\frac{\nu}{3\omega_0}\right)^2\right]\right\}^{1/2} \tag{n}$$

因 a 为实数，故必须

$$-7\left(\frac{9F}{8\nu^2}\right)^2-\frac{16}{3}\cdot\frac{1}{\varepsilon\beta}\left[1-\left(\frac{\nu}{3\omega_0}\right)^2\right]\geqslant 0$$

即对于 $\varepsilon\beta>0$，必须

$$\nu^2\geqslant(3\omega_0)^2\left[1+\frac{21}{16}\varepsilon\beta\left(\frac{9F}{8\nu^2}\right)^2\right] \tag{o}$$

对于 $\varepsilon\beta<0$，则必须

$$\nu^2\leqslant(3\omega_0)^2\left[1+\frac{21}{16}\varepsilon\beta\left(\frac{9F}{8\nu^2}\right)^2\right] \tag{p}$$

根据 (n) 可以在 a-ν 平面上画出亚谐共振曲线. 由 (o) 与 (p) 可见，在硬弹簧系统，这种曲线只出现于大于 $3\omega_0$ 的频域；在软弹簧系统，则只出现于小于 $3\omega_0$ 的频域. 从 (n) 还可看到，对应于同一个扰频将有两个不同的振幅值出现，所以这里也存在着稳定性问题. 这问题仍可象主共振情形一样，由研究方程 (j) 在奇点 (a_0, θ_0) 附近的变分方程而得到解决.

亚谐共振是非线性系统的又一种特有的振动现象. 在本例的情形，它发生于扰频的 $\frac{1}{3}$ 与派生系统的固有频率相接近时，称为第三阶亚谐共振. 系统可能出现的亚谐共振的阶数与微分方程中非线性函数的形式有关. 本例所出现的亚谐共振的阶数恰与方程中非线性项的幂次相同. 亚谐共振可以看为由扰力所激起的固有

振动．这种与扰力不同频的固有振动由于非线性振动系统所特有的组合振动而得以维持．亚谐共振与非共振情形不同，这时确定振幅与相位差的微分方程右端既与振幅有关又与相位差有关，所以即使系统存在正阻尼，亚谐共振仍有可能不被衰减．

如果只限于求共振情形的稳态振动，也可以对方程(11.12-2)应用林斯泰特法求解．仍设方程(11.12-2)的解为(11.12-3)的形式，即

$$x = a\cos\psi + \varepsilon x_1(a, \nu t, \psi) + \varepsilon^2 x_2(a, \nu t, \psi) + \cdots$$

其中

$$\psi = \frac{p}{q}\nu t + \theta$$

对于稳态振动，上式中的振幅 a 与相位差 θ 都是常数，因而振动频率是已知的，等于 $\frac{p}{q}\nu$．但由于共振时 θ 与 a 密切有关，所以 θ 也是 ε 的未知函数．取 θ 为约束参数，设它为 ε 的幂级数形式

$$\theta = \theta_0 + \varepsilon\theta_1 + \varepsilon^2\theta_2 + \cdots$$

将 x 与 θ 的幂级数代入方程(11.12-2)，比较两端关于 ε 同次幂的系数，得到求解未知函数 $x_i(i = 1, 2, \cdots)$ 的微分方程，这方程组可以依次求解．在求解过程中选取 $\theta_i(i = 0, 1, 2, \cdots)$ 使得函数 $x_i(i = 1, 2, \cdots)$ 中不存在长期项，从而也就唯一确定 $\theta_i(i = 0, 1, 2, \cdots)$ 的值；再根据一定的初条件就可唯一确定函数 $x_i(i = 1, 2, \cdots)$．这样求得的定常振动的各次近似解与用 KBM 法求得的完全相同．

11.13 多尺度法

由 L-P 法或 KBM 法可见，形如

$$\ddot{x} + \omega_0^2 x = \varepsilon f(x, \dot{x}) \tag{11.13-1}$$

的微分方程，其解 $x(t, \varepsilon)$ 的渐近展开式明显地依赖于 ε．或者说，明显地依赖于 $t, \varepsilon t, \varepsilon^2 t, \cdots$．对于准确到 ε^m 阶的解($m-1$ 次近似解)将依赖于 $t, \varepsilon t, \varepsilon^2 t, \cdots, \varepsilon^{m-1}t$．如果引入

$$T_n = \varepsilon^n t,\ n = 0, 1, 2, \cdots, m-1 \tag{11.13-2}$$

把它们看成独立的自变量，那末 x 就是 m 个独立的自变量的函数，而不是单个自变量 t 的函数．显然这些新的自变量 T_n 随 t 变化的速度各依次减慢一个数量级，所以它们是有不同尺度的独立时间变量．这就是多尺度法名称的来由．

如要求方程 (11.13-1) 的准确到 ε^m 阶的解，则按 (11.13-2) 引入 m 个新的自变量 T_n，因此关于 t 的导数变成关于 T_n 的偏导数的展开式，即

$$\begin{aligned}
\frac{d}{dt} &= \frac{dT_0}{dt}\frac{\partial}{\partial T_0} + \frac{dT_1}{dt}\frac{\partial}{\partial T_1} + \frac{dT_2}{dt}\frac{\partial}{\partial T_2} + \cdots \\
&= D_0 + \varepsilon D_1 + \varepsilon^2 D_2 + \cdots \\
\frac{d^2}{dt^2} &= (D_0 + \varepsilon D_1 + \varepsilon^2 D_2 + \cdots)^2 \\
&= D_0^2 + 2\varepsilon D_0 D_1 + \varepsilon^2(D_1^2 + 2D_0 D_2) + \cdots
\end{aligned} \tag{11.13-3}$$

所求的解则设为

$$\begin{aligned}
x(t, \varepsilon) = x_0(T_0, T_1, T_2, \cdots) + \varepsilon x_1(T_0, T_1, T_2, \cdots) \\
+ \varepsilon^2 x_2(T_0, T_1, T_2, \cdots) + \cdots
\end{aligned} \tag{11.13-4}$$

将 (11.13-3) 与 (11.13-4) 代入方程 (11.13-1)，并展开，比较 ε 的系数，得到的偏微分方程组是线性的，它们可以依次求解．附加不出现长期项的条件以及确定的初条件，就可以求得解(11.13-4)中各个未知函数 x_i 的确定表达式．

方程 (11.13-1) 是自治的，对于非自治系统多尺度法也同样适用．下面用具体例子来说明这种方法．

例 11.13-1．求杜芬方程

$$\ddot{x} + \omega_0^2(x + \varepsilon x^3) = 0 \tag{a}$$

自由振动的二次近似解．

解．设所求的二次近似解为

$$x = x_0(T_0, T_1, T_2) + \varepsilon x_1(T_0, T_1, T_2) + \varepsilon^2 x_2(T_0, T_1, T_2) \tag{b}$$

将 (11.13-3) 与 (b) 代入方程 (a)，有

$$[D_0^2+2\varepsilon D_0D_1+\varepsilon^2(D_1^2+2D_0D_2)][x_0+\varepsilon x_1+\varepsilon^2x_2]$$
$$+\omega_0^2[x_0+\varepsilon x_1+\varepsilon^2x_2+\varepsilon(x_0+\varepsilon x_1+\varepsilon^2x_2)^3]=0$$

展开,令关于 ε 同次幂的系数等于零,得偏微分方程组

$$\begin{aligned}&D_0^2x_0+\omega_0^2x_0=0\\&D_0^2x_1+\omega_0^2x_1=-2D_0D_1x_0-\omega_0^2x_0^3\\&D_0^2x_2+\omega_0^2x_2=-2D_0D_1x_1-D_1^2x_0-2D_0D_2x_0-3\omega_0^2x_0^2x_1\end{aligned}\tag{c}$$

设 (c) 第一方程的解为

$$x_0=A(T_1,T_2)\exp(j\omega_0T_0)+\overline{A}\exp(-j\omega_0T_0)\tag{d}$$

将解写成复函数形式只是为了运算方便. 其中 A 是未知的复函数,而 $\overline{A}$ 是 A 的共轭. A 由 x_1 与 x_2 不出现长期项的条件确定.

将 (d) 代入 (c) 的第二方程,得

$$D_0^2x_1+\omega_0^2x_1=-(2j\omega_0D_1A+3\omega_0^2A^2\overline{A})\exp(j\omega_0T_0)$$
$$-\omega_0^2A^3\exp(3j\omega_0T_0)+cc\tag{e}$$

式中 cc 表示前面各项的共轭. 为使 x_1 不出现长期项,必须

$$2j\omega_0D_1A+3\omega_0^2A^2\overline{A}=0\tag{f}$$

在满足条件 (f) 以及 x_1 不含第一谐波的情况下, (e) 的解为

$$x_1=\frac{1}{8}A^3\exp(3j\omega_0T_0)+cc\tag{g}$$

将 (d) 与 (g) 代入 (c) 的第三方程,并利用条件 (f), 可得

$$D_0^2x_2+\omega_0^2x_2=-\left(2j\omega_0D_2A-\frac{15}{8}\omega_0^2A^3\overline{A}^2\right)\exp(j\omega_0T_0)$$
$$+\frac{21}{8}\omega_0^2A^4\overline{A}\exp(3j\omega_0T_0)$$
$$-\frac{3}{8}\omega_0^2A^5\exp(5j\omega_0T_0)+cc\tag{h}$$

为使 x_2 不出现长期项,必须

$$2j\omega_0D_2A-\frac{15}{8}\omega_0^2A^3\overline{A}^2=0\tag{i}$$

在满足条件 (i) 以及 x_2 不含第一谐波的情况下, (h) 的解为

$$x_2=-\frac{21}{64}A^4\overline{A}\exp(3j\omega_0T_0)+\frac{1}{64}A^5\exp(5j\omega_0T_0)+cc\tag{j}$$

现在由方程 (f) 与 (i) 确定A. 由 (f) 有

$$D_1A=\frac{3}{2}j\omega_0A^2\overline{A}$$

由 (i) 有

$$D_2A=-\frac{15}{16}j\omega_0A^3\overline{A}^2$$

利用展式 (11.13-3) 并注意到 $D_0A=0$，就得到

$$\dot{A}=\frac{3}{2}j\varepsilon\omega_0A^2\overline{A}-\frac{15}{16}j\varepsilon^2\omega_0A^3\overline{A}^2 \tag{k}$$

其中 $A(T_1, T_2)$ 已借等式 $T_1=\varepsilon t$ 与 $T_2=\varepsilon^2 t$ 看为 $A(t)$. 为从方程 (k) 解出 A, 方便的是将A写成复数的极式. 即令

$$A=\frac{1}{2}a\exp(j\beta) \tag{l}$$

其中 a 与 β 是 t 的实函数. 将 (l) 代入 (k)，将结果分成实部与虚部,就得到

$$\begin{aligned}&\dot{a}=0\\&\dot{\beta}=\omega_0\left(\frac{3}{8}\varepsilon a^2-\frac{15}{256}\varepsilon^2a^4\right)\end{aligned} \tag{m}$$

积分之,得

$$\begin{aligned}&a=\text{const.}\\&\beta=\omega_0\left(\frac{3}{8}\varepsilon a^2-\frac{15}{256}\varepsilon^2a^4\right)t+\beta_0\end{aligned} \tag{n}$$

其中 β_0 是积分常数. 代回 (l)，有

$$A=\frac{1}{2}a\exp\left[j\omega_0\left(\frac{3}{8}\varepsilon a^2-\frac{15}{256}\varepsilon^2a^4\right)t+j\beta_0\right] \tag{o}$$

将 (d), (g) 以及 (o) 代入 (b)，注意到 $T_0=t$，就得到所求的二次近似解为

$$x=a\cos\psi+\frac{1}{32}\varepsilon a^3\left(1-\frac{21}{32}\varepsilon a^2\right)\cos 3\psi+\frac{1}{1024}\varepsilon^2a^5\cos 5\psi$$

$$\psi=\omega_0\left(1+\frac{3}{8}\varepsilon a^2-\frac{15}{256}\varepsilon^2a^4\right)t+\psi_0$$

其中 ψ_0 是初相角．结果与 KBM 法所得的完全相同．

例 11.13-2．求范德波方程

$$\ddot{x} + \varepsilon(x^2 - 1)\dot{x} + x = 0 \tag{a}$$

的二次近似解．

解．设所求的二次近似解为

$$x = x_0(T_0, T_1, T_2) + \varepsilon x_1(T_0, T_1, T_2) + \varepsilon^2 x_2(T_0, T_1, T_2) \tag{b}$$

将 (11.13-3) 与 (b) 代入 (a)，令关于 ε 同次幂的系数等于零，得线性偏微分方程组

$$\begin{aligned} &D_0^2 x_0 + x_0 = 0 \\ &D_0^2 x_1 + x_1 = -2D_0D_1x_0 - x_0^2 D_0 x_0 + D_0 x_0 \\ &D_0^2 x_2 + x_2 = -2D_0D_1x_1 - D_1^2 x_0 - 2D_0D_2x_0 \\ &\qquad - 2x_0x_1D_0x_0 + (1 - x_0^2)(D_0x_1 + D_1x_0) \end{aligned} \tag{c}$$

设 (c) 第一方程的解为

$$x_0 = A(T_1, T_2)\exp(jT_0) + \overline{A}\exp(-jT_0) \tag{d}$$

其中未知的复函数 A 由 x_1 与 x_2 不出现长期项的条件确定．

将 (d) 代入 (c) 的第二方程，得

$$\begin{aligned} D_0^2 x_1 + x_1 = &-j(2D_1A - A + A^2\overline{A})\exp(jT_0) \\ &- jA^3\exp(3jT_0) + cc \end{aligned} \tag{e}$$

为使 x_1 不出现长期项，必须

$$2D_1A - A + A^2\overline{A} = 0 \tag{f}$$

在满足条件 (f) 以及 x_1 不含第一谐波的情况下，(e) 的解为

$$x_1 = \frac{1}{8} jA^3\exp(3jT_0) + cc \tag{g}$$

将 (d) 与 (g) 代入 (c) 的第三方程并利用条件 (f)，得

$$\begin{aligned} D_0^2 x_2 + x_2 = &-\left(2jD_2A - \frac{1}{4}A + A^2\overline{A} - \frac{7}{8}A^3\overline{A}^2\right)\exp(jT_0) \\ &+ \frac{1}{8}(2A^3 + A^4\overline{A})\exp(3jT_0) + \frac{5}{8}A^5\exp(5jT_0) + cc \end{aligned} \tag{h}$$

为使 x_2 不出现长期项，必须

$$2jD_2A-\frac{1}{4}A+A^2\overline{A}-\frac{7}{8}A^3\overline{A}^2=0 \tag{i}$$

在满足条件 (i) 以及 x_2 不含第一谐波的情况下，(h) 的解为

$$\begin{aligned}x_2=&-\frac{1}{64}(2A^3+A^4\overline{A})\exp(3jT_0)\\&-\frac{5}{192}A^5\exp(5jT_0)+cc\end{aligned} \tag{j}$$

现在由方程 (f) 与 (i) 求A. 由 (f) 有

$$D_1A=\frac{1}{2}(A-A^2\overline{A})$$

由 (i) 有

$$D_2A=-\frac{1}{2}j\left(\frac{1}{4}A-A^2\overline{A}+\frac{7}{8}A^3\overline{A}^2\right)$$

利用展式 (11.13-3) 并注意到 $D_0A=0$，就有

$$\dot{A}=\frac{1}{2}\varepsilon(A-A^2\overline{A})-\frac{1}{2}j\varepsilon^2\left(\frac{1}{4}A-A^2\overline{A}+\frac{7}{8}A^3\overline{A}^2\right) \tag{k}$$

令

$$A=\frac{1}{2}a\exp(j\beta) \tag{l}$$

将 (l) 代入 (k)，将结果分成实部与虚部，得到

$$\begin{aligned}\dot{a}&=\frac{1}{2}\varepsilon a\left(1-\frac{1}{4}a^2\right)\\ \dot{\beta}&=-\varepsilon^2\left(\frac{1}{8}-\frac{1}{8}a^2+\frac{7}{256}a^4\right)\end{aligned} \tag{m}$$

积分之，有

$$\begin{aligned}a^2&=\frac{4}{1+\left(\dfrac{4}{a_0^2}-1\right)e^{-\varepsilon t}}\\ \beta&=-\frac{1}{16}\varepsilon^2t-\frac{1}{8}\varepsilon\ln|a|+\frac{7}{64}\varepsilon a^2+\beta_0\end{aligned} \tag{n}$$

其中 a_0 与 β_0 是积分常数.

将 (d)，(g)，(j) 以及 (l) 代入 (b)，并注意到 $T_0=t$，就得到

所求的二次近似解为

$$x = a\cos\phi - \frac{1}{32}\varepsilon a^3 \sin 3\phi - \frac{1}{1024}\varepsilon^2 a^3$$
$$\times\left[(a^2+8)\cos 3\phi + \frac{5}{3}a^2\cos 5\phi\right]$$
$$\phi = t + \beta$$

其中 a 与 β 由 (n) 确定. 可见所得结果与用 KBM 法所得的完全相同.

例 11.13-3. 求有正弦型外力作用的杜芬方程

$$\ddot{x} + \omega_0^2 x = \varepsilon(F\cos\nu t - 2\zeta\omega_0\dot{x} - \beta\omega_0^2 x^3) \tag{a}$$

在主共振情形的一次近似解.

解. 在主共振情形

$$\omega_0^2 = \nu^2 + \varepsilon\Delta \tag{b}$$

将 (b) 代入 (a), 得

$$\ddot{x} + \nu^2 x = \varepsilon(F\cos\nu t - 2\zeta\omega_0\dot{x} - \beta\omega_0^2 x^3 - x\Delta) \tag{c}$$

设方程 (c) 的一次近似解为

$$x = x_0(T_0, T_1) + \varepsilon x_1(T_0, T_1) \tag{d}$$

将 (11.13-3) 与 (d) 代入 (c), 比较关于 ε 同次幂的系数,得线性偏微分方程组

$$D_0^2 x_0 + \nu^2 x_0 = 0$$
$$D_0^2 x_1 + \nu^2 x_1 = F\cos\nu T_0 - 2\zeta\omega_0 D_0 x_0 - \beta\omega_0^2 x_0^3$$
$$- x_0\Delta - 2D_0 D_1 x_0 \tag{e}$$

设 (e) 第一方程的解为

$$x_0 = A(T_1)\exp(j\nu T_0) + \bar{A}\exp(-j\nu T_0) \tag{f}$$

将 (f) 代入 (e) 的第二方程,得

$$D_0^2 x_1 + \nu^2 x_1 = \Big(\frac{1}{2}F - 2j\zeta\omega_0\nu A - 3\beta\omega_0^2 A^2\bar{A} - A\Delta$$
$$- 2j\nu D_1 A\Big)\exp(j\nu T_0) - \beta\omega_0^2 A^3\exp(3j\nu T_0) + cc \tag{g}$$

为使 x_1 不出现长期项，必须

$$\frac{1}{2}F - 2j\zeta\omega_0\nu A - 3\beta\omega_0^2A^2\overline{A} - A\Delta - 2j\nu D_1A = 0 \qquad \text{(h)}$$

在满足条件 (h) 以及 x_1 不含第一谐波的情况下，(e) 的解为

$$x_1 = \frac{1}{8}\beta A^3\exp(3j\nu T_0) + cc \qquad \text{(i)}$$

现在求 A. 由方程 (h) 得

$$D_1A = -\frac{1}{2\nu}j\left(\frac{1}{2}F - 2j\zeta\omega_0\nu A - 3\beta\omega_0^2A^2\overline{A} - A\Delta\right) \qquad \text{(j)}$$

利用展式 (11.13-3) 并注意 $D_0A = 0$，就有

$$\dot{A} = -\frac{1}{2\nu}j\left(\frac{1}{2}\varepsilon F - 2j\varepsilon\zeta\omega_0\nu A - 3\varepsilon\beta\omega_0^2A^2\overline{A} - \varepsilon A\Delta\right) \qquad \text{(k)}$$

令

$$A = \frac{1}{2}a\exp(j\theta) \qquad \text{(l)}$$

将 (l) 代入 (k) 并将结果分成实部与虚部，就得到

$$\begin{aligned} \dot{a} &= -\frac{1}{2\nu}(2\varepsilon\zeta\omega_0\nu a + \varepsilon F\sin\theta) \\ \dot{\theta} &= \frac{1}{2\nu a}\left\{\left[\omega_0^2\left(1 + \frac{3}{4}\varepsilon\beta a^2\right) - \nu^2\right]a - \varepsilon F\cos\theta\right\} \end{aligned} \qquad \text{(m)}$$

将 (f)，(i) 以及 (l) 代入 (d)，得到一次近似解为

$$x = a\cos(\nu t + \theta) + \frac{1}{32}\varepsilon\beta a^3\cos 3(\nu t + \theta)$$

其中 a 与 θ 由方程 (m) 确定.

对于稳态振动，$\dot{a} = \dot{\theta} = 0$，故有

$$2\varepsilon\zeta\omega_0\nu a + \varepsilon F\sin\theta = 0$$

$$\left[\omega_0^2\left(1 + \frac{3}{4}\varepsilon\beta a^2\right) - \nu^2\right]a - \varepsilon F\cos\theta = 0$$

由此得振幅 a 与相角 θ 的响应方程. 结果与 KBM 法所得的完全相同.

11.14 平 均 法

考察方程

$$\ddot{x}+\omega_0^2 x=\varepsilon f(x,\dot{x}) \tag{11.14-1}$$

当 $\varepsilon=0$，方程 (11.14-1) 有解

$$x=a\cos\psi,\quad \psi=\omega_0 t+\theta \tag{11.14-2}$$

其中 a 与 θ 都是常数．当 $\varepsilon\neq 0$，方程 (11.14-1) 的解仍可保留 (11.14-2) 的形式，只是 a 与 θ 都不再是常数，而是时间 t 的函数．这样，(11.14-2) 可以看作由变量 $x(t)$ 变为变量 $a(t)$ 与 $\theta(t)$ 的变换式．由于两个方程 (11.14-1) 与 (11.14-2) 中包含着三个变量 x，a 与 θ，就可以自由地附加一个补充条件．方便的做法是使速度仍有 $\varepsilon=0$ 时的形式．即

$$\dot{x}=-\omega_0 a\sin\psi \tag{11.14-3}$$

而这就要求补充条件

$$\dot{a}\cos\psi-a\dot{\theta}\sin\psi=0 \tag{11.14-4}$$

式 (11.14-3) 对 t 导微，有

$$\ddot{x}=-\omega_0^2 a\cos\psi-\omega_0\dot{a}\sin\psi-\omega_0 a\dot{\theta}\cos\psi \tag{11.14-5}$$

将 (11.14-2)，(11.14-3)，(11.14-5) 代入方程 (11.14-1)，得到

$$\omega_0\dot{a}\sin\psi+\omega_0 a\dot{\theta}\cos\psi=\varepsilon f(a\cos\psi,-\omega_0 a\sin\psi) \tag{11.14-6}$$

方程 (11.14-4) 与 (11.14-6) 对 $\dot{a}$ 与 $\dot{\theta}$ 求解，得下面标准形式的方程

$$\begin{aligned}\dot{a}&=-\frac{\varepsilon}{\omega_0}\sin\psi f(a\cos\psi,-\omega_0 a\sin\psi)\\ \dot{\theta}&=-\frac{\varepsilon}{\omega_0 a}\cos\psi f(a\cos\psi,-\omega_0 a\sin\psi)\end{aligned} \tag{11.14-7}$$

方程 (11.14-2)，(11.14-7) 严格地等价于方程(11.14-1)．因为至此没有作过任何近似．

方程 (11.14-7) 当 $\varepsilon=0$ 时，它的解 a 与 θ 都是常数．当 $\varepsilon\neq 0$ 但很小时，$\dot{a}$ 与 $\dot{\theta}$ 也很小，所以 a 与 θ 是随 t 慢变的量，

可以将它表示为平稳变化项 $\bar{a}$ 与 $\bar{\theta}$ 以及微小振动项的叠加(图 11.14-1)．即有形式

$$
\begin{aligned}
a(t) &= \bar{a}(t) + \text{微小振动项} \\
\theta(t) &= \bar{\theta}(t) + \text{微小振动项}
\end{aligned}
\tag{11.14-8}
$$

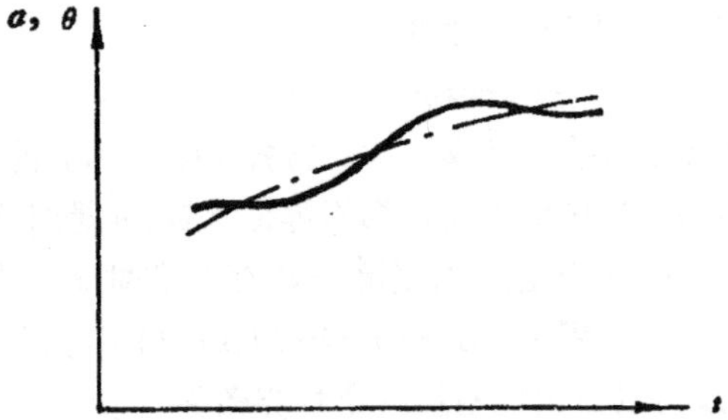

图 11.14-1

方程 (11.14-7) 的右端是 ψ 的周期为 2π 的周期函数，如果将它展开成如下的和式

$$
\begin{aligned}
&-\frac{\varepsilon}{\omega_0}\sin\psi f(a\cos\psi, -\omega_0 a\sin\psi) \\
&\quad = \varepsilon\sum_n [f_{n1}^{(1)}(a)\cos n\psi + f_{n2}^{(1)}(a)\sin n\psi] \\
&-\frac{\varepsilon}{\omega_0 a}\cos\psi f(a\cos\psi, -\omega_0 a\sin\psi) \\
&\quad = \varepsilon\sum_n [f_{n1}^{(2)}(a)\cos n\psi + f_{n2}^{(2)}(a)\sin n\psi]
\end{aligned}
$$

则方程 (11.14-7) 成为

$$
\begin{aligned}
\dot{a} &= \varepsilon f_{01}^{(1)}(a) + \varepsilon\sum_{n\neq 0}[f_{n1}^{(1)}(a)\cos n\psi + f_{n2}^{(1)}(a)\sin n\psi] \\
\dot{\theta} &= \varepsilon f_{01}^{(2)}(a) + \varepsilon\sum_{n\neq 0}[f_{n1}^{(2)}(a)\cos n\psi + f_{n2}^{(2)}(a)\sin n\psi]
\end{aligned}
\tag{11.14-9}
$$

或

$$
\begin{aligned}
\dot{a} &= \varepsilon f_{01}^{(1)}(a) + \text{微小振动项} \\
\dot{\theta} &= \varepsilon f_{01}^{(2)}(a) + \text{微小振动项}
\end{aligned}
\tag{11.14-10}
$$

考虑到方程 (11.14-10) 右端的微小振动项对解 (11.14-8) 中的 $\bar{a}(t)$ 与 $\bar{\theta}(t)$ 的变化影响很小，将它们略去，就得到第一次近似方程

$$
\begin{aligned}
\dot{a} &= \varepsilon f_{01}^{(1)}(a) \\
\dot{\theta} &= \varepsilon f_{01}^{(2)}(a)
\end{aligned}
\tag{11.14-11}
$$

或

$$
\begin{aligned}
\dot{a} &= -\frac{\varepsilon}{2\pi\omega_0}\int_0^{2\pi} \sin\psi f(a\cos\psi, -\omega_0 a\sin\psi)d\psi \\
\dot{\theta} &= -\frac{\varepsilon}{2\pi\omega_0 a}\int_0^{2\pi} \cos\psi f(a\cos\psi, -\omega_0 a\sin\psi)d\psi
\end{aligned}
\tag{11.14-12}
$$

方程 (11.14-12) 的右端是准确方程 (11.14-7) 的右端在 $\sin\psi$ 与 $\cos\psi$ 的一个振动周期 $\frac{2\pi}{\omega_0}$ 内对时间的平均。因为 a 与 θ 随 t 的变化要比 $\psi = \omega_0 t + \theta$ 随 t 的变化缓慢得多，以致在 $\frac{2\pi}{\omega_0}$ 时间内，a 与 θ 几乎不变。所以在计算方程 (11.14-7) 右端的平均时，a 与 θ 都可以看为常数。

方程 (11.14-12) 的解，记为 $\bar{a}_1(t)$ 与 $\bar{\theta}_1(t)$，可取为 $\bar{a}$ 与 $\bar{\theta}$ 的一次近似，也是 a 与 θ 的一次近似。由此利用式 (11.14-2)，就得到 x 的一次近似。

如要作进一步的近似，必须计及解 (11.14-8) 中的振动项。为此在方程 (11.14-9) 右端的振动项中令 $a = \bar{a}_1$，$\theta = \bar{\theta}_1$，并考虑到它们在一个振动周期内变化甚小，在积分过程中可以看作常数。这样，方程 (11.14-9) 中的 $\varepsilon f_{n1}^{(i)}(\bar{a}_1)\cos n\bar{\Phi}_1$，$\varepsilon f_{n2}^{(i)}(\bar{a}_1)\sin n\bar{\Phi}_1$ ($i = 1, 2$; $\bar{\Phi}_1 = \omega_0 t + \bar{\theta}_1$) 项将引起 a 与 θ 中的如下形式的振动

$$
\frac{\varepsilon f_{n1}^{(i)}(\bar{a}_1)}{n\omega_0}\sin n\bar{\Phi}_1, \quad -\frac{\varepsilon f_{n2}^{(i)}(\bar{a}_1)}{n\omega_0}\cos n\bar{\Phi}_1, \quad i = 1, 2
$$

于是有近似表达式

$$
a_1 = \bar{a}_1 + \varepsilon \sum_{n\neq 0} \frac{1}{n\omega_0}\left[f_{n1}^{(1)}(\bar{a}_1)\sin n\bar{\Phi}_1 - f_{n2}^{(1)}(\bar{a}_1)\cos n\bar{\Phi}_1\right]
\tag{11.14-13}
$$

$$\theta_1 = \bar{\theta}_1 + \varepsilon \sum_{n \neq 0} \frac{1}{n\omega_0} [f_{n1}^{(2)}(\bar{a}_1) \sin n\phi_1 - f_{n2}^{(2)}(\bar{a}_1) \cos n\phi_1]$$

称为改进的一次近似．将它代入 (11.14-2)，就得到 x 的改进的一次近似．

更进一步的近似需要复杂得多的公式．但这个方法主要是用来求一次近似的．

例 11.14-1．求杜芬方程

$$\ddot{x} + \omega_0^2(x + \varepsilon x^3) = 0 \tag{a}$$

的周期解．

解．当 $\varepsilon = 0$，方程 (a) 有解

$$\begin{aligned} x &= a\cos\phi, \quad \phi = \omega_0 t + \theta \\ \dot{x} &= -\omega_0 a \sin\phi \end{aligned} \tag{b}$$

其中 a 与 θ 都是常数．当 $\varepsilon \neq 0$ 时，方程 (a) 的解仍保留 (b) 的形式，只是 a 与 θ 不再是常数，而是时间 t 的函数．

(b) 的第二式对 t 导微，所得的 $\ddot{x}$ 表达式与 (b) 的第一式代入方程 (a)，得

$$\omega_0 \dot{a} \sin\phi + \omega_0 a \dot{\theta} \cos\phi = \varepsilon \omega_0^2 a^3 \cos^3\phi$$

它与补充方程

$$\dot{a}\cos\phi - a\dot{\theta}\sin\phi = 0$$

联立对 $\dot{a}$ 与 $\dot{\theta}$ 求解，并整理，得标准方程

$$\begin{aligned} \dot{a} &= \frac{1}{8} \varepsilon \omega_0 a^3 (2\sin 2\phi + \sin 4\phi) \\ \dot{\theta} &= \frac{1}{8} \varepsilon \omega_0 a^2 (3 + 4\cos 2\phi + \cos 4\phi) \end{aligned} \tag{c}$$

略去方程 (c) 右端的振动项，或将右端在 $\frac{2\pi}{\omega_0}$ 时间内对时间取平均，平均过程中 a 与 θ 都看为常数．可得第一次近似方程

$$\dot{a} = 0$$

$$\dot{\theta} = \frac{3}{8} \varepsilon \omega_0 a^2$$

积分之，得一次近似解

$$\bar{a}_1 = a_0 = \text{const}.$$

$$\bar{\theta}_1 = \frac{3}{8}\varepsilon\omega_0 a_0^2 t + \theta_0, \quad \bar{\psi}_1 = \omega_0\left(1 + \frac{3}{8}\varepsilon a_0^2\right)t + \theta_0 \tag{d}$$

将 (d) 代入方程 (c) 的右端并积分，得改进的一次近似解

$$a_1 = a_0 - \frac{1}{32}\varepsilon a_0^3(4\cos 2\bar{\psi}_1 + \cos 4\bar{\psi}_1)$$

$$\psi_1 = \bar{\psi}_1 + \frac{1}{32}\varepsilon a_0^2(8\sin 2\bar{\psi}_1 + \sin 4\bar{\psi}_1) \tag{e}$$

将 (e) 代入 (b)，得 x 改进的一次近似解

$$\begin{aligned} x &= a_1\cos\psi_1 \\ &= a_0\cos\bar{\psi}_1 - \frac{1}{32}\varepsilon a_0^3(6\cos\bar{\psi}_1 - \cos 3\bar{\psi}_1) + \cdots \end{aligned} \tag{f}$$

其中利用了近似式

$$\cos\psi_1 = \cos\bar{\psi}_1 - \frac{1}{32}\varepsilon a_0^2(8\sin 2\bar{\psi}_1 + \sin 4\bar{\psi}_1)\sin\bar{\psi}_1$$

对于初条件

$$x(0) = A, \quad \dot{x}(0) = 0 \tag{g}$$

由 (f) 可得

$$a_0\cos\theta_0 - \frac{1}{32}\varepsilon a_0^3(6\cos\theta_0 - \cos 3\theta_0) = A$$

$$-a_0\sin\theta_0 + \frac{1}{32}\varepsilon a_0^3(6\sin\theta_0 - 3\sin 3\theta_0) = 0$$

解之，得

$$\theta_0 = 0$$

$$a_0 - \frac{5}{32}\varepsilon a_0^3 = A \tag{h}$$

设

$$a_0 = A + \varepsilon A_1 + \cdots, \tag{i}$$

代入 (h) 并比较 ε 的系数，得

$$A_1 = \frac{5}{32} A^3$$

代入 (i) 得

$$a_0 = A + \frac{5}{32} \varepsilon A^3$$

于是，对于初条件 (g)，解 (f) 成为

$$x = A\cos\psi_1 - \frac{1}{32}\varepsilon A^3(\cos\psi_1 - \cos 3\psi_1) + \cdots$$

其中

$$\psi_1 = \omega_0\left(1 + \frac{3}{8}\varepsilon A^2\right)t$$

这结果与 L-P 法或 KBM 法所得的一次近似解相同.

例 11.14-2. 求范德波方程

$$\ddot{x} + \varepsilon(x^2 - 1)\dot{x} + x = 0 \tag{a}$$

的一次近似解.

解. 借变换

$$\begin{aligned} x &= a\cos\psi, \quad \psi = t + \theta \\ \dot{x} &= -a\sin\psi \end{aligned} \tag{b}$$

将方程 (a) 变为标准方程

$$\begin{aligned} \dot{a} &= \frac{1}{8}\varepsilon a[4 - a^2 - 4\cos 2\psi + a^2\cos 4\psi] \\ \dot{\theta} &= \frac{1}{8}\varepsilon[(4 - 2a^2)\sin 2\psi - a^2\sin 4\psi] \end{aligned} \tag{c}$$

对方程 (c) 进行平均化，得平均方程，即一次近似方程

$$\dot{a} = \frac{1}{8}\varepsilon a(4 - a^2)$$

$$\dot{\theta} = 0$$

积分之，得

$$\bar{a}_1^2 = \frac{4}{1 + \left(\frac{4}{a_0^2} - 1\right) e^{-\varepsilon t}}, \quad \bar{\theta}_1 = \theta_0$$

因此方程 (a) 的一次近似解为

$$x = \frac{2}{\sqrt{1 + \left(\frac{4}{a_0^2} - 1\right) e^{-\varepsilon t}}} \cos(t + \theta_0)$$

这结果与用 KBM 法所得的一次近似解相同.

例 11.14-3. 设系统的振动由下列方程描述

$$\ddot{x} + F(x) = \varepsilon f_1(\dot{x}) + \varepsilon E \sin \nu t \tag{a}$$

其中 $F(x)$ 是 x 的奇函数,它表示非线性恢复力与位移的关系. 例如图 11.14-2, 11.14-3, 11.14-4, 11.14-5 的形式, 试求方程 (a) 在主共振情形的一次近似解.

解. 对于图 11.14-2, 11.14-3, 11.14-4, 11.14-5 的非线性恢复力, $F(x)$ 表示成

$$F(x) = \begin{cases} k'x, & -x_0 \leqslant x \leqslant x_0 \\ k''x + (k' - k'')x_0, & 当\ x_0 \leqslant x < \infty \\ k''x - (k' - k'')x_0, & -\infty < x \leqslant -x_0 \end{cases} \tag{b}$$

设 $k' - k''$ 是与 ε 同阶的小量,则 $F(x)$ 可以写成

$$F(x) = k''x + \varepsilon f(x) \tag{c}$$

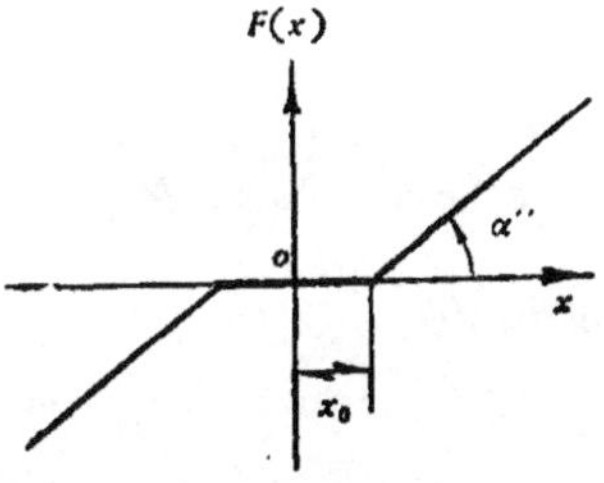

图 11.14-2

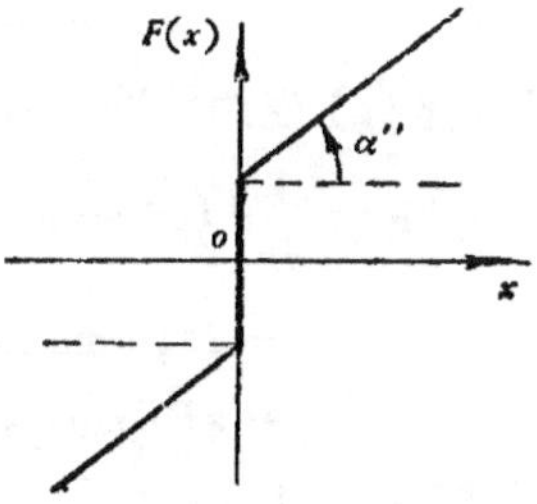

图 11.14-3

其中

$$\varepsilon f(x)=\begin{cases}(k'-k'')x & -x_0\leqslant x\leqslant x_0\\(k'-k'')x_0, & \text{当}\quad x_0\leqslant x<\infty\\-(k'-k'')x_0, & -\infty<x\leqslant -x_0\end{cases}\tag{d}$$

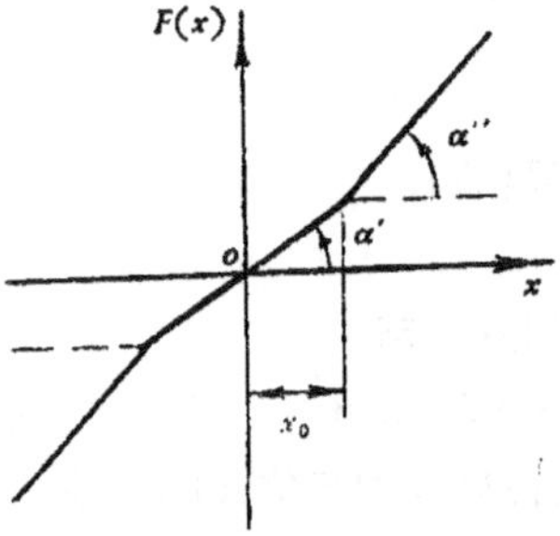

图 11.14-4

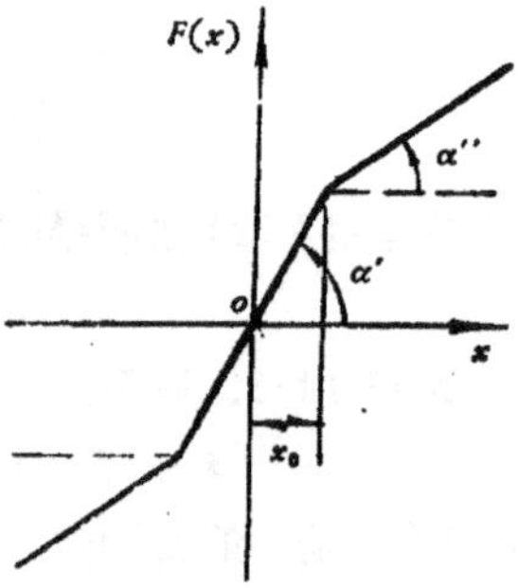

图 11.14-5

记 $k''=\omega_0^2$，并考虑线性阻尼的情形，方程 (a) 写成

$$\ddot{x}+\omega_0^2x=-\varepsilon f(x)-2\varepsilon\zeta\omega_0\dot{x}+\varepsilon E\sin\nu t\tag{e}$$

在主共振情形，令

$$\omega_0^2-\nu^2=\varepsilon\Delta\tag{f}$$

将 (f) 代入 (e)，就得到

$$\ddot{x}+\nu^2x=-\varepsilon x\Delta-\varepsilon f(x)-2\varepsilon\zeta\omega_0\dot{x}+\varepsilon E\sin\nu t\tag{g}$$

借变换

$$\begin{aligned}&x=a\cos\psi,\quad \psi=\nu t+\theta\\&\dot{x}=-a\nu\sin\psi\end{aligned}\tag{h}$$

将方程 (g) 变为标准形式

$$\begin{aligned}\dot{a}=\frac{1}{a\nu}[&(\omega_0^2-\nu^2)a^2\sin\psi\cos\psi+\varepsilon f(a\cos\psi)a\sin\psi\\&-2\varepsilon\zeta\omega_0\nu a^2\sin^2\psi-\varepsilon Ea\cos\theta\sin^2\psi\\&+\varepsilon Ea\sin\theta\sin\psi\cos\psi]\end{aligned}$$

$$\begin{aligned}\dot{\theta}=\frac{1}{a\nu}[&(\omega_0^2-\nu^2)a\cos^2\psi+\varepsilon f(a\cos\psi)\cos\psi\\&-2\varepsilon\zeta\omega_0\nu a\sin\psi\cos\psi-\varepsilon E\cos\theta\sin\psi\cos\psi\end{aligned}$$

$$+\varepsilon E\sin\theta\cos^2\psi]\tag{i}$$

对方程 (i) 进行平均化，得一次近似方程

$$\begin{aligned}\dot a&=-\varepsilon\zeta\omega_0 a-\frac{\varepsilon E}{2\nu}\cos\theta\\ \dot\theta&=\frac{1}{2\nu}\left[\omega_0^2-\nu^2+\frac{\varepsilon}{\pi a}\int_0^{2\pi}f(a\cos\psi)\cos\psi d\psi\right]+\frac{\varepsilon E}{2\nu a}\sin\theta\end{aligned}\tag{j}$$

记

$$\omega_e^2(a)=\frac{1}{\pi a}\int_0^{2\pi}F(a\cos\psi)\cos\psi d\psi\tag{k}$$

根据 (c)，方程 (j) 写成

$$\begin{aligned}\dot a&=-\varepsilon\zeta\omega_0 a-\frac{\varepsilon E}{2\nu}\cos\theta\\ \dot\theta&=\frac{1}{2\nu}[\omega_e^2(a)-\nu^2]+\frac{\varepsilon E}{2\nu a}\sin\theta\end{aligned}\tag{l}$$

这样，方程 (a) 在主共振情形的一次近似解为

$$x=a\cos(\nu t+\theta)$$

其中的 a 与 θ 由方程 (l) 确定.

对于稳态振动，$\dot a=\dot\theta=0$，因此由方程 (l) 有

$$\begin{aligned}-2\varepsilon\zeta\omega_0\nu a&=\varepsilon E\cos\theta\\ -a[\omega_e^2(a)-\nu^2]&=\varepsilon E\sin\theta\end{aligned}\tag{m}$$

这就得到振幅与相角的响应方程

$$\begin{aligned}&a^2\{[\omega_e^2(a)-\nu^2]^2+[2\varepsilon\zeta\omega_0\nu a]^2\}=[\varepsilon E]^2\\ &\operatorname{tg}\theta=\frac{\omega_e^2(a)-\nu^2}{2\varepsilon\zeta\omega_0\nu}\end{aligned}\tag{n}$$

如忽略阻尼，方程 (n) 成为

$$\begin{aligned}a[\omega_e^2(a)-\nu^2]&=\pm\varepsilon E\\ \theta&=\frac{\pi}{2}\end{aligned}\tag{o}$$

当 $a>0$ 时右端取正号，当 $a<0$ 时取负号.

为作出响应曲线，必须计算 $\omega_e^2(a)$. 设 $a>0$，$a>x_0$，并用 ψ_0 表示方程

$$x_0 = a\cos\psi \tag{p}$$

的最小根，这时由 (d) 有

$$\varepsilon f(a\cos\psi) = \begin{cases} (k' - k'')a\cos\psi, & \psi_0 \leqslant \psi \leqslant \pi - \psi_0 \\ (k' - k'')a\cos\psi_0, & \text{当} \quad 0 \leqslant \psi \leqslant \psi_0 \\ -(k' - k'')a\cos\psi_0, & \pi - \psi_0 \leqslant \psi \leqslant \pi \end{cases} \tag{q}$$

根据 (k) 与 (c) 将积分区间分成三段，就有

$$\begin{aligned} a\omega_e^2(a) &= \frac{1}{\pi}\int_0^{2\pi} F\cos\psi d\psi = k''a + \frac{1}{\pi}\int_0^{2\pi} \varepsilon f(a\cos\psi)\cos\psi d\psi \\ &= k''a + \frac{2}{\pi}\int_0^{\psi_0} (k' - k'')a\cos\psi_0\cos\psi d\psi \\ &\quad + \frac{2}{\pi}\int_{\psi_0}^{\pi-\psi_0} (k' - k'')a\cos^2\psi d\psi \\ &\quad - \frac{2}{\pi}\int_{\pi-\psi_0}^{\pi} (k' - k'')a\cos\psi_0\cos\psi d\psi \\ &= k''a + \frac{2}{\pi}(k' - k'')\left[a\sin^{-1}\left(\frac{x_0}{a}\right) + x_0\sqrt{1 - \left(\frac{x_0}{a}\right)^2}\right] \end{aligned} \tag{r}$$

对于 $a < 0$，$|a| > x_0$，用 ψ_0' 表示方程 (p) 的最小根，显然 $\psi_0' = \pi - \psi_0$，这时

$$\varepsilon f(a\cos\psi) = \begin{cases} (k' - k'')a\cos\psi, & \psi_0 \leqslant \psi \leqslant \pi - \psi_0 \\ -(k' - k'')a\cos\psi_0, & \text{当} \quad \pi - \psi_0 \leqslant \psi \leqslant \pi \\ (k' - k'')a\cos\psi_0, & 0 \leqslant \psi \leqslant \psi_0 \end{cases} \tag{s}$$

可见在这情形 $a\omega_e^2(a)$ 的积分结果仍是 (r)。

这样，在无阻尼情形，由方程 (o) 就得到稳态振动振幅与外力频率间的关系式

$$\begin{aligned} a(k'' - \nu^2) + \frac{2}{\pi}(k' - k'')\Bigg[x_0\sqrt{1 - \left(\frac{x_0}{a}\right)^2} \\ + a\sin^{-1}\left(\frac{x_0}{a}\right)\Bigg] = \pm\varepsilon E \end{aligned} \tag{t}$$

方程 (t) 遍除以 $k''x_0 = \omega_0^2 x_0$，记 $\left|\frac{a}{x_0}\right| = A$，就有

$$A\left[1-\left(\frac{\nu}{\omega_0}\right)^2\right]+\frac{2}{\pi}\left(\frac{k'}{k''}-1\right)\left[\sqrt{1-\frac{1}{A^2}}+A\sin^{-1}\left(\frac{1}{A}\right)\right]$$
$$=\frac{\varepsilon E}{k''x_0} \tag{u}$$

对于不同的 $\varepsilon E/k''x_0$ 值，利用方程 (u) 就可作出振幅响应曲线（A 与 ν/ω_0 的关系曲线）.

11.15 参数共振

图 11.15-1 所示的摆，其中 θ 是摆的角位移，u 是在力 F 的作用下支点的铅直位移. 设已知支点作简谐运动

$$u=A\cos\nu t \tag{11.15-1}$$

我们来考察系统的稳定性.

首先，推导摆的相对运动微分方程. 由于支点的运动，按相对运动原理在质点 m 上加牵连惯性力 $-m\ddot{u}$，如图 11.15-1 所示. 于是，以支点为矩心应用动量矩定理，得到相对运动微分方程

$$mL^2\ddot{\theta}=-m(g+\ddot{u})L\sin\theta \tag{11.15-2}$$

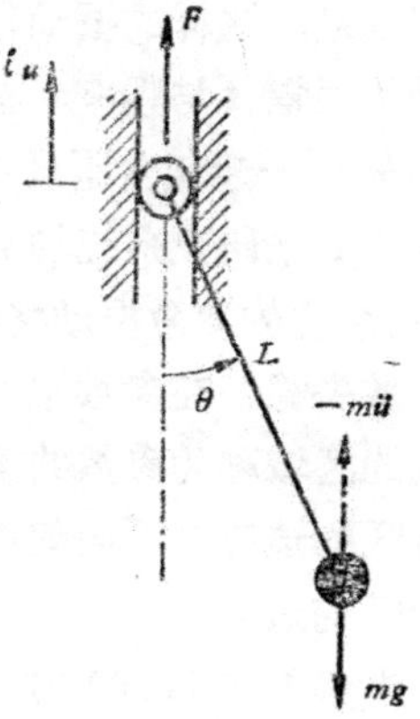

图 11.15-1

将 (11.15-1) 代入 (11.15-2) 并只考察 $\theta=0$ 附近的运动，方程 (11.15-2) 变成

$$\ddot{\theta}+\left(\frac{g}{L}-\frac{A\nu^2}{L}\cos\nu t\right)\theta=0 \tag{11.15-3}$$

方程 (11.15-3) 是非自治的，系数是时间的简谐函数，但又是线性的. 这样的方程称为马休 (Mathieu) 方程. 它在数学物理的许多问题中以不同的形式出现.

对方程 (11.15-3) 作变换 $\nu t=2\tau$，并记

$$\theta = x,\quad \omega = \sqrt{\frac{g}{L}},\ \left(\frac{2\omega}{\nu}\right)^2 = \delta,\ -\frac{2A}{L} = \varepsilon \qquad (11.15\text{-}4)$$

方程 (11.15-3) 变为

$$\ddot{x} + (\delta + 2\varepsilon\cos 2\tau)x = 0 \qquad (11.15\text{-}5)$$

此处仍用圆点表示对 τ 求微商．方程 (11.15-5) 是马休方程的标准形式，其中周期系数的周期为 π.

方程 (11.15-5) 显然有平凡解 $x=0$，对应于系统的平衡状态．如果方程的所有解(即不论初始条件 x_0 与 $\dot{x}_0$ 为何)在任意的瞬时 τ 都是有界的，则平衡状态是稳定的；如果能指出一组初始条件，使得在此条件下解不是在任意的瞬时 τ 有界，则平衡状态是不稳定的．不稳定可解释为系统将发生参数共振．

对于所考察的摆的情形，方程 (11.15-5) 的周期系数是由于支点的简谐运动才出现的，它使得系统的"重力"参数发生变化而激起振动．这样的振动称为参激振动．摆的振动强度显然与支点振动的振幅 A 与频率 ν 有关，而 A 与 ν 又与系统在 $A=0$ 时的固有频率 ω 一起包含于马休方程的参数 δ 与 ε 之中，因此通过参数平面 δ-ε 来研究系统的稳定性是很方便的．在 δ 与 ε 的某一定值之下，系统的参激振动将成为无界，这现象称为系统发生参数共振或参数失稳．在参数平面 δ-ε 上，对应于发生参数共振的点集所形成的区域称为参数共振区或不稳定区．对实际重要的是确定不稳定区的边界．下面叙述弗罗格 (Floquet) 理论，可以用来确定不稳定区的边界．

考察希尔 (Hill) 方程

$$\ddot{x} + p(\tau)x = 0 \qquad (11.15\text{-}6)$$

其中 $p(\tau)$ 是 τ 的连续实周期函数，周期为 π．根据弗罗格定理，方程 (11.15-6) 至少存在一个正规解 $x(\tau)$，它对 τ 恒有

$$x(\tau+\pi) = \sigma x(\tau) \qquad (11.15\text{-}7)$$

其中 σ 是某个适当的复常数，称为特征乘数．

事实上，设方程 (11.15-6) 有实解基 $x_1(\tau)$ 与 $x_2(\tau)$，满足初条件

$$x_1(0)=1,\quad \dot{x}_1(0)=0,\quad x_2(0)=0,\quad \dot{x}_2(0)=1 \qquad (11.15\text{-}8)$$

那末因为 $p(\tau+\pi)=p(\tau)$，所以 $x_1(\tau+\pi)$ 与 $x_2(\tau+\pi)$ 也是方程 (11.15-6) 的解，且可表为

$$\begin{aligned} x_1(\tau+\pi) &= a_{11}x_1(\tau)+a_{12}x_2(\tau) \\ x_2(\tau+\pi) &= a_{21}x_1(\tau)+a_{22}x_2(\tau) \end{aligned} \qquad (11.15\text{-}9)$$

其中 $a_{ij}(i,\ j=1,\ 2)$ 是不全为零的实常数．由 (11.15-9) 并利用 (11.15-8)，可知

$$a_{11}=x_1(\pi),\quad a_{12}=\dot{x}_1(\pi),\quad a_{21}=x_2(\pi),\quad a_{22}=\dot{x}_2(\pi) \qquad (11.15\text{-}10)$$

任何正规解 $x(\tau)$ 都可表为

$$x(\tau)=\alpha_1x_1(\tau)+\alpha_2x_2(\tau) \qquad (11.15\text{-}11)$$

其中 α_1 与 α_2 是不全为零的复常数．于是，如果 $x(\tau+\pi)=\sigma x(\tau)$，则由 (11.15-9) 与 (11.15-11) 并利用 (11.15-10)，可得

$$\begin{aligned} \sigma\alpha_1 &= x_1(\pi)\alpha_1+x_2(\pi)\alpha_2 \\ \sigma\alpha_2 &= \dot{x}_1(\pi)\alpha_1+\dot{x}_2(\pi)\alpha_2 \end{aligned}$$

或者写成

$$\begin{aligned} [x_1(\pi)-\sigma]\alpha_1+x_2(\pi)\alpha_2 &= 0 \\ \dot{x}_1(\pi)\alpha_1+[\dot{x}_2(\pi)-\sigma]\alpha_2 &= 0 \end{aligned} \qquad (11.15\text{-}12)$$

要这方程组存在非零解，必须

$$\begin{vmatrix} x_1(\pi)-\sigma & x_2(\pi) \\ \dot{x}_1(\pi) & \dot{x}_2(\pi)-\sigma \end{vmatrix}=0 \qquad (11.15\text{-}13)$$

这样，σ 必须是二次方程 (11.15-13) 的根．反之，如果 σ 是这方程的一个非零根，则由上述步骤返回至 (11.15-11)，就得到正规解．下面可以看到，

$$\begin{vmatrix} x_1(\pi) & x_2(\pi) \\ \dot{x}_1(\pi) & \dot{x}_2(\pi) \end{vmatrix} \neq 0$$

即方程 (11.15-13) 无零根．因此方程 (11.15-6) 总存在正规解．事实上，方程 (11.15-6) 的解基 $x_1(\tau)$ 与 $x_2(\tau)$ 的朗斯基行列式等于常数，即

$$w=\begin{vmatrix} x_1(\tau) & x_2(\tau) \\ \dot{x}_1(\tau) & \dot{x}_2(\tau) \end{vmatrix}=\text{常数}$$

这是因为方程 (11.15-6) 不含 $\dot{x}$ 的项，故有

$$\frac{dw}{dt}=\begin{vmatrix}\dot{x}_1(\tau) & \dot{x}_2(\tau)\\ \dot{x}_1(\tau) & \dot{x}_2(\tau)\end{vmatrix}-p(\tau)\begin{vmatrix}x_1(\tau) & x_2(\tau)\\ x_1(\tau) & x_2(\tau)\end{vmatrix}=0$$

因此

$$\begin{vmatrix}x_1(\pi) & x_2(\pi)\\ \dot{x}_1(\pi) & \dot{x}_2(\pi)\end{vmatrix}=\begin{vmatrix}x_1(0) & x_2(0)\\ \dot{x}_1(0) & \dot{x}_2(0)\end{vmatrix}=1$$

方程 (11.15-13) 可以写成

$$\sigma^2-2a\sigma+1=0 \tag{11.15-14}$$

其中 a 是某个实常数，依赖于函数 $p(\tau)$ 中的参数。如果方程 (11.15-14) 的二根 σ_1 与 σ_2 相异，那末存在二个线性独立的正规解。把它们作为方程(11.15-6)的解基，就可反映出方程(11.15-6)的所有解的性质。因为 $\sigma_1\sigma_2=1$，如果 $|\sigma_1|$ 与 $|\sigma_2|$ 中有一个大于 1 或小于 1，方程 (11.15-6) 必存在无界解。只有

$$|\sigma_1|=1,\quad |\sigma_2|=1 \tag{11.15-15}$$

方程 (11.15-6) 的所有解才可能是有界的。因为

$$\sigma_1=a-\sqrt{a^2-1},\quad \sigma_2=a+\sqrt{a^2-1} \tag{11.15-16}$$

所以只有 $a^2\leqslant 1$，才有 (11.15-15) 的情形。当 $a^2=1$，方程 (11.15-14) 的二根相等，即 $\sigma_1=\sigma_2=1$ 或 $\sigma_1=\sigma_2=-1$。这时方程 (11.15-6) 一般只存在一个正规解，周期为 π 或 2π 的周期解；另一个解一般是无界的。所以只在特征乘数非实的情形，方程 (11.15-6) 的所有解才是有界的。值得注意的是：$\sigma_1=\sigma_2=1$ 或 $\sigma_1=\sigma_2=-1$ 是唯一存在周期为 π 或 2π 的周期解情形。因此存在这样周期解的情形对应于方程 (11.15-6) 的平凡解的稳定与不稳定的边界。

正规解还可表示成解析的形式。因为 σ 一般是复数，可以写成

$$\sigma=e^{\mu\pi} \tag{11.15-17}$$

其中 μ 一般也是复数，称为特征指数。它仍然依赖于函数 $p(\tau)$ 中的参数。显然 μ 在相差一个 $i2n$ 因子的范围内是唯一确定的，其

中 n 是整数. 将 (11.15-7) 乘以 $e^{-\mu(\tau+\pi)}$ 并利用 (11.15-17), 就有

$$e^{-\mu(\tau+\pi)}x(\tau+\pi)=e^{-\mu\tau}e^{-\mu\pi}\sigma x(\tau)=e^{-\mu\tau}x(\tau)$$

可见 $\phi(\tau)=e^{-\mu\tau}x(\tau)$ 是一个周期为 π 的周期函数. 这样, 正规解 (11.15-7) 可以表示为解析的形式

$$x(\tau)=e^{\mu\tau}\phi(\tau) \tag{11.15-18}$$

其中 $\phi(\tau+\pi)=\phi(\tau)$. 利用 (11.15-17), 方程 (11.15-14) 可以写成

$$\mathrm{ch}\mu\pi=a \tag{11.15-19}$$

记 $\mu=\alpha+j\beta$, 则因 a 为实数,必有

$$\mathrm{sh}\alpha\pi\sin\beta\pi=0 \tag{11.15-20}$$

因此 $\alpha=0$ 或 β 为整数. 这样 μ 也有三种情形分别与稳定、不稳定以及边界情形相对应.

回到马休方程 (11.15-5), 它是希尔方程的特例. 根据上面的讨论,马休方程必存在正规解 $x_1(\tau)=e^{\mu\tau}\phi(\tau)$, 因为马休方程的系数是偶函数,因此 $x_2(\tau)=e^{-\mu\tau}\phi(-\tau)$ 也是解. 在非边界情形,这二个解是线性独立的. 事实上

$$\frac{x_2(\tau+\pi)}{x_1(\tau+\pi)}=\frac{e^{-\mu(\tau+\pi)}\phi(-\tau-\pi)}{e^{\mu(\tau+\pi)}\phi(\tau+\pi)}=e^{-2\mu\pi}\frac{e^{-\mu\tau}\phi(-\tau)}{e^{\mu\tau}\phi(\tau)}$$

$$=\sigma^{-2}\frac{x_2(\tau)}{x_1(\tau)}\neq\frac{x_2(\tau)}{x_1(\tau)},\quad 当\ \sigma\neq\pm1$$

二个解的比不是常数,所以是线性独立的. 把它们作为马休方程的解基,可以反映出一般解的性质. 现在根据 μ 的三种不同情形,分别讨论如下:

1. $\alpha\neq0$, β 为整数. 即 $\mu=\alpha+jn$, 其中 n 为整数. 这时二个正规解中有一个无界,所以一般解中必有无界的,即系统的平衡状态不稳定.

2. $\alpha=0$, β 不是整数. 即 $\mu=j(n+\beta^*)$, 其中 $0\leqslant\beta^*<1$. 设 β^* 是有理数,即 $\beta^*=r/s$, 其中 r 与 s 是互质的整数. 这时方程的解是周期为 $2s\pi$ 的周期函数. 设 β^* 为无理数,则方程的解将

是振动的，但不是周期的，因为存在着两个不可通约的频率的振动．所以在 $\alpha=0$，β 不是整数的情形，解都是有界的，系统的平衡状态是稳定的．

3. $\alpha=0$，β 为整数．即 $\mu=jn$，其中 n 为整数．这时解是周期的，周期为 π 或 2π．对应于边界情形．殷斯 (Ince) 证明了，马休方程除 $\varepsilon=0$ 的情形外，对于同一个 (δ,ε) 值，不可能同时存在二个周期为 π 或 2π 的周期解．根据这一结论可以推得，边界上唯一的周期为 π 或 2π 的周期解只能是偶函数或奇函数．因为如果这个周期解是非奇非偶的函数，设为 $f(\tau)$，那末就会存在另一个独立的周期解 $f(-\tau)$，这与殷斯的结论矛盾．所以，当 $\varepsilon=0$ 时，边界上唯一的周期为 π 或 2π 的周期解变为方程 $\ddot{x}+\delta x=0$ 在 $\delta=n^2$ 时的二个周期解之一： $\cos n\tau$ 或 $\sin n\tau$（差一个常倍数）．$\varepsilon\neq 0$ 时，边界上的另一个解则是无界的．所以在边界情形，系统的平衡状态也是不稳定的．

根据上面所述，我们不难求得马休方程的周期为 π 或 2π 的周期解只差一个常数倍．因为这样的周期解只在 $\mu=jn$ 时，也即 δ 与 ε 满足一定关系时才存在，所以在求周期解的同时，就得到参数平面 $(\delta\text{-}\varepsilon)$ 上的不稳定区边界．

例 11.15-1． 设马休方程(11.15-5)中的 ε 是小参数，这时方程所描述的系统称为拟谐和系统．我们用 L-P 法确定不稳定区的一些边界曲线．设方程 (11.15-5) 在边界上的解有形式

$$x(\tau)=x_0(\tau)+\varepsilon x_1(\tau)+\varepsilon^2 x_2(\tau)+\cdots \qquad \text{(a)}$$

根据前述理论，解 (a) 可以是周期的，周期为 π 或 2π．但这时 δ 与 ε 必须满足一定关系，因此我们求 δ 为 ε 的未知函数，这个函数可以展为 ε 的幂级数．因为 $\varepsilon=0$ 时必须 $\delta=n^2(n=0,1,2,\cdots)$，所以设

$$\delta=n^2+\varepsilon\delta_1+\varepsilon^2\delta_2+\cdots,\quad n=0,1,2,\cdots \qquad \text{(b)}$$

其中 $\delta_i(i=1,2,\cdots)$ 是未知的，由函数 $x_i(\tau)(i=1,2,\cdots)$ 的周期性条件确定．将 (a) 与 (b) 代入 (11.15-5)，并令 ε 同次幂的

系数等于零,得到方程组

$$
\begin{aligned}
&\ddot{x}_0 + n^2 x_0 = 0 \\
&\ddot{x}_1 + n^2 x_1 = -(\delta_1 + 2\cos 2\tau)x_0 \qquad n = 0,1,2,\cdots \\
&\ddot{x}_2 + n^2 x_2 = -(\delta_1 + 2\cos 2\tau)x_1 - \delta_2 x_0 \\
&\cdots\cdots
\end{aligned}
\tag{c}
$$

必须对一系列不同的 n 值 ($n = 0, 1, 2, \cdots$) 来求解. 因为马休方程在边界上的周期解不是偶函数就是奇函数, 而且因为方程是线性的,所求的周期解可差一个常倍数,因此零次近似解取为

$$
x_0 = \begin{cases} \cos n\tau, \\ \sin n\tau, \end{cases} \quad n = 0, 1, 2, \cdots \tag{d}
$$

将 $x_0 = \cos n\tau$ 与 $x_0 = \sin n\tau$ ($n = 0, 1, 2, \cdots$) 分别代入方程 (c), 依次求解并选择 $\delta_i (i = 1, 2, \cdots)$ 使得 $x_i(\tau) (i = 1, 2, \cdots)$ 是周期函数,就可求得边界曲线.

首先考察 $n = 0$ 的情形. 这时 $x_0 = 1$, (c) 的第二方程成为

$$
\ddot{x}_1 = -\delta_1 - 2\cos 2\tau \tag{e}
$$

为使 x_1 是周期的,必须 $\delta_1 = 0$. 这时方程 (e) 的解为

$$
x_1 = \frac{1}{2}\cos 2\tau \tag{f}
$$

于是 (c) 的第三方程成为

$$
\ddot{x}_2 = (-2\cos 2\tau)\left(\frac{1}{2}\cos 2\tau\right) - \delta_2 = -\left(\frac{1}{2} + \delta_2\right) - \frac{1}{2}\cos 4\tau \tag{g}
$$

为使 x_2 是周期的, (g) 右端的常数项必须等于零,由此得

$$
\delta_2 = -\frac{1}{2}
$$

因此对应于 $n = 0$, 有唯一的边界曲线,即

$$
\delta = -\frac{1}{2}\varepsilon^2 + \cdots \tag{h}
$$

它是通过参数平面 δ-ε 原点的抛物线.

其次，考察 $n=1$ 的情形. 对应于 $x_0=\cos\tau$，(c) 的第二方程成为

$$\ddot{x}_1+x_1=-(\delta_1+2\cos 2\tau)\cos\tau=-(\delta_1+1)\cos\tau-\cos 3\tau \quad \text{(i)}$$

为消除长期项，必须 $\delta_1=-1$. 这时 (i) 的解为

$$x_1=\frac{1}{8}\cos 3\tau \quad \text{(j)}$$

将 x_0，x_1 与 δ_1 代入 (c) 的第三方程，并令 $n=1$，得

$$\begin{aligned}\ddot{x}_2+x_2&=-\frac{1}{8}(-1+2\cos 2\tau)\cos 3\tau-\delta_2\cos\tau\\&=-\left(\frac{1}{8}+\delta_2\right)\cos\tau+\frac{1}{8}\cos 3\tau-\frac{1}{8}\cos 5\tau \quad \text{(k)}\end{aligned}$$

为使 x_2 是周期的，$\cos\tau$ 的系数必须等于零. 即 $\delta_2=-\frac{1}{8}$. 因此对应于 $x_0=\cos\tau$ 的边界曲线是

$$\delta=1-\varepsilon-\frac{1}{8}\varepsilon^2+\cdots \quad \text{(l)}$$

对应于 $x_0=\sin\tau$，(c) 的第二方程为

$$\ddot{x}_1+x_1=-(\delta_1+2\cos 2\tau)\sin\tau=-(\delta_1-1)\sin\tau-\sin 3\tau \quad \text{(m)}$$

如果 $\delta_1=1$，则 x_1 将是周期的. 这时

$$x_1=\frac{1}{8}\sin 3\tau \quad \text{(n)}$$

将这些 x_0，x_1 与 δ_1 代入 (c) 的第三方程，并令 $n=1$，得

$$\begin{aligned}\ddot{x}_2+x_2&=-\frac{1}{8}(1+2\cos 2\tau)\sin 3\tau-\delta_2\sin\tau\\&=-\left(\frac{1}{8}+\delta_2\right)\sin\tau-\frac{1}{8}\sin 3\tau+\frac{1}{8}\sin 5\tau \quad \text{(o)}\end{aligned}$$

由 x_2 的周期性条件，必须有 $\delta_2=-\frac{1}{8}$. 于是对应于 $x_0=\sin\tau$ 的边界曲线为

$$\delta=1+\varepsilon-\frac{1}{8}\varepsilon^2+\cdots \quad \text{(p)}$$

同理，可得对应于 $x_0=\cos 2\tau$ 的边界曲线为

$$\delta = 4 + \frac{5}{12}\varepsilon^2 + \cdots \tag{q}$$

以及对应于 $x_0 = \sin 2\tau$ 的边界曲线为

$$\delta = 4 - \frac{1}{12}\varepsilon^2 + \cdots \tag{r}$$

还可求得对应于 $x_0 = \cos n\tau$ 与 $x_0 = \sin n\tau (n = 3, 4, \cdots)$ 的边界曲线.

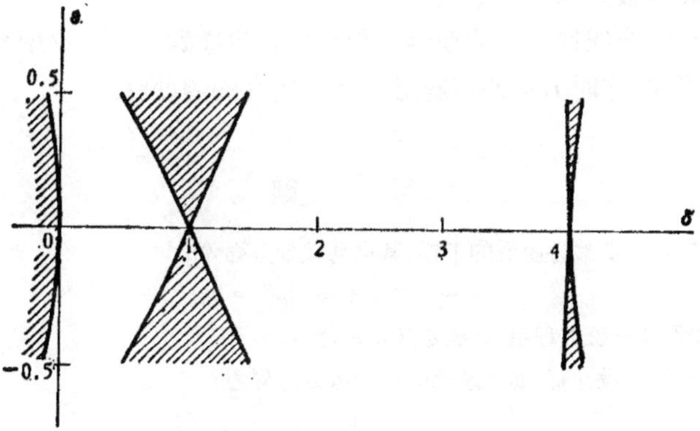

图 11.15-2

边界曲线 (h), (l), (p), (q), (r) 画在图 11.15-2 中. 可以证明,对应于同类周期解(指周期同为 π 或同为 2π) 的边界曲线之间的区域为不稳定区. 图中用影线标出. 端点为 $\sqrt{\delta} = 1$, $\varepsilon = 0$ 的区域称为第一阶不稳定区或主不稳定区. 端点为 $\sqrt{\delta} = n$ ($n = 2, 3, \cdots$), $\varepsilon = 0$ 的区域称为第 n 阶不稳定区. 从已求出的边界曲线方程可以看出,第 n 阶不稳定区的宽度与 ε^n 成比例. 所以随着 n 的增大, 不稳定区迅速变窄. 由式 (11.15-4) 与图 11.15-2 可见,参数共振发生于 $\omega = \frac{n}{2}\nu (n = 1, 2, \cdots)$ 附近. 在讨论方程 (11.15-5) 的解时对 ε 的符号未作规定, 实际上所得结果对 ε 为正为负都同样适用(见图 11.15-2).

对于摆的情形,正的 δ 对应于摆在平衡位置 $\theta = 0°$ 附近. 由图可见，这个平衡位置由于支点的运动有可能变成不稳定．反之，负的 δ 对应于摆在平衡位置 $\theta = 180°$ 即倒立位置附近．如适当选取支点运动的参数，摆的倒立位置有可能变成稳定．

如马休方程中有线性阻尼项，则阻尼的影响将使不稳定区缩小；使稳定区内的解成为衰减振动．对于阶数越高的不稳定区，阻尼的影响越显著．所以主不稳定区$\left(发生\ \omega \approx \frac{1}{2}\nu\ 的参数共振\right)$通常具有最大的实际意义．

研究非线性系统周期解的稳定性，也导致对线性周期系数方程的研究，这时方程的零解对应于所研究的周期解．

习　　题

11.1．有线性阻尼的单摆，其运动微分方程为

$$\ddot{\theta} + 2\zeta\omega\dot{\theta} + \omega^2\sin\theta = 0$$

将它变换成一阶方程组，并确定其平衡位置．

11.2．设弹簧-质量系统的运动微分方程为

$$\ddot{x} + x - \frac{\pi}{2}\sin x = 0$$

将它变换成一阶方程组，并确定其平衡位置．

11.3．用奇点性质的判别法分别判断题 11.1 与题 11.2中平衡位置的类型与稳定性．并画出各个奇点邻域中相轨线的示意图．

11.4．某模型系统的运动微分方程为

$$\ddot{x} - (0.1 - 3\dot{x}^2)\dot{x} + x + x^2 = 0$$

试确定系统的奇点位置、类型与稳定性．并画出各个奇点附近相轨线的示意图．

11.5．画出题 11.2 中系统恢复力 $f(x)$ 对 x 的曲线，导出势能 $V(x)$ 的表示式，并画出相应的曲线．系统总机械能 $E(=常数)$与势能之差即为系统的动能

$$T = \frac{1}{2}\dot{x}^2.$$

用 11.3 节所述方法分析在不同 E 值时系统的相轨线形式，并找出对应于分界线的 E 值．

11.6. 一分段线性系统由质量 m 以及弹性限位器组成，题图 11.6. 限位器的弹簧 k 与阻尼器 c 都是线性的. 质量 m 在限位器之间的游隙为 2Δ. 当 m 分别与左右限位器接合时，系统的运动微分方程可描述为

$$m\ddot{x} + c\dot{x} + k(x \pm \Delta) = 0$$

令其中 $k/m = 1$, $c/m = 0.2$, $\Delta = 1$；并设系统的初始条件为

$$x(0) = 2.5, \quad \dot{x}(0) = 3.2$$

试用等倾线法画出这一相轨线.

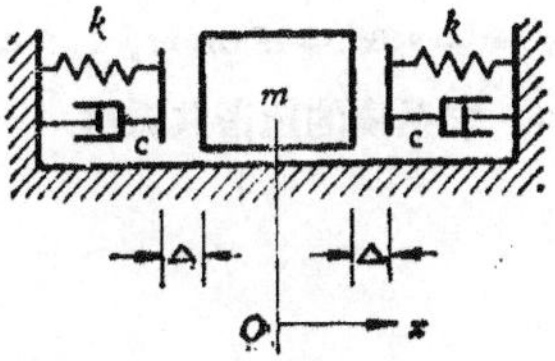

题图 11.6

11.7. 考察下述微分方程组

$$\dot{x}_1 = x_2 + x_1(1 - x_1^2 - x_2^2)$$
$$\dot{x}_2 = -x_1 + x_2(1 - x_1^2 - x_2^2)$$

利用坐标变换

$$x_1 = r\cos\theta$$
$$x_2 = r\sin\theta$$

将上述方程组化成极坐标形式. 1.求出相轨线的极坐标方程；2.证明 $r = 1$ 是系统的稳定极限环；3.确定系统平衡点 (0, 0) 的性质.

11.8. 变态范德波方程可表示为

$$\ddot{x} - \varepsilon(1 - x^4)\dot{x} + x = 0, \qquad 0 < \varepsilon \ll 1$$

1. 用利埃纳法画出 $\varepsilon = 0.1$ 情形的极限环；2. 分别用林斯泰特法与 KBM 法求系统自激振动的一次近似解.

11.9. 设拟线性系统的运动微分方程为

$$\ddot{x} + x - \varepsilon x^2 = 0, \quad 0 < \varepsilon \ll 1$$

系统的初始条件为

$$x(0) = A_0, \quad \dot{x}(0) = 0$$

试分别用林斯泰特法与 KBM 法求系统的二次近似解.

11.10. 考察一自振系统受谐和激励的情形，设系统的运动微分方程可描述为

$$\ddot{x} + \omega_0^2 x = \varepsilon\{(1 - x^2)\dot{x} + F\cos\nu t\}, 0 < \varepsilon \ll 1$$

其中 $\omega_0^2 = \nu^2 + \varepsilon\Delta$. 试应用 KBM 法求周期为 $2\pi/\nu$ 的周期解的一次近似.

11.11. 考察运动微分方程

$$\ddot{x} + \omega_0^2 x = \varepsilon\omega_0^2\beta x^2 + F\cos\nu t, \quad 0 < \varepsilon \ll 1$$

其中 $\omega_0^2 = \left(\frac{\nu}{2}\right)^2 + \varepsilon\Delta$. 求系统的亚谐共振解.

11.12. 考察运动微分方程

$$\ddot{x} + x = -\varepsilon\beta x^3 + F\cos\nu t, \quad 0 < \varepsilon \ll 1$$

设其中 $(3\nu)^2 = 1 + \varepsilon\Delta$. 求系统的超谐共振解.

第十二章　随机振动的数学描述

12.1 引　　言

直到现在为止，本书所考察的振动都是定则振动．所谓定则，是指它的规律可以用时间的确定函数来描述． 一个定则系统(指系统的特性是定则的，不论它是常参数系统，还是变参数系统)，在受到定则激励时，它的响应也是定则的．这类振动称为定则振动．

自然界和工程上还存在着另一类振动，它们不能用时间的确定函数来描述，但又具有一定的统计规律性，因而在数学上可以用随机过程来加以描述．这类振动称为随机振动．所谓随机，是指非定则而又具有统计规律的． 即使是定则系统，在受到随机激励时，它的振动响应也是随机的；更不用说随机系统(指系统特性是随机的)，它的振动总是随机的．

随机振动与定则振动的本质区别在于它一般指的不是单个现象，而是一个包含着大量现象的集合；从集合中的单个现象来看似乎是杂乱的，但从总体来看却存在着一定的统计规律性．因此，它虽然不能用时间的确定函数来描述，但能用统计特性来描述．

不论是定则振动还是随机振动问题，总的说来，无非是从激励、响应以及系统特性三者之中，在已知二者的情形下来确定第三者． 不过在定则振动问题中，系统的激励与响应之间有着确定的函数关系；而在随机振动问题中，我们只能满足于确定它们的统计特性之间的关系．

在随机振动理论中，功率谱法占有极为重要的地位． 因为对于常参数线性系统来说，激励谱与响应谱之间有着十分简明的关系．而现代计算技术，特别是快速谐和变换（FFT）技术，为谱分析提供了强有力的工具．

本书最后这一部分介绍随机振动的基本理论．重点在阐述功率谱法．我们从介绍随机振动的数学描述开始．

12.2 集合平均,定常过程

前已提到,**随机过程**是大量现象的一个数学抽象,理论上是由无限多个无限长的**样本**组成的**集合**．假设我们在某个特定条件下重复某个试验(例如进行汽车道路试验),得到关于系统响应(例如司机座的铅垂加速度)的一系列时间历程记录,如图12.2-1示．这主要由于路面的不规则性,加上在进行试验时,总有一些细小的因素是人们无法控制或无从考虑的，所以各个记录之间往往很不一样,这就必须把它看作随机现象来研究．

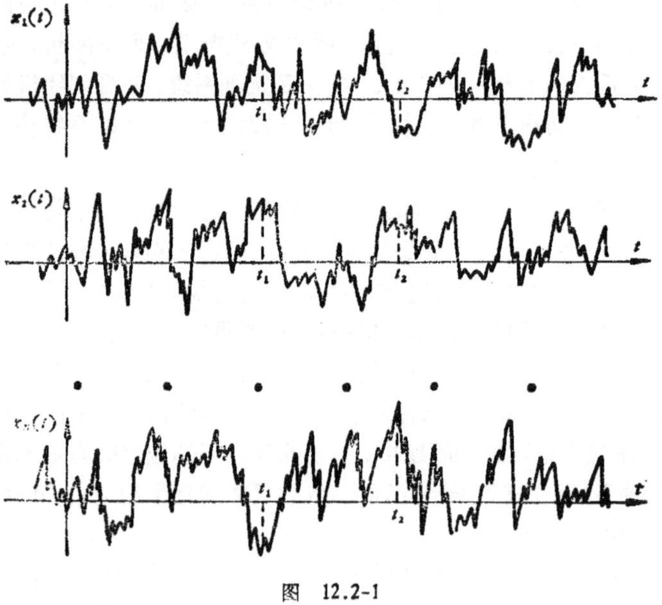

图 12.2-1

这时，响应的任何一个时间历程记录 $x_k(t)$，$k=1, 2, \cdots$，都可以看作这一过程的一个样本，而所有可能的样本构成一个集合，记为 $\{x_k(t)\}$，也可记为 $X(t)$ 或 X，用它代表这一随机过程.

对于随机现象，我们感兴趣的往往不是各个样本本身，而只是力图从这些样本得出总体的统计特性. 例如，各个样本在时刻 t_1 的值 $x_1(t_1)$，$x_2(t_1)$，$\cdots$ 构成一个随机变量 $\{x_k(t_1)\}$，或记为 $X(t_1)$. 对它求集合平均，可得

$$\mu_x(t_1) = \lim_{n\to\infty} \frac{1}{n} \sum_{k=1}^{n} x_k(t_1) \tag{12.2-1}$$

$\mu_x(t_1)$ 称为随机过程 X 在时刻 t_1 的集合平均值. 在一般情形下，它依赖于采样时刻 t_1. 再如，对应于时刻 t_1 的 $\{x_k(t_1)\}$ 与对应于时刻 $t_1+\tau$ 的 $\{x_k(t_1+\tau)\}$ 分别构成两个随机变量，对它们的乘积 $x_k(t_1)x_k(t_1+\tau)$ 求集合平均，可得

$$R_x(t_1, t_1+\tau) = \lim_{n\to\infty} \frac{1}{n} \sum_{k=1}^{n} x_k(t_1)x_k(t_1+\tau) \tag{12.2-2}$$

$R_x(t_1, t_1+\tau)$ 称为随机过程 X 于时刻 t_1 与 $t_1+\tau$ 的自相关函数. 它是时差 τ 的函数，在一般情形下，它也依赖于采样时刻 t_1，或说它依赖于时间轴的起点. 类似地，我们还可以定义其他一系列统计特性.

随机过程可以根据其统计特性是否随采样时刻(或说成随时间轴起点的选取)而变化来进行分类. 统计特性依赖于采样时刻的过程，称为非定常过程(亦称非平稳过程). 反之，统计特性不依赖于采样时刻的过程，称为定常过程(亦称平稳过程).

对于定常过程，其集合平均值为常数，即有

$$\mu_x(t) = \mu_x$$

而其自相关函数则仅仅依赖于时差 τ，即有

$$R_x(t, t+\tau) = R_x(\tau)$$

12.3 时间平均，遍历过程

考虑到定常过程的统计特性不依赖于采样时刻，如果我们先对定常过程的各个样本求时间平均，然后再来求集合平均，那末得

到的结果必然与直接求集合平均相一致．例如对第 k 个样本求平均值：

$$\mu_{xk} = \lim_{T\to\infty} \frac{1}{T}\int_{-\frac{T}{2}}^{\frac{T}{2}} x_k(t)\,dt$$

以及自相关函数：

$$R_{xk}(\tau) = \lim_{T\to\infty} \frac{1}{T}\int_{-\frac{T}{2}}^{\frac{T}{2}} x_k(t)x_k(t+\tau)\,dt$$

在一般情形下，对于不同的样本将得到不同的 μ_{xk} 与 $R_{xk}(\tau)$．但是，按定常过程的定义，必然有

$$\mu_x = \lim_{n\to\infty} \frac{1}{n}\sum_{k=1}^{n} \mu_{xk}$$

$$R_x(\tau) = \lim_{n\to\infty} \frac{1}{n}\sum_{k=1}^{n} R_{xk}(\tau)$$

在特殊情形下，可能从各个样本得出的统计特性都是等同的．这时，从任何一个样本得出的时间平均特性就等于集合平均特性．这类过程称为**遍历过程**．由以上讨论可知，遍历过程一定是定常的，反之不一定．

遍历过程是很重要的一类随机过程．对于遍历过程，问题将大为简化．这时，我们只需要考察过程的任意一个样本就可以了；而且用时间平均特性来取代集合平均特性，将使数据处理容易得多．

应该指出，时间平均的概念同样也适用于确定函数．我们举两个确定函数的例子，它们有助于说明问题．

例 12.3-1． 求正弦函数 $x(t) = A\sin(\omega t - \varphi)$ 的自相关函数

解．按定义，有

$$\begin{aligned} R_x(\tau) &= \frac{\omega}{2\pi}\int_{-\pi/\omega}^{\pi/\omega} x(t)x(t+\tau)\,dt \\ &= \frac{\omega}{2\pi}\int_{-\pi/\omega}^{\pi/\omega} A^2\sin(\omega t - \varphi)\sin(\omega t + \omega\tau - \varphi)\,dt \end{aligned}$$

$$= \frac{A^2}{2}\cos\omega\tau$$

可见，谐和函数的自相关函数是 $\omega\tau$ 的谐和函数，且振幅为 $A^2/2$。

例 12.3-2. 求图 12.3-1 所示三角波的自相关函数.

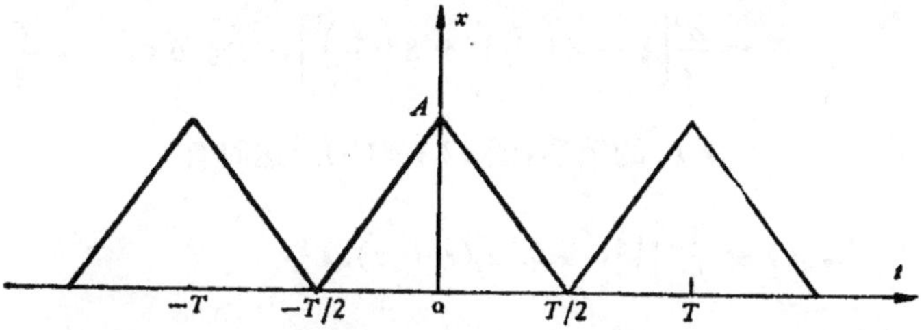

图 12.3-1

解. 该三角波可表示为

$$x(t) = A\left(1 + \frac{2}{T}t\right) \equiv x_1(t), \quad -\frac{T}{2} \leqslant t \leqslant 0$$

$$x(t) = A\left(1 - \frac{2}{T}t\right) \equiv x_2(t), \quad 0 \leqslant t \leqslant \frac{T}{2}$$

$$x(t) = A\left(\frac{2}{T}t - 1\right) \equiv x_3(t), \quad \frac{T}{2} \leqslant t \leqslant T$$

$$x(t) = A\left(3 - \frac{2}{T}t\right) \equiv x_4(t), \quad T \leqslant t \leqslant \frac{3}{2}T$$

且有

$$x(-t) = x(t)$$

按自相关函数的定义，有

$$R_x(\tau) = \frac{1}{T}\int_{-\frac{T}{2}}^{\frac{T}{2}} x(t)x(t+\tau)dt$$

分两种情形来讨论. 先看 $0 \leqslant \tau \leqslant \frac{T}{2}$ 的情形，图 12.3-2(a). 这时有

$$R_x(\tau) = \frac{1}{T}\left\{\int_{-\frac{T}{2}}^{-\tau} x_1(t)x_1(t+\tau)dt\right.$$

$$+ \int_{-\tau}^{0} x_1(t)x_2(t+\tau)\,dt$$

$$+ \int_{0}^{\frac{T}{2}-\tau} x_2(t)x_2(t+\tau)\,dt$$

$$+ \int_{\frac{T}{2}-\tau}^{\frac{T}{2}} x_2(t)x_3(t+\tau)\,dt \Bigg\}$$

$$= \frac{A^2}{3}\left[1 - 6\left(\frac{\tau}{T}\right)^2 + 8\left(\frac{\tau}{T}\right)^3\right], \quad 当\ 0 \leqslant \tau \leqslant \frac{T}{2}$$

再看 $\frac{T}{2} \leqslant \tau \leqslant T$ 的情形,图 12.3-2(b)。这时有

$$R_x(\tau) = \frac{1}{T}\left\{\int_{-\frac{T}{2}}^{\frac{T}{2}-\tau} x_1(t)x_2(t+\tau)\,dt\right.$$

$$+ \int_{\frac{T}{2}-\tau}^{0} x_1(t)x_3(t+\tau)\,dt$$

$$+ \int_{0}^{T-\tau} x_2(t)x_3(t+\tau)\,dt$$

$$+ \int_{T-\tau}^{\frac{T}{2}} x_2(t)x_4(t+\tau)\,dt \Bigg\}$$

$$= \frac{A^2}{3}\left[1 - \frac{6}{T^3}(T-\tau)^2 + \frac{8}{T^2}(T-\tau)^3\right]$$

$$当\ \frac{T}{2} \leqslant \tau \leqslant T$$

对应于其余的 τ, $R_x(\tau)$ 的表示式可由上述二式导出,且有

$$R_x(-\tau) = R_x(\tau)$$

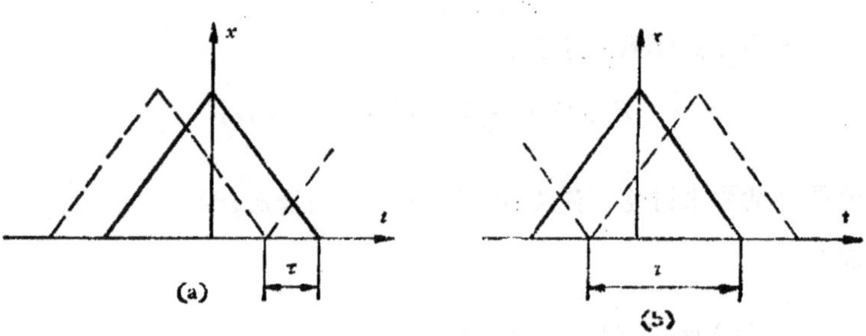

图 12.3-2

最后结果示于图 12.3-3. 不难看到，周期函数 $x(t)$ 的自相关函数 $R_x(\tau)$ 也是周期函数，且二者有着相同的基本周期.

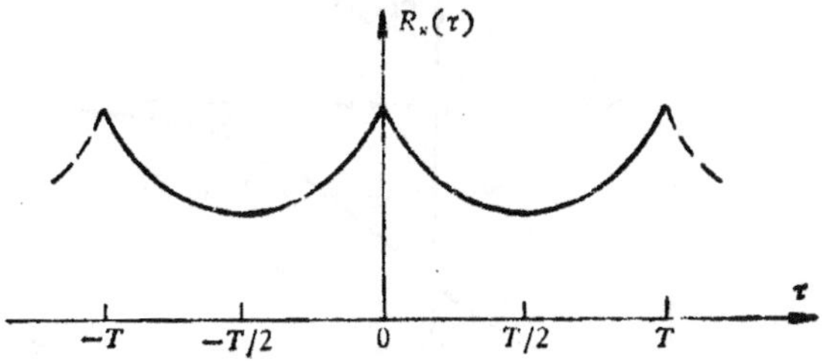

图 12.3-3

12.4 概率分布，概率密度

前已提到，随机现象是无法用时间的确定函数来描述的，因为它在每一时刻的取值是随机的. 对于单个随机变量，最完整的统计描述是给出它的概率分布或概率密度.

仍从图 12.2-1 所示样本集合出发，将各个样本函数在时刻 t_1 的值 $x_1(t_1)$, $x_2(t_1)$, $\cdots$, 认为 $X(t_1)$, 它是一个随机变量. 考察 $X(t_1)$ 不大于某个特定的 x 这一随机事件，可以得出发生这一事件的概率 $P_r[X(t_1) \leqslant x]$, 它是 x 的确定函数，在一般情形下，它也依赖于采样时刻 t_1.

由概率论公理，有

$$0 \leqslant P_r[X(t_1) \leqslant x] \leqslant 1$$

$$P_r[X(t_1) \leqslant \infty] = 1$$

$$P_r[X(t_1) \leqslant -\infty] = 0$$

$$P_r[X(t_1) \leqslant x + \Delta x]$$
$$= P_r[X(t_1) \leqslant x] + P_r[x < X(t_1) \leqslant x + \Delta x]$$

我们用随机变量 $X(t_1)$ 的概率 $P_r[X(t_1) \leqslant x]$ 来定义随机过程 $X(t)$ 在时刻 t_1 的**概率分布函数** $P(x, t)$, 即令

$$P(x, t_1) = P_r[X(t_1) \leqslant x]$$

注意到 $P(x, t_1)$ 是 x 的非减函数．一个典型的概率分布曲线示如图 12.4-1。

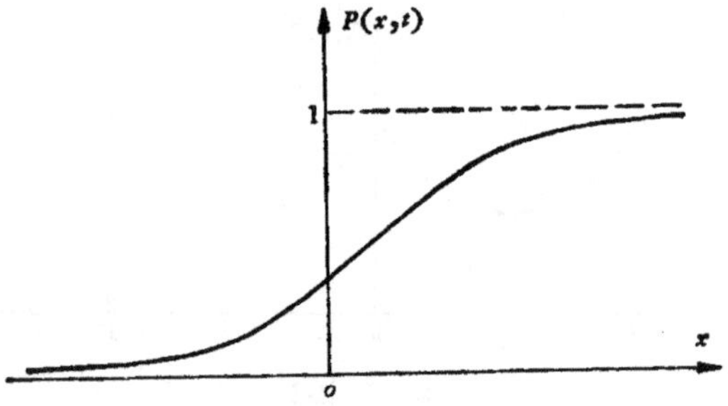

图 12.4-1

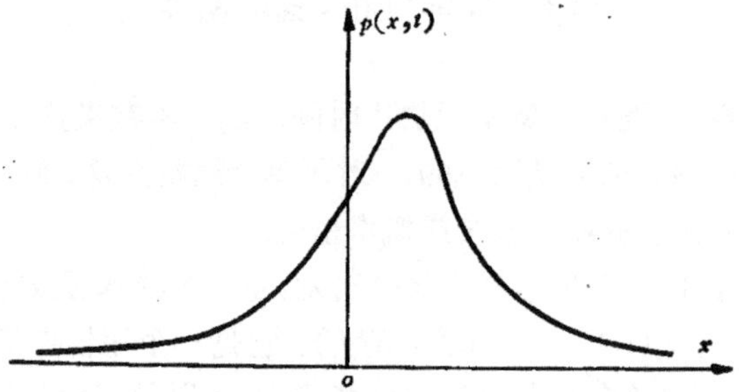

图 12.4-2

从概率分布函数可以导出概率密度函数 $p(x, t_1)$，即

$$p(x, t_1) \equiv \lim_{\Delta x \to 0} \frac{P(x + \Delta x, t_1) - P(x, t_1)}{\Delta x}$$

$$= \frac{d}{dx} P(x, t_1)$$

按定义，显然有

$$P(x, t_1) = \int_{-\infty}^{x} p(x, t_1) dx$$

$$P(\infty, t) = \int_{-\infty}^{\infty} p(x, t_1) dx = 1$$

并且 $X(t_1)$ 取值于区间 (a, b) 的概率为

$$P_r[a < X(t_1) \leqslant b] = P(b, t_1) - P(a, t_1)$$
$$= \int_a^b p(x, t_1) dx$$

此外，概率密度函数有下列性质：

$$p(x, t_1) \geqslant 0$$
$$p(-\infty, t_1) = 0$$
$$p(\infty, t_1) = 0$$

与图 12.4-1 相应的概率密度示如图 12.4-2。

概率分布(或概率密度)是随机变量的基本统计特性。对于定常过程来说，其统计特性不依赖于采样时刻，当然其概率分布(或概率密度)也不依赖于采样时刻，即有

$$P(x, t) = P(x)$$
$$p(x, t) = p(x)$$

对于遍历过程来说，从单个样本就能确定它的统计特性，当然也可以从单个样本来确定它的概率分布。设遍历过程的一个样本函数如图 12.4-3 所示。令 $x(t)$ 的幅值小于 x 所对应的各个时间区间为 Δt_1，Δt_2，$\cdots$，而 T 表示样本总长，那末当 T 足够大时，就有

$$\hat{P}(x) = \frac{1}{T} \sum_i \Delta t_i$$

其中 $\hat{P}(x)$ 代表 $P(x)$ 的估值。

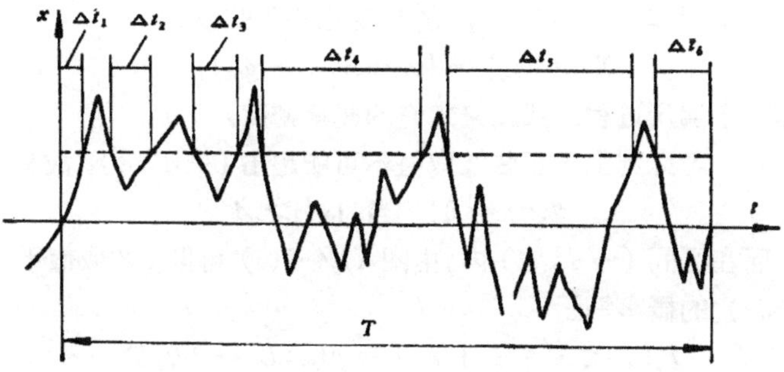

图 12.4-3

例 12.4-1. 作为说明性的例子，我们来看例 12.3-2 中三角波，假设它在 $t=0$ 时不一定取幅值 A，而是在 0 到 A 间等可能地随机取值，求它的概率密度.

解. 从图 12.3-1 可见，$x(t)$ 取值小于零的概率为零，而 $x(t)$ 取值小于 A 的概率等于 1. 考虑到 $x(t)$ 在区间 $(0, A)$ 上取值的机会是均等的，故其概率分布与概率密度分别如图 12.4-4(a) 与 (b) 所示. 这类分布称为**均匀分布**.

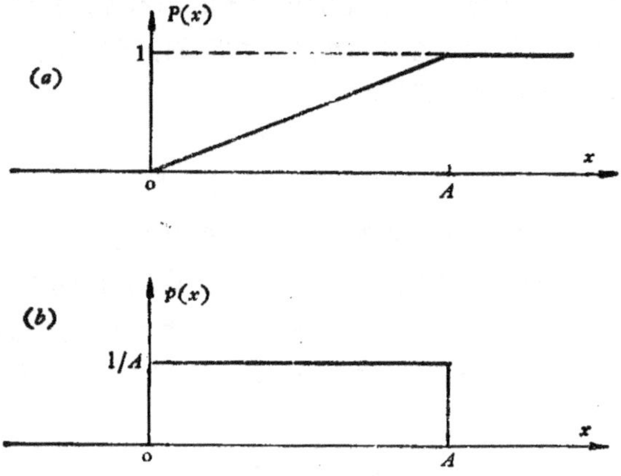

图 12.4-4

例 12.4-2. 把初相位 φ_k 随机变化的正弦波

$$X \equiv \{x_k\} = \{A\sin(\omega t + \varphi_k)\}$$

看作一个遍历过程. 我们来求它的概率密度.

解. 考虑到上述正弦波取值不可能超出 $(-A, A)$，故有

$$p(x) = 0, \quad 当\ |x| > A$$

而在区间 $(-A, A)$ 内，由图 12.4-5(a) 可见，X 取值于 $(x, x+dx)$ 的概率等于

$$P_r[x < X \leqslant x + dx] = p(x)dx = 2dt/T$$

考虑到

$$x = A\sin(\omega t + \varphi_k)$$

有

$$dx = A\omega\cos(\omega t + \varphi_k)dt = \omega(A^2 - x^2)^{\frac{1}{2}}dt$$

由此得

$$p(x)dx = \frac{2}{T}\cdot\frac{1}{\omega}(A^2 - x^2)^{-\frac{1}{2}}dx$$

故有

$$p(x) = \frac{1}{\pi}(A^2 - x^2)^{-\frac{1}{2}},\quad 当\quad |x| < A$$

于是，这一相位随机变化的正弦波的概率密度为

$$p(x) = \begin{cases} \frac{1}{\pi}(A^2 - x^2)^{-\frac{1}{2}}, & 当\ |x| < A \\ 0, & 当\ |x| > A \end{cases}$$

如图 12.4-5 (b) 示.

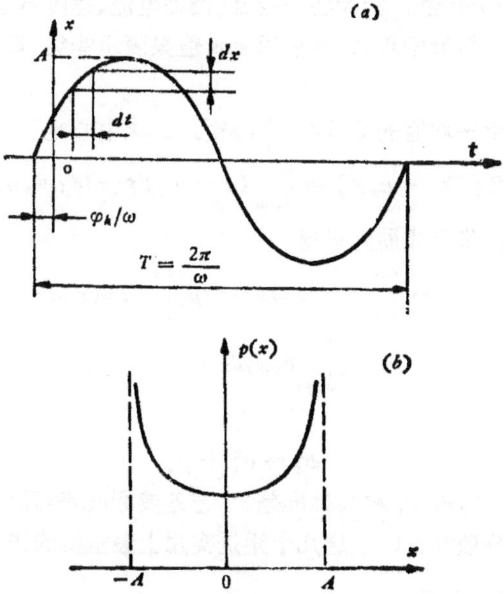

图 12.4-5

12.5 矩

从随机变量的概率分布出发，可以确定其它一系列统计特性．例如随机变量X的n次矩可定义为[1]

$$E[X^n]=\int_{-\infty}^{\infty}x^n p(x)dx,\quad n=1,2,\cdots$$

其中，一次矩：

$$E[X]=\int_{-\infty}^{\infty}xp(x)dx$$

就是随机变量的平均值μ_x。

二次矩：

$$E[X^2]\equiv\psi_x^2=\int_{-\infty}^{\infty}x^2p(x)dx$$

就是随机变量的均方值ψ_x^2．均方值的正平方根ψ_x，称为均方根值，常记为 rms 值．因为物理变量(例如电流、速度等等)的均方值往往与平均能量相联系，故常用 rms 值来表示能级、量级或信号电平．

相对于平均值的矩，称为中心矩．二次中心矩：

$$E[(X-\mu_x)^2]=\int_{-\infty}^{\infty}(x-\mu_x)^2p(x)dx\equiv\sigma_x^2$$

称为方差．将上式展开可得

$$\sigma_x^2=\int_{-\infty}^{\infty}x^2p(x)dx-2\mu_x\int_{-\infty}^{\infty}xp(x)dx+\mu_x^2\int_{-\infty}^{\infty}p(x)dx=\psi_x^2-\mu_x^2$$

或写成

$$\psi_x^2=\sigma_x^2+\mu_x^2$$

方差的正平方根σ_x称为标准差．方差或标准差可以用来表征随机变量的分散度．以上这几个矩是实用上最重要的统计特性．类

1) 式中 E[ ] 为集合平均记号。

似地还可以导出三次、四次或更高次的矩.

随机变量的各次矩也可以直接从集合平均求得；对于遍历过程的情形，也可以从时间平均求得. 如果各次矩都已求得，那末也可以由它们来确定随机变量的概率分布.

例 12.5-1. 求例 12.4-1 所述三角波的一次矩与二次矩.

解. 由例 12.4-1 知，该变量具有均匀分布：

$$p(x)=\begin{cases}0, & 当\ x<0\\ 1/A, & 当\ 0<x<A\\ 0, & 当\ x>A\end{cases}$$

故有

$$\mu_x=\int_{-\infty}^{\infty}xp(x)dx=\frac{1}{A}\int_0^A xdx=\frac{A}{2}$$

$$\psi_x^2=\int_0^A\frac{x^2}{A}dx=\frac{A^2}{3}$$

$$\sigma_x^2=\psi_x^2-\mu_x^2=\frac{A^2}{12}$$

对于遍历过程，矩可以从时间平均求得. 这时，n 次矩为[1)]

$$\langle X^n\rangle=\lim_{T\to\infty}\frac{1}{T}\int_{-\frac{T}{2}}^{\frac{T}{2}}x^n dt$$

其中一次矩(即时间平均值)为

$$\langle X\rangle=\lim_{T\to\infty}\frac{1}{T}\int_{-\frac{T}{2}}^{\frac{T}{2}}x\,dt\equiv\mu_x$$

而 n 次中心矩为

$$\langle (X-\mu_x)^n\rangle=\lim_{T\to\infty}\frac{1}{T}\int_{-\frac{T}{2}}^{\frac{T}{2}}(x-\mu_x)^n dt$$

其中二次中心矩(即方差)为

1) 我们用记号〈　〉表示时间平均.

$$\sigma_x^2 \equiv \lim_{T\to\infty} \frac{1}{T}\int_{-\frac{T}{2}}^{\frac{T}{2}} (x - \mu_x)^2 dt$$

例 12.5-2. 用求时间平均的方法重复上例.

解. 这时有

$$\mu_x = \frac{2}{T}\int_0^{\frac{T}{2}} A\left(1 - \frac{2}{T}t\right) dt = \frac{A}{2}$$

$$\sigma_x^2 = \frac{2}{T}\int_0^{\frac{T}{2}} A^2\left(\frac{1}{2} - \frac{2}{T}t\right)^2 dt = \frac{A}{12}$$

例 12.5-3. 设 a, b 为常数, X 为随机变量. 求 $Z = aX + b$ 的平均值与方差.

解. 按定义,有

$$\begin{aligned}\mu_z &= E[aX + b] = \int_{-\infty}^{\infty} (ax + b)p(x)dx \\ &= a\int_{-\infty}^{\infty} xp(x)dx + b\int_{-\infty}^{\infty} p(x)dx \\ &= a\mu_x + b\end{aligned}$$

$$\begin{aligned}\sigma_z^2 &= E[\{(aX + b) - (a\mu_x + b)\}^2] \\ &= E[a^2(X - \mu_x)^2] = a^2\sigma_x^2\end{aligned}$$

12.6 联合概率分布

其实第 12.4 节中给出的只是单个随机变量的一维概率分布与概率密度. 对于随机过程来说,它的任何一个样本函数在整个时间历程上取值也是随机的. 就是说,在各个不同的采样时刻将得到不同的随机变量. 因此,还必须考察多个随机变量的联合概率分布(或概率密度).

仍取图 12.2-1 所示样本集合来看二维概率分布. 设分别取时刻 t_1 与 t_2 的 $X(t_1)$ 与 $X(t_2)$ 作为两个随机变量. 我们用 $X(t_1)$ 不大于 x_1 同时 $X(t_2)$ 不大于 x_2 的联合概率来定义随机过程 X 于

时刻 t_1 与 t_2 的二维联合概率分布函数,即令

$$P(x_1, t_1; x_2, t_2) \equiv P_r[X(t_1) \leqslant x_1, X(t_2) \leqslant x_2] \quad (12.6\text{-}1)$$

它具有下列性质:

$$\left.\begin{aligned} &P(x_1, t_1; -\infty, t_2) = P(-\infty, t_1; x_2, t_2) \\ &\quad = P(-\infty, t_1; -\infty, t_2) = 0 \\ &P(\infty, t_1; \infty, t_2) = 1 \end{aligned}\right\} \quad (12.6\text{-}2)$$

并有

$$\left.\begin{aligned} P(x_1, t_1; \infty, t_2) = P(x_1, t_1) = P_r[X(t_1) \leqslant x_1] \\ P(\infty, t_1; x_2, t_2) = P(x_2, t_2) = P_r[X(t_2) \leqslant x_2] \end{aligned}\right\} \quad (12.6\text{-}3)$$

式(12.6-3)给出一维概率分布.

由二维概率分布可导出二维概率密度. 事实上,按

$$P(x_1, t_1; x_2, t_2) = \int_{-\infty}^{x_1}\int_{-\infty}^{x_2} p(x_1, t_1; x_2, t_2)dx_1dx_2 \quad (12.6\text{-}4)$$

可定义二维概率密度为

$$p(x_1, t_1; x_2, t_2) = \frac{\partial^2}{\partial x_1 \partial x_2} P(x_1, t_1; x_2, t_2) \quad (12.6\text{-}5)$$

它具有性质:

$$\left.\begin{aligned} &p(x_1, t_1; x_2, t_2) \geqslant 0 \\ &\int_{-\infty}^{\infty}\int_{-\infty}^{\infty} p(x_1, t_1; x_2, t_2)dx_1dx_2 = 1 \end{aligned}\right\} \quad (12.6\text{-}6)$$

并且 $X(t_1)$ 取值于 (a_1, b_1) 同时 $X(t_2)$ 取值于 (a_2, b_2) 的概率为

$$P_r[a_1 < X(t_1) \leqslant b_1; a_2 < X(t_2) \leqslant b_2] = \int_{a_1}^{b_1}\int_{a_2}^{b_2} p(x_1, t_1; x_2, t_2)dx_1dx_2 \quad (12.6\text{-}7)$$

即等于图 12.6-1 中阴影面下的体积.

而一维概率密度可得自

$$\left.\begin{aligned} p(x_1, t_1) = \int_{-\infty}^{\infty} p(x_1, t_1; x_2, t_2)dx_2 \\ p(x_2, t_2) = \int_{-\infty}^{\infty} p(x_1, t_1; x_2, t_2)dx_1 \end{aligned}\right\} \quad (12.6\text{-}8)$$

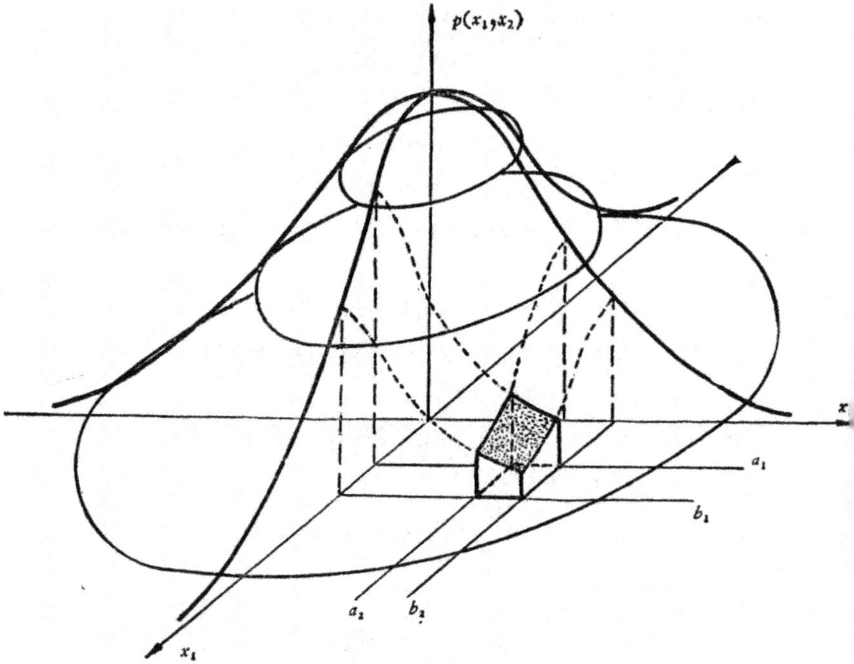

图 12.6-1

类似地，可以定义随机过程X的n维概率分布与n维概率密度．理论上，只有当所有各维（$n=1, 2, \cdots$）概率分布都确定时，才完全确定随机过程的全部统计特性．但在实际问题中，往往满足于确定它的一维与二维概率分布．实用中的所谓定常过程，往往只是“二阶”定常过程，或称弱定常过程．就是说，只有它的一维与二维概率分布不依赖于时间轴起点的选取．而所谓强定常过程，是指那些全部概率分布都不依赖于时间轴起点的选择的[1]．

无论是强定常，还是弱定常过程，其二维概率密度都只是时差$\tau\equiv t_2-t_1$的函数，即有

$$p(x_1, t_1; x_2, t_2)\equiv p(x_1, x_2, \tau)$$

由上述二维概率密度可以确定各种联合矩．其中最常用的有自相

1）对于后面要谈到的正态过程来说，弱定常也就是强定常．

关函数 $R_x(\tau)$，它定义为

$$R_x(\tau) \equiv E[X(t_1)X(t_2)] = \int_{-\infty}^{\infty}\int_{-\infty}^{\infty} x_1x_2p(x_1, x_2, \tau)dx_1dx_2 \tag{12.6-9}$$

还有自协方差 $C_x(\tau)$，它定义为

$$C_x(\tau) \equiv E[(X(t_1) - \mu_x)(X(t_2) - \mu_x)] = \int_{-\infty}^{\infty}\int_{-\infty}^{\infty} (x_1 - \mu_x)(x_2 - \mu_x)p(x_1, x_2, \tau)dx_1dx_2 = R_x(\tau) - \mu_x^2 \tag{12.6-10}$$

以上我们讨论了两个随机变量 $X(t_1)$ 与 $X(t_2)$ 之间的二维联合概率分布，这两个随机变量是取自同一个随机过程的. 实际上，我们还会遇到两个不同的随机过程 X 与 Y（例如系统的输入与输出）之间的多维联合概率分布. 例如从 X 取得的随机变量 $X(t_1)$ 与从 Y 取得的随机变量 $Y(t_2)$ 之间的二维联合概率分布. 这时，上面的讨论仍然有效，只要将其中的 $X(t_2)$ 换成 $Y(t_2)$，x_2 换成 y_2 就可以了. 公式 (12.6-1)—(12.6-8) 中作上述改换后，也都照样成立.

这时，联合矩

$$R_{xy}(\tau) \equiv E[XY] = \int_{-\infty}^{\infty}\int_{-\infty}^{\infty} xyp(x, y, \tau)dxdy \tag{12.6-11}$$

称为互相关函数. 而联合中心矩

$$C_{xy}(\tau) \equiv E[(X - \mu_x)(Y - \mu_y)] = \int_{-\infty}^{\infty}\int_{-\infty}^{\infty} (x - \mu_x)(y - \mu_y)p(x, y, \tau)dxdy = E[XY] - E[X]E[Y] = R_{xy}(\tau) - \mu_x\mu_y \tag{12.6-12}$$

称为互协方差. 为了书写简便，我们在式 (12.6-11)，(12.6-12) 中把 x，y 的下标都略去了，以下在不致引起混淆的场合下还将这样做，但要记住他们分别对应于时刻 t_1 与 t_2 的采样值.

互协方差 $C_{xy}(\tau)$ 与标准差 σ_x，σ_y 之间存在着下述不等关系

式:

$$\sigma_x\sigma_y \geqslant |C_{xy}(\tau)| \tag{12.6-13}$$

事实上,由下述非负的积分,有

$$\int_{-\infty}^{\infty}\int_{-\infty}^{\infty}\left(\frac{x-\mu_x}{\sigma_x} \pm \frac{y-\mu_y}{\sigma_y}\right)^2 p(x, y, \tau)dxdy$$

$$= \frac{1}{\sigma_x^2}\int_{-\infty}^{\infty}\int_{-\infty}^{\infty}(x-\mu_x)^2 p(x, y, \tau)dxdy$$

$$\pm \frac{2}{\sigma_x\sigma_y}\int_{-\infty}^{\infty}\int_{-\infty}^{\infty}(x-\mu_x)(y-\mu_y)p(x, y, \tau)dxdy$$

$$+ \frac{1}{\sigma_y^2}\int_{-\infty}^{\infty}\int_{-\infty}^{\infty}(y-\mu_y)^2 p(x, y, \tau)dxdy$$

$$= 2 \pm 2\frac{C_{xy}(\tau)}{\sigma_x\sigma_y} \geqslant 0$$

这就证明了式(12.6-13)。由此可定义规范化互协方差:

$$\rho_{xy} \equiv \frac{C_{xy}(\tau)}{\sigma_x\sigma_y} \tag{12.6-14}$$

由式(12.6-13)可知,有

$$-1 \leqslant \rho_{xy} \leqslant 1$$

还可以定义规范化自协方差:

$$\rho_x \equiv \frac{C_x(\tau)}{\sigma_x^2} \tag{12.6-15}$$

它同样地有

$$-1 \leqslant \rho_x \leqslant 1$$

如果两个随机变量的二维概率密度函数满足条件:

$$p(x, y) = p(x)p(y) \tag{12.6-16}$$

那末这两个随机变量就称为统计独立的。

如果互协方差 C_{xy} 等于零,那末就称随机变量 X 与 Y 是不相关的。

两个统计独立的随机变量一定是不相关的,但是两个不相关的随机变量不一定是统计独立的。事实上,假设随机变量 X 与 Y 的二维概率密度满足条件(12.6-6),则由互协方差的定义式

(12.6-12)，有

$$\begin{aligned}C_{xy} &= E[XY] - E[X]E[Y]\\&= \int_{-\infty}^{\infty}\int_{-\infty}^{\infty} xyp(x)p(y)dxdy - E[X]E[Y]\\&= E[X]E[Y] - E[X]E[Y] = 0\end{aligned}$$

这就证明了统计独立就一定是不相关的. 但是，从式 (12.6-12) 可以看到，不相关只要求满足

$$E[XY] = E[X]E[Y]$$

而并不要求满足条件 (12.6-16). 所以，不相关不一定是统计独立的.

不过，对于后面要讲的正态过程来说，这两个概念又是等价的.

例 12.6-1. 求两个随机变量的线性和的平均值与方差.

解. 设 X，Y 为已知随机变量，a，b 为两个任意常数，令

$$Z = aX + bY$$

则其平均值为

$$\begin{aligned}E[Z] &= \int_{-\infty}^{\infty}\int_{-\infty}^{\infty}(ax + by)p(x, y)dxdy\\&= a\int_{-\infty}^{\infty} x\int_{-\infty}^{\infty} p(x, y)dydx\\&\quad + b\int_{-\infty}^{\infty} y\int_{-\infty}^{\infty} p(x, y)dxdy\\&= a\int_{-\infty}^{\infty} xp(x)dx + b\int_{-\infty}^{\infty} yp(y)dy\\&= a\mu_x + b\mu_y\end{aligned}$$

而其方差则为

$$\begin{aligned}\sigma_z^2 &= E[\{(aX + bY) - (a\mu_x + b\mu_y)\}^2]\\&= E[\{a(X - \mu_x) + b(Y - \mu_y)\}^2]\\&= a^2E[(X - \mu_x)^2] + 2abE[(X - \mu_x)(Y - \mu_y)]\\&\quad + b^2E[(Y - \mu_y)^2]\end{aligned}$$

$$= a^2\sigma_x^2 + 2abC_{xy} + b^2\sigma_y^2$$

如果 X 与 Y 是不相关的，则有 $C_{xy} = 0$，这时有

$$\sigma_z^2 = a^2\sigma_x^2 + b^2\sigma_y^2$$

上述结果不难推广到 n 个互不相关的随机变量的线性和：

$$X = \sum_i a_i X_i$$

这时有

$$\mu_x = \sum_i a_i \mu_{x_i}$$

$$\sigma_x^2 = \sum_i a_i^2 \sigma_{x_i}^2$$

12.7 正态过程

随机振动分析中经常遇到的一种概率分布是**正态分布**．它的一维概率密度函数可表示为

$$p(x) = \frac{1}{\sqrt{2\pi}\sigma_x} \exp\left[-\frac{(x-\mu_x)^2}{2\sigma_x^2}\right] \tag{12.7-1}$$

其中 μ_x 为平均值，而 σ_x 为标准差．令

$$z = x - \mu_x \tag{12.7-2}$$

就有

$$\mu_z = 0$$

$$\sigma_z = \sigma_x \equiv \sigma$$

利用式 (12.7-2) 作变换，式 (12.7-1) 可化为

$$p(z) = \frac{1}{\sqrt{2\pi}\,\sigma} \exp\left(-\frac{z^2}{2\sigma^2}\right) \tag{12.7-3}$$

而与之相应的概率分布为

$$P(z) = \int_{-\infty}^{z} p(z)dz$$

$$= \frac{1}{\sqrt{2\pi}\,\sigma} \int_{-\infty}^{\infty} \exp\left(-\frac{z^2}{2\sigma^2}\right) dz \tag{12.7-4}$$

对应于几个不同的σ值，作出 $p(x)$ 与 $P(x)$ 的曲线，示如图 12.7-1(a) 与 (b)．从图上可以看到σ越大，曲线越平坦，随机变量的分散度越大．

利用变换：

$$\xi = \frac{x - \mu_x}{\sigma_x}$$

可将式 (12.7-1) 标准化为

$$p(\xi) = \frac{1}{\sqrt{2\pi}}\exp\left(-\frac{\xi^2}{2}\right) \qquad (12.7\text{-}5)$$

它在 $-1 \leqslant \xi \leqslant 1$ 的范围内的积分值约为 0.68；它在 $-2 \leqslant \xi \leqslant 2$ 的范围内的积分值约为 0.954；它在 $-3 \leqslant \xi \leqslant 3$ 的范围内的积分值约为 0.9973．就是说，正态分布的随机变量在$(-3\sigma, 3\sigma)$区间外取值的概率为 0.27%．这就是随机振动试验中常把最大幅

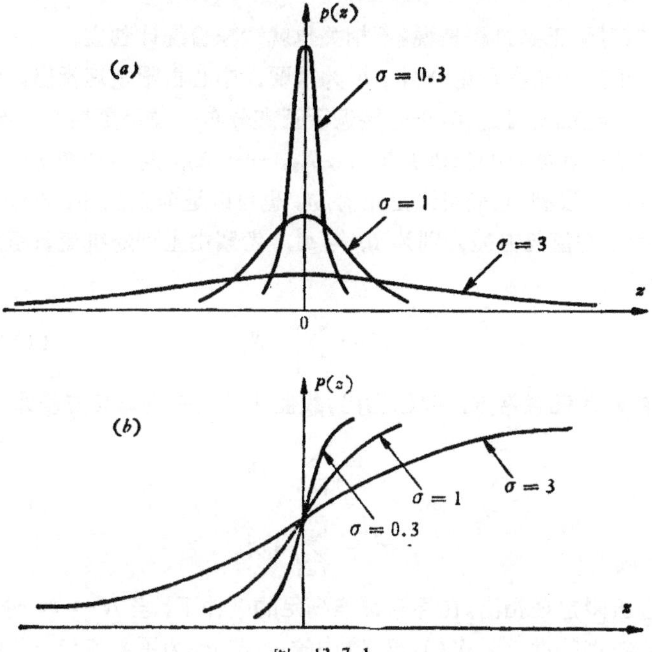

图 12.7-1

值取为 3σ 的根据.

正态过程的二维联合概率密度函数可表示为

$$p(x,y)=\frac{1}{2\pi\sigma_x\sigma_y\sqrt{1-\rho_{xy}^2}}\exp\left\{-\frac{1}{2\sqrt{1-\rho_{xy}^2}}\left[\left(\frac{x-\mu_x}{\sigma_x}\right)^2-2\rho_{xy}\left(\frac{x-\mu_x}{\sigma_x}\right)\left(\frac{y-\mu_y}{\sigma_y}\right)+\left(\frac{y-\mu_y}{\sigma_y}\right)^2\right]\right\}\tag{12.7-6}$$

如果规范化协方差 $\rho_{xy}=0$，则式(12.7-6)可写成

$$p(x,y)=p(x)p(y)$$

式中

$$p(x)=\frac{1}{\sqrt{2\pi}\sigma_x}\exp\left[-\frac{(x-\mu_x)^2}{2\sigma_x^2}\right]$$

$$p(y)=\frac{1}{\sqrt{2\pi}\sigma_y}\exp\left[-\frac{(y-\mu_y)^2}{2\sigma_y^2}\right]$$

所以，对于正态过程来说，不相关也就意味着统计独立.

正态分布在理论分析中极为重要. 中心极限定理指出，大量独立的随机变量之和，十分接近于正态分布. 说得更具体一点，设有 N 个相互独立的随机变量 $X_1, X_2, \cdots, X_N$，对各个变量的分布函数并无限制，它们可以是正态的，也可以是非正态的，再设各个 X_i 的平均值与方差分别为 μ_i 与 σ_i^2. 考察由上列随机变量组成的线性和:

$$X=\sum_{i=1}^{N}a_iX_i\tag{12.7-7}$$

其中 a_i 为任意常数. 前已指出，线性和 X 的平均值与方差为

$$\begin{aligned}\mu_x&=\sum_{i=1}^{N}a_i\mu_i\\ \sigma_x^2&=\sum_{i=1}^{N}a_i^2\sigma_i^2\end{aligned}\tag{12.7-8}$$

中心极限定理指出，在通常都能满足的条件下，当 $N\to\infty$ 时，X 的分布将趋近于以式(12.7-8)中的 μ_x 与 σ_x^2 为平均值与方差的正

态分布．对于多维概率分布，情况也是如此．

正态过程有以下特点：

1. 许多自然现象可以用正态过程来近似地描述．

2. 正态过程的线性变换仍然是正态过程．

3. 只需要知道正态过程的一次矩与二次矩，就可以确定它的概率密度．

这些特点对于随机振动的研究带来很大的方便．首先，随机振动的许多激振源(如大气紊流、海浪、路面等等)都可以看作正态过程．其次，从第二个特点可知，对于常参数线性系统，当输入是正态过程时，输出也一定是正态过程．再次，当系统的输入、输出都是正态过程时，只要确定了它们的平均值、方差、协方差，就能完全确定它们的统计特性．

12.8 自相关函数

前已提到，在随机变量的各种联合矩中，最重要的概念是相关函数．我们再花些篇幅来讨论它．自相关函数定义为随机变量 $X(t_1)$ 与 $X(t_2)$ 乘积的集合平均．对于定常过程，它只是时差 $\tau=t_2-t_1$ 的函数，即

$$
\begin{aligned}
R_x(\tau) &= E[X(t)X(t+\tau)] \\
&= \int_{-\infty}^{\infty}\int_{-\infty}^{\infty} x_1x_2p(x_1,x_2,\tau)dx_1dx_2 \qquad (12.8\text{-}1)
\end{aligned}
$$

对于遍历过程，自相关函数就等于单个样本上乘积 $x(t)x(t+\tau)$ 的时间平均：

$$
R_x(\tau)=\lim_{T\to\infty}\frac{1}{T}\int_{-T/2}^{T/2}x(t)x(t+\tau)dt \qquad (12.8\text{-}2)
$$

考虑到定常过程的自相关函数只依赖于时差 τ，所以，我们如果取 $X(t-\tau)$ 与 $X(t)$ 作为随机变量，由此得出的自相关函数必然与式 (12.8-1) 相同，即有

$$
R_x(-\tau)=R_x(\tau) \qquad (12.8\text{-}3)
$$

所以说，自相关函数是 τ 的偶函数.

考虑到式 (12.6-10) 与 (12.6-15)，有

$$R_x(\tau) = C_x(\tau) + \mu_x^2$$
$$= \rho\sigma_x^2 + \mu_x^2 \tag{12.8-4}$$

其中 ρ 是规范化自协方差，且有

$$-1 \leqslant \rho \leqslant 1$$

当 $\tau = 0$ 时，随机变量 $X(t)$ 与它自身是完全相关的，故有 $\rho = 1$. 这时

$$R_x(0) = \sigma_x^2 + \mu_x^2 = \psi_x^2 \tag{12.8-5}$$

当 $\tau \neq 0$ 时，就有

$$-\sigma_x^2 + \mu_x^2 \leqslant R_x(\tau) \leqslant \sigma_x^2 + \mu_x^2 \tag{12.8-6}$$

当 $\tau \to \infty$ 时，两个随机变量之间将不再相关，故有 $\rho = 0$. 这时

$$R_x(\tau \to \infty) \to \mu_x^2 \tag{12.8-7}$$

当 X 是平均值为零的定常过程时，就有

$$R_x(\tau \to \infty) \to 0$$

自相关函数的一个典型例子示于图 12.8-1 中.

从 $R_x(\tau)$ 在 $\tau = 0$ 时的值 $R_x(0)$ 等于 X 的均方值 ψ_x^2 这一事实，启发我们从"平均功率"的观点去看相关函数.

设想有信号通过某个时滞系统，输入信号是 $x(t + \tau)$，输出

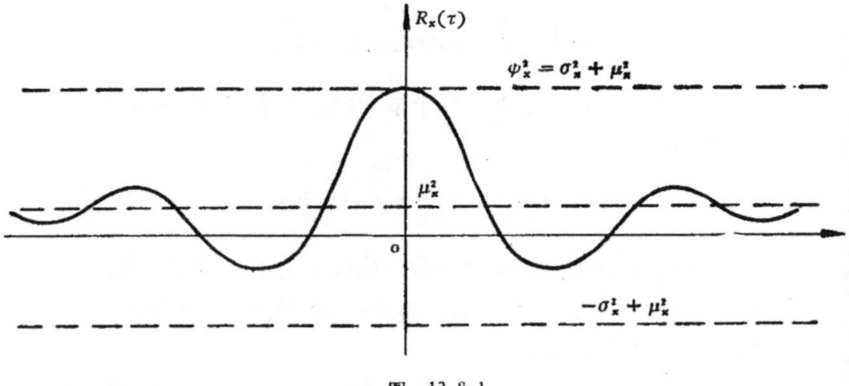

图 12.8-1

信号是 $x(t)$. 我们来求乘积 $x(t)x(t+\tau)$ 的平均值

$$\lim_{T\to\infty}\frac{1}{T}\int_{-T/2}^{T/2}x(t)x(t+\tau)dt$$

它就是 $x(t)$ 的自相关函数 $R_x(\tau)$. 在一些物理系统中,这个量往往正比于“平均功率”. 设 $x(t)=A\sin(\omega t+\varphi)$, $x(t+\tau)=A\sin(\omega t+\varphi+\omega\tau)$, 这时有

$$R_x(\tau)=\frac{\omega}{2\pi}\int_{-\pi/\omega}^{\pi/\omega}A^2\sin(\omega t+\varphi)\sin(\omega t+\varphi+\omega\tau)dt$$

前已指出,这一积分等于

$$R_x(\tau)=\frac{A^2}{2}\cos\omega\tau$$

注意到它是 $\omega\tau$ 的余弦函数,虽然已经失去了相位的信息,但保留着与 x 相同的频率,且其振幅就等于均方值 $R_x(0)$.

再来看 $x(t)$ 包含二次谐波的情形. 假设

$$x(t)=a_1\sin(\omega t+\varphi_1)+a_2\sin(2\omega t+\varphi_2) \tag{12.8-8}$$

对它求自相关函数,有

$$\begin{aligned}R_x(\tau)&=\frac{\omega}{2\pi}\int_{-\pi/\omega}^{\pi/\omega}\{a_1\sin(\omega t+\varphi_1)+a_2\sin(2\omega t+\varphi_2)\}\\&\quad\cdot\{a_1\sin(\omega t+\varphi_1+\omega\tau)\\&\quad+a_2\sin(2\omega t+\varphi_2+2\omega\tau)\}dt\\&=\frac{a_1^2}{2}\cos\omega\tau+\frac{a_2^2}{2}\cos 2\omega\tau\end{aligned} \tag{12.8-9}$$

注意到式 (12.8-8) 与式 (12.8-9) 中相应的项仍分别保持着前述单个谐和函数情形下的对应关系.

推而广之,设

$$x(t)=\sum_{k=1}^{n}a_k\sin(k\omega t+\varphi_k) \tag{12.8-10}$$

则相应地有

$$R_x(\tau)=\frac{1}{2}\sum_{k=1}^{n}a_k^2\cos k\omega\tau \tag{12.8-11}$$

注意到,时间的周期函数通常可展开为谐和级数，所以，时间 t 的周期函数 $x(t)$ 的自相关函数 $R_x(\tau)$ 一定是时差 τ 的周期函数，二者有着相同的基本周期 T，且后者的各个谐和分量的系数就等于前者相应分量的"均方值".

考虑到时间的任意函数 $x(t)$ 在一定条件下可以借谐和变换进行频率展开，得

$$x(t)=\int_{-\infty}^{\infty}X(\omega)e^{j\omega t}d\omega$$

其中

$$[X(\omega)d\omega]e^{j\omega t}$$

相当于 $x(t)$ 在频率 ω 处 $d\omega$ 带宽内的谐和分量. 所以，从上述物理解释出发，对任意的 $x(t)$ 的自相关函数 $R_x(\tau)$ 也可以把它看作"平均功率"随时差的变化. 这样就不难理解为什么从 $R_x(\tau)$ 的谐和变换可以得到下一节要讲到的功率谱密度 $S_x(f)$.

12.9 功率谱(自谱)密度

自相关函数 $R_x(\tau)$ 描述随机变量的"平均功率"随时差的变化，而功率谱密度 $S_x(f)$ 则描述随机变量的"平均功率"按频率的分布. 二者在不同的域(时域与频域)反映着同一个统计特性. 在不同的场合，各有所长，相辅相成. 总的说来，由于系统的输入、输出功率谱之间的关系式较为简便，所以人们往往更多地采用频域分析.

我们首先用自相关函数的谐和变换来定义功率谱密度，然后再来看其他两种形式上不同但是等价的定义. 首先，**功率谱密度**可定义为

$$S_x(f)=\int_{-\infty}^{\infty}R_x(\tau)e^{-j2\pi f\tau}d\tau \qquad (12.9\text{-}1)$$

反过来，借助于反变换，可得

$$R_x(\tau)=\int_{-\infty}^{\infty}S_x(f)e^{j2\pi f\tau}df \qquad (12.9\text{-}2)$$

式(12.9-1)与(12.9-2)构成谐和变换对，惯称维纳-辛钦(Wiener-Хинчин)关系式。存在上述谐和变换(12.9-1)的条件是 $R_x(\tau)$ 应满足所谓狄里赫利条件以及绝对可积的条件：

$$\int_{-\infty}^{\infty}|R_x(\tau)|d\tau<\infty$$

引用广义函数的谐和积分，上述限制条件还可以放宽，以致实用上几乎都能进行这一谐和变换。

考虑到 $R_x(0)$ 即随机变量的均方值，在式(12.9-2)中，令 $\tau=0$，得

$$\psi_x^2=R_x(0)=\int_{-\infty}^{\infty}S_x(f)df \tag{12.9-3}$$

从这里可以清楚地看到 $S_x(f)$ 具有均方谱密度的含义。因为在电路中，电压与电流的平方通常与功率成正比，故有功率谱密度这一名称。它亦称**自谱**，以便与后面要提到的互谱相区别。

从功率谱密度的物理含义就可以知道 $S_x(f)$ 是非负的，即有

$$S_x(f)\geqslant 0 \tag{12.9-4}$$

注意到 $R_x(\tau)$ 是 τ 的偶函数，即有

$$R_x(-\tau)=R_x(\tau)$$

由式(12.9-1)，有

$$\begin{aligned}S_x(f)&=\int_{-\infty}^{\infty}R_x(\tau)e^{-j2\pi f\tau}d\tau\\&=\int_{-\infty}^{\infty}R_x(-\tau)e^{-j2\pi f\tau}d\tau\\&=-\int_{\infty}^{-\infty}R_x(u)e^{j2\pi fu}du\\&=S_x(-f)\end{aligned} \tag{12.9-5}$$

式中利用了变换 $u=-\tau$。从式(12.9-5)可知 $S_x(f)$ 是 f 的偶函数。利用欧拉表示式

$$e^{j\varphi}=\cos\varphi+j\sin\varphi$$

式(12.9-1)可写成

$$S_x(f)=\int_{-\infty}^{\infty}R_x(\tau)e^{-j2\pi f\tau}d\tau$$

$$= \int_{-\infty}^{\infty} R_x(\tau)(\cos 2\pi f\tau - j\sin 2\pi f\tau)d\tau$$

$$= \int_{-\infty}^{\infty} R_x(\tau)\cos 2\pi f\tau d\tau$$

$$= 2\int_{0}^{\infty} R_x(\tau)\cos 2\pi f\tau d\tau \tag{12.9-6}$$

因为 $R_x(\tau)$ 是实函数，故由上式可知 $S_x(f)$ 也是实函数。

与式 (12.9-6) 相对应，有

$$R_x(\tau) = 2\int_{0}^{\infty} S_x(f)\cos 2\pi f\tau df \tag{12.9-7}$$

从式 (12.9-1)，我们得到的是定义于 $-\infty \leqslant f \leqslant \infty$ 的双边功率谱 $S_x(f)$. 实用上，常采用定义于 $0 \leqslant f \leqslant \infty$ 的单边功率谱 $G_x(f)$，即有

$$\left.\begin{aligned} G_x(f) &= 2S_x(f), \quad 0 \leqslant f \leqslant \infty \\ \psi_x^2 &= \int_{0}^{\infty} G_x(f)df \end{aligned}\right\} \tag{12.9-8}$$

功率谱也可以表示成圆频率 ω 的函数。对于双边功率谱 $S_x(\omega)$，有

$$\left.\begin{aligned} S_x(\omega) &= S_x(f)/2\pi \\ \psi_x^2 &= \int_{-\infty}^{\infty} S_x(\omega)d\omega \end{aligned}\right\} \tag{12.9-9}$$

对于单边功率谱 $G_x(\omega)$，有

$$\begin{aligned} G_x(\omega) &= 2S_x(\omega) \\ \psi_x^2 &= \int_{0}^{\infty} G_x(\omega)d\omega \end{aligned} \tag{12.9-10}$$

所以，在应用时必须注意功率谱密度函数的自变量及其定义域。

将式 (12.9-6) 到 (12.9-10) 中各个变换式综合起来，可写成

$$\left.\begin{aligned} S_x(f) &= 2\int_{0}^{\infty} R_x(\tau)\cos 2\pi f\tau d\tau, \quad -\infty \leqslant f \leqslant \infty \\ G_x(f) &= 4\int_{0}^{\infty} R_x(\tau)\cos 2\pi f\tau d\tau, \quad 0 \leqslant f \leqslant \infty \\ S_x(\omega) &= \frac{1}{\pi}\int_{0}^{\infty} R_x(\tau)\cos \omega\tau d\tau, \quad -\infty \leqslant \omega \leqslant \infty \end{aligned}\right\} \tag{12.9-11}$$

$$G_x(\omega) = \frac{2}{\pi}\int_0^\infty R_x(\tau)\cos\omega\tau d\tau, \quad 0 \leqslant \omega \leqslant \infty$$

以及

$$\begin{aligned} R_x(\tau) &= 2\int_0^\infty S_x(f)\cos 2\pi f\tau df \\ &= \int_0^\infty G_x(f)\cos 2\pi f\tau df \\ &= 2\int_0^\infty S_x(\omega)\cos\omega\tau d\omega \\ &= \int_0^\infty G_x(\omega)\cos\omega\tau d\omega \qquad (12.9\text{-}12) \end{aligned}$$

功率谱密度 $S_x(f)$ 也可以从另一个角度来定义. 设 $x(t)$ 是定常随机过程的一个样本函数，它是定义于 $-\infty \leqslant t \leqslant \infty$ 的一个非周期函数，一般情形下它不一定能满足绝对可积的条件，因而不能直接对它进行谐和变换. 为此，先引入下述辅助函数 $x_T(t)$：

$$x_T(t) = x(t), \quad 当 -\frac{T}{2} \leqslant t \leqslant \frac{T}{2}$$

$$x_T(t) = 0, \qquad 当 |t| > \frac{T}{2}$$

这时，$x_T(t)$ 满足绝对可积条件，因而可以求它的谐和变换，记为 $X_T(f)$，有

$$X_T(f) = \int_{-\infty}^\infty x_T(t)e^{-i2\pi ft}dt$$

相应地，$x_T(t)$ 可写成

$$x_T(t) = \int_{-\infty}^\infty X_T(f)e^{i2\pi ft}df$$

这时，$x_T(t)$ 的均方值为

$$\langle x_T^2(t)\rangle = \frac{1}{T}\int_{-T/2}^{T/2} x_T^2(t)dt = \frac{1}{T}\int_{-\infty}^\infty x_T^2(t)dt$$

它可以改写成

$$\langle x_T^2(t)\rangle = \frac{1}{T}\int_{-\infty}^\infty x_T(t)\left\{\int_{-\infty}^\infty X_T(f)e^{i2\pi ft}df\right\}dt$$

$$= \frac{1}{T}\int_{-\infty}^{\infty} X_T(f)\left\{\int_{-\infty}^{\infty} x_T(t)e^{j2\pi ft}dt\right\}df$$

$$= \frac{1}{T}\int_{-\infty}^{\infty} X_T(f)X_T^*(f)df$$

其中 $X_T^*(f)$ 是 $X_T(f)$ 的共轭复数．这样，当 $T\to\infty$ 时，有 $\langle x_T^2(t)\rangle \to \langle x^2(t)\rangle$，即

$$\langle x^2(t)\rangle = \int_{-\infty}^{\infty}\lim_{T\to\infty}\left\{\frac{1}{T}|X_T(f)|^2\right\}df$$

对上式求集合平均，有

$$\begin{aligned}E[X^2] &= E[\langle x^2(t)\rangle]\\ &= \int_{-\infty}^{\infty}\lim_{T\to\infty}\left\{E\left[\frac{1}{T}|X_T(f)|^2\right]\right\}df\\ &\equiv \int_{-\infty}^{\infty} S_x(f)df\end{aligned}$$

其中

$$S_x(f) \equiv \lim_{T\to\infty}\left\{E\left[\frac{1}{T}|X_T(f)|^2\right]\right\} \tag{12.9-13}$$

即功率谱密度函数．

为了找到它与自相关函数的关系，可以来看

$$\begin{aligned}\langle x_T(t)x_T(t+\tau)\rangle &= \frac{1}{T}\int_{-T/2}^{T/2} x_T(t)x_T(t+\tau)dt\\ &= \frac{1}{T}\int_{-\infty}^{\infty} x_T(t)\left\{\int_{-\infty}^{\infty} X_T(f)e^{j2\pi f(t+\tau)}df\right\}dt\\ &= \frac{1}{T}\int_{-\infty}^{\infty} X_T(f)e^{j2\pi f\tau}\left\{\int_{-\infty}^{\infty} x_T(t)e^{j2\pi ft}dt\right\}df\\ &= \frac{1}{T}\int_{-\infty}^{\infty} X_T(f)X_T^*(f)e^{j2\pi f\tau}df\end{aligned} \tag{12.9-14}$$

注意到，当 $T\to\infty$ 时，有

$$\langle x(t)x(t+\tau)\rangle = \lim_{T\to\infty}\langle x_T(t)x_T(t+\tau)\rangle$$

将式 (12.9-14) 代入上式，再对它求集合平均，得

$$R_x(\tau) = E[\langle x(t)x(t+\tau)\rangle]$$

$$= \int_{-\infty}^{\infty} \lim_{T\to\infty} \left\{ E\left[\frac{1}{T} |X_T(f)|^2 \right] \right\} e^{i2\pi f\tau} df$$

$$= \int_{-\infty}^{\infty} S_x(f) e^{i2\pi f\tau} df$$

这样，我们重新得到了维纳-辛钦关系式，同时也证明了功率谱密度的两种定义的等价性。

从均方谱密度的观点，$S_x(f)$ 又可定义为

$$S_x(f) \equiv E\left\{ \lim_{\substack{T\to\infty \\ \Delta f\to 0}} \frac{1}{T\Delta f} \int_{-T/2}^{T/2} x_f^2(t) dt \right\} \qquad (12.9\text{-}15)$$

其中 $x_f(t)$ 是 $x(t)$ 在频带 $(f, f+\Delta f)$ 内的分量，T 是平均时间，Δf 为带宽. 上式也是实践中通过滤波方式求功率谱密度的出发点. 帕塞瓦(Parseval)定理指出，信号在时域的总能量等于它在频域的总能量. 由此不难证明式(12.9-15)给出的 $S_x(f)$ 与前面两种定义的等价性.

12.10 窄带过程与宽带过程

功率谱密度给出了随机振动的平均功率按频率的分布密度，尽管它并不是关于过程的完整的统计描述，但提供了实用上极为重要的频域统计特性. 而且对于平均值为零的正态过程，只要知道了它的功率谱密度也就能确定它的概率分布. 实用上，人们常常用功率谱的形状来标识随机过程，例如随机振动试验中各种基准谱就是按谱形来规定的.

人们按谱形把偏于两种极端的情形分别称为窄带过程与宽带过程. 尽管这种分类不十分确切，但这样做便于定性研究. 所谓窄带过程是指它的功率谱 $S_x(f)$ 具有尖峰特性，并且只有在该尖峰附近的一个窄频带内 $S_x(f)$ 才取有意义的量级. 典型的例子是随机信号通过窄带滤波器后所得的结果. 窄带过程的最极端情形是相位随机变化的正弦波，它的谱是对称分布的两个 δ 函数. 与窄带过程相反，宽带过程的功率谱在相当宽(带宽至少与其中心频率有

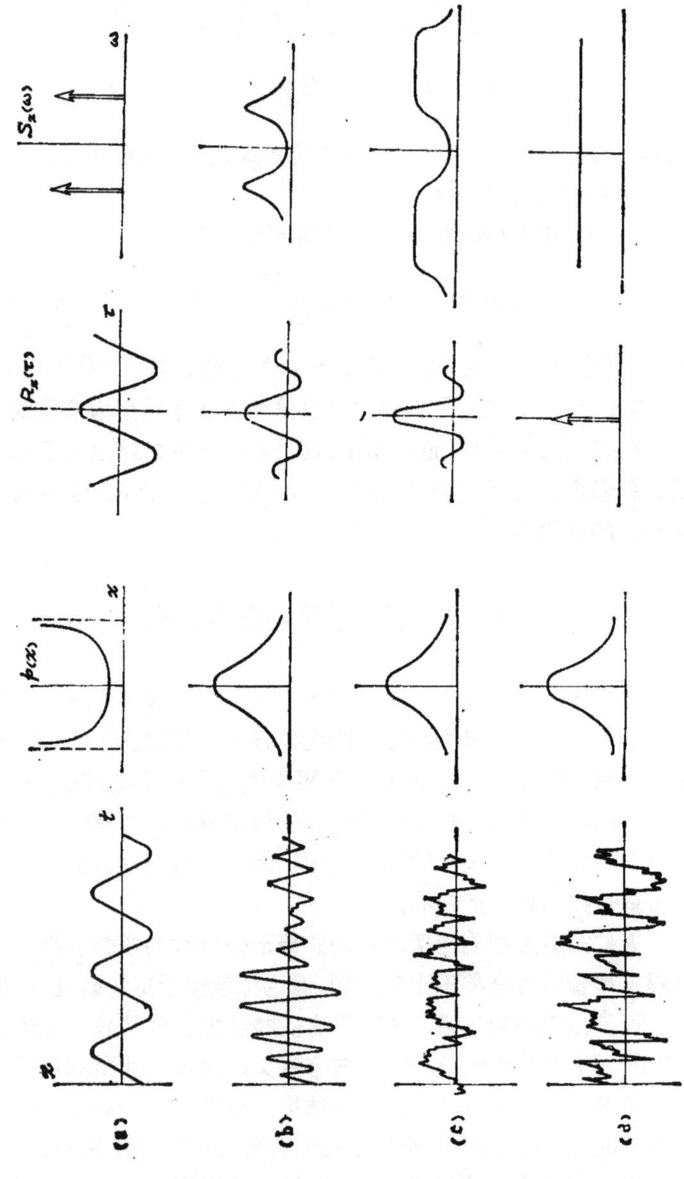

图 12.10-1

着相同的数量级)的频带上取有意义的量级. 宽带过程的最极端情形是理想白噪声，它的谱密度是均匀的并且具有无限的带宽. 理想白噪声这一数学抽象只具有理论意义，因为在无限的带宽上都具有有限的量级,这意味着该随机过程将具有无限大的能量,这在实践中是不可能得到的. 实际的随机激振源往往是宽带的，并具有大致均匀的分布,但带宽却是有限的,这类过程常称为限带白噪声. 它是比较接近实际的模型. 但是,当激振频带足够地宽,以致已将系统的所有固有频率覆盖无遗时，将该激振看作理想白噪声还是可取的,因为这样做数学上便于处理.

为了便于比较与鉴别，我们对四种典型过程分别给出它们的时间历程样本、概率密度、自相关函数与功率谱密度,如图 12.10-1 示. 其中情形 (a) 对应于相位随机变化的正弦波，情形 (b) 对应于窄带过程,情形 (c) 对应于宽带过程,情形 (d) 对应于理想白噪声.

第一种情形的概率密度曲线呈碗形. 后三种情形的概率密度曲线呈钟形,它们接近于正态分布.

情形 (a) 的自相关函数为

$$R_x(\tau) = \frac{A^2}{2}\cos\omega_0\tau$$

情形 (b) 的自相关函数接近于减幅余弦函数. 情形 (c) 的自相关函数在原点处有尖峰,并且很快地衰减. 在情形 (d)，它的自相关函数演变为 δ 函数,即

$$R_x(\tau) = 2\pi S_0\delta(\tau)$$

S_0 是相应的功率谱密度值 $S_x(\omega)$.

情形 (a) 的功率谱为位于 $-\omega_0$ 与 ω_0 处的 δ 函数,即

$$S_x(\omega) = \frac{A^2}{4}[\delta(\omega+\omega_0)+\delta(\omega-\omega_0)]$$

情形 (b) 与 (c) 分别为窄带谱与宽带谱. 情形 (d) 为理想白噪声谱.

12.11 互相关函数

两个不同的定常随机过程 X 与 Y 之间的互相关函数定义为

$$R_{xy}(\tau)=E[X(t)Y(t+\tau)]$$
$$=\int_{-\infty}^{\infty}\int_{-\infty}^{\infty}x_1y_2p(x_1,\ y_2,\ \tau)dx_1dy_2 \qquad (12.11\text{-}1)$$

以及

$$R_{yx}(\tau)=E[Y(t)X(t+\tau)]$$
$$=\int_{-\infty}^{\infty}\int_{-\infty}^{\infty}x_2y_1p(x_2,\ y_1,\ \tau)dx_2dy_1 \qquad (12.11\text{-}2)$$

式中下标 1 表示在时刻 t 的取值，下标 2 表示在时刻 $t+\tau$ 的取值.

根据定常的假设，有

$$E[x(t)y(t+\tau)]=E[x(t-\tau)y(t)]$$

即有

$$R_{xy}(\tau)=R_{yx}(-\tau)$$

或 (12.11-3)

$$R_{xy}(-\tau)=R_{yx}(\tau)$$

但是在 $R_{xy}(\tau)$ 与 $R_{xy}(-\tau)$ 之间，也就是 $R_{xy}(\tau)$ 与 $R_{yx}(\tau)$ 之间，一般并没有关系. 所以，互相关函数与自相关函数不同，它一般不是 τ 的偶函数，一般也不在 $\tau=0$ 时取极大值.

$R_{xy}(\tau)$ 与 $R_x(0)$, $R_y(0)$ 之间的不等关系式可导出如下. 由非负积分

$$\int_{-\infty}^{\infty}\int_{-\infty}^{\infty}(x_1\pm y_2)^2p(x_1,\ y_2,\ \tau)dx_1dy_2$$
$$=\int_{-\infty}^{\infty}\int_{-\infty}^{\infty}(x_1^2\pm 2x_1y_2+y_2^2)p(x_1,\ y_2,\ \tau)dx_1dy_2$$
$$=R_x(0)\pm 2R_{xy}(\tau)+R_y(0)\geqslant 0$$

可得

$$[R_x(0)+R_y(0)]\geqslant 2|R_{xy}(\tau)| \qquad (12.11\text{-}4)$$

再由非负积分

$$\int_{-\infty}^{\infty}\int_{-\infty}^{\infty}\left[\frac{x_1}{\sqrt{R_x(0)}} \pm \frac{y_2}{\sqrt{R_y(0)}}\right]^2 p(x_1, y_2, \tau)dx_1dy_2 \geqslant 0$$

可得

$$R_x(0)R_y(0) \geqslant |R_{xy}(\tau)|^2 \qquad (12.11\text{-}5)$$

因此，由下式定义的互相关系数

$$\rho'_{xy} = \frac{R_{xy}(\tau)}{\sqrt{R_x(0)R_y(0)}} \qquad (12.11\text{-}6)$$

满足不等关系式：

$$0 \leqslant |\rho'_{xy}| \leqslant 1 \qquad (12.11\text{-}7)$$

当 $\mu_x = \mu_y = 0$ 时，有

$$C_{xy}(\tau) = R_{xy}(\tau)$$

$$\sqrt{R_x(0)} = \sigma_x, \quad \sqrt{R_y(0)} = \sigma_y$$

这时有

$$\rho'_{xy} = \rho_{xy}$$

也就是说，当 X，Y 的平均值都等于零时，互相关系数就等于规范化互协方差．

当定常过程 X，Y 不相关时，有

$$C_{xy}(\tau) = 0$$

因而有

$$R_{xy}(\tau) = R_{yx}(\tau) = \mu_x\mu_y$$

这时，如果 μ_x 或 μ_y 中至少有一个为零，即有

$$R_{xy}(\tau) = R_{yx}(\tau) = 0$$

对互相关函数也可以作出类似于自相关函数的物理解释．假设 x 代表激振力，而 y 代表激振点速度，且二者同方位，那末 xy 就代表激振的功率．而对于随机过程 X 与 Y，则 $E[X(t)Y(t+\tau)]$ 可设想为“平均功率”随时差的变化．

例 12.11-1．设 a，b 为任意常数，而 X，Y 为两个定常随机过程．求其线性和 $Z = aX + bY$ 的自相关函数．

解. 按定义,有

$$R_z(\tau) = E[Z_1 Z_2]$$

$$= E[(aX_1 + bY_1)(aX_2 + bY_2)]$$

$$= a^2 E[X_1 X_2] + ab E[X_1 Y_2]$$

$$+ ab E[Y_1 X_2] + b^2 E[Y_1 Y_2]$$

$$= a^2 R_x(\tau) + ab R_{xy}(\tau) + ab R_{yx}(\tau) + b^2 R_y(\tau)$$

12.12 互功率谱(互谱)

互相关函数 $R_{xy}(\tau)$ 与 $R_{yx}(\tau)$ 的谐和变换:

$$S_{xy}(f) = \int_{-\infty}^{\infty} R_{xy}(\tau) e^{-i2\pi f\tau} d\tau \qquad (12.12\text{-}1)$$

$$S_{yx}(f) = \int_{-\infty}^{\infty} R_{yx}(\tau) e^{-i2\pi f\tau} d\tau \qquad (12.12\text{-}2)$$

称为互功率谱,亦称互谱。

由于 $R_{xy}(\tau)$ 与 $R_{yx}(\tau)$ 一般不是 τ 的偶函数,所以 $S_{xy}(f)$ 与 $S_{yx}(f)$ 在一般情形下是复函数。在这一点上它显著不同于作为实函数的自谱。

考虑到 $R_{xy}(\tau) = R_{yx}(-\tau)$, 有

$$S_{xy}(f) = \int_{-\infty}^{\infty} R_{xy}(\tau) e^{-i2\pi f\tau} d\tau$$

$$= \int_{-\infty}^{\infty} R_{yx}(-\tau) e^{-i2\pi f\tau} d\tau$$

$$= \int_{-\infty}^{\infty} R_{yx}(u) e^{i2\pi fu} du \qquad (12.12\text{-}3)$$

上式最后利用了变换 $u = -\tau$。注意到 $R_{yx}(\tau)$ 是实函数,比较式 (12.12-2) 与 (12.12-3),可见 $S_{xy}(f)$ 与 $S_{yx}(f)$ 有着共轭复数关系。即有

$$S_{xy}(f) = S_{yx}^*(f) \qquad (12.12\text{-}4)$$

另一方面,有

$$S_{yx}(-f) = \int_{-\infty}^{\infty} R_{yx}(\tau) e^{i2\pi f\tau} d\tau \qquad (12.12\text{-}5)$$

比较式 (12.12-3) 与 (12.12-5)，可见

$$S_{xy}(f)=S_{yx}(-f) \tag{12.12-6}$$

考虑到互谱一般为复函数，故可写成

$$\begin{aligned}S_{xy}(f)&\equiv C_{xy}(f)-jQ_{xy}(f)\\&=\int_{-\infty}^{\infty}R_{xy}(\tau)(\cos 2\pi f\tau-j\sin 2\pi f\tau)d\tau\end{aligned} \tag{12.12-7}$$

其中

$$\begin{aligned}C_{xy}(f)&=\int_{-\infty}^{\infty}R_{xy}(\tau)\cos 2\pi f\tau d\tau\\&=C_{xy}(-f)\end{aligned} \tag{12.12-8}$$

它是 f 的偶函数，称为**共相谱**．而

$$Q_{xy}(f)=\int_{-\infty}^{\infty}R_{xy}(\tau)\sin 2\pi f\tau d\tau=-Q_{xy}(-f) \tag{12.12-9}$$

它是 f 的奇函数，称为**正交谱**.

由式 (12.12-4)，可得

$$\left.\begin{aligned}C_{xy}(f)&=C_{yx}(f)\\Q_{xy}(f)&=-Q_{yx}(f)\end{aligned}\right\} \tag{12.12-10}$$

从互谱的另一个等价的定义出发，可以更清楚地看到共相谱与正交谱名称的来由．X，Y 的互谱也可以定义为

$$S_{xy}(f)=\lim_{T\to\infty}\left\{E\left[\frac{1}{T}X_T^*(f)Y_T(f)\right]\right\} \tag{12.12-11}$$

其中 $X_T(f)$ 是 $x_T(t)$ 的谐和变换，可记为

$$X_T(f)=X_1(f)+jX_2(f)$$

而 $Y_T(f)$ 是 $y_T(t)$ 的谐和变换，可记为

$$Y_T(f)=Y_1(f)+jY_2(f)$$

于是有

$$\begin{aligned}X_T^*(f)Y_T(f)&=(X_1-jX_2)(Y_1+jY_2)\\&=X_1Y_1+X_2Y_2-j(X_2Y_1-X_1Y_2)\end{aligned}$$

故共相谱为

$$C_{xy}(f)=\lim_{T\to\infty}\left\{E\left[\frac{1}{T}(X_1Y_1+X_2Y_2)\right]\right\}$$

它得自同相分量之积．而正交谱则为

$$Q_{xy}(f)=\lim_{T\to\infty}\left\{E\left[\frac{1}{T}(X_2Y_1-X_1Y_2)\right]\right\}$$

它得自正交分量之积．

互谱亦可写成

$$S_{xy}(f)=|S_{xy}(f)|e^{-j\varphi_{xy}(f)} \tag{12.12-12}$$

其中

$$\left.\begin{aligned}|S_{xy}(f)|&=\sqrt{C_{xy}^2(f)+Q_{xy}^2(f)}\\ \varphi_{xy}(f)&=\operatorname{tg}^{-1}\frac{Q_{xy}(f)}{C_{xy}(f)}\end{aligned}\right\} \tag{12.12-13}$$

对于互谱如下不等式成立：

$$|S_{xy}(f)|^2\leqslant S_x(f)S_y(f) \tag{12.12-14}$$

事实上，从自谱与互谱的定义，有

$$S_x(f)=\lim_{T\to\infty}\left\{E\left[\frac{1}{T}|X_T(f)|^2\right]\right\}$$

$$S_y(f)=\lim_{T\to\infty}\left\{E\left[\frac{1}{T}|Y_T(f)|^2\right]\right\}$$

$$S_{yx}(f)=\lim_{T\to\infty}\left\{E\left[\frac{1}{T}X_T(f)Y_T^*(f)\right]\right\}$$

将 $S_{xy}(f)$ 表示成式 (12.12-12)，再由式 (12.12-4)，有

$$S_{yx}(f)=S_{xy}^*(f)=|S_{xy}(f)|e^{j\varphi_{xy}(f)} \tag{12.12-15}$$

考虑到对于任何实数 a，有

$$|aX_T(f)+Y_T(f)e^{j\varphi_{xy}(f)}|^2\geqslant 0$$

上式展开后，可得

$$\begin{aligned}a^2|X_T(f)|^2&+a[X_T^*(f)Y_T(f)e^{j\varphi_{xy}(f)}\\&+X_T(f)Y_T^*(f)e^{-j\varphi_{xy}(f)}]+|Y_T(f)|^2\geqslant 0\end{aligned} \tag{12.12-16}$$

对式 (12.12-16) 乘以 $1/T$，再对它求集合平均与极限，得

$$\begin{aligned}a^2S_x(f)&+a[S_{xy}(f)e^{j\varphi_{xy}(f)}+S_{yx}(f)e^{-j\varphi_{xy}(f)}]\\&+S_y(f)\geqslant 0\end{aligned} \tag{12.12-17}$$

由式 (12.12-12) 与 (12.12-15)，有

$$S_{xy}(f)e^{j\varphi_{xy}(f)} + S_{yx}(f)e^{-j\varphi_{xy}(f)} = 2|S_{xy}(f)|$$

将它代入式(12.12-17)，得

$$a^2S_x(f) + 2a|S_{xy}(f)| + S_y(f) \geqslant 0$$

上式左端为 a 的二次式，令它为 $F(a)$. 由于二次式 $F(a)$ 非负，所以二次方程 $F(a) = 0$ 没有不同的实根. 因而这一方程的判别式必须非正，即有

$$|S_{xy}(f)|^2 \leqslant S_x(f)S_y(f)$$

这就证明了不等式(12.12-14).

由 X, Y 的自谱与互谱，可定义谱相干函数:

$$\gamma_{xy}^2(f) = \frac{|S_{xy}(f)|^2}{S_x(f)S_y(f)} \tag{12.12-18}$$

由不等式(12.12-14)，有

$$0 \leqslant \gamma_{xy}^2(f) \leqslant 1 \tag{12.12-19}$$

后面我们还要来谈它的物理意义.

习　　题

12.1. 随机变量 X 具有概率密度函数

$$p(x) = \begin{cases} \frac{1}{a}, & 当\ 0 \leqslant x \leqslant a \\ 0, & 当\ x > a\ 或\ x < 0 \end{cases}$$

求它的均值 $E[X]$，均方值 $E[X^2]$ 以及方差 σ_x^2.

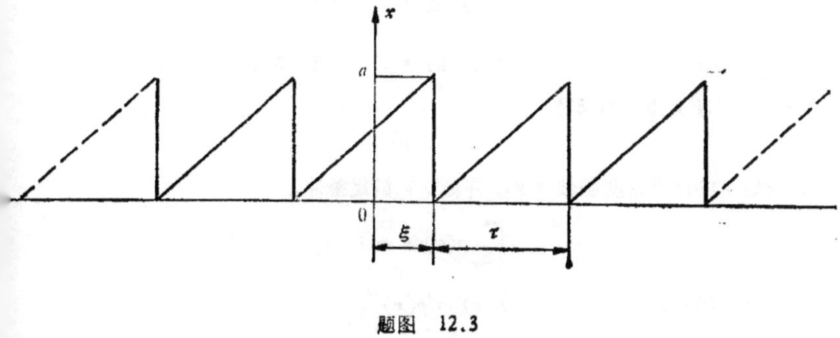

题图 12.3

答. $E[X]=\frac{a}{2}$, $E[X^2]=\frac{a^2}{3}$, $\sigma_x^2=\frac{a^2}{12}$

12.2. 随机变量X具有概率密度函数为

$$p(x)=a\exp(-b|x|)$$

其中 a, b 为常数.

1.试确定常数 a, b 之间的关系

2.当 $a=1$ 时,试确定其概率分布函数 $P(x)$.

答. 1.$b=2a$

$$2.P(x)=\begin{cases}\frac{1}{2}e^{2x}, & x<0\\ 1-\frac{1}{2}e^{-2x}, & x\geqslant 0\end{cases}$$

12.3. 题图 12.3 所示幅度为 a 的锯齿形脉冲系列;假设它的相位用 ξ 来表示,而 ξ 在 $(0, \tau)$ 区间内以等概率随机取值, τ 为锯齿波的基本周期. 试确定随机变量 X 的概率密度函数 $p(x)$ 以及概率分布函数 $P(x)$.

答.
$$p(x)=\begin{cases}\frac{1}{a}, & 0\leqslant x\leqslant a\\ 0, & x>a \text{ 或 } x<0\end{cases}$$

$$P(x)=\begin{cases}0, & x\leqslant 0\\ \frac{x}{a}, & 0<x\leqslant a\\ 1, & x>a\end{cases}$$

12.4. 随机变量X具有概率密度函数为

$$p(x)=\begin{cases}\frac{1}{2}, & \text{当 } -1\leqslant x\leqslant 1\\ 0, & \text{当 } x<-1 \text{ 或 } x>1\end{cases}$$

设随机变量 y 为 x 的函数:

$$y=x|x|$$

试确定 y 的概率密度函数 $p(y)$, 并证明它满足条件:

$$\int_{-\infty}^{\infty}p(y)dy=1$$

提示.
$$p(y)=p(x)\left|\frac{dx}{dy}\right|$$

答.
$$p(y)=\begin{cases}\dfrac{1}{4\sqrt{|y|}}, & -1<y<1\\ 0, & y<-1,\ y>1\end{cases}$$

12.5. 随机变量 y 为另一随机变量 x 的函数:

$$y=x^2$$

其中 x 具有平均值为零,方差为 1 的正态分布.

1.利用 $p(x)$ 直接求 $E[y]$, $E[y^2]$ 以及 σ_y^2.

2.确定 y 的概率密度函数 $p(y)$, 并验证以上得到的 $E[y]$, $E[y^2]$.

提示. 1.利用标准积分式:

$$\int_0^\infty x^2e^{-x^2/2\sigma^2}dx=\sqrt{\frac{\pi}{2}}\sigma^3$$

$$\int_0^\infty x^4e^{-x^2/2\sigma^2}dx=3\sqrt{\frac{\pi}{2}}\sigma^5$$

2.注意
$$P(y)=\int_{-\sqrt{y}}^{\sqrt{y}}p(x)dx$$

答. 1.$E[y]=1$, $E[y^2]=3$, $\sigma_x^2=2$

2.
$$p(y)=\begin{cases}\dfrac{1}{\sqrt{2\pi y}}e^{-y/2}, & y\geqslant 0\\ 0, & y<0\end{cases}$$

12.6. 时间函数 $x(t)=A\left|\sin\dfrac{2\pi}{T}t\right|$ 称为整流正弦波,它的基本周期为 $T/2$. 试用时间平均来计算它的平均值、均方值、方差与自相关函数.

答. $\langle x\rangle=2A/\pi$, $\langle x^2\rangle=\dfrac{A^2}{2}$, $\sigma_x^2=A^2\left(\dfrac{1}{2}-\dfrac{4}{\pi^2}\right)$

$$R_x(\tau)=\frac{A^2}{2}\left|\cos\frac{2\pi}{T}\tau\right|$$

12.7. 设随机整流正弦函数.

$$x(\varphi)=A|\sin(\omega t+\varphi)|$$

其中 A, ω 都是常数,而 φ 在 $(0,\pi)$ 之间以等概率随机取值. 试确定 x 的概率密度函数 $p(x)$, 并利用所得 $p(x)$ 求 x 的平均值与均方值.

答.
$$p(x)=\begin{cases}\dfrac{2}{\pi}(A^2-x^2)^{-1/2}, & 0\leqslant x<A\\ 0, & x<0,\ x>A\end{cases}$$

12.8. 设一定常随机过程 X, 其功率谱密度在 $\omega=0$ 处为零,即有 $S_x(0)$

$=0$. 证明这一过程的自相关函数 $R_x(\tau)$ 在 $\tau=0$ 处不可能是 δ 函数.

12.9. 设一定常随机过程 X, 平均值为零, 方差为 σ_x^2, 它的自相关函数可表示为

$$R_x(\tau)=\sigma_x^2 e^{-(\omega_1\tau)^2}\cos\omega_2\tau$$

其中 ω_1 与 ω_2 为常数. 试确定其功率谱密度 $S_x(\omega)$.

提示. 将 $\cos\omega_2\tau$ 表示成 $\frac{1}{2}(e^{i\omega_2\tau}+e^{-i\omega_2\tau})$, 再利用标准积分式.

答. $$S_x(\omega)=\frac{\sigma_x^2}{4\sqrt{\pi}\,\omega_1}\left[e^{-\left(\frac{\omega-\omega_2}{2\omega_1}\right)^2}+e^{-\left(\frac{\omega+\omega_2}{2\omega_1}\right)^2}\right]$$

12.10. 设一定常随机过程 X 其功率谱密度可表示为

$$S_x(\omega)=S_0e^{-c|\omega|}$$

其中 c 与 S_0 均为常数. 试确定其自相关函数 $R_x(\tau)$.

答. $$R_x(\tau)=\frac{2S_0c}{c^2+\tau^2}$$

12.11. 设有限带宽随机白噪声 X, 其功率谱密度可表示为

$$G_x(f)=\begin{cases}a, & 0\leqslant f_0-\frac{B}{2}<f\leqslant f_0+\frac{B}{2}\\ 0, & \text{其它 } f\end{cases}$$

其中 f_0 为中心频率, B 为带宽, a 为常数. 试确定其自相关函数 $R_x(\tau)$.

答. $$R_x(\tau)=aB\left(\frac{\sin\pi B\tau}{\pi B\tau}\right)\cos 2\pi f_0\tau$$

12.12. 设定常随机过程 X 的自相关函数为

$$R_x(\tau)=Ae^{-a|\tau|},\quad A,\ a>0$$

试求: 1.均值; 2.均方值; 3.功率谱密度 $S_x(\omega)$.

答. 1. $\mu_x=0$, 2. $\psi_x^2=A$

$$3.\ S_x(\omega)=\frac{A}{\pi}\cdot\frac{a}{a^2+\omega^2}$$

12.13. 假设上题中, 随机过程 X 具有正态分布. 试写出它的概率密度函数 $p(x)$.

12.14. 设有定常随机过程 $\{x(t)\}$, 其功率谱密度为 $S_x(\omega)$, 自相关函数为 $R_x(\tau)$. 假设 $x(t)$ 具有导数 $\dot{x}(t)$ 与 $\ddot{x}(t)$, 那末随机过程 $\{\dot{x}(t)\}$ 与 $\{\ddot{x}(t)\}$ 亦为定常的. 试证明:

1. $$\frac{d^2}{d\tau^2}R_x(\tau) = -R_{\dot{x}}(\tau)$$

$$S_{\dot{x}}(\omega) = \omega^2 S_x(\omega)$$

2. $$E[\dot{x}^2] = \int_{-\infty}^{\infty} \omega^2 S_x(\omega) d\omega$$

3. $$E[\ddot{x}^2] = \int_{-\infty}^{\infty} \omega^4 S_x(\omega) d\omega$$

第十三章　随机振动的激励-响应关系

13.1 引　　言

一个振动系统在受到随机激励时，它的响应也是随机的．本章要讨论的就是系统随机振动的激励-响应关系．

我们考察的系统本身是定则的，而且只限于稳定的常参数线性系统．所谓常参数系统（亦称非时变系统）是指系统本身的特性(例如各种响应特性)是不随时间变化的．所谓线性系统是指适用叠加原理的系统．也就是说，如果系统在输入 x_1 作用下，它的响应为 y_1；而在输入 x_2 作用下，它的响应为 y_2；那末系统在输入 ax_1 与 bx_2 的联合作用下，它的响应一定是 ay_1+by_2，其中 a，b 为任意实数．关于系统是线性的假设给分析研究带来极大的方便．正是在这基础上，我们可以把一个任意的确定输入分解成一系列冲量微元的和，或者利用谐和变换把这一输入展开成一系列谐和分量的和，然后分别考察各个单个的冲量或谐和分量对系统的作用结果，最后再把它们叠加起来得出系统总的响应．因此，对于常参数线性系统来说，它的响应特性就可以用脉冲响应或者用频率响应来描述．所谓脉冲响应是指系统对单位冲量的响应，它表征系统在时域的响应特性．所谓频率响应是指系统对各个单位谐和输入的响应特性，它表征系统在频域的响应特性．二者由谐和变换确立着对应关系．

常参数线性系统的假设给随机振动分析也带来很多方便．由常参数的假设，当系统的输入是定常过程(或遍历过程)时，那末输出也一定是定常的(或遍历的)．由线性的假设，当系统的输入是正态过程时，那末输出也一定是正态的．

对于随机激励与响应，我们所能确定的只是它们的统计特性之间的关系．在这些关系中，以它们的功率谱关系最为简明．所以本章的中心目的是建立系统激励与响应之间的功率谱关系式．

13.2 脉冲响应法

系统动态特性可以用多种方法加以描述．常用的一种是脉冲响应法．它用系统对单位脉冲(即冲量)输入的瞬态响应来描述系统的动态特性．

单位脉冲可以用 δ 函数来表示．工程上，δ 函数常定义为[1)]

$$\begin{gathered}\delta(t)=0, \quad \text{当 } t \neq 0 \\ \int_{-\infty}^{\infty} \delta(t) d t=\int_{0_{-}}^{0_{+}} \delta(t) d t=1\end{gathered} \tag{13.2-1}$$

我们用 0_- 表示 t 轴上从左边趋于 0 的点，而用 0_+ 表示从右边趋于 0 的点．设 t 代表时间，则 $\delta(t)$ 有着[时间]$^{-1}$的量纲．这时，力冲量可以表示为

$$x(t)=I\delta(t) \tag{13.2-2}$$

其中 I 是比例系数，具有[力×时间]的量纲． 令式(13.2-2)中 $I=1$，得单位力冲量．

假设我们考察的系统是稳定的，那末原来处于静止状态的系统，在受到一个冲击后，暂时活跃起来，然后随着时间的推移，又逐渐恢复到静平衡状态．系统对应于在 $t=0$ 时作用的单位冲量所产生的响应 $h(t)$，称为**脉冲响应函数**．由于我们假设系统在冲量作用之前是静止的，所以当 $t<0$ 时，有 $h(t)=0$．

例 13.2-1． 设图 13.2-1 所示 1 自由度线性系统在时刻 $t=0$ 作用 1 单位力冲量输入：

$$x(t)=1\delta(t)$$

求系统的脉冲响应函数 $h(t)$．

解．令系统的位移响应为 y，其运动微分方程可表示为

---

1) 关于 δ 函数更严格的定义与性质见附录 D．

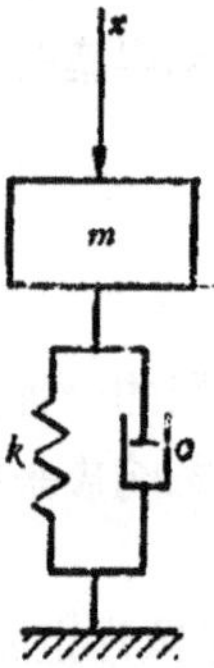

图 13.2-1

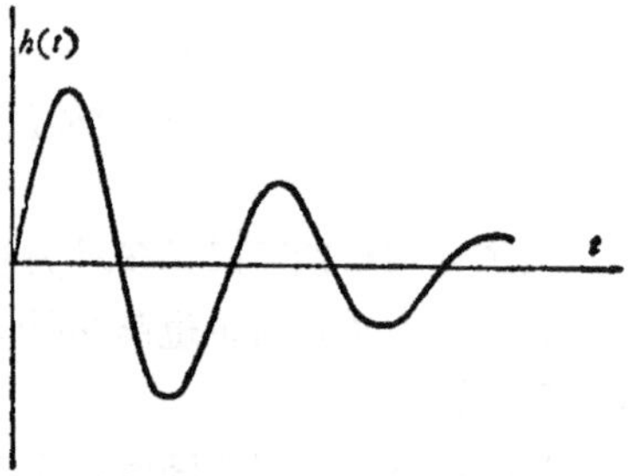

图 13.2-2

$$m\ddot{y} + c\dot{y} + ky = 1\delta(t) \tag{a}$$

设系统的初始条件为

$$\dot{y}(0_-) = y(0_-) = 0$$

对式 (a) 两端乘以 dt，并从 0_- 到 0_+ 进行积分，可得

$$\int_{0_-}^{0_+} (m\ddot{y} + c\dot{y} + ky)\, dt = \int_{0_-}^{0_+} 1\delta(t)dt = 1 \tag{b}$$

考虑到在趋于零的时间间隔内系统的位移 y 还来不及发生变化，故上式左端各项的积分分别为

$$\int_{0_-}^{0_+} m\ddot{y}dt = \int_{0_-}^{0_+} md\dot{y} = m\dot{y}\Big|_{0_-}^{0_+} = m\dot{y}(0_+)$$

$$\int_{0_-}^{0_+} c\dot{y}dt = \int_{0_-}^{0_+} cdy = cy\Big|_{0_-}^{0_+} = 0$$

$$\int_{0_-}^{0_+} kydt = 0$$

将以上结果代入式 (b)，可得

$$\dot{y}(0_+) = \frac{1}{m}$$

这就是说，在 $t = 0$ 时作用一单位冲量，其效果相当于产生了一个初速度 $\dot{y}(0_+) = \dfrac{1}{m}$. 往后，系统就进行自由衰减运动. 对应于小阻尼情形，有

$$\zeta = c/2\sqrt{km} < 1$$

再令

$$p^2 = k/m, \quad q^2 = (1-\zeta^2)p^2$$

则系统的脉冲响应函数可表示为

$$h(t) = \begin{cases} \dfrac{1}{mq} e^{-\zeta pt} \sin qt, & 当 \ t > 0 \\ 0, & 当 \ t < 0 \end{cases}$$

如图 13.2-2 示．在本例中，$h(t)$ 的量纲等于[位移/力冲量]或[速度/力]的量纲．

注意到 $h(t)$ 是在零初始条件下，对应于 $t = 0$ 时作用的单位脉冲输入得到的系统响应．不难看到，如果在 $t = \tau$ 时作用 1 单位脉冲输入，那末系统的响应将是

$$y(t) = h(t-\tau)$$

知道了系统的脉冲响应函数 $h(t)$，就可以来求系统对任意输入 $x(t)$ 的响应．这时，可以把 $x(t)$ 看作一系列脉冲微元 $x(\tau)d\tau$ 的和，如图 13.2-3 所示．$x(\tau)d\tau$ 相当于在 $t = \tau$ 时作用的一个脉冲，系统对应于它的响应为

$$dy = h(t-\tau)x(\tau)d\tau$$

而系统对应于 $x(t)$ 的总响应则为

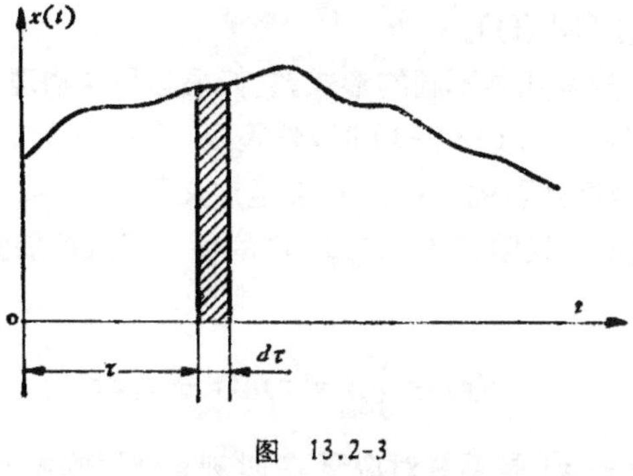

图　13.2-3

$$y(t) = \int_0^t h(t-\tau)x(\tau)d\tau \tag{13.2-3}$$

这一形式的积分称为**卷积积分**或**叠加积分**.

例 13.2-2. 求例 13.2-1 中的系统在零初始条件下对应于任意输入 $x(t)$ 的响应.

解. 上例中已求得系统在小阻尼情形的脉冲响应 $h(t)$ 为

$$h(t)=\frac{1}{mq}e^{-\zeta pt}\sin qt,\quad t>0$$

将它代入式 (13.2-3), 可得

$$y(t)=\frac{1}{mq}\int_0^t x(\tau)e^{-\zeta p(t-\tau)}\sin q(t-\tau)d\tau$$

这样, 我们又一次得到了已经熟悉的杜汉梅耳积分. 它代表 1 自由度线性阻尼系统在零初始条件下受任意扰力 $x(t)$ 作用时产生的响应.

卷积积分在工程上有着广泛的应用. 为了便于理解, 可以把它形象地分解为折转、平移、乘积、积分四个步骤, 如图 13.2-4 所示. 首先将 $h(\tau)$ (图 (a)) 绕 h 轴折转 180° 得 $h(-\tau)$ (图 (b)), 再将 $h(-\tau)$ 顺 τ 轴平移 t_1 得 $h(t_1-\tau)$ (图 (c)), 然后逐点求乘积 $x(\tau)h(t_1-\tau)$ 得图 (e), 最后由图 (e) 曲线下与 τ 轴之间的面积给出 $y(t_1)$ (图 (f)).

卷积积分有几种不同的形式, 它们很容易从物理上推导出来. 前面我们在导出式 (13.2-3) 时, 曾假设, 当 $t<0$ 时, 有 $x(t)=0$. 其实, 这是没有必要的. $x(t)$ 可以是定义于 $-\infty\leqslant t\leqslant\infty$ 的任意函数. 这时, 只要将 (13.2-3) 中的积分下限扩展到 $-\infty$ 就行了. 即有

$$y(t)=\int_{-\infty}^t x(\tau)h(t-\tau)d\tau \tag{13.2-4}$$

注意到 $h(t-\tau)$ 是系统对应于在时刻 τ 作用的单位脉冲产生的响应. 当 $\tau>t$ 时, 也就是 $t-\tau<0$ 时, 该脉冲尚未作用, 当然也就没有响应. 所以有

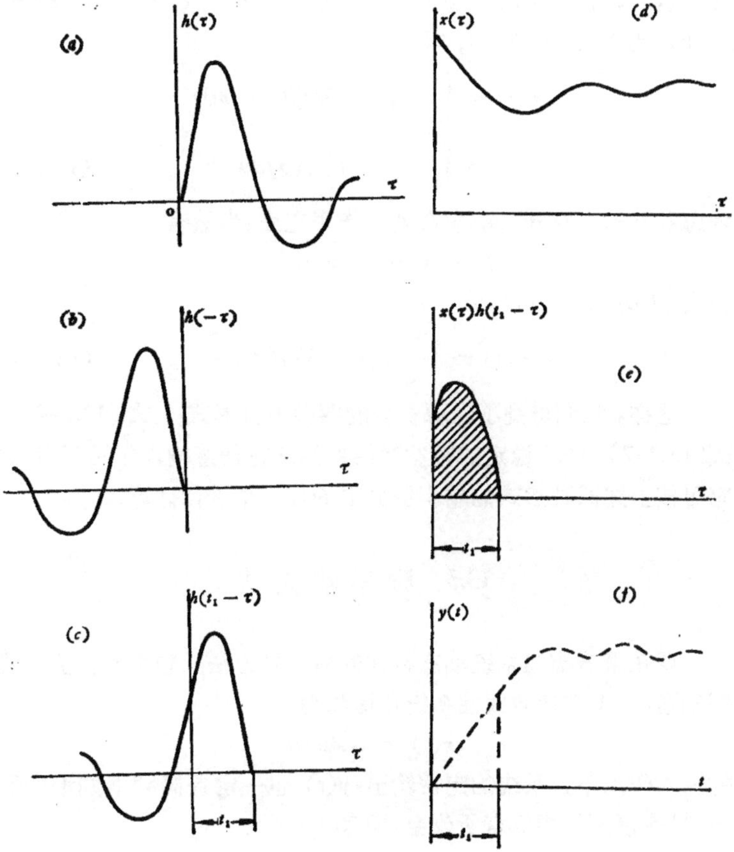

图 13.2-4

$$h(t-\tau)=0,\quad 当\ t<\tau$$

这样，我们可以将式(13.2-4)中的积分上限 $\tau=t$ 扩展到 $\tau=\infty$ 而并不改变该积分值．故式(13.2-4)的第一种改形可写成

$$y(t)=\int_{-\infty}^{\infty}x(\tau)h(t-\tau)d\tau \tag{13.2-5}$$

其次，对(13.2-4)进行下述变量代换：

$$\theta=t-\tau$$

其中 θ 可理解为脉冲作用时刻 τ 至系统响应时刻 t 之间的时间推

移. 这时，积分下限变为 $\theta=\infty$，而上限变为 $\theta=0$，而 $d\tau=-d\theta$，代入式 (13.2-4)，得

$$y(t)=\int_{\infty}^{0}x(t-\theta)h(\theta)(-d\theta)$$

$$=\int_{0}^{\infty}x(t-\theta)h(\theta)d\theta \qquad (13.2\text{-}6)$$

考虑到 $\theta<0$ 意味着响应在前而作用在后，当然有

$$h(\theta)=0, \quad 当\ \theta<0$$

故式 (13.2-6) 又可写成

$$y(t)=\int_{-\infty}^{\infty}x(t-\theta)h(\theta)d\theta \qquad (13.2\text{-}7)$$

这样，我们得到了卷积积分的四种等价形式：式 (13.2-4)—式(13.2-7). 一个稳定的常参数线性系统在任意输入作用下，其响应可按上述四种形式的卷积积分中的任一个进行计算.

13.3 频率响应法

现在来看描述系统动态特性的另一种方法：频率响应法. 我们知道，一个常参数线性系统在谐和力

$$x(t)=x_0\sin\omega t$$

的输入作用下，系统的定常输出 $y(t)$ 也一定是同频率的谐和函数，只是幅度与相位有所改变，即有

$$y(t)=y_0\sin(\omega t-\phi)$$

有关振幅比 y_0/x_0 以及相位 $-\phi$ 的信息确定了系统在频率 ω 处的传递特性. 如果在整个频带上都确定了这一传递特性，那末也就确定了系统的动态特性.

频率特性这一概念是从控制理论中发展起来的，在那里人们并不把振幅比与相位看作两个分立的量，而是用一个复数来代表它们，即所谓**复数频率特性** $H(\omega)$，它的模等于振幅比 y_0/x_0，而其幅角等于相位 $-\phi$.

事实上，复谐和函数

$$e^{j\omega t}=\cos\omega t+j\sin\omega t$$

可以用来表示复平面上两个正交矢量的和，其中一个矢量按余弦变化，另一个按正弦变化．也可以把它看作复平面上的一个单位旋转矢量，角速度就等于角频率 ω．如果用它来表示系统的输入 $X(t)$，即令

$$X(t)=e^{j\omega t} \tag{13.3-1}$$

那末系统的定常输出 $Y(t)$ 可表示为

$$Y(t)=H(\omega)e^{j\omega t} \tag{13.3-2}$$

其中 $H(\omega)$ 为复数频率特性．它又可以写成复指数形式:

$$H(\omega)=|H(\omega)|e^{-j\psi}$$

于是,式 (13.3-2) 又可写成

$$Y(t)=|H(\omega)|\cos(\omega t-\psi)+j|H(\omega)|\sin(\omega t-\psi)$$

它同样代表复平面上两个正交谐和振动的矢量和．只是与输入相比，输出放大了 $|H(\omega)|$ 倍，而相位滞后了 ψ 角．当然 (13.3-2) 也可以看作为与 (13.3-1) 同步的一个旋转矢量，只是模放大了 $|H(\omega)|$ 倍，并滞后了一个 ψ 角，图 13.3-1．

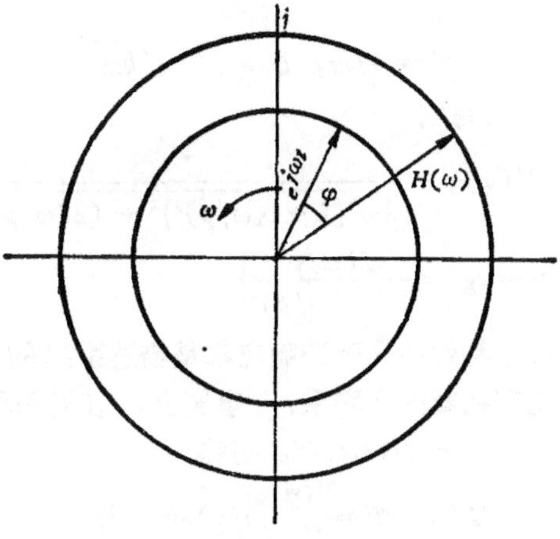

图 13.3-1

例 13.3-1．求例 13.2-1 中 1 自由度线性阻尼系统的复数频

率特性.

解. 将运动微分方程写成复数形式:

$$m\ddot{Y} + c\dot{Y} + kY = X \tag{a}$$

令 $X = e^{j\omega t}$, $Y = H(\omega)e^{j\omega t}$. 将它们代入 (a), 可得

$$(-m\omega^2 + cj\omega + k)H(\omega)e^{j\omega t} = e^{j\omega t}$$

由此得

$$H(\omega) = \frac{1}{k - m\omega^2 + jc\omega} \tag{b}$$

或写成

$$H(\omega) = |H(\omega)|e^{-j\phi}$$

其中

$$|H(\omega)| = \frac{1}{\sqrt{(k - m\omega^2)^2 + c^2\omega^2}} \tag{c}$$

$$\phi = \mathrm{tg}^{-1}\left(\frac{c\omega}{k - m\omega^2}\right) \tag{d}$$

式 (c) 确定系统的**幅频特性**,图 13.3-2; 而式 (d) 则确定系统的**相频特性**. 令

$$p^2 = k/m, \quad \zeta = c/2\sqrt{km}$$

式 (c), (d) 又可写成

$$|H(\omega)| = \frac{1}{k\sqrt{\{1 - (\omega/p)^2\}^2 + (2\zeta\omega/p)^2}}$$

$$\phi = \mathrm{tg}^{-1}\left\{\frac{2\zeta\omega/p}{1 - (\omega/p)^2}\right\}$$

无论是频率特性还是脉冲响应都是描述系统的动态特性的, 所以二者必定存在着内在联系. 事实上, 在卷积积分 (13.2-7) 中,令 $x = e^{j\omega t}$, $y = H(\omega)e^{j\omega t}$, 可得

$$H(\omega)e^{j\omega t} = \int_{-\infty}^{\infty} h(\tau)e^{j\omega(t-\tau)}d\tau$$

$$= \left\{\int_{-\infty}^{\infty} h(\tau)e^{-j\omega\tau}d\tau\right\} e^{j\omega t}$$

由此得

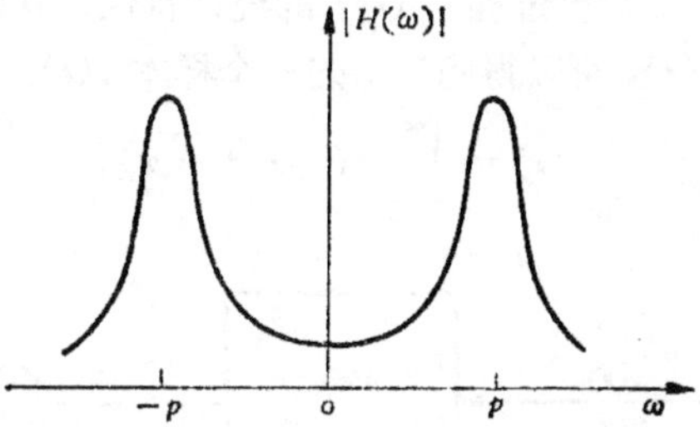

图　13.3-2

$$H(\omega)=\int_{-\infty}^{\infty}h(\tau)e^{-j\omega\tau}d\tau \qquad (13.3\text{-}3)$$

这就是说，系统的频率特性 $H(\omega)$ 是脉冲响应函数的谐和变换[1]。由逆变换，可得

$$h(t)=\frac{1}{2\pi}\int_{-\infty}^{\infty}H(\omega)e^{j\omega t}d\omega \qquad (13.3\text{-}4)$$

式(13.3-3)与(13.3-4)构成谐和变换对。

由于我们考察的是稳定系统，所以，在未受激扰时处于静止状态的系统，在受冲击作用后，激发的运动随时间的推移逐渐消逝，重新又恢复静止。这就保证了下述积分

$$\int_{-\infty}^{\infty}|h(t)|dt$$

有界，从而保证了存在着上述谐和变换对。

13.4　随机激励-响应关系(一)

现在可以来看常参数线性系统在定常随机激励作用下的激励-响应关系。先考察单个输入与单个输出的情形。

设系统具有确定的脉冲响应 $h(t)$ 与频率特性 $H(\omega)$，图 13.4-1. 系统上作用有定常过程 $\{x(t)\}$，它的统计特性是已知的。

1) 注意这里与本书其他地方采用的谐和变换定义相差一个常数乘子 $1/2\pi$，这是无关紧要的。

我们来考察系统输出过程 $\{y(t)\}$ 的统计特性．这时，对应于输入的一个样本 $x(t)$，可以得到输出的一个样本 $y(t)$：

$$y(t)=\int_{-\infty}^{\infty}h(\tau)x(t-\tau)d\tau \qquad (13.4\text{-}1)$$

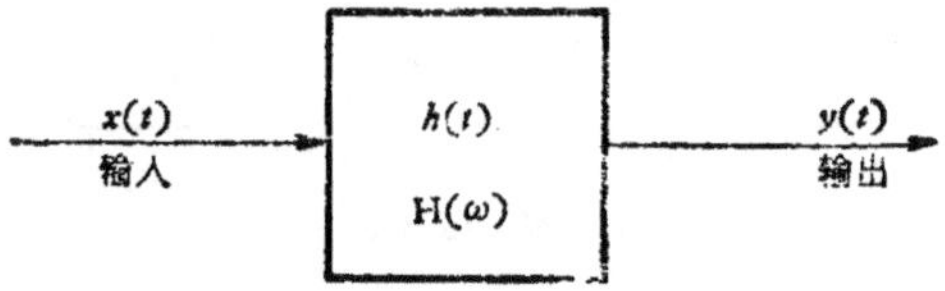

图 13.4-1

13.4.1 平均值

对式 (13.4-1) 求集合平均，考虑到积分只是求和的极限，而求和与求平均是可以交换次序的．故有

$$\begin{aligned}E[y(t)]&=E\left[\int_{-\infty}^{\infty}h(\tau)x(t-\tau)d\tau\right]\\&=\int_{-\infty}^{\infty}h(\tau)E[x(t-\tau)]d\tau\end{aligned} \qquad (13.4\text{-}2)$$

对于定常过程，有

$$E[x(t-\tau)]=E[x(t)]=\mu_x$$

所以式 (13.4-2) 又可写成

$$E[y(t)]=\mu_x\int_{-\infty}^{\infty}h(\tau)d\tau$$

又由式 (13.3-3)，有

$$\int_{-\infty}^{\infty}h(\tau)d\tau=H(0)$$

故有

$$E[y(t)]=\mu_y=\mu_x H(0) \qquad (13.4\text{-}3)$$

可见，当输入是定常过程时，输出平均值与输入平均值只差一个常数乘子．所以，当输入平均值为零时，输出平均值也必定为零．这个结论对于多个输入与多个输出的情形也是适用的．

由于我们感兴趣的主要是随机振动的波动分量，同时也为了分析上的方便，在以下的讨论中，我们都假设输入是平均值为零的定常过程，这样，输出也必然是平均值为零的定常过程.

13.4.2 自相关

输出的自相关定义为

$$E[y(t)y(t+\tau)]$$

由式(13.4-1)可得

$$\left.\begin{aligned} y(t) &= \int_{-\infty}^{\infty} h(\lambda_1)x(t-\lambda_1)d\lambda_1 \\ y(t+\tau) &= \int_{-\infty}^{\infty} h(\lambda_2)x(t+\tau-\lambda_2)d\lambda_2 \end{aligned}\right\} \qquad (13.4\text{-}4)$$

由于我们考察的是稳定系统，(13.4-4)的各个积分是收敛的，因而可以将两个积分的乘积写成二重积分的形式，再考虑到求和与求平均是可以交换次序的；故有

$$\begin{aligned} &E[y(t)y(t+\tau)] \\ &\quad = E\left[\int_{-\infty}^{\infty} h(\lambda_1)x(t-\lambda_1)d\lambda_1 \int_{-\infty}^{\infty} h(\lambda_2)x(t+\tau-\lambda_2)d\lambda_2\right] \\ &\quad = E\left[\int_{-\infty}^{\infty}\int_{-\infty}^{\infty} h(\lambda_1)h(\lambda_2)x(t-\lambda_1)x(t+\tau-\lambda_2)d\lambda_1 d\lambda_2\right] \\ &\quad = \int_{-\infty}^{\infty}\int_{-\infty}^{\infty} h(\lambda_1)h(\lambda_2)E[x(t-\lambda_1)x(t+\tau-\lambda_2)]d\lambda_1 d\lambda_2 \end{aligned}$$

由定常的假设，有

$$E[x(t-\lambda_1)x(t+\tau-\lambda_2)] = R_x(\tau+\lambda_1-\lambda_2)$$

于是，前式又可写成

$$R_y(\tau) = \int_{-\infty}^{\infty}\int_{-\infty}^{\infty} h(\lambda_1)R_x(\tau+\lambda_1-\lambda_2)h(\lambda_2)d\lambda_2 d\lambda_1 \qquad (13.4\text{-}5)$$

注意到这一积分不依赖于自然时间 t 而仅仅依赖于时差 τ. 所以在定常过程激励下，输出过程的相关函数亦是“定常”的. 事实上，由于定常输入的所有统计特性都不依赖于时间的起点，所以输出过程亦必然如此.

13.4.3 自谱

式(13.4-5)看来还比较复杂，不过只要对它的两边进行谐和变换后，式子可以大为简化.

对式(13.4-5)求谐和变换，可得

$$S_y(\omega)=\frac{1}{2\pi}\int_{-\infty}^{\infty}R_y(\tau)e^{-j\omega\tau}d\tau$$

$$=\frac{1}{2\pi}\int_{-\infty}^{\infty}e^{-j\omega\tau}\left[\int_{-\infty}^{\infty}\int_{-\infty}^{\infty}h(\lambda_1)R_x(\tau+\lambda_1-\lambda_2)h(\lambda_2)d\lambda_2d\lambda_1\right]d\tau$$

上式经过交换积分次序，并重新排列后，可得

$$S_y(\omega)=\int_{-\infty}^{\infty}\int_{-\infty}^{\infty}h(\lambda_1)e^{j\omega\lambda_1}h(\lambda_2)e^{-j\omega\lambda_2}$$

$$\cdot\left\{\frac{1}{2\pi}\int_{-\infty}^{\infty}R_x(\tau+\lambda_1-\lambda_2)e^{-j\omega(\tau+\lambda_1-\lambda_2)}d\tau\right\}d\lambda_2d\lambda_1$$

考虑到定常性，有

$$\frac{1}{2\pi}\int_{-\infty}^{\infty}R_x(\tau+\lambda_1-\lambda_2)e^{-j\omega(\tau+\lambda_1-\lambda_2)}d\tau$$

$$=\frac{1}{2\pi}\int_{-\infty}^{\infty}R_x(u)e^{-j\omega u}du=S_x(\omega)$$

再考虑到式(13.3-3)，有

$$\int_{-\infty}^{\infty}h(\lambda_1)e^{j\omega\lambda_1}d\lambda_1=H(-\omega)=H^*(\omega)$$

于是有

$$S_y(\omega)=H^*(\omega)H(\omega)S_x(\omega)=|H(\omega)|^2S_x(\omega)\quad(13.4\text{-}6)$$

这是随机输入-输出关系中最重要的一个结果．就是说，只要知道系统的幅频特性$|H(\omega)|$与输入谱，那末输出谱就可由式(13.4-6)简单地确定.

13.4.4 均方值

知道了输出的功率谱 $S_y(\omega)$，就可按式(12.9-9)求输出的均方值：

$$\psi_y^2 = \int_{-\infty}^{\infty} S_y(\omega)d\omega = \int_{-\infty}^{\infty} |H(\omega)|^2 S_x(\omega)d\omega \quad (13.4\text{-}7)$$

当 $\mu_y = 0$ 时，上述 ψ_y^2 就等于方差 σ_y^2.

例 13.4-1. 求例 13.2-1 所述的 1 自由度系统在理想白噪声输入作用下输出的自相关、自谱与均方值.

解. 设输入谱为

$$S_x(\omega) = S_0$$

则输入自相关为

$$R_x(\tau) = 2\pi S_0 \delta(\tau)$$

因此，按式 (13.4-5)，输出自相关为

$$R_y(\tau) = \int_{-\infty}^{\infty}\int_{-\infty}^{\infty} h(\lambda_1)\cdot 2\pi S_0 \delta(\tau + \lambda_1 - \lambda_2)h(\lambda_2)d\lambda_2 d\lambda_1$$

$$= \int_{-\infty}^{\infty} h(\lambda_1)\cdot 2\pi S_0 h(\tau + \lambda_1)d\lambda_1$$

由例 13.2-1 已得

$$h(t) = \begin{cases} \dfrac{1}{mq} e^{-\zeta p t}\sin qt, & \text{当 } t > 0 \\ 0, & \text{当 } t < 0 \end{cases}$$

其中 $q = p\sqrt{1-\zeta^2}$. 将它代入前式，可得

$$R_y(\tau) = \frac{2\pi S_0}{m^2 q^2}\int_0^{\infty} e^{-\zeta p(\tau + 2\lambda_1)}\cdot \sin q\lambda_1 \sin q(\tau + \lambda_1)\cdot d\lambda_1$$

上式可化为标准形式求积分，最后可得

$$R_y(\tau) = \frac{\pi S_0}{2m^2\zeta p^3}\ e^{-\zeta p|\tau|}\cdot\left\{\cos q\tau + \frac{\zeta p}{q}\sin q|\tau|\right\}$$

如图 13.4-2 示. 上式中，令 $\tau = 0$，可得均方值为

$$\psi_y^2 = R_y(0) = \frac{\pi S_0}{2m^2\zeta p^3} = \frac{\pi S_0}{ck}$$

由例 13.3-1 已得

$$H(\omega) = \frac{1}{k - m\omega^2 + ic\omega}$$

于是有

$$H^*(\omega)H(\omega)=\frac{1}{(k-m\omega^2)^2+c^2\omega^2}$$

因此，按式(13.4-6)，输出自谱为

$$S_y(\omega)=\frac{S_0}{(k-m\omega^2)^2+c^2\omega^2}$$

如图 13.4-3 示．按式(13.4-7)，输出均方值为

$$\psi_y^2=\int_{-\infty}^{\infty}S_y(\omega)d\omega=\int_{-\infty}^{\infty}|H(\omega)|^2S_x(\omega)d\omega$$

$$=S_0\int_{-\infty}^{\infty}|H(\omega)|^2d\omega$$

上式中的积分已有现成公式可查[1]．

若频率特性取如下形式：

$$H(\omega)=\frac{j\omega B_1+B_0}{-\omega^2A_2+j\omega A_1+A_0}$$

有

$$\int_{-\infty}^{\infty}|H(\omega)|^2d\omega=\pi\frac{(B_0^2/A_0)A_2+B_1^2}{A_1A_2}$$

在本例中，有

$$B_0=1,\quad B_1=0$$

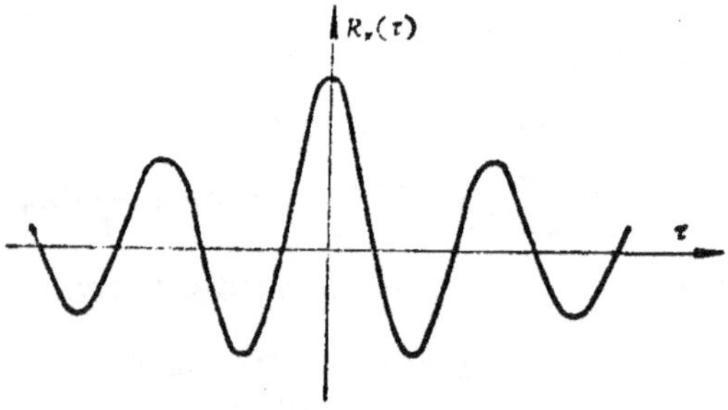

图 13.4-2

1) 参阅 S. H. Crandall and W. D. Mark, Random Vibrations in Mechanical Systems, Academic Press, 1963, p. 72.

$$A_0 = k, \quad A_1 = c, \quad A_2 = m$$

故有

$$\psi_y^2 = \frac{\pi S_0}{ck}$$

它与前面得到的结果是完全一致的.

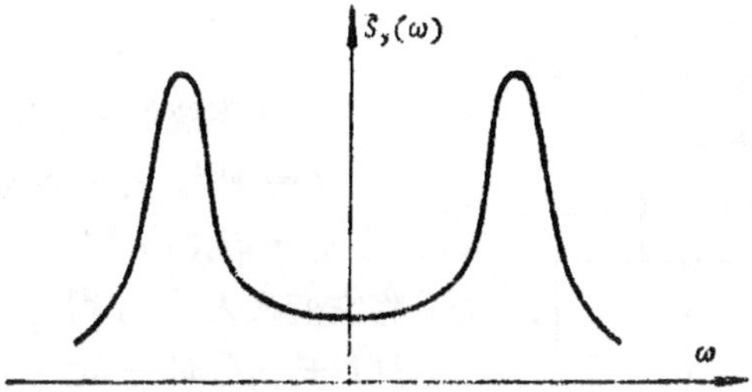

图 13.4-3

一般说来，系统的随机激励频带往往是相当宽的，从隔振设计的角度来看，要使隔振系统的共振频率避开这一频带是十分困难的. 因此，这时阻尼器就显得十分重要. 从上式可以看到，输出均方值是与系统的阻尼系数成反比的.

例 13.4-2. 图 13.4-4 所示 2 自由度系统是装有动力吸振器的振动系统的简化模型. 其中主系由质量 m_1 与弹簧 k_1 构成，付系(即吸振器)由质量 m_2、弹簧 k_2 与阻尼器 c_2 构成. 所有弹簧与阻尼器都是线性的. 在主质量 m_1 上作用有扰力 F，假设 F 是平均值为零的理想白噪声. 试确定主系的响应特性，并根据主系响应均方值取极小值的条件来确定吸振器的最佳参数.

解. 这时，系统的运动微分方程可写为

$$\begin{aligned} &\ddot{x}_1 - 2\zeta\mu\rho\omega_1(\dot{x}_2 - \dot{x}_1) - \mu\rho^2\omega_1^2(x_2 - x_1) + \omega_1^2 x_1 = f \\ &\ddot{x}_2 + 2\zeta\rho\omega_1(\dot{x}_2 - \dot{x}_1) + \rho^2\omega_1^2(x_2 - x_1) = 0 \end{aligned} \tag{a}$$

式中

$$\rho = \frac{\omega_2}{\omega_1}, \quad \omega_1 = \sqrt{\frac{k_1}{m_1}}, \quad \omega_2 = \sqrt{\frac{k_2}{m_2}}$$

$$\zeta = \frac{c}{2\sqrt{k_2 m}}$$

$$\mu = \frac{m_2}{m_1}$$

$$f = \frac{F}{m_1}$$

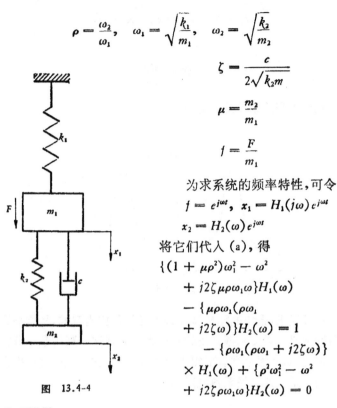

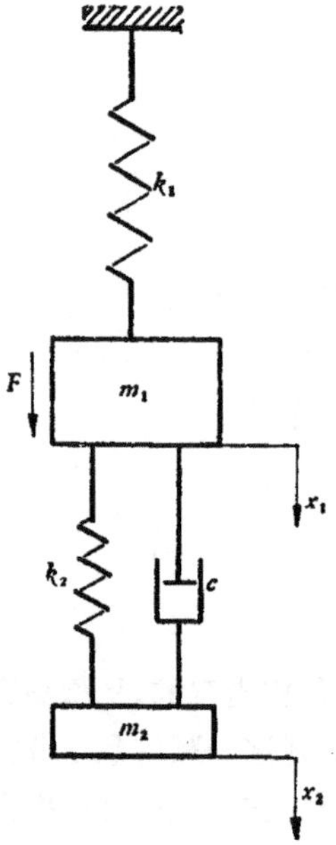

图 13.4-4

为求系统的频率特性，可令

$$f = e^{j\omega t}, \quad x_1 = H_1(j\omega)e^{j\omega t}$$

$$x_2 = H_2(\omega)e^{j\omega t}$$

将它们代入 (a)，得

$$\{(1+\mu\rho^2)\omega_1^2 - \omega^2 + j2\zeta\mu\rho\omega_1\omega\}H_1(\omega) - \{\mu\rho\omega_1(\rho\omega_1 + j2\zeta\omega)\}H_2(\omega) = 1$$

$$-\{\rho\omega_1(\rho\omega_1 + j2\zeta\omega)\} \times H_1(\omega) + \{\rho^2\omega_1^2 - \omega^2 + j2\zeta\rho\omega_1\omega\}H_2(\omega) = 0$$

由此可解得

$$H_1(\omega) = \frac{1}{\Delta}\{-\omega^2 + j\omega(2\zeta\rho\omega_1) + \rho^2\omega_1^2\} \tag{b}$$

其中

$$\Delta = \omega^4 - j\omega^3\{2\zeta\rho(1+\mu)\omega_1\} - \omega^2\{\omega_1^2 + (1+\mu)\rho^2\omega_1^2\} + j\omega(2\zeta\rho\omega_1^3) + \rho^2\omega_1^4 \tag{c}$$

按假设，f 亦为理想白噪声，设其功率谱密度为 S_f（=常数）．这时，响应 x_1 的功率谱将为

$$S_{x_1}(\omega) = S_f|H_1(\omega)|^2$$

而响应 x_1 的均方值由下式确定：

$$\psi_{x_1}^2=\int_{-\infty}^{\infty}S_{x_1}(\omega)d\omega=S_f\int_{-\infty}^{\infty}|H_1(\omega)|^2d\omega$$

当系统频率特性具有如下形式:

$$H(\omega)=\frac{-j\omega^3B_3-\omega^2B_2+j\omega B_1+B_0}{\omega^4A_4-j\omega^3A_3-\omega^2A_2+j\omega A_1+A_0}$$

下述积分的公式为[1]

$$\int_{-\infty}^{\infty}|H(\omega)|^2d\omega$$

$$=\frac{\pi}{D}\left\{\frac{B_0^2}{A_0}(A_2A_3-A_1A_4)+A_3(B_1^2-2B_0B_2)\right.$$

$$\left.+A_1(B_2^2-2B_1B_3)+\frac{B_3^2}{A_4}(A_1A_2-A_0A_3)\right\} \qquad \text{(d)}$$

式中

$$D=A_1(A_2A_3-A_1A_4)-A_0A_3^2 \qquad \text{(e)}$$

本例中,有

$$A_4=1,\quad A_3=2\zeta\rho(1+\mu)\omega_1$$

$$A_2=[1+(1+\mu)\rho^2]\omega_1^2,\quad A_1=2\zeta\rho\omega_1^3$$

$$A_0=\rho^2\omega_1^4$$

$$B_3=0,\quad B_2=1$$

$$B_1=2\zeta\rho\omega_1,\quad B_0=\rho^2\omega_1^2$$

将它们代入上述公式,可求得响应 x_1 的均方值为

$$\psi_{x_1}^2=\frac{\pi S_f}{2\mu\zeta\rho\omega_1^3}\{(1+\mu)^2\rho^4+4(1+\mu)\zeta^2\rho^2$$

$$-(2+\mu)\rho^2+1\} \qquad \text{(f)}$$

现在按主系响应均方值取极小值来确定吸振器的最佳频率比与最佳阻尼率. 为此,可令

$$\frac{\partial\psi_{x_1}^2}{\partial\rho}=0,\quad \frac{\partial\psi_{x_1}^2}{\partial\zeta}=0$$

由此得

1) 参阅 S. H. Crandall and W. D. Mark, Random Vibrations in Mechanicall Systems, Academic Press, 1963, p. 72.

$$3(1+\mu)^2\rho^4+[4(1+\mu)\zeta^2-(2+\mu)]\rho^2-1=0$$
$$(1+\mu)^2\rho^4-[4(1+\mu)\zeta^2+(2+\mu)]\rho^2+1=0$$
从这一方程可解得

$$\left.\begin{aligned}\rho_{佳}^2&=\left(1+\frac{\mu}{2}\right)\Big/(1+\mu)^2\\ \zeta_{佳}^2&=\mu\left(1+\frac{3}{4}\mu\right)\Big/4(1+\mu)\left(1+\frac{\mu}{2}\right)\end{aligned}\right. \tag{g}$$

式（g）给出了在理想白噪声激励下，动力吸振器的最佳频率比与最佳阻尼率. 考虑到在工程实践中 μ 一般只取值 0.1 左右，故对于工程估算来说，可以将吸振器的最佳参数近似地取为

$$\left.\begin{aligned}\rho_{佳}&=\frac{1}{1+\mu}\\ \zeta_{佳}&=\frac{\sqrt{\mu}}{2}\end{aligned}\right\} \tag{h}$$

13.4.5 互相关

现在来看输入与输出过程的互相关.

$$\begin{aligned}R_{xy}(\tau)&=E[x(t)y(t+\tau)]\\ &=E\left[x(t)\int_{-\infty}^{\infty}h(\lambda)x(t+\tau-\lambda)d\lambda\right]\\ &=\int_{-\infty}^{\infty}h(\lambda)E[x(t)x(t+\tau-\lambda)]d\lambda\\ &=\int_{-\infty}^{\infty}h(\lambda)R_x(\tau-\lambda)d\lambda\end{aligned} \tag{13.4-8}$$

可见，输入与输出的互相关等于脉冲响应与输入自相关的卷积积分.

看一特殊情形，当输入是理想白噪声时，有

$$R_x(\tau)=2\pi S_0\delta(\tau)$$

将它代入(13.4-8)，可得

$$R_{xy}(\tau)=2\pi S_0h(\tau)$$

这是一个很有意义的结果，它可以用于实验测定系统的脉冲响应

函数.

13.4.6 互谱

对式(13.4-8)求谱和变换,可得

$$\begin{aligned}S_{xy}(\omega)&=\frac{1}{2\pi}\int_{-\infty}^{\infty}R_{xy}(\tau)e^{-j\omega\tau}d\tau\\&=\frac{1}{2\pi}\int_{-\infty}^{\infty}\int_{-\infty}^{\infty}h(\tau)R_x(\tau-\lambda)e^{-j\omega\tau}d\lambda d\tau\\&=\frac{1}{2\pi}\int_{-\infty}^{\infty}h(\lambda)e^{-j\omega\lambda}d\lambda\\&\quad\cdot\int_{-\infty}^{\infty}R_x(\tau-\lambda)e^{-j\omega(\tau-\lambda)}d(\tau-\lambda)\\&=H(\omega)S_x(\omega)\end{aligned}\qquad(13.4\text{-}9)$$

就是说,输入输出的互谱等于系统的频率特性与输入自谱的乘积.这也是输入输出关系的一个重要结果. 与式(13.4-6)相比较,可见它保存了$H(\omega)$的相位信息. 就是说,只要知道$S_x(\omega)$与$S_{xy}(\omega)$,就可以由此确定系统的频率特性$H(\omega)$,包括它的相频特性. 而从式(13.4-6)充其量只能确定系统的幅频特性.

按式(13.4-6)与式(13.4-9),系统输入与输出的谱相干函数可求得为

$$\begin{aligned}\nu_{xy}^2(\omega)&=\frac{|S_{xy}(\omega)|^2}{S_x(\omega)S_y(\omega)}\\&=\frac{|H(\omega)S_x(\omega)|^2}{S_x(\omega)|H(\omega)|^2S_x(\omega)}=1\end{aligned}$$

可见,在线性系统的假设下,输入输出的谱相干函数必定等于1.相反地,如果上述谱相干函数不等于1,就意味着这一假设可能有问题. 正是在这一意义上,人们说谱相干函数的大小可用来检查系统的非线性程度.

谱相干函数的大小也可以用来衡量噪声干扰的影响. 这可以说明如下. 如图13.4-5所示,设实测得到的输出$z(t)$是系统真实输出$y(t)$与噪声干扰$n(t)$之和. 且假设$n(t)$与$x(t)$,$y(t)$都是

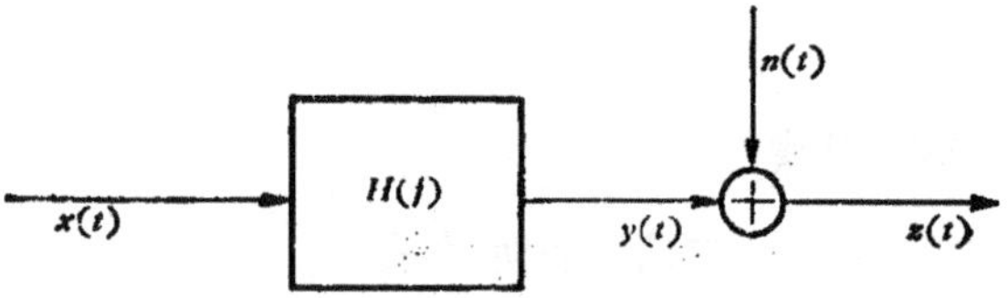

图 13.4-5

不相关的,即有

$$R_{nx}(\tau)=R_{ny}(\tau)=0$$

这时,有

$$\begin{aligned}&R_{xz}(\tau)=R_{xy}(\tau), && S_{xz}(\omega)=S_{xy}(\omega)\\&R_z(\tau)=R_y(\tau)+R_n(\tau), && S_z(\omega)=S_y(\omega)+S_n(\omega)\end{aligned}\qquad(13.4\text{-}10)$$

由此得 $x(t)$ 与 $z(t)$ 的谱相干函数为

$$\nu_{xz}^2(\omega)=\frac{|H(\omega)|^2S_x(\omega)}{|H(\omega)|^2S_x(\omega)+S_n(\omega)}<1$$

所以说,谱相干函数可用来判断干扰影响的大小.

顺便指出,利用式 (13.4-6) 来确定系统的幅频特性时,考虑到式 (13.4-10),有

$$\frac{S_z(\omega)}{S_x(\omega)}=|H(\omega)|^2+\frac{S_n(\omega)}{S_x(\omega)}$$

上式右端第二项反映了干扰引起的误差. 而利用式 (13.4-9) 来确定频率特性时,考虑到式 (13.4-10),有

$$H(\omega)=S_{xz}(\omega)/S_x(\omega)$$

显然,这样做较为有利.

13.5 随机激励-响应关系(二)

现在来考察多输入与多输出的情形,见图 13.5-1.根据叠加原理,线性系统的每一个输出都可以由对应于各个分立输入的响应叠加而成. 如果系统有 m 个输入 $x_i(i=1,2,\cdots,m)$,那末对应于每一个输出 $y_k(k=1,2,\cdots,n)$,有 m 个脉冲响应函数

$$h_{ki}(t),\quad i=1,2,\cdots,m$$

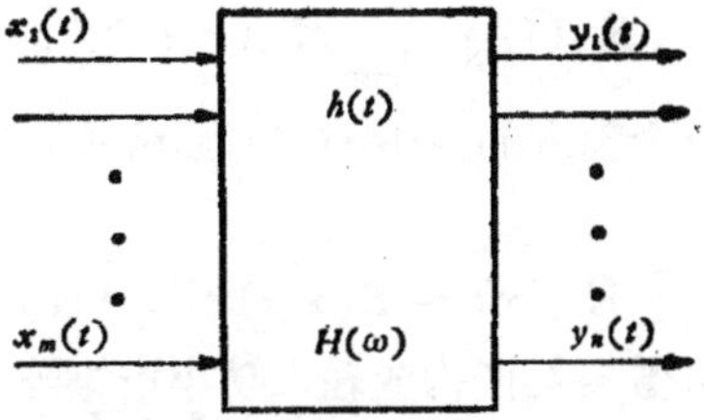

图 13.5-1

而对应于 n 个输出,就有 $n \times m$ 个脉冲响应函数. 因此,对一个常参数线性系统来说,在有 m 个输入与 n 个输出的情形,就存在着一个 $n \times m$ 阶脉冲响应矩阵:

$$\boldsymbol{h}(t) = [h_{ki}(t)], \quad \begin{matrix} k = 1, 2, \cdots, n \\ i = 1, 2, \cdots, m \end{matrix} \tag{13.5-1}$$

将输入表示成 $m \times 1$ 阶列阵 $\boldsymbol{x}(t) = \{x_i(t)\}$,将输出表示成 $n \times 1$ 阶列阵 $\boldsymbol{y}(t) = \{y_k(t)\}$,则有

$$\boldsymbol{y}(t) = \int_{-\infty}^{\infty} \boldsymbol{h}(\tau) \boldsymbol{x}(t - \tau) d\tau \tag{13.5-2}$$

对上式进行转置,可得

$$\boldsymbol{y}^T(t) = \int_{-\infty}^{\infty} \boldsymbol{x}^T(t - \tau) \boldsymbol{h}^T(\tau) d\tau \tag{13.5-2$'$}$$

这时, n 个输出的自相关与互相关构成如下输出相关矩阵 $\boldsymbol{R}_{yy}(\tau)$:

$$\boldsymbol{R}_{yy}(\tau) = \begin{bmatrix} R_{y_1 y_1}(\tau) & R_{y_1 y_2}(\tau) \cdots R_{y_1 y_n}(\tau) \\ R_{y_2 y_1}(\tau) & R_{y_2 y_2}(\tau) \cdots R_{y_2 y_n}(\tau) \\ \cdots & \cdots & \cdots \\ R_{y_n y_1}(\tau) & R_{y_n y_2}(\tau) \cdots R_{y_n y_n}(\tau) \end{bmatrix} \tag{13.5-3}$$

其中

$$R_{y_k y_l}(\tau) = E[y_k(t) y_l(t + \tau)] \quad (k, l = 1, 2, \cdots, n)$$

式 (13.5-3) 也可以写成

$$\boldsymbol{R}_{yy}(\tau) = E[\boldsymbol{y}(t) \boldsymbol{y}^T(t + \tau)] \tag{13.5-3$'$}$$

相应地, n 个输出的自谱与互谱,构成输出功率谱矩阵 $\boldsymbol{S}_{yy}(f)$,它可以对式 (13.5-3) 求谐和变换得到:

$$S_{yy}(f) = \int_{-\infty}^{\infty} R_{yy}(\tau) e^{-j2\pi f\tau} d\tau \tag{13.5-4}$$

类似地，m个输入的自相关与互相关，构成输入相关矩阵 $R_{xx}(\tau)$：

$$R_{xx}(\tau) = E[x(t)x^T(t+\tau)] \tag{13.5-5}$$

而m个输入的自谱与互谱构成输入功率谱矩阵 $S_{xx}(f)$：

$$S_{xx}(f) = \int_{-\infty}^{\infty} R_{xx}(\tau) e^{-j2\pi f\tau} d\tau \tag{13.5-6}$$

利用脉冲响应矩阵 $h(t)$，式 (13.5-3) 可写成

$$R_{yy}(\tau) = E\left[\int_{-\infty}^{\infty} h(\lambda_1)x(t-\lambda_1)d\lambda_1 \cdot \int_{-\infty}^{\infty} x^T(t+\tau-\lambda_2)h^T(\lambda_2)d\lambda_2\right]$$

将上式中两个积分的乘积改写成二重积分，并交换求平均与积分的次序，可得

$$\begin{aligned} R_{yy}(\tau) &= \int_{-\infty}^{\infty} h(\lambda_1)\int_{-\infty}^{\infty} E[x(t-\lambda_1)x^T(t+\tau-\lambda_2)] \\ &\quad \cdot h^T(\lambda_2)d\lambda_2 d\lambda_1 \\ &= \int_{-\infty}^{\infty} h(\lambda_1)\int_{-\infty}^{\infty} R_{xx}(\tau+\lambda_1-\lambda_2)h^T(\lambda_2)d\lambda_2 d\lambda_1 \end{aligned} \tag{13.5-7}$$

它给出系统输出相关矩阵与输入相关矩阵之间的关系.

对式 (13.5-7) 两端进行谱和变换，可得

$$\begin{aligned} S_{yy}(f) &= \int_{-\infty}^{\infty}\int_{-\infty}^{\infty}\int_{-\infty}^{\infty} h(\lambda_1)R_{xx}(\tau+\lambda_1-\lambda_2) \\ &\quad \cdot h^T(\lambda_2)e^{-j2\pi f\tau}d\lambda_2 d\lambda_1 d\tau \\ &= \int_{-\infty}^{\infty} h(\lambda_1)e^{j2\pi f\lambda_1}d\lambda_1 \\ &\quad \cdot \left\{\int_{-\infty}^{\infty} R_{xx}(\tau+\lambda_1-\lambda_2)e^{-j2\pi f(\tau+\lambda_1-\lambda_2)} \right. \\ &\quad \left. \times d(\tau+\lambda_1-\lambda_2)\right\} \\ &\quad \cdot \int_{-\infty}^{\infty} h^T(\lambda_2)e^{-j2\pi f\lambda_2}d\lambda_2 \end{aligned}$$

$$= \boldsymbol{H}^*(f)\boldsymbol{S}_{xx}(f)\boldsymbol{H}^T(f) \tag{13.5-8}$$

其中

$$\boldsymbol{H}(f) = \int_{-\infty}^{\infty} \boldsymbol{h}(\tau)e^{-j2\pi f\tau}d\tau \tag{13.5-9}$$

为系统的频率特性矩阵．而

$$\boldsymbol{H}^*(f) = \boldsymbol{H}(-f) = \int_{-\infty}^{\infty} \boldsymbol{h}(\tau)e^{j2\pi f\tau}d\tau$$

是频率特性矩阵的共轭矩阵．式 (13.5-8) 给出了多输入、多输出情形下输出功率谱矩阵与输入功率谱矩阵之间的关系式．这里我们又一次看到了输入与输出功率谱关系的简便性．这正是功率谱法的优点所在．

再来看输入与输出之间的互相关矩阵：

$$\begin{aligned}\boldsymbol{R}_{xy}(\tau) &= E[\boldsymbol{x}(t)\boldsymbol{y}^T(t+\tau)] \\ &= E\left[\boldsymbol{x}(t)\int_{-\infty}^{\infty}\boldsymbol{x}^T(t+\tau-\lambda)\boldsymbol{h}^T(\lambda)d\lambda\right] \\ &= \int_{-\infty}^{\infty} E[\boldsymbol{x}(t)\boldsymbol{x}^T(t+\tau-\lambda)]\boldsymbol{h}^T(\lambda)d\lambda \\ &= \int_{-\infty}^{\infty} \boldsymbol{R}_{xx}(\tau-\lambda)\boldsymbol{h}^T(\lambda)d\lambda \end{aligned} \tag{13.5-10}$$

而输入与输出的互谱矩阵可定义为

$$\boldsymbol{S}_{xy}(f) = \int_{-\infty}^{\infty} \boldsymbol{R}_{xy}(\tau)e^{-j2\pi f\tau}d\tau \tag{13.5-11}$$

对式 (13.5-10) 两端进行谱和变换，可得

$$\begin{aligned}\boldsymbol{S}_{xy}(f) &= \int_{-\infty}^{\infty}\int_{-\infty}^{\infty} \boldsymbol{R}_{xx}(\tau-\lambda)\boldsymbol{h}^T(\lambda)e^{-j2\pi f\tau}d\lambda d\tau \\ &= \int_{-\infty}^{\infty} \boldsymbol{R}_{xx}(\tau-\lambda)e^{-j2\pi f(\tau-\lambda)}d(\tau-\lambda) \\ &\quad \cdot \int_{-\infty}^{\infty} \boldsymbol{h}^T(\lambda)e^{-j2\pi f\lambda}d\lambda \\ &= \boldsymbol{S}_{xx}(f)\boldsymbol{H}^T(f) \end{aligned} \tag{13.5-12}$$

可见，如果已经确定了 $\boldsymbol{S}_{xx}(f)$ 与 $\boldsymbol{S}_{xy}(f)$，那末系统的频率特性矩阵就可以确定为

$$\boldsymbol{H}^T(f) = \boldsymbol{S}_{xx}^{-1}(f)\boldsymbol{S}_{xy}(f) \tag{13.5-13}$$

例 13.5-1. 设系统在 n 个互不相关的输入 $\{x_i(t)\}$ 的作用下，只考虑一个输出 $y(t)$. 求输入与输出的谱相干函数.

解. 这时，输入功率谱(矩阵)为对角阵，可表示为

$$\boldsymbol{S}_x(f) = \mathrm{diag}[S_i(f)]$$

输出功率谱可表示为 $S_y(f)$；而输入与输出的互谱矩阵 $\boldsymbol{S}_{xy}(f)$ 以及系统频率特性 $\boldsymbol{H}^T(f)$ 均为列阵，可分别表示为

$$\boldsymbol{S}_{xy}(f) = \begin{Bmatrix} S_{1y}(f) \\ \vdots \\ S_{ny}(f) \end{Bmatrix}, \quad \boldsymbol{H}^T(f) = \begin{Bmatrix} H_1(f) \\ \vdots \\ H_n(f) \end{Bmatrix}$$

于是，按式 (13.5-8)，有

$$S_y(f) = \sum |H_i(f)|^2 S_i(f)$$

按式 (13.5-12)，有

$$\boldsymbol{S}_{xy}(f) = \begin{Bmatrix} S_1(f)H_1(f) \\ \vdots \\ S_n(f)H_n(f) \end{Bmatrix}$$

即有

$$S_{iy}(f) = S_i(f)H_i(f), \quad i = 1, 2, \cdots, n$$

所以，第 i 个输入与输出之间的谱相干函数为

$$\nu_{iy}^2(f) = \frac{|S_{iy}(f)|^2}{S_i(f)S_y(f)} = \frac{|H_i(f)|^2 S_i(f)}{S_y(f)}$$

且有

$$\sum_{i=1}^{n} \nu_{iy}^2(f) = 1$$

因此，$\nu_{iy}^2(f)$ 的大小正好反映了第 i 个输入所提供的分量在输出总量中所占的比例. 正是在这个意义上，人们说谱相干函数可用来确定振源与振动传递路径.

例 13.5-2. 弹性支承于两点的刚体.

在图 13.5-2 所示模型系统中，设刚体的质量为 m，绕重心轴的迴转半径为 l_1，两支点间距离为 l_0，支点 1 至重心铅垂线的距

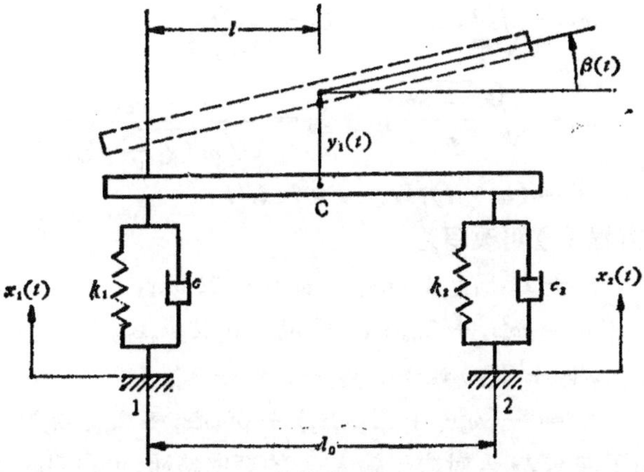

图 13.5-2

离为l. 以支点的铅垂位移 $x_1(t)$ 与 $x_2(t)$ 作为系统的输入,取重心 C 的铅垂位移 $y_1(t)$ 与绕重心转动的角位移 $\beta(t)$ 作为系统的响应. 列出刚体的微振动微分方程,得

$$
\begin{aligned}
& m\ddot{y}_1 + (c_1 + c_2)\dot{y}_1 + (k_1 + k_2)y_1 \\
& \qquad - \{lc_1 - (l_0 - l)c_2\}\dot{\beta} - \{lk_1 - (l_0 - l)k_2\}\beta \\
& = k_1x_1 + c_1\dot{x}_1 + k_2x_2 + c_2\dot{x}_2 \\
& ml_1^2\ddot{\beta} + \{l^2c_1 + (l_0 - l)^2c_2\}\dot{\beta} + \{l^2k_1 + (l_0 - l)^2k_2\}\beta \\
& \qquad - \{lc_1 - (l_0 - l)c_2\}\dot{y}_1 - \{lk_1 - (l_0 - l)k_2\}y_1 \\
& = -l(k_1x_1 + c_1\dot{x}_1) + (l_0 - l)(k_2x_2 + c_2\dot{x}_2) \qquad \text{(a)}
\end{aligned}
$$

令 $y_2 = l\beta$, 再引入下列参数:

$$
\omega_1 = \sqrt{\frac{k_1 + k_2}{m}}, \qquad \zeta_1 = \frac{c_1 + c_2}{2\sqrt{m(k_1 + k_2)}}
$$

$$
\omega_2 = \sqrt{\frac{k_1 + p^2k_2}{m}}, \qquad \zeta_2 = \frac{c_1 + p^2c_2}{2\sqrt{m(k_1 + p^2k_2)}}
$$

$$
\omega_a = \sqrt{\frac{k_1}{m}}, \qquad \zeta_a = \frac{c_1}{2\sqrt{mk_1}}
$$

$$\omega_b = \sqrt{\frac{k_2}{m}}, \qquad \zeta_b = \frac{c_2}{2\sqrt{mk_2}}$$

$$\omega_0 = \sqrt{\frac{k_1 - pk_2}{m}}, \qquad \zeta_0 = \frac{c_1 - pc_2}{2\sqrt{m(k_1 - pk_2)}}$$

$$p = (l_0 - l)/l, \qquad q = l_1/l$$

于是，方程 (a) 可改写为

$$\begin{aligned} &\ddot{y}_1 + 2\zeta_1\omega_1\dot{y}_1 + \omega_1^2 y_1 - \omega_0^2 y_2 - 2\zeta_0\omega_0\dot{y}_2 \\ &\quad = \omega_a^2 x_1 + 2\zeta_a\omega_a\dot{x}_1 + \omega_b^2 x_2 + 2\zeta_b\omega_b\dot{x}_2 \\ &q^2\ddot{y}_2 + 2\zeta_2\omega_2\dot{y}_2 + \omega_2^2 y_2 - \omega_0^2 y_1 - 2\zeta_0\omega_0\dot{y}_1 \\ &\quad = -(\omega_a^2 x_1 + 2\zeta_a\omega_a\dot{x}_1) + p(\omega_b^2 x_2 + 2\zeta_b\omega_b\dot{x}_2) \end{aligned} \tag{b}$$

为了求 y_1 与 y_2 对应于输入 x_1 的频率特性，可在 (b) 中令

$$x_1 = e^{j\omega t}, \qquad x_2 = 0$$

$$y_1 = H_{11}(\omega)e^{j\omega t}, \qquad y_2 = H_{21}(\omega)e^{j\omega t}$$

于是有

$$\begin{aligned} &(\omega_1^2 - \omega^2 + j2\zeta_1\omega_1\omega)H_{11}(\omega) - (\omega_0^2 + j2\zeta_0\omega_0\omega)H_{21}(\omega) \\ &\quad = \omega_a^2 + j2\zeta_a\omega_a\omega \\ &-(\omega_0^2 + j2\zeta_0\omega_0\omega)H_{11}(\omega) + (\omega_2^2 - q^2\omega^2 \\ &\quad + j2\zeta_2\omega_2\omega)H_{21}(\omega) = -(\omega_a^2 + j2\zeta_a\omega_a\omega) \end{aligned}$$

解此方程组，可得

$$\begin{aligned} H_{11}(\omega) = \frac{1}{\Delta}\{&2jq^2\zeta_a\omega_a\omega^3 + \omega^2[q^2\omega_a^2 - 4\zeta_a\omega_a(\zeta_0\omega_0 - \zeta_2\omega_2)] \\ &+ 2j\omega[\omega_a^2(\zeta_0\omega_0 - \zeta_2\omega_2) + \zeta_a\omega_a(\omega_0^2 - \omega_2^2)] \\ &+ \omega_a^2(\omega_0^2 - \omega_2^2)\} \end{aligned}$$

$$\begin{aligned} H_{21}(\omega) = \frac{1}{\Delta}\{&2j\zeta_a\omega_a\omega^3 + \omega^2[\omega_a^2 - 4\zeta_a\omega_a(\zeta_0\omega_0 - \zeta_1\omega_1)] \\ &+ 2j\omega[\omega_a^2(\zeta_0\omega_0 - \zeta_1\omega_1) + \zeta_a\omega_a(\omega_0^2 - \omega_1^2)] \\ &+ \omega_a^2(\omega_0^2 - \omega_1^2)\} \end{aligned}$$

式中

$$\begin{aligned} \Delta = &-q^2\omega^4 + 2j(q^2\zeta_1\omega_1 + \zeta_2\omega_2)\omega^3 \\ &+ (q^2\omega_1^2 + 4\zeta_1\zeta_2\omega_1\omega_2 + \omega_2^2 - 4\zeta_0^2\omega_0^2)\omega^2 \end{aligned}$$

$$+2j\omega\{2\zeta_0\omega_0^3-\omega_1\omega_2(\zeta_1\omega_2+\zeta_2\omega_1)\}$$
$$+\omega_0^4-\omega_1^2\omega_2^2$$

同样地，为了求对应于输入 x_2 的频率特性，可令方程 (b) 中

$$x_1=0,\qquad x_2=e^{j\omega t}$$
$$y_1=H_{12}(\omega)e^{j\omega t},\quad y_2=H_{22}(\omega)e^{j\omega t}$$

由此得

$$H_{12}(\omega)=\frac{1}{\Delta}\{2jq^2\zeta_b\omega_b\omega^3+\omega^2[q^2\omega_b^2+4\zeta_b\omega_b(p\zeta_0\omega_0+\zeta_2\omega_2)]$$
$$-2j\omega[\omega_b^2(p\zeta_0\omega_0+\zeta_2\omega_2)+\zeta_b\omega_b(p\omega_0^2+\omega_2^2)]$$
$$-\omega_b^2(p\omega_0^2+\omega_2^2)\}$$

$$H_{22}(\omega)=\frac{1}{\Delta}\{2jp\zeta_b\omega_b\omega^3+\omega^2[p\omega_b^2+4\zeta_b\omega_b(\zeta_0\omega_0+p\zeta_1\omega_1)]$$
$$-2j\omega[\omega_b^2(\zeta_0\omega_0+p\zeta_1\omega_1)+\zeta_b\omega_b(\omega_0^2+p\omega_1^2)]$$
$$-\omega_b^2(\omega_0^2+p\omega_1^2)\}$$

所以，系统的频率特性矩阵可写为

$$\boldsymbol{H}(\omega)=\begin{bmatrix}H_{11}(\omega) & H_{12}(\omega)\\ H_{21}(\omega) & H_{22}(\omega)\end{bmatrix}$$

设输入 x_1 与 x_2 的功率谱矩阵已知为 $\boldsymbol{S}_{xx}(\omega)$，则输出 y_1 与 y_2 的功率谱矩阵可求得为

$$\boldsymbol{S}_{yy}(\omega)=\boldsymbol{H}^*(\omega)\boldsymbol{S}_{xx}(\omega)\boldsymbol{H}^T(\omega)\qquad\text{(c)}$$

例 13.5-3. 由路面不规则起伏引起的车辆随机振动.

上例所考察的系统(图 13.5-2)也可以看作汽车在不规则路面上行驶时的初步近似模型. 设汽车以常速 v 沿水平轴 z 方向运动，这时，路面高度 x 是随着 z 变化的随机变量，图 13.5-3(a).

和随时间 t 变化的随机变量相类比，与时间周期 T 相对应可引入波长 λ，而与圆频率 ω 相对应可引入波数 ν，即有

$$T=\frac{2\pi}{\omega}\text{秒}\longleftrightarrow\lambda=\frac{2\pi}{\nu}\text{米}$$

$$\omega\ \text{弧度/秒}\longleftrightarrow\nu\ \text{弧度/米}$$

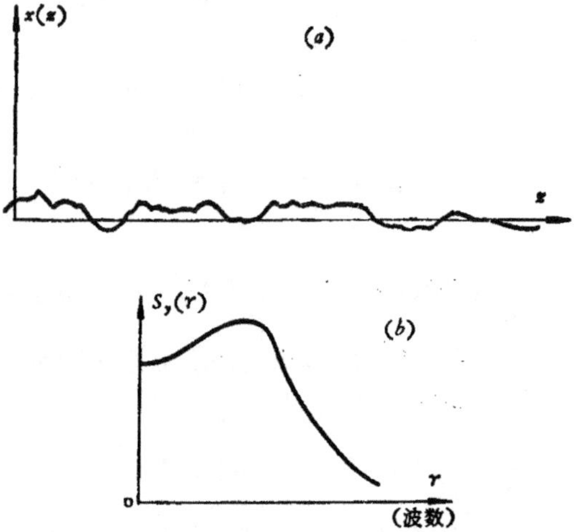

图　13.5-3

于是，可以将 $\{x(z)\}$ 的功率谱表示为 $S_x(\nu)$，其典型例子如图 13.5-3(b) 所示.

考虑到汽车以常速 v 运动时，有

$$z = vt \tag{a}$$

故可以将随机变量 x 对应于 z 的统计特性转化为对应于 t 的. 注意到，对应于 z，有

$$S_x^{(z)}(\nu) = \frac{1}{2\pi}\int_{-\infty}^{\infty} R_x^{(z)}(\zeta)e^{-i\nu\zeta}d\zeta$$

$$R_x^{(z)}(\zeta) = E[x(z)x(z+\zeta)]$$

其中 ζ 为路程差，上标 (z) 表示对应于 z 的. 而对应于 t，有

$$S_x^{(t)}(\omega) = \frac{1}{2\pi}\int_{-\infty}^{\infty} R_x^{(t)}(\tau)e^{-i\omega\tau}d\tau$$

$$R_x^{(t)}(\tau) = E[x(t)x(t+\tau)]$$

其中 τ 为时差，上标 (t) 表示对应于 t 的. 由式 (a)，x 关于 z 的路程差等于

$$\zeta = v\tau$$

或有

$$\tau = \zeta / v$$

又 x 关于 z 的波长 λ 等于

$$\lambda = vT$$

或有

$$T = \lambda / v$$

而波数 ν 则为

$$\nu = \frac{2\pi}{\lambda} = \frac{2\pi}{vT} = \frac{\omega}{v}$$

或有

$$\omega = v\nu$$

注意到，按定义有

$$R_x^{(z)}(\zeta) = R_x^{(t)}(\tau)$$

所以有

$$\begin{aligned} S_x^{(t)}(\omega = v\nu) &= \frac{1}{2\pi}\int_{-\infty}^{\infty} R_x^{(t)}(\tau)e^{-j\omega\tau}d\tau \\ &= \frac{1}{2\pi}\int_{-\infty}^{\infty} R_x^{(z)}(\zeta)e^{-j(v\nu)(\zeta/v)}d(\zeta/v) \\ &= \frac{1}{v}\cdot\frac{1}{2\pi}\int_{-\infty}^{\infty} R_x^{(z)}(\zeta)e^{-j\nu\zeta}d\zeta \\ &= \frac{1}{v}S_x^{(z)}(\nu) \end{aligned}$$

或写成

$$S_x^{(t)}(\omega) = \frac{1}{v}S_x^{(z)}\left(\nu = \frac{\omega}{v}\right)$$

假设典型的路面谱 $S_x^{(z)}(\nu)$ 可表示为

$$S_x^{(z)}(\nu) = \alpha\nu^{-n}$$

其中 α, n 为取决于路面情况的常数. 这时就有

$$S_x^{(t)}(\omega) = \frac{\alpha}{v}\left(\frac{\omega}{v}\right)^{-n} = \alpha v^{n-1}\omega^{-n}$$

现设汽车前轮 1 与后轮 2 通过同一个轨迹，则在常速行驶条

件下，输入 $x_2(t)$ 与 $x_1(t)$ 之间有着固定的时差 $\tau_0=l_0/v$（其中 l_0 为前后轮距离），也就是有

$$x_2(t)=x_1(t-\tau_0)$$

考虑到

$$\begin{aligned}R_{x_1x_2}(\tau)&=E[x_1(t)x_2(t+\tau)]=E[x_1(t)x_1(t+\tau-\tau_0)]\\&=R_{x1}(\tau-\tau_0)\\R_{x_2x_1}(\tau)&=E[x_2(t)x_1(t+\tau)]=E[x_1(t-\tau_0)x_1(t+\tau)]\\&=R_{x_1}(\tau+\tau_0)\end{aligned}$$

故有

$$\begin{aligned}S_{x_1x_2}(\omega)&=\int_{-\infty}^{\infty}R_{x_1x_2}(\tau)e^{-j\omega\tau}d\tau\\&=\int_{-\infty}^{\infty}R_{x_1}(\tau-\tau_0)e^{-j\omega\tau}d\tau\\&=e^{-j\omega\tau_0}\cdot S_{x_1}(\omega)\end{aligned}$$

同样地有

$$S_{x_2x_1}(\omega)=e^{j\omega\tau_0}\cdot S_{x_1}(\omega)$$

输入 $\{x_1(t)\}$ 与 $\{x_2(t)\}$ 具有相同的自谱，设为

$$S_{x_1}(\omega)=S_{x_2}(\omega)=S(\omega)$$

则系统的输入功率谱矩阵 $\boldsymbol{S}_{xx}(\omega)$ 为

$$\boldsymbol{S}_{xx}(\omega)=S(\omega)\begin{bmatrix}1 & e^{-j\omega\tau_0}\\ e^{j\omega\tau_0} & 1\end{bmatrix}$$

将它代入上例的式 (c) 中，即可求得输出功率谱矩阵 $\boldsymbol{S}_{yy}(\omega)$.

13.6 随机响应的模态分析法[1)]

上面在进行系统随机响应分析时主要采用了功率谱分析法. 当然在确定系统的频率特性时，可以利用相应的模态展式，但这只是间接地应用模态分析. 下面我们指出也可以直接应用模态分析

1）模态分析法即主坐标分析法.

法来进行随机响应分析，在某些场合下甚至十分有效.

我们来考察多自由度线性阻尼系统在正态白噪声激励下的随机响应. 设有 n 自由度振动系统，其运动微分方程可表示为

$$\boldsymbol{M}\ddot{\boldsymbol{x}} + \boldsymbol{C}\dot{\boldsymbol{x}} + \boldsymbol{K}\boldsymbol{x} = \boldsymbol{W}(t) \tag{13.6-1}$$

其中 $\boldsymbol{M}$ 是系统的质量矩阵，$\boldsymbol{C}$ 是阻尼矩阵，$\boldsymbol{K}$ 是刚度矩阵，假设它们都是 $n \times n$ 阶定正实对称矩阵. 而 $\boldsymbol{W}(t)$ 是随机激励列阵，它的各个分量都是正态白噪声，且有

$$E[\boldsymbol{W}(t)] = \boldsymbol{0}$$

$$E[\boldsymbol{W}(t)\boldsymbol{W}^T(t+\tau)] = 2\boldsymbol{D}\delta(\tau)$$

其中 $\boldsymbol{D}$ 也是 $n \times n$ 阶定正实对称矩阵.

从对应于 (13.6-1) 的无阻尼系统出发，均成如下特征值问题:

$$[\boldsymbol{K} - \lambda\boldsymbol{M}]\boldsymbol{X} = \boldsymbol{0} \tag{13.6-2}$$

由 $\boldsymbol{K}$ 与 $\boldsymbol{M}$ 的定正实对称性，从方程 (13.6-2) 一定可以找到实模态矩阵 $\boldsymbol{A}$，满足

$$\begin{aligned} \boldsymbol{A}^T\boldsymbol{M}\boldsymbol{A} &= \mathrm{diag}[m_i] \\ \boldsymbol{A}^T\boldsymbol{K}\boldsymbol{A} &= \mathrm{diag}[k_i] \end{aligned} \tag{13.6-3}$$

现再假设阻尼矩阵 $\boldsymbol{C}$ 与激励相关矩阵 $\boldsymbol{D}$ 满足可以用实模态变换进行对角化的充分必要条件(参见附录 E). 例如满足如下条件:

$$\begin{aligned} \boldsymbol{M}\boldsymbol{K}^{-1}\boldsymbol{C} &= \boldsymbol{C}\boldsymbol{K}^{-1}\boldsymbol{M} \\ \boldsymbol{M}\boldsymbol{K}^{-1}\boldsymbol{D} &= \boldsymbol{D}\boldsymbol{K}^{-1}\boldsymbol{M} \end{aligned} \tag{13.6-4}$$

这时，一定有

$$\begin{aligned} \boldsymbol{A}^T\boldsymbol{C}\boldsymbol{A} &= \mathrm{diag}[c_i] \\ \boldsymbol{A}^T\boldsymbol{D}\boldsymbol{A} &= \mathrm{diag}[d_i] \end{aligned} \tag{13.6-5}$$

引入如下实模态变换:

$$\boldsymbol{x} = \boldsymbol{A}\boldsymbol{y} \tag{13.6-6}$$

对式(13.6-1)两端分别前乘以 $\boldsymbol{A}^T$，并用式(13.6-6)代入后，可得

$$\mathrm{diag}[m_i]\ddot{\boldsymbol{y}} + \mathrm{diag}[c_i]\dot{\boldsymbol{y}} + \mathrm{diag}[k_i]\boldsymbol{y} = \boldsymbol{F}(t) \tag{13.6-7}$$

其中

$$F(t)=A^TW(t)$$

且有

$$E[F(t)]=0$$

$$E[F(t)F^T(t+\tau)]=A^TE[W(t)W^T(t+\tau)]A \quad (13.6\text{-}8)$$
$$=2\text{diag}[d_i]\delta(\tau)$$

将(13.6-7)写成标量形式,有

$$m_i\ddot{y}_i+c_i\dot{y}_i+k_iy_i=F_i(t)$$
$$i=1,2,\cdots,n \quad (13.6\text{-}7)'$$

注意到在方程(13.6-7)′中,由于系统本身以及各个激励之间都已经解耦,故各个模态响应 y_i 是相互独立的. 因而(13.6-7)′中每个方程都可以按1自由度系统来处理. 这时,不难得到(参见例13.4-1)

$$\left.\begin{aligned} &E[y_i]=0\\ &E[y_i^2]=d_i/c_ik_i\\ &E[y_iy_j]=0, \qquad i\neq j\\ &E[\dot{y}_i^2]=d_i/c_im_i\\ &E[\dot{y}_i\dot{y}_j]=0, \qquad i\neq j\\ &E[y_i\dot{y}_j]=0\\ &\qquad i,j=1,2,\cdots,n \end{aligned}\right\} \quad (13.6\text{-}9)$$

记随机模态响应 $\boldsymbol{y}$ 的协方差矩阵为 B_y,则有

$$B_y=E[yy^T]=\text{diag}[d_i/c_ik_i] \quad (13.6\text{-}10)$$

同理有

$$B_{\dot{y}}=E[\dot{y}\dot{y}^T]=\text{diag}[d_i/c_im_i] \quad (13.6\text{-}11)$$

注意到变换(13.6-6),可得稳态随机响应 $\boldsymbol{x}$ 与 $\dot{\boldsymbol{x}}$ 各自的协方差矩阵为

$$B_x=E[xx^T]=AE[yy^T]A^T=A\text{diag}[d_i/c_ik_i]A^T \quad (13.6\text{-}12)$$

$$B_{\dot{x}}=A\text{diag}[d_i/c_im_i]A^T \quad (13.6\text{-}13)$$

现在来考察系统响应的稳态概率密度函数. 考虑到常系数线性系统在正态随机激励下的响应也一定是正态过程,从式(13.6-9)可得各个 y_i 的概率密度函数为

$$p_i(y_i)=[2\pi(d_i/c_ik_i)]^{-\frac{1}{2}}\exp\left\{-\frac{1}{2}(c_ik_i/d_i)y_i^2\right\}$$

又考虑到各个 y_i 是相互独立的，因而各个 y_i 的联合概率密度函数为

$$\begin{aligned}p(\boldsymbol{y})&=\prod_{i=1}^{n}p_i(y_i)\\&=\left[(2\pi)^n\left(\prod_{i=1}^{n}d_i/c_ik_i\right)\right]^{-\frac{1}{2}}\exp\left\{-\frac{1}{2}\sum_{i=1}^{n}\left(\frac{c_ik_i}{d_i}\right)y_i^2\right\}\\&=[(2\pi)^n|\boldsymbol{B}_y|]^{-\frac{1}{2}}\exp\left\{-\frac{1}{2}\boldsymbol{y}^T\boldsymbol{B}_y^{-1}\boldsymbol{y}\right\}\end{aligned}$$

另一方面，原始系统 (13.6-1) 在正态激励下的响应 $\boldsymbol{x}$ 也应是正态过程，而且在均值为零的激励作用下，系统响应的均值也为零. 故响应 $\boldsymbol{x}$ 的概率密度函数可表示为

$$p(\boldsymbol{x})=[(2\pi)^n|\boldsymbol{B}_x|]^{-\frac{1}{2}}\exp\left\{-\frac{1}{2}\boldsymbol{x}^T\boldsymbol{B}_x\boldsymbol{x}\right\}\quad(13.6\text{-}14)$$

其中 $\boldsymbol{B}_x$ 可由式 (13.6-12) 确定.

回过头来进一步讨论上述 $\boldsymbol{x}$ 与 $\dot{\boldsymbol{x}}$ 的协方差矩阵，可以发现一个极为有趣的事实. 考虑到式 (13.6-3) 与 (13.6-5) 式，由式 (13.6-12) 可得

$$\begin{aligned}\boldsymbol{B}_x&=\boldsymbol{A}\mathrm{diag}[k_i]^{-1}\mathrm{diag}[d_i]\mathrm{diag}[c_i]^{-1}\boldsymbol{A}^T\\&=\boldsymbol{A}(\boldsymbol{A}^{-1}\boldsymbol{K}^{-1}\boldsymbol{A}^{-T})(\boldsymbol{A}^T\boldsymbol{D}\boldsymbol{A})(\boldsymbol{A}^{-1}\boldsymbol{C}^{-1}\boldsymbol{A}^{-T})\boldsymbol{A}^T\\&=\boldsymbol{K}^{-1}\boldsymbol{D}\boldsymbol{C}^{-1}=\boldsymbol{C}^{-1}\boldsymbol{D}\boldsymbol{K}^{-1}\end{aligned}\quad(13.6\text{-}15)$$

同理可得

$$\boldsymbol{B}_{\dot{x}}=\boldsymbol{M}^{-1}\boldsymbol{D}\boldsymbol{C}^{-1}=\boldsymbol{C}^{-1}\boldsymbol{D}\boldsymbol{M}^{-1}\quad(13.6\text{-}16)$$

将式 (13.6-15) 与 (13.6-16) 同 1 自由度系统所得结果（参见式 (13.6-9)）进行比较，可以发现它们之间有着惊人的相似性.

习　　题

13.1. 设系统的脉冲响应函数为

$$h(t)=\begin{cases}\frac{1}{K}e^{-t/K}, & K>0, \quad t\geqslant 0\\ 0, & t<0\end{cases}$$

求系统的频率响应特性.

答. $H(f)=(1+j2\pi Kf)^{-1}\equiv|H(f)|e^{-j\varphi(f)}$

$$|H(f)|=[1+(2\pi Kf)^2]^{-\frac{1}{2}}$$

$$\varphi(f)=\mathrm{tg}^{-1}2\pi Kf$$

13.2. 由式(13.2-7), 有

$$y(t)=\int_{-\infty}^{\infty}h(\theta)x(t-\theta)d\theta$$

令 $y(t)$ 与 $x(t)$ 的谐和变换分别为 $Y(\omega)$ 与 $X(\omega)$, 再令系统的频率特性为 $H(\omega)$, 试证明

$$Y(\omega)=H(\omega)X(\omega)$$

13.3. 设线性系统的输入 $x(t)$ 与输出 $y(t)$ 分别为

$$x(t)=\begin{cases}e^{-t}, & t\geqslant 0\\ 0, & t<0\end{cases}$$

$$y(t)=\begin{cases}\frac{1}{a-b}[e^{-(b/a)t}-e^{-t}], & t\geqslant 0\\ 0, & t<0\end{cases}$$

试求系统的频率特性 $H(\omega)$.

答. $H(\omega)=(b+ja\omega)^{-1}$

13.4. 质量 m 用弹簧 k, 阻尼器 c 与运动车辆相连, 车体本身的水平运动用 $x(t)$ 表示, 质量 m 相对于车体的水平运动用 $y(t)$ 表示(题图 13.4). 现取车体的加速度作为输入, 质量的相对运动 $y(t)$ 作为输出, 求系统的频率特性.

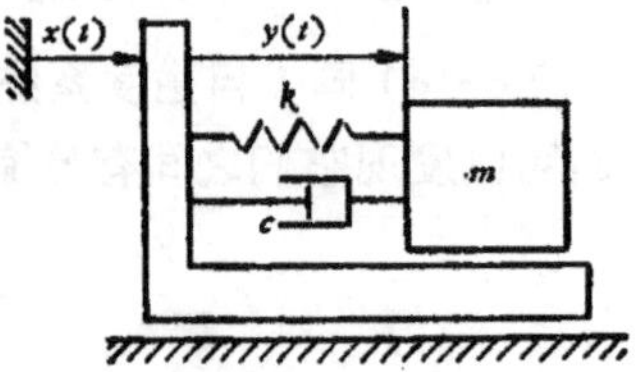

题图 13.4

答. $H(\omega)=\dfrac{-m}{k-m\omega^2+jc\omega}$

13.5. 上题所述系统中，设输入 $\ddot{x}(t)$ 为功率谱密度等于 S_0 的理想白噪声过程，试确定输出 $y(t)$ 的均方值 $E[y^2]$.

答. $E[y^2]=\dfrac{\pi S_0 m^2}{kc}$

13.6. 题图 13.6 所示系统中，设输入是基础的位移运动，输出是质量的位移，试求系统的频率特性.

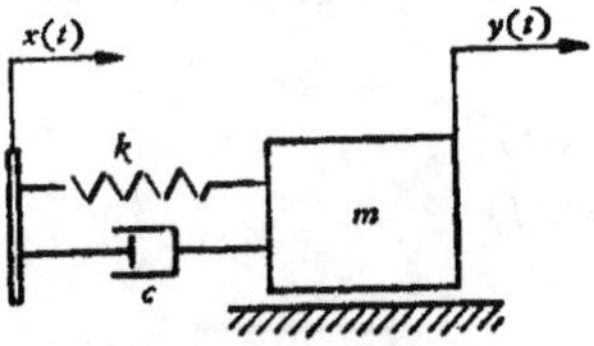

题图 13.6

答. $H(f)=\dfrac{k+j2\pi fc}{k-(2\pi f)^2m+j2\pi fc}$

13.7. 设在上题所述系统中，输入是白噪声，它的功率谱密度为 $G_x(f)=a$，试求输出功率谱密度、输出自相关函数与输出均方值.

答. $G_y(f)=\dfrac{a[1+(2\zeta f/f_n)^2]}{[1-(f/f_n)^2]^2+(2\zeta f/f_n)^2}$

$f_n\equiv\dfrac{1}{2\pi}\sqrt{k/m}$, $\zeta\equiv c/2\sqrt{km}$

$$R_y(\tau)=\frac{a\pi f_n(1+4\zeta^2)}{4\zeta}e^{-2\pi f_n\zeta|\tau|}\left\{\cos(2\pi\nu\tau\right.$$

$$\left.+\frac{\zeta(1-4\zeta^2)}{\sqrt{1-\zeta^2}(1+4\zeta^2)}\sin(2\pi\nu|\tau|)\right\}$$

$\nu\equiv f_n\sqrt{1-\zeta^2}$

$\psi_y^2=\dfrac{a\pi f_n(1+4\zeta^2)}{4\zeta}$

13.8. RC 低通滤波器的时间常数为 $K=RC$，其频率特性如题 13.1 所得结果. 设输入为白噪声，其功率谱密度为 $G_x(f)=a$，试求输出的功率谱密度，均方值与自相关函数.

答. $G_y(f)=\dfrac{a}{1+(2\pi Kf)^2}$

$$\psi_y^2 = \frac{a}{4K}$$

$$R_y(\tau) = \frac{a}{4K} e^{-\frac{|\tau|}{K}}$$

13.9. 设测量得到的输入 $x(t)$，输出 $y(t)$ 分别由真实信号 $u(t)$ 与 $v(t)$ 以及不相关的噪声 $n(t)$ 与 $m(t)$ 组成，题图 13.9。假设其中

$$G_u(f) = \frac{1}{1+4f^2}, \quad H(f) = \frac{4}{1-9f^2+j2f}$$

$$G_n(f) = 5, \qquad G_m(f) = 0$$

试计算下列各个量:

(i) $G_v(f)$ 与 $G_{uv}(f)$

(ii) $\nu_{uv}^2(f)$ 与 $\nu_{xy}^2(f)$

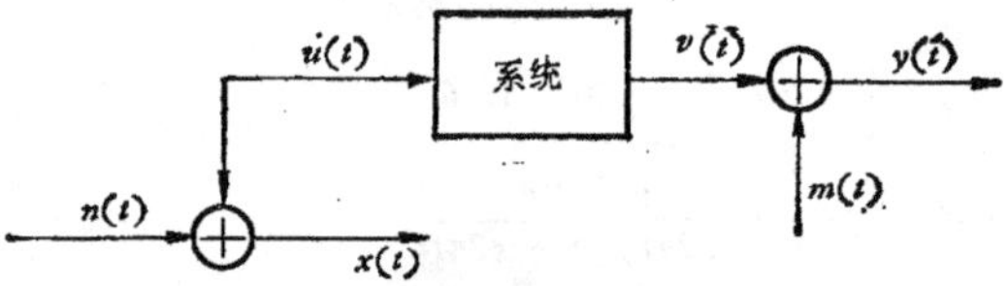

题图 13.9

13.10. 题图 13.10 所示双输入线性系统，其中

$$H_1(f) = \frac{2}{5+jf}, \quad H_2(f) = \frac{3}{5+jf}$$

假设定常输入特性为

$$R_1(\tau) = 3\delta(\tau), \quad G_2(f) = 12, \quad G_{12}(f) = 8$$

试计算下列各个量:

1. $\nu_{12}^2(f)$
2. $R_y(\tau)$ 与 $G_y(f)$

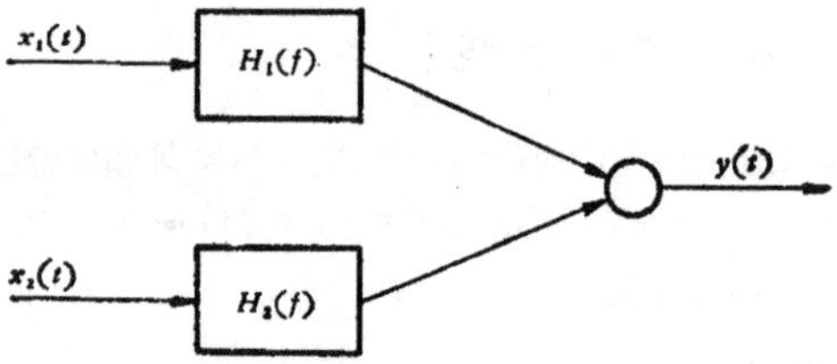

题图 13.10

3. $R_{1y}(\tau)$ 与 $G_{1y}(f)$

13.11. 题图 13.11 所示 2 自由度线性系统中，设输入为力 $F(t)$，输出为质量 m_2 的位移，求系统的频率特性. 再设输入 $F(t)$ 为白噪声，其功率谱 $S_F(\omega)=S_0$，求质量 m_2 的平均动能.

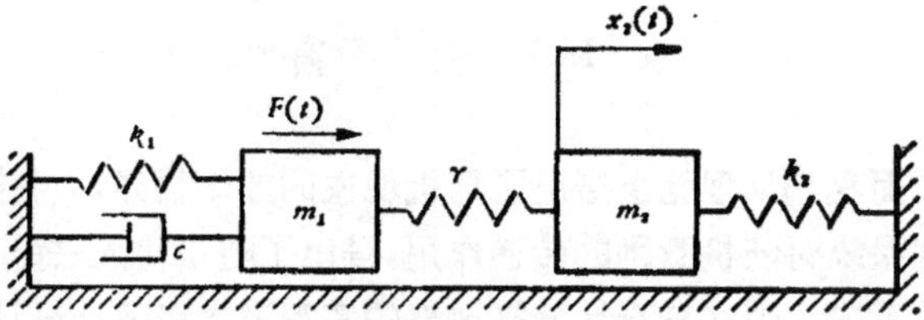

题图 13.11

提示. $S_{\dot{x}}(\omega)=\omega^2 S_x(\omega)$

$$E[\dot{x}^2]=\int_{-\infty}^{\infty}\omega^2 S_x(\omega)d\omega$$

答. $H(\omega)=\dfrac{r}{\Delta(\omega)}$

$$\Delta(\omega)=m_1m_2\omega^4-jm_2c\omega^3-\{(k_1+r)m_2+(k_2+r)m_1\}\omega^2+j(k_2+r)c\omega+k_1k_2+r(k_1+k_2)$$

m_2 的平均动能为 $\dfrac{\pi S_0}{2c}$

第十四章 随机振动的功率谱估计

14.1 引 言

前面我们从理论上给出了随机现象的数学描述，讨论了常参数线性系统对随机激励的传递作用，得出了随机输入-输出特性的基本关系式．现在来看从随机现象的实测样本来估计统计特性所遇到的实际问题．我们曾经指出，从理论上来说，随机过程是由无限多个无限长的样本集合组成的．但实际观测或记录的随机现象的样本，由于受观测或记录时间的限制，不可能是无限长的．同样地，实测样本的数目也不可能是无限的；而且由于受客观条件的限制，对某些随机现象实际上往往只能得到少数几个长度有限的样本．而数学上定义的各种统计特性都是从无限样本集合得到的，即使是遍历过程，只要用一个样本就能确定其统计特性，但理论上要求这一样本必须是无限长的．这要求当然有点不切实际．

从为数不多而且长度有限的样本出发，得到的统计特性当然免不了会含有各种误差，所以只能作为真实统计特性的估计或估值．本章着重说明有限长样本的功率谱分析中存在的问题，包括有限分辨率、统计误差以及泄漏问题．它们既适用于模拟谱分析，也适用于数字谱分析．我们的讨论是从功率谱密度作为相关函数的谱和变换这一角度出发的，虽然现在在实践中往往已不再按这一方式进行数字计算，但是谱估计中的一些基本特征仍然是类同的．

14.2 谱 估 计

在讨论遍历过程的功率谱估计之前，先粗略讨论一下遍历过程的自相关函数的估计.

遍历过程的自相关函数理论上定义为

$$R_x(\tau)=\lim_{T\to\infty}\frac{1}{T}\int_0^T x(t)x(t+\tau)dt$$

注意到式中T是趋于无限的. 实际的样本不可能是无限长的，因而也就不可能得到 $R_x(\tau)$ 的真值. 我们定义自相关估计 $\hat{R}_x(\tau)$ 为

$$\hat{R}_x(\tau)=\frac{1}{T-\tau}\int_0^{T-\tau} x(t)x(t+\tau)dt,\quad 0\leqslant\tau\leqslant\tau_m \tag{14.2-1}$$

式中，T是样本的有限长度，τ_m 是最大相关时间，且有 $\tau_m\ll T$. 当 $\tau<0$，我们定义

$$\hat{R}_x(\tau)=\hat{R}_x(-\tau) \tag{14.2-2}$$

这样定义的 $\hat{R}_x(\tau)$ 是随机变量. 对它求集合平均，有

$$\begin{aligned}E[\hat{R}_x(\tau)]&=E\left[\frac{1}{T-\tau}\int_0^{T-\tau} x_k(t)x_k(t+\tau)dt\right]\\&=\frac{1}{T-\tau}\int_0^{T-\tau} E[x_k(t)x_k(t+\tau)]dt\\&=\frac{1}{T-\tau}\int_0^{T-\tau} R_x(\tau)dt\\&=R_x(\tau)\end{aligned}$$

即 $\hat{R}_x(\tau)$ 的集合平均值就等于真值 $R_x(\tau)$. 正是在这意义上，我们称 $\hat{R}_x(\tau)$ 是 $R_x(\tau)$ 的无偏估计.

再来看上述遍历过程的自谱 $S_x(f)$，理论上它定义为

$$S_x(f)=\int_{-\infty}^{\infty}R_x(\tau)e^{-j2\pi f\tau}d\tau$$

实际上，它的真值是无法求得的. 首先，$R_x(\tau)$ 的真值我们不知道；其次，实际的 τ 的变动范围限于 $-\tau_m\leqslant\tau\leqslant\tau_m$，也就是说，相关函数估值的样本也是有限长的.

因此，我们只能来求自谱估计 $\hat{S}_x(f)$，例如取为

$$\hat{S}_x(f)=\int_{-\tau_m}^{\tau_m}\hat{R}_x(\tau)e^{-j2\pi f\tau}d\tau$$

$$= \int_{-\infty}^{\infty} \hat{R}_x(\tau) w_0(\tau) e^{-j2\pi f\tau} d\tau \qquad (14.2\text{-}3)$$

式中

$$w_0(\tau) = \begin{cases} 1, & \text{当 } |\tau| \leqslant \tau_m \\ 0, & \text{当 } |\tau| > \tau_m \end{cases} \qquad (14.2\text{-}4)$$

$w_0(\tau)$ 称为矩形时窗.

对式 (14.2-3) 求集合平均，有

$$E[\hat{S}_x(f)] = E\left[\int_{-\infty}^{\infty} \hat{R}_x(\tau) w_0(\tau) e^{-j2\pi f\tau} d\tau\right]$$

$$= \int_{-\infty}^{\infty} E[\hat{R}_x(\tau)] w_0(\tau) e^{-j2\pi f\tau} d\tau$$

$$= \mathscr{F}[R_x(\tau) w_0(\tau)]$$

式中 $\mathscr{F}[\quad]$ 表示谐和变换算子. 按谐和变换的卷积公式(参考附录 D):

$$\mathscr{F}[x(t)y(t)]$$

$$= \int_{-\infty}^{\infty} X(u) Y(f-u) du$$

$$= \int_{-\infty}^{\infty} X(f-u) Y(u) du$$

其中

$$X(f) \equiv \mathscr{F}[x(t)]$$

$$Y(f) \equiv \mathscr{F}[y(t)]$$

于是有

$$E[\hat{S}_x(f)] = \mathscr{F}[R_x(\tau) w_0(\tau)]$$

$$= \int_{-\infty}^{\infty} S_x(u) W_0(f-u) du \qquad (14.2\text{-}5)$$

其中

$$W_0(f) = \int_{-\infty}^{\infty} w_0(\tau) e^{-j2\pi f\tau} d\tau$$

$$= 2\tau_m \cdot \frac{\sin 2\pi\tau_m f}{2\pi\tau_m f} \qquad (14.2\text{-}6)$$

$W_0(f)$ 是 $w_0(\tau)$ 的谐和变换，称为对应于矩形时窗 $w_0(\tau)$ 的谱

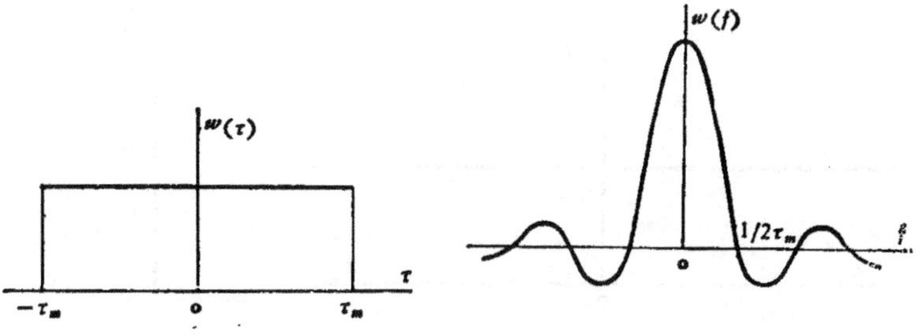

图 14.2-1

窗,图 14.2-1.

式 (14.2-5) 说明 $E[\hat{S}_x(f)]$ 是真谱 $S_x(u)$ 以谱窗 $W_0(f-u)$ 为权的加权平均值. 从物理上, $E[\hat{S}_x(f)]$ 可以看作真谱通过滤波特性为 $W_0(f)$ 的滤波器时的卷积滤波输出.

从式 (14.2-5) 还可以看到,只有当 $W_0(f)$ 为 δ 函数时, 才有

$$E[\hat{S}_x(f)]=S_x(f)$$

而这只有在 $w_0(\tau)$ 函数中 $\tau_m\to\infty$ 时, 也就是样本长为无限大时,才能实现这一点. 所以, 对于有限样本的情形, $\hat{S}_x(f)$ 不可能是真谱 $S_x(f)$ 的无偏估计.

14.3 有限分辨率与泄漏

上面已经提到, 对于无限长样本的情形, 这时 $w_0(\tau)$ 中的 $\tau_m\to\infty$, 而对应的谱窗 $W_0(f)$ 变为 δ 函数, 就是说 $W_0(f)$ 在 $f=0$ 处具有无限小的宽度与无限大的高度, 图 14.3-1. 只有透过这种谱窗,我们看到的是真谱. 所以说,这一情形下的分辨率为无限大.

但是, 对于有限长样本的情形, 从图 14.2-1 可以看到, 当 τ_m 有限时, 对应的谱窗 $W_0(f)$ 由正中的主窗与两侧的无数侧窗组成. 由于这时主窗有有限的宽度, 因此, 谱估计只具有有限分辨

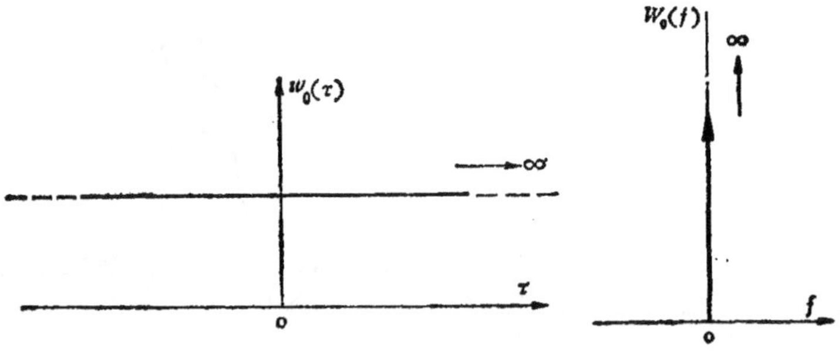

图 14.3-1

率.

不仅如此，在有限样本的情形，谱窗 $W_0(f)$ 还具有无数个侧窗，它们扩展在整个频带上．这就导致信号功率在整个频带上发生相互泄漏，这一现象称为泄漏现象．其实质可以用相位随机变化的正弦波的例子来说明．这时

$$\{x(t)\} = \{A \sin(2\pi f_0 t + \varphi_k)\}$$

其中 φ_k 是一个随机变量，A 与 f_0 是常值．对于无限长样本，它的真谱 $S_x(f)$ 是能量集中于 $\pm f_0$ 处的离散谱，图 14.3-2 (a)．但对于有限样本来说，它的平均谱估计 $E[\hat{S}_x(f)]$ 将如图 14.3-2(b) 所示：可见，原来能量集中于两个频率上的离散谱变成了能量泄漏到整个频带上的连续谱．从谱窗的观点来说，由于时窗的有限性，谱窗就一定具有一个主窗和无数个侧窗(注意到主窗的宽度与侧窗的高度都是有限的)，因此也就一定会产生泄漏．不难设想，如果主窗的宽度无限缩小，侧窗的高度无限压低，那末一定能使泄漏无限减小．但是只有在无限长样本的情形，才能做到这一点．

为了压低侧窗，人们往往不用矩形时窗，而采用一些其他形式的时窗，其基本出发点是去掉矩形时窗的不连续性，因为它的谱窗 $W_0(f)$ 所以有较大的侧窗，正是由于这种不连续性引起的．

几种常用的时窗为

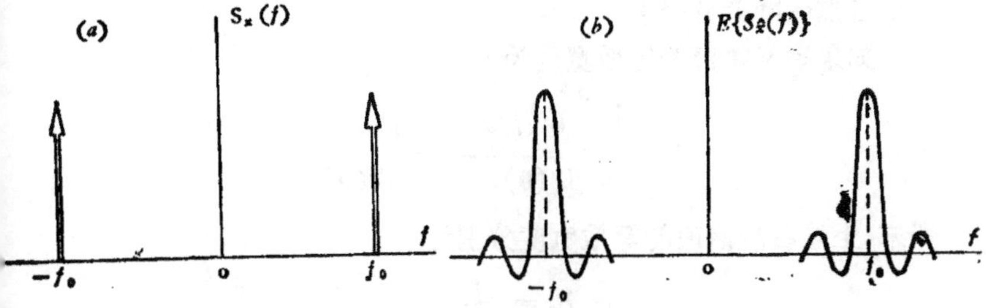

图 14.3-2

$$\left.\begin{aligned} w_1(\tau) &= 1 - \frac{|\tau|}{\tau_m} \\ w_n(\tau) &= \frac{1}{2}\left(1 + \cos\frac{\pi\tau}{\tau_m}\right) \\ w_m(\tau) &= 0.54 + 0.46\cos\frac{\pi\tau}{\tau_m} \end{aligned}\right\} \text{当 } |\tau| \leqslant \tau_m$$

$$w_1(\tau) = w_n(\tau) = w_m(\tau) = 0, \quad \text{当 } |\tau| > \tau_m$$

其中，$w_1(\tau)$ 称为巴特利（Bartlett）窗，$w_n(\tau)$ 称为汉宁（Hanning）窗，$w_m(\tau)$ 称为汉明（Hamming）窗．与它们相对应的谱窗为

$$W_1(f) = \tau_m\left(\frac{\cos\pi\tau_m f}{\pi\tau_m f}\right)^2$$

$$W_n(f) = 0.5W_0(f) + 0.25W_0\left(f - \frac{1}{2\tau_m}\right) + 0.25W_0\left(f + \frac{1}{2\tau_m}\right)$$

$$W_m(f) = 0.54W_0(f) + 0.23W_0\left(f - \frac{1}{2\tau_m}\right) + 0.23W_0\left(f + \frac{1}{2\tau_m}\right)$$

从以上$W_n(f)$与$W_m(f)$的表示式可以看到，它们相当于$W_0(f)$在频率 f，$f - \frac{1}{2\tau_m}$，$f + \frac{1}{2\tau_m}$ 处的加权平均，也就是谱的平滑．这

样就必然会降低分辨率。

如果定义谱窗的等效宽度为

$$B=\frac{\int_{-\infty}^{\infty}W(f)df}{W(0)}=\frac{1}{W(0)}$$

那末，上述各种谱窗的等效宽度分别为

$$B_0=\frac{1}{2\tau_m}$$

$$B_1=B_n=\frac{1}{\tau_m}$$

$$B_m=\frac{0.92}{\tau_m}$$

可见，各种谱窗的等效宽度都与最大相关时间 τ_m 有反比关系，即 τ_m 愈大，谱窗宽度愈窄．而谱窗的等效宽度决定谱分析的分辨率，即 B 愈小，分辨率愈高．可是 B 小就要求 τ_m 大，这就意味着要求增大样本长 T．

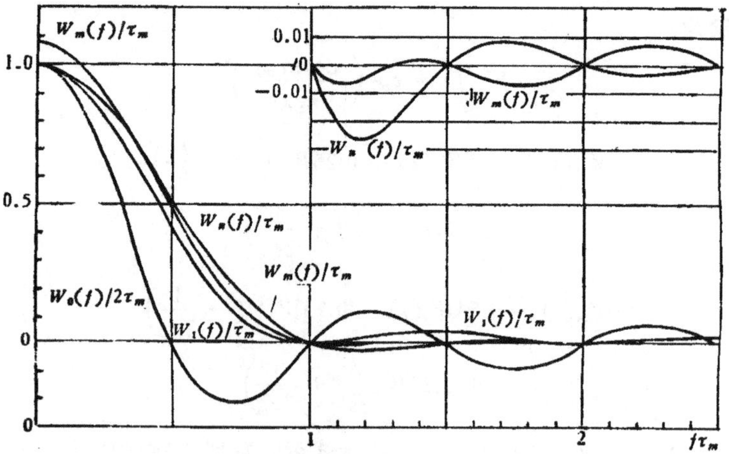

图 14.3-3

图 14.3-3 给出了几种不同形式的谱窗．从该图可以看到，和

矩形时窗所对应的谱窗 $W_0(f)$ 相比，其他形式的谱窗虽然都压低了侧窗，但都在不同程度上加宽了主窗. 从物理上来说，这是由于其他形式的时窗都舍弃了部分有用信息，从而缩短了样本的有效长度的缘故. 加宽主窗意味着降低分辨率. 不过，这样做在某些场合下还是有好处的，因为它减小了间距大于主窗宽度的各个谱峰之间的相互泄漏.

总之，泄漏现象本质上是由于观测时间有限引起的，后果是估计谱相对于真谱产生了畸变. 人们虽然无法杜绝泄漏，但是可以在一定程度上控制泄漏的形式.

14.4 估计谱方差

前已提到，功率谱估计本质上是有偏估计. 该估计偏差 $p(f)$ 定义为

$$p(f) = E[\hat{S}_x(f)] - S_x(f) \tag{14.4-1}$$

工程上常称为偏度误差. 可以证明，这一偏度误差不仅取决于所取谱窗的形式，而且也取决于真谱的具体形状. 定性地说，谱窗等效宽度 B 愈小，愈有利于减小偏度误差.

估计谱的方差定义为

$$v^2(f) = E[\{\hat{S}_x(f) - E[\hat{S}_x(f)]\}^2] \tag{14.4-2}$$

在正态过程以及其他一系列简化假设下，$\hat{S}_x(f)$ 的方差可近似地求得为

$$v^2(f) \sim \frac{\tau_m}{T}\{S_x(f)\}^2 \tag{14.4-3}$$

工程上习惯将 $e \equiv v(f)/S_x(f)$ 称为统计误差. 这就有

$$e^2 \sim \tau_m/T$$

我们当然希望统计误差 e 愈小愈好. 但是在样本长一定的情形下，提高分辨率（要求 τ_m 大）与降低统计误差（要求 τ_m 小）这二者是矛盾的. 要使二者都得到满足，只有增大样本长度 T，可是这又要受到客观条件的限制. 在实践中，往往只能取折衷值.

类似地，关于互谱估计 $\hat{S}_{xy}(f)$ 的统计误差可近似地求得为

$$e^2 \sim \frac{1}{\gamma_{xy}^2(f)} \cdot \frac{\tau_m}{T}$$

下面我们来导出式(14.4-3). 假设所考察的随机过程 $\{x(t)\}$ 是平均值为零的正态遍历过程. 它的估计谱的方差可写成

$$\begin{aligned} v^2(\omega) &= E[\{\hat{S}_x(\omega) - E[\hat{S}_x(\omega)]\}^2] \\ &= E[\{\hat{S}_x(\omega)\}^2] - \{E[\hat{S}_x(\omega)]\}^2 \\ &= E\left[\frac{1}{4\pi^2}\int_{-\infty}^{\infty}\int_{-\infty}^{\infty}\hat{R}_x(\tau_1)\hat{R}_x(\tau_2)w(\tau_1)w(\tau_2)e^{-j\omega(\tau_1+\tau_2)}d\tau_1 d\tau_2\right] \\ &\quad - \{E[\textstyle\int_{-\infty}^{\infty}\hat{R}_x(\tau)w(\tau)e^{-j\omega\tau}d\tau]\}^2 \\ &= \frac{1}{4\pi^2}\int_{-\infty}^{\infty}\int_{-\infty}^{\infty}E[\hat{R}_x(\tau_1)\hat{R}_x(\tau_2)]w(\tau_1)w(\tau_2)e^{-j\omega(\tau_1+\tau_2)}d\tau_1 d\tau_2 \\ &\quad - \left\{\int_{-\infty}^{\infty}R_x(\tau)w(\tau)e^{-j\omega\tau}d\tau\right\}^2 \end{aligned} \tag{14.4-4}$$

其中

$$\begin{aligned} &E[\hat{R}_x(\tau_1)\hat{R}_x(\tau_2)] \\ &\quad = \frac{1}{T^2}\int_0^T\int_0^T E[x_k(t_1)x_k(t_1+\tau_1)x_k(t_2)x_k(t_2+\tau_2)]dt_1 dt_2 \end{aligned} \tag{14.4-5}$$

式中的被积函数是 4 个随机变量的联合 4 次矩.

对于平均值为零的正态过程，其联合 4 次矩可以用联合 2 次矩来表示[1)]，即有

$$\begin{aligned} E[x_1x_2x_3x_4] = E[x_1x_2]E[x_3x_4] \\ + E[x_1x_3]E[x_2x_4] \\ + E[x_1x_4]E[x_2x_3] \end{aligned} \tag{14.4-6}$$

因此，式(14.4-5)可写成

$$\begin{aligned} &E[\hat{R}_x(\tau_1)\hat{R}_x(\tau_2)] \\ &= \frac{1}{T^2}\int_0^T\int_0^T\{E[x_k(t_1)x_k(t_1+\tau_1)]E[x_k(t_2)x_k(t_2+\tau_2)] \end{aligned}$$

1) «随机振动»，力学参考资料(三)，科技文献出版社重庆分社，1976，第 112 页.

$$+ E[x_k(t_1)x_k(t_2)]E[x_k(t_1+\tau_1)x_k(t_2+\tau_2)]$$
$$+ E[x_k(t_1)x_k(t_2+\tau_2)]E[x_k(t_1+\tau_1)x_k(t_2)]\}dt_1dt_2$$
$$= \frac{1}{T^2}\int_0^T\int_0^T\{R_x(\tau_1)R_x(\tau_2) + R_x(t_2-t_1)R_x(t_2-t_1+\tau_2-\tau_1)$$
$$+ R_x(t_2-t_1+\tau_2)R_x(t_2-t_1-\tau_1)\}dt_1dt_2$$
$$= R_x(\tau_1)R_x(\tau_2)$$
$$+ \frac{1}{T^2}\int_0^T\int_0^T \{R_x(t_2-t_1)R_x(t_2-t_1+\tau_2-\tau_1)$$
$$+ R_x(t_2-t_1+\tau_2)R_x(t_2-t_1-\tau_1)\}dt_1dt_2 \tag{14.4-7}$$

为了进一步化简式 (14.4-7),我们来看下述二重积分:

$$\frac{1}{T^2}\int_0^T\int_0^T F(t_2-t_1)dt_1dt_2$$

如果对上述积分式进行变量置换:

$$\left.\begin{aligned} t &= t_2 - t_1 \\ t_1 &= t_1 \end{aligned}\right\}$$

那末它的积分域将变换成 (t, t_1) 平面上由下列直线:

$$t = -t_1, \qquad t = T - t_1$$
$$t_1 = 0, \qquad t_1 = T$$

构成的平行四边形,图 14.4-1. 于是,上述二重积分可改写成:

$$\frac{1}{T^2}\int_0^T\int_0^T F(t_2-t_1)dt_1dt_2$$
$$= \frac{1}{T^2}\left\{\int_{-T}^0\left[\int_{-t}^T dt_1\right] F(t)dt + \int_0^T\left[\int_0^{T-t} dt_1\right]F(t)dt\right\}$$
$$= \frac{1}{T^2}\left\{\int_{-T}^0 (T+t)F(t)dt + \int_0^T (T-t)F(t)dt\right\}$$
$$= \frac{1}{T}\int_{-T}^T\left(1-\frac{|t|}{T}\right) F(t)dt \tag{14.4-8}$$

因而式 (14.4-7) 中的二重积分可写成

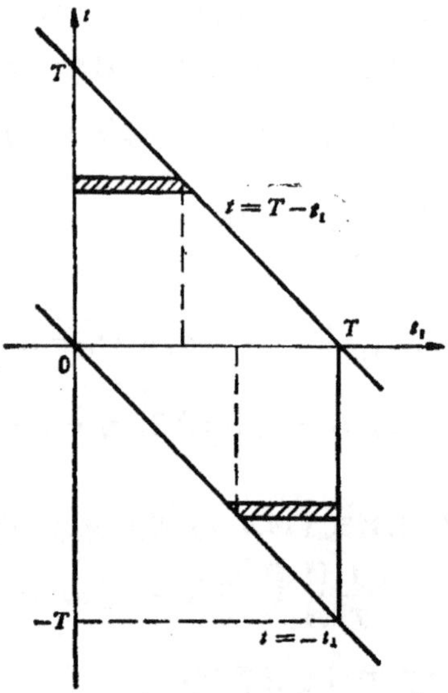

图 14.4-1

$$\frac{1}{T^2}\int_0^T\int_0^T \{R_x(t_2-t_1)R_x(t_2-t_1+\tau_2-\tau_1)$$

$$+ R_x(t_2-t_1+\tau_2)R_x(t_2-t_1-\tau_1)\}dt_1dt_2$$

$$=\frac{1}{T}\int_{-T}^{T}\left(1-\frac{|t|}{T}\right)\{R_x(t)R_x(t+\tau_2-\tau_1)$$

$$+ R_x(t+\tau_2)R_x(t-\tau_1)\}dt$$

$$\approx \frac{1}{T}\int_{-T}^{T} \{R_x(t)R_x(t+\tau_2-\tau_1)+R_x(t+\tau_2)R_x$$

$$\cdot(t-\tau_1)\}dt \qquad (14.4\text{-}9)$$

上式中最后的近似等式是考虑到 $\tau_m \ll T$ 得到的. 将关于 $R_x(t)$ 的逆谐和变换式:

$$R_x(t)=\int_{-\infty}^{\infty} S_x(\omega)e^{j\omega t}d\omega$$

代入式 (14.4-9) 右端，可得

$$\frac{1}{T}\int_{-T}^{T}\{R_x(t)R_x(t+\tau_2-\tau_1)+R(t+\tau_2)R_x(t-\tau_1)\}dt$$

$$= \frac{1}{T}\int_{-\infty}^{\infty}\int_{-\infty}^{\infty}\int_{-T}^{T} S_x(\omega_1)S_x(\omega_2)e^{j(\omega_1+\omega_2)t}$$

$$\cdot\{e^{j\omega_2(\tau_2-\tau_1)} + e^{j(\omega_2\tau_2-\omega_1\tau_1)}\}dt\,d\omega_1 d\omega_2 \qquad (14.4\text{-}10)$$

考虑到

$$\int_{-T}^{T} e^{j(\omega_1+\omega_2)t}dt$$

$$= \int_{-\infty}^{\infty} w_T(t)e^{j(\omega_1+\omega_2)t}dt$$

$$= W_T(-\omega_1-\omega_2) = W_T(\omega_1+\omega_2) \qquad (14.4\text{-}11)$$

其中 $w_T(t)$ 是 $(-T,T)$ 上的矩形时窗，而 $W_T(\omega)$ 是对应的谱窗，

将式 (14.4-7) 代入式 (14.4-4)，并考虑到 (14.4-10) 与 (14.4-11) 式，可得

$$v^2(\omega) = \frac{1}{4\pi^2 T}\int_{-\infty}^{\infty}\int_{-\infty}^{\infty}\int_{-\infty}^{\infty}\int_{-\infty}^{\infty} S_x(\omega_1)S_x(\omega_2)W_T(\omega_1+\omega_2)$$

$$\cdot\{w(\tau_1)[e^{-j(\omega+\omega_2)\tau_1} + e^{-j(\omega+\omega_1)\tau_1}]\}$$

$$\cdot w(\tau_2)e^{-j(\omega-\omega_2)\tau_2}d\tau_1 d\tau_2 d\omega_1 d\omega_2$$

$$= \frac{1}{4\pi^2 T}\int_{-\infty}^{\infty}\int_{-\infty}^{\infty} S_x(\omega_1)S_x(\omega_2)W_T(\omega_1+\omega_2)$$

$$\cdot W(\omega-\omega_2)[W(\omega+\omega_2)+W(\omega+\omega_1)]d\omega_1 d\omega_2$$

(14.4-12)

上式仍不能积分成解析表示式，但好在我们只需要找到 $v^2(\omega)$ 的量级大小而不是它的准确值. 所以上式还可以进一步作近似积分.

假设 $S_x(\omega)$ 随 ω 的变化是比较平缓的，再设式 (14.4-12) 中各个谱窗函数可理想化为图 14.4-2 所示形式，即有

$$W_T(\omega_1+\omega_2) = \begin{cases} W_T(0), & \text{当} -\frac{b_T}{2} < \omega_1+\omega_2 < \frac{b_T}{2} \\ 0, & \text{其他 } \omega_1,\ \omega_2 \text{ 值} \end{cases} \qquad \text{(a)}$$

$$W(\omega-\omega_2) = \begin{cases} W(0), & \text{当} -\frac{b}{2} < \omega-\omega_2 < \frac{b}{2} \\ 0, & \text{其他 } \omega_2 \text{ 值} \end{cases} \qquad \text{(b)}$$

$$W(\omega+\omega_2)=\begin{cases}W(0), & \text{当} -\dfrac{b}{2}<\omega+\omega_2<\dfrac{b}{2}\\ 0, & \text{其他 } \omega_2 \text{ 值}\end{cases} \tag{c}$$

$$W(\omega+\omega_1)=\begin{cases}W(0), & \text{当} -\dfrac{b}{2}<\omega+\omega_1<\dfrac{b}{2}\\ 0, & \text{其他 } \omega_1 \text{ 值}\end{cases} \tag{d}$$

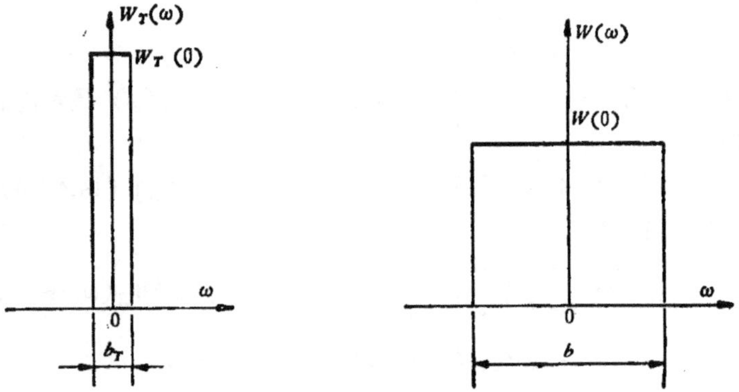

图 14.4-2

考虑到式 (a)，则式 (14.4-12) 的积分域只能限于 $-\frac{b_T}{2}<\omega_1+\omega_2<\frac{b_T}{2}$ 这一窄带域内，图 14.4-3. 式 (14.4-12) 中第一个积分的积分域还必须同时满足 (b) 与 (c) 式，所以它的积分域只能限于以坐标原点为中心的平行四边形(高度为 b)；也就是说，只有当 $|\omega|<\frac{b}{2}$ 时，式 (14.4-12) 中第一个积分才有贡献. 式 (14.4-12) 中第二个积分的积分域要同时满足 (a), (b), (d) 式；当 $|\omega|>\frac{b}{2}$ 时，式 (14.4-12) 中只剩下第二个积分有贡献，它的积分域是以 $\omega=\omega_1=-\omega_2$ 为中心的平行四边形 (其底为 b_T，高为 b). 按 $S_x(\omega)$ 平缓变化的假定，可以认为在该积分域上 $S_x(\omega_1)$ 与

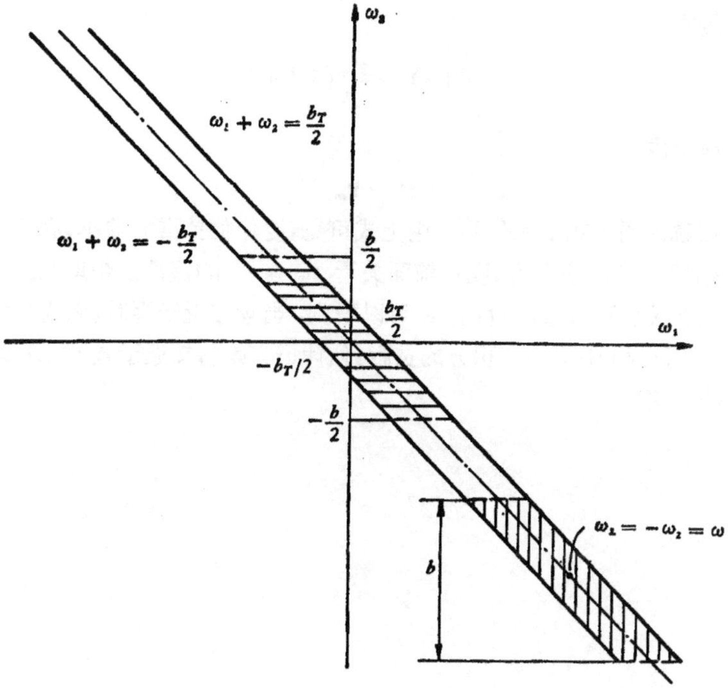

图 14.4-3

$S_x(\omega_2)$ 就等于 $S_x(\omega)$. 于是,当 $|\omega|>\frac{b}{2}$ 时,式 (14.4-12) 的积分就等于

$$v^2(\omega)\approx\frac{1}{4\pi^2T}\{[S_x(\omega)W(0)]^2W_T(0)bb_T\} \qquad (14.4\text{-}13)$$

考虑到关于等效带宽的定义,有

$$W_T(0)b_T=W(0)b=2\pi$$

于是, 式 (14.4-13) 可写成

$$v^2(\omega)\approx\frac{W(0)}{T}\{S_x(\omega)\}^2$$

注意到,有

$$W(0)\sim\tau_m$$

故有

$$v^2(\omega) \sim \frac{\tau_m}{T}\{S_x(\omega)\}^2$$

或写成

$$e^2 \sim \tau_m/T$$

这就证明了式(14.4-3). 由上式可见,要使估计谱方差小,必须有 $\tau_m/T \ll 1$. 所以说,我们前面关于 $\tau_m \ll T$ 的假设是合理的. 从上面关于积分域的讨论,还可以看到,当 ω 接近于零时,考虑到式(14.4-12)中第一个积分的贡献,估计谱方差将接近于式(14.4-3)的2倍.

附录A 复数运算

A.1 复数的定义

复平面 xy 上的点 z 定义着一个复数

$$z = x + jy \tag{A.1-1}$$

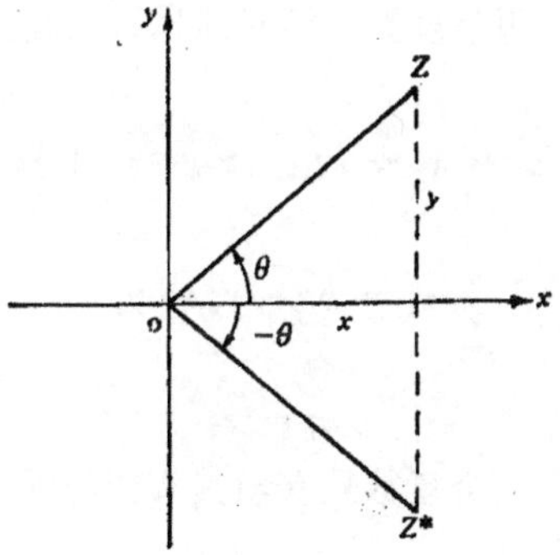

图 A.1

其中 $j=\sqrt{-1}$；x 与 y 都是实数，分别称为复数 z 的实部与虚部，并分别记为

$$x = \mathscr{R}(z)$$

$$y = \mathscr{I}(z)$$

与此相应，复平面上的 x 轴称为实轴，y 轴称为虚轴。

利用极坐标变换

$$x = r\cos\theta$$

$$y = r\sin\theta$$

复数 z 可写成极坐标形式(亦称三角形式)：

$$z = r(\cos\theta + j\sin\theta) \tag{A.1-2}$$

其中

$$r = \sqrt{x^2 + y^2}$$

$$\theta = \mathrm{tg}^{-1}\ \frac{y}{x}$$

r 称为复数 z 的模，θ 称为复数 z 的相角(亦称辐角).

利用欧拉表示式

$$e^{j\theta} = \cos\theta + j\sin\theta \qquad (A.1\text{-}3)$$

复数 z 还可以表示成复指数形式:

$$z = re^{j\theta} \qquad (A.1\text{-}4)$$

复数的相等　两个复数相等必须也只须其实部与虚部分别相等. 设有

$$z_1 = x_1 + jy_1, \quad z_2 = x_2 + jy_2$$

且

$$x_1 = x_2, \quad y_1 = y_2$$

则

$$z_1 = z_2$$

复数等于零　一个复数只有当其实部与虚部都等于零时，它才等于零.

共轭复数　复平面上 z 关于 x 轴的对称点 z^* 所定义的复数

$$z^* = x - jy$$

称为复数 z 的共轭复数. 我们用 * 号表示取共轭(第十一章除外).

按 (A.1-2) 与 (A.1-4)，共轭复数又可表示为

$$\begin{aligned} z^* &= r(\cos\theta - j\sin\theta) \\ &= re^{-j\theta} \end{aligned}$$

A.2　复数四则

1. 复数加减　复数加减就是对其实部与虚部分别进行加减，即

$$z_1 \pm z_2 = (x_1 \pm x_2) + j(y_1 \pm y_2)$$

由共轭复数的定义，有

$$z + z^* = 2\mathscr{R}(z)$$

$$z - z^* = 2j\mathscr{I}(z)$$

2. 复数乘法　复数 z 与实数 a 的乘积等于其实部与虚部分别乘以 a 后得到的复数，即

$$az = ax + jay$$

注意到 $j^2 = -1$；因此，两个复数 $z_1 = x_1 + jy_1$ 与 $z_2 = x_2 + jy_2$ 的乘积可表示如下：

$$z_1z_2 = (x_1x_2 - y_1y_2) + j(x_1y_2 + x_2y_1)$$

用三角形式与指数形式表示，设

$$z_1 = r_1(\cos\theta_1 + j\sin\theta_1) = r_1e^{j\theta_1}$$
$$z_2 = r_2(\cos\theta_2 + j\sin\theta_2) = r_2e^{j\theta_2}$$

则

$$z_1z_2 = r_1r_2[\cos(\theta_1 + \theta_2) + j\sin(\theta_1 + \theta_2)] = r_1r_2e^{j(\theta_1+\theta_2)}$$

就是说，两个复数的乘积是一个复数，其模就等于各个复数的模的乘积，其相角就等于各个复数的相角之和．这一结论显然可以推广到多个复数的乘积．

复数乘幂　复数 z 的任意正整数幂 z^n 为

$$z^n = r^n(\cos n\theta + j\sin n\theta) = r^ne^{jn\theta}$$

共轭积　两个共轭复数的乘积，即共轭积，是一个正实数，它等于复数的模的平方，即

$$zz^* = r^2 = x^2 + y^2$$

3. 复数除法　复数除是复数乘的逆运算．利用共轭积，可得

$$\frac{z_1}{z_2} = \frac{z_1z_2^*}{z_2z_2^*} = \frac{x_1x_2 + y_1y_2}{x_2^2 + y_2^2} + j\frac{x_2y_1 - x_1y_2}{x_2^2 + y_2^2}$$

用三角形式与指数形式表示，有

$$\frac{z_1}{z_2} = \frac{r_1}{r_2}[\cos(\theta_1 - \theta_2) + j\sin(\theta_1 - \theta_2)]$$

$$= \frac{r_1}{r_2} e^{j(\theta_1-\theta_2)}$$

就是说，两个复数的商是一个复数，其模就等于两个复数的模的商，其相角等于两个复数相角之差.

A.3 复数求导

对复变数 $z(t) = x(t) + jy(t)$ 求导就是分别对其实部与虚部求导，即

$$\frac{dz}{dt} = \frac{dx}{dt} + j\frac{dy}{dt}$$

复谐和函数

$$e^{j\omega t} = \cos \omega t + j \sin \omega t$$

的一阶导数为

$$\begin{aligned} \frac{d}{dt}(e^{j\omega t}) &= -\omega \sin \omega t + j\omega \cos \omega t \\ &= j\omega(\cos \omega t + j \sin \omega t) \\ &= j\omega e^{j\omega t} \end{aligned}$$

同理，可得其二阶导数为

$$\frac{d^2}{dt^2}(e^{j\omega t}) = -\omega^2 e^{j\omega t}$$

不难看到，复谐和函数 $e^{j\omega t}$ 对应于复平面上的一个单位旋转矢量，其模等于 1，初相角为零，角速度为 ω.

而 $e^{j\omega t}$ 的一阶导数为

$$\frac{d}{dt} e^{j\omega t} = j\omega e^{j\omega t} = \omega e^{j\frac{\pi}{2}} e^{j\omega t}$$

$$= \omega e^{j\left(\omega t + \frac{\pi}{2}\right)}$$

可见它对应于复平面上这样一个旋转矢量，其模为 ω，初相角为 $\frac{\pi}{2}$，且角速度也为 ω. 也就是说它始终超前于 $e^{j\omega t}$ 一个 $\frac{\pi}{2}$ 的角度，而大小放大了 ω 倍.

继续求导时，情况也一样．故得如下规律：对复谐和函数连续求导，每求导一次，可得一个新的旋转矢量，它等于将前面一次所得的旋转矢量放大 ω 倍，再沿 ω 的正向转过一个角度 $\frac{\pi}{2}$． 例如，$e^{j\omega t}$ 的 2 阶导数所对应的旋转矢量就比 $e^{j\omega t}$ 所对应的旋转矢量超前一个角度 π，而大小放大了 ω^2 倍．

附录B 矩 阵*

B.1 定义与记号

矩阵 矩阵是一组量或数(实数或复数)的长方阵列. 如

$$\begin{matrix} 5 & -3 & 4 & 1 \\ 2 & 0 & 0 & 5 \\ 1 & 13 & 2 & -5 \end{matrix}$$

这样的阵列表面上和行列式很相象，为了区别，常用方括号、大括号或双条线把它括起来，如

$$\begin{bmatrix} 5 & -3 & 4 & 1 \\ 2 & 0 & 0 & 5 \\ 1 & 13 & 2 & -5 \end{bmatrix}, \quad \begin{pmatrix} 5 & -3 & 4 & 1 \\ 2 & 0 & 0 & 5 \\ 1 & 13 & 2 & -5 \end{pmatrix},$$

$$\begin{Vmatrix} 5 & -3 & 4 & 1 \\ 2 & 0 & 0 & 5 \\ 1 & 13 & 2 & -5 \end{Vmatrix}$$

本书采用方括号的记法. 一般的矩阵可写成如下形式:

$$\begin{bmatrix} a_{11} & a_{12} & \cdots & a_{1n} \\ a_{21} & a_{22} & \cdots & a_{2n} \\ \cdots & \cdots & \cdots & \cdots \\ a_{m1} & a_{m2} & \cdots & a_{mn} \end{bmatrix}$$

也可记为$[a_{ij}]$或$\boldsymbol{A}$. 其中 a_{11}, a_{12} 等等称为矩阵的元素，和行列式的情形一样，各个横排称为行，竖排称为列. 每一元素的双下标中第一数码指元素所在的行，第二数码指它所在的列. 一个 m 行 n 列矩阵称为 (m, n) 阶矩阵或 $m\times n$ 矩阵.

虽然矩阵的元素是数，但矩阵本身却不是数，它起着算符的作

---

* 本附录由陈松淇写.

用．在工程上，矩阵常常用来表征物理系统的某种特性或状态，如一个振动系统的弹性特性、惯性特性，或运动状态．激扰状态，等等．因此，矩阵的概念既包含着各个元素的特有排列又作为一个整体，服从一定的运算规则．并不是任何一组数把它排列成矩阵的形式就都有矩阵的含义的．

行阵 只有一行元素的矩阵称为行阵．记为

$$[x_1,\ x_2\cdots x_n]=\boldsymbol{x}$$

一个行阵，即 $1\times n$ 矩阵，也可以看做一个 n 维矢量．其中的 n 个元素就是这个矢量的 n 个分量．

列阵 只有一列元素的矩阵称为列阵．记为

$$\begin{Bmatrix} y_1 \\ y_2 \\ \vdots \\ y_m \end{Bmatrix}=\boldsymbol{y}$$

一个列阵，即 $m\times 1$ 矩阵，也可以看做一个 m 维矢量．其中的 m 个元素就是这个矢量的 m 个分量．

方阵 一种特殊但常见的情形是当 $m=n$ 时，矩阵成了一个 n 阶方阵．如

$$\boldsymbol{A}=\begin{bmatrix} 3 & 2 & 1 \\ 3 & 4 & 2 \\ 3 & 4 & 3 \end{bmatrix}$$

是一个三阶方阵．

迹 一个方阵 $\boldsymbol{A}$ 的主对角线上所有元素的和叫做迹．记为 $\mathrm{r}\boldsymbol{A}$．对上述方阵，

$$\mathrm{tr}\boldsymbol{A}=3+4+3=10$$

对角阵 一个方阵，如果除主对角线上以外的元素都等于零（即 $a_{ij}=0$，当 $i\neq j$），称为对角阵．记为 $\mathrm{diag}\boldsymbol{A}$ 或 $[a]$．如

$$\mathrm{diag}\boldsymbol{A}=\begin{bmatrix} a_{11} & 0 & 0 \\ 0 & a_{22} & 0 \\ 0 & 0 & a_{33} \end{bmatrix}$$

单位阵　一个对角阵，如果主对角线上的元素都是单位数($a_{ii}=1$)，称为单位阵．如

$$I=\begin{bmatrix}1 & 0 & 0\\0 & 1 & 0\\0 & 0 & 1\end{bmatrix}$$

是一个三阶单位阵．任何阶的单位阵都用符号 $\boldsymbol{I}$ 表示．

转置矩阵　矩阵 $\boldsymbol{A}$ 的转置矩阵记为 $\boldsymbol{A}'$ 或 $\boldsymbol{A}^T$，将 $\boldsymbol{A}$ 中的各行依次排成列(或将各列依次排成行)，就得到 $\boldsymbol{A}^T$．显然，如果 $\boldsymbol{A}$ 是一个 $m\times n$ 矩阵，则 $\boldsymbol{A}^T$ 是一个 $n\times m$ 矩阵．例如

$$\boldsymbol{A}=\begin{bmatrix}a_{11} & a_{12} & a_{13}\\a_{21} & a_{22} & a_{23}\end{bmatrix},\ \boldsymbol{A}^T=\begin{bmatrix}a_{11} & a_{21}\\a_{12} & a_{22}\\a_{13} & a_{23}\end{bmatrix}$$

一个列阵的转置矩阵是一个行阵，例如

$$\boldsymbol{x}=\begin{Bmatrix}x_1\\x_2\\x_3\end{Bmatrix},\quad \boldsymbol{x}^T=[x_1\ x_2\ x_3]$$

对称阵　方阵 $\boldsymbol{A}$，如果它的元素对于主对角线是对称的，即 $a_{ij}=a_{ji}$，就称为对称阵．如

$$\boldsymbol{A}=\begin{bmatrix}20 & -11.5 & 3\\-11.5 & 11 & -4\\3 & -4 & 1.75\end{bmatrix}$$

这时，$\boldsymbol{A}=\boldsymbol{A}^T$．

零矩阵　一个矩阵，如果所有元素都等于零，就称为零矩阵．记为 $\boldsymbol{0}$ 或 $[\boldsymbol{0}]$ 或 $\{\boldsymbol{0}\}$．如

$$\boldsymbol{0}=\begin{bmatrix}0 & 0 & 0\\0 & 0 & 0\end{bmatrix}$$

方阵的行列式，奇异方阵　方阵 $\boldsymbol{A}$ 的行列式记为 $|\boldsymbol{A}|$．当 $|\boldsymbol{A}|=0$，方阵 $\boldsymbol{A}$ 称为奇异的．设 $|\boldsymbol{A}|\neq 0$，则 $\boldsymbol{A}$ 是非奇异的．

子式　在方阵 $\boldsymbol{A}$ 中，元素 a_{ij} 的子式 M_{ij}，是指方阵行列式 $|\boldsymbol{A}|$ 中划去第 i 行与第 j 列后所得的子行列式．如

$$A=\begin{bmatrix}a_{11} & a_{12} & a_{13}\\ a_{21} & a_{22} & a_{23}\\ a_{31} & a_{32} & a_{33}\end{bmatrix}$$

$$M_{12}=\begin{vmatrix}a_{21} & a_{23}\\ a_{31} & a_{33}\end{vmatrix}$$

代数子式　在方阵 $\boldsymbol{A}$ 中，元素 a_{ij} 的代数子式 c_{ij}，就是该元素的子式冠以一定的正负号，即

$$c_{ij}=(-1)^{i+j}M_{ij}$$

例如

$$c_{12}=(-1)^{1+2}M_{12}=-M_{12}.$$

伴随矩阵　方阵 $\boldsymbol{A}$ 的伴随矩阵，记为 $\mathrm{adj}A$，是方阵 $\boldsymbol{A}$ 的代数子式矩阵的转置矩阵.

设 $\boldsymbol{A}$ 的代数子式矩阵为

$$[c_{ij}]=\begin{bmatrix}c_{11} & c_{12} & c_{13}\\ c_{21} & c_{22} & c_{23}\\ c_{31} & c_{32} & c_{33}\end{bmatrix}$$

则

$$\mathrm{adj}\boldsymbol{A}=[c_{ij}]^T=\begin{bmatrix}c_{11} & c_{21} & c_{31}\\ c_{12} & c_{22} & c_{32}\\ c_{13} & c_{23} & c_{33}\end{bmatrix}$$

逆矩阵　方阵 $\boldsymbol{A}$ 的逆矩阵，记为 $\boldsymbol{A}^{-1}$，是满足如下关系的同阶方阵：

$$\boldsymbol{A}\boldsymbol{A}^{-1}=\boldsymbol{A}^{-1}\boldsymbol{A}=\boldsymbol{I}$$

B.2 基本运算

矩阵的相等　如果一个矩阵的所有元素分别与另一个矩阵的对应元素相等，则这两个矩阵相等. 这两个矩阵显然必须同阶.

矩阵的加法与减法　两个矩阵必须同阶才可以相加(减)，其和(差)是一个同阶矩阵，每个元素都是原来两个矩阵对应元素的和(差). 例如

$$\begin{bmatrix} 1 & 3 & 2 \\ 4 & 1 & 1 \end{bmatrix} + \begin{bmatrix} 2 & 0 & 4 \\ 1 & -2 & -3 \end{bmatrix} = \begin{bmatrix} 3 & 3 & 6 \\ 5 & -1 & -2 \end{bmatrix}$$

矩阵的加法(或减法)是可交换的,即

$$\boldsymbol{A} + \boldsymbol{B} = \boldsymbol{B} + \boldsymbol{A}$$

也是可结合的,即

$$(\boldsymbol{A} + \boldsymbol{B}) + \boldsymbol{C} = \boldsymbol{A} + (\boldsymbol{B} + \boldsymbol{C})$$

标量与矩阵相乘　用一个标量去乘一个矩阵,得到的矩阵是:其元素为原来矩阵的各个元素分别与此标量的乘积. 例如

$$m \begin{bmatrix} a_{11} & a_{12} & a_{13} \\ a_{21} & a_{22} & a_{23} \end{bmatrix} = \begin{bmatrix} m a_{11} & m a_{12} & m a_{13} \\ m_{21} & m a_{22} & m a_{23} \end{bmatrix}$$

注意这种乘法同标量与行列式相乘不一样. 为了说明这一乘法规则的理由,可考虑三个二阶方阵的和:

$$\boldsymbol{A} + \boldsymbol{B} + \boldsymbol{C} = \begin{bmatrix} a_{11} & a_{12} \\ a_{21} & a_{22} \end{bmatrix} + \begin{bmatrix} b_{11} & b_{12} \\ b_{21} & b_{22} \end{bmatrix} + \begin{bmatrix} c_{11} & c_{12} \\ c_{21} & c_{22} \end{bmatrix}$$

假设这三个方阵变成相同的,即$\boldsymbol{B} = \boldsymbol{C} = \boldsymbol{A}$,从而$b_{ij} = c_{ij} = a_{ij}$,便有

$$3\boldsymbol{A} = \begin{bmatrix} 3a_{11} & 3a_{12} \\ 3a_{21} & 3a_{22} \end{bmatrix}$$

一般情形也是这样.

矩阵与矩阵相乘　两个矩阵必须是相适的,即第一个的列数与第二个的行数相等,才可以相乘. 例如

$$\underset{m\times n}{\boldsymbol{A}}\ \underset{n\times p}{\boldsymbol{B}} = \underset{m\times p}{\boldsymbol{C}}$$

这说明,如$\boldsymbol{A}$是一个$m \times n$矩阵,$\boldsymbol{B}$是一个$n \times p$矩阵,则乘积$\boldsymbol{C}$是一个$m \times p$矩阵.

设$\boldsymbol{A}$的元素为a_{ij},$\boldsymbol{B}$的元素为b_{ij},则乘积$\boldsymbol{C}$的元素由下式确定:

$$c_{ij} = \sum_{k=1}^{n} a_{ik} b_{kj}$$

这是一种“行乘列”乘法. 即乘积矩阵中的第i行第j列元素,是

前因式中的第 i 行诸元素与后因式中第 j 列诸元素按通常代数方法依次逐对相乘所得乘积之和.

例如

$$\boldsymbol{A}=\begin{bmatrix}1 & 1 & 1\\ 1 & 2 & 2\\ 1 & 2 & 3\end{bmatrix},\quad \boldsymbol{B}=\begin{bmatrix}2 & 0\\ 0 & 1\\ 3 & -1\end{bmatrix}$$

则

$$\boldsymbol{AB}=\begin{bmatrix}1 & 1 & 1\\ 1 & 2 & 2\\ 1 & 2 & 3\end{bmatrix}\begin{bmatrix}2 & 0\\ 0 & 1\\ 3 & -1\end{bmatrix}=\begin{bmatrix}5 & 0\\ 8 & 0\\ 11 & -1\end{bmatrix}=\boldsymbol{C}$$

其中

$$c_{21}=1\times 2+2\times 0+2\times 3=8$$

在一般情形下,矩阵的乘法是不可交换的. 即使 $\boldsymbol{A}$ 与 $\boldsymbol{B}$ 是同阶的方阵,通常也是

$$\boldsymbol{AB}\neq\boldsymbol{BA}$$

因此在乘式 $\boldsymbol{AB}=\boldsymbol{C}$ 中, 表示的是 $\boldsymbol{B}$ 前乘 $\boldsymbol{A}$ 等于 $\boldsymbol{C}$, 或 $\boldsymbol{A}$ 后乘 $\boldsymbol{B}$ 等于 $\boldsymbol{C}$.

一种重要的特殊情形是: 两个相乘的矩阵是同阶的方阵,其中一个是单位方阵,这时乘法是可交换的. 即

$$\boldsymbol{AI}=\boldsymbol{IA}=\boldsymbol{A}$$

乘法是可结合的. 设

$$\boldsymbol{AB}=\boldsymbol{D},\quad \boldsymbol{BC}=\boldsymbol{E}$$

则

$$\underset{m\times n}{\boldsymbol{A}}\ \underset{n\times p}{\boldsymbol{B}}\ \underset{p\times q}{\boldsymbol{C}}=\underset{m\times p}{\boldsymbol{D}}\ \underset{p\times q}{\boldsymbol{C}}=\underset{m\times n}{\boldsymbol{A}}\ \underset{n\times q}{\boldsymbol{E}}=\underset{m\times q}{\boldsymbol{F}}$$

在矩阵连乘中,分配律也是正确的. 设

$$\boldsymbol{B}=\boldsymbol{G}+\boldsymbol{H}$$

则

$$\boldsymbol{F}=\boldsymbol{ABC}=\boldsymbol{AGC}+\boldsymbol{AHC}$$

一般来说,矩阵乘积

$$\boldsymbol{AB}=\boldsymbol{0}$$

并不意味着 $\boldsymbol{A}$ 或 $\boldsymbol{B}$（或二者）是零矩阵．例如

$$\begin{bmatrix} 1 & 1 \\ 1 & 1 \end{bmatrix}\begin{bmatrix} 1 & -1 \\ -1 & 1 \end{bmatrix}=\begin{bmatrix} 0 & 0 \\ 0 & 0 \end{bmatrix}$$

因此，矩阵代数与普通代数有两点不同：(1)矩阵乘法是不可交换的；(2)虽然两个矩阵的乘积等于一个零矩阵，却不能由此得出，其中之一(或二者)是零矩阵．

B.3 矩阵的求逆

用一个矩阵除另一个矩阵的运算在矩阵理论中是不存在的．但对于方阵，在多数情形下，一种等价的运算可借矩阵的求逆来完成．现在来看给定一个方阵 $\boldsymbol{A}$，如何求它的逆阵 $\boldsymbol{A}^{-1}$．

设有方程组

$$\begin{aligned} a_{11}x_1 + a_{12}x_2 + a_{13}x_3 &= b_1 \\ a_{21}x_1 + a_{22}x_2 + a_{23}x_3 &= b_2 \\ a_{31}x_1 + a_{32}x_2 + a_{33}x_3 &= b_3, \end{aligned} \tag{B.3-1}$$

按前述乘法规则，将它表成矩阵的形式：

$$\boldsymbol{Ax} = \boldsymbol{B} \tag{B.3-2}$$

其中 $\boldsymbol{A}$ 是方程(B.3-1)的系数方阵，$\boldsymbol{x}$ 与 $\boldsymbol{B}$ 都是列阵．方程(B.3-2)两边前乘 $\boldsymbol{A}^{-1}$，便得到解

$$\boldsymbol{x} = \boldsymbol{A}^{-1}\boldsymbol{B} \tag{B.3-3}$$

如果从方程组(B.3-1)出发，用克兰默(Cramer)规则将它具体解出，则对于 x_1 的解，有

$$\begin{aligned} x_1 &= \frac{1}{|\boldsymbol{A}|}\begin{vmatrix} b_1 & a_{12} & a_{13} \\ b_2 & a_{22} & a_{23} \\ b_3 & a_{32} & a_{33} \end{vmatrix} \\ &= \frac{1}{|\boldsymbol{A}|}\left\{b_1\begin{vmatrix} a_{22} & a_{23} \\ a_{32} & a_{33} \end{vmatrix} - b_2\begin{vmatrix} a_{12} & a_{13} \\ a_{32} & a_{33} \end{vmatrix} + b_3\begin{vmatrix} a_{12} & a_{13} \\ a_{22} & a_{23} \end{vmatrix}\right\} \\ &= \frac{1}{|\boldsymbol{A}|}\{b_1c_{11} + b_2c_{21} + b_3c_{31}\} \end{aligned}$$

其中$|\boldsymbol{A}|$是系数方阵$\boldsymbol{A}$的行列式，c_{11}，c_{21}，c_{31}为元素a_{11}，a_{21}，a_{31}的代数子式．同理，可以找到解x_2与x_3的类似表达式，只要用b列分别代替系数行列式中的第二与第三列即可．全部的解用矩阵形式表示，就是

$$\begin{Bmatrix} x_1 \\ x_2 \\ x_3 \end{Bmatrix} = \frac{1}{|\boldsymbol{A}|} \begin{bmatrix} c_{11} & c_{21} & c_{31} \\ c_{12} & c_{22} & c_{32} \\ c_{13} & c_{23} & c_{33} \end{bmatrix} \begin{Bmatrix} b_1 \\ b_2 \\ b_3 \end{Bmatrix}$$

或

$$\boldsymbol{x} = \frac{1}{|\boldsymbol{A}|} \operatorname{adj} \boldsymbol{AB} \tag{B.3-4}$$

将(B.3-4)与(B.3-3)比较，便有

$$\boldsymbol{A}^{-1} = \frac{1}{|\boldsymbol{A}|} \operatorname{adj} \boldsymbol{A} \tag{B.3-5}$$

可见逆阵$\boldsymbol{A}^{-1}$存在的必要条件是 $|\boldsymbol{A}| \neq 0$，即方阵$\boldsymbol{A}$是非奇异的．

求逆阵的方法已有好几种，例如用公式(B.3-5)就可以求出．公式(B.3-5)虽有理论上的价值，但因要计算大量的行列式(代数子式)，故在数值计算方面作用较小．下面所要介绍的方法更为简单、直接，它与求解代数方程组的高斯消去法是密切联系着的．回到方程(B.3-2)与(B.3-3)，方程(B.3-2)代表一个代数方程组，方程(B.3-3)代表这个方程组的解，其中已包含了逆阵$\boldsymbol{A}^{-1}$．由此可见，矩阵的求逆完全可借求解代数方程组的一些初等方法来完成．我们所要用到的，只是将某个方程乘以某个不为零的数以及将某两个方程相加起来这两种初等运算．进一步考察从方程(B.3-2)变到方程(B.3-3)这个求解的过程，两个方程左端的变化是由方阵$\boldsymbol{A}$变为单位方阵$\boldsymbol{I}$(在(B.3-3)左端，未写出)，而右端的变化则由单位方阵$\boldsymbol{I}$(在(B.3-2)右端，未写出)变为$\boldsymbol{A}^{-1}$．因此，如果对方阵$\boldsymbol{A}$与同阶单位方阵$\boldsymbol{I}$的对应各行同时进行相同的初等运算，那末，当使得$\boldsymbol{A}$变为$\boldsymbol{I}$之时，原来的$\boldsymbol{I}$也就变成了$\boldsymbol{A}^{-1}$．这过程可以简单表示如下：

$$\begin{matrix} \boldsymbol{A} & \boldsymbol{I} \\ \vdots & \vdots \\ \boldsymbol{I} & \boldsymbol{A}^{-1} \end{matrix}$$

例如，为了求三阶方阵 $\boldsymbol{A}$ 的逆阵 $\boldsymbol{A}^{-1}$．先将所给的方阵 $\boldsymbol{A}$ 与同阶单位方阵并列写出：

$$\boldsymbol{A}=\begin{bmatrix} 5 & 3 & 1 \\ 3 & 6 & 2 \\ 1 & 2 & 3 \end{bmatrix},\quad \boldsymbol{I}=\begin{bmatrix} 1 & 0 & 0 \\ 0 & 1 & 0 \\ 0 & 0 & 1 \end{bmatrix}$$

将两阵的第一行除以 5，第二行除以 3；然后在此所得结果中从第二、第三行各减去第一行，就有

$$\begin{bmatrix} 1 & 3/5 & 1/5 \\ 0 & 7/5 & 7/15 \\ 0 & 7/5 & 14/5 \end{bmatrix},\quad \begin{bmatrix} 1/5 & 0 & 0 \\ -1/5 & 1/3 & 0 \\ -1/5 & 0 & 1 \end{bmatrix}$$

由此将第二、第三行各乘以 5/7；然后从第三行减去第二行，便成

$$\begin{bmatrix} 1 & 3/5 & 1/5 \\ 0 & 1 & 1/3 \\ 0 & 0 & 5/3 \end{bmatrix},\quad \begin{bmatrix} 1/5 & 0 & 0 \\ -1/7 & 5/21 & 0 \\ 0 & -5/21 & 5/7 \end{bmatrix}$$

再将第三行乘以 3/5，然后从第二行减去乘以 1/3 的第三行，从第一行减去乘以 1/5 的第三行，得到

$$\begin{bmatrix} 1 & 3/5 & 0 \\ 0 & 1 & 0 \\ 0 & 0 & 1 \end{bmatrix},\quad \begin{bmatrix} 1/5 & 1/35 & -3/35 \\ -1/7 & 2/7 & -1/7 \\ 0 & -1/7 & 3/7 \end{bmatrix}$$

最后，从第一行减去乘以 3/5 的第二行，即有

$$\boldsymbol{I}=\begin{bmatrix} 1 & 0 & 0 \\ 0 & 1 & 0 \\ 0 & 0 & 1 \end{bmatrix},\quad \boldsymbol{A}^{-1}=\frac{1}{7}\begin{bmatrix} 2 & -1 & 0 \\ -1 & 2 & -1 \\ 0 & -1 & 3 \end{bmatrix}$$

结果是否正确，可以检查如下：

$$A^{-1}A = \frac{1}{7}\begin{bmatrix} 2 & -1 & 0 \\ -1 & 2 & -1 \\ 0 & -1 & 3 \end{bmatrix}\begin{bmatrix} 5 & 3 & 1 \\ 3 & 6 & 2 \\ 1 & 2 & 3 \end{bmatrix}$$

$$= \begin{bmatrix} 1 & 0 & 0 \\ 0 & 1 & 0 \\ 0 & 0 & 1 \end{bmatrix}$$

B.4 矩阵乘积的转置与求逆

如前所述，乘积

$$\underset{m\times n}{A}\ \underset{n\times p}{B} = \underset{m\times p}{C}$$

中，包含着如下的运算

$$c_{ij} = \sum_{k=1}^{n} a_{ik}b_{kj}$$

现在来看乘积 B^TA^T. 按转置矩阵定义，A 中的 a_{ik} 就等于 A^T 中的 a_{ki}，B 中的 b_{kj}，就等于 B^T 中的 b_{jk}. 但

$$\sum_{k=1}^{n} b_{jk}a_{ki} = c_{ji}$$

故

$$B^TA^T = C^T.$$

一般如有

$$ABC\cdots S = T$$

则

$$T^T = S^T\cdots C^TB^TA^T$$

即矩阵连乘积的转置矩阵等于各因式的转置矩阵按相反顺序的连乘积.

再看乘积

$$AB = C$$

设其中 A，B，C 都是非奇异同阶方阵. 如对两边前乘 $B^{-1}A^{-1}$，就

有

$$I=B^{-1}A^{-1}C$$

再两边后乘 C^{-1}，即得

$$C^{-1}=B^{-1}A^{-1}$$

一般如有

$$ABC\cdots S=T$$

则

$$T^{-1}=S^{-1}\cdots C^{-1}B^{-1}A^{-1}$$

即非奇异同阶方阵的连乘积的逆阵，等于各因式的逆阵按相反顺序的连乘积.

B.5 分块矩阵

一个矩阵可以用水平线与铅垂线将它分块．分出的低阶矩阵称为原来矩阵的子块，原来矩阵称为分块矩阵．例如

$$\left[\begin{array}{cc|c} 2 & 4 & -1 \\ 0 & -3 & 4 \\ 1 & 2 & 2 \\ \hline 3 & -1 & -5 \end{array}\right]=\left[\begin{array}{c|c} A & B \\ \hline C & D \end{array}\right]$$

其中的子块是

$$A=\begin{bmatrix} 2 & 4 \\ 0 & -3 \\ 1 & 2 \end{bmatrix},\quad B=\begin{Bmatrix} -1 \\ 4 \\ 2 \end{Bmatrix}$$

$$C=[\,3\quad -1\,],\quad D=[-5]$$

分块矩阵服从矩阵代数的一般规则，只要将子块当做普通矩阵的元素就可进行基本运算．如

$$\left[\begin{array}{c|c} A & B \\ \hline C & D \end{array}\right]\begin{Bmatrix} x \\ \hline y \end{Bmatrix}=\begin{bmatrix} A\{x\}+B\{y\} \\ C\{x\}+D\{y\} \end{bmatrix}$$

$$\left[\begin{array}{c|c} A & B \\ \hline C & D \end{array}\right]\left[\begin{array}{c|c} E & F \\ \hline G & H \end{array}\right]=\left[\begin{array}{c|c} AE+BG & AF+BH \\ \hline CE+DG & CF+DH \end{array}\right]$$

显然，矩阵分块时必须注意到基本运算的可行条件，如乘法中

的相适条件.

如一个分块方阵的主对角线以外的子块均为零矩阵，称为对角形分块方阵. 例如

$$\boldsymbol{A}=\left[\begin{array}{c|c}\boldsymbol{A}_1 & \boldsymbol{0}\\ \hline \boldsymbol{0} & \boldsymbol{A}_2\end{array}\right]$$

这时矩阵的行列式，等于主对角线上各方子块的行列式之积. 如上例

$$|\boldsymbol{A}|=|\boldsymbol{A}_1|\cdot|\boldsymbol{A}_2|$$

B.6 矩阵的定正性

对称矩阵 $\boldsymbol{A}$ 是定正的，其充要条件为：$|\boldsymbol{A}|$ 中所有由前 r 行与 r 列 $(r=1,2,\cdots,n)$ 的元素所构成的行列式都是正的. 即

$$a_{11}>0,\quad \begin{vmatrix}a_{11} & a_{12}\\ a_{21} & a_{22}\end{vmatrix}>0,\quad \begin{vmatrix}a_{11} & a_{12} & a_{13}\\ a_{21} & a_{22} & a_{23}\\ a_{31} & a_{32} & a_{33}\end{vmatrix}>0$$

$$\cdots\cdots$$

$$\begin{vmatrix}a_{11} & a_{12} & \cdots & a_{1n}\\ a_{21} & a_{22} & \cdots & a_{2n}\\ \hline a_{n1} & a_{n2} & \cdots & a_{nn}\end{vmatrix}>0$$

最后一个不等式说明定正矩阵一定是非奇异的.

B.7 矩阵的秩

矩阵的秩

一个 $m\times n$ 矩阵 $\boldsymbol{A}$，将其中某 $m-r$ 行与某 $n-r$ 列划去，如 $r>1$，则所余元素构成一个 r 阶方阵，此方阵的行列式称为矩阵 $\boldsymbol{A}$ 的 r 阶子式. 矩阵的每个元素是一个 1 阶子式.

任何一个 $(r+1)$（其中 $r\geqslant 1$）阶子式，按行列式展开，可表为 r 阶子式的因式之和，因此如矩阵的 r 阶子式全为零，则它的 $(r+1)$ 阶子式必全为零. 但反之不正确，即如 $(r+1)$ 阶子式全为零，r 阶子式不一定全为零.

如矩阵 $\boldsymbol{A}$ 不是零矩阵，则至少有一组同阶的子式不全为零．如 $\boldsymbol{A}$ 的 $(r+1)$ 阶子式全为零，而至少有一个 r 阶子式不为零，则 $\boldsymbol{A}$ 的秩为 r．例如矩阵

$$\boldsymbol{A}=\begin{bmatrix} 3 & 1 & 2 \\ -6 & -2 & -4 \\ 9 & 3 & 6 \end{bmatrix}$$

它唯一的 3 阶子式($|\boldsymbol{A}|$)为零，2 阶子式也全为零，但 1 阶子式有不为零的(实际上是没有为零的)，故它的秩为 1．又如矩阵

$$\boldsymbol{A}=\begin{bmatrix} 2 & -1 & 5 & 3 \\ 1 & 2 & -4 & 5 \\ 9 & 4 & 0 & 7 \end{bmatrix}$$

是一个 3×4 矩阵，它的一个 3 阶子式

$$\begin{vmatrix} 2 & -1 & 5 \\ 1 & 2 & -4 \\ 9 & 4 & 0 \end{vmatrix}=-2$$

即至少已有一个 3 阶子式不为零，故它的秩等于 3．

零矩阵的秩等于零．

矩阵的秩与线性无关列(行)

一个 $m\times n$ 矩阵 $\boldsymbol{A}$ 可看为由 n 个 m 维列矢量或 m 个 n 维行矢量所构成．设矩阵 $\boldsymbol{A}$ 的 n 个全不为零的列矢量为 $\boldsymbol{X}_1,\boldsymbol{X}_2,\cdots,\boldsymbol{X}_n$．考虑关系式

$$c_1\boldsymbol{X}_1+c_2\boldsymbol{X}_2+\cdots+c_n\boldsymbol{X}_n=\boldsymbol{0}$$

其中 $c_1,c_2,\cdots,c_n$ 为标量系数．如果只当所有系数恒等于零时关系式才被满足，则称矢量组 $\boldsymbol{X}_1,\boldsymbol{X}_2,\cdots,\boldsymbol{X}_n$ 是线性无关（或线性独立)的．如果系数中至少有一个不为零时关系式也能成立，则称矢量组 $\boldsymbol{X}_1,\boldsymbol{X}_2,\cdots,\boldsymbol{X}_n$ 是线性相关的．其中至少有一个矢量可以表示为其余矢量的线性组合．

矩阵的秩与其中的线性无关列(行)有如下关系：

定理 1 如矩阵 $\boldsymbol{A}$ 的秩为 r，则它恰有 r 个线性无关列与 r 个线性无关行．

定理 2　如矩阵恰有 r 个线性无关列(行)，则它的秩为 r，且恰有 r 个线性无关行(列).

定理 3　如矩阵的秩为 r，则可选取 r 个线性无关列(行)，用它们将其余的每一列(行)线性地表示出.

矩阵秩的求法

根据前面定理，矩阵的秩可借线性无关列(行)来求出. 下述初等运算:

(i) 将某行(列)的所有元素乘以某个常数因子;

(ii) 两行(列)交换;

(iii) 某些行(列)的线性组合加于另一行(列)，不改变矩阵线性无关列(行)的数目，即不改变矩阵的秩. 因此可借这些初等运算将矩阵三角化从而求出它的秩. 例如，设矩阵

$$\boldsymbol{A}=\begin{bmatrix}1 & 2 & 1 & 1\\ 1 & -1 & 1 & 1\\ 3 & 0 & 3 & 3\\ 1 & -1 & -1 & -2\end{bmatrix}$$

对它的行应用上述三种初等运算，即得

$$\boldsymbol{A}\to\begin{bmatrix}1 & 2 & 1 & 1\\ 0 & -3 & 0 & 0\\ 0 & -6 & 0 & 0\\ 0 & -3 & -2 & -3\end{bmatrix}\to\begin{bmatrix}1 & 2 & 1 & 1\\ 0 & 1 & 0 & 0\\ 0 & 0 & 0 & 0\\ 0 & 0 & -2 & -3\end{bmatrix}$$

$$\to\begin{bmatrix}1 & 2 & 1 & 1\\ 0 & 1 & 0 & 0\\ 0 & 0 & -2 & -3\\ 0 & 0 & 0 & 0\end{bmatrix}$$

最后矩阵显然恰有 3 个线性无关行，故 A 的秩等于 3.

关于秩的基本规律

(i) 一个 $m\times n$ 矩阵 $\boldsymbol{A}$ 的秩，小于或等于 m, n 两数中的较小者，即 $r\leqslant\min(m,n)$.

(ii) 非奇异 n 阶方阵的秩为 n，这时称它为满秩的. 奇异 n

阶方阵的秩小于 n，这时称它为降秩的.

(iii) $\boldsymbol{A}^T$ 的秩等于 $\boldsymbol{A}$ 的秩.

(iv) 如 $\boldsymbol{U}$ 与 $\boldsymbol{V}$ 都是非奇异的，则矩阵 $\boldsymbol{VA}$, $\boldsymbol{AU}$ 以及 $\boldsymbol{VAU}$ 都有与 $\boldsymbol{A}$ 相同的秩.

关于线性方程组的解

设有齐次方程组

$$\boldsymbol{Ax} = \boldsymbol{0}$$

其中 $\boldsymbol{A}$ 是 $m \times n$ 系数矩阵，$\boldsymbol{x}$ 是 n 维列矢量. 如系数矩阵的秩为 r，则可以证明方程组恰有 $n-r$ 个线性独立解.

设有非齐次方程组

$$\boldsymbol{Ax} = \boldsymbol{y}$$

其中 $\boldsymbol{A}$ 是 $m \times n$ 系数矩阵，$\boldsymbol{x}$ 是 n 维列矢量，$\boldsymbol{y}$ 是 m 维列矢量. 可以证明，方程组有解的充分必要条件是矩阵

$$\boldsymbol{A} = \begin{bmatrix} a_{11} & a_{12} & \cdots & a_{1n} \\ a_{21} & a_{22} & \cdots & a_{2n} \\ \cdots & \cdots & \cdots & \cdots \\ a_{m1} & a_{m2} & \cdots & a_{mn} \end{bmatrix}$$

$$\boldsymbol{B} = \begin{bmatrix} a_{11} & a_{12} & \cdots & a_{1n} & y_1 \\ a_{21} & a_{22} & \cdots & a_{2n} & y_2 \\ \cdots & \cdots & \cdots & \cdots & \cdots \\ a_{m1} & a_{m2} & \cdots & a_{mn} & y_m \end{bmatrix}$$

有相同的秩. 这时方程组的解可表为一个特解与对应的齐次方程组的一般解之和. 设 $\boldsymbol{A}$ 与 $\boldsymbol{B}$ 的秩等于 r，则方程组有 $n-r+1$ 个线性独立解.

B.8 线性变换

设有线性方程组:

$$\begin{aligned} y_1 &= a_{11}x_1 + a_{12}x_2 + \cdots + a_{1n}x_n \\ y_2 &= a_{21}x_1 + a_{22}x_2 + \cdots + a_{2n}x_n \\ &\cdots\cdots\cdots \\ y_n &= a_{n1}x_1 + a_{n2}x_2 + \cdots + a_{nn}x_n \end{aligned} \tag{B.8-1}$$

将上式表示成矩阵形式，就有

$$\boldsymbol{y}=\boldsymbol{A}\boldsymbol{x} \tag{B.8-2}$$

其中 $\boldsymbol{y}$ 与 $\boldsymbol{x}$ 都是 n 维矢量，$\boldsymbol{A}$ 是 n 阶方阵．这意味着矩阵 $\boldsymbol{A}$ 作用到矢量 $\boldsymbol{x}$ 上就把它变成了矢量 $\boldsymbol{y}$.

实际上 $\boldsymbol{x}$ 可以代表一个物理状态对于某一坐标系的坐标矢量，$\boldsymbol{y}$ 代表对于另一个坐标系的坐标矢量，而 $\boldsymbol{A}$ 是关于这两个坐标系的一个线性变换矩阵．所以方程 (B.8-2) 表示着一种坐标变换，它在振动研究中有重要的作用．

B.9 矩阵的求导

设矩阵

$$\boldsymbol{A}(x)=[a_{ij}(x)]$$

的各个元素 $a_{ij}(x)$ 都是 x 的可微函数，则 $\boldsymbol{A}(x)$ 的导数 $\dfrac{d\boldsymbol{A}(x)}{dx}$ 就定义为 $a_{ij}(x)$ 的各个一阶导数 $\dfrac{da_{ij}(x)}{dx}$ 所组成的矩阵．换句话说，矩阵的求导就相当于对它的各个元素求导．即

$$\frac{d\boldsymbol{A}(x)}{dx}=\left[\frac{da_{ij}(x)}{dx}\right]$$

关于矩阵和的求导，仍具有通常的形式：

$$\frac{d}{dx}[\boldsymbol{A}(x)+\boldsymbol{B}(x)]=\frac{d\boldsymbol{A}(x)}{dx}+\frac{d\boldsymbol{B}(x)}{dx}$$

至于矩阵积的导数，则由于矩阵乘法的不可交换性质，有

$$\frac{d}{dx}\boldsymbol{A}\boldsymbol{B}=\frac{d\boldsymbol{A}}{dx}\boldsymbol{B}+\boldsymbol{A}\frac{d\boldsymbol{B}}{dx}$$

对于几个矩阵相乘的情形也相类似，关于方阵幂的导数，则有

$$\frac{d}{dx}\boldsymbol{A}^2=\boldsymbol{A}\frac{d\boldsymbol{A}}{dx}+\frac{d\boldsymbol{A}}{dx}\boldsymbol{A}$$

$$\left(\frac{d}{dx}\boldsymbol{A}^3=\boldsymbol{A}^2\frac{d\boldsymbol{A}}{dx}+\boldsymbol{A}\frac{d\boldsymbol{A}}{dx}\boldsymbol{A}+\frac{d\boldsymbol{A}}{dx}\boldsymbol{A}^2\right)$$

B. 10 矩阵的积分

设关于矩阵 $\boldsymbol{A}(x)$的各个元素 $a_{ij}(x)$都是可积的，即下列积分

$$\int_0^x a_{ij}(x)dx$$

都是唯一确定的，则矩阵 $\boldsymbol{A}(x)$ 的积分就定义为

$$\int_0^x \boldsymbol{A}(x)dx = \left[\int_0^x a_{ij}(x)dx\right]$$

就是说，矩阵的积分相当于对它各个元素求相应的积分.

关于矩阵和的积分，仍具有通常的形式:

$$\int_0^x [\boldsymbol{A} + \boldsymbol{B}]dx = \int_0^x \boldsymbol{A}dx + \int_0^x \boldsymbol{B}dx$$

附录 C　拉格朗日方程预备知识

作为学习拉格朗日方程一章的预备知识，我们节录一些有关的力学概念与定理如下。

约束

力学系统可看成由有限多个或无限多个质点组成。系统的各个质点所受的限制称为约束。如果这些约束只是限制各个质点位置的，则称为几何约束(或有限约束)。设有 n 个质点组成的系统，它的位置可以用各点的矢径 $\boldsymbol{r}_i(i=1,2,\cdots,n)$来表示，又设系统有 s 个几何约束，它们可以表示为下述方程：

$$f_k(\boldsymbol{r},t)=0,\ k=1,2,\cdots,s \tag{C-1}$$

约束方程中显含时间 t 的，称为非定常约束；反之，称为定常约束。如果系统不仅各个质点的位置受有限制，而且各个质点的速度也受有限制，则约束方程将表示为

$$f_k(\boldsymbol{r},\dot{\boldsymbol{r}},t)=0 \tag{C-2}$$

这种约束称为运动约束(或微分约束)。方程(C-2)是微分方程。当这些微分方程可积时，就可以表示成有限形式。如果系统中没有不可积分的微分约束，则这种系统就称为完整系统；反之，称为非完整系统。我们将限于讨论完整系统。

广义坐标

确定系统位置所需的任何一组独立变量，称为系统的广义坐标。系统广义坐标的数目就等于自由度数。上述 n 个质点所组成的系统受有 s 个几何约束时，独立广义坐标的个数 N 就等于 $3n-s$。设这些广义坐标表示为 $q_j(j=1,2,\cdots,N)$，在非定常约束系统中各点的矢径 $\boldsymbol{r}_i$ 可表示为

$$\boldsymbol{r}_i=\boldsymbol{r}_i(q,t),\ i=1,2,\cdots,n \tag{C-3}$$

在定常约束系统中则可表示为

$$\boldsymbol{r}_i = \boldsymbol{r}_i(\boldsymbol{q}) \tag{C-4}$$

虚位移

虚位移是人们设想在系统中瞬时发生的无限小位移，这种位移是系统在各个瞬时的约束所许可的．这意味着在每个瞬时先把约束“冻结”起来，再来考察此时约束所许可的微小位移．数学上，这相当于把约束方程中的时间 t 看作固定参数来求变分，即求所谓等时变分．因此，也可以把虚位移定义为坐标的等时变分．所以，不论对定常约束系统还是非定常约束系统，虚位移都可以表示为

$$\delta \boldsymbol{r}_i = \sum_{j=1}^{N} \frac{\partial \boldsymbol{r}_i}{\partial q_j} \delta q_j \tag{C-5}$$

理想约束

如果约束的反作用力在系统任何虚位移上所作元功之和（即虚功）恒等于零，则这种约束称为理想约束．设系统中各个质点所受理想约束的反作用力合力为 $\boldsymbol{R}_i$，各点的虚位移表示为 $\delta \boldsymbol{r}_i$，则有

$$\sum_{i=1}^{n} \boldsymbol{R}_i \cdot \delta \boldsymbol{r}_i = 0 \tag{C-6}$$

虚功原理

该原理可表述如下．具有理想约束的系统处于静平衡的必要与充分条件为：作用于系统的所有主动力在该静平衡位置出发的任何虚位移上所作元功之和(即虚功)恒等于零．数学上，可表述为

$$\sum_{i=1}^{n} \boldsymbol{F}_i \cdot \delta \boldsymbol{r}_i = 0 \tag{C-7}$$

式中 $\boldsymbol{F}_i$ 表示作用于第 i 个质点的所有主动力的合力．这一原理可以作为全部静力学的基础．由它可以导出用主矢与主矩等于零表述的刚体平衡方程．虚功原理的优点在于方程(C-7)中不包含所

有约束反力，从而使问题大为简化.

广义力

如前所述，系统各点的虚位移由式 (C-5) 表示. 将它代入虚功原理的表示式(C-7)，可得

$$\sum_i \boldsymbol{F}_i \cdot \delta \boldsymbol{r}_i = \sum_i \boldsymbol{F}_i \cdot \sum_j \frac{\partial \boldsymbol{r}_i}{\partial q_j} \delta q_j$$

$$= \sum_j \left\{ \sum_i \boldsymbol{F}_i \cdot \frac{\partial \boldsymbol{r}_i}{\partial q_j} \right\} \delta q_j = 0 \qquad \text{(C-8)}$$

上式大括号内的量可以看作对应于广义坐标 q_j 的广义力 Q_j，即可设

$$Q_j \equiv \sum_i \boldsymbol{F}_i \cdot \frac{\partial \boldsymbol{r}_i}{\partial q_j} \qquad \text{(C-9)}$$

这时，式(C-8)可写成

$$\Sigma Q_j \delta q_j = 0 \qquad \text{(C-10)}$$

由于各个广义虚位移 δq_j 是彼此独立的，故有

$$Q_j = 0, \ j = 1, 2, \cdots, N \qquad \text{(C-11)}$$

可见，采用广义坐标与广义力表示时，虚功原理可表述为：系统平衡的充分必要条件是所有广义力都等于零.

广义力的量纲与相应广义坐标的量纲相乘，得功的量纲.

达朗伯原理

达朗伯把非自由质点 m_i 所受的主动力 $\boldsymbol{F}_i$ 与质点所获得的动量变化率 $m_i \ddot{\boldsymbol{r}}_i$ 之差 ($\boldsymbol{F}_i - m_i \ddot{\boldsymbol{r}}_i$) 称为损失力. 达朗伯原理表述为：损失力与约束反力相平衡，即

$$\boldsymbol{F}_i - m_i \ddot{\boldsymbol{r}}_i + \boldsymbol{R}_i = 0 \qquad \text{(C-12)}$$

换句话说，可以形式上把惯性力 $-m_i \ddot{\boldsymbol{r}}_i$ 与主动力 $\boldsymbol{F}_i$ 以及约束反力 $\boldsymbol{R}_i$ 看成一个平衡力系. 这样，我们就可以把动力学问题形式上归结为上述力系平衡的问题，从而有可能将虚功原理引伸应用于动力学问题.

动力学普遍方程

联合应用达朗伯原理与虚功原理，注意到在理想约束的情形

下，约束反力的虚功恒等于零，可得

$$\sum_i (\boldsymbol{F}_i - m_i \ddot{\boldsymbol{r}}_i) \cdot \delta \boldsymbol{r}_i = 0 \tag{C-13}$$

这一方程常称为动力学普遍方程.

附录D 谐和变换

D.1 谐和变换

我们知道，一个周期为 T 的周期函数 $x(t)$ 只要满足狄里赫利条件[1)]，就可以展开成一个谐和级数，惯称为傅里叶级数. 用指数函数的形式来表示，有

$$x(t) = \sum_{n=-\infty}^{\infty} X_n e^{j2\pi n f_0 t}, \quad f_0 = \frac{1}{T} \tag{D-1}$$

其中

$$X_n = \frac{1}{T}\int_{-\frac{T}{2}}^{\frac{T}{2}} x(t) e^{-j2\pi n f_0 t} dt, \quad n = 0, \pm 1, \pm 2, \cdots \tag{D-2}$$

可以看到，当函数 $x(t)$ 的周期 T 趋于无限大时，f_0 将趋于零. 因而，频谱 X_n 将从离散谱密集而成连续谱. 与此同时，谐和级数将变成谐和积分.

引入记号

$$n f_0 = f_n$$

$$\Delta f_n = (n+1) f_0 - n f_0 = f_0 = \frac{1}{T}$$

于是，式(D-1)与(D-2)可改写成

$$x(t) = \sum_{n=-\infty}^{\infty} \frac{X_n}{\Delta f_n} e^{j2\pi f_n t} \Delta f_n \tag{D-3}$$

$$\frac{X_n}{\Delta f_n} = \int_{-\frac{T}{2}}^{\frac{T}{2}} x(t) e^{-j2\pi f_n t} dt \tag{D-4}$$

---

1) 狄里赫利条件规定这函数必须是单值的，除了有限数目的有限间断点外是连续的，并且只有有限数目的极大值与极小值.

现在让式中的 $T \to \infty$，考虑到这时离散变量 f_n 将变成连续变量 f，而 Δf_n 将变成 df，再引入记号

$$X(f) = \lim_{\Delta f_n \to 0} \frac{X_n}{\Delta f_n} \tag{D-5}$$

于是，由 (D-3)—(D-5) 式，可得

$$\begin{aligned} x(t) &= \lim_{\Delta f_n \to 0} \sum \frac{X_n}{\Delta f_n} e^{j2\pi f_n t} \Delta f_n \\ &= \int_{-\infty}^{\infty} X(f) e^{j2\pi f t} df \end{aligned} \tag{D-6}$$

$$\begin{aligned} X(f) &= \lim_{\Delta f_n \to 0} \frac{X_n}{\Delta f_n} \\ &= \int_{-\infty}^{\infty} x(t) e^{-j2\pi f t} dt \end{aligned} \tag{D-7}$$

一个非周期函数可以看作周期为无限大的周期函数. 可见，对于任意的时间函数 $x(t)$，只要式(D-7)的积分存在，它就可以用式(D-6)来表示. 已经证明，如果 $x(t)$ 满足狄里赫利条件，并且又满足绝对可积的条件，即

$$\int_{-\infty}^{\infty} |x(t)| dt \quad 有界$$

那末式 (D-7)就一定可积.

式(D-7)与式(D-6)常称为谐和变换对. 通常，式(D-7)称为正变换，式 (D-6) 称为逆变换. 由式 (D-5) 可以清楚地看到，$X(f)$ 是 $x(t)$ 的频谱密度函数，简称频谱. 我们常用对应的大写字母或者前加花体$\mathscr{F}$来表示函数的谐和变换，例如 $x(t)$的谐和变换可写成 $X(f)$或$\mathscr{F}[x(t)]$; 并且用$\mathscr{F}^{-1}\{X(f)\}$来表示其逆变换.

例 **D.1** 设有矩形函数(图 D.1-1(a))：

$$x(t) = \begin{cases} 1, & 当 -\frac{\tau}{2} \leqslant t \leqslant \frac{\tau}{2} \\ 0, & 当 |t| > \frac{\tau}{2} \end{cases}$$

求它的谐和变换.

解. 按定义，有

$$X(f)=\int_{-\infty}^{\infty}x(t)e^{-j2\pi ft}dt$$

$$=\int_{-\frac{\tau}{2}}^{\frac{\tau}{2}}e^{-j2\pi ft}dt$$

$$=-\frac{1}{j2\pi f}\cdot e^{-j2\pi ft}\Big|_{-\frac{\tau}{2}}^{\frac{\tau}{2}}$$

$$=\tau\cdot\frac{\sin\pi f\tau}{\pi f\tau}$$

$X(f)$可表示如图 D.1-1(b)．函数 $\frac{\sin\pi f\tau}{\pi f\tau}$ 常称为**采样函数**．

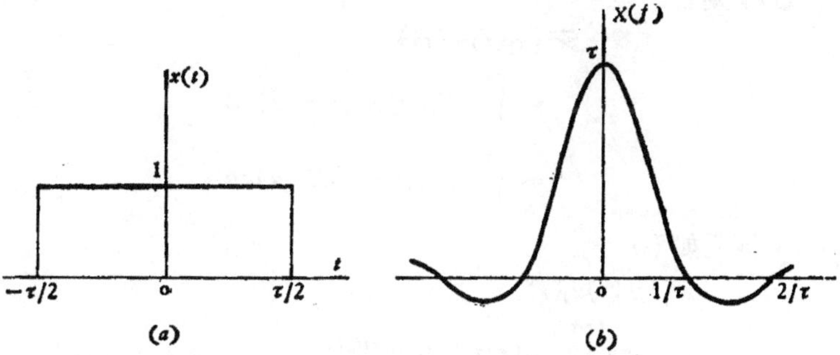

图 D.1-1

D.2 帕塞瓦定理

设 $x(t)$的谐和变换为 $X(f)$，则有

$$\int_{-\infty}^{\infty}x^2(t)dt=\int_{-\infty}^{\infty}|X(f)|^2df$$

上式称为帕塞瓦公式．其物理意义为信号在时域的总能量等于它在频域的总能量．

证明如下：

$$\int_{-\infty}^{\infty}x^2(t)dt$$

$$=\int_{-\infty}^{\infty}x(t)\left\{\int_{-\infty}^{\infty}X(f)e^{j2\pi ft}df\right\}dt$$

$$= \int_{-\infty}^{\infty} X(f) \left\{ \int_{-\infty}^{\infty} x(t) e^{j2\pi ft} dt \right\} df$$

$$= \int_{-\infty}^{\infty} X(f) X^*(f) df$$

$$= \int_{-\infty}^{\infty} |X(f)|^2 df$$

D.3 卷积公式

这一公式指出：两个时间函数的乘积的谐和变换等于各个函数的谐和变换的卷积积分.

设有时间函数 $x_1(t)$ 与 $x_2(t)$，其对应的谐和变换为 $X_1(f)$ 与 $X_2(f)$，则有

$$\mathscr{F}\{x_1(t)x_2(t)\}$$

$$= \int_{-\infty}^{\infty} X_1(u) X_2(f-u) du$$

$$= \int_{-\infty}^{\infty} X_1(f-u) X_2(u) du$$

证明如下：

$$\mathscr{F}\{x_1(t)x_2(t)\}$$

$$= \int_{-\infty}^{\infty} x_1(t) x_2(t) e^{-j2\pi ft} dt$$

$$= \int_{-\infty}^{\infty} \left\{ \int_{-\infty}^{\infty} X_1(u) e^{j2\pi ut} du \right\} x_2(t) e^{-j2\pi ft} dt$$

$$= \int_{-\infty}^{\infty} X_1(u) \left\{ \int_{-\infty}^{\infty} x_2(t) e^{-j2\pi(f-u)t} dt \right\} du$$

$$= \int_{-\infty}^{\infty} X_1(u) X_2(f-u) du$$

对上式右端进行变量置换：

$$v = f - u$$

即得

$$\mathscr{F}\{x_1(t)x_2(t)\}$$

$$= \int_{-\infty}^{\infty} X_1(f-v) X_2(v) dv$$

D.4 δ函数的谐和变换

δ 函数是一种广义函数。它的严格定义由下式给出[1]:

$$\int_{-\infty}^{\infty} \delta(t) f(t) dt = f(0) \tag{D-8}$$

其中 $f(t)$ 是在原点连续的任意函数. 式(D-8) 的定义包含了前面所述的工程定义.

可以证明, δ 函数也可以看作一些非广义函数的极限情形.例如有

$$\delta(t) = \lim_{\omega \to \infty} \frac{\sin \omega t}{\pi t} \tag{D-9}$$

利用这一结果,可以证明,存在着下列谐和变换对:

$$2\pi\delta(t) \longleftrightarrow 1(\omega) \tag{D-10}$$

事实上,其正变换可直接从式(D-8)得出:

$$\begin{aligned} &\mathscr{F}\{2\pi\delta(t)\} \\ &= \frac{1}{2\pi} \int_{-\infty}^{\infty} 2\pi\delta(t) e^{-j\omega t} dt = 1 \end{aligned}$$

而其逆变换可由式 (D-9) 得出:

$$\begin{aligned} &\mathscr{F}^{-1}\{1(\omega)\} \\ &= \int_{-\infty}^{\infty} 1 \cdot e^{j\omega t} d\omega \\ &= \int_{-\infty}^{\infty} \cos \omega t \cdot d\omega \\ &= \lim_{\Omega \to \infty} \int_{-\Omega}^{\Omega} \cos \omega t d\omega \\ &= 2\pi \lim_{\Omega \to \infty} \frac{\sin \Omega t}{\pi t} \\ &= 2\pi\delta(t) \end{aligned}$$

因此,对于具有理想白噪声功率谱 $S_x(\omega) = S_0$ 的定常过程

---

1) 参阅 A. Papoulis, The Fourier Integral and Its Applications, McGraw-Hill, 1962.

X，可以将它的自相关函数表示为

$$R_x(\tau) = \int_{-\infty}^{\infty} S_0 e^{j\omega\tau} d\omega$$
$$= 2\pi S_0 \delta(\tau)$$

类似地，可以证明有下列谐和变换对：

$$1(t) \longleftrightarrow \delta(\omega)$$
$$e^{j\omega_0 t} \longleftrightarrow \delta(\omega - \omega_0)$$
$$\cos \omega_0 t \longleftrightarrow \frac{1}{2}[\delta(\omega + \omega_0) + \delta(\omega - \omega_0)]$$
$$\sin \omega_0 t \longleftrightarrow \frac{j}{2}[\delta(\omega + \omega_0) + \delta(\omega - \omega_0)]$$

δ 函数在谐和变换理论中具有重要作用，它有效地扩展了谐和变换的适用范围。

附录E 关于线性阻尼系统的去耦条件

多自由度线性阻尼系统的运动微分方程一般可表示为

$$\boldsymbol{M}\ddot{x} + \boldsymbol{C}\dot{x} + \boldsymbol{K}x = \boldsymbol{f}(t)$$

其中 $\boldsymbol{M}, \boldsymbol{C}, \boldsymbol{K}$ 分别为系统的质量、阻尼与刚度矩阵．通常，它们是 $n \times n$ 阶实对称矩阵，其中 $\boldsymbol{M}$ 总是定正的．现在 $\boldsymbol{C}$ 与 $\boldsymbol{K}$ 也是定正的假设下，我们来讨论系统去耦的充分必要条件的各种形式以及它们之间的等价性．

系统去耦在数学上可归结为寻求一种变换，使 $\boldsymbol{M}, \boldsymbol{C}, \boldsymbol{K}$ 三者同时对角化．这一结果可表述成定理形式．

定理 在矩阵 $\boldsymbol{M}, \boldsymbol{C}, \boldsymbol{K}$ 都是定正实对称的假设下，当且仅当满足下列三条件之一：

$$\boldsymbol{M}\boldsymbol{C}^{-1}\boldsymbol{K} = \boldsymbol{K}\boldsymbol{C}^{-1}\boldsymbol{M} \tag{E-1}$$

$$\boldsymbol{C}\boldsymbol{M}^{-1}\boldsymbol{K} = \boldsymbol{K}\boldsymbol{M}^{-1}\boldsymbol{C} \tag{E-2}$$

$$\boldsymbol{M}\boldsymbol{K}^{-1}\boldsymbol{C} = \boldsymbol{C}\boldsymbol{K}^{-1}\boldsymbol{M} \tag{E-3}$$

就一定存在这样的变换，使 $\boldsymbol{M}, \boldsymbol{C}, \boldsymbol{K}$ 三者同时对角化．

证明 先证上述三条件的等价性．由定正的假设，三者都有逆阵；又非奇异矩阵的乘积必定有逆阵．故对式(E-1)求逆，有

$$\boldsymbol{K}^{-1}\boldsymbol{C}\boldsymbol{M}^{-1} = \boldsymbol{M}^{-1}\boldsymbol{C}\boldsymbol{K}^{-1}$$

对上式两端前后乘以 $\boldsymbol{K}$，即得式 (E-2)． 同理可证式 (E-2) 等价于式 (E-3)．

再证定理的必要性．假设已经找到变换 A，使有

$$\boldsymbol{A}^T\boldsymbol{M}\boldsymbol{A} = \mathrm{diag}[m_i]$$

$$\boldsymbol{A}^T\boldsymbol{C}\boldsymbol{A} = \mathrm{diag}[c_i]$$

$$\boldsymbol{A}^T\boldsymbol{K}\boldsymbol{A} = \mathrm{diag}[k_i]$$

则有

$$\boldsymbol{M} = \boldsymbol{A}^{-T}\mathrm{diag}[m_i]\boldsymbol{A}^{-1}$$

$$K = A^{-T}\mathrm{diag}[k_i]A^{-1}$$
$$C^{-1} = A\mathrm{diag}[1/c_i]A^T$$

因而

$$MC^{-1}K = A^{-T}\mathrm{diag}[m_i]A^{-1}\cdot A\mathrm{diag}[1/c_i]A^T \cdot A^{-T}\mathrm{diag}[k_i]A^{-1} = A^{-T}\mathrm{diag}[m_ik_i/c_i]A^{-1}$$

又有

$$KC^{-1}M = A^{-T}\mathrm{diag}[k_i]A^{-1}\cdot A\mathrm{diag}[1/c_i]A^T \cdot A^{-T}\mathrm{diag}[m_i]A^{-1} = A^{-T}\mathrm{diag}[m_ik_i/c_i]A^{-1}$$

于是式 (E-1)得到证明.

最后证定理的充分性. 从 M, C, K 中任选二者,例如选 M 与 C, 构成广义特征值问题:

$$[M - \lambda C]X = 0$$

由 M, C 的定正实对称性,一定能找到广义模态矩阵 ϕ, 使有

$$\phi^T M\phi = I$$
$$\phi^T C\phi = \mathrm{diag}[\gamma_i]$$

我们只需考虑各个 γ_i 不全相等的情形. 否则, C 将与 M 成比例, 而系统去耦问题将变为二个定正实对称阵 M 与 K 同时对角化的问题,这是显然成立的. 现假设已经满足式 (E-2)

$$KM^{-1}C = CM^{-1}K$$

则有

$$\phi^T K\phi\phi^{-1}M^{-1}\phi^{-T}\phi^T C\phi = \phi^T C\phi\phi^{-1}M^{-1}\phi^{-T}\phi^T K\phi \tag{E-4}$$

考虑到

$$\phi^{-1}M^{-1}\phi^{-T} = I$$

故式(E-4) 可写成

$$\phi^T K\phi\cdot\mathrm{diag}[\gamma_i] = \mathrm{diag}[\gamma_i]\cdot\phi^T K\phi$$

要使上式成立,只有两种可能性. 一是 $\mathrm{diag}[\gamma_i]$ 是全等元素对角阵,另一是 $\phi^T K\phi$ 为对角阵. 上面我们已经排除了前一种可能性,

故有 $\phi^T K \phi$ 为对角阵．定理充分性由此得到证明．

参 考 文 献

[1] Thomson, W. T., Theory of Vibration with Applications, Prentice-Hall, 1972.

[2] Meirovitch, L., Elements of Vibration Analysis, McGraw-Hill, 1975.

[3] Meirovitch, L., Analytical Methods in Vibrations, Macmillan, 1967.

[4] Timoshenko, S., D. H. Young, W. Weaver, Jr., Vibration Problems in Engineering, 4ed., John Wiley and Sons, 1974.

[5] Clough, R. W., J. Penzien, Dynamics of Structures, McGraw-Hill, 1975.

[6] Den Hartog, J. P., Mechanical Vibrations, 4ed., McGraw-Hill, 1956.

[7] Bishop, R. E. D., D. C. Johnson, Mechanics of Vibration, Cambridge Univ. Press, 1960.

[8] Bishop, R. E. D., G. M. L. Gladwell, S. Michaelson, The Matrix Analysis of Vibration, Cambridge Univ. Press, 1965.

[9] Pestel, E. C., F. A. Leckie, Matrix Methods in Elastomechanics, McGraw-Hill, 1963.

[10] McCallion, H., Vibration of Linear Mechanical Systems, Longman, 1973.

[11] Tse, F. S., I. E. Morse, R. T. Hinkle, Mechanical Vibrations, Theory and Applications, 2ed., Allyn and Bacon, 1978.

[12] Dimarogonas, A. D., Vibration Engineering, West Publishing Co., 1976.

[13] 得丸英胜，振動論，コロメ社，1973（昭48）.

[14] 亘理厚，機械振動，丸善，1966(昭41).

[15] 川井忠彦，マトリックス法振動および応答，培風館，1970（昭45）.

[16] Боголюбов, Н. Н., Ю. А. Митропольский, Асимптотические методы в теории нелинейных колебаний, изд. 4-е, «Наука», 1974.

[17] Малкин, И. Г., Некоторые задачи теории нелинейных колебаний, Гостехиздат, 1956.

[18] Stoker, J. J., Nonlinear Vibrations in Mechanical and Electrical Systems, Interscience, 1950.

[19] Minorsky, N., Nonlinear Oscillations, Van Norstrand, 1962.

[20] Arscoff, F. M., Periodic Differential Equations, Pergamon, 1964.

[21] Crandall, S. H., W. D. Mark, Random Vibration in Mechanical Systems, Academic Press, 1963.

[22] Robson, J. D., An Introduction to Random Vibration, Edinburgh Univ. Press, 1964.

[23] Newland, D. E., An Introduction to Random Vibrations and Spectral Analysis, Longman, 1975.

[24] Price, W. G., R. E. D. Bishop, Probabilistic Theory of Ship Dynamics, Chapman and Hall, 1974.

[25] Harris, C. M., C. E. Crede, Shock and Vibration Handbook, 2ed., McGraw-Hill, 1976.